Les ÉTOILES et le MILIEU INTERSTELLAIRE

PHYSIQUE-LMD
Universités-Écoles d'ingénieurs

collection dirigée par Jean Hladik

Les ÉTOILES et le MILIEU INTERSTELLAIRE

Introduction à l'astrophysique

cours, exercices et problèmes résolus

Richard MONIER
Astronome-adjoint à l'Observatoire de Strasbourg

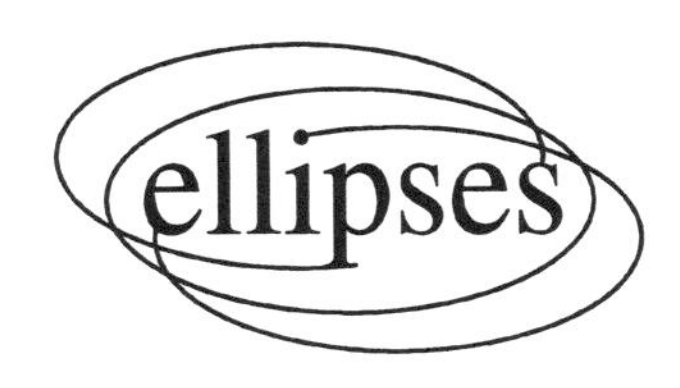

dans la même collection

Comprendre la thermodynamique, G. Gonczi, 2005

Exercices résolus de mécanique quantique avec compléments de cours, J.-P. Farges et Y. Gabellini, 2006

Les étoiles et le milieu interstellaire – introduction à l'astrophysique, R. Monier, 2006

Physique statistique, H. T. Diep, 2006

ISBN 2-7298-2786-2

© Ellipses Édition Marketing S.A., 2006
32, rue Bargue 75740 Paris cedex 15

Le Code de la propriété intellectuelle n'autorisant, aux termes de l'article L.122-5.2° et 3°a), d'une part, que les « copies ou reproductions strictement réservées à l'usage privé du copiste et non destinées à une utilisation collective », et d'autre part, que les analyses et les courtes citations dans un but d'exemple et d'illustration, « toute représentation ou reproduction intégrale ou partielle faite sans le consentement de l'auteur ou de ses ayants droit ou ayants cause est illicite » (Art. L.122-4). Cette représentation ou reproduction, par quelque procédé que ce soit constituerait une contrefaçon sanctionnée par les articles L. 335-2 et suivants du Code de la propriété intellectuelle.

www.editions-ellipses.fr

Avant-Propos

Présents dans toutes les galaxies, les étoiles et le milieu qui les sépare, le milieu interstellaire, sont des constituants fondamentaux de l'Univers. Ils jouent un rôle central dans l'évolution de l'Univers. Les étoiles se forment à partir de la matière du milieu interstellaire. A la fin de leurs vies, elles rejettent les produits de leur nucléosynthèse dans le milieu interstellaire qui s'enrichit ainsi en éléments lourds. De nouvelles étoiles se forment alors dans un milieu interstellaire enrichi. Cet échange continuel de matière entre les étoiles et le milieu interstellaire caractérise l'évolution de l'Univers. Une bonne connaissance de notre Univers et des ses galaxies passe donc par une connaissance des principes physiques qui régissent la structure et l'évolution des étoiles et du milieu interstellaire. Certains de ces principes sont d'ailleurs à l'oeuvre ailleurs dans l'Univers.
Le but de cet ouvrage est de faire un lien entre l'enseignement de physique fondamentale et celui d'astrophysique au niveau Master. Je me suis attaché à montrer comment les lois de la physique sont mises en œuvre dans la modélisation des étoiles et du milieu interstellaire. La modélisation des différents milieux astrophysiques repose en effet sur l'hypothèse que les lois de la physique connues sur Terre, sont aussi à l'œuvre dans les étoiles et le milieu interstellaire. Cet ouvrage est destiné aux étudiants des parcours de physique aux niveaux L3, M1 et M2, ou à toute personne intéressée par l'astrophysique et possédant les connaissances de ces parcours. Les connaissances requises sont celles de physique enseignée en Licence et Master 1. Des connaissances de bases d'astronomie stellaire ont été introduites au chapitre Un de manière à rendre l'ouvrage auto-suffisant. Cet ouvrage n'a pas pour vocation de présenter une revue exhaustive des développements récents de recherche sur les étoiles et le milieu interstellaire. Il m'a semblé plus important d'étudier en détail certains milieux. J'ai largement favorisé le développement de démonstrations analytiques, même si elles sont approximatives et pas toujours rigoureuses, de manière à amener le lecteur à pouvoir retrouver un certain nombre de résultats par lui-même. Il me semble qu'à ce niveau, l'étude de solutions analytiques est beaucoup plus instructive que la discussion de simulations numériques sophistiquées.
La première partie de l'ouvrage, dédiée aux étoiles, débute par une présentation des propriétés observationnelles des étoiles aux chapitre Un. Dans les chapitres Deux et Trois, les lois de la physique sont utilisées pour établir des équations de conservation de la structure stellaire et étudier les processus physiques et les conditions prévalant dans les intérieurs stellaires. La plupart des étoiles peuvent être considérées en première approximation comme des sphères autogravitantes à l'équilibre. Les phénomènes en jeu relèvent de plusieurs branches de la physique, ce qui fait de la physique stellaire un merveilleux domaine d'application des lois de la physique. Les principes et lois de la physique nucléaire et des particules élémentaires, mécanique statistique, physique atomique, théorie du transfert du rayonnement interviennent tous pour décrire la structure et le

fonctionnement des intérieurs stellaires. Dans le chapitre Quatre, nous étudions le transfert du rayonnement et la formation des spectres dans les atmosphères stellaires qui sont les couches les plus superficielles des étoiles. La lumière émise par ces atmosphères est la seule source d'information à partir de laquelle on puisse déduire les caractéristiques physiques (températures, pressions, compositions chimiques) de la surface des étoiles. Les équations de l'évolution stellaire sont traitées au chapitre Cinq .L'étude des étoiles particulières (en opposition aux étoiles "normales" à l'équilibre) est développée au chapitre Six.
La seconde partie de l'ouvrage est consacrée au milieu interstellaire, un milieu très complexe, hors de l'équilibre et difficile à décrire d'une manière linéaire. Des notions sur les différentes composantes ou phases du milieu interstellaire ainsi que leurs méthodes d'études sont présentées. Un bref panorama du milieu interstellaire est présenté au chapitre Sept. Le chapitre Huit est consacré à l'étude des propriétés des poussières et à leurs interactions avec la lumière. Le transfert du rayonnement dans le gaz peu dense et les nuages moléculaires ainsi que les méthodes d'études et les propriétés physiques de ces objets sont étudiés respectivement aux chapitre Neuf et Dix. Au chapitre Onze, des notions de chimie interstellaire sont présentées. Cette chimie est très différente de celle ayant lieu au laboratoire sur Terre car les conditions physiques sont très différentes (en particulier la densité particulaire) de celles régnant sur Terre. Certaines des réactions ont lieu à la surface des grains, d'autres en phase gazeuse. Un traitement élémentaire des processus physiques dans les régions ionisées H II est donné au chapitre Douze. La plupart des chapitres sont accompagnés de problèmes et d'exercices corrigés pour que le lecteur puisse vérifier l'acquisition des concepts.
La plupart des grandeurs physiques étudiées ont été exprimées dans le système c.g.s, plutôt que dans le système international m.k.s.a, car les astrophysiciens utilisent le système c.g.s dans leur recherche et publient leurs résultats dans ce système. Lorsque j'ai utilisé le système m.k.s.a, je l'ai indiqué clairement. Une table des différentes constantes fondamentales est donnée dans les deux systèmes d'unités à la fin de l'ouvrage.
Dans le cadre limité de cet ouvrage (environ 500 pages), il ne m'a pas été possible de présenter un traitement complet des différents thèmes de la physique stellaire, ni de celle du milieu interstellaire. Un traitement exhaustif ne serait d'ailleurs pas souhaitable au niveau de cet ouvrage. J'ai choisi les thèmes qui me semblaient être les plus accessibles à un étudiant possédant un bon bagage de physique. Dans la partie stellaire, je n'ai pas traité l'évolution des étoiles binaires ni la structure des étoiles déformées car il aurait fallu introduire la physique des objets non-sphériques (comme les disques). Les oscillations stellaires n'ont pas été traitées non plus. Dans la partie sur le milieu interstellaire, le refroidissement et le chauffage du gaz sont abordés de manière très simplifiée seulement dans le chapitre Huit. Je n'ai que très brièvement mentionné les PAHs (hydrocarbures polycycliques aromatiques) et n'ai pas

traité leur charge, leur photochimie et leur émission IR. Je n'ai pas abordé les régions de photodissociation (à l'interface entre des régions H II et des nuages moléculaires) : leurs conditions physiques, l'ionisation, la chimie, leurs structures, la température des poussières et le spectre de fluorescence IR de l'hydrogène. Je n'ai que très succinctement abordé la dynamique du milieu interstellaire via l'expansion des régions H II mais je n'ai pas traité les explosions de supernovae ni les vents interstellaires. Certains aspects du cycle de vie des poussières comme la destruction par les chocs n'ont pas été abordés non plus. Pour un traitement complet des sujets non traités, je suggère au lecteur différents ouvrages plus avancés.
La bibliographie en fin de l'ouvrage est destinée à aider l'étudiant à faire ses premiers pas dans la jungle de la littérature astrophysique. J'y ai indiqué notamment les textes fondamentaux, ouvrages parfois anciens ou articles de revue, où il pourra chercher des approfondissements. Certaines figures ont été adaptées à partir de figures ou de schémas existant dans des ouvrages ou des articles de recherches, dont j'indique la source dans la bibliographie.
En rédigeant cet ouvrage, je n'ai évidemment rien inventé. Les principes et modèles que j'ai présentés sont le fruit des travaux de chercheurs éminents qui ont contribué à notre compréhension des étoiles et du milieu interstellaire. J'ai lu et digéré un certain nombre de cours et ouvrages fondamentaux sur la physique stellaire et le milieu interstellaire rédigés par ces auteurs. A partir des principes fondamentaux, j'ai reformulé ou developpé, quand elles étaient trop succintes ou absentes, les démonstrations des équations de conservation, des équations de transfert et des modèles analytiques simples. J'espère être arrivé à une présentation pédagogique et accessible aux étudiants des L3, M1 et M2 de physique des pays francophones. Une partie de ce cours a d'ailleurs été enseigné au D.E.A d'astrophysique de l'Université Louis Pasteur à Strasbourg.
Je remercie très chaleureusement Yveline Lebreton, Martine Mouchet, Eric Thiébaut, Olivier Bienaymé, Hubert Baty, Christian Motch et Alain Fresneau, collègues astrophysiciens qui ont accepté de relire différents chapitres de cet ouvrage au cours des sept dernières années. Audrey et Léa Drui, alors étudiantes en DEUG à l'U.L.P, ont aussi relu le chapitre Un. Christian Boily et Sebastien Derrière, véritables sorciers de LaTeX, m'ont aidé pour les problèmes liés a LaTeX et à la mise en page. Marwan Gebran et Etienne de Vautibault m'ont aussi aidé pour la préparation des figures. Je remercie enfin, Jean Hladik, directeur de la collection Physique aux Editions Ellipses, pour ses remarques pertinentes sur le manuscrit et ses conseils, ainsi que Corinne Baud, éditrice, pour sa patience.

Table des matières

Première partie

Les Etoiles

Chapitre 1

Propriétés observationnelles des étoiles

1.1 Introduction

Cette première partie du livre concerne l'étude des étoiles qui est répartie sur six chapitres. Dans ce premier chapitre sur les étoiles, nous présentons les données observationnelles qui peuvent être obtenues et les grandeurs physiques que l'on peut en déduire. Nous montrerons qu'il existe des relations entre certaines de ces grandeurs physiques. Certaines de ces relations ont été établies empiriquement mais ont été aussi prédites par la théorie des intérieurs stellaires.
La majeure partie de l'information concernant les étoiles provient de l'analyse de leur rayonnement. On s'intéresse à la quantité d'énergie émise (photométrie) et à l'information physique contenue dans la dispersion de leur lumière (spectroscopie). Des notions de photométrie sont introduites dans la première partie. Les différents types de systèmes binaires (couples de deux étoiles gravitationnellement liées) sont ensuite présentés. Ces systèmes sont très importants car leur étude permet de déterminer certains paramètres caractérisant les étoiles comme la masse, le rayon et la température. La troisième partie explique comment on mesure les diamètres angulaires stellaires par interférométrie. Couplé à une mesure de parallaxe, le diamètre angulaire permet d'obtenir le diamètre linéaire de l'étoile. Les trois données intrinsèques : masse, rayon, température sont très précieuses pour l'astrophysicien. Elles lui permettent de comparer les étoiles entre elles et de placer des contraintes sur les modèles de structure interne que nous étudierons aux chapitres 3 et 4. Le problème de la classification spectrale est exposé dans la quatrième partie et le diagramme de Hertzsprung et Russell dans la cinquième partie.

1.2 Nomenclature stellaire

Comment les astronomes nomment-ils les étoiles? En 1603, Bayer a proposé de nommer les étoiles brillantes en utilisant le génitif du nom latin de la constellation dans laquelle elle se trouve. Ainsi, Véga, l'étoile la plus brillante de la constellation de la Lyre est appelée α Lyrae, puis vient β Lyrae et ainsi de suite jusqu'à ce que l'on ait épuisé toutes les lettres de l'alphabet grec. Pour désigner les étoiles plus faibles, on a utilisé les lettres romaines minuscules a, b, c,... puis les lettres majuscules A, B, C,...dans l'ordre alphabétique. Argelander réserva les majuscules R, S, T (généralement inutilisées) pour désigner les étoiles variables d'une constellation. Les étoiles plus faibles sont désignées par leur numéro BC consigné dans le catalogue British Catalogue compilé par Flamsteed en 1725. Dans ce catalogue, les étoiles de chaque constellation sont numérotées par ascension droite croissante. Les étoiles encore plus faibles sont désignées par leur numéro dans le catalogue Henry Draper (catalogue HD). Dans ce catalogue, Véga est désignée par HD 172167.

1.3 Notions de photométrie

Par photométrie, on entend la mesure de la brillance des astres. Nous nous restreindrons dans ce chapitre à la photométrie stellaire. L'astrophysicien est surtout intéressé par l'estimation de la brillance propre (ou intrinsèque) des étoiles c'est-à-dire celle rayonnée à leur surface car il souhaite la comparer aux prédictions de modèles qu'il construit. Il est possible d'obtenir la brillance intrinsèque à partir de la brillance apparente (celle que nous observons) si la distance à l'étoile est connue. En effet, brillances apparente et intrinsèque sont liées par une relation que nous verrons dans ce chapitre. En fait la puissance lumineuse est « diluée »par la distance d car elle varie comme $\frac{1}{d^2}$.
Nous débutons ce chapitre en définissant les grandeurs photométriques habituellement utilisées par l'astrophysicien : le flux, l'intensité et la magnitude qui en dérive.

1.3.1 Luminosités, flux et magnitudes

Intensité et flux

Notre objet ici est de caractériser le rayonnement émergent à la surface d'une étoile. Nous considérons des photons se propageant dans une direction $\vec{k}$ et dont les longueurs d'onde sont comprises entre λ et $\lambda + \Delta\lambda$. Ces photons traversent une surface élémentaire dS dont la normale $\vec{n}$ fait un angle θ avec $\vec{k}$. Cette surface dS peut représenter un morceau de la surface de l'étoile sur lequel arrivent des photons avec une incidence quelconque. Nous nous intéressons à la puissance lumineuse, d^2L_λ, transportée par les photons sortant de dS dans

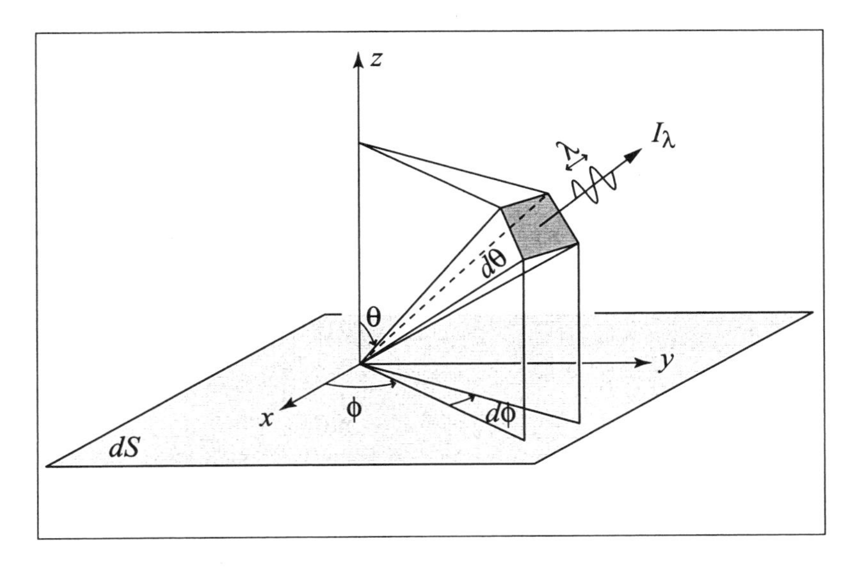

Fig. 1.1 - *Géométrie adoptée pour décrire le champ de rayonnement*

le cône d'angle solide $d\Omega$ d'axe parallèle à la direction de propagation (figure 1.1).

Si nous plaçons un détecteur présentant une aire $d\Sigma$ perpendiculaire à la direction du rayonnement et dont le centre est situé à une distance r du centre de dS, on s'attend à ce que la puissance lumineuse mesurée par ce détecteur soit proportionnelle à dS, $\cos\theta$ et $d\Omega$ (l'angle solide sous-tendu par $d\Sigma$) :

$$d^2L_\lambda \propto d\Omega dS \cos\theta = I_\lambda d\Omega dS \cos\theta \tag{1.1}$$

La constante de proportionnalité, I_λ, est appelée *intensité lumineuse* et son unité est le W cm^{-2} sr^{-1}. Notez que I_λ est une caractéristique du champ de rayonnement qui donne la distribution angulaire du rayonnement. Dans le cas où la source rayonne comme un corps noir, $I_\lambda = B_\lambda$, B_λ désignant la fonction de Planck.

L'autre grandeur photométrique importante est le flux, dF_λ, qui représente le puissance rayonnée par l'unité de surface physique dS de l'étoile dans l'angle solide $d\Omega$:

$$dF_\lambda = \frac{d^2L_\lambda}{dS} = I_\lambda d\Omega \cos\theta \tag{1.2}$$

On peut en déduire, en coordonnées sphériques, le flux rayonné par l'unité de surface de l'étoile dans toutes les directions :

$$F_\lambda = \int I_\lambda \cos\theta \, d\Omega \tag{1.3}$$

soit :

$$F_\lambda = \int_{\phi=0}^{2\pi} \int_{\theta=0}^{\pi} I_\lambda \cos\theta \sin\theta \, d\theta d\phi \tag{1.4}$$

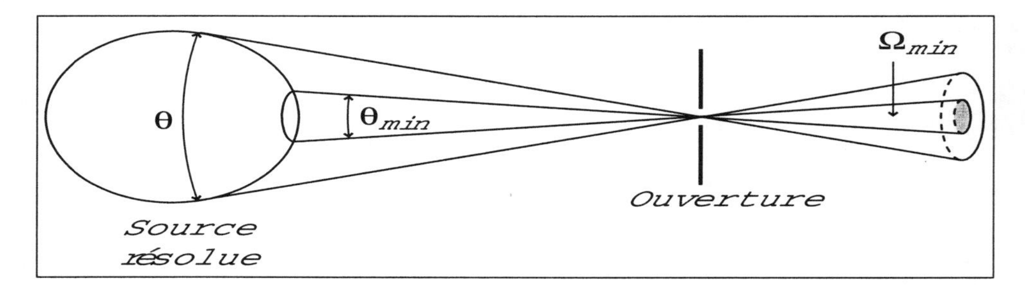

Fig. 1.2 - *Mesure de l'intensité*

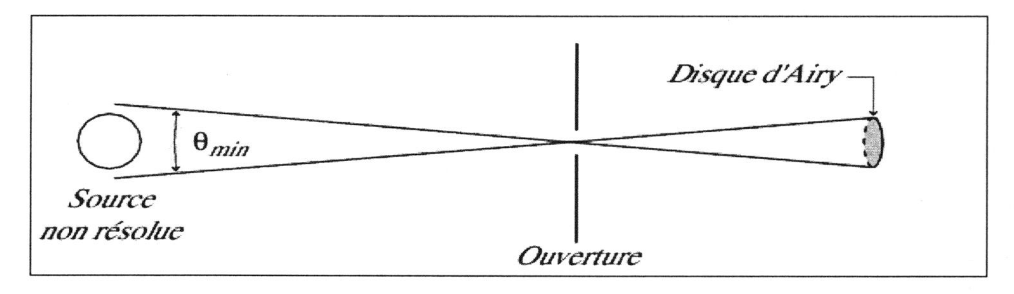

Fig. 1.3 - *Mesure du flux*

Le flux lumineux et l'intensité spécifique décrivent toutes deux la puissance lumineuse émise par une source. L'observateur mesure soit l'intensité soit le flux reçu selon que la source est ou non résolue par le photomètre attaché au télescope. Dans le cas d'observations du Soleil ou de planètes, le diamètre angulaire de la source θ, est bien supérieur au pouvoir de résolution du télescope, θ_{min} (figure 1.2). On dit alors que la source est résolue. Le photomètre mesure alors la quantité de puissance traversant son ouverture c'est-à-dire la puissance contenue dans l'angle solide Ω_{min}, défini par θ_{min} (figure 1.3).

Pour une source plus lointaine, c'est-à-dire pour la majorité des sources astrophysiques, l'angle sous-tendu θ, est bien plus petit que θ_{min}. L'énergie reçue par le détecteur provient alors de la surface entière de la source et est dispersée sur la figure de diffraction déterminée par l'ouverture du télescope (figure d'Airy). La lumière arrivant sur le détecteur quitte effectivement la source dans toutes les directions alors que dans le cas précédent, seule la lumière quittant la source dans le cône d'angle solide Ω_{min} parvient au détecteur. Le détecteur intègre alors effectivement l'intensité spécifique sur toutes les directions et mesure donc le flux lumineux. Si la distance à la source est r, la puissance lumineuse répartie sur le disque d'Airy et donc le flux lumineux varient en $\frac{1}{r^2}$ indiquant que les sources les plus lointaines sont celles dont les flux reçus sont les plus faibles.

Magnitudes bolométriques apparentes et absolues

Pour des raisons historiques, les astronomes utilisent la *magnitude* qui est proportionnelle au logarithme du flux reçu et non pas au flux lui-même. Cette convention est limitée au domaine optique et provient du fait que l'œil a une réponse logarithmique. Pour raccorder de nouvelles mesures de lumière à l'échelle des éclats mesurés à l'œil nu par les anciens, il a été convenu d'adopter une échelle logarithmique (logarithme en base 10). Dans d'autres domaines de longueurs d'onde, le flux défini au paragraphe précédent est utilisé.
Comment définit-on une magnitude ? Considérons une étoile de rayon R, située à une distance d, dont le diamètre angulaire θ n'est pas résolu. La surface entière de cette étoile émet une puissance intégrée sur toutes les longueurs d'ondes que nous désignerons par L. Cette grandeur L porte le nom de luminosité et est exprimée en Watts. Si on néglige toute perte d'énergie dans le milieu interstellaire, la conservation de l'énergie lumineuse s'écrit :

$$L = 4\pi d^2 F \tag{1.5}$$

Dans cette équation, F désigne le flux bolométrique. Ce dernier représente la puissance lumineuse provenant de l'intégralité de la surface stellaire et reçue par unité de surface sur un détecteur également sensible à toutes les longueurs d'onde. Ce type de mesure est en fait infaisable car un tel détecteur (bolomètre) n'existe pas et aussi parce que l'atmosphère terrestre absorbe une partie non négligeable du rayonnement stellaire. La magnitude bolométrique apparente, m_{bol}, est reliée au flux bolométrique par :

$$m_{bol} = -2.5 \log(\frac{L}{4\pi d^2}) + C \tag{1.6}$$

où C est une constante. La magnitude apparente bolométrique mesure la brillance apparente de l'étoile : elle dépend de la brillance intrinsèque de l'étoile à sa surface (luminosité L) et de sa distance. La magnitude n'a pas d'unité.
Dans le but de comparer les puissances rayonnées par les différentes étoiles, on définit la magnitude bolométrique absolue, M_{bol}, qui est définie comme étant la magnitude bolométrique qu'aurait l'étoile si elle se trouvait à une distance de 10 parsecs :

$$M_{bol} = m_{bol}(d = 10pc) = -2.5 \log L + 2.5 \log 10 + C = -2.5 \log L + C \tag{1.7}$$

La magnitude bolométrique absolue n'est donc pas une quantité que l'on mesure, il s'agit d'une magnitude "fictive", les étoiles étant pratiquement toutes éloignées de nous à des distances différentes de 10 parsecs. On voit que si l'on néglige l'absorption interstellaire, la différence entre la magnitude apparente et la magnitude absolue bolométrique est une mesure de la distance :

$$m_{bol} - M_{bol} = 5 \log d - 5 \tag{1.8}$$

où d est exprimée en parsecs.
En pratique, les récepteurs photométriques sont équipés de filtres sensibles seulement à une fraction du flux total incident. La sensibilité spectrale, $s(\lambda)$ de l'ensemble télescope plus filtre, est généralement une fonction d'allure gaussienne caractérisée par une longueur d'onde centrale, λ_0, et une largeur à demi-hauteur $\Delta\lambda$. Typiquement, $\Delta\lambda$ est compris entre dix et vingt Å pour les filtres étroits et voisin de mille Å pour les filtres larges. Si $f(\lambda)$ est la distribution du flux stellaire reçu au sommet de l'atmosphère et si on néglige l'absorption due à l'atmosphère, alors le flux bolométrique mesuré par un tel récepteur est :

$$F = \int_{\lambda_0 - \frac{\Delta\lambda}{2}}^{\lambda_0 + \frac{\Delta\lambda}{2}} f(\lambda) s(\lambda)\, d\lambda \tag{1.9}$$

Différents systèmes photométriques ont été définis en utilisant plusieurs filtres chacun ayant sa sensibilité spectrale propre. Un des systèmes les plus utilisés est le système UBV de Johnson, introduit par Johnson et Morgan au début des années 1950. Les longueurs d'onde centrales et largeurs à demi-hauteur sont respectivement pour U : $\lambda_0 = 3500$ Å, $\Delta\lambda = 700$ Å, pour B : $\lambda_0 = 4400$ Å, $\Delta\lambda = 1000$ Å et pour V : $\lambda_0 = 5500$ Å, $\Delta\lambda = 900$ Å. La magnitude apparente, m_V, dans la bande V est une magnitude définie sur le domaine de longueur d'onde restreint au domaine de sensibilité du filtre V :

$$m_V = -2.5 \log\left(\int_{\lambda_0 - \frac{\Delta\lambda}{2}}^{\lambda_0 + \frac{\Delta\lambda}{2}} f(\lambda) s_V(\lambda)\, d\lambda\right) + C_V \tag{1.10}$$

où $s_V(\lambda)$ est la sensibilité spectrale du filtre V. La constante, C_V, est fixée en assignant la magnitude 0 à une étoile de référence dans la bande V. Les fonctions de sensibilité des trois filtres U, B et V sont représentées dans la figure 1.4.

1.3.2 Distances stellaires et mouvements propres

Il est nécessaire de connaître la distance d'une étoile pour pouvoir transformer sa magnitude apparente en une magnitude absolue et pour pouvoir obtenir la luminosité à partir du flux reçu à Terre. La connaissance de la distance permet aussi de déduire le diamètre linéaire de l'étoile à partir de son diamètre angulaire. La détermination des distances est un des problèmes les plus délicats de l'astronomie. Les vraies dimensions des orbites planétaires étaient inconnues de Kepler et de ses contemporains. Les lois de Kepler dans leur forme originale s'appliquent aux tailles relatives des orbites planétaires (c'est-à-dire rapportées à la taille de l'orbite terrestre). La taille du système solaire ne fut appréhendée qu'en 1761 en mesurant la distance de la Terre à Venus lorsque celle-ci passa devant le disque du Soleil. La distance fut mesurée en utilisant l' effet de parallaxe trigonométrique à partir de deux sites d'observations très éloignés sur Terre. Nous allons expliquer le principe de cette méthode dans le cas de son

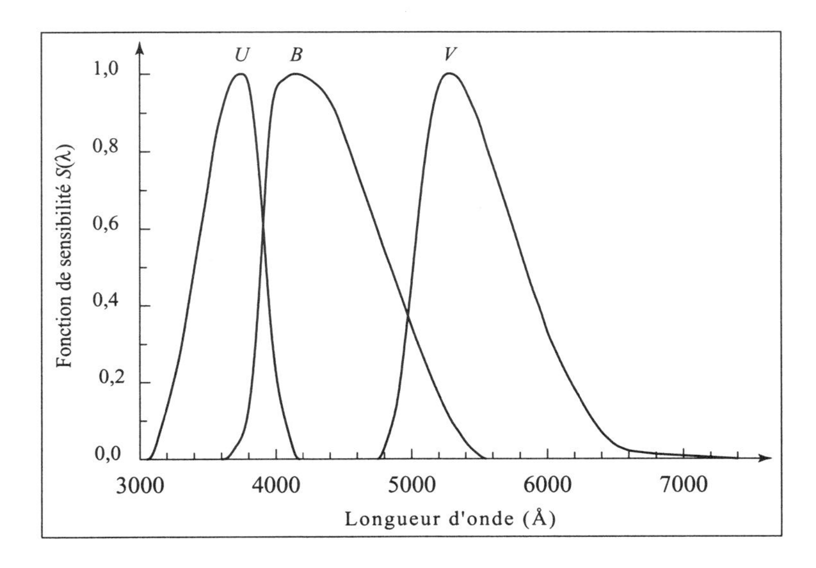

Fig. 1.4 - *Fonctions de sensibilité spectrale des filtres U, B et V*

application aux étoiles proches.
Les premières mesures de distances stellaires ont été obtenues pour un petit nombre d'étoiles proches du Soleil en appliquant la méthode de la parallaxe trigonométrique. Cette méthode consiste à mesurer le déplacement apparent de l'étoile proche, que nous noterons P, par rapport à des étoiles très lointaines fixes, notées E_i, à différentes époques d'une révolution de la Terre autour du Soleil (figure 1.5).

L'ensemble des positions apparentes, P_i, de l'étoile proche décrit une ellipse dont le demi grand-axe est appelé *l'angle parallactique* ou parallaxe. Cette ellipse est décrite avec une période égale à la période orbitale de la Terre sur son orbite. Elle ne représente pas un mouvement réel de l'étoile mais bien un mouvement apparent dû au fait que l'étoile est vue depuis différents points de l'orbite terrestre. Une fois mesuré l'angle parallactique α, on peut déduire la distance d, du Soleil à l'étoile par :

$$d = \frac{TS}{\tan\alpha} \simeq \frac{TS}{\alpha} \tag{1.11}$$

Dans la formule précédente, la quantité TS représente la distance moyenne de la Terre au Soleil ($TS \simeq 1.5 \times 10^8$ km). Pour les étoiles proches l'angle parallactique α a typiquement une valeur proche de une seconde d'arc, ce qui justifie de remplacer $\tan\alpha$ par α. On voit immédiatement que la distance d'une étoile pour laquelle $\alpha \simeq 1"$ est énorme : $d \simeq 3.09 \times 10^{16}$ m (après avoir transformé l'angle en radians). Pour cette raison, les astronomes utilisent une échelle de distance dont l'unité est le parsec (noté « pc »). Un parsec représente la distance d'une étoile ayant un angle parallactique de 1". Le calcul montre

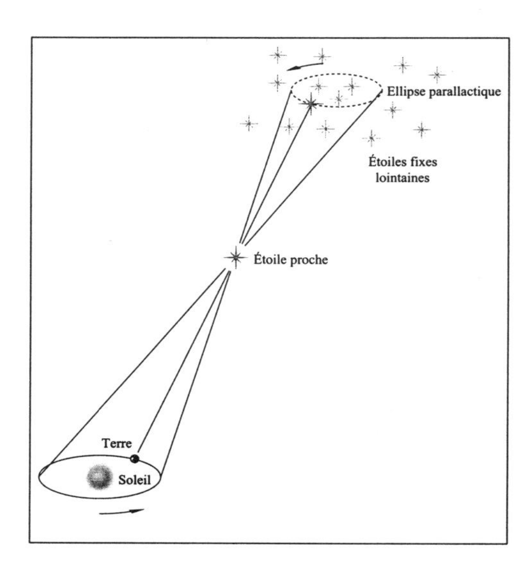

Fig. 1.5 - *Ellipse parallactique d'une étoile proche*

que 1 parsec vaut $3.09.10^{16}$ m soit 3.25 année-lumière. La distance d'une étoile dont la parallaxe en secondes d'arc est $p"$ est donc donnée en parsecs par la relation :

$$d(pc) = \frac{1}{p('')} \tag{1.12}$$

On peut donner une autre définition du parsec strictement équivalente : un parsec est la distance depuis laquelle on verrait le rayon de l'orbite terrestre sous un angle de une seconde d'arc.
Les premières parallaxes furent mesurées en 1838 par le mathématicien et astronome Bessel pour les étoiles proches 61 Cygni, α Lyrae et α Centauri. Jusqu'à récemment, des angles parallactiques plus petits que 0.01 secondes d'arc n'étaient pas mesurables. Récemment, le satellite Hipparcos, affranchi de la turbulence atmosphérique, a permis de mesurer des angles parallactiques approchant 0.001 secondes d'arc correspondant à une distance de mille parsecs. Cette distance reste cependant petite devant la distance du Soleil au centre de la Galaxie (soit environ huit mille parsecs). La méthode parallactique permet donc de sonder seulement le voisinage solaire.
Le raisonnement précédent suppose que l'étoile étudiée est au repos par rapport au Soleil. En fait, dans la Galaxie, toutes les étoiles se déplacent avec des vitesses relatives non négligeables dans le potentiel gravitationnel dû aux autres étoiles. Considérons une de ces étoiles animée d'une vitesse $\vec{v}$ par rapport à l'observateur (figure 1.6). Cette vitesse peut être décomposée en deux composantes. Une des composantes est portée par la ligne de visée et porte le nom de *vitesse radiale* (notée v_r). L'autre composante est portée par l'axe

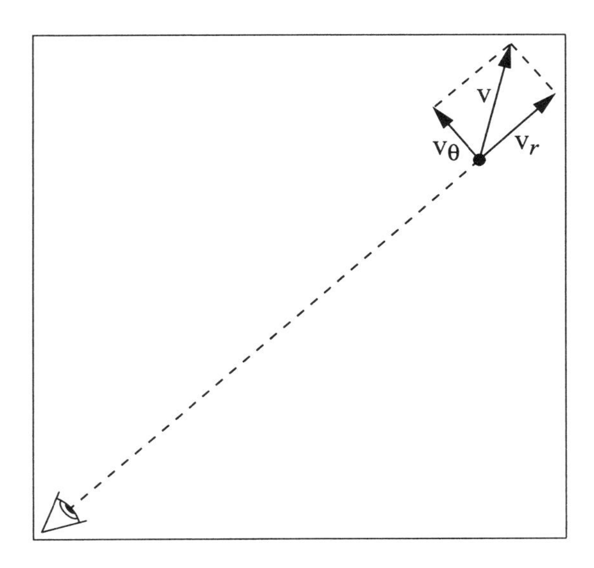

Fig. 1.6 - *Décomposition de la vitesse spatiale d'une étoile*

perpendiculaire à la ligne de visée (tangent à la sphère céleste) et est nommée *vitesse transverse* (notée v_θ).

La vitesse transverse est reliée au *mouvement propre*. Ce dernier est noté μ et représente le taux de variation de la position angulaire sur la sphère céleste ($\mu = \frac{d\theta}{dt}$ est exprimé en secondes d'arc par an). Pendant un intervalle de temps Δt, la projection du mouvement de l'étoile dans la direction perpendiculaire à la ligne de visée correspond à la distance linéaire :

$$\Delta d = v_\theta \Delta t \tag{1.13}$$

Si l'étoile se trouve à une distance r de l'observateur, le segment angulaire $\Delta\theta$, sur la sphère céleste correspondant à Δd est donc :

$$\Delta\theta = \frac{\Delta d}{r} = \frac{v_\theta}{r}\Delta t \tag{1.14}$$

Le mouvement propre de l'étoile, μ est donc relié à la vitesse transverse par :

$$\mu = \frac{d\theta}{dt} = \frac{v_\theta}{r} \tag{1.15}$$

Notons qu'à la différence de la parallaxe, le mouvement propre correspond au mouvement réel de l'étoile et qu'il est non périodique (car non lié au déplacement de la Terre sur son orbite). La vitesse spatiale v peut être déduite seulement lorsque v_r, v_θ sont connus.
Les étoiles à grands mouvements propres sont généralement des étoiles proches. L'étude combinée des parallaxes, des mouvements propres et des vitesses radiales nous fournit des informations sur la position et les mouvements des étoiles proches et donc sur la structure de notre voisinage dans la Galaxie.

L'indice de couleur

Les magnitudes bolométriques apparentes et absolues sont des mesures de la lumière émise par les étoiles à toutes les longueurs d'onde. En pratique la plupart des détecteurs mesurent le flux d'une étoile sur la région spectrale limitée où le détecteur est sensible. Le système photométrique UBV est un des systèmes photométrique les plus anciens : il comporte les trois filtres U, B et V. La magnitude apparente de l'étoile est mesurée dans chacun de ces filtres. La magnitude dans le filtre U, notée m_U, est une magnitude dans l'ultraviolet car ce filtre est centré à 3650 Å et a une bande passante de 680 Å. La magnitude dans le filtre B, notée m_B, est une magnitude dans le bleu, le filtre B étant centré à 4400 Å et ayant une bande passante de 980 Å. La magnitude dans le filtre V, notée m_V, est la magnitude visible de l'étoile, le filtre V étant centré à 5500Å et ayant une bande passante de 890Å. Si la distance d à l'étoile est connue, les magnitudes absolues M_U, M_B et M_V peuvent être calculées. On définit un *indice de couleur* $U - B$ comme étant la différence entre les magnitudes ultraviolette et bleue :

$$U - B = M_U - M_B \tag{1.16}$$

et l'indice $B - V$ comme étant la différence entre les magnitudes bleue et visuelle :

$$B - V = M_B - M_V \tag{1.17}$$

Une étoile ayant une valeur de l'indice de couleur $B - V$ peu élevée est plus bleue (et donc plus chaude) qu'une étoile ayant un indice $B - V$ élevé.
On définit aussi la *correction bolométrique*, BC, comme étant la différence entre la magnitude bolométrique d'une étoile et sa magnitude visuelle :

$$BC = m_{bol} - V = M_{bol} - M_V \tag{1.18}$$

Rappelons qu'une différence de magnitudes est reliée au rapport des flux :

$$m_1 - m_2 = -2.5 \log(\frac{F_1}{F_2}) \tag{1.19}$$

Cette relation peut être utilisée pour trouver des expressions pour les magnitudes U, B et V d'une étoile (mesurées au sommet de l'atmosphère terrestre). Introduisons la fonction de sensibilité $s(\lambda)$. Elle représente la fraction du flux stellaire détectée à la longueur d'onde λ. La fonction $s(\lambda)$ est distincte pour chacun des filtres U, B et V. Elle prend en compte plusieurs facteurs : la réflectivité du miroir du télescope, les largeurs des filtres U, B et V et la réponse du photomètre. Ainsi la magnitude ultraviolette U est définie par :

$$U = -2.5 \log(\int_0^\infty F_\lambda s_U \, d\lambda) + C_U \tag{1.20}$$

où C_U est une constante. Des expressions similaires définissent B et V :

$$B = -2.5\log(\int_0^\infty F_\lambda s_B \, d\lambda) + C_B \quad (1.21)$$

$$V = -2.5\log(\int_0^\infty F_\lambda s_V \, d\lambda) + C_V \quad (1.22)$$

Les constantes C_U, C_B et C_V sont différentes pour chaque région spectrale. Elles sont définies par la contrainte que l'étoile Véga (α Lyrae) doit avoir une magnitude nulle à toutes les longueurs d'onde. Ce choix est arbitraire et n'implique pas que Véga soit également brillante dans les trois filtres. Pour les étoiles les plus brillantes, les magnitudes calculées ainsi sont en bon accord avec celles définies par Hipparque.
La magnitude bolométrique apparente, m_{bol}, mesure la puissance lumineuse émise par l'étoile à toutes les longueurs d'onde. Cette magnitude devrait en principe être mesurée par un bolomètre parfait capable de détecter la lumière provenant de l'étoile à toutes les longueurs d'onde (en pratique un tel instrument n'existe pas). Cet instrument a une fonction de sensibilité constante ($s(\lambda) = 1$) ce qui permet d'écrire :

$$m_{bol} = -2.5\log(\int_0^\infty F_\lambda \, d\lambda) + C_{bol} \quad (1.23)$$

La constante C_{bol} peut d'ailleurs être calculée à partir de la magnitude bolométrique du Soleil ($m_{bol}(\odot) = -26.81$).
Les indices de couleur $U - B$ et $B - V$ peuvent donc être exprimés sous les formes suivantes :

$$U - B = -2.5\log(\frac{\int F_\lambda s_U \, d\lambda}{\int F_\lambda s_B \, d\lambda}) + C_{U-B} \quad (1.24)$$

où $C_{U-B} = C_U - C_B$. Une relation similaire est vérifiée pour $B - V$.
Remarquons que les indices de couleur ne dépendent ni du rayon stellaire R, ni de la distance d (alors que les magnitudes apparentes en dépendent). En effet, le flux monochromatique F_λ, est relié aux flux émis en surface, supposé être une fonction de Planck notée B_λ, par la relation :

$$F_\lambda = \frac{R^2}{d^2} B_\lambda \quad (1.25)$$

où d est la distance à l'étoile, R le rayon de l'étoile. Les termes $(\frac{R}{d})^2$ se simplifient donc dans les rapports de l'équation définissant $U - B$. L'indice de couleur est donc une mesure de la température seulement de l'atmosphère de l'étoile.
Les astronomes utilisent fréquemment des *diagrammes de couleurs* dans lesquels un indice est représenté en fonction d'un autre indice par exemple $U - B$ en fonction de $B - V$ (figure 1.7). Si les étoiles étaient des corps noirs, elles se

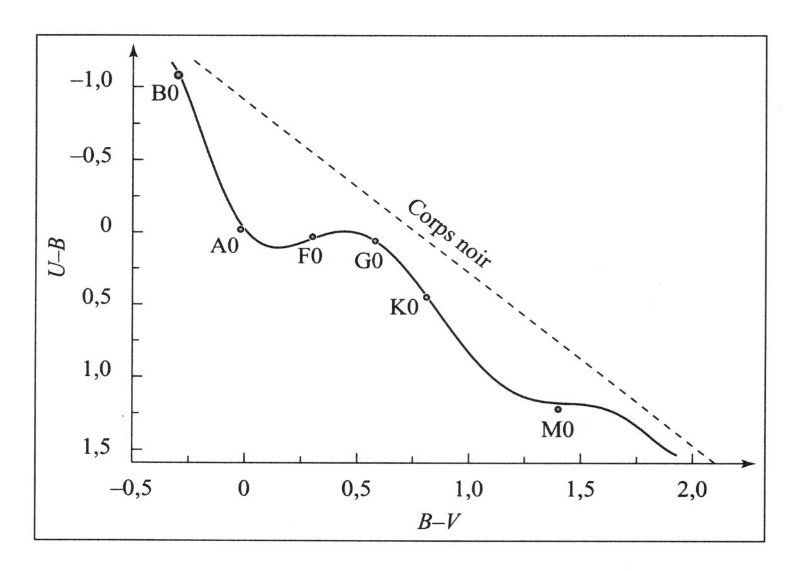

Fig. 1.7 - *Diagramme couleur-couleur pour les étoiles de la séquence principale*

situeraient sur la droite hachurée dans ce diagramme. En fait, lorsqu'on reporte les valeurs des indices $U - B$ et $B - V$, la majorité des étoiles se répartissent le long d'une séquence appelée *Séquence Principale* qui dévie beaucoup de la droite du corps noir. Ceci est dû au fait que les étoiles ne sont pas des corps noirs comme nous le verrons au chapitre dédié aux atmosphères stellaires. Une certaine quantité de lumière est absorbée lorsqu'elle traverse l'atmosphère stellaire. Cette quantité dépend d'ailleurs à la fois de la longueur d'onde et de la température de l'étoile. Nous verrons plus en détail l'utilité des diagrammes couleur-couleur en particulier leur interprétation physique dans le chapitre cinq.

1.4 Les systèmes binaires

Les systèmes (ou étoiles) binaires sont formés de deux étoiles en orbite elliptique autour de leur centre de gravité commun (figure 1.8). La découverte des étoiles binaires fut très importante car elle apporta la preuve que la loi de la gravitation de Newton s'applique en dehors du système solaire encourageant les astronomes à appliquer d'autres lois physiques ailleurs dans l'univers. Nous allons montrer que dans le cas simple de deux étoiles occupant des orbites circulaires concentriques, l'application du principe fondamental de la dynamique permet de déterminer la masse de chaque étoile (cette démonstration pourrait être faite dans le cas d'orbites elliptiques).

Considérons deux étoiles E_1 et E_2 de masses M_1 et M_2 en mouvement sur deux orbites circulaires de rayons a_1 et a_2 ($a_2 > a_1$) centrées sur le centre de

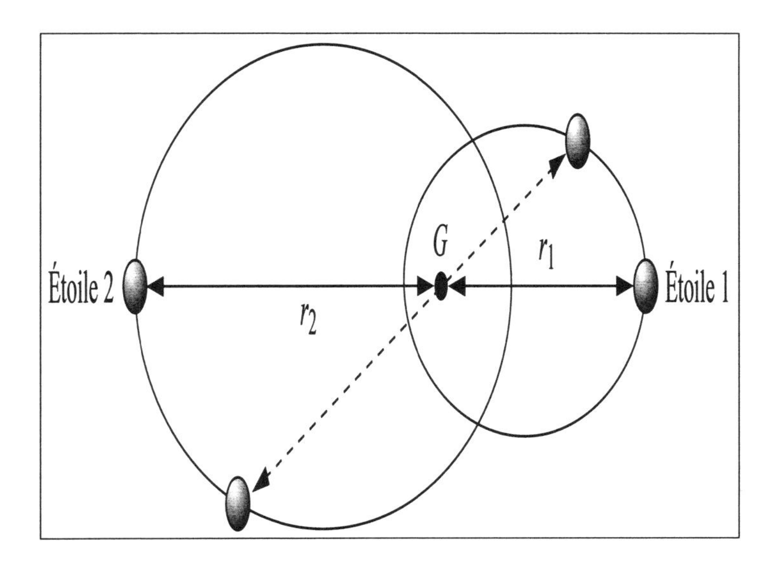

Fig. 1.8 - *Orbites elliptiques de deux étoiles de masses M_1 et M_2*

masse commun C défini par :

$$M_1 a_1 = M_2 a_2 \tag{1.26}$$

Si nous pouvons localiser le centre de masse du système et mesurer le rapport des rayons $\frac{a_1}{a_2}$, nous obtenons le rapport des masses :

$$\frac{M_1}{M_2} = \frac{a_2}{a_1} \tag{1.27}$$

(dans ce chapitre, nous utiliserons des majuscules pour désigner les masses (M), les rayons (R) et les températures stellaires (T)). Remarquons que ceci implique que la plus massive des deux étoiles est E_1, c'est aussi celle qui est la plus proche du barycentre des masses. Ce rapport peut être déterminé sans connaître la distance au système binaire. Pour que les deux étoiles restent alignées et que le centre de gravité se déplace à une vitesse linéaire constante, elles doivent tourner avec la même vitesse angulaire autour du centre de masse. Les deux étoiles sont séparées de la distance $a = a_1 + a_2$. En égalant la force de gravitation entre les deux étoiles à la force centrifuge, il vient :

$$\frac{GM_1M_2}{(a_1+a_2)^2} = M_1\omega^2 a_1 = M_2\omega^2 a_2 \tag{1.28}$$

D'autre part, $a = a_1(1 + \frac{a_2}{a_1}) = a_1(1 + \frac{M_1}{M_2})$ et donc :

$$\frac{GM_1M_2}{a^2} = \frac{M_1\omega^2 a M_2}{M_1 + M_2} \tag{1.29}$$

soit

$$\omega^2 a^3 = G(M_1 + M_2) \tag{1.30}$$

Pour une orbite circulaire $\omega = \frac{2\pi}{T}$ où T est la période de révolution, on en déduit la troisième loi de Kepler généralisée à deux corps en mouvements :

$$\frac{4\pi^2 a^3}{T^2} = G(M_1 + M_2) \tag{1.31}$$

Remarquons que si les distances sont exprimées en unités astronomiques, les temps en années et les masses en unités de masse solaire, le facteur $\frac{4\pi^2}{G}$ vaut l'unité.
Si nous pouvons donc mesurer la période du système et la séparation des étoiles (ce qui nécessite de connaître la distance au système), nous pouvons déduire la somme des masses. Si nous connaissons de plus la position du centre de masse, le rapport des masses peut être aussi déduit et donc les masses individuelles. Il n'est cependant pas souvent possible d'avoir toutes ces informations. Il existe en fait trois classes d'étoiles binaires pour lesquelles les données observationnelles diffèrent : les binaires visuelles, les binaires à éclipses et les binaires spectroscopiques.

1.4.1 Binaires visuelles

Une *binaire visuelle* est un système dans lequel les deux étoiles peuvent être résolues angulairement à l'aide d'un télescope. Dans le cas d'observations visuelles, le pouvoir de séparation du télescope α, est donné par le critère de Rayleigh :

$$\alpha \simeq 0.14 \frac{1}{D} \tag{1.32}$$

où α est exprimé en secondes d'arc et D, le diamètre du télescope est en mètres. L'angle α représente la plus petite séparation angulaire pouvant être résolue par le télescope. Récemment, on a pu obtenir des résolutions angulaires bien meilleures avec l'interférométrie à tavelures. Si la séparation angulaire des deux composantes du système est supérieure à la limite de résolution imposée par le critère de Rayleigh et la turbulence est peu élevée, alors il est possible de mesurer la position relative de l'étoile E_1 par rapport à celle de E_2 : on obtient ainsi l'orbite relative de E_1 autour de de E_2 (figure 1.9).

Le but est d'essayer de déterminer la somme des masses et leur rapport. Nous illustrons la méthode dans le cas du système 99 Herculis. Le demi-grand axe de l'orbite de E_1 par rapport à E_2, qui est aussi la séparation moyenne des étoiles, sous-tend un angle $\alpha = 1.03$ secondes d'arc vu depuis la Terre. Nous supposons que l'orbite est vue de face ce qui est évidemment rarement le cas. Le système se trouvant à une distance de 3.8×10^6 unités astronomiques (distance moyenne de la Terre au Soleil), ceci conduit à une dimension linéaire

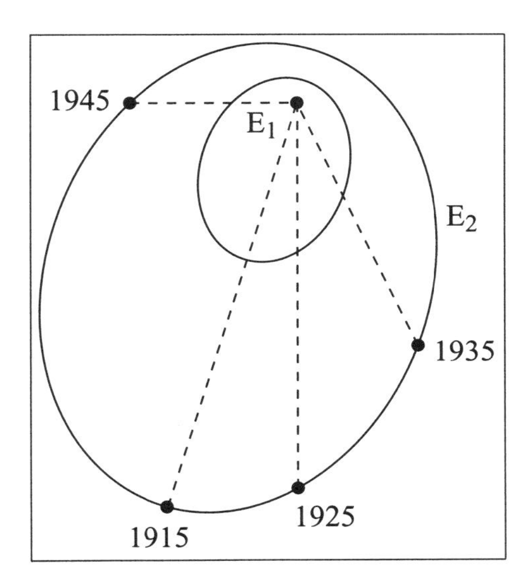

Fig. 1.9 - *Orbite relative de E_1 autour de E_2*

du système : $a = 18.7$ unités astronomiques. L'application de la troisième loi de Kepler conduit à :

$$G(M_1 + M_2)T^2 = a^3 4\pi^2 \qquad (1.33)$$

Comme $T \simeq 56$ ans, on en déduit : $M_1 + M_2 \simeq 2.1 M_\odot$.
Pour trouver le rapport des masses, on examine le mouvement des étoiles E_1 et E_2 par rapport à des étoiles lointaines fixes (figure 1.10). Comme le système binaire est mécaniquement isolé (car très éloigné d'autres étoiles), son centre de masse décrit une orbite rectiligne. Les positions successives C_1, C_2, ..., C_i sont identifiées en traçant la droite qui coupe tous les segments $E_{1,i}E_{2,i}$ à la position définissant le centre de masse. La mesure des rapports $\frac{E_{1,i}C_i}{E_{2,i}C_i}$ conduit au rapport des masses :

$$\frac{E_{1,1}C_1}{E_{2,1}C_1} = ... \simeq 0.65 = \frac{M_2}{M_1} \qquad (1.34)$$

Du rapport et de la somme des masses, on déduit : $M_1 = 1.3 M_\odot$ et $M_2 = 0.7 M_\odot$. Les orbites vraies de E_1 et E_2 peuvent alors être reconstruites : ce sont deux ellipses de même excentricité que l'orbite relative.
Considérons maintenant le cas où le plan contenant les orbites n'est plus perpendiculaire à la ligne de visée (c'est-à-dire n'est plus tangent au plan du ciel) mais fait un certain angle $i \neq 0$ avec le plan du ciel (l'inclinaison, i, d'un système est l'angle entre le plan des orbites et le plan perpendiculaire à la ligne de visée). Supposons de plus que la droite d'intersection est parallèle au petit axe des orbites elliptiques des deux étoiles. L'observateur ne voit pas les orbites réelles mais leurs projections sur le plan du ciel (figure

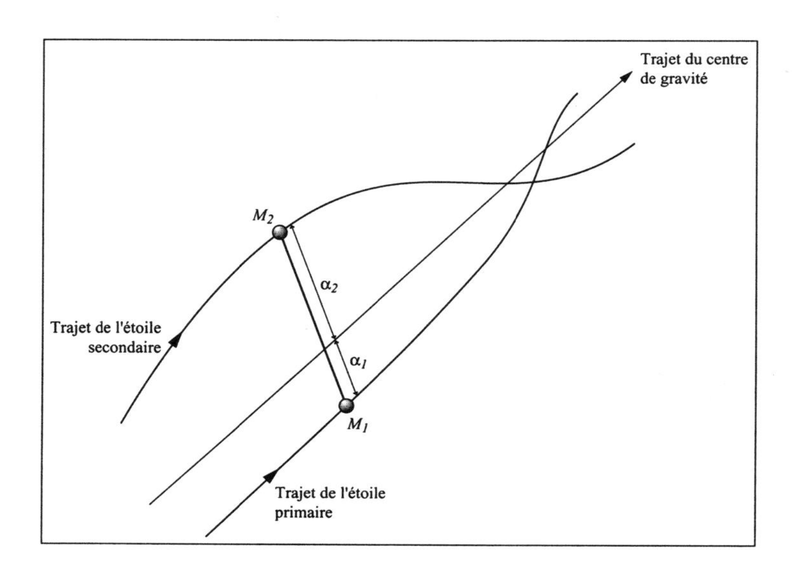

Fig. 1.10 - *Déplacement du centre de masse pour une binaire visuelle*

1.11). Ceci a deux conséquences. La première est que l'observateur ne mesure pas les angles α_1 et α_2 sous-tendus par les demi grand axes mais leurs projections sur le plan du ciel soit : $\beta_1 = \alpha_1 \cos i$ et $\beta_2 = \alpha_2 \cos i$. Cet effet de projection n'a aucun rôle sur le rapport des masses : $\frac{M_1}{M_2} = \frac{\alpha_2}{\alpha_1} = \frac{\beta_2}{\beta_1}$. L'autre conséquence porte sur la somme des masses qui ne peut pas être déduite sans avoir i. En posant $\alpha = \frac{a}{d} = \alpha_1 + \alpha_2$, la troisième loi de Kepler s'écrit : $M_1 + M_2 = \frac{4\pi^2\alpha^3 d^3}{GT^2} = \frac{4\pi^2}{G}(\frac{d}{\cos i})^3\frac{\beta^3}{T^2}$ où $\beta = \beta_1 + \beta_2 = (\alpha_1 + \alpha_2)\cos i$.

L'angle d'inclinaison est généralement estimé en mesurant avec précision la position projetée du centre de masse du système. Notons que le centre de masse de l' ellipse projetée ne coïncide pas avec la projection du vrai centre de masse sur le plan du ciel. On peut déterminer la géométrie de l'orbite réelle en considérant les projections de différentes ellipses sur le plan du ciel et en les comparant aux données observées.

1.4.2 Binaires à éclipses

Pour certains systèmes binaires, la ligne de visée passe par le plan des orbites et une étoile passe périodiquement devant l'autre : on observe alors des éclipses. Plus précisément, l'inclinaison d'un tel système est proche de $\frac{\pi}{2}$. Les binaires à éclipses sont reconnaissables par leurs courbes de lumière périodiques caractéristiques présentant un minimum profond (minimum primaire) et un minimum secondaire moins profond. Nous considérons ici un système où l'étoile la plus massive et aussi la plus grande, notée L, est pratiquement confondue avec le centre de masse et l'autre étoile, S, est la plus petite et la moins massive. Les orbites sont circulaires, la séparation $LS = a$ (figure 1.12). Le minimum

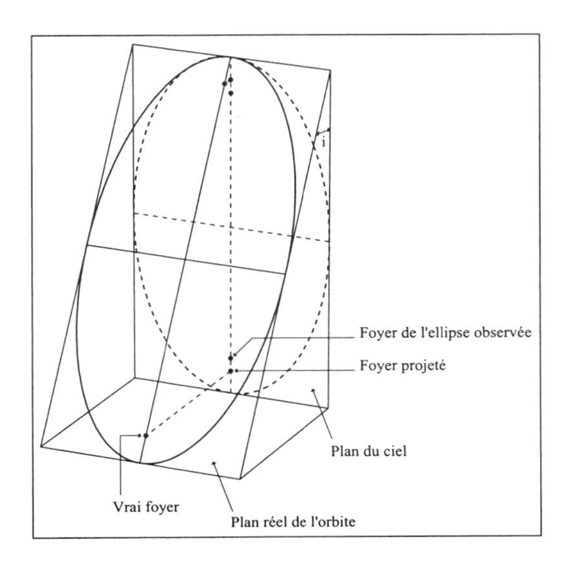

Fig. 1.11 - *Projection des orbites réelles sur le fond du ciel*

primaire a lieu lorsque S est éclipsée totalement par L : dans ce cas, le minimum est profond et plat. Lorsque S passe devant L, une fraction de la surface de L est occultée. Comme cette fraction est constante lorsque S se déplace devant L, un minimum plat est observé (minimum secondaire). Si l'inclinaison du système n'est pas exactement égale à $\frac{\pi}{2}$, une éclipse partielle de S par L a lieu et le minimum primaire n'est pas plat mais pointu ainsi que le minimum secondaire. L'analyse de ces courbes de lumière, en particulier la mesure de la durée des éclipses et des amplitudes des chutes de lumière durant les deux éclipses, permet de déterminer les rayons des deux étoiles et leurs températures de surface (en plus des masses) (figure 1.13).

La mesure de la durée des éclipses permet de trouver les rapports des rayons au rayon de l'orbite a, c'est-à-dire $\frac{R_L}{a}$ et $\frac{R_S}{a}$. En effet, l'intervalle de temps entre le premier contact (instant t_a) et le minimum primaire (instant t_b) vérifie :

$$t_b - t_a = 2R_S v \tag{1.35}$$

où v est la vitesse relative des deux étoiles. Nous pouvons aussi écrire :

$$v(t_d - t_a) \simeq 2(R_s + R_L) \tag{1.36}$$

$$v(t_c - t_b) \simeq 2(R_s - R_L) \tag{1.37}$$

Par exemple, pour le système AR Lac, on peut mesurer sur la courbe de lumière : $t_d - t_a = 0.328$ jour et $t_c - t_b = 0.082$ jour. Comme par ailleurs $T = \frac{2\pi a}{v} = 1.983$ jour, on a :

$$\frac{2\pi a}{T}(t_d - t_a) \simeq 2(R_s + R_L) \tag{1.38}$$

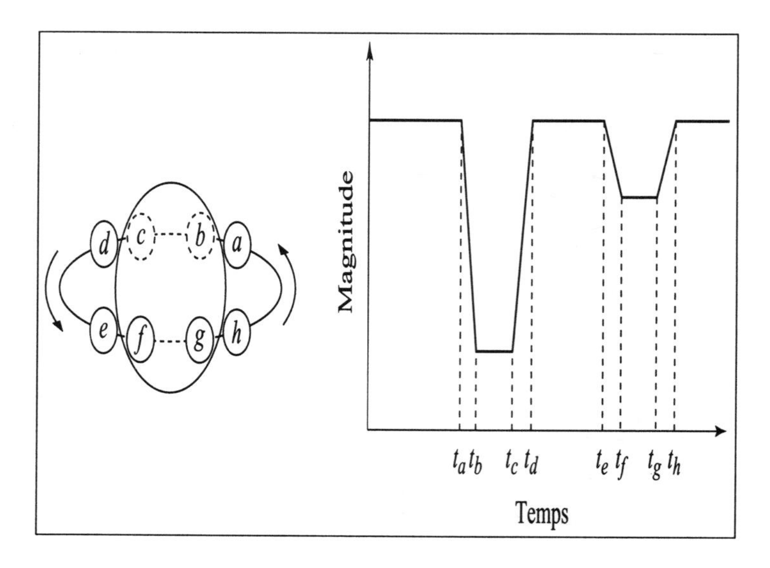

Fig. 1.12 - *Configurations d'un système binaire à éclipses*

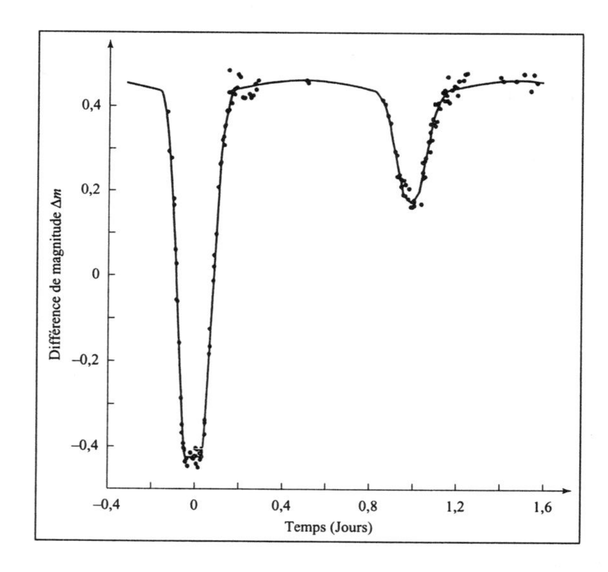

Fig. 1.13 - *Courbe de lumière de AR Lac adapté de Novotny [121]*

$$\frac{2\pi a}{T}(t_c - t_b) \simeq 2(R_s - R_L) \tag{1.39}$$

d'où l'on déduit : $\frac{R_L}{a} = 0.325$ et $\frac{R_S}{a} = 0.195$.
Le rapport des températures de surface des deux étoiles peut être trouvé en comparant la lumière émise durant l'éclipse primaire à celle émise hors éclipse. On suppose que les deux étoiles rayonnent comme des corps noirs de températures T_L et T_S et donc rayonnent des puissances par unité de surface égales à : $F_L = \sigma T_L^4$ et $F_S = \sigma T_S^4$. Supposons de plus que S est une étoile chaude et L une étoile froide. L'éclipse primaire a lieu lorsque l'étoile chaude passe derrière l'étoile froide et cette éclipse est plus profonde que lorsque l'inverse se produit (car l'étoile chaude est plus brillante par unité de surface que la froide et on choisit les rayons de telle façon que : $R_s^2 T_s^4 > R_L^2 T_L^4$). Nous supposons de plus que les surfaces de S et L rayonnent uniformément (ceci est une simplification car les disques stellaires sont généralement plus brillants à leur centre qu'au bord).
Lorsque les deux étoiles sont visibles, hors éclipse, la luminosité détectée par l'observateur est maximale et vaut :

$$L_{max} = k(\pi R_L^2 F_L + \pi R_s^2 F_s) \tag{1.40}$$

où k est un facteur qui dépend de la distance au système et de la nature du détecteur. Lors de l'éclipse primaire de S par L, la luminosité, L_p, observée est :

$$L_p = k\pi R_L^2 F_L \tag{1.41}$$

Lors de l'éclipse secondaire, S est devant L, la luminosité observée, L_s, est :

$$L_S = k(\pi R_L^2 - \pi R_s^2)F_L + k\pi R_s^2 F_s \tag{1.42}$$

Le premier terme du membre de droite est la luminosité rayonnée par la partie du disque non occultée de L, le deuxième terme est la luminosité rayonnée par S. On peut alors former le rapport de la lumière supprimée pendant l'éclipse primaire, $L_{max} - L_p$, à celle supprimée pendant l'éclipse secondaire, $L_{max} - L_s$:

$$\frac{L_{max} - L_p}{L_{max} - L_s} = \frac{F_s}{F_L} = (\frac{T_s}{T_L})^4 \tag{1.43}$$

Pour les binaires à éclipses, il est donc possible de déterminer outre les masses, les rayons et les températures de chaque étoile.
Actuellement, les astronomes peuvent modéliser des effets très fins dans les systèmes binaires. Ils peuvent détecter la présence de taches à des températures différentes du reste du disque pour l'une ou les deux étoiles (systèmes RS CVn). Ils peuvent aussi mesurer la déformation des étoiles dans les systèmes serrés où la force gravitationnelle due au compagnon tend à déformer l'autre étoile. Dans de tels systèmes serrés, les étoiles ne sont pas sphériques.

Des courbes de lumières synthétiques sont générées pour différents jeux de paramètres jusqu'au meilleur accord avec les courbes observées.

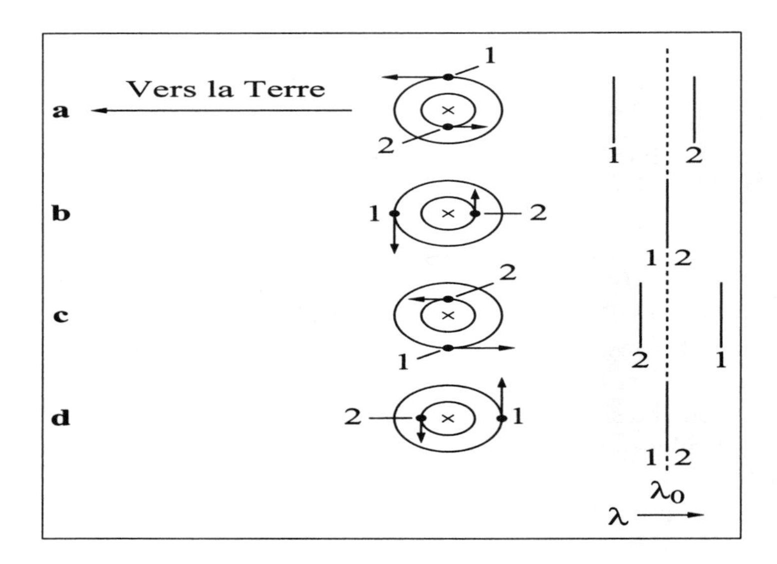

Fig. 1.14 - *Effet Doppler dans le spectre d'une étoile binaire spectroscopique*

1.4.3 Binaires spectroscopiques

Pour les binaires spectroscopiques, il n'est pas possible de résoudre chaque étoile individuellement. Le caractère binaire du système est reconnu à partir du déplacement périodique des raies dans le spectre. En effet, la vitesse radiale des deux étoiles en orbite autour de leur centre de gravité commun varie induisant un déplacement périodique des raies par effet Doppler (par rapport à la position qu' elles auraient si elles étaient émises par le centre de masse C). Deux cas peuvent se présenter. Dans le premier vas, les deux étoiles du système ont des luminosités comparables et les deux spectres sont observables. Dans le deuxième cas, l'une des deux étoiles est bien plus lumineuse que l'autre. Le spectre du compagnon le plus faible sera alors très difficile à discerner et on observera un seule ensemble de raies de longueurs d'onde variables (celles de l'étoile brillante). La figure 1.14 montre le type de variations en longueurs d'onde auquel on peut s'attendre pour un système spectroscopique où les spectres des deux composantes sont observables.

Les longueurs d'onde des raies des deux étoiles sont représentées à quatre phases différentes de l'orbite :

- phase a) :l'étoile E_1 se déplace vers l'observateur alors que E_2 s'en éloigne.
- phase b) : les deux étoiles ont des vitesses perpendiculaires à la ligne de visée.
- phase c) : l'étoile E_1 s'éloigne de l'observateur alors que E_2 s'en rapproche.
- phase d) : les deux étoiles ont à nouveau des vitesses perpendiculaires à la ligne de visée.

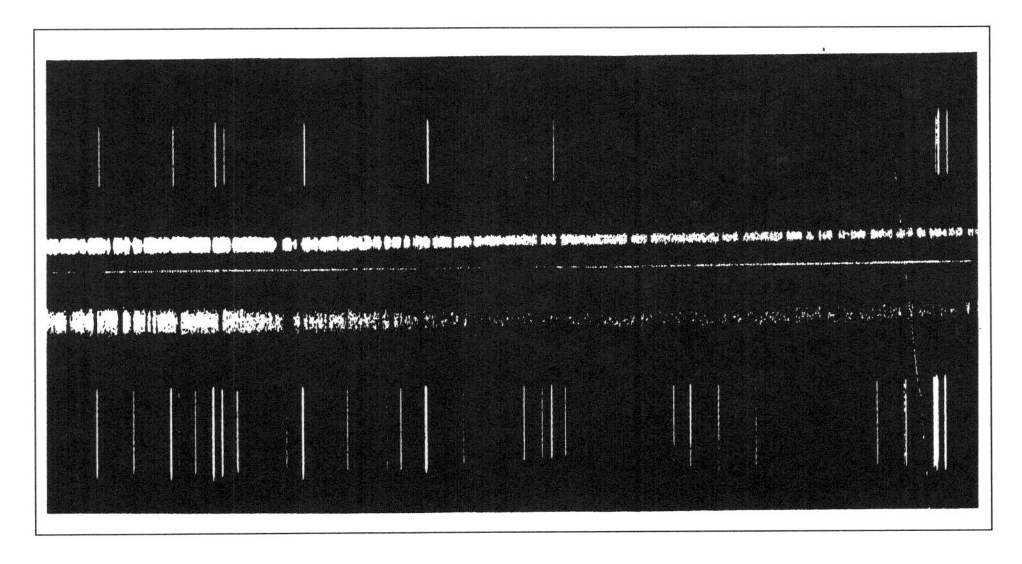

Fig. 1.15 - *Dédoublement des raies pour l'étoile binaire spectroscopique κ Arietis*

La figure 1.15 représente le spectre observé de la binaire spectroscopique κ Arietis dans deux configurations différentes du système. Dans le spectre du haut, les raies spectrales sont dédoublées ; dans le spectre du bas, elles sont simples.

Considérons un système binaire spectroscopique où les spectres des deux étoiles peuvent être observés. L'inclinaison i du plan des orbites est quelconque par rapport à la ligne de visée. Si v_1 est le vitesse de l'étoile E_1 de masse M_1 et v_2 la vitesse de l'étoile E_2 de masse M_2, les vitesse radiales v_{1r} et v_{2r} doivent rester inférieures à $v_{1r}^{max} = v_1 \sin i$ et $v_{2r}^{max} = v_2 \sin i$. Si les deux orbites sont circulaires, les vitesse sont constantes et si de plus, le plan de l'orbite se trouve dans la ligne de visée de l'observateur ($i = \frac{\pi}{2}$), alors les vitesses radiales mesurées sur les spectres à différentes époques ont une variation sinusoïdale (figure 1.16)

Si l'inclinaison du système est différente de $\frac{\pi}{2}$, la forme de la courbe de vitesse ne change pas mais l'amplitude est multipliée par $\sin i$. Pour déterminer les vitesses réelles, il est souhaitable de déterminer i ce qui n'est pas toujours possible.

Dans la pratique de nombreuses binaires spectroscopiques ont des orbites pratiquement circulaires. En effet, les systèmes serrés tendent à circulariser leurs orbites à cause des forces de marées entre les deux composantes. En supposant les excentricités des orbites très petites devant l'unité, les vitesses des étoiles sont essentiellement constantes et données par $v_1 = \frac{2\pi a_1}{P}$ et $v_2 = \frac{2\pi a_2}{P}$ où a_1 et a_2 sont les rayons des orbites et P la période des orbites. Nous savons d'autre

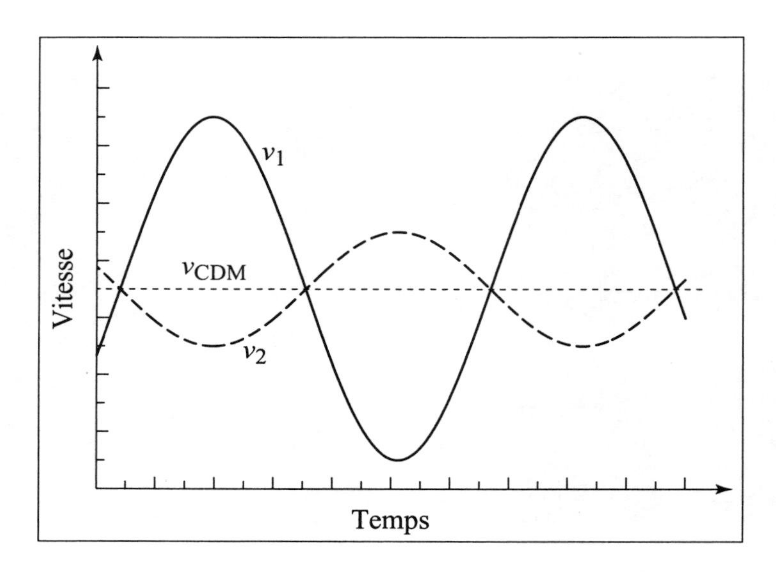

Fig. 1.16 - *Variations des vitesses radiales v_{1r} et v_{2r} des étoiles E_1 et E_2*

part que le rapport des masses est :

$$\frac{M_1}{M_2} = \frac{a_2}{a_1} = \frac{v_2}{v_1} \tag{1.44}$$

Comme les vitesses radiales vérifient $v_{1r} = v_1 \sin i$ et $v_{2r} = v_2 \sin i$, nous pouvons écrire cette équation en fonction des vitesses radiales :

$$\frac{M_1}{M_2} = \frac{v_{2r}}{\sin i}\frac{\sin i}{v_{1r}} = \frac{v_{2r}}{v_{1r}} \tag{1.45}$$

Le rapport des masses peut donc être déterminé sans connaître l'angle i (comme dans le cas des binaires visuelles) à partir de la mesure des vitesses radiales. Cependant, le calcul de la somme des masses nécessite de connaître i. En effet, en exprimant a, en fonction de a_1 et a_2 :

$$a = a_1 + a_2 = \frac{P}{2\pi}(v_1 + v_2) \tag{1.46}$$

et en le reportant dans la troisième loi de Kepler, nous trouvons :

$$M_1 + M_2 = \frac{P}{2\pi.G}(v_1 + v_2)^3 \tag{1.47}$$

soit en fonction des vitesses radiales :

$$M_1 + M_2 = \frac{P}{2\pi G}(\frac{1}{\sin i})^3(v_{1r} + v_{2r})^3 \tag{1.48}$$

La somme ne peut être obtenue que si v_{1r} et v_{2r} sont mesurables et si i est connu. Dans le cas où une des étoiles, E_1 par exemple, est beaucoup plus brillante que l'autre, seule v_{1r} peut être mesurée. Comme $v_{2r} = \frac{M_1}{M_2} v_{1r}$, la relation précédente devient :

$$M_1 + M_2 = \frac{P}{2\pi G}(\frac{v_{1r}}{\sin i})^3(1 + \frac{m_1}{m_2})^3 \quad (1.49)$$

soit :

$$\frac{M_2^3}{(M_1 + M_2)^2}(\sin i)^3 = \frac{P}{2\pi G} v_{1r}^3 \quad (1.50)$$

Le terme de droite de cette équation dépend de deux observables : la période et la vitesse radiale et porte le nom de *fonction de masse.* Comme l'information provient d'un seul spectre, il est impossible de déterminer le rapport des masses. Dans certains cas cependant, l'une des masses peut être estimée indépendamment. Si par exemple, M_1 ou $\sin i$ peuvent être estimés, la fonction de masse permet de placer une limite inférieure sur M_2 car le membre de gauche est toujours inférieur à M_2. L'estimation des masses d' étoiles naines dans des systèmes binaires a permis de mettre en évidence une corrélation entre la luminosité et la masse pour les étoiles de la séquence principale qui porte le nom de *relation masse luminosité* (figure 1.17).
Les différentes propriétés déduites des mesures des étoiles binaires sont rassemblées ci-après. Pour les étoiles binaires visuelles, on peut déterminer la dimension angulaire du grand axe, l'excentricité de l'ellipse et la valeur absolue $|i|$ de l'inclinaison du plan orbital. *Si de plus la parallaxe est connue*, on a accès à la dimension linéaire du grand axe et à la somme des masses. *Si la position du centre de gravité est connue*, on a alors le rapport des masses. Pour les *binaires à éclipses*, on peut déduire le rapport des luminosités, le rapport des rayons a_1 et a_2 au rayon a de l'orbite relative (orbites circulaires), l'inclinaison du plan de l'orbite et la forme des étoiles. Pour les binaires spectroscopiques, on peut déterminer le produit $a \sin i$, l'excentricité de l'ellipse. Les produits $M_1 \sin^3 i$ et $M_2 \sin^3 i$ peuvent être déduits des courbes de vitesse de chaque étoile. Dans le cas où une binaire est à la fois spectroscopique et à éclipses, les masses et rayons de chaque étoile peuvent être déduits.

1.5 Relation masse-luminosité

A partir des masses et luminosités d'étoiles composantes de systèmes binaires, il est possible d'établir la relation masse-luminosité. Cette loi empirique est tracée sur la figure 1.17 où l'on a reporté le logarithme de la luminosité (rapportée à la luminosité solaire) en fonction du logarithme de la masse (rapportée à la masse solaire). Cette loi est pratiquement linéaire (sauf aux masses les plus faibles) et la luminosité stellaire augmente avec la masse. Les données collectées pour établir cette loi proviennent d'étoiles de la séquence principale membres de systèmes binaires. Nous pouvons donc écrire que pour ces étoiles

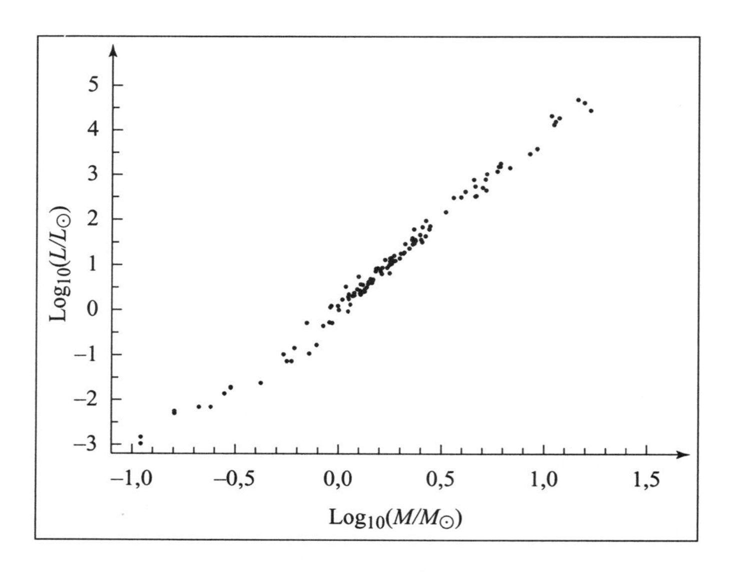

Fig. 1.17 - *Relation entre la masse et la luminosité*

la relation masse-luminosité prend la forme :

$$\log(\frac{L}{L_\odot}) = a \log \frac{M}{M_\odot} + b \tag{1.51}$$

où a et b sont des constantes ce qui conduit à :

$$L = AM^k \tag{1.52}$$

où A et B sont d'autres constantes.
L'ajustement de cette loi en puissance aux données les plus précises d'étoiles de la séquence principale dans des systèmes binaires conduit à une valeur de $k \simeq 3.1$:

$$L \simeq M^{3.1} \tag{1.53}$$

La relation masse-luminosité est utile car elle permet d'attribuer une masse à une étoile dont la luminosité est connue (si l'étoile est sur la séquence principale).

1.6 Mesures des diamètres angulaires stellaires

Le diamètre angulaire d'une étoile est important à deux égards. Il permet d'abord de trouver à partir du flux lumineux atteignant la surface d'un photomètre le flux émis par la surface de l'étoile. En effet, la conservation de l'énergie lumineuse dans un milieu non absorbant implique que :

$$f_\lambda = \frac{\theta^2}{4} F_\lambda \tag{1.54}$$

où f_λ est le flux mesuré et F_λ est le flux émis. D'autre part, le rayon stellaire (déduit de θ lorsque la distance est disponible) est un paramètre important des modèles de l'évolution stellaire.
Nous avons vu que les rayons peuvent être déterminés pour les systèmes binaires spectroscopiques présentant des éclipses. Pour des étoiles simples (n'appartenant pas à un système binaire), le diamètre angulaire peut être déterminé directement par interférométrie. La première mesure a été réalisée en 1920 par Michelson et Pease. Elle constitue une application de l'expérience des trous d'Young dont je rappelle brièvement le principe ci-après.
Une onde plane tombe sous une incidence α faible sur un écran opaque percé de deux fentes rectangulaires de centres O1 et O2 et de largeurs a. Une lentille convergente, placée derrière l'écran permet d'observer dans son plan focal (Π) les franges localisées à l'infini. On observe une série de franges rectilignes et équidistantes alignées selon un axe perpendiculaire à O_1O_2, superposées à la figure de diffraction produite par une seule ouverture. Soit $E(P)$, l'éclairement en un point P quelconque du plan focal repéré par l'angle β par rapport à la normale à O_1O_2. On peut montrer que $E(P)$ vérifie :

$$E(P) \propto (\cos(\frac{\delta O_1O_2}{2}))^2(\frac{\sin(\frac{\delta a}{2})}{(\frac{\delta a}{2})})^2 \quad (1.55)$$

où $\delta = \frac{2\pi}{\lambda}(\sin\alpha + \sin\beta)$

Le premier terme de $E(P)$, la fonction sinus cardinal élevée au carré, détermine la répartition de la lumière dans les franges de diffraction et dépend de leur forme. Le second terme, $(\cos(\frac{\delta O_1O_2}{2}))^2$, détermine l'aspect des franges d'interférences qui disparaissent quand on masque une des ouvertures. Elles sont beaucoup plus serrées que la frange de diffraction car O_1O_2 est bien supérieur à a. Les angles α et β étant petits, on peut écrire :

$$\delta = \frac{2\pi}{\lambda}(\alpha + \beta) \quad (1.56)$$

et

$$(\frac{\sin(\frac{\delta a}{2})}{(\frac{\delta a}{2})})^2 \simeq 1 \quad (1.57)$$

Les minima d'interférences apparaissent comme des franges noires correspondant à $\alpha + \beta = (2k+1)\frac{\lambda}{2O_1O_2}$ et les maxima correspondent à $\alpha + \beta = k\frac{\lambda}{2O_1O_2}$ où k est un entier.
Si on remplace la source placée à l'infini par deux sources ponctuelles alignées sur une droite perpendiculaire à O_1O_2, les maxima et les minima des systèmes de franges de chaque point se superposent exactement. Par contre, deux sources ponctuelles (les deux composantes d'un système binaire) alignées parallèlement à O_1O_2 donnent deux systèmes de franges décalés l'un par rapport à l'autre d'une quantité dépendant de la distance angulaire γ, sous-tendue par les deux

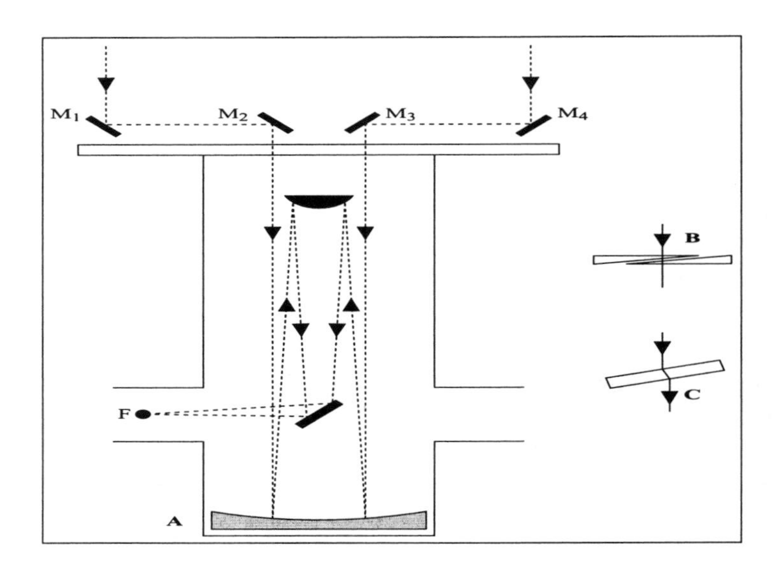

Fig. 1.18 - *Dispositif de Michelson et Pease*

sources. On peut montrer que le contraste des franges noté C et défini par $C = \frac{E_{max}-E_{min}}{E_{max}+E_{min}}$, passe par un minimum quand les maxima du système de franges d'une source coïncident avec les minima du système de franges de l'autre source c'est-à-dire lorsque $\gamma = \frac{\lambda}{2O_1O_2}$.
Si, à la place des deux sources ponctuelles, on observe une source étendue circulaire de brillance uniforme et de diamètre apparent $2\alpha_0$, le contraste des franges varie avec l'étendue angulaire de la source dans la direction O_1O_2. On peut alors définir ce contraste comme étant :

$$C(r) = \frac{4}{\pi}\int_0^{\infty}(1-x^2)^{\frac{1}{2}}\cos(rx)\,dx \tag{1.58}$$

où $x = \frac{\alpha}{\alpha_0}$ et $r = \frac{2\pi O_1O_2\alpha_0}{\lambda}$. Lorsqu'on augmente progressivement la distance O_1O_2 entre les deux ouvertures, r augmente et le contraste diminue jusqu'à s'annuler pour la valeur de $r \simeq 1.22\pi$ c'est-à-dire pour $O_1O_2 \simeq 1.22\frac{\lambda}{2\alpha_0}$. Si l'on continue à faire croître O_1O_2, les franges réapparaissent moins contrastées, les maxima et les minima étant échangés. Pour mesurer le diamètre angulaire de la source étendue, il suffit donc de repérer la séparation des fentes O_1O_2 pour laquelle la visibilité s'annule. Le calcul précédent néglige l'assombrissement du centre vers le bord du disque des étoiles. En adoptant une loi d'assombrissement similaire à celle du Soleil, on peut montrer que le contraste des franges s'annule pour une valeur de r supérieure à 1.22π conduisant à des diamètres angulaires plus élevés (la correction ne dépasse pas 10%). Michelson et Pease ont utilisé l'annulation du contraste des franges dans leur expérience avec l'appareil représenté sur la figure 1.18.

Un banc optique de six mètres de longueur comportant quatre miroirs de diamètres 15 cm (notés M1, M2, M3 et M4) est placé à l'extrémité supérieure du télescope de 2,5 mètres de diamètre du Mont Wilson. Les miroirs M1 et M4 sont mobiles, M2 et M3 sont fixes. La tache de diffraction sur laquelle se superposent des franges d'interférences est observée au foyer F du télescope après renvoi au moyen d'un miroir incliné à 45^0. On écarte alors systématiquement les miroirs M1 et M4 jusqu'à ce que les franges disparaissent. Les deux faisceaux qui interfèrent n'ont pas le même chemin optique lorsqu'on déplace les miroirs M1 et M4. Pour rétablir l'égalité des chemins optiques, on intercale sur un faisceau un compensateur formé de deux coins de verre identiques pouvant glisser l'un par rapport à l'autre. Sur l'autre faisceau, on place une lame verre plan-parallèle de même indice et d'épaisseur moyenne égale à l'épaisseur moyenne du double coin. Si les deux systèmes d'interférences ne sont plus superposés dû à un déplacement des miroirs, on peut les ramener en coïncidence en inclinant légèrement la lame. Un rapide calcul permet de justifier la distance de six mètres entre M1 et M4. Pour pouvoir mesurer un disque stellaire de diamètre angulaire 0.04 secondes d'arc (soit environ 2×10^{-7} radians) à la longueur d'onde moyenne de la bande V, on doit réaliser une séparation des fentes O_1O_2 voisine de 3.36 mètres. Pease a utilisé l'instrument pour mesurer les diamètres angulaires de six géantes ou supergéantes relativement proches. Les diamètres mesurés sont compris entre 0.02 secondes d'arc et 0.047 secondes d'arc conduisant à des diamètres linéaires compris entre 27 et 430 $R_\odot$.

1.7 La séquence spectrale

Les premiers astronomes qui s'occupèrent de classer les spectres procédèrent comme les botanistes : ils essayèrent de regrouper des spectres se ressemblant dans des "boîtes" spectrales ou types spectraux. Les rapports d'intensité de diverses raies d'absorption servirent à classer les spectres (sans avoir aucune connaissance des paramètres physiques de l'étoile étudiée). Les raies de Balmer de l'hydrogène particulièrement bien visibles dans certains spectres et absentes dans d'autres jouèrent un grand rôle dans la classification. A chaque "boîte" fut attribué un type spectral. Le premier catalogue important de spectres fut produit à Harvard par Henry Draper vers 1920. Les spectres de 225000 étoiles obtenus au prisme objectif furent analysés. Cette classification fut publiée dans le catalogue de Henry Draper (catalogue HD). Chaque étoile y est répertoriée par les lettres HD suivies d'un numéro. Le système de classification actuellement en vigueur est le système MK conçu par W.W. Morgan et P.C. Keenan en 1950. Ce système est relié à deux paramètres physiques : la température et la luminosité. Dans le système MK, un type spectral est noté par la cartouche YnX où Y désigne une des lettres O, B, A, F, G, K, M, R, N, S. La lettre Y représente une séquence en température. L'ordre des lettres n'est pas alphabétique pour une raison historique. Au début, les spectres furent classés

par intensités décroissantes des raies de Balmer de l'hydrogène. Ce critère ne conduit pas à un classement des étoiles par températures décroissantes. Les étoiles de type A étaient donc la première classe car les raies de Balmer atteignent leur intensité maximale dans leurs spectres. C'est seulement plus tard (grâce à la physique statistique et à la mécanique quantique) que l'on comprit que les étoiles chaudes et aussi les étoiles froides ont des raies de Balmer faibles. Pour les étoiles chaudes l'hydrogène est en effet complètement ionisé et pour les étoiles froides il se trouve dans son état fondamental. Les classes spectrales furent alors réordonnées pour correspondre effectivement à une séquence décroissante en température. La phrase pour se souvenir de l'ordre des classes spectrales est : "Oh Be A Fine Girl(Guy) Kiss Me Right Now Sweetheart !" [1].
Les étoiles O sont les plus chaudes avec des températures de surface de plusieurs dizaines de milliers de Kelvin. Les étoiles R, N ,S les plus froides sont les plus froides . Chaque type spectral est divisé en sous-classes désignées par l'indice n dans A_nX, n variant de 0 à 9. Par exemple, le Soleil est une étoile naine de type G2V ayant une température de surface proche de 5800 K.
Le deuxième paramètre X, est la classe de luminosité qui est reliée à la densité électronique dans l'atmosphère. Les étoiles les plus lumineuses pour une température donnée sont aussi les plus grosses et ont des densités électroniques basses dans leurs enveloppes étendues. Les classes de luminosités sont désignées par des chiffres romains regroupés dans la table 1.1.

Classe	Brillance	n_e
I	très brillantes (supergéantes)	basse
II et III	brillantes (géantes)	basse
IV	sous-géantes	
V	peu brillantes (séquence principale)	importante

Tab. 1.1- *Classes de luminosités stellaires*

Les types spectraux et les classes de luminosités sont définis à partir des rapports d'intensités de différentes paires de raies spectrales. Les raies caractéristiques pour différentes températures pour des étoiles de classe de luminosité V sur la séquence principale sont les suivantes :

- Etoiles O : raies des métaux fortement ionisés : hélium, azote et oxygène. Hélium neutre également présent.
- Etoiles B : les raies d'hydrogène apparaissent, leur intensité augmentant de $B0$ à $B9$. L'hélium neutre atteint son intensité maximale à $B2$ et disparaît à B9. Les raies du silicium ionisé, de l'oxygène et du magnésium

[1] « O soit une fille (un gars) sympa, embrasse moi tout de suite, chéri(e) ! »

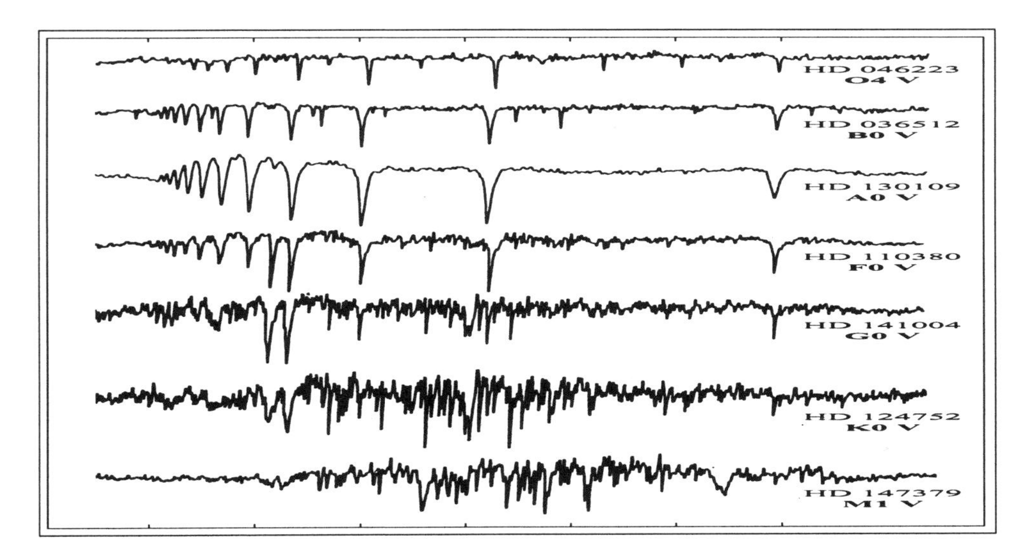

Fig. 1.19 - *Raies caractéristiques de chaque type spectral d'après Jaschek et al [81]*

sont souvent visibles. Etoiles de couleur blanc-bleu. Exemple d'étoile B : Rigel (β Orionis)

- Etoiles A : les raies de l'hélium ont disparu, celles des éléments ionisés diminuent en intensité. La série de Balmer atteint son maximum à $A0$ où elle domine le spectre. La raie K du calcium augmente d'intensité. Etoiles blanches. Exemple : Sirius (α Canis Majoris), Véga (α Lyrae), Altair (α Aquilae)
- Etoiles F : les raies de Balmer diminuent d'intensité, la raie K du calcium augmente. Les raies des métaux (Fe, Na, Mn) neutres ou ionisés sont présentes. Etoiles jaunâtres. Exemple : Procyon (α Canis Minoris)
- Etoiles G : les raies d'hydrogène continuent à diminuer d'intensité, les raies métalliques sont plus intenses, la raie K est très intense. Etoiles jaunes. Exemple : le Soleil (G2V)
- Etoiles K : les raies de l'hydrogène disparaissent, les raies H et K du calcium dominent le spectre, des bandes moléculaires apparaissent. Exemple : Arcturus (α Bootis), Aldebaran (α Tauri)
- Etoiles M : bandes moléculaires intenses (TiO), raies métalliques encore présentes. Exemple : Antares (α Scorpii), Betelgeuse (α Orionis)
- Etoiles R, N, S : Bandes moléculaires contenant des composés carbonés. Bandes de l'oxyde de zirconium (ZrO). Etoiles rouge-orange.

La figure 1.19 montre l'évolution des spectres lorsque la température diminue pour des étoiles naines (d'après Jaschek et al [81]). On y constate la progressive disparition des raies de l'hélium ionisé, puis de celles de l'hélium neutre, l'apparition des raies de Balmer pour les types B puis leur maximum au type A. Les métaux neutres et les bandes moléculaires deviennent impor-

tants à partir du type F.
Une comparaison détaillée des spectres stellaires de même type spectral révèle que les profils des raies spectrales peuvent varier significativement d'une étoile à l'autre (alors que ces étoiles ont à priori les mêmes propriétés physiques). Pour rendre compte de ces différences, on ajoute souvent au type spectral un préfixe ou un suffixe dont je donne quelques exemples ci-après. Le préfixe c indique que les raies spectrales sont très nettes et ont un profil étroit. Les étoiles produisant ce genre de spectre sont souvent des supergéantes. Le préfixe g désigne des raies spectrales caractéristiques des géantes. Le préfixe d correspond aux raies spectrales caractéristiques des étoiles naines (de la séquence principale. Le suffixe n désigne raies larges et peu profondes et le suffixe s des raies nettes et étroites. Le suffixe e indique la présence de raies en émission dans le spectre et le suffixe v le caractère variable des raies spectrales. Le suffixe k indique la présence de raies interstellaires en absorption. Les suffixes p désigne des spectres contenant des raies anormalement intenses de certains éléments.

1.8 Le diagramme de Hertzsprung et Russell

Nous avons déjà rencontré quatre propriétés caractéristiques (ou fondamentales) des étoiles qui peuvent être en fait décrites par six propriétés fondamentales qui ne sont pas toutes indépendantes. Ces propriétés et les méthodes utilisées pour les déterminer sont rassemblées ci-après. La *luminosité* (L) peut être estimée à partir de la magnitude apparente, de la correction bolométrique et de la distance ou encore à partir du spectre (en utilisant des raies sensibles à la luminosité). La température de surface, ou encore *température effective* est déduite à partir de la pente du continuum ou à partir du flux intégré sur toutes les longueurs d'onde et du diamètre angulaire. La *composition chimique* est déduite de l'analyse des raies en absorption (courbe de croissance, synthèse spectrale). Le *rayon* (R) est déduit à partir de l'interférométrie et de la distance ou est obtenu directement dans les systèmes binaires spectroscopiques à éclipses. La *masse* (M) peut être déduite quand l'étoile est dans un système binaire sous certaines conditions et *l'âge* (t) lorsque l'étoile est membre d'un amas stellaire.
On exprime communément ces propriétés des étoiles en valeurs solaires car le Soleil est l'étoile dont les propriétés sont les mieux connues. C'est aussi une étoile assez courante dans notre Galaxie. Son âge, à peu près cinq milliards d'années, a été déterminé à l'aide de modèles théoriques. Nous disposons aussi d'une limite inférieure de 4.6×10^9 ans à partir de la datation radioactive des roches terrestres et des météorites que nous supposons s'être formées après le Soleil. Les domaines des valeurs de L, T, R et M pour les étoiles sont respectivement : $10^{-4}L_\odot < L < 10^6 L_\odot$, $10^{-1}M_\odot < M < 50 M_\odot$, $10^{-2}R_\odot < R < 10^3 R_\odot$ et $2000 \text{ K} < T < 10^5$ K. Ces grandeurs ont présentent donc des variations im-

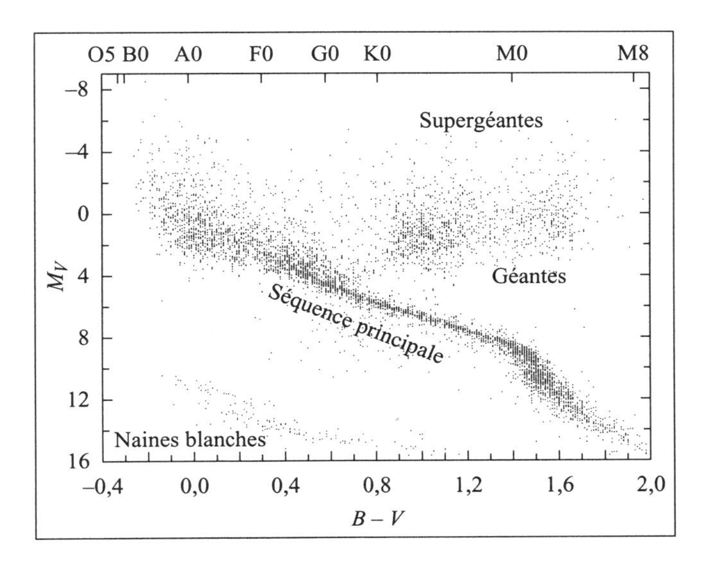

Fig. 1.20 - *Diagramme de Hertzsprung et Russell des étoiles proches*

portantes. Ainsi la luminosité varie d'un facteur 10^{10} d'un extrême à l'autre. Ces chiffres proviennent de données obtenues avec la technologie actuelle. Il est possible qu'il existe des étoiles ayant des masses, rayons et luminosités plus petits ou plus grands que ceux donnés ci-dessus.
Ces différentes propriétés ne sont pas indépendantes. Deux relations importantes existent : la première liant la luminosité au rayon et à la température et la seconde liant la luminosité à la masse. La première relation fut découverte indépendamment par E. Hertzsprung au Danemark en 1911 et par H.N. Russell aux Etats-Unis en 1913. Hertzsprung travaillait sur des étoiles membres d'amas stellaires et H.N. Russell sur un échantillon d'étoiles proches dont les parallaxes étaient connues. Cette relation apparaît clairement dans un diagramme où le magnitude absolue (reliée à la luminosité) est reportée en fonction de l'indice de couleur $B-V$ (relié à la température). Ce type de diagramme porte le nom de *diagramme de Hertzsprung et Russell* ou encore diagramme HR (figure 1.20).

On constate que dans ce diagramme 90% des étoiles se situent sur une bande étroite s'étendant en diagonale des étoiles chaudes et brillantes en haut à gauche aux étoiles froides et peu brillantes en bas à droite. Cette bande porte le nom de séquence principale et correspond à la classe de luminosité V. Les géantes (classe III) et supergéantes (classe I et II) sont beaucoup plus lumineuses que les étoiles naines de la séquence principale de même indice $B-V$ (c'est-à-dire de même température) car elles ont des surfaces plus grandes. En-dessous de la séquence principale se trouvent les naines blanches intrinsèquement très faibles et donc observables seulement lorsqu'elles sont très proches. La position d'une étoile dans le diagramme HR est essentiellement déterminée par deux paramètres : la masse et l'état évolutif. Comme nous le verrons au chapitre 4, des étoiles de masses différentes évoluent à différentes vitesses et donc parviennent à des stades d'évolution comparables après des intervalles de temps différents. Sur la séquence principale, les étoiles sont en équilibre et leur structure interne ne subit pas de modification majeure. L'étroitesse de la séquence principale reflète l'autre corrélation importante entre la luminosité et la masse (relation masse-luminosité) déjà présentée dans la figure 1.17. La masse d'une étoile naine peut être déterminée si l'étoile est dans un système binaire spectroscopique à éclipses. Si ce n'est pas le cas, on peut estimer la masse en utilisant la relation masse-luminosité.

1.9 Parallaxe spectroscopique

Considérons le cas d'une étoile pour laquelle nous ne pouvons pas déterminer la distance parce que sa parallaxe trigonométrique, trop petite, n'est pas mesurable. Nous allons montrer que l'on peut tout de même estimer sa distance en utilisant la méthode de la parallaxe spectroscopique.
Nous pouvons obtenir la magnitude apparente de cette étoile par photométrie et estimer sa température en identifiant les raies caractéristiques de son spectre. Une fois la température estimée, nous pouvons tracer la droite verticale sur laquelle est située l'étoile dans le diagramme HR. Il reste à préciser où l'étoile se place sur cette droite. Elle peut être soit sur la séquence principale, soit sur la branche des géantes, soit sur celle des supergéantes. En analysant la largeur des raies spectrales de cette étoile, on peut savoir s'il s'agit d'une naine, d'une géante ou d'une supergéante. En effet, la largeur à demi-hauteur d'une raie dépend de la pression du gaz dans l'atmosphère de l'étoile : plus cette dernière augmente, plus la largeur augmente. Les raies sont donc plus larges dans une étoile naine où la densité volumique du gaz et la pression sont plus élevées. Une fois trouvée la région du diagramme HR où se trouve l'étoile, on peut déduire la magnitude absolue et donc la distance puisque l'on dispose de la magnitude apparente. Cette méthode est cependant peu précise.

1.10 Exercices

Exercice 1.1

Les courbes de vitesses des étoiles appartenant à une binaire spectroscopique sont sinusoïdales avec des amplitudes respectives de 30 et 60 km s^{-1} et une période de 1.5 an.

1.1.1) Quelle est l'excentricité des orbites ?

1.1.2) Laquelle des deux étoiles est la plus massive et quel est le rapport des masses ?

1.1.3) Supposant que l'inclinaison de l'orbite est $\frac{\pi}{2}$, trouver la distance séparant les deux étoiles et leurs masses.

Exercice 1.2

L'étoile Sirius A a une température de surface 10000 K, un rayon de 1.8 $R_\odot$ et une magnitude bolométrique $M_{bol} = 1.4$. Son compagnon, l'étoile Sirius B est une naine blanche de rayon 0.01 $R_\odot$ et de magnitude bolométrique $M_{bol} = 11.5$.

1.2.1) Quel est le rapport des luminosités de ces deux étoiles ?

1.2.2) Quel est le rapport de leurs températures effectives ?

1.2.3) Si l'orbite était vue sous un angle de $\frac{\pi}{2}$, quelle étoile serait éclipsée au minimum primaire ?

Exercice 1.3

Pour l'étoile Véga, on mesure un diamètre angulaire de $\theta = 3.24 \times 10^{-3}$ secondes d'arc et un flux de 2.84×10^{-8} W m^{-2}. Sa distance est $d = 8.1$ pc. Quel est son diamètre D et quelle est sa température de surface T_{eff} (température effective) ?

Solutions des exercices

Solution 1.1 :

1.1.1) *Les courbes étant purement sinusoïdales, les excentricités sont nulles pour les deux orbites.*

1.1.2) *On a :*

$$\frac{M_1}{M_2} = \frac{R_2}{R_1} = \frac{v_2}{v_1} = \frac{60}{30} = 2$$

L'étoiles animée de la plus petite vitesse est 2 fois plus massive que l'autre.

1.1.3) *La ligne de visée est dans le plan de l'orbite que l'on voit par la tranche. Les vitesses radiales observées sont donc les vitesses orbitales vraies. Pour des orbites circulaires, on a :*

$$v = \frac{2\pi R}{P}$$

$$R = \frac{Pv}{2\pi}$$

donc $a = R_1 + R_2 = \frac{P(v_1+v_2)}{2\pi}$. *On trouve* $a = 4.02$ *ua. En utilisant la loi harmonique de Kepler, on calcule la somme des masses :*

$$M_1 + M_2 = 4M_2 = \frac{a^3}{P^2} = \frac{(4.03)^2}{(1.5)^2} = 28.9M_\odot$$

On aen déduit donc $M_2 = 7.2M_\odot$ *et* $M_1 = 21.7M_\odot$

Solution 1.2 :

1.2.1) *Appelons Sirius A l'étoile 1 et Sirius B l'étoile 2. Le rapport des luminosités est :*

$$\frac{L_1}{L_2} = 10^{0.4(m_2-m_1)} = 1.10 \times 10^4$$

1.2.2) *On a :*

$$\frac{T_1}{T_2} = (\frac{L_1}{L_2})^{\frac{1}{4}} \times (\frac{R_2}{R_1})^{\frac{1}{2}} = 0.76$$

donc Sirius A est moins chaude que Sirius B.

1.2.3) *Comme Sirius B est l'étoile la plus chaude, elle serait éclipsée au minimum primaire.*

Solution 1.3 :
On a $\theta = \frac{D}{d}$ *et donc*

$$D = \theta d \simeq 3.94 \times 10^9 m = 5.6 R_\odot$$

ce qui est correct pour une étoile A0V.
D'autre part, la relation entre le flux et la luminosité s'écrit $F = \frac{L}{4\pi d^2}$ *et on a* $L = 4\pi R^2 \sigma T_{eff}^4$ *ce qui conduit à :*

$$T_{eff} = \frac{F}{\sigma}^{\frac{1}{4}} (\frac{d}{R})^{\frac{1}{2}} = 9500K$$

Chapitre 2

Conditions physiques dans les intérieurs des étoiles

2.1 Introduction

Dans ce chapitre, nous débutons l'étude de la physique des intérieurs stellaires. Très schématiquement, on peut dire qu'une étoile consiste d'un mélange d'ions, d'électrons et de photons. La physique des intérieurs stellaires doit traiter des propriétés du gaz, du rayonnement et de l'interaction entre le gaz et le rayonnement. Nous allons d'abord établir la forme de l'*équation d'état*, c'est-à-dire la relation reliant la pression à la densité, la température et la composition chimique. Sa forme dépend beaucoup du régime de température et de pression dans lequel se trouve le gaz stellaire. Pour les étoiles de la séquence principale, l'équation d'état est celle d'un gaz parfait. Lorsque les étoiles évoluent, la densité et la température centrale augmentent et il est alors nécessaire de tenir compte d'autres contributions à l'équation d'état. Après avoir étudié les différentes formes de l'équation d'état, nous établirons ensuite l'équation d'équilibre hydrostatique et celle de la conservation de la masse puis une expression du théorème du Viriel. Ces différentes lois nous permettront ensuite d'estimer les conditions physiques au centre des étoiles. Nous terminerons ce chapitre par une étude de l'état thermodynamique des intérieurs stellaires. Ce chapitre est lié au chapitre 3 dont nous aurons à utiliser certains résultats de manière anticipée. Réciproquement, les notions et équations de conservation établies dans ce chapitre seront intensivement utilisées dans le chapitre 3.

2.2 L'équation d'état

Considérons un système de particules général contenant des ions et des électrons. *L'équation d'état de ce système est une relation reliant la pression exercée par ces particules à la température, la densité et la composition chi-*

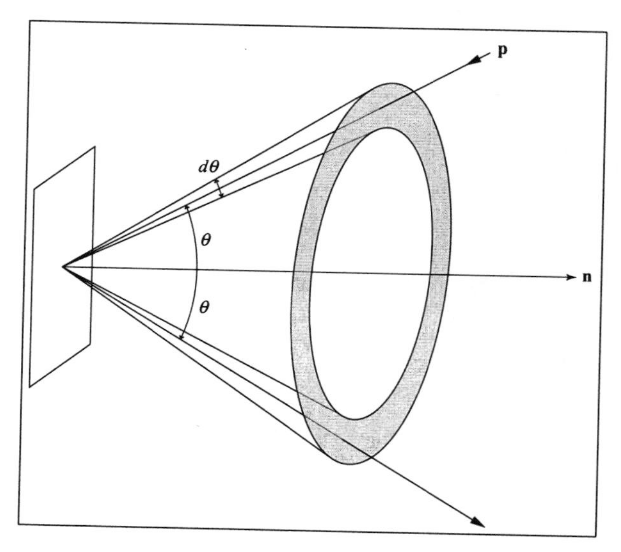

Fig. 2.1- *Géométrie adoptée pour le calcul de la pression sur une surface*

mique. On peut écrire cette relation sous la forme générale :

$$P = P(\rho, T, X) \tag{2.1}$$

2.2.1 Expression générale de la pression

Nous nous proposons d'abord établir une expression très générale de la pression qui vaut pour tous les types de particules. Cette expression s'écrit sous la forme intégrale suivante :

$$P = \frac{1}{3} \int_0^\infty vpn(p)\, dp \tag{2.2}$$

où v est la vitesse de la particule considérée, p sa quantité de mouvement et $n(p)dp$ le nombre de particules par unité de volume dont les quantités de mouvement sont comprises entre p et $p + dp$.
Pour prouver ce résultat, considérons une surface (Σ) à l'intérieur du système de particules. La pression sur cette surface résulte du transfert de quantité de mouvement de la part des particules entrant en collision avec la surface (figure 2.1).

Une particule incidente transfère une quantité de mouvement égale à deux fois la composante de la quantité de mouvement normale à la surface :

$$\Delta p = 2p \cos\theta \tag{2.3}$$

Considérons un faisceau de particules frappant la surface avec une vitesse v faisant un angle θ avec la normale à la surface. Soit $n(\theta, p)d\theta dp$ la densité en nombre des particules dont les moments sont compris dans l'intervalle $(p\ ,\ p+dp)$ et dont les directions sont à l'intérieur du cône $(\theta,\ \theta+d\theta)$. Puisque la distribution des particules est isotrope, le nombre de particules dans un angle solide $d\omega$ est proportionnel à cet angle solide :

$$\frac{n(\theta,p)d\theta dp}{n(p)dp} = \frac{d\omega}{4\pi} = \frac{2\pi\sin\theta d\theta}{4\pi} = \frac{1}{2}\sin\theta d\theta \tag{2.4}$$

Le nombre de particules de ce faisceau qui frappent effectivement la surface dans un intervalle de temps δt est donné par le produit de la densité en nombre des particules $n(\theta,p)d\theta dp$ par le volume $v\delta t dS\cos\theta$ où dS est la surface interceptée par le rayon sur la surface (Σ).
La quantité de mouvement transférée à la surface par ces particules est donnée par :

$$\delta p_\theta = n(\theta,p)d\theta dp v\delta t dS\cos\theta\Delta p \tag{2.5}$$

La pression dûe à ces particules est la quantité de mouvement transférée par unité de temps et par unité de surface. Elle est donnée par :

$$\begin{aligned} dP &= \frac{\delta p_\theta}{\delta t dS} \\ &= \frac{1}{2}v\cos\theta\Delta p\sin\theta d\theta n(p)dp \\ &= \frac{1}{2}v\cos\theta 2p\cos\theta\sin\theta d\theta n(p)dp \\ &= v_p n(p)dp\cos^2\theta\sin\theta d\theta \end{aligned} \tag{2.6}$$

La pression totale est obtenue en intégrant sur tous les angles d'incidence $(0\leq\theta\leq\frac{\pi}{2})$ et sur toutes les quantités de mouvement. On utilise la propriété :

$$\int_0^{\frac{\pi}{2}}\cos^2\theta\sin\theta\,d\theta = \int_0^1\cos^2\theta\,d\cos\theta = \frac{1}{3}$$

et on obtient ainsi l'expression intégrale de la pression que nous recherchions :

$$P = \int\int_0^{\frac{\pi}{2}} vpn(p)\cos^2\theta\sin\theta\,dp\,d\theta = \frac{1}{3}\int vpn(p)\,dp \tag{2.7}$$

Considérons pour simplifier qu'une étoile est un mélange de photons et de particules sans interactions. La pression totale est alors la somme des pressions exercées par chaque espèce séparément. On peut donc écrire :

$$P = P_I + P_e + P_{ray} = P_{gaz} + P_{ray} \tag{2.8}$$

où P_I est la pression dûe aux ions, P_e la pression dûe aux électrons et P_{ray} la pression dûe aux photons.
On introduit parfois un paramètre β qui mesure la fraction de la pression dûe au gaz à la pression totale :

$$\beta = \frac{P_{gaz}}{P} \tag{2.9}$$

ce qui permet d'écrire

$$P_{rad} = (1-\beta)P \tag{2.10}$$

2.2.2 Notion de poids moléculaire moyen

En thermodynamique, la loi du gaz parfait s'exprime généralement sous la forme suivante :

$$P_g = NkT \tag{2.11}$$

où N représente la densité particulaire.
En astrophysique, on exprime souvent cette loi sous une autre forme. Considérons un gaz contenant plusieurs espèces de particules de masses différentes. A chaque particule, attribuons , outre sa vraie masse, une valeur moyenne de la masse par particule du gaz que nous noterons $\langle m \rangle$. Nous pouvons relier la densité en nombre de particules N , à la densité en masse du gaz (quantité de masse par unité de volume) par la relation :

$$N = \frac{\rho}{\langle m \rangle} \tag{2.12}$$

L'équation du gaz parfait devient alors :

$$P_g = \frac{\rho}{\langle m \rangle} kT \tag{2.13}$$

Nous introduisons une nouvelle grandeur, *poids moléculaire moyen* μ, en posant :

$$\mu = \frac{\langle m \rangle}{m_H} \tag{2.14}$$

où $m_H = 1.67 \times 10^{-24}$ grammes est la masse de l'atome d'hydrogène. Le poids moléculaire moyen est donc la masse moyenne des particules exprimée en unités de la masse de l'atome d'hydrogène. La loi du gaz parfait peut alors s'exprimer en fonction du poids moléculaire moyen :

$$P_g = \frac{\rho kT}{\mu m_H} \tag{2.15}$$

Le poids moléculaire moyen dépend de la composition du gaz ainsi que de l'état d'ionisation de chaque espèce de particules. L'ionisation intervient car on doit tenir compte des électrons libres dans le calcul de $\langle m \rangle$, la masse moyenne par particules. Pour une espèce donnée, il est donc nécessaire de calculer les rapports de population pour différents états d'ionisation en utilisant la formule de Saha démontrée en cours de physique statistique. Ce calcul se simplifie grandement lorsque le gaz est soit complètement neutre soit complètement ionisé.
Etablissons d'abord une expression pour la masse moyenne par particules. Nous envisagerons deux cas : le gaz neutre (masse moyenne par particule $\langle m_n \rangle$ et le gaz ionisé (masse moyenne par particule $\langle m_{ion} \rangle$). Pour un gaz complètement neutre contenant n espèces d'atomes différents, la masse moyenne par particule s'écrit :

$$\langle m_n \rangle = \frac{\sum_{j=1}^{j=n} N_j m_j}{\sum_{j=1}^{j=n} N_j} \tag{2.16}$$

où m_j est la masse d'un atome d'espèce j ($j = 1, \cdots, n$). On obtient le poids moléculaire moyen, μ_n, pour ce gaz neutre en divisant par la masse de l'atome d'hydrogène :

$$\mu_n = \frac{\sum_{j=1}^{j=n} N_j A_j}{\sum_{j=1}^{j=n} N_j} \tag{2.17}$$

où l'on a introduit $A_j = \frac{m_j}{m_H}$, la masse d'un atome de l'espèce j rapportée à celle de l'atome d'hydrogène.
Pour un gaz complètement ionisé, il faut tenir compte des électrons. Soit z_j le nombre d'électrons libres résultant de l'ionisation complète d'un atome de type j. La masse moyenne par particules devient :

$$m_{ion} = \frac{\sum_{j=1}^{j=n}(N_j m_j + N_j z_j m_e)}{\sum_{j=1}^{j=n} N_j + N_j z_j} \tag{2.18}$$

soit en négligeant la masse de l'électron devant celle de l'atome :

$$m_{ion} = \frac{\sum_{j=1}^{j=n} N_j m_j}{\sum_{j=1}^{j=n} N_j(1 + z_j)} \tag{2.19}$$

Le poids moléculaire moyen s'écrit donc :

$$\mu_{ion} = \frac{\sum_{j=1}^{j=n} N_j A_j}{\sum_{j=1}^{j=n} N_j(1 + z_j)} \tag{2.20}$$

On cherche souvent à exprimer le poids moléculaire moyen en fonction des fractions de masse plutôt que des nombres de particules. Les fractions de masse de l'hydrogène, de l'hélium et des métaux sont notées respectivement X, Y et Z. Elles sont définies comme étant les rapports de la masse totale de l'élément considéré (H, He ou métaux) à la masse totale du gaz. Par métaux, on entend tous les éléments chimiques plus lourds que H et He. On doit avoir bien sûr la relation :

$$X + Y + Z = 1$$

Cherchons maintenant à exprimer le poids moléculaire moyen μ, en fonction de X, Y et Z. Comme $\langle m \rangle = \mu m_H$, on peut écrire pour un gaz neutre :

$$\frac{1}{\langle m_n \rangle} = \frac{1}{\mu m_H} = \frac{\sum_j N_j}{\sum_j N_j m_j} = \frac{\sum_j N_j}{\sum_j N_j m_H A_j} = \sum_j \frac{N_j X_j}{N_j A_j m_H} = \sum_j \frac{1}{A_j m_H} X_j \tag{2.21}$$

où X_j est la fraction en masse des atomes de type j. On aboutit donc à :

$$\frac{1}{\mu_n} = \sum_j \frac{1}{A_j} X_j \tag{2.22}$$

Pour un gaz neutre, l'expression du poids moléculaire moyen est donc :

$$\frac{1}{\mu_n} = X + \frac{1}{4}Y + \sum_{j>2} \frac{1}{A_j} X_j \tag{2.23}$$

Introduisons la quantité $\langle\frac{1}{A}\rangle_n$ qui représente une moyenne de $\frac{1}{A}$ sur tous les éléments chimiques plus lourds que l'hélium. On a :

$$\frac{1}{\mu_n} = X + \frac{1}{4}Y + \langle\frac{1}{A}\rangle_n Z \tag{2.24}$$

Pour les abondances solaires, $\langle\frac{1}{A}\rangle_n \simeq \frac{1}{15.5}$.
Le poids moléculaire moyen d'un gaz complètement ionisé peut être obtenu de la même manière en incluant le nombre total de particules (noyaux et électrons) :

$$\frac{1}{\mu_{ion}} = \sum_j \frac{1+z_j}{A_j} X_j \tag{2.25}$$

soit :

$$\frac{1}{\mu_{ion}} \simeq 2X + \frac{3}{4}Y + \langle\frac{1+z}{A}\rangle_{ion} Z \tag{2.26}$$

Pour les éléments beaucoup plus lourds que l'hélium, le nombre de protons (ou d'électrons) dans un atome de type j vérifie $z_j \gg 1$ et donc $1 + z_j \simeq z_j$. De même $A_j \simeq 2z_j$ car les atomes suffisamment massifs ont approximativement le même nombre de protons et de neutrons dans leurs noyaux et les protons et les neutrons ont pratiquement la même masse. On a donc :

$$\langle\frac{1+z}{A}\rangle \simeq \frac{1}{2} \tag{2.27}$$

et donc

$$\frac{1}{\mu_{ion}} \simeq 2X + \frac{3}{4}Y + \frac{Z}{2} \tag{2.28}$$

2.2.3 Pression dûe aux ions

Pour un gaz parfait constitué seulement d'ions, la pression P_I vérifie l'équation d'état :

$$P_I = n_I kT \tag{2.29}$$

où n_I est la densité particulaire, c'est-à-dire le nombre d'ions par unité de volume. Cette relation simple peut être obtenue en appliquant la définition de la pression sous forme d'intégrale (formule 2.2) à un gaz d'ions à l'équilibre thermodynamique caractérisé par une distribution des vitesses maxwellienne du type :

$$n(p)dp = n_I \frac{4\pi p^2 dp}{(2\pi m_I kT)^{\frac{3}{2}}} \exp - \frac{p^2}{2m_I kT} \tag{2.30}$$

Le nombre total d'ions par unité de volume est obtenu en sommant sur toutes les espèces ioniques (i) :

$$n_I = \sum n_i = \sum_i \frac{\rho}{m_H} \frac{X_i}{A_i} \tag{2.31}$$

où m_H est une unité de masse atomique, ρ la densité, $X_i = \frac{\rho_i}{\rho}$ est la fraction de masse pour (i). La masse atomique moyenne de ce gaz stellaire, μ_I (poids moléculaire moyen des ions), est définie par :

$$\frac{1}{\mu_i} = \sum_i \frac{X_i}{A_i} \tag{2.32}$$

et donc

$$n_I = \frac{\rho}{m_H} \sum_i \frac{X_i}{A_i} = \frac{\rho}{mn_H} \frac{1}{\mu_i} \tag{2.33}$$

Pour un gaz complètement ionisé, μ_I peut être approché par :

$$\frac{1}{\mu_I} \simeq X + \frac{1}{4}Y + \frac{1 - X - Y}{\langle A \rangle} \tag{2.34}$$

où $\langle A \rangle$ est la masse atomique moyenne des éléments plus lourds que H et He. Pour le Soleil, on a $X = 0.707$, $Y = 0.274$ et $\langle A \rangle = 20$ ce qui conduit à $\mu_I = 29$. L'expression de la pression dûe aux ions devient donc :

$$P_I = n_I kT = \frac{\rho}{m_H} \frac{1}{\mu_i} kT = \frac{R}{\mu_I} \rho T \tag{2.35}$$

où on a introduit $R = \frac{k}{m_H}$, la constante des gaz parfaits.

2.2.4 La pression électronique

Pour un gaz parfait constitué seulement d'électrons, la pression P_e vérifie :

$$P_e = n_e kT \tag{2.36}$$

où n_e est le nombre d'électrons libres par unité de volume. Nous allons considérer dans ce qui suit que les atomes sont complètement ionisés ce qui est raisonnable pour l'hydrogène et l'hélium aux températures centrales T_c des étoiles (typiquement T_c est supérieure à un million de Kelvin). Le nombre total d'électrons par unité de volume vérifie :

$$n_e = \sum_i Z_i n_i = \frac{\rho}{m_H} \sum_i Z_i \frac{X_i}{A_i} \tag{2.37}$$

On définit μ_e, le nombre moyen d'électrons libres par nucléons par la relation suivante :

$$\frac{1}{\mu_e} = \sum_i X_i \frac{Z_i}{A_i} \tag{2.38}$$

ce qui conduit à

$$n_e = \frac{\rho}{\mu_e m_H} \tag{2.39}$$

qui est une relation analogue à $n_I = \frac{\rho}{\mu_I m_H}$. En fonction des fractions de masse X et Y, on a :

$$\frac{1}{\mu_e} = X + \frac{1}{2}Y + (1 - X - Y)\langle\frac{Z}{A}\rangle \tag{2.40}$$

où $\langle\frac{Z}{A}\rangle$ est une valeur moyenne pour les éléments plus lourds que H et He et vaut environ $\frac{1}{2}$. On a donc

$$\frac{1}{\mu_e} \simeq \frac{1}{2}(1 + X) \tag{2.41}$$

soit $\mu_e \simeq 1.17$ pour le Soleil. La pression électronique s'exprime donc sous la forme :

$$P_e = \frac{R}{\mu_e}\rho T \tag{2.42}$$

Nous pouvons donc écrire la *pression totale* du gaz sous la forme suivante :

$$P_{gaz} = P_I + P_e = (\frac{1}{\mu_I} + \frac{1}{\mu_e})R\rho T = \frac{R}{\mu}\rho T \tag{2.43}$$

où μ, le poids moléculaire moyen vérifie la relation :

$$\frac{1}{\mu} = \frac{1}{\mu_I} + \frac{1}{\mu_e} \tag{2.44}$$

conduisant à $\mu = 0.61$ pour une composition chimique solaire.
Jusqu'ici nous avons fait les trois hypothèses suivantes : les particules du gaz n'interagissent pas, l'ionisation est complète et les effets quantiques et relativistes sont négligeables. Cependant les effets quantiques et relativistes ne peuvent pas toujours être ignorés. Lorsque la densité augmente, le gaz d'électrons peut devenir partiellement puis complètement dégénéré.
La dégénérescence a lieu en effet aux densités élevées. Précisons ce que l'on entend par « élevées ». Les densités des intérieurs stellaires restent à peu près mille fois inférieures aux densités nucléaires qui sont de l'ordre de 10^{12} g cm^{-3} (les noyaux commencent alors à « se toucher »). Dans les intérieurs stellaires, le caractère dégénéré de la matière est due au principe d'exclusion de Pauli. Considérons pour l'instant seulement les électrons du gaz. Aux basses densités, les électrons contenus dans un petit élément de volume $dV = dxdydz$ ont une distribution des vitesses donnée par la distribution de Maxwell-Boltzmann. Pour simplifier considérons seulement les électrons dont la composante de la quantité de mouvement est entièrement selon x ($p_y = p_z = 0$). La distribution de Maxwell-Boltzmann de p_x a la forme d'une courbe gaussienne dont la dispersion est uniquement déterminée par la température (figure 2.2, courbe a). Si l'on place deux fois plus d'électrons dans le petit élément de volume dV sans changer la température, la distribution se déforme pour prendre l'allure

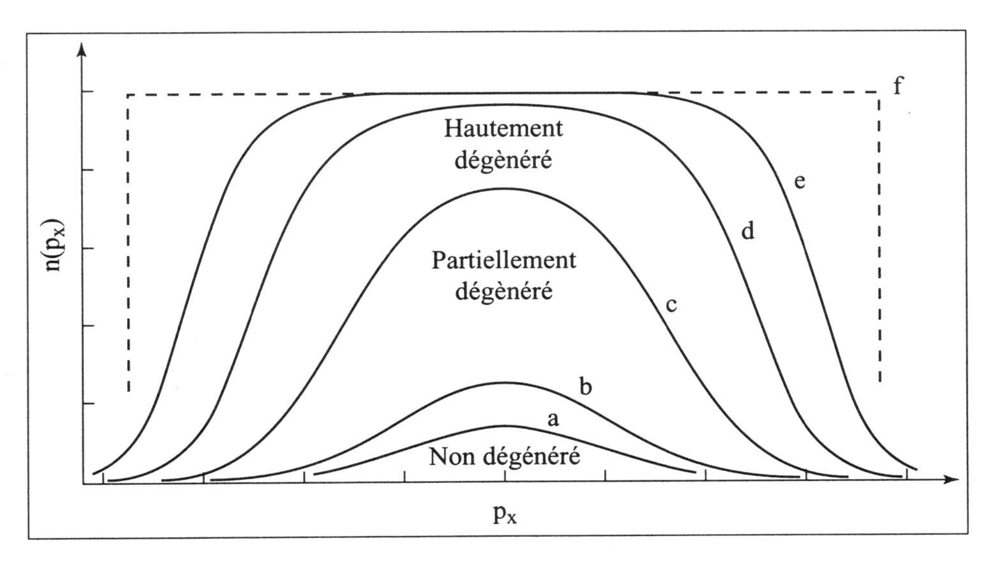

Fig. 2.2- *Distribution des quantités de mouvement des électrons*

de la courbe b) : la densité $n(p_x)$ dans l'espace des moments est doublée mais la dispersion de la distribution n'est pas changée.

Cependant la densité $n(p_x)$ ne peut pas continuer à augmenter indéfiniment. Le principe d'exclusion de Pauli impose une certaine limite. Considérons un élément de volume de l'espace des phases à six dimensions $dxdydzdp_xdp_ydp_z$. Divisons cet élément de volume en cellules de taille h^3 où h est la constante de Planck. Le principe de Pauli impose qu'au maximum deux électrons (différant par leur spin) soient présents dans chaque cellule. La densité en nombre des électrons dans l'espace des phases a donc comme limite supérieure :

$$n_E dxdydzdp_xdp_ydp_z \leq \frac{2}{h^3} dxdydzdp_xdp_ydp_z \tag{2.45}$$

Si on continue à augmenter le nombre d'électrons dans l' élément de volume spatial, le maximum de la fonction de distribution va rapidement tendre vers une limite (courbes c, d et e de la figure 2.2). La plupart des cellules correspondant à de petites quantités de mouvement seront remplies et les électrons additionnels devront être placés dans des cellules de plus grandes quantités de mouvement. La fonction de distribution va se déformer dans ce processus et ressembler aux courbes c), d) puis e). Si l'on rajoute encore des électrons dans l'élément de volume spatial, toutes les cellules de quantités de mouvement inférieur à une limite p_0 sont complètement occupées. On ne trouve pratiquement plus d'électrons de quantité de mouvement supérieures à cette limite et la fonction de distribution approche de la courbe f). Elle est complètement déterminée par la valeur limite imposée par le principe d'exclusion.
Les effets quantiques deviennent importants sur des distances de l'ordre λ_{DB}, la longueur d'onde de Broglie, notée λ_{DB}, de la particule. Les particules se

comportent classiquement et suivent une distribution de Maxwell-Boltzmann (cours de physique statistique) si leur séparation moyenne est bien supérieure à λ_{DB}. Pour une particule d'énergie E, la longueur de de Broglie est :

$$\lambda_{DB} = \frac{h}{(2mE)^{\frac{1}{2}}} \tag{2.46}$$

Remplaçons E par sa valeur moyenne pour la distribution de MB soit pour une particule :

$$\langle E \rangle = \frac{3}{2}kT$$

Le gaz se comportera de manière classique si λ_{DB} est bien inférieure à la séparation moyenne entre particules. Cette inégalité conduit à la condition suivante sur la température :

$$T \gg 0.86\frac{h^2}{km}N^{\frac{2}{3}} = 2.7 \times 10^{-37}\frac{N^{\frac{2}{3}}}{m} \tag{2.47}$$

Si la condition ci-dessus est vérifiée, la dégénérescence demeure peu importante, le gaz a un comportement classique et la loi de Maxwell-Boltzmann s'applique. Remarquons que cette relation doit être appliquée séparément à chaque type de particules du mélange considéré et que N représente la densité du type de particule considéré.
On peut obtenir la distribution des quantités de mouvement d'un gaz d'électrons complètement dégénéré isotrope en appliquant les principes d'Heisenberg et de Pauli. Le nombre d'électrons par unité de volume ayant des quantités de mouvement comprises dans l'intervalle $[p, p + dp]$ est donné par :

$$n_e(p)dp = \frac{2}{\Delta V} = \frac{2}{h^3}4\pi p^2 dp \tag{2.48}$$

avec la condition $p < p_0$, où p_0 est la quantité de mouvement maximale. Cette quantité peut être obtenue en calculant l'intégrale $n_e = \int_0^{p_0} n_e(p)\, dp$, puis en inversant la relation entre n_e et p_0. On obtient alors :

$$p_0 = (\frac{8h^3 n_e}{8\pi})^{\frac{1}{3}} \tag{2.49}$$

Nous pouvons utiliser la définition de la pression sous forme d'intégrale (formule 2.2) et utiliser le fait que $v = \frac{p}{m_e}$ où m_e est la masse de l'électron. Il faut alors effectuer l'intégration jusqu'à $p = p_0$ pour obtenir la pression dégénérée, notée $P_{e,deg}$, pour un gaz d'électrons :

$$P_{e,deg} = \frac{8\pi}{15m_e h^3}p_0^5 = \frac{h^2}{20m_e}(\frac{3}{\pi})^{\frac{2}{3}}\frac{1}{m_H^{\frac{5}{3}}}(\frac{\rho}{\mu_e})^{\frac{5}{3}} \tag{2.50}$$

En insérant les valeurs numériques pour les constantes intervenant dans la formule précédente, on obtient :

$$P_{e,deg} = K_1(\frac{\rho}{\mu_e})^{\frac{5}{3}} \tag{2.51}$$

avec $K_1 = 1.00 \times 10^7$ $\mathrm{Nm}^{-2}\mathrm{g}^{\frac{-5}{3}}\mathrm{cm}^{+5}$.
Lorsque la densité électronique augmente de telle façon que $\frac{p_0}{m_e}$ atteigne la vitesse de la lumière, les électrons forment un *gaz relativiste dégénéré*. La relation $p = mv$ n'est plus valable mais doit être remplacée par son équivalent relativiste. En se plaçant dans le cas extrême où $v \simeq c$ et en remplaçant v par c dans l'intégrale de pression, on arrive à :

$$P_{e,r,deg} = \frac{hc}{8}(\frac{3}{\pi})^{\frac{1}{3}}\frac{1}{m_H^{\frac{4}{3}}}(\frac{\rho}{\mu_e})^{\frac{4}{3}} = K_2(\frac{\rho}{\mu_e})^{\frac{4}{3}} \tag{2.52}$$

avec $K_2 = 1.24 \times 10^{10}$ $\mathrm{Nm}^{-2}(\mathrm{kg\ m}^{-3})^{-\frac{4}{3}}$.
Les expressions ci-dessus ont été obtenues pour une température nulle. On trouve donc naturellement que la pression dépend seulement de la densité pour une composition donnée. Dans le cas d'une dégénérescence partielle, on peut montrer que la température joue un rôle moins important que pour le gaz parfait. On considérera en première approximation que la pression dégénérée est indépendante de la température.

2.2.5 La pression du rayonnement

La pression de rayonnement est dûe aux photons qui transfèrent de la quantité de mouvement aux particules du gaz lorsqu'ils sont absorbés ou diffusés par celles-ci. A l'équilibre thermodynamique, la distribution des photons est isotrope et le nombre de photons dont les fréquences sont dans l'intervalle $[\nu, \nu + d\nu]$ est donné par la fonction de distribution de Planck :

$$n(\nu)d\nu = \frac{8\pi\nu^2}{c^3}\frac{d\nu}{\exp(\frac{h\nu}{kT}) - 1} \tag{2.53}$$

La pression est obtenue à partir de sa définition sous forme d'intégrale :

$$P = \frac{1}{3}\int_p n(p)pv\,dp = \frac{1}{3}\int_0^\infty n(\nu)c\frac{h\nu}{c}\,d\nu = \frac{1}{3}aT^4 \tag{2.54}$$

où a est la constante de rayonnement :

$$a = \frac{8\pi^5k^4}{15c^3h^3} = \frac{4\sigma}{c} \tag{2.55}$$

Dans la suite de ce chapitre, nous aurons besoin d'estimer des grandeurs thermodynamiques dans le système CGS utilisé par les astrophysiciens.

2.2.6 Energie interne du gaz et du rayonnement

L'énergie spécifique u d'un gaz parfait est l'énergie par unité de masse qui est dûe à l'énergie cinétique de mouvement des particules individuelles. L'expression de u est donc :

$$u = \frac{dU}{dm} = \frac{1}{\rho} \int_0^\infty n(p)\epsilon(p)\, dp \tag{2.56}$$

L'intégrale représente la densité d'énergie, c'est-à-dire l'énergie par unité de volume. Pour un gaz classique, on a :

$$\epsilon = \frac{p^2}{2m} \tag{2.57}$$

Pour un gaz relativiste, cette relation devient :

$$\epsilon = mc^2[(1 + \frac{p^2}{m^2c^2})^{\frac{1}{2}} - 1] \tag{2.58}$$

Le calcul de l'intégrale pour un gaz parfait monoatomique conduit à une densité d'énergie égale à :

$$u = \frac{3}{2}nkT = \frac{3}{2}P \tag{2.59}$$

L'énergie spécifique est d'un gaz parfait monoatomique est donc :

$$u_{gaz} = \frac{3}{2}\frac{P_{gaz}}{\rho} \tag{2.60}$$

Pour un gaz classique d'électrons complètement dégénérés, l'énergie spécifique est obtenue en calculant l'intégrale de densité d'énergie jusqu'à une quantité de mouvement maximum p_0. On obtient un résultat qui est identique à celui du gaz parfait. Pour un gaz dégénéré et complètement relativiste, on obtient :

$$u_{gaz} = 3\frac{P_{gaz}}{\rho} \tag{2.61}$$

Pour le rayonnement, la densité d'énergie est donnée par :

$$\int_0^\infty h\nu n(\nu)\, d\nu = aT^4 = 3P_{rad} \tag{2.62}$$

L'énergie spécifique du rayonnement est donc :

$$u_{rad} = \frac{aT^4}{\rho} = 3\frac{P_{rad}}{\rho} \tag{2.63}$$

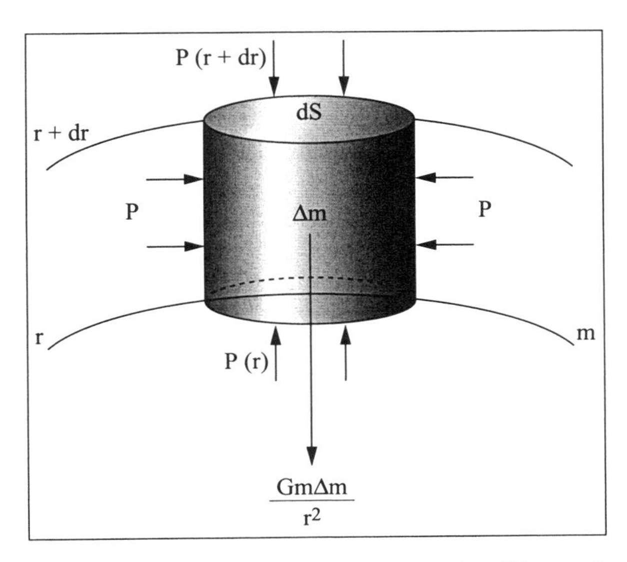

Fig. 2.3- *Bilan des forces appliquées sur un cylindre élémentaire de matière*

2.3 L'équilibre hydrostatique

Considérons un petit élément de volume cylindrique de gaz stellaire hauteur dr dans la direction radiale, compris entre les rayons r et $r + dr$ et de section dS (figure 2.3). Le centre de l'étoile se trouve en $r = 0$ et sa surface en $r = R$ où R désigne le rayon de l'étoile. Nous allons établir l'équation d'équilibre hydrostatique de ce cylindre.

La masse comprise dans ce cylindre est :

$$dm = \rho dr dS \tag{2.64}$$

où ρ désigne la densité approximativement constante dans le cylindre. Pour obtenir l'équation gouvernant le mouvement de ce cylindre, dressons un bilan des forces en présence. Le cylindre est soumis d'une part à l'attraction gravitationnelle, $\vec{F_g}$ exercée par la masse $m(r)$ contenue dans la sphère de rayon r. Il est soumis d'autre part aux forces de pression exercées par le gaz avoisinant. La force gravitationnelle $\vec{F_g}$, est radiale et dirigée vers le centre de l'étoile. A cause de la symétrie sphérique, les forces de pression agissant perpendiculairement sur les cotés du cylindre se compensent. Seules les forces de pression s'exerçant perpendiculairement aux faces supérieures et inférieures du cylindre agissent. Le mouvement est donc radial et vérifie l'équation :

$$\frac{d^2r}{dt^2}dm = -\frac{Gm(r)dm}{r^2} + P(r)dS - P(r + dr)dS \tag{2.65}$$

D'autre part :

$$P(r + dr) = P(r) + (\frac{\partial P}{\partial r})dr \tag{2.66}$$

et donc :

$$\frac{d^2r}{dt^2}dm = -\frac{Gm(r)dm}{r^2} - \frac{\partial P}{\partial r}\frac{dm}{\rho} \quad (2.67)$$

En divisant par dm, on obtient l'équation du mouvement du cylindre

$$\frac{d^2r}{dt^2} = -\frac{Gm(r)}{r^2} - \frac{\partial P}{\partial r}\frac{1}{\rho} \quad (2.68)$$

Si l'on suppose de plus que l'étoile est statique, c'est-à-dire qu'il n'y a pas de mouvements de matière à grande échelle, alors l'accélération radiale est nulle. On obtient alors une *équation d'équilibre hydrostatique* où le gradient de pression vérifie :

$$\frac{\partial P}{\partial r} = -\frac{\rho G m(r)}{r^2} \quad (2.69)$$

Certains auteurs utilisent la masse m plutôt que r comme variable du problème. La masse dm contenue dans la coquille sphérique comprise entre les rayons r et $r + dr$ est $dm = 4\pi r^2 \rho dr$. On peut donc transformer l'équation précédente en :

$$\frac{\partial P}{\partial m} = -\frac{Gm(r)}{4\pi r^4} \quad (2.70)$$

Les membres de droite de ces deux équations étant négatifs, on en déduit que la pression doit décroître vers l'extérieur dans une étoile à l'équilibre hydrostatique.

2.4 L'équation de la conservation de la masse

Nous allons établir une seconde équation reliant la masse, le rayon et la densité. Considérons la coquille comprise entre les rayons r et $r + dr$ située à la distance r du centre de l'étoile (figure 2.4).

Son épaisseur est dr que l'on supposera très inférieure à r ($dr \ll r$). Le volume de la coquille est $dV \simeq 4\pi r^2 dr$ et la densité locale est $\rho(r)$. Sa masse est donc $dm_r = 4\pi r^2 \rho dr$, équation qui peut être écrite sous une autre forme :

$$\frac{dm_r}{dr} = 4\pi r^2 \rho \quad (2.71)$$

Cette relation décrit comment la masse varie avec la distance au centre. Elle porte le nom d'*équation de conservation de la masse.*

2.5 Le théorème du Viriel

Considérons le moment d'inertie I, défini par :

$$I = \int_0^m r^2\, dm \quad (2.72)$$

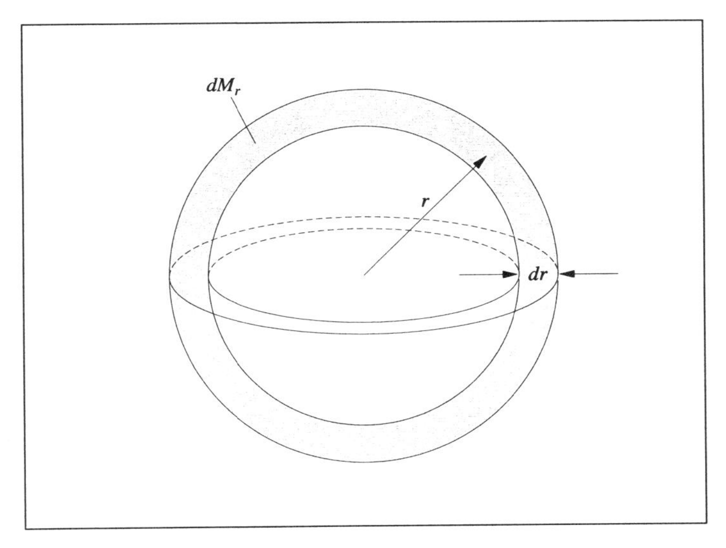

Fig. 2.4- *Coquille à symétrie sphérique d'épaisseur dr et de masse dm_r située à la distance r du centre de l'étoile. La densité dans la coquille est $\rho(r)$*

où dm représente une masse élémentaire. Dérivons cette équation deux fois par rapport au temps. Il vient :

$$\frac{1}{2}\frac{dI}{dt} = \int_0^m \vec{r}\vec{v}\,dm \tag{2.73}$$

et

$$\frac{1}{2}\frac{d^2I}{dt^2} = \int_0^m (v^2 + \vec{r}\vec{a})\,dm \tag{2.74}$$

où $\vec{r}$, $\vec{v}$, $\vec{a}$ désignent les vecteurs position, vitesse et accélération de dm. Dans le membre de droite, le premier terme représente $2E_c$ où E_c est l'énergie cinétique totale de l'étoile par rapport à son centre de masse. Cette énergie cinétique contient à la fois de l'énergie thermique et l'énergie liée aux mouvements de masse à grande échelle. On a donc :

$$\frac{1}{2}\frac{d^2I}{dt^2} = 2E_c + \int_0^m \vec{r}\vec{a}\,dm \tag{2.75}$$

où $\vec{a}$ doit inclure toutes les forces agissant sur dm. Nous nous limiterons ici aux forces de pression et de gravitation. L'accélération due à la gravitation est :

$$\vec{a}_G = -\frac{Gm(r)}{r^2}\frac{\vec{r}}{r} \tag{2.76}$$

La pression du gaz ne contribue à aucune accélération. En effet pour chaque collision entre une particule 1 et une particule 2, les forces d'interaction $\vec{F}_{12}$ et $\vec{F}_{21}$ vérifient $\vec{F}_{12} = -\vec{F}_{21}$ soit :

$$\vec{a}_1 dm_1 + \vec{a}_2 dm_2 = \vec{0} \tag{2.77}$$

Cependant le rayonnement peut transférer une certaine quantité de mouvement à la matière. Il est donc important de prendre en compte l'accélération radiative a_r liée à la pression de rayonnement P_r par la formule :

$$\vec{a}_r = \frac{1}{\rho}\frac{dP_r}{dr}\frac{\vec{r}}{r} \tag{2.78}$$

Nous pouvons donc écrire l'équation 2.71 sous la forme :

$$\frac{1}{2}\frac{d^2I}{dt^2} = 2E_c - \int_0^M [\frac{r}{\rho}\frac{dP_r}{dr} + \frac{GM(r)}{r}]\, dM \tag{2.79}$$

En symétrie sphérique :

$$dm = 4\pi r^2 \rho dr \tag{2.80}$$

Le terme de pression de rayonnement P_r se calcule comme suit :

$$-4\pi \int_0^R r^3 \frac{dP_r}{dr}\, dr = -4\pi[r^3 P_r]_0^R + 12\pi \int_0^R P_r r^2\, dr \tag{2.81}$$

Au centre $P_r(0) = 0$, à la surface $P_r(R)$ n'est pas nécessairement nulle mais elle est de toutes manières très inférieure à sa valeur au centre. Le terme $-4\pi R^3 P_r(R)$ est donc bien inférieur au second terme. D'autre part, P_r est reliée à la densité d'énergie de rayonnement par unité de volume u_r, par la relation : $P_r = \frac{u_r}{3}$. Le second terme de l'équation 2.81 s'écrit donc :

$$12\pi \int_0^R P_r r^2\, dr = 4\pi \int_0^R u_r r^2\, dr \tag{2.82}$$

et représente *l'énergie totale rayonnée par l'étoile.* Le terme de l'équation 2.79, $-\int_0^R \frac{GM(r)}{r}\, dM$, représente *l'énergie potentielle gravitationnelle E_p de l'étoile.* On obtient donc la relation :

$$\frac{1}{2}\frac{d^2I}{dt^2} = 2E_c + U_r + E_p \tag{2.83}$$

Cette équation constitue le *théorème du Viriel* pour un mélange de matière et de rayonnement auto-gravitant. La quantité I est constante s'il n'existe pas de mouvement systématique de matière c'est-à-dire si l'étoile est en équilibre. Dans ce cas, l'énergie cinétique contient seulement l'énergie thermique, U_{th}, du gaz de particules.
En excluant l'énergie nucléaire, on peut définir l'énergie totale d'une étoile E, par la somme :

$$E = U_{th} + U_r + E_p \tag{2.84}$$

et le théorème du Viriel s'écrit :

$$2U_{th} + U_r + E_p = U_{th} + E = 0 \tag{2.85}$$

Il est aussi intéressant d'écrire le théorème du Viriel sous forme intégrale. Ecrivons le terme $2U_{th} + U_r$ sous forme d'une somme d'intégrales :

$$2U_{th} + U_r = 4\pi \int_0^R (2u_{th} + u_r) r^2 \, dr = 12\pi \int_0^R (P_g + P_r) r^2 \, dr \tag{2.86}$$

Nous pouvons intégrer par parties et négliger la pression de surface :

$$2U_{th} + U_r = -4\pi \int_0^R \frac{d}{dr}(P_g + P_r) r^3 \, dr \tag{2.87}$$

L'énergie potentielle gravitationnelle est :

$$E_p = -\int_0^M \frac{GM(r)}{r} \, dM = -4\pi G \int_0^R M(r) \rho r \, dr \tag{2.88}$$

Le théorème du Viriel conduit donc à écrire la condition :

$$\int_0^R [\frac{d}{dr}(P_g + P_r) + \frac{GM(r)\rho}{r^2}] r^3 \, dr = 0 \tag{2.89}$$

On retrouve ici l'équation d'équilibre hydrostatique. Le théorème du Viriel contient donc cette équation appliquée à l'ensemble de l'étoile (plutôt que localement en un point de l'étoile).
Il est intéressant d'estimer l'ordre de grandeur des différentes énergies intervenant dans le théorème du Viriel. Considérons une étoile de densité constante. Son énergie potentielle gravitationnelle est donnée par la formule :

$$E_p = -\frac{3}{5}\frac{GM^2}{R} = -2.27 \times 10^{48} (\frac{M}{M_\odot})^2 (\frac{R_\odot}{R}) \tag{2.90}$$

exprimée en ergs. L'énergie thermique de l'étoile peut être estimée par l'intégrale :

$$U_{th} = \int_0^M \frac{3kT}{2m} \, dM \simeq \frac{3k}{2} \langle \frac{T}{m} \rangle M \tag{2.91}$$

où $\langle \frac{T}{m} \rangle$ représente une valeur moyenne prise sur toute l'étoile. En utilisant l'équation 2.100 pour estimer la température au centre de l'étoile, on en déduit :

$$U_{th} \simeq 1.5 \times 10^7 \frac{k\mu M^2}{m_0 R} = 2.5 \times 10^{48} (\frac{M}{M_\odot})^2 (\frac{R_\odot}{R}) \tag{2.92}$$

Enfin l'énergie rayonnée peut s'exprimer sous la forme :

$$U_r = \int_0^V aT^4 \, dV = \frac{4\pi R^3 a}{3} \langle T^4 \rangle \simeq 10^{47} \mu^4 (\frac{M}{M_\odot})^4 (\frac{R_\odot}{R}) \tag{2.93}$$

où dV est l'élément de volume différentiel.
Remarquons que dans le cas du Soleil, l'énergie rayonnée est inférieure en valeur absolue à l'énergie thermique et à l'énergie potentielle. Remarquons aussi que l'énergie rayonnée est plus sensible que les autres énergies à la masse : le rayonnement représente un réservoir d'énergie important pour les étoiles massives.

2.6 Conditions physiques au centre des étoiles

A l'aide des équations d'équilibre hydrostatique et de conservation de la masse, on peut estimer la pression et la température au centre d'une étoile. Remplaçons dans le membre de gauche de l'équation d'équilibre hydrostatique les différentielles par des différences finies entre les valeurs que les grandeurs prennent au centre et à la surface respectivement. Soit P_s et P_c les pressions à la surface et au centre de l'étoile. Dans le membre de droite de l'équation d'équilibre hydrostatique, nous remplaçons la densité par sa valeur moyenne sur toute l'étoile soit :

$$\langle \rho \rangle = \frac{3M}{4\pi R^3} \tag{2.94}$$

On obtient donc :

$$\frac{P_s - P_c}{R} \simeq -\frac{GM\langle \rho \rangle}{R^2} = \frac{GM^2}{4R^5} \tag{2.95}$$

A la surface, $P_s \simeq 0$ est bien inférieure à P_c. On en déduit donc :

$$P_c \simeq \frac{GM^2}{4R^4} \tag{2.96}$$

L'ordre de grandeur de la pression au centre du Soleil est donc : $P_{C,\odot} \simeq 2.8 \times 10^{15}$ dynes cm^{-2} $\simeq 10^{12}$ atm. Pour une étoile autre que le Soleil, on peut écrire en grandeurs rapportées à celles du Soleil :

$$\frac{P_c}{P_{c,\odot}} = (\frac{M}{M_\odot})^2 (\frac{R_\odot}{R})^4 \tag{2.97}$$

Nous voyons que pour des étoiles de masse M et de rayon R différents de ceux du Soleil, la pression centrale varie comme le rapport $\frac{M^2}{R^4}$. On peut trouver de manière plus rigoureuse une limite inférieure à la pression centrale de la manière suivante. Eliminons la densité dans les équations d'équilibre hydrostatique et de conservation de la masse :

$$\frac{dP}{dr} = -\frac{Gm(r)}{4\pi r^4}\frac{dm(r)}{dr} = -\frac{d}{dr}[\frac{Gm^2(r)}{8\pi r^4}] - \frac{Gm^2(r)}{2\pi r^5} \tag{2.98}$$

soit

$$\frac{d}{dr}[P + \frac{Gm^2(r)}{8\pi r^4}] = -\frac{Gm^2(r)}{2\pi r^5} \tag{2.99}$$

Le membre de droite étant toujours négatif, on en déduit que la fonction $P(r) + \frac{Gm^2(r)}{8\pi r^4}$ décroît de manière monotone lorsque r augmente de 0 à R. On doit donc avoir :

$$[P + \frac{Gm^2(r)}{8\pi r^4}]_{r=0} > [P + \frac{Gm^2(r)}{8\pi r^4}]_{r=R} \tag{2.100}$$

Comme $m(r) \propto r^3$, la quantité $\frac{G.M^2(r)}{8.\pi.r^4}$ se comporte comme r^2 et donc tend vers zéro lorsque r tend vers zéro. La pression centrale vérifie donc l'inégalité suivante :

$$P_c > \frac{GM^2(r)}{8\pi R^4} = 4.5 \times 10^{14} (\frac{M}{M_\odot})^2 (\frac{R}{R_\odot})^4 \tag{2.101}$$

où la pression est exprimée en dynes cm^{-2}.
On peut en déduire une estimation de la température centrale en utilisant une équation d'état. Supposons pour l'instant que la matière au centre des étoiles vérifie la loi des gaz parfaits soit :

$$P_g = NkT = \frac{k}{\mu m_0}\rho T \tag{2.102}$$

où N est le nombre de particules par unité de volume, m_0 est une unité de masse atomique, μ est le poids moléculaire moyen de la matière. La densité moyenne à l'intérieur du Soleil est 1.4 g cm^{-3}. Pour une autre étoile, on aura :

$$\langle\rho\rangle \simeq (\frac{M}{M_\odot})(\frac{R}{R_\odot})^{-3} \tag{2.103}$$

D'autre part, on a en tout point de l'étoile :

$$P_g \leq P_c \simeq 10^{15}(\frac{M}{M_\odot})^2(\frac{R}{R_\odot})^{-4} \tag{2.104}$$

En remplaçant les constantes par leurs valeurs numériques dans l'équation 2.97, on trouve un ordre de grandeur de la température au centre :

$$T_c \simeq 10^7 \times \mu(\frac{M}{M_\odot})(\frac{R}{R_\odot})^{-1} \tag{2.105}$$

La température attendue au centre des étoiles est donc de l'ordre de 10^7K.
A partir de ces estimations des grandeurs centrales, nous pouvons déduire des valeurs moyennes des gradients de pression et de température sur toute l'étoile :

$$\langle\frac{dP}{dr}\rangle \simeq \frac{P_c}{R} = 10^4(\frac{M}{M_\odot})^2(\frac{R}{R_\odot})^{-5} \tag{2.106}$$

et

$$\langle\frac{dT}{dr}\rangle = \frac{T_c}{R} = 10^{-4}\mu(\frac{M}{M_\odot})(\frac{R}{R_\odot})^{-2} \tag{2.107}$$

En moyenne, la pression change donc d'environ 10^4 unités CGS pour chaque centimètre parcouru dans la distance radiale alors que la température varie seulement de 10^{-4} K par centimètre. Il est intéressant de comparer les valeurs des gradients de pression et de température aux libres parcours moyens des particules et des photons dans les intérieurs stellaires. Dans le Soleil, le libre parcours moyen des photons, $\lambda_{phot} \simeq 1$ cm. Pour les particules, le libre parcours moyen, noté λ_{part}, qui est la distance moyenne parcourue entre deux collisions, est donnée par :

$$\lambda_{part} = \frac{1}{Na} \tag{2.108}$$

où a est la section efficace d'interaction particule-particule. Au centre du Soleil, le nombre de particules par unité de volume est :

$$N \simeq \frac{\langle \rho \rangle}{\mu . m_0} = 10^{24} (\frac{M}{M_\odot})(\frac{R}{R_\odot})^{-3} \tag{2.109}$$

On en déduit une valeur de $\lambda_{part} \simeq 10^{-7}$ cm pour les particules. Nous en déduisons que la pression et la température sont essentiellement constants sur des dimensions de l'ordre de plusieurs parcours moyens des photons et à fortiori des particules. La conclusion importante de ceci est qu'une région donnée de l'étoile est complètement isolée d'une autre région où les conditions physiques sont différentes. On parle d'*équilibre thermodynamique local*, ou en abrègé ETL.

2.6.1 Hypothèse de l'ETL dans les intérieurs stellaires

Notre étude de la matière dans les intérieurs stellaires va en effet être simplifiée par le fait que l'on puisse supposer que la matière et le rayonnement sont dans un état d'équilibre thermodynamique local. Cette hypothèse de l'ETL n'est plus valable à la surface même de l'étoile ou lors d'événements dynamiques comme l'explosion d'une supernova.

L'hypothèse de l'ETL est vérifiée dans les intérieurs stellaires parce que le libre parcours moyen des particules et celui des photons sont petits devant les longueurs caractéristiques dans l'étoile. De même les taux de collisions entre particules et entre particules et photons sont rapides comparé aux échelles de temps caractéristiques. En conséquence, deux parties très éloignées de l'étoile sont effectivement isolées l'une de l'autre. Elles possèdent donc des propriétés thermodynamiques différentes.

Une échelle de grandeur typique dans une étoile est la hauteur d'échelle de pression λ_p :

$$\lambda_p = -(\frac{1}{P}\frac{dP}{dr})^{-1} = \frac{P}{\rho g} \tag{2.110}$$

où g et ρ désignent l'accélération de la pesanteur locale et la densité. On peut montrer que λ_p est de l'ordre de grandeur du rayon stellaire. Comparons λ_p au libre parcours moyen des photons λ_{phot}, c'est-à-dire la distance parcourue par un photon avant qu'il ne soit absorbé ou diffusé dans une autre direction. Nous verrons au chapitre 3 que ce libre parcours moyen est relié à l'opacité du gaz, κ, par :

$$\lambda_{phot} = \frac{1}{\kappa \rho} \tag{2.111}$$

L'unité de κ est $cm^2\ g^{-1}$. Nous pouvons estimer λ_{phot} pour le Soleil dans le cas où l'opacité est dûe à la diffusion électronique en utilisant certains résultats du chapitre 3. A l'intérieur du Soleil, $\kappa_{diff} \simeq 1\ cm^2 g^{-1}$. En adoptant une valeur moyenne de la densité $\rho = \langle \rho_\odot \rangle \simeq 1 g.cm^{-3}$, on trouve $\lambda_{phot} = 1$ cm. D'autre part, $\lambda_p \simeq R_\odot \simeq 10^{11}$ cm. On vérifie donc que λ_{phot} à l'intérieur du Soleil est bien inférieur par plusieurs ordres de grandeur à λ_p.

2.7 Etat thermodynamique d'un intérieur stellaire

2.7.1 Justification de l'hypothèse de gaz parfait

Dans les régions centrales des étoiles, le gaz est ionisé car les températures sont très élevées. On s'attend donc à des interactions coulombiennes entre particules. Pour qu'un gaz soit considéré parfait, il faut que les interactions entre ces particules soient négligeables devant l'énergie cinétique thermique des particules. Notons $\langle\rho\rangle$, la densité moyenne du gaz et $m_g = Am_H$, la masse d'une particule représentative du gaz. La distance moyenne entre particules est :

$$d = (\frac{Am_H}{\langle\rho\rangle})^{\frac{1}{3}} = (\frac{4\pi Am_H}{3M})^{\frac{1}{3}}R \tag{2.112}$$

où on a exprimé $\langle\rho\rangle$ en fonction de la masse et du rayon stellaire. Si la charge de la particule est Ze, l'énergie d'interaction coulombienne est :

$$E_c \simeq \frac{1}{4\pi\epsilon_0}\frac{Z^2e^2}{d} \tag{2.113}$$

D'autre part, l'énergie cinétique moyenne est de l'ordre de $k\langle T\rangle$. Utilisons une expression de la température moyenne de l'étoile pour un polytrope de degré α que nous établirons au chapitre 3 :

$$\langle T\rangle = \frac{\alpha}{3}\frac{m_g G}{k}\frac{M}{R} \tag{2.114}$$

Nous obtenons donc pour le rapport de l'énergie d'interaction coulombienne à l'énergie thermique :

$$\frac{E_c}{k\langle T\rangle} = \frac{1}{4\pi\epsilon_0}\frac{Z^2e^2}{d}\frac{3R}{\alpha m_g GM} \tag{2.115}$$

soit

$$\frac{E_c}{k\langle T\rangle} = \frac{1}{4\pi\epsilon_0}Z^2e^2\frac{1}{(Am_H)^{\frac{4}{3}}GM^{\frac{2}{3}}} \tag{2.116}$$

On peut évaluer ce rapport pour l'hydrogène dans le Soleil. On trouve $\frac{E_c}{k\langle T\rangle} \simeq 1.45 \times 10^{-2}$ soit environ 1%. Les interactions coulombiennes peuvent donc être négligées et le gaz peut être considéré comme parfait. Pour des ions ayant un Z plus élevé, on a approximativement $A \simeq 2Z$. Le rapport $\frac{E_c}{k\langle T\rangle}$ varie comme $Z^{\frac{2}{3}}$ et donc reste bien inférieur à 1.

2.7.2 Thermodynamique du gaz parfait

Dans cette dernière partie, nous allons établir plusieurs relations thermodynamiques que nous utiliserons au chapitre 3. L'énergie interne d'un gaz parfait

(GP) est défini par :

$$U = \int_0^T c_V \, dT \tag{2.117}$$

où c_V est la capacité calorifique à volume constant et est définie par :

$$c_V = (\frac{\partial U}{\partial T})_V = (\frac{\partial Q}{\partial T})_V \tag{2.118}$$

En effet, d'après la première loi de la thermodynamique :

$$dU = dQ - PdV \tag{2.119}$$

Pour un GP, $c_V = c_V(T)$ est fonction de la température seulement et dans le cas monoatomique non relativiste :

$$c_V = \frac{3}{2}Nk$$

et

$$U = c_V T$$

La capacité calorifique à pression constante, $c_P = (\frac{\partial Q}{\partial T})_P$ est reliée à c_V. D'après la première loi de la thermodynamique, on a :

$$(\frac{\partial Q}{\partial T})_P = (\frac{\partial U}{\partial T})_P + P(\frac{\partial V}{\partial T})_P = c_V + P(\frac{\partial V}{\partial T})_P = c_V + Nk \tag{2.120}$$

On a donc :

$$c_P = c_V + Nk$$

En général, c_P et c_V sont toutes les deux fonctions de T. L'énergie interne est alors :

$$dU = c_V dT = c_V \frac{d(PV)}{Nk} = \frac{d(PV)}{\gamma - 1} \tag{2.121}$$

où $\gamma = \frac{c_P}{c_V}$.
Les *processus polytropiques* sont définis par :

$$\frac{dQ}{dT} = c \tag{2.122}$$

où c est une constante. En utilisant la première loi de la thermodynamique, la relation entre c_P et c_V et l'équation d'état du GP, on peut montrer que

$$cdT - c_V dT = PdV = (c_P - c_V)T\frac{dV}{V} \tag{2.123}$$

Définissons l'*index polytropique* γ par :

$$\gamma = \frac{c_P - c}{c_V - c} \tag{2.124}$$

L'équation 2.118 devient alors :

$$\frac{dT}{T} + (\gamma - 1)\frac{dV}{V} = 0 \tag{2.125}$$

En supposant que γ est une constante et en utilisant l'équation d'état du GP, on obtient les trois équations d'état polytropiques :

$$PV^{\gamma} = c_1 \tag{2.126}$$

$$P^{1-\gamma}T^{\gamma} = c_2 \tag{2.127}$$

$$TV^{\gamma-1} = c_3 \tag{2.128}$$

où c_1 , c_2 et c_3 sont des constantes. Les équations d'état polytropiques sont très utiles pour étudier le comportement des configurations gazeuses gravitantes. Au chapitre 3, nous construirons des modèles simples d'étoiles homogènes en faisant l'hypothèse que la matière est polytropique.
Nous pouvons considérer une forme plus générale des équations ci-dessus en introduisant des indices polytropiques notés Γ_1, Γ_2 et Γ_3 définis par les relations :

$$PV^{\Gamma_1} = c_4 \tag{2.129}$$

$$P^{1-\Gamma_2}T^{\Gamma_2} = c_5 \tag{2.130}$$

$$TV^{\Gamma_3-1} = c_6 \tag{2.131}$$

qui s'appliquent à des gaz arbitraires non nécessairement parfaits.
Nous verrons que Γ_1 détermine la stabilité dynamique d'une étoile, Γ_2 contrôle l'instabilité convective et Γ_3 l'instabilité pulsationnelle.
L'entropie d'un GP peut être obtenue à partir de l'équation d'état et de la première loi de la thermodynamique :

$$TdS = dU + PdV \tag{2.132}$$

En utilisant 2.113, l'équation d'état du GP et la définition de γ, on peut montrer facilement que l'entropie S peut s'exprimer sous la forme :

$$S = Nk\ln(VT^{\frac{1}{\gamma-1}}) + c_7 \tag{2.133}$$

où c_7 est une constante. Souvent les processus en astrophysique sont irréversibles et l'entropie définie localement augmente avec le temps.
Le potentiel chimique d'un certain type de particules dans un système thermodynamique est défini comme étant la variation d'énergie interne du système entier lorsqu'une autre particule du même type est ajoutée :

$$\mu_i = (\frac{\partial U}{\partial N_i})_{S,V,N_j} \tag{2.134}$$

où N_j est le nombre de particules de tous les autres types, l'entropie et le volume étant maintenus constants. On peut aussi écrire :

$$\mu_i = (\frac{\partial u}{\partial n_i})_{S,n_j} \tag{2.135}$$

On peut montrer que pour un gaz parfait :

$$\mu_i = -kT \ln[\frac{g_i}{n_i}(\frac{m_i kT}{2\pi\hbar^2})^{\frac{3}{2}}] + I_0 \tag{2.136}$$

où $I_0 = m_i c^2$ est l'énergie au repos de la particule. Le facteur g_i désigne la multiplicité des états et est en général pris égal à $2s_i + 1$ où s_i est le spin des particules. Pour les électrons, les neutrons et les protons $g = 2$. Pour des atomes ou des noyaux atomiques, g est remplacé par une fonction de partition qui tient compte des différents niveaux excités. Le potentiel chimique intervient lorsqu'on cherche à relier les abondances des réactants et des produits de réaction thermonucléaires ou des réactions entre particules.

2.7.3 Coefficients adiabatiques

Etudions le comportement adiabatique d'un mélange de gaz et de rayonnement. Une transformation adiabatique vérifie :

$$dQ = dU + PdV = 0 \tag{2.137}$$

Nous admettrons pour l'instant que, dans le cas d'un corps noir, la densité d'énergie de rayonnement u_r et la pression d'un gaz de photons peuvent s'exprimer sous la forme :

$$u_r = aT^4 = \frac{4\sigma}{c}T^4 \tag{2.138}$$

$$P_r = \frac{1}{3}aT^4 = \frac{4\sigma}{3c}T^4 \tag{2.139}$$

où $\sigma = \frac{ac}{4}$ est la constante de Stefan-Boltzmann. On peut montrer que l'entropie de ce gaz de photons est :

$$S = \frac{4}{3}aT^3V \tag{2.140}$$

Le rayonnement et le gaz peuvent tout deux contribuer à la pression du système. S'il s'agit d'un GP, on a alors :

$$P = P_r + P_g = \frac{1}{3}aT^4 + \frac{NkT}{V} \tag{2.141}$$

et l'énergie totale est :

$$U = uV = c_V T + aT^4 V \tag{2.142}$$

D'autre part, d'après la définition de $\beta = \frac{P_g}{P}$, le pression totale peut s'écrire :

$$P = \frac{P_g}{\beta} = \frac{nkT}{\beta} = \frac{\rho kT}{\beta \mu m_H} \tag{2.143}$$

Pour ce mélange de gaz et de rayonnement, la variation d'énergie interne peut donc s'écrire :

$$dU = c_V dT + ad(T^4 V) = c_V dT + 4aT^3 V dT + aT^4 dV \tag{2.144}$$

On a donc pour une transformation adiabatique :

$$c_V dT + 4aT^3 V dT + aT^4 dV + PdV = 0 \tag{2.145}$$

Cherchons à exprimer $c_V dT$ d'une autre manière. Comme $\frac{\beta PV}{NkT} = 1$, on a :

$$c_V dT = c_V \frac{\beta PV}{NkT} dT = \frac{c_V}{c_P - c_V} \beta PV \frac{dT}{T} = \frac{1}{\gamma - 1} \beta PV d(\ln T) \tag{2.146}$$

De même, on peut exprimer $4aT^3 V dT$ d'une autre manière :

$$4aT^3 V dT = 4aT^4 V \frac{dT}{T} = 4aT^4 V d(\ln T) = \frac{12}{3} aT^4 V d(\ln T) \tag{2.147}$$

avec $\frac{aT^4 V}{3} = (P - P_g)V = (P - \beta P)V = P(1-\beta)V$. On a donc :

$$4aT^3 V dT = 12P(1-\beta)V d(\ln T) = 12(1-\beta)PV d(\ln T)$$

D'autre part, $aT^4 dV = 3(1-\beta)PdV$. En substituant chacune de ces expressions dans la condition adiabatique, on trouve que l'on doit avoir :

$$\begin{aligned} dU + PdV &= \frac{1}{\gamma-1}\beta PV d(\ln T) + 12(1-\beta)PV d(\ln T) + 3(1-\beta)PdV + PdV \\ &= [\frac{\beta PV}{\gamma - 1} + 12(1-\beta)PV] d(\ln T) + (3(1-\beta)+1)PdV \\ &= 0 \end{aligned} \tag{2.148}$$

En divisant par PV, on arrive à :

$$\frac{\beta}{\gamma - 1} + 12(1-\beta)d(\ln T) + (3(1-\beta)+1)d\ln V = 0 \tag{2.149}$$

soit

$$\beta + 12(\gamma-1)(1-\beta)d\ln T + (4-3\beta)(\gamma-1)d\ln V = 0 \tag{2.150}$$

Cette équation permet de relier le coefficient adiabatique Γ_3 au rapport $\beta = \frac{P_g}{P}$. Par définition :

$$\Gamma_3 - 1 = |(\frac{\partial \ln T}{\partial \ln V})_S| = \frac{(4-3\beta)(\gamma-1)}{\beta + 12(1-\beta)(\gamma-1)} \tag{2.151}$$

On peut aussi montrer que :

$$\Gamma_1 = (\frac{\partial \ln P}{\partial \ln V})_S = \beta + \frac{(4-3\beta)^2(\gamma-1)}{\beta + 12(1-\beta)(\gamma-1)} \tag{2.152}$$

$$\Gamma_2 = \frac{1}{1 + (\frac{\partial \ln P}{\partial \ln T})_S} = 1 + \frac{(4-3\beta)(\gamma-1)}{\beta^2 + 3(\gamma-1)(1-\beta)(4+\beta)} \tag{2.153}$$

Pour un GP monoatomique, $\gamma = \frac{5}{3}$. En absence de rayonnement, les coefficients adiabatiques vérifient : $\Gamma_1 = \Gamma_2 = \Gamma_3 = \frac{5}{3}$. Pour un rayonnement pur, $\beta = 0$ et $\Gamma_1 = \Gamma_2 = \Gamma_3 = \frac{4}{3}$. Pour des valeurs intermédiaires de β, les exposants adiabatiques ne sont pas égaux. Lorsque la proportion de rayonnement augmente ($\beta \to 0$), les coefficients Γ_1, Γ_2 et Γ_3 diminuent régulièrement. La valeur $\frac{4}{3}$ représente donc une valeur limite inférieure pour ces coefficients. Ils ne peuvent donc pas prendre de valeur inférieure. Nous utiliserons ces coefficients adiabatiques au chapitre 3.

Chapitre 3

Sources et mécanismes de transport de l'énergie stellaire

3.1 Introduction

Au chapitre précédent, nous avons établi deux équations de la structure stellaire et avons montré comment estimer les conditions physiques au centre d'une étoile. La température centrale est typiquement de l'ordre de 10^7 K et la pression 10^{12} atm. Nous avons vu d'autre part au chapitre 1 que la puissance rayonnée par les étoiles est énorme. Dans ce chapitre, nous allons étudier les réactions nucléaires qui sont la source centrale de l'énergie des étoiles. Nous étudierons ensuite les processus par lesquels cette énergie est transportée du centre jusqu'à la surface. Ceci nous amènera à introduire la notion d'opacité du gaz stellaire et à établir l'équation de transfert du rayonnement dans les intérieurs. Outre le transport radiatif, nous étudierons aussi le transport par la convection et le transport par conduction. Une fois les cinq équations de la structure stellaire établies, nous serons alors en mesure de construire des modèles simples d'étoiles à l'équilibre dont certains nous seront utiles au chapitre 5.

3.2 Les sources de l'énergie stellaire

On peut invoquer deux mécanismes physiques pour générer l'énergie stellaire : *l'énergie potentielle gravitationnelle, les réactions nucléaires.* Nous allons les étudier en détail et montrer que seules les réactions nucléaires peuvent rendre compte de l'énergie rayonnée par les étoiles. Notons que des réactions chimiques ont aussi été envisagées sans succès mais nous ne les étudierons pas ici.

3.2.1 L'énergie potentielle gravitationnelle

La contraction du Soleil à partir du nuage de gaz interstellaire à partir duquel il s'est formé jusqu'à son rayon actuel a libéré un certain travail prélevé au détriment de l'énergie potentielle. On peut se demander combien de temps le soleil pourrait rayonner sa puissance $L_\odot$ actuelle s'il disposait uniquement de cette énergie potentielle. Ce temps porte le nom de *temps de Kelvin-Helmholtz* et est noté t_{KH}.
Pour établit l'expression de ce temps pour une étoile, nous allons d'abord évaluer l'énergie potentielle E_{pot}, d'une sphère de masse M et de rayon R. Pour cela, il est nécessaire de prendre en compte l'interaction de tous les couples de particules. Considérons une masse ponctuelle dm_i, située à l'extérieur d'une sphère de masse m_r. Cette masse subit de la part de la sphère la force gravitationnelle, notée $\overrightarrow{dF_{g,i}}$, dirigée vers le centre de la sphère et d'intensité :

$$dF_{g,i} = \frac{Gm_r dm_i}{r^2} \tag{3.1}$$

En effet, tout se passe comme si toute la masse de la sphère était concentrée en son centre à la distance r de la masse ponctuelle. L'énergie potentielle de gravitation de cette masse ponctuelle est donc :

$$dE_{p,i} = -\frac{Gm_r dm_i}{r} \tag{3.2}$$

Considérons maintenant un ensemble de masses ponctuelles dm_i, distribuées uniformément dans une coquille d'épaisseur dr et de masse dm (on peut donc écrire $dm = \sum_i dm_i$) . La relation de conservation de la masse (équation 2.67) s'écrit ici :

$$dm = 4\pi r^2 \rho dr \tag{3.3}$$

où ρ est la densité dans la coquille et $dV = 4\pi r^2 dr$, son volume. L'énergie potentielle de la coquille est donc :

$$dE_p = -\frac{Gm_r 4\pi r^2 \rho dr}{r} \tag{3.4}$$

L'énergie potentielle gravitationnelle de l'ensemble de la sphère est obtenue en intégrant sur toutes les coquilles depuis le centre de l'étoile (situé en $r = 0$) jusqu'à la surface ($r = R$, où R désigne le rayon de l'étoile) :

$$E_p = -4\pi G \int_0^R m_r \rho r \, dr \tag{3.5}$$

Pour calculer E_p exactement, il faut savoir comment ρ et m_r dépendent de r. On peut cependant obtenir une valeur approchée de l'énergie potentielle gravitationnelle de la sphère en faisant l'approximation suivante. D'abord, la densité peut être remplacée par sa valeur moyenne : $\rho = \langle \rho \rangle = \frac{3.M}{4.\pi.R^3}$ où M

désigne la masse de l'étoile. La masse contenue dans l'enveloppe de rayon r peut être alors écrite sous la forme : $m_r \simeq \frac{4}{3}\pi r^3 \langle\rho\rangle$. En substituant ces deux expressions dans l'équation 3.5, on trouve une valeur approchée de l'énergie potentielle gravitationnelle de la sphère :

$$E_p \simeq -\frac{16\pi^2}{15} G\langle\rho\rangle R^5 \simeq -\frac{3}{5}\frac{GM^2}{R} \tag{3.6}$$

Nous sommes maintenant en mesure de calculer t_{KH}. Considérons qu'au moment de sa formation le Soleil possédait un rayon initial R_{ini} , bien supérieur au rayon actuel $R_\odot$. L'énergie libérée durant son effondrement est :

$$\Delta E_g \simeq \frac{3}{5}\frac{GM_\odot^2}{R_\odot} \tag{3.7}$$

ce qui conduit à une valeur $\Delta E_g \simeq 2.2 \times 10^{41}$ J. En supposant que le Soleil a rayonné la même quantité d'énergie depuis sa formation (c'est-à-dire que sa luminosité est restée constante), on trouve qu'il a rayonné cette énergie en un temps égal à :

$$t_{KH} = \frac{\Delta E_g}{L_\odot} \tag{3.8}$$

soit $t_{KH} \simeq 7 \times 10^7$ années. Des mesures de radioactivité ont permis d'établir par ailleurs que les roches à la surface de la Lune ont un âge supérieur à 4×10^9 ans. Comme le Soleil ne peut évidemment pas avoir un âge inférieur à celui de la Lune, on peut en conclure que *l'énergie potentielle gravitationnelle ne permet pas de rendre compte de l'énergie rayonnée par le Soleil jusqu'à présent.*

3.2.2 Les réactions nucléaires

Jusqu'en 1930, les astronomes n'avaient établi aucune théorie capable d'expliquer l'origine de l'énergie rayonnée par les étoiles. En 1939, H. Bethe montra que pour les étoiles de la séquence principale, l'énergie provient de la réaction nucléaire transformant quatre atomes d'hydrogène en un atome d'hélium.
Pour un élément donné, le noyau est caractérisé par le nombre Z de protons qu'il contient, chaque proton portant une charge $+e$. Dans un atome, le nombre de protons est égal au nombre d'électrons. Un isotope d'un élément donné est caractérisé par un nombre N de neutrons dans le noyau. Deux isotopes ont le même nombre de protons mais un nombre de neutrons différent. Les protons et les neutrons sont des nucléons dont le nombre A vaut $Z + N$ dans un isotope particulier. Ce nombre A porte le nom de nombre de masse, il est une bonne indication de la masse de l'isotope car les protons et les neutrons ont des masses similaires qui sont bien supérieures à celle de la masse de l'électron. On exprime généralement les masses des noyaux en unité de masse atomique (uma) avec 1 uma $= 1.66 \times 10^{-27}$ kg (soit un douzième de la masse de l'isotope ^{12}C au repos).

Lorsque des nucléons se combinent pour former des noyaux atomiques, de l'énergie est produite et une perte de masse intervient. Ainsi, un noyau d'hélium composé de deux protons et de deux neutrons, peut être formé à partir de quatre noyaux d'hydrogène par une série de réactions nucléaires. Ces réactions portent le nom de *réactions de fusion.* La masse d'un atome d'hélium est $m_{He} = 4.002603$ uma alors que la somme des masses de quatre atomes d'hydrogène vaut 4.0313 uma. On voit donc que la somme des masses des quatre atomes d'hydrogène est supérieure à la masse de l'atome d'hélium d'une quantité $\Delta m = 0.028677$ uma (soit 0.7% de m_H). *L'énergie de liaison* $B(A, Z)$, d'un noyau de masse $M(A, Z)$ est l'énergie qu'il faut lui fournir pour séparer tous ses constituants c'est-à-dire les Z protons de masse m_p et les $A - Z$ neutrons de masse m_n. Elle vérifie donc la relation :

$$B(A, Z) = Zm_pc^2 + (A - Z)m_nc^2 - M(A, Z)c^2 \tag{3.9}$$

Ainsi l'énergie de liaison du noyau d'hélium est :

$$E_l(He) = \Delta mc^2 = 26.71 MeV \tag{3.10}$$

soit $E_l(He) = 26.71$ MeV. Nous allons vérifier que l'énergie nucléaire suffit à rendre compte de la luminosité observée du Soleil. Nous supposons que le Soleil contenait initialement 100% d'hydrogène et qu'actuellement seulement 10% de la masse du Soleil est convertie en hélium. Puisque seulement 0.7% de la masse de l'hydrogène est convertie en énergie lors de la formation du noyau d'hélium, on voit que la quantité d'énergie nucléaire disponible dans le Soleil est :

$$E_{nuc} = 0.1 \times 0.007 \times M_\odot c^2 \tag{3.11}$$

soit $E_{nuc} = 1.3 \times 10^{44}$ J. Ceci nous conduit à une échelle de temps nucléaire :

$$t_{nuc} = \frac{E_{nuc}}{L_\odot} \tag{3.12}$$

soit $t_{nuc} \simeq 10^{10}$ ans. Ce temps nucléaire est donc compatible avec l'âge des roches lunaires. *Les réactions nucléaires permettent donc de rendre compte de la luminosité observée du Soleil.*

3.2.3 La nature quantique des réactions nucléaires

Dans la première partie de ce chapitre, nous allons étudier comment ces réactions nucléaires ont lieu dans les étoiles. Nous pouvons d'ores et déjà appréhender le fait que ces réactions ne sont pas gouvernées par la physique classique mais par un effet quantique. Pour qu'une réaction ait effectivement lieu, les noyaux atomiques doivent entrer en collision et former un nouveau noyau. Une réaction de fusion peut donc s'écrire schématiquement sous la forme :

$$A + B \longrightarrow C + \cdots \tag{3.13}$$

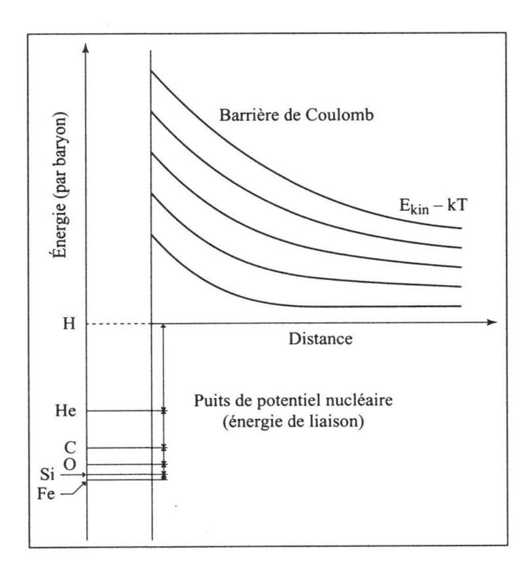

Fig. 3.1- *Représentation schématique du potentiel répulsif ressenti par un noyau en approchant un autre, le puits de potentiel négatif du à la force nucléaire est aussi représenté*

où C est un noyau de masse supérieure à celle du noyau le plus lourd (A ou B). Tous les noyaux étant chargés positivement, il est nécessaire de surmonter une barrière d'énergie de répulsion coulombienne avant que le contact ai effectivement lieu. Lorsqu'un noyau approche un autre noyau, il « ressent »une énergie potentielle dont l'allure est représentée dans la figure 3.1.

A faible distance d'approche, la répulsion est coulombienne : elle varie comme l'inverse de la séparation entre les noyaux et est proportionnelle au produit de leurs charges. Une fois entré à l'intérieur du noyau cible, le noyau incident ressent la force nucléaire forte qui assure la cohésion du noyau (on parle alors de potentiel nucléaire attractif). Les noyaux parviennent à s'approcher suffisamment l'un de l'autre par un effet quantique appelé *effet tunnel.* Les particules qui vont le plus vite ont le plus de chance de vaincre leur répulsion. L'énergie thermique du gaz, si elle est suffisante, doit permettre de surmonter la barrière coulombienne. Nous pouvons estimer la température nécessaire en utilisant d'abord la physique classique (les noyaux sont donc supposés être animés de mouvements non relativistes). Pour cela, nous écrivons l'égalité entre l'énergie cinétique de la particule réduite (animée de la vitesse relative entre les deux noyaux et affectée de la masse réduite μ) avec l'énergie potentielle de répulsion électrostatique :

$$\frac{1}{2}\mu v^2 = \frac{3}{2}kT = \frac{Z_1 Z_2 e^2}{4\pi\epsilon_0 r} \tag{3.14}$$

Z_1 et Z_2 désignant les nombres de protons dans chaque noyau et r leur distance de séparation. A la plus grande approche, $r \to R$, où R est ici le rayon du noyau (qui vaut typiquement 1 fermi soit 10^{-15} m. On trouve donc que la température nécessaire pour surmonter la barrière coulombienne doit approximativement vérifier la condition :

$$T = \frac{2Z_1Z_2e^2}{3kR}\frac{1}{4\pi.\epsilon_0} \geq 10^{10} \tag{3.15}$$

en Kelvin dans le cas de la collision entre deux protons ($Z_1 = Z_2 = 1$). Or nous avons estimé au chapitre 2 que la température au centre du Soleil est de l'ordre de 1.6×10^7 K. *En utilisant la physique classique, nous trouvons donc qu'il est improbable qu'au centre du Soleil un nombre suffisant de noyaux arrive à surmonter la barrière coulombienne et à participer à des réactions de fusion.*

Le raisonnement classique développé ci-dessus est en fait incorrect. Il faut recourir à la physique moderne pour décrire correctement les réactions nucléaires dans les étoiles. Le principe d'incertitude d'Heisenberg nous enseigne que l'incertitude sur la position (notée Δx) et celle sur la quantité de mouvement (Δp_x) sont reliées par la relation :

$$\Delta x \Delta p_x \geq \frac{h}{2} \tag{3.16}$$

Par application de ce principe, le noyau incident à une probabilité non nulle de se trouver au-delà de la barrière de Coulomb qui serait infranchissable si les noyaux obéissait à la physique classique. C'est l'effet tunnel annoncé précédemment. Au fur et à mesure que la vitesse relative des particules augmente, la barrière coulombienne devient plus mince et la probabilité de réaction augmente. Le proton incident doit se trouver à peu près à une distance égale à la longueur d'onde de de Broglie (notée λ_{DB}) de sa cible pour pouvoir franchir la barrière de répulsion coulombienne. A la distance $r = \lambda_{DB}$, on peut écrire l'égalité :

$$\frac{1}{4\pi\epsilon_0}\frac{Z_1Z_2e^2}{\lambda_{DB}} = \frac{p^2}{2\mu} = \frac{1}{2\mu}(\frac{h}{\lambda_{DB}})^2 = \frac{3}{2}kT_{quant} \tag{3.17}$$

où T_{quant} est la température nécessaire à l'allumage des réactions nucléaires. On trouve donc que :

$$T_{quant} = \frac{4}{3}\frac{\mu Z_1^2Z_2^2e^4}{kh^2}\frac{1}{4\pi\epsilon_0} \tag{3.18}$$

Pour la collision de deux protons, $\mu = \frac{m_p}{2}$ et $Z_1 = Z_2 = 1$ ce qui conduit à une valeur de T_{quant} voisine de 10^7 K. En prenant compte l'effet tunnel, nous trouvons donc que la température nécessaire à l'allumage des réactions nucléaires est de l'ordre de grandeur de la température centrale du Soleil. Ceci confirme qu'une source d'énergie d'origine nucléaire peut avoir lieu au centre du Soleil.

3.2.4 Energétique des réactions nucléaires

Considérons une réaction nucléaire dans laquelle une particule a frappe un noyau X produisant un noyau Y et une nouvelle particule b :

$$\mathrm{a + X \rightarrow Y + b}$$

C'est le cas, par exemple, de la réaction dans laquelle un deutéron frappe un noyau C^{12} pour produire un noyau de C^{13} et un proton :

$$\mathrm{d + C^{12} \rightarrow C^{13} + p}$$

La particule incidente ou émergente peut être un photon comme dans la réaction :

$$\mathrm{p + N^{14} \rightarrow O^{15}} + \gamma$$

On note parfois ces réactions en condensé sous la forme $X(a,b)Y$ ce qui s'écrit dans les deux cas précédents $C^{12}(d,p)C^{13}$ et $N^{14}(p,\gamma)O^{15}$.
Dans les réactions nucléaires, l'énergie totale, la quantité de mouvement et le moment angulaire sont conservés. La cinématique de la réaction nucléaire peut être décrite dans le contexte du problème à deux corps. Considérons le cas de deux particules notées (1) et (2), de masses m_1 et m_2 animées de vitesses non relativistes $\vec{v}_1$ et $\vec{v}_2$ (figure 3.2). La vitesse $\vec{V}$ du centre de masse est donnée par l'expression de la quantité de mouvement :

$$m_1\vec{v}_1 + m_2\vec{v}_2 = (m_1 + m_2)\vec{V} \tag{3.19}$$

soit

$$\vec{V} = \frac{m_1\vec{v}_1 + m_2\vec{v}_2}{m_1 + m_2} \tag{3.20}$$

L'hypothèse des vitesses non relativistes est appropriée car les énergies cinétiques sont faibles dans les intérieurs stellaires.
La quantité de mouvement de la particule (1) relativement au centre de masse est :

$$m_1(\vec{v}_1 - \vec{V}) = \frac{m_1 m_2}{m_1 + m_2}(\vec{v}_1 - \vec{v}_2) = \mu\vec{v} \tag{3.21}$$

où μ est la masse réduite et $\vec{v} = \vec{v}_1 - \vec{v}_2$ est la vitesse relative de m_1 et m_2. De la même manière, la quantité de mouvement de m_2 relativement au centre de masse est : $m_2(\vec{v}_2 - \vec{V}) = -\mu\vec{v}$.

Dans le système du centre de masse, les deux particules s'approchent l'une de l'autre avec des quantités de mouvement égales et opposées et la quantité de mouvement totale est nulle. La conservation de la quantité de mouvement au cours de la réaction nucléaire est assurée si la vitesse du centre de masse reste inchangée au cours de la collision et la quantité de mouvement totale dans le système du centre de masse reste nulle après la collision comme avant

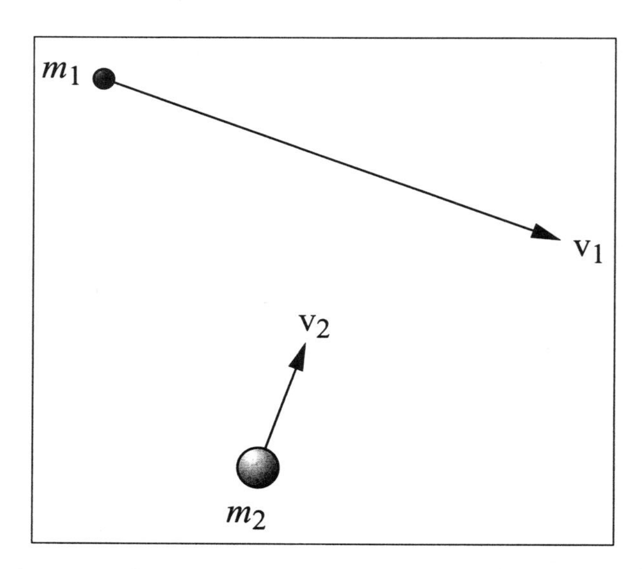

Fig. 3.2- *Cinématique de la collision d'une particule de masse m_1 et de vitesse v_1 avec une particule de masse m_2 et de vitesse v_2*

celle-ci.
L'énergie cinétique avant la collision est :

$$E_{c,ini} = \frac{1}{2}m_1 v_1^2 + \frac{1}{2}m_2 v_2^2 = \frac{1}{2}(m_1 + m_2)V^2 + \frac{1}{2}\mu v^2 \tag{3.22}$$

Elle est donc la somme de deux termes. Le premier est l'énergie cinétique du centre de masse qui doit être conservée. Ceci suppose que la somme des masses des particules ne change pratiquement pas au cours de la réaction. Le deuxième terme est l'énergie cinétique de la particule réduite.
Nous avons souligné que ces formules non relativistes ne sont applicables que si la somme des masses est conservée. En fait, nous avons déjà vu que cette condition n'est pas vérifiée dans les réactions nucléaires de fusion. La somme des masses est réduite et cette diminution sert à créer de l'énergie cinétique selon la relation d'Einstein :

$$\Delta E_c = \Delta(m_1 + m_2)c^2 = \Delta m c^2 \tag{3.23}$$

Puisque l'énergie cinétique du centre de masse n'est pas changée par la réaction, l'énergie cinétique de la particule fictive doit être augmentée ou diminuée selon que la masse finale est inférieure ou supérieure à la masse initiale.
Nous appliquons ceci à une réaction générale de type : $a + X \rightarrow Y + b$. La conservation de l'énergie s'écrit :

$$E_{aX} + (m_a + m_X)c^2 = E_{bY} + (m_b + m_Y)c^2 \tag{3.24}$$

où E_{aX} est l'énergie cinétique du centre de masse pour le système (a, X) et E_{bY}, celle du centre de masse pour le système (b, Y). Les seconds termes tiennent compte du fait que les sommes des masses au repos avant et après la réaction ne sont pas nécessairement égales. Si nous appliquons ceci à la réaction $C^{12}(d,p)C^{13}$, ceci s'écrit :

$$E_{d,C^{12}} + c^2[m(d) + m(C^{12})] = E_{d,C^{13}} + c^2[m(p) + m(C^{13})] \quad (3.25)$$

Remarquons qu'à la différence de la somme des masses, la quantité totale de charge électrique est conservée au cours des réactions nucléaires. Le nombre d'électrons dans les atomes neutres doit être égal avant et après la réaction. Dans l'équation précédente, nous pouvons donc remplacer les masses nucléaires par des masses atomiques puisqu'on additionne le même nombre de masses au repos des électrons de chaque coté de l'égalité. Ceci conduit à l'équation :

$$E_{d,C^{12}} + c^2[m(D^2) + m(C^{12})] = E_{d,C^{13}} + c^2[m(H^1) + m(C^{13})] \quad (3.26)$$

où les masses sont celles des atomes neutres. Cette équation n'est pas vraiment exacte puisque les énergies de liaison des électrons ne sont pas les mêmes dans chaque terme de l'égalité mais la différence d'énergie de liaison reste très faible comparée à la différence des masses nucléaires. L'avantage d'utiliser des masses atomiques est que ces quantités peuvent être mesurées expérimentalement par exemple par un spectromètre de masse.
Le nombre total de nucléons est aussi conservé. Le poids atomique qui est défini comme le nombre entier le plus proche de la masse atomique exacte exprimée en unités de masse atomique doit aussi être conservé. Soit M_{AZ} la masse de l'espèce chimique (A, Z) exprimée en unités de masse atomique. On peut définir un excès de masse atomique en unité d'énergie par la quantité :

$$\Delta M_{AZ} = (M_{AZ} - Am_u)c^2 = (M_{AZ}(uma) - A)m_u c^2 \quad (3.27)$$

où m_u représente ici 1 uma. L'équation de conservation d'énergie 3.24 n'est pas modifiée si on remplace les termes $m(AZ)c^2$ par les excès de masse Δm_{AZ}. On peut donc écrire :

$$E_{aX} + (\Delta M_a + \delta M_X) = E_{bY} + (\Delta M_b + \Delta M_Y) \quad (3.28)$$

où les ΔM sont exprimés en unités d'énergie. Généralement, on utilise comme unité le MeV (1 MeV = 10^6 eV) ce qui revient à écrire l'équation précédente sous la forme :

$$\Delta M_{Az} = 931.478 \times (M_{AZ} - A) \quad (3.29)$$

où 931.478 est l'énergie de masse au repos correspondant à 1 MeV.
Prenons l'exemple de la réaction $C^{12}(d,p)C^{13}$, pour laquelle on a :

$$\Delta M(d) = 13.1359, \Delta M(C^{12}) = 0, \Delta M(C^{13}) = 3.1246, \Delta M(p) = 7.2890$$

ce qui conduit à :

$$E_{d,C^{12}} + 13.1359 + 0 = E_{p,C^{13}} + 3.1246 + 7.2890$$

soit $E_{p,C^{13}} = E_{d,C^{12}} + 2.7223$ MeV. Au cours de cette réaction, il y a donc eu une augmentation de l'énergie cinétique de 2.722 MeV.

3.2.5 Taux de réaction

Maintenant que nous avons établi que l'énergie nucléaire peut être invoquée pour expliquer la luminosité du Soleil, nous allons dans ce qui suit introduire les *taux de réaction nucléaire*. Leur connaissance est nécessaire pour calcul des modèles stellaires. Toutes les particules d'un gaz à la température T n'auront pas toute l'énergie cinétique suffisante ni la longueur d'onde suffisante pour arriver à traverser par effet tunnel la barrière de Coulomb. Le taux de réaction par intervalle d'énergie doit être exprimé en fonction de la densité en nombre des particules ayant des énergies dans un domaine particulier et de la probabilité que ces particules puissent effectivement franchir la barrière de Coulomb du noyau cible. On obtient alors le taux de réaction nucléaire en intégrant sur toutes les énergies possibles.
Considérons une réaction nucléaire dans laquelle des noyaux incidents de type (1) arrivent sur des noyaux cibles de type (2) supposés immobiles pour simplifier. Le taux de réaction par unité de volume pour une réaction de fusion est le produit de la quantité $\sigma_{1,2}(v)N_2$ par le flux de noyaux de type (1) mobiles (où N_2 représente le nombre de noyaux cibles par unité de volume). La quantité $\sigma_{1,2}(v)$ représente la *section efficace* de réaction c'est-à-dire le rapport du nombre de réactions (par noyau cible et par unité de temps) au flux de particules incidentes (par unité de surface et par unité de temps). Cette section efficace dépend de la vitesse relative v des noyaux interagissant de type (1) et (2). Plus elle est élevée, plus les réactions nucléaires entre le noyau incident et le noyau cible sont probables. La section efficace a pour unité le barn (1 barn $\simeq 10^{-24}$ cm^2). Dans le cas où la vitesse v des particules de type (1) est uniforme, le flux de noyaux incidents est égal à vN_1. Finalement, le taux de réaction $r_{1,2}$ s'écrit :

$$r_{1,2} = \sigma_{1,2}(v)N_1N_2v \tag{3.30}$$

En supposant que les particules vérifient une distribution de MB, nous pouvons exprimer le nombre de particules d'énergie cinétique comprise entre E et $E+dE$ par unité de volume comme étant :

$$n_E dE = \frac{2n}{\sqrt{\pi}}\frac{1}{(kT)^{\frac{3}{2}}}E^{\frac{1}{2}}e^{-(\frac{E}{kT})}dE \tag{3.31}$$

La probabilité pour que ces particules interagissent effectivement est donnée par la section efficace que nous noterons $\sigma(E)$. Considérons les réactions nucléaires qui peuvent avoir lieu entre des particules de type (1) et (2). Le nombre de réactions par unité de volume et par unité de temps s'exprime en fonction de $\sigma(E)$ comme :

$$N = N_1N_2\int_0^\infty P(E)\sigma(E)v\,dE \tag{3.32}$$

où N_1 et N_2 sont les densités particulaires, v est la vitesse relative et $P(E)dE$ la probabilité d'avoir l'énergie E donnée par la distribution de Maxwell-Boltzmann.

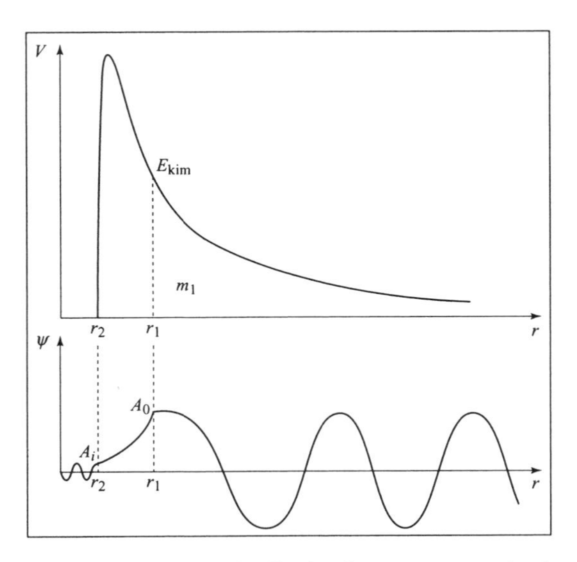

Fig. 3.3- *Pénétration de la barrière de Coulomb par une particule ayant une énergie cinétique inférieure au sommet de la barrière*

Le nombre de réactions nucléaires par unité de volume et de temps est donc :

$$N = (\frac{1}{8\pi\mu k^3 T^3})^{\frac{1}{2}} N_1 N_2 \int_0^\infty \exp(-\frac{E}{kT}) E\sigma(E)\, dE \tag{3.33}$$

où μ représente la masse réduite des particules de type (1) et (2).
Avant de pouvoir évaluer cette intégrale, nous devons préciser la dépendance de σ avec E. La section efficace est le produit de trois termes :

- une section efficace, notée σ_1 ,pour une rencontre « proche »c'est-à-dire suffisamment proche pour que la pénétration de la barrière de Coulomb ait une chance raisonnable d'avoir lieu
- la probabilité de pénétration, notée p
- la probabilité, notée C, pour que la réaction étudiée ait effectivement lieu après pénétration

Nous écrirons donc :

$$\sigma(E) = \sigma_1 p C \tag{3.34}$$

Nous pouvons trouver une expression approchée pour σ_1 en écrivant que les particules suffisamment proches se trouvent à une séparation de l'ordre de la longueur d'onde de de Broglie : $\lambda_B = \frac{h}{(2\mu E)^{\frac{1}{2}}}$. Nous poserons donc :

$$\sigma_1 = \pi\lambda_B^2 = \frac{\pi h^2}{2\mu E} \tag{3.35}$$

L'expression de p, la probabilité de pénétration, est plus compliquée. Classiquement, la pénétration ne peut avoir lieu que si l'énergie relative E est supérieure à V_m, le maximum du potentiel. Cependant, ce maximum est très élevé et sous les conditions physiques des intérieurs stellaires, aucune particule n'a assez d'énergie pour surmonter la barrière. Calculons un ordre de grandeur pour la répulsion coulombienne V_m. Pour rapprocher deux particules chargées positivement à une certaine distance r, il faut fournir une énergie, $E_{Coulomb}$, pour lutter contre la répulsion. Cette énergie s'exprime sous la forme :

$$E_{Coulomb} = \frac{Z_1 Z_2 e^2}{r} \tag{3.36}$$

où $Z_1 e$ et $Z_2 e$ sont les charges nucléaires de deux particules. Dans le cas de la fusion, ces particules doivent se rapprocher à moins de 10^{-15} m pour que les forces nucléaires puissent agir. Pour $r = 10^{-15}$ m, on trouve $E_{Coulomb} \simeq 1$ MeV dans le cas de deux noyaux d'hydrogène. Comparons cette énergie à l'énergie cinétique moyenne des particules, $\langle E_{cin} \rangle$ que nous estimerons à une température de 10^7 K au centre du Soleil :

$$\langle E_{cin} \rangle = \frac{3}{2} kT \tag{3.37}$$

qui vaut approximativement 1 keV soit mille fois plus faible que l'énergie nécessaire pour surmonter la répulsion coulombienne. Bien sûr, toutes les particules n'ont pas exactement l'énergie cinétique moyenne calculée ci-dessus. D'après la distribution de Maxwell des vitesses, on peut écrire que le nombre de particules qui ont des énergies supérieures à l'énergie moyenne varie comme $\exp(-\frac{E}{kT})$. La proportion des particules ayant une énergie mille fois supérieure à l'énergie cinétique moyenne est donc environ de $e^{-1000} = 10^{-430}$. Le nombre total de protons dans le Soleil étant environ $\frac{M_\odot}{m_p} \simeq 10^{57}$, on voit que la probabilité de trouver une particule d'énergie cinétique 1000 fois supérieure à $\langle E_{cin} \rangle$ est nulle. La mécanique quantique nous enseigne qu'une particule d'énergie inférieure à V_m peut traverser la barrière par effet tunnel et entrer dans le noyau. La plupart du temps les particules incidentes seront réfléchies par la barrière mais la traversée par effet tunnel a lieu suffisamment fréquemment pour assurer la pénétration de barrière coulombienne dans les étoiles.
Considérons une particule d'énergie E qui s'approche de la barrière par la droite (figure 3.3). Elle arrive en $r = r_1$ avec une vitesse relative nulle. Cherchons l'expression de p, la probabilité pour qu'elle traverse la barrière par effet tunnel et entre dans le noyau. Pour calculer en mécanique quantique la probabilité de trouver une particule à une distance r du noyau, il faut résoudre l'équation de Schrődinger pour la fonction d'onde ψ de la particule incidente dans le potentiel du noyau. L'équation vérifiée par ψ s'écrit :

$$\frac{\partial^2 \psi}{\partial r^2} + \frac{8\pi^2}{h^2}(E_{cin} - V)\psi = 0 \tag{3.38}$$

où $V(r)$ représente le potentiel de Coulomb au voisinage d'un noyau chargé. Pour tout $r > r_2$, ce potentiel s'écrit :

$$V(r) = \frac{Z_1 Z_2 e^2}{r} \tag{3.39}$$

Très proche du noyau, pour $r \leq r_2$, les forces nucléaires commencent à attirer l'autre noyau. Le potentiel $V(r)$ décroît brutalement de manière discontinue pour $r = 0$ et prend une valeur négative constante pour $r < r_2$ (figure 3.3) :

$$V(r) = V(a) < 0 \tag{3.40}$$

Les solutions de l'équation de Schrődinger sont de la forme suivante :

- Pour $r < r_1$, $E_{cin} > V$, ψ est une onde sinusoïdale d'amplitude A_0 : $\psi = A_0 \exp i(\omega t - kr)$
- Pour $r_2 < r < r_1$, $E_{cin} < V$, ψ est une fonction exponentielle décroissante de la forme : $\psi \propto \frac{1}{r} \exp -(V - E_{cin})^{\frac{1}{2}} r$. Son amplitude est A_i en r_2
- Pour $r < r_2$, $E_{cin} > V$ et ψ est à nouveau une fonction d'onde sinusoïdale d'amplitude $A_i \ll A_0$: $\psi = A_i \exp i(\omega t - kr)$

L'amplitude de la fonction ψ pour $r < r_2$ détermine la probabilité de trouver la particule proche du noyau. Elle détermine donc la probabilité de pénétration p pour traverser par effet tunnel la barrière de Coulomb. On voit sur la figure 3.3 que pour de faibles valeurs de E_{cin} la distance $r_1 - r_2$ augmente et $A_i = \psi(r_2)$ devient très petite; la probabilité de pénétration est donc très faible. Pour des valeurs élevées de E_{cin}, $r_1 - r_2$ diminue et la probabilité de pénétration augmente. Si la barrière est suffisamment haute de manière à ce que la probabilité de pénétration soit faible, alors l'approximation WKB[1] est valide et conduit à l'expression de la probabilité de pénétration :

$$p = \exp[-\frac{4\pi(2\mu)^{\frac{1}{2}}}{h} \int_a^b (V - E)^{\frac{1}{2}} \, dr] \tag{3.41}$$

On effectue le changement de variable : $u = \frac{E}{V} = \frac{Er}{Z_1 Z_2 e^2}$. Comme E est constant durant la collision, l'intégrale de l'équation 3.41 peut être exprimée comme :

$$\int_a^b (V - E)^{\frac{1}{2}} \, dr = \frac{Z_1 Z_2 e^2}{\sqrt{E}} [\cos^{-1} q - q(1 - q^2)^{\frac{1}{2}}] \tag{3.42}$$

où on a posé $q^2 = u(a) = \frac{Ea}{Z_1 Z_2 e^2}$. Comme $q \ll 1$, le terme entre crochets vaut approximativement $\frac{\pi}{2}$, ce qui conduit à :

$$p = \exp -(\frac{E_0}{E})^{\frac{1}{2}} \tag{3.43}$$

[1] d'après Wentzel, Kramers et Brillouin, il s'agit une méthode approchée de traitement des équations différentielle du type : $\frac{d^2 y}{dx^2} = -f(x) y$

où E_0 est défini par l'expression :

$$E_0 = \frac{8\pi^4\mu}{h^2} Z_1^2 Z_2^2 e^4 = 1.57 \times 10^{-6} \frac{A_1 A_2}{A_1 + A_2} Z_1^2 Z_2^2 \tag{3.44}$$

en ergs (E_0 est parfois appelée énergie de Gamow). Les quantités A_1 et A_2 désignent les poids atomiques et Z_1 et Z_2, les nombres atomiques des particules en collision. On remarque que plus les charges nucléaires des particules sont élevées, plus la barrière de Coulomb est élevée et plus petite est la probabilité de pénétration.
Pour illustrer ceci, considérons le cas de deux protons. Pour chacun d'eux, on a $Z = A = 1$ et $E_0 = 0.8 \times 10^{-6}$ ergs. A une température voisine de 10^7 K , l'énergie moyenne par particule est voisine de 2×10^{-9} ergs soit environ $2 \times 10^{-3} E_0$. Pour ces particules, la probabilité de pénétration par collision est donc extrêmement faible de l'ordre de $e^{-500} = 10^{-217}$. Pour que la pénétration ait lieu, il faut que les particules aient une énergie bien supérieure à l'énergie cinétique moyenne.
En substituant les équations 3.43 et 3.34 dans l'équation 3.33, le nombre de réactions par unité de volume et de temps est :

$$N = \frac{\sqrt{2}.\pi h^2}{(\mu.k.T)^{\frac{3}{2}}} C N_1 N_2 \int_0^\infty \exp -[\frac{E}{kT} + (\frac{E_0}{E})^{\frac{1}{2}}]\, dE \tag{3.45}$$

où C , la probabilité pour que la réaction ait effectivement lieu après pénétration est indépendante de E. Dans l'équation précédente, le terme $\exp -(\frac{E}{kT})$ représente la queue de la distribution de Maxwell aux hautes énergies et le terme $\exp -(\frac{E_0}{E})^{\frac{1}{2}}$ représente la probabilité de pénétration. Comme on le voit dans la figure 3.4, le produit de ces deux fonctions est une courbe fortement piquée portant le nom de *pic de Gamow.*

On introduit maintenant une nouvelle variable y définie par : $E = E_0^{\frac{1}{3}}(kT)^{\frac{2}{3}} y$, ce qui conduit à :

$$N = \frac{\sqrt{2}.\pi h^2}{\mu^{\frac{3}{2}}(kT)^{\frac{5}{6}}} C N_1 N_2 \int_0^\infty \exp[-(\frac{E_0}{kT})\frac{1}{3}(y + y^{-\frac{1}{2}})]\, dy \tag{3.46}$$

Posons $I = \int_0^\infty \exp[-(\frac{E_0}{kT})\frac{1}{3}(y+y^{-\frac{1}{2}})]\, dy$. Par ailleurs, la quantité $(\frac{E_0}{kT})^{\frac{1}{3}}$ est très supérieure à l'unité. Remarquons que la fonction $y + y^{-\frac{1}{2}}$ atteint un minimum pour la valeur $y_0 = (\frac{1}{4})^{\frac{1}{3}} = 0.63$ et que l'intégrant diminue très rapidement des deux cotés de $y = y_0$. On peut développer cette fonction autour de y_0 en introduisant $w = y - y_0$:

$$y+y^{-\frac{1}{2}} = y_0+w+(y_0+w)^{-\frac{1}{2}} = (y_0+y_0^{-\frac{1}{2}})+(1-\frac{1}{2y_0^{\frac{2}{3}}})w+\frac{3}{8y_0^{\frac{5}{2}}}w^2+\cdots \tag{3.47}$$

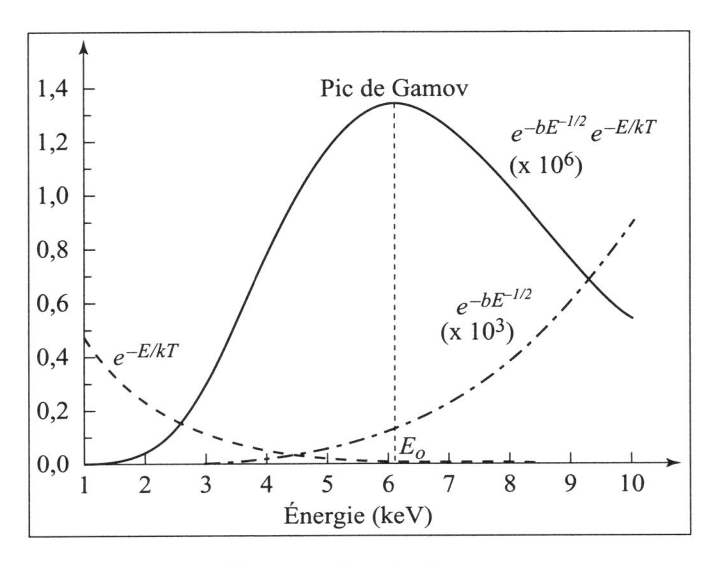

Fig. 3.4- *Pic de Gamow*

Remarquons que $y_0^{\frac{3}{2}} = \frac{1}{2}$ donc le coefficient de w est nul. La principale contribution à l'intégrale provient du voisinage de $w = 0$. En conservant le terme en w^2, on obtient une valeur approchée de l'intégrale :

$$I = \exp[-(\frac{E_0}{kT})^{\frac{1}{3}}(y_0 + y_0^{-\frac{1}{2}})] \int_{y_0}^{\infty} \exp[-(\frac{E_0}{kT})^{\frac{1}{3}} \frac{3}{8y_0^{\frac{5}{2}}} w^2]\, dw \tag{3.48}$$

Le résultat de l'intégration est :

$$(\frac{8\pi y_0^{\frac{5}{2}}}{3})^{\frac{1}{2}} (\frac{kT}{E_0})^{\frac{1}{6}} \exp[-(\frac{E_0}{kT})^{\frac{1}{3}}(y_0 + y_0^{-\frac{1}{2}})] = 1.62(\frac{kT}{E_0})^{\frac{1}{6}} \exp[-1.890(\frac{E_0}{kT})^{\frac{1}{3}}] \tag{3.49}$$

L'équation 3.46 pour le taux de réaction par unité de volume s'écrit maintenant :

$$N = \frac{4h^2 c E_0^{\frac{1}{6}} N_1 N_2}{\mu^{\frac{3}{2}} (kT)^{\frac{2}{3}}} \exp -1.890(\frac{E_0}{kT})^{\frac{1}{3}} \tag{3.50}$$

Remarquons que cette formule n'est valide que pour des collisions entre des particules de types différents. Si la collision a lieu entre des particules identiques, alors l'équation précédente compte chaque collision deux fois et donc N doit être divisé par deux. De plus, la formule obtenue n'est pas applicable pour tous les types de réactions. Si une *résonance* en énergie a lieu au voisinage de kT, la probabilité C dépend fortement de E et ne peut être sortie de l'intégrale. Dans ce cas, $C(E)$ peut varier très rapidement en prenant des maxima prononcés à différentes énergies dites de résonance (figure 3.5). Ces énergies correspondent à des niveaux d'énergie dans le noyau. Les pics prononcés sont produits par des

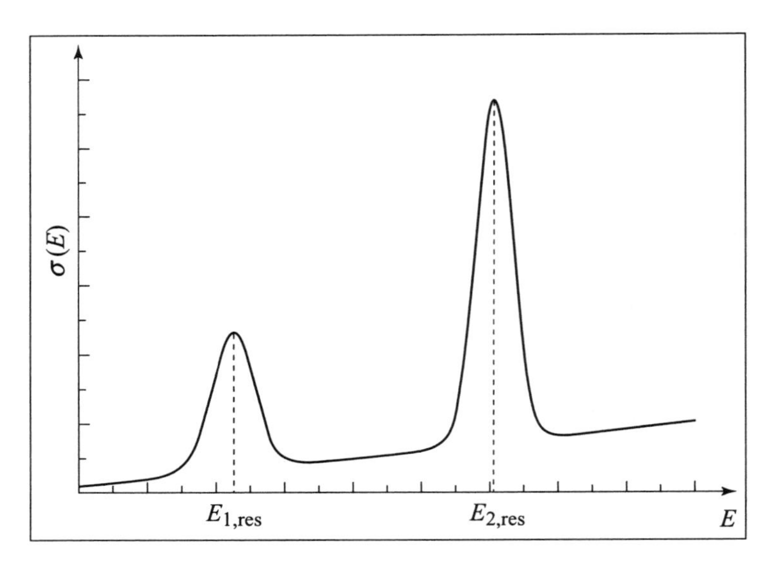

Fig. 3.5- *Effet des résonances sur $\sigma(E)$*

résonances entre l'énergie de la particule incidente et les différences d'énergie dans le noyau.

Dans la théorie de la structure interne stellaire, l'énergie libérée est introduite sous la forme de la quantité, notée ϵ, qui représente l'énergie nucléaire libérée par seconde et par gramme de matière stellaire. Soit q l'énergie nucléaire libérée par réaction, alors ϵ s'exprime en fonction de q sous la forme :

$$\epsilon = \frac{qN}{\rho} \tag{3.51}$$

Les densités particulaires sont reliées aux abondances relatives par masse par la relation :

$$N_i = \frac{\rho x_i}{m_0 A_i} \tag{3.52}$$

Si on exprime la masse réduite μ en fonction des poids atomiques, alors l'expression de la production d'énergie nucléaire est :

$$\epsilon = \frac{4h^2}{k^{\frac{2}{3}} m_0^{\frac{7}{2}}} \frac{(A_1 + A_2)^{\frac{3}{2}}}{A_1^{\frac{5}{2}} A_2^{\frac{5}{2}}} qCE_0^{\frac{1}{6}} \rho x_1 x_2 T^{-\frac{2}{3}} \exp -1.89(\frac{E_0}{kT})^{\frac{1}{3}} \tag{3.53}$$

Il est souvent commode d'écrire ϵ sous la forme d'une exponentielle :

$$\epsilon = \epsilon_0 \rho T^n \tag{3.54}$$

Cette formulation n'est valable que sur un petit intervalle de température. Nous utiliserons des lois de puissance similaires pour les différents types de réactions nucléaires ayant lieu dans les intérieurs stellaires.

Remarquons que l'analyse précédente néglige l'écrantage dû aux électrons. Aux températures typiques des intérieurs stellaires, les électrons libérés par l'ionisation des atomes produisent une "mer" de charges négatives qui cache partiellement le noyau cible et donc réduit la charge positive effective. Il en résulte un abaissement de la barrière de Coulomb du noyau et donc une augmentation du taux de réaction. Lorsqu'on tient compte de l'écrantage par les électrons, le potentiel effectif de Coulomb devient :

$$U_{eff} = \frac{Z_1 Z_2 e^2}{r} + U_e(r) \tag{3.55}$$

où $U_e(r) < 0$ est la contribution d'écrantage dûe aux électrons. L'écrantage par les électrons est important. Il peut, par exemple, augmenter les réactions de production de l'hélium de 10 à 50 %.

3.2.6 Les différents types de réaction nucléaires dans les étoiles

Combustion de l'hydrogène par le cycle PP

La hauteur de la barrière de Coulomb varie comme le carré de la charge nucléaire. La fusion des protons est donc celle qui devrait se réaliser le plus facilement dans les étoiles. Le noyau d'hélium contient quatre nucléons et peut en principe être produit en assemblant quatre protons. La chaîne de réactions PP qui est constituée de trois branches, notées PP I, PP II et PP III (ou simplement I, II et III) est un des mécanismes les plus simples permettant de former l'hélium. Les trois étapes les plus importantes de la branche I sont :

- a) deux protons se combinent pour former un deutéron, qui est un isotope de l'hydrogène dont le noyau est formé d'un proton et d'un neutron. Ceci implique que l'un des protons originaux se transforme en neutron avec l'émission d'un positron et d'un neutrino :

$$^1_1\mathrm{H} + ^1_1\mathrm{H} \longrightarrow ^2_1\mathrm{H} + \mathrm{e}^+ + \nu \tag{3.56}$$

- b) un deutéron capture un autre proton, fabriquant ainsi un isotope de l'hélium contenant deux protons et un neutron :

$$^2_1\mathrm{H} + ^1_1\mathrm{H} \longrightarrow ^3_2\mathrm{He} + \gamma \tag{3.57}$$

- c) deux noyaux ^3_2He se combinent pour produire le noyau d'hélium et deux protons :

$$^3_2\mathrm{He} + ^3_2\mathrm{He} \longrightarrow ^4_2\mathrm{He} + 2^1_1\mathrm{H} \tag{3.58}$$

Ces trois étapes sont représentées dans la figure 3.6.

Une barrière coulombienne doit être surmontée à chaque étape. En fait, le taux de fusion de l'hélium est essentiellement déterminé par le taux de

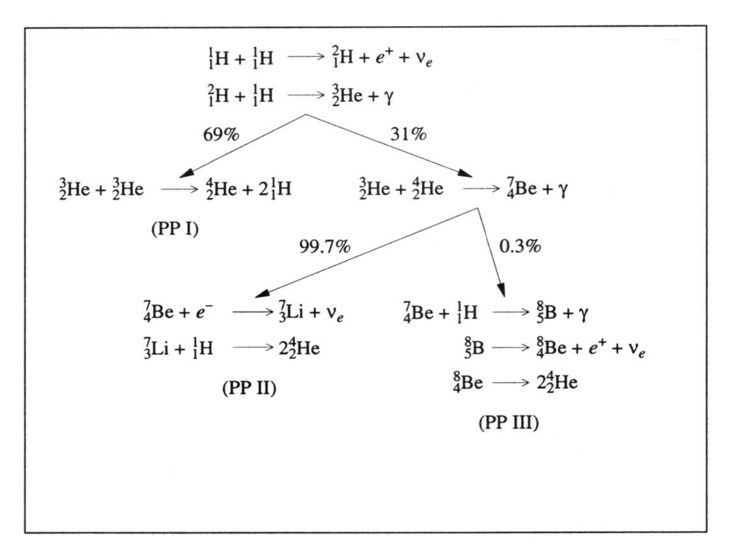

Fig. 3.6- *Le cycle PP avec ses trois branches PP I, PP II et PP III*

la première étape. Ce taux dépend de la section efficace de production du deutéron et du nombre de particules qui peuvent traverser la barrière de Coulomb.
On peut estimer la section efficace de la réaction PP de la manière suivante. L'effet tunnel permet à deux protons de s'approcher suffisamment pour que la force nucléaire commence à agir lorsque leur énergie vérifie :

$$E \geq \frac{q^4 m_p}{4(4\pi\epsilon_0\hbar)^2} \simeq 2 \times 10^{-15} J \tag{3.59}$$

Cette énergie correspond à une quantité de mouvement p, donnée par :

$$p^2 = 2Em_p \simeq 10^{-41} \tag{3.60}$$

La section efficace géométrique de collision des protons est évaluée pour la longueur d'onde correspondant à la longueur d'onde de de Broglie. En effet, dans la collision élastique de protons de quantité de mouvement p, la quantité de mouvement d'un proton particulier après une collision est inconnue (on sait seulement que la quantité de mouvement totale du système est p). La position des protons est donc incertaine d'une quantité $\frac{\hbar}{p}$. A chaque proton on peut associer un rayon cible égal à $\frac{\hbar}{p}$ et donc une section efficace égale à $\pi(\frac{\hbar}{p})^2$. Nous pouvons donc estimer la section efficace pour franchir la barrière de Coulomb :

$$\sigma_{pp} = \pi(\frac{\hbar}{p})^2 \simeq 2\pi(\frac{4\pi\epsilon_0}{m_p})^2(\frac{\hbar}{e})^4 \tag{3.61}$$

soit $\sigma_{pp} \simeq 4 \times 10^{-27}$ m^2. Une fois situé dans le champ d'action de la force nucléaire, un proton doit se transformer en neutron. La probabilité, notée P_{pn}, pour que cette transformation ait lieu est de l'ordre de 5×10^{-25}. La section efficace, notée σ_D, de production d'un deutéron à partir de deux protons est donnée par :

$$\sigma_D \simeq \sigma_{pp} P_{pn} \tag{3.62}$$

soit $\sigma_D \simeq 2 \times 10^{-51}$ m^2. Pour que deux protons puissent effectivement se réunir dans une réaction de fusion, il doivent avoir suffisamment d'énergie pour s'approcher l'un de l'autre. Dans le gaz stellaire, seulement une certaine fraction des particules pourront atteindre l'énergie minimum nécessaire. La probabilité pour qu'une particule ait une vitesse supérieure à $\sqrt{\frac{2E}{m}}$ (où $E \simeq 2.10^{-15}$ J est l'énergie minimale nécessaire à la production du deutéron par effet tunnel) peut être calculée en utilisant la distribution de Maxwell-Boltzmann. On trouve que cette probabilité n'est importante qu'à des températures supérieures ou égales à 10^7 K. De ceci, on conclue que les réactions nucléaires sont confinées au centre du Soleil.
Il existe deux autres branches de la chaîne proton-proton : la branche PP II et la branche PP III (figure 3.6). Dans la branche PP II, les noyaux ${}^3_2He$ produits dans la branche PP I interagissent directement avec les noyaux ${}^4_2He$:

$${}^3_2\mathrm{He} + {}^4_2\mathrm{He} \longrightarrow {}^7_4\mathrm{Be} + \gamma \tag{3.63}$$

$${}^7_2\mathrm{Be} + \mathrm{e}^- \longrightarrow {}^7_3\mathrm{Li} + \gamma_\mathrm{e} \tag{3.64}$$

$${}^7_3\mathrm{Li} + {}^1_1\mathrm{H} \longrightarrow {}^4_2\mathrm{He} + {}^4_2\mathrm{He} \tag{3.65}$$

Typiquement au centre du soleil, un noyau ${}^3_2He$ interagit avec un autre noyau ${}^3_2He$ dans la chaîne PP I à peu près 69 % du temps pour former ${}^4_2He$. Les 31 % restant du temps, c'est la branche PP II qui a lieu.
La branche PP III est une autre possibilité pour former de l'hélium. Ce type de capture d'un proton a lieu seulement 0.3 % du temps au centre du soleil :

$${}^7_4\mathrm{Be} + {}^1_1\mathrm{H} \longrightarrow {}^8_5\mathrm{B} + \gamma \tag{3.66}$$

$${}^8_5\mathrm{B} \longrightarrow {}^8_4\mathrm{Be} + \mathrm{e}^+ + \nu_\mathrm{e} \tag{3.67}$$

$${}^8_4\mathrm{Be} \longrightarrow 2{}^4_2\mathrm{H} \tag{3.68}$$

Le taux de production d'énergie nucléaire pour la chaîne PP complète peut être mis sous la forme d'une loi en puissance :

$$\epsilon_{pp} \simeq \epsilon_{0,pp} \rho X^2 \psi_{pp} f_{pp} (\frac{T}{10^6 K})^4 \tag{3.69}$$

où $\epsilon_{0,pp}$ est une constante. La quantité f_{pp} est un facteur d'écrantage pour la chaîne PP et ψ_{pp} est un facteur de correction qui prend en compte l'occurrence simultanée des 3 chaînes PP I, PP II et PP III.
L'énergie libérée par la fusion de quatres protons pour former une particule α

est donnée par la différence des excès de masse des quatres protons et de la particule α :

$$Q_{p-p} = 4\Delta M(^1H) - \Delta M(^4He) = 26.73 \quad MeV \tag{3.70}$$

Ceci correspond à une énergie par unité de masse de l'ordre de 6×10^{14} J kg^{-1}. L'importance relative des trois chaînes est mesurée par les *facteurs de branchements* qui dépendent des conditions de la combustion de l'hydrogène : la température, la densité et les abondances des éléments impliqués.

Combustion de l'hydrogène par le bi-cycle CNO

Le *bi-cycle CNO* proposé par Hans Bethe en 1938 est une autre possibilité pour produire de l'hélium à partir de l'hydrogène. Dans ce cycle, les trois espèces C, N et O agissent comme des *catalyseurs*, étant brûlés puis régénérés (comme dans la chaîne PP). Comme le cycle PP, le bi-cycle CNO a deux branches en compétition. La première branche se termine avec la production de ${}^{12}_{6}C$ et de ${}^{4}_{2}He$ et procède de la façon suivante :

$${}^{12}_{6}\mathrm{C} + {}^{1}_{1}\mathrm{H} \longrightarrow {}^{13}_{7}\mathrm{N} + \gamma \tag{3.71}$$

$${}^{13}_{7}\mathrm{N} \longrightarrow {}^{13}_{6}\mathrm{C} + \mathrm{e}^+ + \nu_\mathrm{e} \tag{3.72}$$

$${}^{13}_{6}\mathrm{C} + {}^{1}_{1}\mathrm{H} \longrightarrow {}^{14}_{7}\mathrm{N} + \gamma \tag{3.73}$$

$${}^{14}_{7}\mathrm{N} + {}^{1}_{1}\mathrm{C} \longrightarrow {}^{15}_{8}\mathrm{O} + \gamma \tag{3.74}$$

$${}^{15}_{8}\mathrm{O} \longrightarrow {}^{15}_{7}\mathrm{N} + \mathrm{e}^+ + \gamma_\mathrm{e} \tag{3.75}$$

$${}^{15}_{7}\mathrm{N} + {}^{1}_{1}\mathrm{H} \longrightarrow {}^{12}_{6} + {}^{4}_{2}\mathrm{He} \tag{3.76}$$

La seconde branche qui n'a lieu que 0.04 % du temps est initiée par ${}^{15}_{7}N$ et par ${}^{1}_{1}H$:

$${}^{15}_{7}\mathrm{N} + {}^{1}_{1}\mathrm{H} \longrightarrow {}^{16}_{8}\mathrm{O} + \gamma \tag{3.77}$$

$${}^{16}_{8}\mathrm{O} + {}^{1}_{1}\mathrm{H} \longrightarrow {}^{17}_{9}\mathrm{F} + \gamma \tag{3.78}$$

$${}^{17}_{9}\mathrm{F} \longrightarrow {}^{17}_{8}\mathrm{O} + \mathrm{e}^+ + \nu_\mathrm{e} \tag{3.79}$$

$${}^{17}_{8}\mathrm{O} + {}^{1}_{1}\mathrm{H} \longrightarrow {}^{14}_{7}\mathrm{N} + {}^{4}_{2}\mathrm{He} \tag{3.80}$$

L'énergie libérée lors de la formation d'un noyau ${}^{4}_{2}He$ dans le cycle CNO est d'environ 25 MeV (après soustraction de l'énergie emportée par les neutrinos). Le taux de production de l'énergie nucléaire dans le cycle CNO peut être mis sous la forme d'une loi en puissance :

$$\epsilon_{CNO} \simeq \epsilon_{0,CNO} \rho X X_{CNO} (\frac{T}{10^6 K})^{19.9} \tag{3.81}$$

où $\epsilon_{0,CNO}$ est une constante, X_{CNO} est la fraction en masse de C, N et O. On voit que *le bi-cycle CNO est beaucoup plus sensible à la température que la chaîne PP. On déduit de ceci que dans les étoiles de faible masse de la séquence principale (qui ont les températures centrales les plus faibles), la fusion de l'hydrogène en hélium est assurée par les chaînes du type PP. Par contre dans les étoiles plus massives qui ont des températures centrales plus élevées, c'est le bi-cycle CNO qui assure la conversion de l'hydrogène en hélium.* La transition entre les étoiles fonctionnant avec la chaîne PP plutôt que le bi-cycle CNO a lieu pour des étoiles légèrement plus massives que le Soleil (étoiles de type F).

Combustion de l'hélium : réaction triple-α

La combustion de l'hélium intervient dans les phases avancées de l'évolution. Comme dans le cas de la combustion de l'hydrogène, la réaction la plus simple dans un gaz d'hélium serait de faire la fusion de deux noyaux d'hélium (particules α) pour donner du béryllium :

$$^4\mathrm{He} + {}^4\mathrm{He} \rightarrow {}^8\mathrm{Be} \tag{3.82}$$

Il n'existe cependant pas de configuration nucléaire stable correspondant à $A = 8$. La durée de vie de l'isotope ^8Be est seulement de l'ordre de 2.6×10^{-16} secondes. Toutefois, cette durée de vie extrêmement brève, est plus longue que le temps moyen de collision des particules α à des températures de l'ordre de 10^8 K. Même si l'isotope ^8Be est extrêmement rare parce que transitoire, la rencontre d'une particule α avec un noyau ^8Be est possible avant que ce dernier ne disparaisse. Cette rencontre produit du carbone :

$$^8\mathrm{Be} + {}^4\mathrm{He} \rightarrow {}^{12}\mathrm{C} \tag{3.83}$$

Ce scénario a été proposé par Edwin Salpeter en 1952. Peu après, Fred Hoyle réalisa que la probabilité de capture d'une particule α par un noyau de béryllium ^8Be peut être augmentée si le noyau de carbone a un niveau d'énergie proche des énergies combinées du noyau ^8Be et de celle du noyau ^4He. La réaction devient alors une réaction résonante rapide.
La combustion de l'hélium a donc lieu en deux étapes :

$$^4\mathrm{He} + {}^4\mathrm{He} \rightarrow {}^8\mathrm{Be}$$

$$^8\mathrm{Be} + {}^4\mathrm{He} \rightarrow {}^{12}\mathrm{C}$$

Il y a donc fusion de trois noyaux d'hélium pour former un noyau de carbone ce qui a donné à cette réaction son nom de *réaction triple-α*.
Nous pouvons calculer l'énergie libérée dans cette réaction. C'est la différence des excès de masse de 3 particules α et d'un noyau ^{12}C :

$$E_{3\alpha} = 3\Delta M(^4He) - \Delta M(^{12}C) = 7.275$$

MeV L'énergie libérée par unité de masse est 5.8×10^{13} J.kg^{-1} (5.8×10^{17} erg g^{-1}) ce qui correspond à peu près à un dixième de l'énergie libérée par unité

de masse lors de la fusion de l'hydrogène en hélium.
Le taux de la réaction triple-α, noté $q_{3\alpha}$, est déterminé par la seconde réaction de la chaîne. Il est donc proportionnel à l'abondance d'hélium qui varie elle-même comme le carré de l'abondance d'hélium. Le taux de la réaction triple-α dépend donc du carré de la densité et est extrêmement sensible à la température :

$$q_{3\alpha} \propto \rho^2 T^{40} \tag{3.84}$$

Lorsqu'un nombre suffisant de noyaux de carbone a été produit par les réactions 3α, ces noyaux de carbone peuvent capturer les particules α pour produire de l'oxygène selon la réaction :

$$^{12}\mathrm{C} + {}^{4}\mathrm{He} \rightarrow {}^{16}\mathrm{O} \tag{3.85}$$

L'énergie libérée par cette réaction est 7.162 MeV soit 4.3×10^{13} J kg^{-1}. En résumé, la combustion des noyaux d'hélium produit des noyaux de carbone et d'oxygène dont les abondances relatives dépendent de la température.

Combustion du carbone et de l'oxygène

La fusion de deux noyaux de carbone nécessite des températures supérieures à 5×10^8 K. La fusion des noyaux d'oxygène ne peut avoir lieu qu'à des températures supérieures à 10^9 K. En effet, ces noyaux doivent surmonter une barrière de Coulomb encore supérieure.
Les combustions du carbone et de l'oxygène procèdent de façons similaires. Dans les deux cas, un noyau composé est produit à un niveau d'énergie excité puis il se désintègre. Plusieurs possibilités de désintégration existent avec des rapports de branchements différents :

$$^{12}\mathrm{C} + {}^{12}\mathrm{C} \rightarrow {}^{24}\mathrm{Mg} + \gamma$$
$$^{12}\mathrm{C} + {}^{12}\mathrm{C} \rightarrow {}^{23}\mathrm{Mg} + \mathrm{n}$$
$$^{12}\mathrm{C} + {}^{12}\mathrm{C} \rightarrow {}^{23}\mathrm{Na} + \mathrm{p}$$
$$^{12}\mathrm{C} + {}^{12}\mathrm{C} \rightarrow {}^{20}\mathrm{Ne} + \alpha$$
$$^{12}\mathrm{C} + {}^{12}\mathrm{C} \rightarrow {}^{16}\mathrm{O} + 2\alpha$$

et

$$^{16}\mathrm{O} + {}^{16}\mathrm{O} \rightarrow {}^{32}\mathrm{S} + \gamma$$
$$^{16}\mathrm{O} + {}^{16}\mathrm{O} \rightarrow {}^{31}\mathrm{S} + \mathrm{n}$$
$$^{16}\mathrm{O} + {}^{16}\mathrm{O} \rightarrow {}^{31}\mathrm{P} + \mathrm{p}$$
$$^{16}\mathrm{O} + {}^{16}\mathrm{O} \rightarrow {}^{28}\mathrm{Si} + \alpha$$
$$^{16}\mathrm{O} + {}^{16}\mathrm{O} \rightarrow {}^{24}\mathrm{Mg} + 2\alpha$$

En moyenne chaque réaction $^{12}C + ^{12}C$ produit 13 MeV soit environ 5.2×10^{13} J kg^{-1} par unité de masse. Chaque réaction $^{16}O + ^{16}O$ produit 16 MeV soit environ 4.8×10^{13} J kg^{-1} par unité de masse. Ces réactions produisent des particules légères (protons, particules α,...) qui sont immédiatement capturées par les noyaux lourds présents à cause des barrières de Coulomb relativement basses. De nombreux isotopes différents sont créés par des réactions secondaires qui se produisent parallèlement aux fusions du carbone et de l'oxygène. La combustion de l'oxygène produit majoritairement le silicium ^{28}Si.

Combustion du silicium

Par analogie, nous pourrions supposer que deux noyaux de silicium pourraient fusionner pour donner du fer, l'élément le plus stable. Cependant la barrière de Coulomb devient trop élevée. A des températures supérieures à celles de la combustion de l'oxygène mais bien inférieures à celles nécessaires à la fusion du silicium, un autre type de processus nucléaires peut avoir lieu. Il s'agit de l'interaction de particules massives avec des photons énergétiques qui sont capables de désintégrer les noyaux. Ce processus porte le nom de *photodésintégration* (il est similaire à la photodissociation des atomes sauf que la force de liaison est nucléaire au lieu d'être électrique et les particules émises sont des noyaux légers plutôt que des électrons). Comme dans le cas de l'ionisation, les réactions peuvent avoir lieu dans les deux sens : fusion et photodésintégration. Un équilibre peut être atteint et la direction de la réaction dépend des conditions physiques ambiantes. Par exemple, la réaction :

$$^{16}\mathrm{O} + \alpha \rightarrow {}^{20}\mathrm{Ne} + \gamma$$

produit essentiellement du néon aux températures vers 10^9 K mais elle s'inverse vers 1.5×10^9 K. L'énergie nécessaire à la réaction inverse de photodésintégration est fournie par le champ de rayonnement.
La désintégration du silicium à lieu vers 3×10^9 K. Les particules légères alors émises sont recapturées par d'autres noyaux de silicium. Les réactions nucléaires tendent vers un équilibre où les réactions directes et inverses ont lieu pratiquement au même taux. Cependant l'état d'équilibre statistique nucléaire auquel on aboutit n'est pas parfait : un excès de noyaux stables du groupe du fer (Fe, Co, Ni) se produit. Ces éléments résistent à la photodésintégration jusqu'à ce que la température atteigne environ 7×10^9 K.
Les caractéristiques des principales réactions de combustion nucléaires que nous avons étudiées sont rassemblés dans le tableau 3.1. Tous ces réactions libèrent de l'énergie. Les quantités d'énergie libérées ainsi que les taux de libération d'énergie varient beaucoup d'une réaction à l'autre. Retenons cependant que des processus nucléaires absorbant l'énergie du champ de rayonnement peuvent aussi avoir lieu aux conditions ayant lieu dans les intérieurs stellaires.

Combustible	Processus	T_{limite} (10^6 K)	Produits	Energie par nucléon (MeV)
H	PP	$\simeq 4$	He	6.55
H	CNO	15	He	6.25
He	3 α	100	C,O	0.61
C	C + C	600	O,Ne,Na,Mg	0.54
O	O + O	1000	Mg,S,P,Si	$\simeq 0.3$
Si	Eq.Nuc.	3000	Co,Fe,Si	< 0.18

Tab. 3.1- *Caractéristiques des principales réactions nucléaires*

Productions d'éléments lourds : processus s et processus r

Nous avons vu précédemment que tous les éléments jusqu'au pic du fer sont synthétisés dans les réactions nucléaires impliquant H, He, C et O. Pour les éléments plus lourds, les réactions thermonucléaires ne sont possibles qu'à des températures supérieures ou égales à 5×10^9 K car la répulsion coulombienne entre les nucléons de leurs noyaux augmente. Cependant, ces éléments se photodésintègrent à ces températures ce qui empêche leur synthèse. L'absorption de neutrons par des éléments lourds est par contre possible car les neutrons n'ont pas à surmonter de barrière de Coulomb. La formation des éléments plus lourds que le fer (pour lequel A = 64) a lieu par absorption de neutrons, un neutron à la fois. Lors des réactions thermonucléaires normales, le flux de neutrons disponibles est peu élevé. Le processus d'absorption de neutrons est lent. Les éléments ainsi formés sont nommés *éléments s* (*s* pour "slow" en anglais). Ces éléments *s* sont formés lors de la phase géante rouge d'une étoile.
Une réaction d'absorption de neutrons peut s'écrire sous la forme :

$$(\mathrm{Z}, \mathrm{A}) + \mathrm{n} \rightarrow (\mathrm{Z}, \mathrm{A}+1) + \gamma \tag{3.86}$$

Le noyau produit peut absorber un autre neutron pour devenir (Z,A+2) qui lui-même peut absorber un neutron pour donner (Z,A+3). On forme ainsi une série d'isotopes. La série s'interrompt lorsqu'un noyau est instable par désintégration β c'est-à-dire lorsque le temps nécessaire à la désintégration β est inférieur au temps d'absorption des neutrons. Supposons que (Z,A+2) soit instable par désintégration β, on a la réaction :

$$(\mathrm{Z}, \mathrm{A}+2) \rightarrow (\mathrm{Z}+1, \mathrm{A}+2) + \mathrm{e}^- + \nu^- \tag{3.87}$$

Si le noyau (Z+1,A+2) est stable, l'absorption de neutrons forme le noyau (Z+1,A+3). Si (Z+1,A+2) est instable, la désintégration β produira le noyau (Z+2,A+2). Le processus s continue ainsi jusqu'à A=209 en laissant des lacunes pour les noyaux qui sont instables par désintégration β. Tous les noyaux de $A > 209$ sont instables par radioactivité β et donc aucun n'est formé par

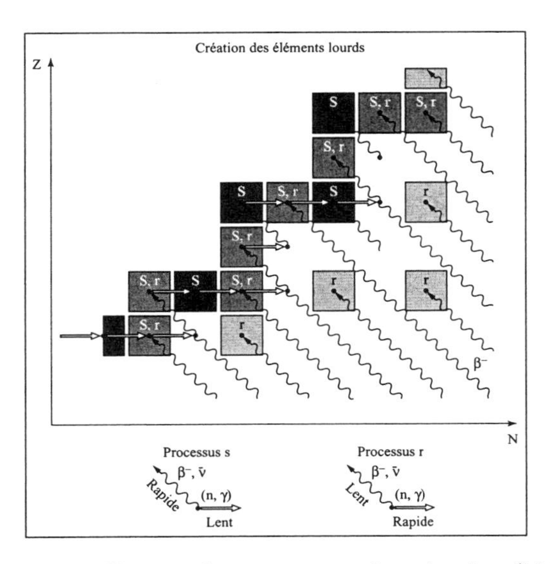

Fig. 3.7- *Chemin du processus s dans le plan (N,Z)*

le processus. La figure 3.7 montre le chemin produit par le processus s dans le plan (N,Z).

La section efficace d'absorption de neutrons, notée $\sigma(n)$, augmente lorsque l'énergie diminue. Du fait que σ et v ne changent pas beaucoup durant le processus, l'équation d'évolution de l'abondance N_A d'un noyau A s'écrit comme suit :

$$\frac{dN_A}{dt} = -\langle\sigma v\rangle_A n_n N_A + \langle\sigma v\rangle_{A-1} n_n N_{A-1} \tag{3.88}$$

Le premier terme du membre de droite représente le taux auquel A est détruit par capture de neutrons et le second terme, le taux auquel il est produit à partir de A-1.

Lorsque le flux de neutrons est élevé, l'échelle de temps du processus d'absorption de neutrons est beaucoup plus courte que la désintégration β. Tous les éléments plus lourds que $A = 209$ et tous ceux qui ne sont pas formés dans le processus *s* sont synthétisés par le *processus r*. Des éléments comme ^{233}Th ou ^{235}U sont formés par le processus *r*. La source de neutrons est la réaction :

$$p + e^- \rightarrow n + \gamma \tag{3.89}$$

qui a lieu dans l'environnement explosif de l'étoile juste avant son explosion ($T > 10^9$ K, $\rho > 10^6$ g cm^{-3}). Les neutrons sont accélérés par les ondes de choc provenant du cœur de l'étoile.

Le processus r s'arrête dans le plan (Z,A) au point où la probabilité d'absorption d'un neutron par le noyau est égale à la probabilité de l'émission d'un neutron dûe à l'absorption d'un photon. Le noyau y reste jusqu'à ce qu'une désintégration β puisse avoir lieu. Le processus *r* agit alors sur (Z+1,A) et ainsi de suite.

3.2.7 Troisième équation de la structure stellaire

Nous sommes maintenant prêts à établir une troisième équation qui gouverne la structure stellaire. Dans chaque coquille de masse dm, nous écrivons l'énergie totale, ϵ, produite par unité de masse et de temps par les réactions nucléaires sous la forme :

$$\epsilon = \epsilon_{nuc} \tag{3.90}$$

La contribution d'une coquille de masse dm à la luminosité totale est donc :

$$dL = \epsilon dm \tag{3.91}$$

Pour une étoile à symétrie sphérique, nous pouvons utilisé la relation de conservation de la masse (équation 2.67). Ceci nous permet d'écrire la troisième équation fondamentale de la structure stellaire :

$$\frac{dL_r}{dr} = 4\pi r^2 \rho \epsilon \tag{3.92}$$

où L_r est la luminosité contribuée par la partie de l'étoile intérieure au rayon r.

3.3 Les mécanismes de transport de l'énergie

Nous avons déjà établi trois équations différentielles reliant la pression P, la masse M et la luminosité L à la variable indépendante r. L'objet de ce paragraphe est d'établir les équations décrivant les processus assurant le transport de l'énergie depuis l'intérieur de l'étoile vers sa surface. Nous cherchons en particulier une équation différentielle reliant la température T à la variable r. Trois mécanismes assurent le transport de l'énergie dans les intérieurs stellaires. Les photons peuvent transporter une partie de l'énergie produite par les réactions nucléaires. On parle alors de *transport par rayonnement.* Lorsqu'ils rencontrent la matière, les photons peuvent être absorbés et réémis dans des directions aléatoires. Clairement l'*opacité* de la matière doit jouer un rôle important dans le transport par rayonnement. Dans certaines régions de l'étoile où des éléments de matière chaude se déplacent vers l'extérieur et y déposent un excès d'énergie, la *convection* peut contribuer à transporter de l'énergie. Enfin, la *conduction* peut transporter de la chaleur par l'intermédiaire de collisions entre particules.

3.3.1 Transfert du rayonnement

Nous nous intéressons ici seulement au transfert de l'énergie par le rayonnement. Physiquement, ceci veut dire que les photons émis thermiquement dans les régions chaudes de l'étoile et absorbés dans les régions plus froides transportent de l'énergie des régions chaudes aux régions moins chaudes. L'efficacité

de ce transport d'énergie est fonction entre autre du gradient de température et de la capacité qu'ont les photons à se déplacer librement d'une région de l'étoile à l'autre. Dans les intérieurs stellaires, les photons se déplacent typiquement sur une distance voisine de 1 cm au moins avant d'interagir avec la matière. Nous avons vu que sur des distances aussi petites, le gradient de température est modeste ($\simeq 10^{-4}$ K) mais non nul. L'existence de ce gradient est une condition nécessaire au transfert du rayonnement. L'opacité que présente le gaz au rayonnement détermine la distance sur laquelle les photons peuvent se déplacer sans interagir avec le rayonnement.
Dans ce paragraphe, nous allons établir l'*équation de transfert* et l'expression du *flux radiatif* dans les intérieurs stellaires. Il convient d'abord de définir les grandeurs caractéristiques du rayonnement dans les intérieurs stellaires : *pression de rayonnement*, *intensité* et *flux*.

Grandeurs caractéristiques du rayonnement

Dans un gaz stellaire, les particules ne sont pas les seuls agents contribuant à la pression. Les photons exercent aussi une pression, dite *pression de rayonnement.* En effet, chaque photon transporte une quantité de mouvement. Dans le cas où le milieu est à l'équilibre thermodynamique, le champ de rayonnement est isotrope. La pression de rayonnement prend alors la forme simple :

$$P_r = \frac{1}{3}\int_0^\infty \frac{h\nu}{c} cn(\nu)\, d\nu = \frac{1}{3}\int_0^\infty h\nu n(\nu)\, d\nu = \frac{1}{3}u \qquad (3.93)$$

où u est la densité d'énergie des photons ($u = aT^4$). Il est commode de définir un système de coordonnées où l'un des axes correspond à la direction radiale dans l'étoile. Physiquement cette direction est celle de l'écoulement du rayonnement.
Nous allons d'abord introduire *l'intensité du rayonnement* que nous noterons $I(\theta)$. Quantitativement, $I(\theta)d\Omega$ est le flux d'énergie par unité de surface par seconde se déplaçant dans une direction faisant un angle θ par rapport à l'axe radial dans un cône de directions défini par l'angle solide $d\Omega$ (figure 3.8). L'*intensité spécifique* est une grandeur monochromatique, notée I_ν, définie comme étant l'énergie dE_ν transportée par le rayonnement de fréquences comprises entre ν et $\nu + d\nu$ à travers la surface dA à l'intérieur de l'angle solide $d\Omega$ faisant l'angle θ avec la normale à dA dans l'intervalle de temps dt :

$$I_\nu = \frac{dE_\nu}{\cos\theta dA d\omega d\nu dt} \qquad (3.94)$$

L'intensité est reliée à l'intensité spécifique par la relation :

$$I = \int_0^\infty I_\nu\, d\nu \qquad (3.95)$$

Soit $u(\theta)d\Omega$, la densité d'énergie du rayonnement se déplaçant dans l'angle solide $d\Omega$. Ecrivons que la quantité d'énergie, $I(\theta)d\Omega$, passant par une surface

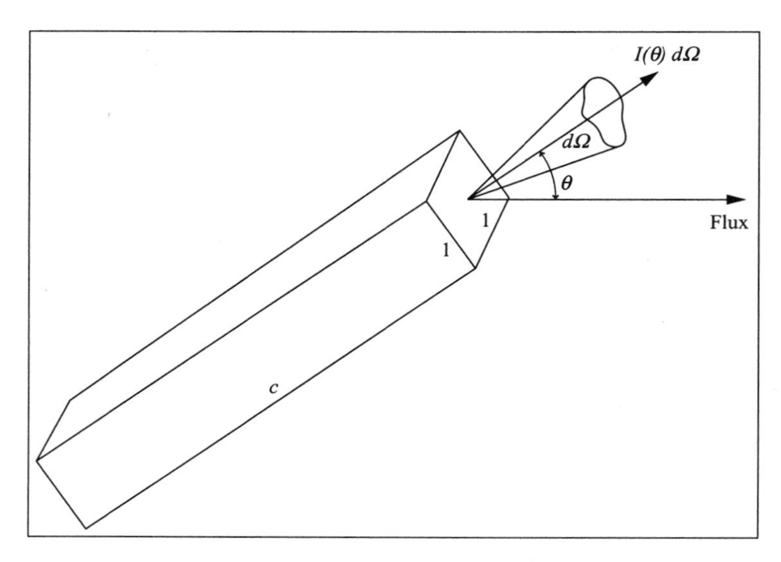

Fig. 3.8- *Géométrie du transfert du rayonnement*

unitaire par seconde correspond au produit de la densité d'énergie $u(\theta)d\Omega$ multiplié par le volume d'une colonne de longueur c (vitesse de la lumière) et de section dS unitaire :

$$I(\theta)d\Omega = cu(\theta)d\Omega \tag{3.96}$$

Soit H, le flux d'énergie transporté par unité de surface et par seconde dans la direction radiale. Le flux à travers la surface unitaire et normale à la direction polaire dans l'angle solide $d\Omega$ est égal à $I(\theta)\cos\theta$ car, vue de la direction θ, la surface unitaire a une aire projetée égale à $\cos\theta$. Le flux net d'énergie est donné par H :

$$H = \int_0^{4\pi} I(\theta)\cos\theta\, d\Omega \tag{3.97}$$

Si le champ de rayonnement possède une symétrie autour de l'axe radial, il vient :

$$H = 2\pi \int_0^{\pi} I(\theta)\cos\theta\sin\theta\, d\theta \tag{3.98}$$

On voit que le flux d'énergie est nul dans le cas d'un champ de rayonnement isotrope ($I(\theta)$ ne dépend pas de θ). La *pression de rayonnement* est elle aussi liée à l'intensité, $I(\theta)$, par la relation :

$$P_r = \int_0^{4\pi} \frac{I(\theta)\cos\theta}{c}\cos\theta\, d\Omega = \frac{2\pi}{c}\int_0^{\pi} I(\theta)\cos^2\theta\sin\theta\, d\theta \tag{3.99}$$

On voit que les trois grandeurs u, H et P_r sont des moments du champ de rayonnement $I(\theta)$ par leurs définitions :

$$u = \frac{1}{c}\int I(\theta)\, d\Omega = \frac{2\pi}{c}\int_0^{\pi} I(\theta)\sin\theta\, d\theta \tag{3.100}$$

$$H = \int I(\theta) \cos\theta \, d\Omega = 2\pi \int_0^{\pi} \cos\theta \sin\theta I(\theta) \, d\theta \tag{3.101}$$

$$P_r = \frac{1}{c} \int I(\theta) \cos^2\theta \, d\Omega = \frac{2\pi}{c} \int_0^{\pi} I(\theta) \cos^2\theta \sin\theta \, d\theta \tag{3.102}$$

Dans le but d'établir l'équation de transfert, il est nécessaire de considérer des quantités monochromatiques car la densité en nombre de photons, l'énergie de chaque photon et le coefficient d'absorption de la matière stellaire sont toutes des quantités qui dépendent de la fréquence.

Coefficient d'absorption et coefficient d'émission

Nous allons introduire maintenant le *coefficient d'absorption* κ_ν. Considérons un faisceau de rayonnement contenu dans l'angle solide $d\Omega$. Lors du passage à travers un élément de matière d'épaisseur ds et de densité ρ, l'intensité I_ν est diminuée à cause de l'absorption d'une quantité dI_ν égale à :

$$dI_\nu = -\kappa_\nu \rho I_\nu ds \tag{3.103}$$

Cette équation définit le coefficient κ_ν qui est fonction de la fréquence et de l'état thermodynamique du gaz. Ce coefficient doit inclure tous les processus contribuant à diminuer l'énergie du pinceau lumineux. On peut les ranger dans deux grandes classes : les processus d'absorption et de diffusion. Lors processus d'absorption, un photon disparaît et son énergie sert à exciter un électron vers un niveau supérieur ou à ioniser l'atome. Lors de la diffusion, le photon change de direction mais ne disparaît pas. Dans les intérieurs stellaires, la matière est essentiellement ionisée et la diffusion a lieu sous forme de diffusion Thomson par les électrons libres. Il est donc important de se rappeler que, lorsqu'on pense à la diminution de l'intensité spécifique, la diminution des photons n'est pas dûe uniquement à la disparition des photons. Une partie de l'énergie perdue est emportée par les photons diffusés et réapparaît dans d'autres directions sous forme de lumière diffusée. Nous pouvons distinguer entre la vraie absorption et la perte d'énergie dûe à la diffusion en utilisant deux coefficients d'absorption différents., notés respectivement $\kappa_{\nu a}$ pour la vraie absorption et $\kappa_{\nu d}$ pour la diffusion. On a bien sûr : $\kappa_\nu = \kappa_{\nu a} + \kappa_{\nu d}$. Pour l'absorption, on a :

$$dI_\nu = -\kappa_{\nu a} \rho I_\nu ds \tag{3.104}$$

et pour la diffusion :

$$dI_\nu = -\kappa_{\nu d} \rho I_\nu ds \int \frac{1}{4\pi} p(\cos\theta_d) \, d\Omega_d \tag{3.105}$$

La fonction $p(\theta_d)$ est la fonction de phase de diffusion : elle donne la distribution angulaire de l'énergie diffusée, l'angle θ_d étant l'angle du rayonnement diffusé par rapport à la direction du rayonnement incident (figure 3.9). Cette fonction

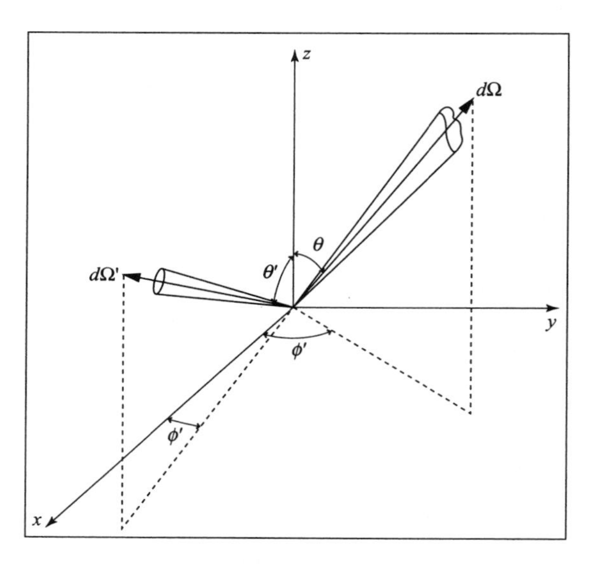

Fig. 3.9- *Géométrie de la diffusion*

est normalisée :

$$\int p(\cos\theta_d)\frac{1}{4\pi}\,d\Omega_d = 1 \tag{3.106}$$

La réduction totale d'intensité dans le pinceau est la somme des réductions dues à l'absorption vraie et à la diffusion. On a donc :

$$dI_\nu = -(\kappa_{\nu a} + \kappa_{\nu s})\rho I_\nu ds \tag{3.107}$$

Dans le cas où la diffusion est isotrope ($p(\cos\theta_d) = 1$), l'énergie soustraite par la diffusion au faisceau est redistribuée de manière égale dans tous les angles solides $d\Omega_d$. Pour la plupart des électrons libres et ions présents dans les intérieurs stellaires, la diffusion est du type Rayleigh, c'est-à-dire proportionnelle à $1 + \cos^2\theta_d$.
Du rayonnement est aussi émis par la matière dans les intérieurs stellaires. En faisant intervenir le *coefficient d'émission* j_ν de la matière, l'intensité spécifique dans le faisceau de rayonnement est augmentée sur une distance ds par la quantité :

$$dI_\nu(\theta) = j_\nu(\theta)\rho ds \tag{3.108}$$

Ce coefficient d'émission a une expression simple dans les intérieurs stellaires car on peut faire l'hypothèse de l'équilibre thermodynamique local. Les écarts à l'ETL dûs à l'anisotropie du champ de rayonnement sont de l'ordre de 10^{-10}. Dans les intérieurs stellaires, nous avons vu que le gradient de température est très faible (10^{-4} K mm^{-1}). De plus, les photons parcourent typiquement 1 cm avant d'interagir avec la matière. Ceci veut dire qu'ils sont absorbés à essentiellement la même température que celle à laquelle ils ont été émis. La

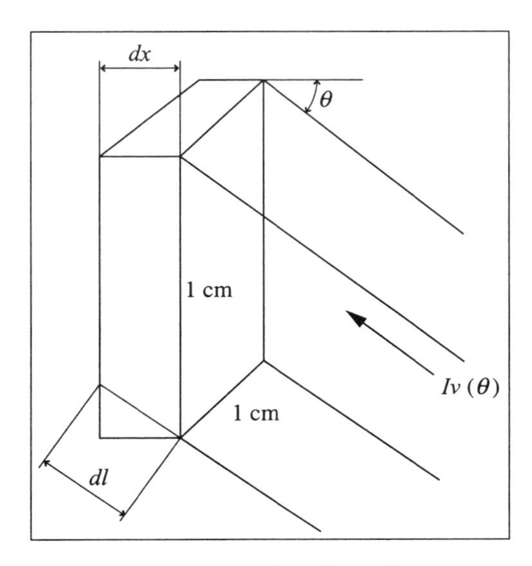

Fig. 3.10- *Tranche élémentaire de matière de surface unitaire et d'épaisseur dx*

condition d'équilibre thermodynamique stipule que la matière rayonne exactement la même puissance que celle qu'elle a absorbé et avec le même spectre de fréquences. Cette condition se traduit par une relation simple entre j_ν et κ_ν que nous allons maintenant établir.
Considérons une tranche élémentaire de matière stellaire ayant une section unitaire et d'épaisseur dx sur laquelle arrive un faisceau lumineux sous l'incidence θ par rapport à la normale à la surface (figure 3.10). La puissance absorbée par unité d'intervalle de fréquence est donnée par :

$$dE_\nu(\theta) = -\kappa_{\nu a}\rho I_\nu(\theta)dx \tag{3.109}$$

avec $dx = dl\cos\theta$.

La puissance totale absorbée à la fréquence ν dans la tranche de gaz est l'intégrale sur tous les angles solides :

$$dE_\nu(\theta) = -\kappa_{\nu a}\rho dx \int I_\nu(\theta)\, d\Omega = -\kappa_{\nu a}\rho dx c u_\nu \tag{3.110}$$

La masse contenue dans la tranche de section unitaire est $dm = \rho dx$. La puissance absorbée par unité de masse est donc :

$$\frac{dE_\nu}{dm} = -\kappa_{\nu a} c u_\nu \tag{3.111}$$

La tranche de matière doit émettre exactement la même puissance que celle absorbée sinon la matière aura tendance à s'échauffer ou à se refroidir et donc ne gardera pas une température stable. La condition d'équilibre s'écrit :

$$4\pi j_\nu = \kappa_{\nu a} c u_\nu \tag{3.112}$$

Le facteur 4π tient compte du fait que le coefficient j_ν est défini par unité d'angle solide et qu'à l'ETL l'émission est isotrope. A l'équilibre thermodynamique, le rapport $\frac{j_\nu}{\kappa_\nu}$ qui représente la fonction source est égal à la fonction de Planck, $B_\nu(T)$:

$$\frac{j_\nu}{\kappa_\nu} = B_\nu(T) = \frac{2h\nu^3}{c^2} \frac{1}{\exp(\frac{h\nu}{kT}) - 1} \tag{3.113}$$

Il est important de remarquer qu'une partie de l'émission est spontanée dûe seulement à la température de la matière et l'autre partie est de l'émission induite. L'émission induite correspond à des transitions causées par le champ de rayonnement. Leur probabilité est liée au coefficient d'Einstein B_{ij}. L'émission induite a lieu à la même fréquence et dans le même faisceau de rayonnement que le rayonnement incident. On peut chercher à exprimer la fraction de l'émission qui est spontanée. Considérons le cas de l'atome à deux niveaux exposé à un rayonnement. Le taux de transition spontanée par unité d'angle solide est :

$$\frac{1}{4\pi} N_i A_{ij}$$

Lorsque l'atome se trouvant dans l'état excité supérieur (noté i) rencontre un photon de fréquence ν_{ij} qui correspond à la différence d'énergie $E_i - E_j$, il y a émission induite et le taux de transitions induites par unité d'angle solide est :

$$(\frac{1}{4\pi}) N_i B_{ij} u_{\nu_{ij}}$$

Le rapport entre le nombre d'émissions spontanées, noté N_{spont}, et le nombre total d'émissions, noté N_{em}, s'écrit donc :

$$\frac{N_{spont}}{N_{em}} = \frac{N_i A_{ij}}{N_i A_{ij} + N_i B_{ij} u_{\nu_{ij}}} = \frac{1}{1 + (\frac{B_{ij}}{A_{ij}}) u_{\nu_{ij}}} \tag{3.114}$$

D'autre part, le rapport des coefficients d'Einstein vérifie la relation :

$$\frac{B_{ij}}{A_{ij}} = \frac{c^3}{8\pi h\nu^3}$$

On a donc :

$$\frac{N_{spont}}{N_{em}} = 1 - \exp(\frac{-h\nu}{kT}) \tag{3.115}$$

Dans le cas général où on n'a pas strictement l'équilibre thermodynamique, il convient de séparer l'émission en deux termes. L'émission spontanée est déterminée par la température de la matière et la fonction source $B_\nu(T)$ alors que l'émission induite est proportionnelle à l'intensité spécifique du rayonnement $I_\nu(\theta)$ (non isotrope). Quantitativement, ceci peut être écrit sous la forme :

$$j_\nu(\theta) = \kappa_{\nu a}(1 - \exp(-\frac{h\nu}{kT}))B_\nu(T) + \kappa_{\nu a}\exp(-\frac{h\nu}{kT})I_\nu(\theta) \tag{3.116}$$

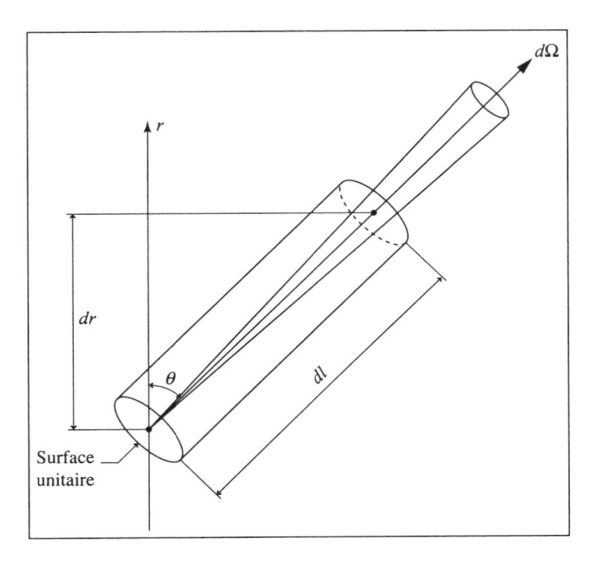

Fig. 3.11- *Géométrie adoptée pour décrire la conservation de l'énergie*

Dans le cas de l'équilibre thermodynamique $I_\nu(\theta) = B_\nu(T)$ et on arrive à la loi de Kirchoff :

$$j_\nu = \kappa_{\nu a} B_\nu(T)$$

Dans le terme d'émission, il est aussi nécessaire de tenir compte de l'énergie introduite dans le faisceau lumineux par les photons diffusés. L'énergie diffusée par unité d'angle solide dans le faisceau se propageant dans la direction (θ, ϕ) et extraite du faisceau se propageant dans la direction (θ_d, ϕ_d) est donnée par :

$$j_{\nu,diff} = \kappa_{\nu d} \frac{1}{4\pi} \int_0^\pi \int_0^{2\pi} p(\theta, \phi, \theta_d, \phi_d) I_\nu(\theta_d, \phi_d) \sin\theta_d \, d\theta_d \, d\phi_d \qquad (3.117)$$

où $p(\theta, \phi, \theta_d, \phi_d)$ est la fonction de phase de diffusion correspondant à l'angle entre la direction (θ, ϕ) et celle (θ_d, ϕ_d) d'un autre faisceau.

Equation de transfert

A ce stade nous pouvons écrire une équation de conservation d'énergie. Considérons un faisceau de directions comprises dans l'angle solide $d\Omega$ faisant un angle θ par rapport à la direction d'écoulement du flux et du gradient de température. Entourons ce faisceau par un cylindre élémentaire de section unitaire et de longueur dl (figure 3.11).

Ecrivons que la puissance de rayonnement quittant le sommet du cylindre à l'intérieur du pinceau de rayonnement choisi est égale à la somme de trois contributions : la puissance entrant dans le cylindre, à laquelle il faut retrancher la puissance absorbée dans le cylindre et ajoutter la puissance émise dans le

cylindre.
Exprimons d'abord la puissance par unité de surface sortant du sommet du cylindre. Elle est donnée par :

$$(\frac{dE}{dt})_{sommet} = -I_\nu(r+dr,\theta)d\Omega \tag{3.118}$$

La puissance par unité de surface entrant dans le cylindre est :

$$(\frac{dE}{dt})_{bas} = -I_\nu(r,\theta)d\Omega \tag{3.119}$$

La puissance par unité de surface absorbée lors du passage dans le cylindre est :

$$(\frac{dE}{dt})_{abs} = -(\kappa_{\nu a}+\kappa_{\nu s})\rho I_\nu(r,\theta)dld\Omega \tag{3.120}$$

La puissance par unité de surface émise dans le faisceau est la somme de trois contributions : l'émission spontanée, l'émission induite et l'énergie diffusée redirigée dans le faisceau :

$$\begin{aligned}(\frac{dE}{dt})_{em} &= \kappa_{\nu a}\rho dl[(1-\exp(\frac{-h\nu}{kT}))B_\nu(T)+\exp(\frac{-h\nu}{kT})I_\nu(r,\theta)]d\Omega \\ &+ \kappa_{\nu s}\rho dl\frac{d\Omega}{4\pi}\int_0^\pi\int_0^{2.\pi} p(\theta,\phi,\theta_d,\phi_d)I_\nu(r,\theta_d,\phi_d)\sin\theta_d\,d\theta_d\,d\phi_d\end{aligned}$$

L'équation de conservation de l'énergie s'écrit donc :

$$\begin{aligned}I_\nu(r+dr,\theta)-I_\nu(r,\theta) &= \frac{\partial I_\nu}{\partial r}dr \\ &= -(\kappa_{\nu a}+\kappa_{\nu s})\rho I_\nu(r,\theta)dld\Omega \\ &\quad + \kappa_{\nu a}(1-\exp(\frac{-h\nu}{kT}))B_\nu(T)\rho dl \\ &\quad + \kappa_{\nu a}\exp(\frac{-h\nu}{kT}))I_\nu(r,\theta)\rho dl \\ &\quad + \kappa_{\nu s}\frac{\rho.dl}{4\pi}\int_{\Omega_d} p(\theta,\phi,\theta_d,\phi_d)I_\nu(r,\theta_d,\phi_d)\,d\Omega_d\end{aligned}$$

En remarquant que la masse du cylindre $dm = \rho dl$ et que $dr = dl\cos\theta$ et en divisant l'équation précédente par dm, on obtient après avoir regroupé les termes :

$$\begin{aligned}\frac{1}{\rho dl}\frac{\partial I_\nu}{\partial r}dr &= \frac{1}{\rho}\frac{\partial I_\nu}{\partial r}\cos\theta \\ &= -(\kappa^*_{\nu a}+\kappa_{\nu s})I_\nu(r,\theta)+\kappa^*_{\nu a}B_\nu(T) \\ &\quad + \kappa_{\nu s}\frac{1}{4.\pi}\int_{\Omega_d} p(\theta,\phi,\theta_d,\phi_d)I_\nu(r,\theta_d,\phi_d)\,d\Omega_d\end{aligned}$$

où l'on a défini un coefficient d'absorption réduite :

$$\kappa^*_{\nu a} = \kappa_{\nu a}(1-\exp(\frac{-h\nu}{kT}))$$

Cette équation constitue l'*équation de transfert* du rayonnement dans les conditions d'ETL.
Cependant si l'on souhaite calculer un modèle de structure de l'étoile, on a besoin d'une équation donnant le débit net d'énergie $L(r)$ à travers une coquille de rayon r en fonction d'une opacité moyenne et du gradient de température. On peut y arriver en multipliant l'équation de transfert par $\cos\theta$ et en intégrant sur tous les angles solides $d\Omega$. Le premier terme de l'égalité devient :

$$\int \frac{1}{\rho}\frac{\partial I_\nu}{\partial r}\cos^2\theta\, d\Omega = \frac{1}{\rho}\frac{\partial}{\partial r}\int I_\nu \cos^2\theta\, d\Omega = \frac{c}{\rho}\frac{\partial P_\nu}{\partial r} \tag{3.121}$$

où l'on a utilisé l'expression de P_r comme moment de I_θ. Le deuxième terme devient :

$$\int (\kappa^*_{\nu a} + \kappa_{\nu s}) I_\nu \cos\theta\, d\Omega = -(\kappa^*_{\nu a} + \kappa_{\nu s}) H_\nu \tag{3.122}$$

Le troisième terme est nul puisque $B_\nu(T)$ est isotrope :

$$\int \kappa^*_{\nu a} B_\nu(T)\cos\theta\, d\Omega = 0 \tag{3.123}$$

Le dernier terme devient :

$$\kappa_{\nu s}\frac{1}{4\pi}\int_\Omega \int_{\Omega_d} \cos\theta p(\theta,\phi,\theta_d,\phi_d) I_\nu(r,\theta_d,\phi_d)\, d\Omega\, d\Omega_d$$

La valeur de cette intégrale dépend de la forme de la fonction de phase de diffusion. Si cette fonction contient seulement des puissances paires du cosinus de l'angle entre les rayons de diffusion, l'intégrale est nulle. Nous nous limiterons dans la suite à des fonctions de phase possédant cette propriété. On arrive donc à une équation assez simple :

$$\frac{c}{\rho}\frac{\partial P_\nu}{\partial r} = -(\kappa^*_{\nu a} + \kappa_{\nu s}) H_\nu(r) \tag{3.124}$$

Nous admettrons que dans le cas d'un rayonnement légèrement anisotrope, on a $P_\nu = \frac{1}{3}u_\nu$ et que la densité d'énergie u_ν est encore celle de l'équilibre thermodynamique.
Cherchons maintenant à exprimer le flux de rayonnement transmis par unité de surface que nous noterons H :

$$H = \int_0^\infty H_\nu\, d\nu = -\frac{c}{3\rho}\int_0^\infty \frac{1}{\kappa^*_{\nu a} + \kappa_{\nu s}}\frac{du_\nu}{dr}\, d\nu \tag{3.125}$$

A l'ETL, u_ν est une fonction de la température seulement. On a donc :

$$\frac{du_\nu}{dr} = \frac{du_\nu}{dT}\frac{dT}{dr}$$

et donc :

$$\begin{aligned} H &= -\frac{c}{3\rho}\int_0^\infty \frac{1}{\kappa_{\nu a}^* + \kappa_{\nu s}}\frac{du_\nu}{dT}\frac{dT}{dr}\,d\nu \\ &= -\frac{c}{3\rho}\frac{dT}{dr}\int_0^\infty \frac{1}{\kappa_{\nu a}^* + \kappa_{\nu s}}\frac{du_\nu}{dT}\,d\nu \end{aligned}$$

On ne change pas H si on le multiplie et le divise par la quantité :

$$\int_0^\infty \frac{du_\nu}{dT}\,d\nu = \frac{d}{dT}\int_0^\infty u_\nu\,d\nu\frac{du}{dT} = 4aT^3$$

Le flux de rayonnement s'écrit donc :

$$H = -\frac{4ca}{3\rho}T^3\frac{dT}{dr}\frac{\int_0^\infty \frac{1}{\kappa_{\nu a}^* + \kappa_{\nu s}}\frac{du_\nu}{dT}\,d\nu}{\int_0^\infty \frac{du_\nu}{dT}\,d\nu} \tag{3.126}$$

A l'équilibre thermodynamique, u_ν est proportionnelle à $B_\nu(T)$, on peut donc remplacer dans la formule précédente u_ν par B_ν, la constante de proportionnalité s'éliminant. Le rapport des deux intégrales dans cette formule représente une moyenne de l'inverse de l'opacité, cette moyenne étant effectuée avec comme poids la fonction $\frac{dB_\nu}{dT}$. Cette moyenne porte le nom d'*opacité de Rosseland* et est notée κ_{ross} :

$$\frac{1}{\kappa_{ross}} = \frac{\int_0^\infty \frac{1}{\kappa_{\nu a}[1-\exp(-\frac{h\nu}{kT})]+\kappa_{\nu s}}\frac{dB_\nu}{dT}\,d\nu}{\int_0^\infty \frac{dB_\nu}{dT}\,d\nu} \tag{3.127}$$

Le flux de rayonnement radiatif s'écrit alors :

$$H = \frac{4ac}{3\kappa_{ross}\rho}T^3\frac{dT}{dr} \tag{3.128}$$

H représente le flux radiatif par unité de surface. Pour obtenir le flux radiatif à travers une enveloppe de rayon r, il suffit de multiplier par $4\pi r^2$ soit :

$$L(r) = -4\pi r^2\frac{4ac}{3\kappa_{ross}\rho}T^3\frac{dT}{dr} \tag{3.129}$$

Cette équation représente une autre équation fondamentale de la structure stellaire.

3.3.2 Opacité

Le calcul du taux de transport radiatif de l'énergie nécessite le calcul de *l'opacité moyenne de Rosseland.* Pour calculer cette dernière, il est nécessaire de connaître en détail la dépendance en longueur d'onde des sections efficaces d'interaction. Dans les intérieurs stellaires, les interactions des photons avec la matière se limitent essentiellement à quatre types de processus :

- l'absorption lié-lié
- l'absorption lié-libre
- l'absorption libre-libre : absorption d'un photon par un électron du continuum lorsqu'il passe au voisinage d'un ion et fait une transition vers un autre état du continuum de plus haute énergie (processus inverse : bremsstrahlung)
- la diffusion des photons par les électrons libres du gaz : souvent appelée diffusion Compton et diffusion Thomson dans l'approximation non relativiste applicable aux étoiles. Ce n'est pas un vrai processus d'absorption car l'énergie du photon diffusé est la même que celle du photon incident.

Le calcul des sections efficaces de ces différents processus utilise la mécanique quantique des transitions atomiques. Pour la plupart des situations en astrophysiques, le champ électromagnétique peut être traité comme une perturbation classique sur un atome décrit par la mécanique quantique. Les taux de transition peuvent être calculés par la théorie des perturbations dépendantes du temps. Le photon est représenté par une onde électromagnétique qui est soit absorbée soit émise par l'atome. Dans le processus d'émission ou d'absorption, l'atome change d'état.
Rappelons que lorsque l'hamiltonien est indépendant du temps, la fonction d'onde de la particule vérifie l'équation de Schrődinger :

$$i\hbar\frac{\partial\psi(t)}{\partial t} = H\psi(t) \tag{3.130}$$

Cette fonction peut être exprimée comme une superposition linéaire des fonctions d'onde,ψ_n, des états propres orthogonaux d'énergie E_n :

$$\psi(t) = \sum_n c_n \exp(\frac{-i}{\hbar}E_n t)\psi_n \tag{3.131}$$

où chaque fonction ψ_n vérifie :

$$H\psi_n = E_n\psi_n \tag{3.132}$$

Les coefficients c_n sont choisis de façon à ce que la fonction $\psi(t)$ coïncide avec une certaine valeur initiale $\psi(t_0)$ à l'instant $t = t_0$:

$$c_n = \langle\psi_n|\psi_n(t_0)\rangle \exp(\frac{i}{\hbar}E_n t_0) \tag{3.133}$$

où $\langle\psi_n|\psi_n(t_0)\rangle$ représente l'intégrale de recouvrement de l'état initial avec la fonction propre ψ_n.
Dans les calculs d'opacité, les états stationnaires des particules chargées sont modifiés par une perturbation momentanée qui est par exemple un champ électrique variable produit par le passage proche d'une particule chargée. Dans

ce cas, l'hamiltonien du système n'est pas indépendant du temps et il n'y a pas d'états stationnaires. Cependant, si la perturbation s'exerce sur un intervalle de temps très court et un volume très limité, on peut considérer que le système est dans un état stationnaire avant l'occurrence de la perturbation et dans un autre état stationnaire après qu'elle soit terminée. Cette perturbation produit une transition si l'état final diffère de l'état initial. On écrit alors l'hamiltonien sous la forme d'une somme :

$$H = H_0 + V(t) \tag{3.134}$$

où H_0 est l'opérateur indépendant du temps et $V(t)$ la perturbation dépendante du temps. Avant et après la transition, le système est considéré comme étant dans un état stationnaire de H_0. En l'absence de perturbation V, les fonctions propres seraient données par l'équation :

$$H_0\psi_n^{(0)} = E_n^{(0)}\psi_n^{(0)} \tag{3.135}$$

En présence de la perturbation V, il est encore légitime de développer $\psi(t)$ sur des fonctions propres non perturbées, $\psi_n(0)$, mais en utilisant des coefficients qui dépendent du temps :

$$\psi(t) = \sum_n c_n(t)\exp(\frac{-i}{\hbar}E_n^{(0)}t)\psi_n^{(0)} \tag{3.136}$$

Les coefficients $c_n(t)$ sont donnés par :

$$c_n(t) = \langle\psi_n^{(0)}|\psi_n(t)\rangle\exp(\frac{i}{\hbar}E_n^{(0)}t) \tag{3.137}$$

En substituant cette expression dans $\psi(t)$ et cette dernière dans l'équation de Schrődinger, on peut montrer que les coefficients $c_n(t)$ varient au cours du temps selon :

$$i\hbar\frac{dc_k}{dt} = \sum V_{kn}c_n e^{i\omega_{kn}t} \tag{3.138}$$

où $\hbar\omega_{kn} = E_k^{(0)} - E_n^{(0)}$ et $V_{kn} = \langle\psi_k^{(0)}|V|\psi_n^{(0)}\rangle$ représente l'élément matriciel de la perturbation entre les états propres k et n. La probabilité pour que le système se trouve dans l'état propre $\psi_n^{(0)}$ non perturbé varie comme $|c_n(t)|^2$. Considérons le cas simple où le système au temps initial $t_0 = -\infty$ est dans un état propre s du hamiltonien H_0 du système. Supposons de plus que H_0 ne possède que des états discrets. Les conditions initiales peuvent s'écrire : $c_s(-\infty) = 1$ et $c_k(-\infty) = 0\ \forall k \neq s$. Si la perturbation agit sur un temps suffisamment court de manière à ce que la probabilité que le système mélange l'état initial s avec d'autres états k soit très faible, on peut faire l'approximation :

$$c_s(t) \simeq 1 \gg c_k(t) \tag{3.139}$$

Le coefficient $c_k(t)$ vérifie donc l'équation :

$$i\hbar\frac{dc_k}{dt} = V_{ks}e^{i\omega_{ks}t} \tag{3.140}$$

Si la perturbation $V_{ks}(t)$ est de courte durée et d'amplitude modérée, l'intégrale $c_k(t)$ converge vers une valeur finie lorsque $t \to \infty$:

$$c_k(+\infty) = -\frac{i}{\hbar}\int_{-\infty}^{+\infty} V_{ks}e^{i\omega_{ks}t}\,dt \tag{3.141}$$

La probabilité pour que la transition vers l'état s ait eu lieu est égale à $|c_k(+\infty)|^2$.
Appliquons maintenant ce formalisme au problème de la détermination de l'opacité. Considérons le problème d'un atome dans un champ de rayonnement et supposons qu'un seul électron interagit avec le rayonnement (nous négligeons le spin de l'électron). En absence de rayonnement, l'hamiltonien de l'électron est :

$$H_0 = \frac{p^2}{2m} + V_c \tag{3.142}$$

où V_c représente l'interaction coulombienne de l'électron avec l'atome. La perturbation de l'atome est le champ électromagnétique externe auquel on associe un potentiel scalaire ϕ et un potentiel vecteur $\vec{A}$. En ajoutant cette perturbation, l'hamiltonien total devient :

$$H = \frac{1}{2m}[\vec{p} + (\frac{e}{c})\vec{A}]^2 + V_c - e\phi \tag{3.143}$$

Les sources du champ électromagnétique ne se situent pas au voisinage immédiat de l'atome et on peut écrire :

$$\phi = 0$$

$$\nabla\vec{A} = 0$$

$$\nabla^2\vec{A} - \frac{1}{c^2}\frac{\partial^2\vec{A}}{\partial t^2} = \vec{0}$$

ce qui conduit à :

$$H = H_0 + \frac{e}{mc}\vec{A}.\vec{p} + \frac{e^2}{2mc^2}A^2 \tag{3.144}$$

Le troisième terme est bien inférieur au second terme et on adopte usuellement comme potentiel perturbateur :

$$V = (\frac{e}{mc})\vec{A}.\vec{p} \tag{3.145}$$

On peut décrire le rayonnement comme une superposition d'ondes planes :

$$\vec{A}(\vec{r},t) = \int_{-\infty}^{+\infty} \vec{A}(\omega)\exp[-i\omega(t - \frac{\vec{n}.\vec{r}}{c})]\,d\omega \tag{3.146}$$

où $\vec{n}$ est le vecteur unitaire dans la direction de propagation. La condition $\nabla\vec{A} = 0$ impose de plus que l'onde soit transverse, c'est-à-dire $\vec{n}\vec{A}(\omega) = 0$. La perturbation s'écrit donc :

$$V = \frac{e}{mc}\int_{-\infty}^{+\infty} \exp[-i\omega(t - \frac{\vec{n}\vec{r}}{c})]\vec{A}(\omega)\vec{p}\,d\omega \tag{3.147}$$

L'élément de matrice V_{ks} entre deux états dont les fonctions d'onde sont notées $\langle k|$ et $|s\rangle$ est :

$$V_{ks} = \frac{e}{m}\int_{-\infty}^{+\infty} \langle k|\exp(i\omega\frac{\vec{n}.\vec{r}}{c})\vec{p}|s\rangle e^{-i\omega.t}A(\omega)\,d\omega \tag{3.148}$$

L'amplitude de probabilité, $c_k(+\infty)$, est donc :

$$c_k(+\infty) = -\frac{ie}{\hbar mc}\int\int_{-\infty}^{+\infty} \langle k|\exp(i\omega\frac{\vec{n}\vec{r}}{c})\vec{p}|s\rangle e^{i(\omega_{ks}-\omega)t}A(\omega)\,dt\,d\omega \tag{3.149}$$

L'intégrale $\int_{-\infty}^{+\infty} e^{i(\omega_{ks}-\omega)t}\,dt$ vaut $2\pi\delta(\omega_{ks} - \omega)$ où δ est la fonction de Dirac définie par : $\int_{-\infty}^{+\infty} f(\omega)\delta(\omega_{ks} - \omega)\,d\omega = f(\omega_{ks})$. On en déduit que :

$$c_k(+\infty) = -\frac{2\pi ie}{\hbar mc}\langle k|\exp(i\omega_{ks}\frac{\vec{n}\vec{r}}{c})\vec{p}|s\rangle\vec{A}(\omega_{ks}) \tag{3.150}$$

Ce résultat montre que seulement le rayonnement à la fréquence ω_{ks} contribue à l'absorption.
En supposant que l'onde électromagnétique a une polarisation plane avec une direction de polarisation $\vec{e}$, alors $\vec{A}(\omega) = A(\omega)\vec{e}$ et la probabilité de transition est :

$$|c_k(+\infty)|^2 = \frac{4\pi^2e^2}{\hbar^2m^2c^2}|A(\omega_{ks})|^2|\langle k|\exp(i\frac{\omega_{ks}}{c}\vec{n}\vec{r})\vec{p}.\vec{e}|s>|^2 \tag{3.151}$$

Pour déterminer la section efficace de l'atome, nous allons comparer l'énergie moyenne absorbée par atome à l'énergie totale incidente du rayonnement dans un intervalle de fréquence infinitésimal $\Delta\omega$.
Le flux d'énergie du rayonnement incident est lié au vecteur de Poynting, dont l'expression dans le système c.g.s est :

$$\vec{S} = \frac{c}{4\pi}\vec{E}\wedge\vec{H}$$

Les vecteurs $\vec{E}$ et $\vec{H}$ peuvent être déduits du potentiel vecteur $\vec{A}$ par les deux relations suivantes :

$$\vec{E} = -\frac{1}{c}\frac{\partial\vec{A}}{\partial t}$$

$$\vec{H} = \vec{\nabla}\wedge\vec{A}$$

d'où l'expression de $\vec{S}$:

$$\begin{aligned}\vec{S} &= \frac{c}{4\pi}(\frac{1}{c}\frac{\partial \vec{A}}{\partial t}) \wedge (\vec{\nabla} \wedge \vec{A}) \\ &= -\frac{1}{4\pi}\int_{-\infty}^{+\infty} -i\omega A(\omega)\vec{e}\exp[-i\omega(t - \frac{\vec{n}\vec{r}}{c})]\, d\omega \\ &\quad \times \frac{1}{c}\int_{-\infty}^{+\infty} i\omega_1 A(\omega_1)(\vec{n}\wedge\vec{e})\exp[-i\omega_1(t - \frac{\vec{n}\vec{r}}{c})]\, d\omega_1\end{aligned}$$

Comme l'onde est transverse, on a $\vec{e}\vec{n} = 0$ et le produit triple $\vec{e}\wedge(\vec{n}\wedge\vec{e}) = \vec{n}$. On a donc :

$$\vec{S} = -\frac{\vec{n}}{4\pi c}\int\int_{-\infty}^{+\infty} \omega\omega_1 A(\omega)A(\omega_1)\exp[-i(\omega+\omega_1)(t - \frac{\vec{n}.\vec{r}}{c})]\, d\omega\, d\omega_1 \quad (3.152)$$

L'énergie transportée par le rayonnement par unité de surface est l'intégrale temporelle du flux :

$$E = \int_{-\infty}^{+\infty} \vec{S}(t)\vec{n}\, dt \quad (3.153)$$

L'intégrale $\int_{-\infty}^{+\infty} \exp -i(\omega+\omega_1)t\, dt = 2\pi\delta(\omega+\omega_1)$ et d'autre part comme $A^*(\omega) = A(-\omega)$, on en déduit que :

$$E = \frac{1}{2c}\int_{-\infty}^{+\infty} \omega^2|A(\omega)|^2\, d\omega = \frac{1}{c}\int_0^{\infty} \omega^2|A(\omega)|^2\, d\omega = \int_0^{\infty} E(\omega)\, d\omega \quad (3.154)$$

donc l'énergie par unité de fréquence vérifie :

$$\frac{dE}{d\omega} = E(\omega) = \frac{\omega^2}{c}|A(\omega)|^2 \quad (3.155)$$

Cette valeur peut être introduite dans l'équation 3.151 pour calculer l'énergie absorbée, c'est-à-dire la quantité :

$$\hbar\omega_{ks}|c_k(+\infty)|^2 = \frac{4\pi^2 e^2 E(\omega_{ks})}{\hbar m^2 c\omega_{ks}}|\langle k|\exp(i\frac{\omega_{ks}}{c}\vec{n}\vec{r})\vec{p}\vec{e}|s > |^2 \quad (3.156)$$

La section efficace $\sigma(\omega)$ à la fréquence ω est définie pour un état initial s comme étant le rapport de l' énergie absorbée à l'énergie incidente par unité de surface. Ces énergies sont évaluées dans un même intervalle infinitésimal de fréquence. On a donc finalement :

$$\sigma(\omega) = \frac{4\pi^2 e^2}{\hbar c m^2\omega_{ks}}|\langle k|\exp(i\frac{\omega_{ks}}{c}\vec{n}\vec{r})\vec{p}\vec{e}|s\rangle|^2 \quad (3.157)$$

L'absorption lié-lié

Si les deux états sont discrets, l'énergie est absorbée à une fréquence unique ω_{ks}. En posant $\alpha = \frac{i^2}{\hbar c}$, la section efficace d'absorption est :

$$\sigma(\omega) = \frac{4\pi^2\alpha}{m^2\omega_{ks}}|\langle k|\exp(i\frac{\omega_{ks}}{c}\vec{n}\vec{r}|s\rangle|^2\delta(\omega - \omega_{ks}) \tag{3.158}$$

de manière à ce que l'intégrale $\int E(\omega)\sigma(\omega)\,d\omega$ représente l'énergie absorbée du rayonnement.
On remarque que cette section efficace devient infinie au voisinage immédiat de $\omega = \omega_{ks}$. En fait, les raies atomiques ne sont jamais infiniment fines car les niveaux électroniques initial et final ont une certaine largeur. Chaque état excité a une durée de vie limitée, notée τ. En vertu du principe d'incertitude, une limitation en temps qui peut être considérée comme une incertitude sur la localisation en temps de l'état est accompagnée par une incertitude, notée Γ, sur l'énergie qui est reliée à la durée de vie τ par la relation $\tau\Gamma = \hbar$.
En intégrant l'équation précédente sur le domaine $\Delta\omega$ contenant le profil de la raie, on obtient l'aire sous la courbe $\sigma(\omega)$:

$$\int_{\Delta\omega} \sigma(\omega)\,d\omega = \frac{4\pi^2\alpha}{m^2\omega_{ks}}|\langle k|\exp(i\frac{\omega_{ks}}{c}\vec{n}\vec{r})\vec{p}\vec{e}|s\rangle|^2 \tag{3.159}$$

D'après le principe d'incertitude $\hbar\delta\omega$ doit être de l'ordre de grandeur de Γ. Nous n'avons pas déterminé l'allure de la section d'absorption $\sigma(\omega)$ mais nous savons qu'elle présente un maximum à $\omega = \omega_{ks}$ et une largeur de l'ordre de Γ. Nous allons maintenant préciser la forme de $\sigma(\omega)$. Considérons un état quasi-stationnaire, sa fonction d'onde doit diminuer exponentiellement avec le temps c'est-à-dire être de la forme :

$$\psi_k(t) \simeq \exp(-\frac{t}{2\tau})\psi_k^0 \exp(-\frac{i}{\hbar}E_k^0 t) \tag{3.160}$$

pour $t > 0$ de telle manière que $\int |\psi_k|^2\,dV = exp(-\frac{t}{\tau})$.
Notons $\|\Phi(E)\|^2$ la probabilité pour que cet état ait une énergie E. La fonction $\Phi(E)$ doit être proportionnelle à :

$$\Phi(E) \propto \int_0^\infty \exp[\frac{1}{\hbar}(E - E_k^0)t - \frac{t}{2\tau}]\,dt \tag{3.161}$$

Lorsqu'on somme sur toutes les énergies, la probabilité doit être égale à 1. Pour qu'elle soit normalisée, cette distribution doit être de la forme :

$$P(E)dE = \frac{\hbar}{2\pi\tau}\frac{dE}{(E - E_k^{(0)})^2 + (\frac{\hbar}{2\tau})^2} \tag{3.162}$$

La section d'absorption doit donc prendre la forme :

$$\sigma(\omega) = \frac{4\pi^2\alpha}{m^2\omega_{ks}}|\langle k|\exp(i\frac{\omega_{ks}}{c}\vec{n}\vec{r})\vec{p}\vec{e}|s\rangle|^2 \frac{\frac{\Gamma}{2\pi\hbar}}{(\omega - \omega_{ks})^2 + (\frac{\Gamma}{2\hbar})^2} \tag{3.163}$$

Il s'agit d'un profil Lorentzien. Nous avons déjà souligné que ces profils sont liés à la force d'oscillateur de la transition. Rappelons que pour un oscillateur harmonique linéaire avec une direction de mouvement parallèle à la polarisation $\vec{e}$, l'aire sous la courbe $\sigma(\omega)$ est :

$$\int_{\omega-\Delta\omega}^{\omega+\Delta\omega} \sigma_{osc}(\omega)\, d\omega = \frac{2\pi^2 e^2}{mc} = \frac{2\pi^2 \hbar\alpha}{m} \tag{3.164}$$

Pour une transition atomique, on peut rapporter la section $\sigma(\omega)$ à celle de l'oscillateur harmonique $\sigma_{osc}(\omega)$ en introduisant la force d'oscillateur f_{ks} qui est un facteur correctif représentant l'efficacité avec laquelle la raie absorbe. On pose :

$$\sigma(\omega) = \frac{2\pi^2 e^2}{mc} f_{ks} \frac{\frac{\Gamma}{2\pi\hbar}}{(\omega-\omega_{ks})^2 + (\frac{\Gamma}{2\hbar})^2} \tag{3.165}$$

c'est-à-dire que la force d'oscillateur est l'élément de matrice :

$$f_{ks} = \frac{2}{\hbar m\omega_{ks}} |\langle k| \exp(i\frac{\omega_{ks}}{c}\vec{n}\vec{r})\vec{p}\vec{e}|s\rangle|^2 \tag{3.166}$$

Remarquons qu'en général la longueur d'onde de la lumière incidente est bien supérieure aux dimensions r_{int} sur lesquelles l'interaction a lieu :

$$\lambda = \frac{2\pi c}{\omega_{ks}} \gg r_{int} \tag{3.167}$$

Dans ce cas, on peut développer l'exponentielle de l'élément matriciel sous la forme :

$$\exp(i\frac{\omega_{ks}}{c}\vec{n}\vec{r}) \simeq 1 + i\frac{\omega_{ks}}{c}\vec{n}\vec{r} + \cdots \tag{3.168}$$

Le deuxième terme ainsi que tous ceux d'ordre supérieur étant très petits, on écrira :

$$\exp(i\frac{\omega_{ks}}{c}\vec{n}\vec{r}) \simeq 1 \tag{3.169}$$

et donc :

$$f_{ks} = \frac{2}{\hbar m\omega_{ks}} |\langle k|\vec{p}\vec{e}|s\rangle|^2 \tag{3.170}$$

Il s'agit donc d'évaluer l'élément de matrice $\langle k|\vec{p}\vec{e}|s\rangle|$ dans la direction de polarisation du photon. On utilise un résultat des opérateurs de mécanique quantique :

$$H_0\vec{r} - \vec{r}H_0 = -\frac{i\hbar}{m}\vec{p} \tag{3.171}$$

ce qui permet d'écrire l'élément matriciel :

$$\langle k|\vec{p}|s\rangle = \frac{im}{\hbar}(E_k^{(0)} - E_s^{(0)})\langle k|\vec{r}|s\rangle \tag{3.172}$$

L'intégrale de la section efficace devient :

$$\int_{\Delta\omega} \sigma(\omega)\, d\omega = 4\pi^2\alpha\omega_{ks}|\langle k|\vec{r}\vec{e}|s\rangle|^2 \tag{3.173}$$

A l'intérieur d'une étoile, les directions et les polarisations des photons sont isotropes. Il est donc justifier de prendre la moyenne du produit $\vec{r}\vec{e}$ sur toutes les directions :

$$|\langle k|\vec{r}\vec{e}|s\rangle|^2 = \frac{1}{3}|\langle k|\vec{r}|s\rangle|^2 \tag{3.174}$$

Comme exemple d'application, on peut considèrer la transition Ly α ($1s \rightarrow 2p$) pour l'hydrogène. Dans ce cas :

$$f_{ks} = \frac{2m\omega_{ks}}{\hbar}|\langle k|\vec{r}\vec{e}|s\rangle|^2 = \frac{2m\omega_{ks}}{3\hbar}|\langle k|\vec{r}|s\rangle|^2 = \frac{2m\omega_{ks}}{3\hbar}(R_{10}^{21})^2 \tag{3.175}$$

Les fonctions d'onde radiales normalisées pour les niveaux $1s$ et $2p$ de l'hydrogène sont en effet : $R_{1s} = 2a_0^{-\frac{3}{2}} \exp -(\frac{r}{a_0})$ et $R_{2p} = \frac{1}{2\sqrt{6}}a_0^{-\frac{3}{2}} \exp -(\frac{r}{2a_0})$. On peut donc calculer $(R_{10}^{21})^2$ et on trouve $1.66a_0^2$. La valeur de la force d'oscillateur pour $Ly\alpha$ est donc $f = 0.42$.

Absorption lié-libre

Ici l'absorption du photon par un atome conduit à l'émission d'un électron dans un état du continuum. Les fonctions d'onde ψ_k et ψ_s correspondent respectivement à un état du continuum et à un état lié respectivement. La conservation de l'énergie requière que l'énergie du photon soit égale à la somme de l'énergie de liaison de l'électron et de son énergie cinétique. On voit qu'il existe un seuil en fréquences, noté χ, pour chaque processus d'ionisation : on a donc $\sigma = 0$ pour $\hbar\omega < \chi$ et σ varie régulièrement pour $\hbar\omega > \chi$.
Puisque l'état final est dans le continuum, il y a un continuum de probabilités de transition $|c_k(+\infty)|^2$, une pour chaque état final de l'électron.
Soit $d\sigma(\omega)$ la section différentielle de photoéjection dans un angle solide $d\Omega$. Sa valeur est :

$$d\sigma(\omega) = \frac{4\pi^2\alpha}{m^2\omega}|\langle k| \exp(i\frac{\omega}{c}\vec{n}.\vec{r})\vec{p}.\vec{e}|s\rangle|^2\frac{\Delta n}{\Delta\omega} \tag{3.176}$$

où Δn est le nombre d'états propres électroniques dans le continuum dans l'angle solide $d\Omega$ et dans la bande d'énergie correspondant à l'intervalle de fréquences $\Delta\omega$ autour de l'énergie $E_k = \hbar\omega - \chi = \hbar\omega + E_s$.
Pour évaluer cette expression, nous considérons que le problème est confiné à un très grand cube de dimension L contenant l'atome. Les fonctions d'onde planes électroniques normalisées des états libres ont la forme :

$$\psi_k = L^{-\frac{3}{2}} \exp(i\vec{k}\vec{r})$$

d'énergie $E_k = \frac{\hbar^2k^2}{2m}$.
Le nombre d'états propres du continuum de quantité de mouvement $\vec{p}$ dans l'intervalle $\Delta p_x\Delta p_y\Delta p_z$ est :

$$\Delta n = \frac{L^3\Delta p_x\Delta p_y\Delta p_z}{h^3} = \frac{L^3 4\pi p^2 dp}{h^3} \tag{3.177}$$

d'où l'on déduit que :

$$\frac{\Delta n}{\Delta E} = \frac{m^{\frac{3}{2}}\sqrt{E}L^3}{\sqrt{2}\pi^2\hbar^3} \tag{3.178}$$

On a donc à l'intérieur de l'angle solide différentiel $d\Omega$:

$$\frac{\Delta n}{\Delta\omega} = \frac{d\Omega}{4\pi}\frac{m^{\frac{3}{2}}\sqrt{E}L^3}{\sqrt{2}\pi^2\hbar^2} \tag{3.179}$$

Si de plus on suppose que la photoéjection a lieu depuis la couche K, la fonction d'onde initiale est :

$$\psi_s = R_{1s}Y_0^0 = \frac{1}{\sqrt{\pi}}(\frac{Z}{a})^{\frac{3}{2}}\exp(-\frac{Zr}{a}) \tag{3.180}$$

En rassemblant ces différents résultats on arrive à :

$$\frac{d\sigma(\omega)}{d\Omega} = \frac{\alpha k}{2\pi^2 m\hbar\omega}(\frac{Z}{a})^3|\int\exp(-i\vec{k}\vec{r})\exp(i\frac{\omega}{c}\vec{n}\vec{r})\vec{e}\frac{\hbar}{i}\Delta\exp(-\frac{Zr}{a})\,dV|^2 \tag{3.181}$$

L'évaluation de l'intégrale est simplifiée par le fait que l'opérateur quantité de mouvement est hermitien. On a donc pour l'intégrale I intervenant dans l'expression :

$$I = \int\exp[i(-\vec{k}\vec{r}+\frac{\omega}{c}\vec{n}\vec{r})]\vec{e}\frac{\hbar}{i}\Delta\exp(-\frac{Zr}{a})\,dV \tag{3.182}$$

$$= \vec{e}\int[\frac{\hbar}{i}\vec{\Delta}\exp[i(\vec{k}-\frac{\omega}{c}\vec{n})\vec{r}]]^*\exp(-\frac{Zr}{a})\,dV \tag{3.183}$$

$$= \hbar\vec{e}\vec{k}\int\exp[i(\frac{\omega}{c}\vec{n}-\vec{k})\vec{r}-\frac{Zr}{a}]r^2\,dr\,d\Omega \tag{3.184}$$

Introduisons le vecteur $\vec{q} = \vec{k} - \frac{\omega}{c}\vec{n}$. L'intégrale contient une partie angulaire contenue dans le facteur $\exp(-i\vec{q}.\vec{r})$ et une partie radiale. On peut montrer que :

$$\int\exp(-i\vec{q}\vec{r})\,d\Omega = 4\pi\frac{\sin qr}{qr} \tag{3.185}$$

et évaluer l'intégrale radiale en remarquant que :

$$\int r\sin qr\exp(-\frac{Zr}{a})\,dr = -\frac{d}{dq}\int\cos qr\exp(-\frac{Zr}{a})\,dr \tag{3.186}$$

ce qui conduit finalement à :

$$\frac{d\sigma(\omega)}{d\Omega} = \frac{32\alpha\hbar k}{m\omega}(\vec{e}\vec{k})^2(\frac{Z}{a})^5(\frac{Z^2}{a^2}+q^2)^{-4} \tag{3.187}$$

On peut en déduire la section efficace totale $\sigma(\omega)$ pour $\hbar\omega \gg \chi$. Soit θ l'angle entre la direction du photon et celle de l'électron éjecté et ϕ l'angle entre la polarisation du photon et le plan contenant les quantités de mouvement du photon et de l'électron. En utilisant le fait que $\vec{q} = \vec{k} - \frac{\omega}{c}\vec{n}$, il vient :

$$(\frac{Z}{a})^2 + q^2 = (\frac{Z}{a})^2 + k^2 + (\frac{\omega}{c})^2 - 2k\frac{\omega}{c}\cos\theta \qquad (3.188)$$

D'après la conservation de l'énergie, on a :

$$\frac{\hbar^2 k^2}{2m} = \hbar\omega - \chi = \hbar\omega - \frac{Z^2 e^2}{2a} \qquad (3.189)$$

où on a introduit le rayon de Bohr $a = \frac{\hbar^2}{me^2}$. Si on considère que l'électron n'est pas relativiste, on peut ignorer l'énergie du photon comparée à l'énergie de masse au repos de l'électron et remplacer $\frac{\hbar k}{mc} = \frac{v}{c} = \beta$. La section efficace différentielle devient donc :

$$\frac{d\sigma(\omega)}{d\Omega} = 2\alpha k(\vec{e}\vec{k})^2(\frac{\hbar}{m\omega})^5(\frac{Z}{a})^5(1-\beta\cos\theta)^{-4} \qquad (3.190)$$

$$= 2\alpha k^3(\frac{\hbar}{m\omega})^5(\frac{Z}{a})^5\frac{\sin^2\theta\cos^2\phi}{(1-\beta\cos\theta)^4} \qquad (3.191)$$

La section efficace totale peut être obtenue en intégrant sur les angles. En négligeant le facteur β dans le domaine non relativiste, on peut montrer que :

$$\sigma(\omega) = \frac{8\pi\alpha}{3}(\frac{Z}{a})^5(\frac{\hbar}{m\omega})^5 k^3 \qquad (3.192)$$

D'après l'équation 3.189, on voit que pour $\hbar\omega \gg \chi$, on a $k^2 \simeq \frac{2m\omega}{\hbar}$ et donc aux fréquences élevées on a :

$$\sigma \simeq \frac{2}{3}\frac{\alpha^{\frac{9}{2}}}{\pi^{\frac{5}{2}}a^{\frac{3}{2}}}Z^5\lambda^{\frac{7}{2}} \qquad (3.193)$$

On trouve donc que la variation de la section efficace est en $Z^4\lambda^3$.
L'approximation qui consiste à remplacer la fonction d'onde de l'électron libre par une onde plane porte le nom *d'approximation de Bohr.* Elle n'est pas appropriée au voisinage du bord de photoionisation où la fonction d'onde électronique est fortement perturbée par l'interaction coulombienne. Il convient alors d'utiliser pour ψ_k des fonctions d'onde coulombiennes exactes. Le calcul est complexe et traité en détail dans l'ouvrage de Chiu [22]. On montre que la section efficace de photoionisation d'un électron hydrogénoïde dans un état de nombre quantique principal n peut être écrite sous la forme :

$$\sigma_{b-f} = 2.82 \times 10^{29}\frac{Z^4}{n^5\nu^3}g(\nu, n, l, Z) \qquad (3.194)$$

en cm^2. Le facteur g porte le nom de *facteur de Gaunt.* Sa valeur dépend des nombres quantiques de l'état initial et varie lentement avec la fréquence du photon.

Absorption libre-libre

Le processus d'absorption libre-libre peut être représenté comme suit : un électron libre de quantité de mouvement p_s s'approche d'un ion de charge Z, il absorbe un photon d'énergie $\hbar\omega$ et s'éloigne avec une nouvelle quantité de mouvement p_k. La conservation d'énergie s'écrit :

$$\frac{p_k^2}{2m} = \frac{p_s^2}{2m} + \hbar\omega \tag{3.195}$$

L'invers de ce processus est le bremsstrahlung.
Pour traiter correctement ce processus, il faut tenir compte de l'interaction de l'électron avec le champ coulombien de l'ion. Nous ne détaillerons pas ici les calculs qui sont complexes. En régime non relativiste, on trouve que la section efficace d'un ion de charge Z pour absorber un photon de fréquence ν lors d'une transition libre-libre peut être écrite sous la forme :

$$d\sigma_{f-f}(Z,\nu,v) = \frac{4\pi Z^2 e^6 g_{f-f}(v,\nu)}{3\sqrt{3}hcm^2 v\nu^3} n_e(v)dv \tag{3.196}$$

où v est la vitesse de l'électron, $n_e(v)dv$ est la densité d'électrons ayant des vitesses comprises entre v et $v + dv$ et $g_{f-f}(v,\nu)$ est la facteur de Gaunt pour des transitions libre-libre.
Si le gaz d'électrons est non dégénéré, les électrons possèdent une distribution de vitesse maxwellienne. L'opacité libre-libre est en général obtenue à partir d'une moyenne de la section efficace libre-libre, notée $\langle\sigma_{f-f}(Z,\nu)\rangle$, en multipliant par le nombre d'ions de type Z par gramme et en sommant sur Z :

$$\kappa_{f-f}(\nu) = \sum \frac{X_z N_0}{A_z} \langle\sigma_{f-f}(Z,\nu)\rangle \tag{3.197}$$

où la moyenne $\langle\sigma_{f-f}(Z,\nu)\rangle$ est prise sur les vitesses :

$$\langle\sigma_{f-f}(Z,\nu)\rangle = \int_{v=0}^{\infty} d\sigma_{f-f}(Z,\nu,v)$$

Diffusion par les électrons

La quatrième source importante d'opacité radiative dans les intérieurs stellaires est la diffusion des photons par les électrons libres du gaz. Cette source d'opacité est toujours présente lorsqu'il y a des électrons libres mais elle est en général dominée par l'opacité lié-libre jusqu'à ce que l'ionisation soit complète et par l'opacité libre-libre jusqu'à ce que la température soit suffisamment élevée. Aux très hautes températures, ce sont les électrons libres qui représentent l'obstacle principal à la propagation d'un photon.
Le traitement quantique de la diffusion est plus compliqué que celui des processus d'absorption vraies étudiées précédemment : en effet deux photons au

lieu d'un seul sont impliqués dans le processus. Cependant pour des énergies des photons bien inférieures à mc^2, une expression peut être obtenue à partir de l'électromagnétisme classique.
Lorsqu'une onde électromagnétique arrive sur une particule libre de charge $-e$ et de masse m, cette particule est accélérée par le champ électrique de l'onde. Cette charge accélérée émet un rayonnement dans des directions autres que celles de l'onde plane incidente. Pour des photons d'énergies bien inférieures à mc^2, ce rayonnement diffusé a la même fréquence que le rayonnement incident dans le repère inertiel de l'étoile. En électrodynamique classique, on peut montrer que la puissance rayonnée dans l'angle solide $d\Omega$ à un angle ψ avec la direction de l'accélération $\vec{a}$ est, pour des particules non relativistes, donnée par :

$$dP = \frac{e^2}{4\pi c^3} a^2 \sin^2 \psi d\Omega \tag{3.198}$$

L'onde diffusée est polarisée dans le plan contenant $\vec{a}$ et la direction d'observation. Si l'onde plane se déplace initialement dans la direction Z avec un nombre d'onde $k = \frac{2\pi}{\lambda}$ et un vecteur de polarisation unitaire $\vec{\epsilon}$ (dans le plan xy), le champ électrique peut s'écrire :

$$\vec{E}(z,t) = \vec{\epsilon} E_0 \cos(kz - \omega t)$$

On en déduit l'accélération d'après la seconde loi de Newton :

$$\vec{a} = -\frac{e}{m} E_0 \cos(kz - \omega t) \vec{\epsilon}$$

La puissance rayonnée est fonction du temps mais puisque nous sommes seulement intéressés par la valeur moyenne de la puissance diffusée, nous pouvons prendre la valeur moyenne du carré de l'accélération :

$$\langle a^2 \rangle = \frac{1}{2} \frac{e^2}{m^2} E_0^2$$

La puissance moyenne diffusée devient donc :

$$\frac{dP}{d\Omega} = \frac{e^2}{4\pi c^3} \frac{1}{2} \frac{e^2}{m^2} E_0^2 \sin^2 \psi = \frac{c}{8\pi} E_0^2 (\frac{e^2}{mc^2})^2 \sin^2 \psi \tag{3.199}$$

Dans ce calcul classique, la section efficace différentielle de diffusion est définie comme le rapport de la puissance diffusée dans un angle solide unitaire à la puissance incidente par unité de surface. Le flux d'énergie par unité de surface d'une onde électromagnétique est donné par le vecteur de Poynting :

$$S = \frac{c}{4\pi} \langle E^2 \rangle = \frac{c}{8\pi} \langle E_0^2 \rangle$$

On obtient donc la section efficace différentielle de diffusion :

$$\frac{d\sigma}{d\Omega} = (\frac{e^2}{mc^2})^2 \sin^2 \psi \tag{3.200}$$

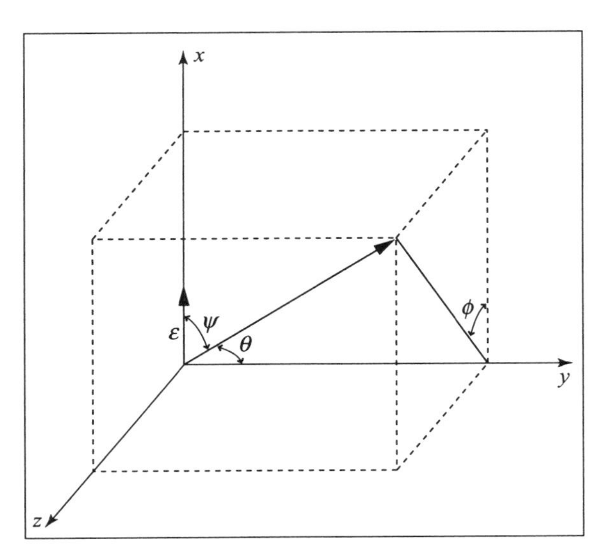

Fig. 3.12- *Géométrie adoptée pour décrire la diffusion d'un photon par un électron*

Le nombre $r_0 = \frac{e^2}{mc^2} = 2.818 \times 10^{-13}$ cm est le rayon classique de l'électron. Elevé au carré, il donne la surface effective que présente un électron à un photon.
Dans l'équation précédente, l'angle ψ est l'angle entre la direction d'observation (qui fait un angle θ avec l'axe des z) et l'accélération de la charge (la direction de polarisation $\vec{\epsilon}$ que nous plaçons sur l'axe des x). La géométrie est représentée dans la figure 3.12 où l'on voit la relation entre les angles ψ, θ et ϕ :

$$\sin^2\psi = 1 - \sin^2\theta\cos^2\phi$$

Si l'onde initiale n'est pas polarisée, la valeur moyenne de $\sin^2\psi$ est donnée par :

$$\langle\sin^2\psi\rangle = 1 - \sin^2\theta\langle\cos^2\phi\rangle = 1 - \frac{1}{2}\sin^2\theta \tag{3.201}$$

Cette moyenne donne la formule de Thomson pour la section différentielle de diffusion des photons non polarisés :

$$\frac{d\sigma}{d\Omega} = (\frac{e^2}{mc^2})^2\frac{1}{2}(1 + \cos^2\theta) \tag{3.202}$$

Cette formule n'est pas valable pour les particules relativistes ou pour des énergies de photons comparables à mc^2. Ces situations n'ont lieu qu'à très hautes températures ($T > 10^9$ K) et donc la formule précédente convient pour représenter la diffusion des photons par les particules libres dans les intérieurs stellaires. On voit que la section efficace est proportionnelle à $\frac{1}{m^2}$. La diffusion par les noyaux est donc négligeable devant celle dûe aux électrons.

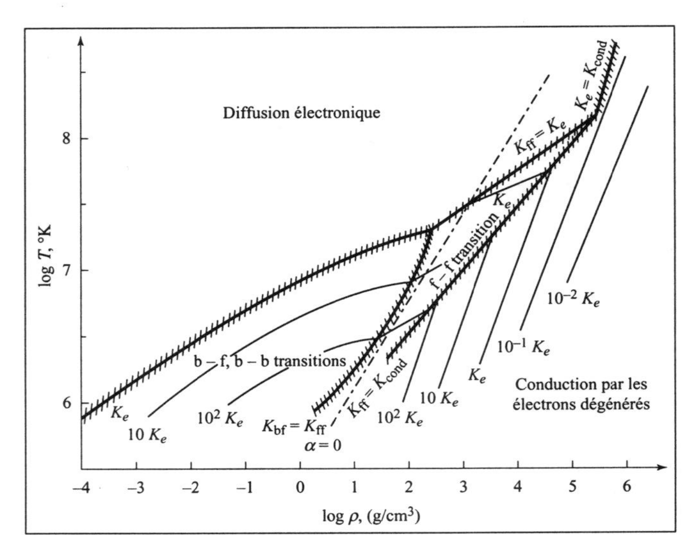

Fig. 3.13- *L'opacité totale pour une composition type population I. Le plan ρ, T est divisé en quatre domaines dont la principale source d'opacité est indiquée. Les lignes hachurées représentent les frontières entre ces domaines. Adapté de Hahashi et al (1962), Progr. Theoret. Phys. Kyoto, Suppl 22*

L'opacité radiative totale

Dans les intérieurs stellaires, les quatre sources d'opacité présentées ci-dessus sont importantes. L'état thermodynamique détermine l'opacité dominante. En général, aux basses températures lorsqu'un nombre important de noyaux sont seulement partiellement ionisés, l'opacité est dominée par les opacités lié-lié et lié-libre. Lorsque la matière est complètement ionisée, l'opacité due aux transitions libre-libre domine les autres. Aux très hautes températures cependant l'opacité due aux électrons libres domine. Bien sûr, toutes les formes d'opacité contribuent simultanément et il faut sommer toutes les formes d'opacité en corrigeant l'absorption vraie par l'émission induite et calculer :

$$\kappa(\nu) = [\kappa_{b-b}(\nu) + \kappa_{b-f}(\nu) + \kappa_{f-f}(\nu)](1 - e^{-\frac{h\nu}{kT}}) + \kappa_s \tag{3.203}$$

puis former la moyenne de Rosseland.

La figure 3.13 montre l'importance relative des différentes sources d'opacité dans le plan (ρ, T) pour une composition chimique représentative des étoiles de population I. Dans la région des hautes températures, l'opacité due à la diffusion électronique κ_{es} domine. Lorsque la température diminue, l'opacité dûe aux transitions lié-libre κ_{bf} l'emporte sur κ_{es} aux basses densités. De même. l'opacité dûe aux transitions libre-libre l'emporte sur κ_{es} aux densités intermédiaires. Pour une valeur donnée de la température, les mécanismes dominants sont la diffusion électronique aux très basses densités, l'absorption

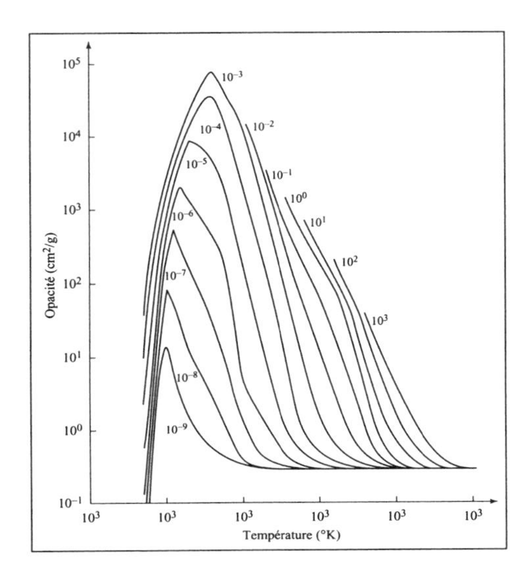

Fig. 3.14- *L'opacité totale d'un gaz stellaire de composition solaire en fonction de la température. La valeur de la densité est indiquée en dessus de chaque courbe. Adapté de Exer & Cameron (1963), Icarus, 1, 422*

lié-lié aux basses densités, l'absorption libre-libre à densité intermédiaire et la conduction électronique aux densités élevées. Sur la figure 3.13, on a aussi indiqué en lignes continues les lieux d'opacité constante (chaque ligne indiquant le facteur multiplicatif par rapport à l'opacité électronique).
Arthur Cox et ses collaborateurs à Los Alamos (USA) ont calculé des opacités pour différentes compositions. La figure 3.14 montre la variation de l'opacité totale avec la température pour une composition solaire pour différentes densités. La valeur de la densité est indiquée en-dessus de chaque courbe. Deux caractères remarquables sont visibles sur cette figure. La série de pics entre $10^4 K$ et $10^5 K$ est due à l'ionisation des constituants principaux : l'hydrogène et l'hélium. On voit que les opacités radiatives les plus importantes sont atteintes dans les zones d'ionisation d'hydrogène et d'hélium dans les étoiles. Les gradients de températures nécessaires au transport radiatif de l'énergie dans ces zones sont tellement importants que ces zones deviennent convectives.

3.3.3 Transport convectif

Nous pouvons écrire l'équation de transfert radiatif dans les intérieurs stellaires sous la forme :

$$\frac{dT}{dr} = -\frac{3\kappa}{16\pi a c r^2}\frac{L(r)}{T^3} \tag{3.204}$$

Dans les régions centrales, une certaine quantité d'énergie est produite par les réactions nucléaires et doit, d'une façon ou d'une autre, s'échapper de l'étoile sous forme de rayonnement. Dans les parties extérieures de l'étoile que

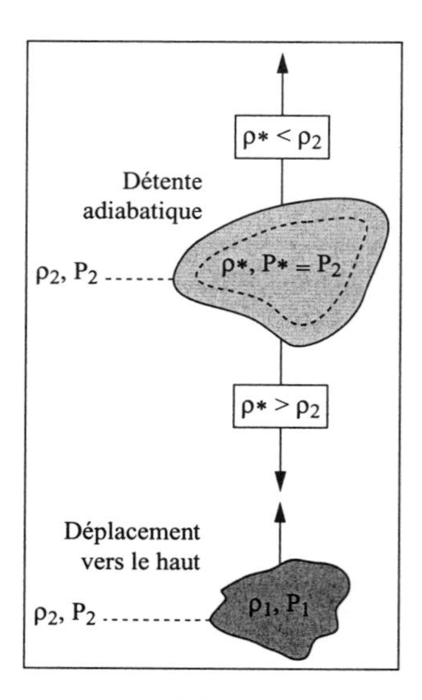

Fig. 3.15- *Détente adiabatique d'un élément de matière se déplaçant vers le haut dans une étoile. Les conditions initiales sont indiquées avec un indice (1), les conditions finales par (2)*

nous supposons être en équilibre radiatif, un certain gradient de température doit donc exister d'après l'équation ci-dessus pour permettre l'écoulement de l'énergie L. D'après cette équation, il apparaît que si l'opacité de la matière stellaire devient élevée, alors le gradient de température devra être plus important pour permettre l'écoulement de l'énergie. Un gradient de température élevé conduit à une situation instable dans l'étoile et la convection tend à se développer.
Considérons un petit élément de matière de l'étoile ayant une densité ρ_1 et une pression P_1 (figure 3.15). Supposons que cet élément monte un petit peu dans l'étoile de manière adiabatique, c'est-à-dire sans échanger de chaleur avec son environnement. Après s'être élevé sur une faible distance, sa densité est devenue ρ_2 et sa pression P_2 et ces grandeurs vérifient :

$$P_2\rho_2^{-\gamma} = P_1\rho_1^{-\gamma} \qquad (3.205)$$

Nous supposons que cet élément de matière maintient la même pression que son entourage, autrement il aurait tendance à s'étendre ou à se contracter jusqu'à ce qu'un équilibre de pression soit réalisé. Arrivé dans la position 2, l'élément de matière continuera à monter à cause de la poussée d'Archimede si sa densité ρ_2 est inférieure à celle de son environnement. Dans un champ gravitationnel g, la force de poussée par unité de volume correspondant à la différence de densité $\Delta\rho$ s'exprime par :

$$f = -g\Delta\rho \qquad (3.206)$$

Ceci revient à dire que si le gradient de densité dans l'étoile est inférieur au gradient de densité de l'élément de matière lorsqu'il est en ascension adiabatique, alors un régime de convection aura tendance à s'installer. Puisque nous avons supposé que la pression de l'élément est la même que celle de son entourage, nous pouvons aussi dire que le gradient de température dans l'étoile doit être supérieur au gradient de température adiabatique que « ressent »un élément en ascension adiabatique. Il y a donc instabilité si :

$$|\frac{dT}{dr}|_{etoile} > |\frac{dT}{dr}|_{ad} \tag{3.207}$$

soit

$$|\frac{d}{dr}\ln T|_{etoile} > |\frac{d}{dr}\ln T|_{ad} \tag{3.208}$$

En divisant par $|\frac{d}{dr}\ln P|$, on arrive à :

$$|\frac{d\ln T}{d\ln P}|_{etoile} > |\frac{d\ln T}{d\ln P}|_{ad} \tag{3.209}$$

soit

$$|\frac{d\ln P}{d\ln T}|_{etoile} < |\frac{d\ln P}{d\ln T}|_{ad} \tag{3.210}$$

D'autre part, la relation adiabatique entre P et T s'écrit $PT^{\frac{\gamma}{\gamma-1}} = C$ où C est une constante, donc le gradient $|\frac{d\ln P}{d\ln T}|_{ad}$ est donné par :

$$|\frac{d\ln P}{d\ln T}|_{ad} = \frac{\gamma}{\gamma-1} = n+1 \tag{3.211}$$

et le critère d'instabilité peut être écrit sous la forme :

$$|\frac{d\ln P}{d\ln T}|_{etoile} < \frac{\gamma}{\gamma-1} \tag{3.212}$$

On voit donc que $\gamma = \frac{c_P}{c_V}$ est une quantité importante pour déterminer la stabilité d'une étoile contre la convection. Pour résumer, on peut dire qu'une instabilité convective peut avoir lieu lorsque :

- l'opacité est élevée (en effet alors le gradient de température doit être plus important pour permettre l'écoulement de l'énergie)
- la luminosité est élevée profondément à l'intérieur de l'étoile c'est-à-dire pour r petit (régions centrales d'étoiles brillantes)
- γ est proche de 1 ou ce qui revient au même $n = \frac{1}{\gamma-1}$ est élevé

La convection peut avoir lieu lorsque c_P est élevée. En effet pour un gaz parfait :

$$c_P - c_V = \frac{k}{\mu m_H} \tag{3.213}$$

et donc

$$\frac{\gamma}{\gamma-1} = \frac{c_P}{c_P - c_V} = \frac{c_P}{k}\mu m_H \tag{3.214}$$

On peut aussi raisonner sur le gradient de température adiabatique plutôt que sur le gradient logarithmique $\frac{\partial \ln P}{\partial \ln T}$. En écrivant $P = KT^{n+1}$ où K est une constante, on a :

$$\rho = \frac{K\mu m_H}{k}T^n \tag{3.215}$$

L'équation d'équilibre hydrostatique impose que l'on ait :

$$K(n+1)T^n\frac{dT}{dr} = -g\frac{\mu m_H}{k}KT^n \tag{3.216}$$

Le gradient adiabatique est donc :

$$(\frac{dT}{dr})_{ad} = -\frac{\mu m_H}{k}\frac{g}{n+1} = -\frac{\mu m_H g}{k}\frac{\gamma-1}{\gamma} = -\frac{\mu m_H g}{k}\frac{c_P - c_V}{c_P} = -\frac{g}{c_P} \tag{3.217}$$

On voit qu'une chaleur spécifique élevée conduit à un gradient adiabatique bas et donc rend probable l'instabilité convective.
On peut aussi écrire le critère d'instabilité convective autrement en exprimant la luminosité maximale, notée $L_{max}(r)$, qui peut être transportée de manière radiative. Une estimation de $L_{max}(r)$ peut être obtenue en combinant l'équation de transfert radiatif 10.204 avec l'équation du GP et l'équation d'équilibre hydrostatique. On écrit alors la condition :

$$(\frac{dT}{dr})_{etoile} = (\frac{dT}{dr})_{rad} = (\frac{dT}{dr})_{ad}$$

qui conduit à $L(r) = L_{max}$. On trouve :

$$L_{max}(r) = \frac{\gamma-1}{\gamma}\frac{m_H}{k}\frac{16\pi acG}{3}\mu\frac{m(r)}{\kappa}T^3 \tag{3.218}$$

Le transport radiatif est stable tant que $L(r) < L_{max}(r)$. Considérons un point r de l'enveloppe de l'étoile où $m(r) \simeq M$, on voit que $L_{max}(r) \propto \kappa^{-1}$ devient petit quand κ est élevé ce qui est en particulier le cas dans les zones d'ionisation. Dans ces zones, la convection a donc lieu.
La figure 3.16 montre plusieurs profils de luminosités $L(r)$ et une allure possible pour le profil $L_{max}(r)$ sur la courbe e). La courbe a) représente une étoile complètement radiative : pout tout r, on a $L(r) < L_{max}(r)$. La courbe b) représente une étoile avec un cœur radiatif, une zone intermédiaire convective et une enveloppe externe radiative. Les courbes c) et d) représentent une étoile avec un cœur convectif et une enveloppe convective de plus en plus étendue.

Le critère d'instabilité impose que le gradient de température dans l'étoile soit supérieur au gradient de température adiabatique. La différence entre ces deux gradients porte le nom de *gradient superadiabatique* et est notée :

$$\frac{d\Delta T}{dr} = (\frac{dT}{dr})_{etoile} - (\frac{dT}{dr})_{ad} \tag{3.219}$$

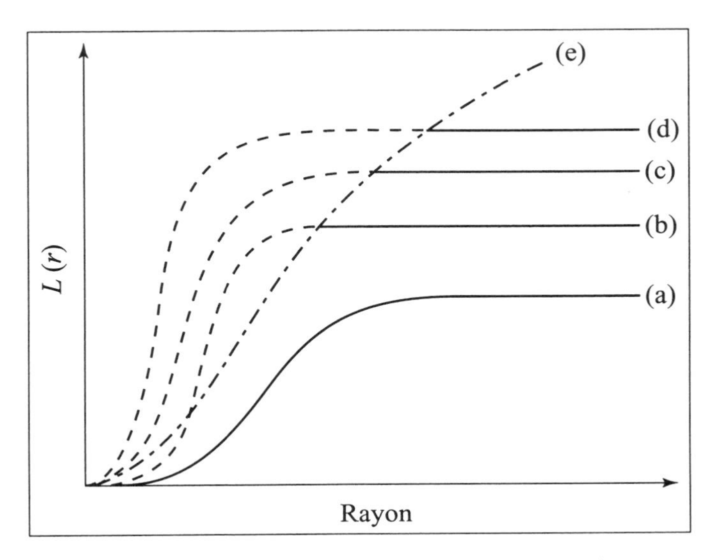

Fig. 3.16- *Profils L(r) (courbes a) à d)) et $L_{max}(r)$ (courbe e) pouvant être transportés de manière radiative. Les tracés en tirets correspondent aux régions qui sont instables convectivement*

Nous allons maintenant estimer les proportions relatives d'énergie transportée par la convection et le rayonnement dans une région qui est devenue convective. Nous montrerons que, dans l'intérieur profond de l'étoile, la convection est un moyen très efficace de transporter l'énergie. La convection y est si efficace que l'on peut considèrer que le gradient de température réel est effectivement égal au gradient de température adiabatique. Ceci n'est plus vrai dans les régions extérieures de l'étoile. Il n'existe pas encore d'ailleurs actuellement de théorie adéquate de la convection pour les atmosphères stellaires.
Le modèle de transport de l'énergie convective que nous présentons ici est assez simple. Il s'agit de la théorie de la *longueur de mélange.* Dans ce modèle, les éléments de matière convective ont une taille caractéristique, notée $\Lambda(r)$, en chaque point r à l'intérieur d'une zone convective comprise entre un rayon intérieur r_i et le rayon extérieur r_e. Les éléments les plus chauds, représentés par des cellules blanches, s'élèvent sur une distance de l'ordre de Λ avant de se mélanger avec la matière environnante (figure 3.17).

Les éléments les plus froids (cellules noires) s'enfoncent sur à peu près la même distance avant de se fondre avec leur environnement. Pour un r fixé, la température et la densité vont dépendre de l'angle. Nous pouvons définir une température moyenne $\langle T\rangle$ et une densité moyenne $\langle \rho\rangle$ au niveau de l'enveloppe d'épaisseur Λ située à la distance r du centre. Analyser la stabilité d'un des éléments de matière dans cette zone revient à comparer sa température et sa densité aux valeurs moyennes $\langle T\rangle$ et $\langle \rho\rangle$. Si pour cet élément, $T \simeq \langle T\rangle$ et $\rho \simeq \langle \rho\rangle$, il restera stable. Si par contre, l'élément est moins dense que son

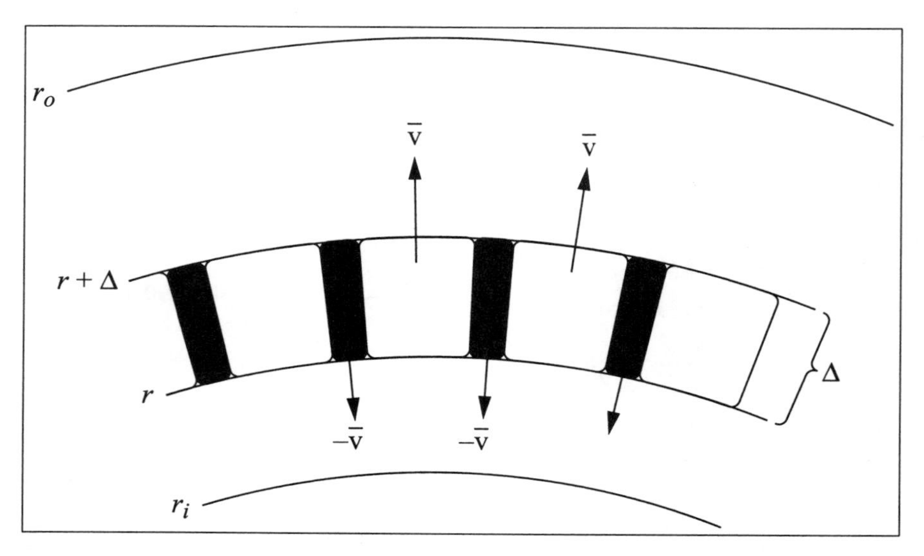

Fig. 3.17- *Zone contenant des éléments de matière convectivement instables. La vitesse moyenne des éléments sur Λ est $\vec{v}$. Les éléments clairs montent, les éléments fonçés descendent*

voisinage, il aura tendance à monter. Il est à une température plus élevée que $\langle T \rangle$ car $P \simeq \rho T$ et on suppose qu'il y a équilibre de pression. Cet élément va donc transporter de la chaleur vers le haut. Soit $\Delta T = T - \langle T \rangle$, l'excès de température de cet élément par rapport à son voisinage. Sa différence de densité, $\Delta\rho = \rho - \langle \rho \rangle$, peut s'exprimer d'après la condition $\Delta P = 0$:

$$\Delta\rho \simeq -\frac{\rho}{T}\delta T \tag{3.220}$$

Il est donc soumis à une force de poussée par unité de volume vers le haut :

$$f = -g\Delta\rho = \frac{g\rho}{T}\Delta T \tag{3.221}$$

L'équation de mouvement de cet élément de fluide est :

$$\rho\frac{d^2r}{dt^2} = f = g\frac{\rho}{T}\Delta T \tag{3.222}$$

soit

$$\frac{d^2r}{dt^2} = g\frac{\Delta T}{T} \tag{3.223}$$

Sur un déplacement de l'ordre de Λ, g et T ne varient pratiquement pas ($\Delta T \simeq$ 1 K). L'équation précédente s'intègre donc en :

$$r(t) = \frac{1}{2}g\frac{\Delta T}{T}t^2 \tag{3.224}$$

Le temps nécessaire pour parcourir la distance Λ, sur laquelle $\Delta T \simeq 1$K, vérifie donc :

$$t = (\frac{2\Lambda T}{g\Delta T})^{\frac{1}{2}} \quad (3.225)$$

Estimons ce temps pour le Soleil. La distance Λ représente alors une fraction du rayon solaire : $\Lambda = \alpha R_\odot$. On trouve donc :

$$t \simeq (\frac{2\alpha R_\odot T}{g\Delta T})^{\frac{1}{2}} \simeq \alpha^{\frac{1}{2}} \times 10^7$$

en secondes. La valeur de α est mal connue car on ne sait pas de combien l'élément se déplace avant de se mélanger avec son entourage. C'est cette distance qui porte le nom de *longueur de mélange.* Pour les cœurs stellaires, il semble que $\Lambda = \frac{R_\odot}{10}$ soit une valeur raisonnable. On trouve alors que l'échelle de temps du mouvement convectif dans le cas d'un élément ayant un excès de température de 1 K est de l'ordre de 1 mois. Ceci représente le temps écoulé avant que l'élément ne thermalise avec son entourage. C'est un temps relativement court pour transporter de l'énergie.
Le flux d'énergie transporté par convection, noté F_{conv}, est égal au produit de l'énergie thermique par unité de masse transportée par l'élément de fluide se déplaçant à pression constante, soit $c_P\Delta T$, multiplié par le flux massique $\frac{1}{2}\rho\langle v\rangle$ où $\langle v\rangle$ représente une moyenne sur les composantes verticales des vitesses des éléments turbulents. Rappelons que le flux massique est la quantité de masse qui traverse par seconde une surface unitaire orientée perpendiculairement à la direction de l'écoulement. On peut donc écrire

$$F_{conv} = \frac{1}{2}\rho\langle v\rangle c - P\delta T \quad (3.226)$$

On peut estimer $\langle v\rangle$ en écrivant :

$$\langle v\rangle \simeq \frac{\Omega}{t} \simeq (\frac{\alpha R_\odot g\Delta T}{2T})^{\frac{1}{2}} \quad (3.227)$$

Le flux d'énergie transporté par convection s'écrit donc :

$$F_{conv} = \frac{1}{2}(g\alpha R_\odot \frac{\Delta T}{T})^{\frac{1}{2}}\rho c_P \Delta T \quad (3.228)$$

Nous pouvons exprimer F_{conv} en fonction du gradient superadiabatique $\frac{d(\Delta T)}{dr}$. On peut écrire :

$$\frac{\Delta T}{\alpha R_\odot} \simeq \frac{d}{dr}(\Delta T) \quad (3.229)$$

et donc :

$$F_{conv} = \frac{1}{2}\rho c_P(\frac{g}{T})^{\frac{1}{2}}(\alpha R_\odot)^2(\frac{d}{dr}(\Delta T))^{\frac{3}{2}} \quad (3.230)$$

On peut se demander quel gradient superadiabatique est nécessaire pour transporter tout le flux uniquement par convection dans l'étoile. Il convient donc d'écrire :

$$F_{conv} = \frac{L(r)}{4\pi r^2} \tag{3.231}$$

ce qui donne :

$$L(r) = \frac{4\pi r^2}{2} \rho c_P (\frac{g}{T})^2 (\alpha R_\odot)^2 (\frac{d}{dr}(\Delta T))^{\frac{3}{2}} \tag{3.232}$$

Appliquons ceci au Soleil en supposant qu'il s'agit d'un gaz parfait monoatomique pour lequel $\gamma = \frac{5}{3}$. Adoptons les différentes grandeurs à une distance $r \simeq 0.75 R_\odot$ soit : $L \simeq L_\odot$, $\rho = 0.1$ gcm^{-3}, $T = 1.8 \times 10^6$ K, $\alpha = 0.1$ et $M(r) \simeq 1 M_\odot$, on trouve :

$$(\frac{d}{dr}\Delta T)_\odot \simeq \frac{10^{-18}}{\alpha}$$

soit une valeur du gradient superadiabatique proche de 10^{-10} deg cm^{-1}. Il convient de comparer cette grandeur au gradient de température moyen dans le Soleil :

$$(\frac{dT}{dr})_\odot \simeq \frac{\Delta T}{R_\odot}$$

qui a donc une valeur proche de 10^{-4} K cm^{-1}. Cette valeur est donc très supérieure au gradient superadiabatique déterminé ci-dessus. On peut donc conclure que le gradient de température réel dans le Soleil doit être très proche du gradient de température adiabatique même lorsque toute l'énergie est transportée par convection.

3.3.4 Transport par conduction

La conduction est le mode de transfert de l'énergie par les mouvements thermiques des atomes.
Considérons un élément de surface dA dont la normale est selon la direction radiale. Les particules traversent dA dans toutes les directions. Les particules venant d'en-dessous proviennent d'un milieu à une température légèrement plus élevée que les particules venant de dessus donc elles transportent en moyenne plus d'énergie. Il en résulte un transport net d'énergie vers l'extérieur par la conduction. Du fait de leurs masses inférieures, les électrons sont plus efficaces pour transporter de l'énergie. Nous ne considérerons que les électrons dans ce qui suit. Leur densité particulaire est notée N_e.
On peut supposer que chaque électron se déplace avec une vitesse moyenne :

$$v_{moy} = (\frac{3kT}{m_e})^{\frac{1}{2}}$$

Soit Λ le libre parcours moyen des électrons. Les électrons traversant dA proviennent en moyenne des positions $r \pm \frac{\Lambda}{2}$ (on a choisi $\frac{\Lambda}{2}$ du fait qu'ils arrivent avec des directions aléatoires). Tous les électrons se trouvant dans le volume de section dA et de longueur $v_{moy}dt$ et se déplaçant vers le haut traversent dA dans l'intervalle dt. Puisque un sixième des électrons se déplacent vers le haut à tout instant, le nombre d'électrons traversant par unité de surface et de temps est :

$$\frac{1}{6}N_e v_{moy} = N_e(\frac{kT}{12m})^{\frac{1}{2}} \tag{3.233}$$

Il s'agit du flux en nombre de particules traversant vers le haut ainsi que celui des particules traversant vers le bas. Chaque particule transporte en moyenne une énergie égale à $\frac{3kT}{2}$ où T est la température évaluée au point où l'électron a eu sa dernière collision (c'est-à-dire à $r \pm \frac{\Lambda}{2}$). Le flux net d'énergie transporté vers le haut par la conduction est donc :

$$F_k = N_e(\frac{kT}{12m})^{\frac{1}{2}}\frac{3k}{2}(T_{r-\frac{\lambda}{2}} - T_{r+\frac{\lambda}{2}}) = (\frac{3k^3}{16m})^{\frac{1}{2}}\Lambda N_e T^{\frac{1}{2}}\frac{dT}{dr} \tag{3.234}$$

Notons N_i et σ_i, les densités particulaires et les sections efficaces de collision des particules de type (i) avec lesquelles les électrons entrent en collision. Le libre parcours moyen s'exprime alors :

$$\Lambda^{-1} = \sum_i N_i\sigma_i = N_e\sigma_e + N_p\sigma_p + \cdots \tag{3.235}$$

Pour tous les types de particules $\sigma \simeq \pi r_c^2$. Pour des électrons interagissant avec d'autres électrons ou avec des protons, r_c vérifie :

$$\frac{e^2}{r_c} = \frac{3kT}{2}$$

d'où l'expression de la section efficace d'interaction :

$$\sigma = \frac{4\pi e^4}{9k^2T^2} = \frac{3.7 \times 10^{-6}}{T^2} \tag{3.236}$$

en cm^2. En ignorant les collisions avec des ions lourds et en posant $N_e = N_p$, le libre parcours moyen est :

$$\Lambda = \frac{9k^2T^2}{8\pi e^4 N_e} \tag{3.237}$$

En utilisant l'expression suivante pour la densité électronique :

$$N_e = \frac{\rho}{2m_0}(1+X)$$

où ρ est la densité et $m_0 = m_H$), on arrive à :

$$\Lambda = \frac{9m_0k^2T^2}{4\pi e^4\rho(1+X)} = 4 \times 10^{-5}\frac{T_7^2}{\rho(1+X)} \tag{3.238}$$

où T_7 est la température en unités de 10^7 K. Le flux conductif s'exprime donc :

$$F_k = -\frac{0.16k^{\frac{7}{2}}}{m^{\frac{1}{2}}e^4}T^{\frac{5}{2}}\frac{dT}{dr} = -1.4 \times 10^8 T_7^{\frac{5}{2}}\frac{dT_7}{dx} \tag{3.239}$$

en erg.cm^{-2} s^{-1} où on a posé $x = \frac{r}{R_\odot}$. Pour un gaz ionisé, la conductivité thermique est proportionnelle à la puissance $\frac{5}{2}$ de la température.
Comparons les ordres de grandeurs des flux radiatif et conductif. A partir de l'expression du flux radiatif :

$$F_r = -\frac{4\sigma}{3\kappa_0\rho}\frac{dT}{dr}$$

on trouve que :

$$\frac{F_r}{F_k} \simeq 3 \times 10^5 \frac{T_7^{\frac{1}{2}}}{\kappa_0\rho} \tag{3.240}$$

Typiquement $\kappa_0\rho \simeq 1$. On voit donc que le *flux conductif est bien inférieur au flux radiatif dans le plupart des cas.*

3.4 Construction d'un modèle stellaire

Nous avons maintenant établi les cinq équations différentielles indépendantes du temps de la structure stellaire. Couplées à des équations d'état décrivant les propriétés physiques de la matière stellaire, ces équations peuvent être résolues pour obtenir un modèle stellaire théorique. Nous les regroupons ci-dessous :

- l'équilibre hydrostatique :

$$\frac{dP}{dr} = -\frac{Gm_r\rho}{r^2}$$

- la conservation de la masse :

$$\frac{dm_r}{dr} = 4\pi r^2\rho$$

- l'équilibre radiatif :

$$\frac{dL_r}{dr} = 4\pi r^2\rho\epsilon$$

- transport radiatif :

$$\frac{dT}{dr} = -\frac{3}{4ac}\frac{\kappa\rho}{T^3}\frac{L_r}{4\pi r^2}$$

- transport convectif :

$$\frac{dT}{dr} = -(1 - \frac{1}{\gamma})\frac{\mu m_H}{k}\frac{Gm_r}{r^2}$$

où $\epsilon = \epsilon_{nuc}$. La dernière équation s'applique lorsque le gradient de température convectif est adiabatique, c'est-à-dire si $\frac{dlnP}{dlnT} < \frac{\gamma}{\gamma-1}$.
Les équations d'état nécessaires sont des relations constitutives qui relient la pression, l'opacité et le taux de génération d'énergie aux propriétés de la matière : densité, température et la composition chimique que nous noterons $[\frac{X}{H}]$. Nous écrirons ces différentes relations sous la forme :

$$P = P(\rho, T, [\frac{X}{H}]) \tag{3.241}$$

$$\langle\kappa\rangle = \langle\kappa\rangle(\rho, T, [\frac{X}{H}]) \tag{3.242}$$

$$\epsilon = \epsilon(\rho, T, [\frac{X}{H}]) \tag{3.243}$$

L'équation d'état de la pression a une forme compliquée dans les intérieurs de certaines classes d'étoiles où la densité et la température peuvent être très élevées. Dans la plupart des cas cependant, la loi du gaz parfait est une approximation suffisante.
L'opacité du gaz stellaire ne peut pas en général être exprimée sous forme analytique. En général, elle est calculée pour différentes compositions à des densités et des températures spécifiques. Les résultats de ces calculs sont présentés sous forme de tables.
Pour calculer les taux de génération d'énergie nucléaire, on utilise les formules 3.69 pour la chaîne PP et 3.81 pour le bi-cycle CNO.
Pour résoudre les équations de la structure interne, il faut spécifier des conditions aux limites. Ces conditions aux limites définissent en particulier les bornes d'intégration. Au centre de l'étoile, les conditions aux limites sont : $m_r, L_r \longrightarrow 0$ quand $r \longrightarrow 0$ c'est-à-dire que la masse et la luminosité doivent s'annuler au centre. A la surface, la température, la pression et la densité tendent vers 0 : $T, P, \rho \longrightarrow 0$ quand $r \longrightarrow R$. Ces conditions sont idéales, elles ne sont pas vérifiées à la surface d'une étoile comme le Soleil par exemple. L'ensemble des équations de la structure stellaire, des relations constitutives et leurs conditions aux limites est rassemblé dans la table 3.2.

Le système d'équations différentielles auquel on ajoute les relations constitutives ne peut pas en général être résolu analytiquement. Il est nécessaire d'intégrer le système numériquement. On y arrive en approximant les équations différentielles par des équations aux différences en remplaçant par exemple $\frac{dP}{dr}$ par $\frac{\Delta P}{\Delta r}$. L'étoile est découpée en enveloppes sphériques symétriques (figure 3.18) et on intègre par pas successifs Δr. Par exemple, si la pression dans la zone i est donnée par P_i, la pression dans la zone immédiatement « en dessous »(dans la direction du centre) est donnée par :

$$P_{i+1} = P_i + \frac{\Delta P}{\Delta r}\delta r \tag{3.244}$$

Equation	Intérieurs
Equilibre hydrostatique	$\frac{dP}{dr} = -\frac{m(r)G}{r^2}\rho(r)$
Conservation de la masse	$\frac{dm}{dr} = 4\pi r^2 \rho(r)$
Transport radiatif	$\frac{dT}{dr} = \frac{-3\kappa\rho L(r)}{16\pi acr^2 T^3}$
Equilibre radiatif	$\frac{dL}{dr} = 4\pi r^2 \epsilon(r)\rho(r)$
Opacité	$\kappa = \kappa(\rho, T, P, C)$
Energie nucléaire	$\epsilon = \epsilon(\rho, T, C)$
Equation d'état	$P = P(\rho, T, C)$
Conditions aux limites	$r = 0 \rightarrow T = P = 0$
Conditions aux limites	$r = R \rightarrow T = P = 0$
Prédictions	$P(r)$, $\rho(r)$, $T(r)$, $C(r)$

Tab. 3.2- *Résumé des équations de conservations pour les intérieurs stellaires*

On peut ainsi intégrer les équations de la structure stellaire depuis la surface vers le centre, ou du centre vers la surface ou dans les deux directions simultanément en cherchant à faire converger la solution centre-surface et la solution surface-centre en un point particulier de l'étoile. En général, il est nécessaire d'exécuter plusieurs itérations avant d'obtenir un modèle qui satisfasse à la fois aux conditions à la surface et au centre.

3.5 Modèles simples d'étoiles à l'équilibre

Le but de cette section est de présenter des modèles simples d'une étoile à l'équilibre hydrostatique pour laquelle on s'est donné la composition chimique initiale (sans nous préoccuper de savoir si cet équilibre est stable). Nous utiliserons ces modèles statiques lorsque nous étudierons l'évolution stellaire au chapitre 5.

3.5.1 Modèles polytropiques

Nous partons de l'équation d'équilibre hydrostatique :

$$\frac{dP}{dr} = -\rho \frac{Gm}{r^2} \tag{3.245}$$

que nous multiplions par $\frac{r^2}{\rho}$ et différentions par rapport à r ce qui conduit à :

$$\frac{d}{dr}(\frac{r^2}{\rho}\frac{dP}{dr}) = -G\frac{dm}{dr} \tag{3.246}$$

On se sert de l'équation de la continuité de la masse :

$$\frac{dm}{dr} = 4\pi r^2 \rho \tag{3.247}$$

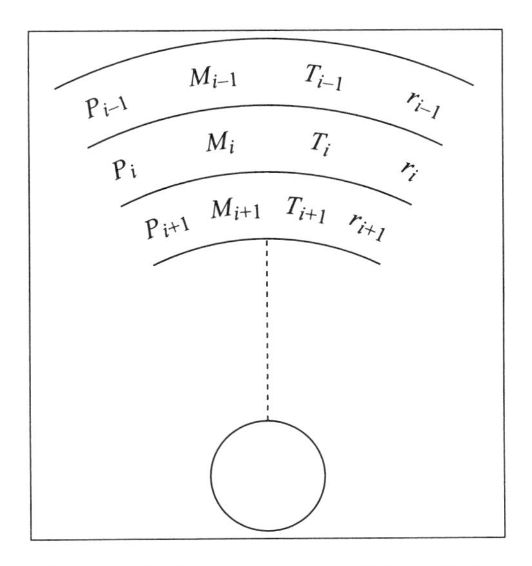

Fig. 3.18- *Zonation du modèle stellaire*

qui conduit à :

$$\frac{1}{r^2}\frac{d}{dr}(\frac{r^2}{\rho}\frac{dP}{dr}) = -4\pi G\rho \tag{3.248}$$

Considérons une équation d'état de la forme :

$$P = K\rho^\gamma \tag{3.249}$$

où K et γ sont des constantes. Ce genre d'équation porte le nom d'*équation polytropique*. On définit généralement un *indice polytropique*, noté n, par la relation :

$$\gamma = 1 + \frac{1}{n} \tag{3.250}$$

On voit ainsi que l'équation d'état d'un gaz d'électrons complètement dégénérés est une équation polytropique pour laquelle $\gamma = \frac{5}{3}$ et donc $n = 1.5$ dans le cas relativiste et $n = 3$ ($\gamma = \frac{4}{3}$) dans la limite relativiste.
En substituant les équations 3.249 et 3.250 dans l'équation 3.248 , nous obtenons une équation différentielle du second ordre en $\rho(r)$:

$$\frac{(n+1)K}{4\pi Gn}\frac{1}{r^2}\frac{d}{dr}(r^2\rho^{\frac{1-n}{n}}\frac{d\rho}{dr}) = -\rho \tag{3.251}$$

La solution $\rho(r)$ porte le nom de *polytrope* et vérifie les conditions aux limites suivantes : $\rho = 0$ à la surface ($r = R$) et $\frac{d\rho}{dr} = 0$ au centre ($r = 0$) car l'équilibre hydrostatique impose que $\frac{dP}{dr} = 0$ au centre. Un polytrope est donc défini de manière unique par trois paramètres : K, n et R.
On introduit la variable sans dimensions θ définie par :

$$\rho = \rho_c\theta^n \tag{3.252}$$

avec $0 \leq \theta \leq 1$. Ceci permet d'écrire l'équation 10.251 sous la forme plus simple :

$$[\frac{(n+1)K}{4\pi G\rho_c^{\frac{n-1}{n}}}]\frac{1}{r^2}\frac{d}{dr}(r^2\frac{dr}{d\theta}) = -\theta^n \tag{3.253}$$

Le coefficient $[\frac{(n+1)K}{4\pi G\rho_c^{\frac{n-1}{n}}}]$ est une constante qui a pour dimension le carré d'une longueur :

$$[\frac{(n+1)K}{4\pi G\rho_c^{\frac{n-1}{n}}}] = \alpha^2 \tag{3.254}$$

ce qui permet de remplacer r par une variable sans dimensions β :

$$r = \alpha\beta \tag{3.255}$$

En substituant l'équation 3.255 dans l'équation 3.253, nous obtenons l'*équation de Lane-Emden* d'indice n :

$$\frac{1}{\beta^2}\frac{d}{d\beta}(\beta^2\frac{d\theta}{d\beta}) = -\theta^n \tag{3.256}$$

qui vérifie les conditions aux limites : $\theta = 1$ et $\frac{d\theta}{d\beta} = 0$ à $\beta = 0$. L'équation 3.256 peut être intégrée en commençant à $\beta = 0$. Pour $n < 5$, les solutions, notées $\theta(\beta)$, décroissent de manière monotone et tendent vers 0 pour une valeur $\beta = \beta_1$ qui correspond au rayon stellaire :

$$R = \alpha\beta_1 \tag{3.257}$$

La figure 3.19 montre la forme des solutions $\frac{\rho}{\rho_c}$ en fonction de $\frac{r}{R}$ pour $n = 1.5$ et $n = 3$. La structure du polytrope dépend uniquement de n. Un polytrope de $n = 3$ correspond à une étoile dont la masse est fortement concentrée au centre alors qu'un polytrope d'indice $n = 1.4$ correspond à une distribution en masse plus régulière.

La masse totale de l'étoile polytropique est donnée par :

$$M = \int_0^R 4\pi r^2 \rho \, dr = 4\pi\alpha^3\rho_c \int_0^{\beta^1} \beta^2\theta^n \, d\beta \tag{3.258}$$

D'après l'équation 3.256, on peut écrire :

$$\begin{aligned} M &= -4\pi\alpha^3\rho_c \int_0^{\beta_1} \frac{d}{d\beta}(\beta^2\frac{d\theta}{d\beta}) \, d\beta \\ &= -4\pi\alpha^3\rho_c\beta_1^2(\frac{d\theta}{d\beta})_{\beta_1} \end{aligned} \tag{3.259}$$

A partir des équations précédentes, on peut obtenir une relation linéaire entre la densité centrale et la densité moyenne $\langle\rho\rangle$. En utilisant les équations 3.254, 3.257 et 3.259, on obtient :

$$\rho_c = D_n\langle\rho\rangle = D_n \frac{M}{\frac{4\pi}{3}R^3} \tag{3.260}$$

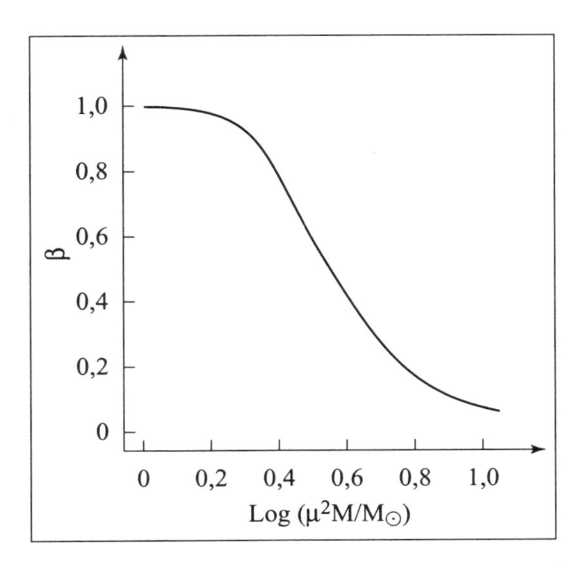

Fig. 3.19- *Variation de $\frac{\rho}{\rho_c}$ en fonction de $\frac{r}{R}$ pour les polytropes de $n = 1.5$ et $n = 3$*

avec $D_n = -[\frac{3}{\beta_1}(\frac{d\theta}{d\beta})_{\beta_1}]^{-1}$.
On peut obtenir une relation entre la masse et le rayon en utilisant l'équation 3.259 et en éliminant ρ_c à l'aide de l'équation 3.254 et en tirant α de l'équation 3.257. Cette relation peut être exprimée en fonction de deux constantes M_n et R_n sous la forme :

$$(\frac{GM}{M_n})^{n-1}(\frac{R}{R_n})^{3-n} = \frac{[(n+1)K]^n}{4\pi G} \tag{3.261}$$

Les valeurs des constantes $M_n = -\beta_1^2(\frac{d\theta}{d\beta})_{\beta_1}$ et $R_n = \beta_1$ varient entre 1 et 10 selon la valeur de l'indice polytropique n. Le cas $n = 3$ est particulier car la masse ne dépend plus du rayon et est déterminée uniquement par K :

$$M = 4\pi M_3(\frac{K}{\pi G})^{\frac{3}{2}} \tag{3.262}$$

Pour une valeur donnée de K, il y aura donc une seule valeur de la masse satisfaisant l'équilibre hydrostatique.
Le cas $n = 1$ est un autre cas particulier pour lequel le rayon est indépendant de la masse et dépend uniquement de K :

$$R = R_1(\frac{K}{2\pi G})^{\frac{1}{2}} \tag{3.263}$$

Entre ces valeurs limites, c'est-à-dire pour $1 < n < 3$, on peut déduire de l'équation 3.261 la dépendance entre le rayon et la masse :

$$R^{3-n} \propto \frac{1}{M^{n-1}} \tag{3.264}$$

ce qui signifie que pour une étoile polytropique le rayon diminue avec la masse. Plus l'étoile est massive, plus elle est petite et dense. Les valeurs des constantes polytropiques D_n, M_n, R_n et B_n sont rassemblées dans le tableau 3.3.

n	D_n	M_n	R_n	B_n
1.0	3.290	3.14	3.14	0.233
1.5	5.991	2.71	3.65	0.206
2.0	11.40	2.41	4.35	0.185
2.5	13.41	2.19	5.36	0.170
3.0	54.18	2.01	6.90	0.157
3.5	152.9	1.89	9.54	0.145

Tab. 3.3- *Valeurs des constantes polytropiques*

On peut enfin obtenir une relation entre la pression centrale P_c et la densité centrale ρ_c en tirant K de la relation masse-rayon (équation 3.261) et en le substituant dans l'équation d'état polytropique $P_c = K\rho_c^{1+\frac{1}{n}}$. On en tire :

$$P_c = \frac{(4\pi G)^{\frac{1}{n}}}{n+1}\left(\frac{GM}{M_1}\right)^{\frac{n+1}{n}} \tag{3.265}$$

On peut éliminer R en l'exprimant en fonction de ρ_c (équation 3.260). En rassemblant tous les coefficients dépendant de n dans une seule constante B_n, on peut écrire l'équation précédente (3.265) sous la forme :

$$P_c = (4\pi)^{\frac{1}{3}} B_n G M^{\frac{2}{3}} \rho_c^{\frac{4}{3}} \tag{3.266}$$

Nous voyons donc que cette relation ne dépend de l'équation d'état polytropique que par le coefficient B_n qui lui-même dépend très peu de n.

3.5.2 La masse de Chandrasekhar

Les naines blanches qui ont des masses comparables à celle du Soleil et des rayons comparables à celui de la Terre sont des étoiles très denses. Leur densité moyenne est de l'ordre de 10^5 g cm^{-3} et donc cinq ordres de grandeur supérieur à la densité moyenne du Soleil. Dans ces étoiles, la pression est assurée par la pression des électrons dégénérés. Elles peuvent être représentées par une équation d'état polytropique :

$$P_{e,deg} = K_1 \rho^{\frac{5}{3}} \tag{3.267}$$

Un polytrope d'indice $n = 1.5$ et pour lequel K = K$_1$ convient donc pour représenter ces étoiles. Nous pouvons donc déduire certaines propriétés des

naines blanches en étudiant ce polytrope particulier.
D'après l'équation 3.261, la relation entre la masse et le rayon s'écrit :

$$R \propto M^{-\frac{1}{3}} \tag{3.268}$$

La densité augmente comme la carré de la masse :

$$\langle\rho\rangle \propto MR^{-3} \propto M^2 \tag{3.269}$$

Considérons une série de ces sphères polytropiques dégénérées de masses de plus en plus élevées. Nous allons montrer qu'il existe une limite supérieure en masse pour cette série de modèles. Le long de cette série, le rayon diminue et la densité augmente comme M^2. A un certain stade, la densité sera tellement élevée que le gaz d'électrons deviendra relativiste. Le polytrope d'indice $n = 1.5$ ne conviendra alors plus. L'équation d'état correcte est une équation de type $P_e = K_2\rho^{\frac{4}{3}}$ donc polytropique mais d'indice $n = 3$ et avec $\mathrm{K} = \mathrm{K}_2$. Pour un polytrope d'indice $n = 3$, il existe une solution possible pour M qui est déterminée uniquement par K. Notre série de sphères gazeuses en équilibre hydrostatique se termine donc à cette masse limite. Chandrasekhar a été le premier en 1931 à mettre en évidence l'existence d'une masse limite supérieure pour la masse des étoiles dégénérées. Cette limite supérieure porte le nom de *masse de Chandrasekhar* et est notée M_{Ch}.
En reportant K_2 dans l'équation 3.262, nous obtenons :

$$M_{Ch} = \frac{M_3\sqrt{1.5}}{4\pi}(\frac{hc}{Gm_H^{\frac{4}{3}}})^{\frac{3}{2}}\mu_e^{-2} \tag{3.270}$$

En tenant compte des valeurs des constantes, on obtient :

$$M_{Ch} = 5.83\mu_e^{-2}M_\odot \tag{3.271}$$

ce qui conduit à $M_{Ch} \simeq 1.46M_\odot$ pour $\mu_e = 2$. Nous concluons que, pour les naines blanches, la masse maximale est $M = 1.46M_\odot$.

3.5.3 La luminosité d'Eddington

Si la luminosité devient très élevée, la force associée à la pression du rayonnement l'emporte sur la force gravitationnelle et l'étoile se dissocie.
Evaluons la force exercée par un photon sur un électron situé à une distance r du centre de l'étoile. La quantité de mouvement p du photon peut s'exprimer en fonction de son énergie E :

$$p = \frac{E}{c} \tag{3.272}$$

La force du rayonnement, notée F_{rad}, exercée par le photon sur la matière est donc :

$$F_{rad} = \frac{dp}{dt} = \frac{1}{c}\frac{dE}{dt} = \frac{L}{c} \tag{3.273}$$

Par unité de surface et à une distance r du centre de l'étoile, cette force s'exprime :

$$F_{rad} = \frac{L}{4\pi r^2 c} \tag{3.274}$$

La force exercée par le photon sur un électron de section efficace de diffusion σ_e est donc :

$$F_{rad} = \frac{\sigma_e L}{4\pi r^2 c} \tag{3.275}$$

A cause de la neutralité électrique, à chaque électron est associé un proton. La force gravitationnelle, de direction opposée à celle du rayonnement, s'écrit :

$$|F_g| = \frac{GMm_p}{r^2} \tag{3.276}$$

L'étoile ne se dissocie pas tant que :

$$F_{rad} < F_g$$

ce qui peut s'écrire :

$$\frac{\sigma_e L}{4\pi r^2 c} < \frac{GMm_p}{r^2}$$

La luminosité maximale que peut avoir une étoile s'écrit donc :

$$L_{max} = L_{Edd} = \frac{4\pi G m_p c}{\sigma_e} M \tag{3.277}$$

C'est la *luminosité d'Eddington.* Elle est proportionnelle à la masse M. Une application numérique pour le Soleil conduit à $L_{max} = 1.27 \times 10^{30} \mathrm{Js}^{-1}$, valeur bien supérieure à la luminosité observée du Soleil ($L_\odot = 3.90 \times 10^{26}$ Js^{-1}).

3.5.4 Le modèle standard

Ce modèle porte aussi le nom de *modèle d'Eddington* qui fut le premier à le proposer. Définissons une fonction η par :

$$\frac{F}{m} = \eta \frac{L}{M} \tag{3.278}$$

A partir de $P_{rad} = \frac{1}{3} a T^4$, on déduit :

$$\frac{dP_{rad}}{dr} = \frac{1}{3} a 4 T^3 \frac{dT}{dr} \tag{3.279}$$

relation que l'on insère dans l'équation de transfert radiatif pour obtenir :

$$\frac{dP_{rad}}{dr} = -\kappa \rho \frac{F}{4\pi c r^2} \tag{3.280}$$

On divise par l'équation d'équilibre hydrostatique pour obtenir :

$$\frac{dP_{rad}}{dP} = \frac{\kappa F}{4\pi cGm} = \frac{\kappa\eta L}{4\pi cGM} \tag{3.281}$$

A la surface $F = L$, $m = M$ et donc $\eta = 1$. Lorsque les réactions nucléaires sont confinées dans un cœur central, le flux à l'extérieur du cœur est pratiquement constant et donc η augmente vers l'intérieur lorsque m décroît. D'autre part, l'opacité augmente habituellement du centre vers la surface. En supposant qu'en allant du centre vers l'extérieur, la diminution de η compense l'augmentation de κ, on pourra écrire que leur produit est constant :

$$\kappa\eta = \kappa_s \times 1 \tag{3.282}$$

où κ_s est l'opacité de surface.
En intégrant l'équation 3.281, on obtient :

$$P_{rad} = \frac{\kappa_s L}{4\pi cGM} P \tag{3.283}$$

En effet, la pression totale et la pression de rayonnement tendent vers 0 à la surface. L'hypothèse d'une constance du produit $\kappa\eta$ implique donc que le rapport de la pression de rayonnement à la pression totale est constant sur toute l'étoile c'est-à-dire que β est constant. Rappelons en effet que $P_{rad} = (1-\beta)P$ donc :

$$L = \frac{4\pi cGM}{\kappa_s}(1-\beta) = L_{Edd}(1-\beta) \tag{3.284}$$

Lorsque la pression du rayonnement domine ($\beta \to 0$), la luminosité tend vers la valeur limite L_{Edd}. Adoptant une loi du type gaz parfait pour la pression gazeuse (sous la forme $P_{gaz} = \frac{R}{\mu}\rho T$), on a :

$$P = \frac{P_{rad}}{1-\beta} = \frac{1}{3}\frac{aT^4}{(1-\beta)} = \frac{P_{gaz}}{\beta} = \frac{R\rho T}{\mu\beta} \tag{3.285}$$

ce qui conduit à :

$$T = [\frac{3R(1-\beta)}{a\mu\beta}]^{\frac{1}{3}}\rho^{\frac{1}{3}} \tag{3.286}$$

L'équation d'état du gaz est donc :

$$P = \frac{1}{3}\frac{a}{1-\beta}[\frac{3R(1-\beta)}{a\mu\beta}]^{\frac{4}{3}}\rho^{\frac{4}{3}} = [\frac{3R^4(1-\beta)}{a\mu^4\beta^4}]^{\frac{1}{3}}\rho^{\frac{4}{3}} \tag{3.287}$$

donc $P = K\rho^{\frac{4}{3}}$ avec $K = [\frac{3R^4(1-\beta)}{a\mu^4\beta^4}]^{\frac{1}{3}}$. Comme K est une constante, il s'agit d'une équation d'état polytropique d'indice 3. La relation entre K et M a été établie précédemment :

$$M = 4\pi M_3(\frac{K}{\pi G})^{\frac{3}{2}}$$

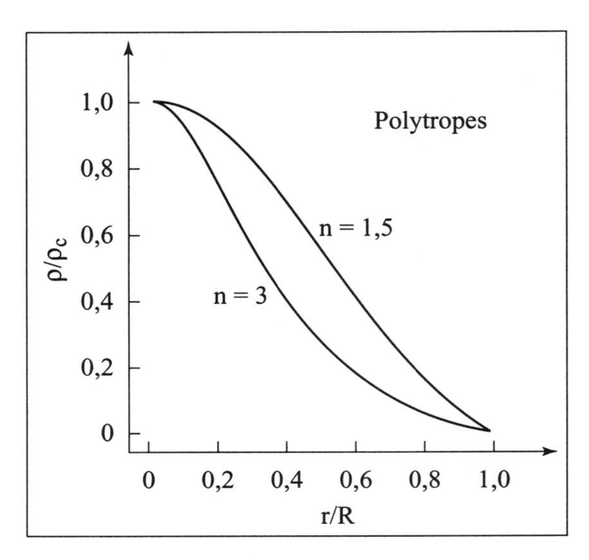

Fig. 3.20- *Forme de la solution de l'équation d'Eddington en* β^4

ce qui conduit à :

$$M = 4\pi M_3[\frac{3R^4(1-\beta)}{a\mu^4\beta^4}]^{\frac{1}{2}}(\frac{1}{\pi G})^{\frac{3}{2}} \tag{3.288}$$

En insérant les valeurs des constantes et en réarrangeant les termes, on obtient :

$$1 - \beta = 0.003(\frac{M}{M_\odot})^2\mu^4\beta^4 \tag{3.289}$$

Il s'agit d'une équation au quatrième ordre en β qui s'exprime en fonction de $\mu^2 M$. La forme de cette solution est présentée dans la figure 3.20.

On remarque que β est différent de 1 (pression gazeuse pure) et de zéro (pression de rayonnement pure) pour un intervalle assez limité du paramètre $\mu^2\frac{M}{M_\odot}$. Cet intervalle correspond assez bien à l'intervalle des masses stellaires déduites des observations ($0.5M_\odot < M < 50M_\odot$).
Quel type d'informations sur l'évolution des étoiles peut-on tirer de ce modèle simple ?
D'abord, nous voyons que pour des étoiles de même composition chimique fixée μ, β décroît quand M augmente ce qui signifie que la pression de rayonnement devient particulièrement importante dans les étoiles massives. D'autre part, en introduisant l'équation 3.284 dans l'équation 3.289, nous obtenons :

$$\frac{L}{L_\odot} = \frac{4\pi cGM_\odot}{\kappa_s L_\odot}0.003\mu^4\beta(M,\mu)^4(\frac{M}{M_\odot})^3 \tag{3.290}$$

Cette loi en puissance entre la luminosité et la masse est très similaire à celle déduite des observations des étoiles de la Séquence Principale. Elle a d'ailleurs

été prédite par Eddington avant que les déterminations à partir des observations soient faites. Les différences de composition et donc de valeurs de μ peuvent expliquer une certaine dispersion dans la relation entre M et L.
Enfin, si on considère une étoile de masse M et que l'on change μ (variation qui a lieu lors de l'évolution de l'étoile), on voit que β décroît lorsque μ augmente. Les réactions nucléaires contribuant à augmenter régulièrement μ, on s'attend donc à ce que la pression de rayonnement joue un rôle de plus en plus important lorsque l'étoile évolue.

3.6 Exercices

Exercice 3.1
Pour une étoile de masse M et de pression centrale P_c données, lequel des deux polytropes d'indices n=1.5 et n=3 conduit-il à l'étoile de plus grand rayon ?

Exercice 3.2
Capella est l'étoile la plus brillante d'un système binaire ce qui a permis de déterminer sa masse et son rayon : $M = 8.3 \times 10^{30}$ kg et $R = 9.55 \times 10^{9}$ m. Trouver sa pression centrale et sa densité centrale en supposant que cette étoile peut être représentée par un polytrope d'indice $n = 3$.

Solutions des problèmes

Solutions des exercices

Solution 3.1 :
Pour une masse M et une pression centrale P_c données, nous avons :

$$\frac{\rho_{c,1.5}}{\rho_{c,3}} = (\frac{B_3}{B_{1.5}})^{\frac{3}{4}} \tag{3.291}$$

Pour une masse donnée M, nous obtenons le rapport des rayons $R(n)$ de l'équation 3.266 et de la table 3.3 :

$$\frac{R(1.5)}{R(3)} = (\frac{D_{1.5}}{D_3}\frac{\rho_{c,3}}{\rho_{c,1.5}})^{\frac{1}{3}} = (\frac{D_{1.5}}{D_3})^{\frac{1}{3}}(\frac{B_{1.5}}{B_3})^{\frac{1}{4}} = (\frac{5.991}{54.81})^{\frac{1}{3}}(\frac{0.206}{0.157})^{\frac{1}{4}} < 1 \tag{3.292}$$

On a donc : $R(3) > R(1.5)$

Solution 3.2 :
La densité centrale est donnée par l'équation :

$$\rho_c = D_n \langle\rho\rangle \tag{3.293}$$

On trouve $\rho_c = 1.2 \times 10^2$ kgm^{-3}. On introduit alors l'expression de ρ_c dans celle de P_c :

$$P_c = (4\pi)^{\frac{1}{3}} B_n G M^{\frac{2}{3}} \rho_c^{\frac{4}{3}} = \frac{GM^2}{4\pi R^4}[(3D_n)^{\frac{4}{3}} B_n] \tag{3.294}$$

Pour Capella, $n = 3$ et $P_c = 6.1 \times 10^{12}$ Nm^{-2}.

Chapitre 4

Introduction à la théorie des photosphères stellaires

4.1 Introduction

L'essentiel du rayonnement émis par une étoile dans le domaine visible provient d'une couche mince appelée *photosphère stellaire*. En général, la dimension de la photosphère est typiquement égale à $10^{-3}R$ où R désigne le rayon de l'étoile. Cette couche fait partie d'un ensemble plus vaste, l'*atmosphère stellaire*, qui représente la couche séparant l'intérieur (étudié aux chapitres 3 et 4) et le milieu interstellaire.
Le rayonnement stellaire que nous observons sous forme de spectre dans le domaine visible dépend de manière complexe des conditions physiques dans la photosphère car il se forme dans cette région. En effet nous ne voyons pas les photons de l'intérieur de l'étoile. On ne peut pas déduire de manière simple et directe du spectre les grandeurs physiques comme la température, la pression du gaz, la pression électronique à partir du spectre (comme par exemple on déduit la distance à partir de la mesure de la parallaxe). Il est nécessaire de construire un modèle de la photosphère de l'étoile duquel on déduira le flux émergent théorique (spectre synthétique). Par un processus d'essai et d'erreur, on est alors amené à changer les paramètres du modèle (profil de température avec la profondeur, gravité superficielle, composition chimique, vitesse de rotation, ...) jusqu'à ce que le flux théorique émergent représente les détails du spectre observé. On peut alors penser que notre "modèle" représente correctement la photosphère de l'étoile et en déduire les paramètres physiques cités ci-dessus.
Nous allons d'abord préciser la distinction importante entre atmosphère et photosphère stellaire. Nous étudierons ensuite le problème de la formation du spectre continu, puis la formation du spectre de raies en absorption. La quatrième partie est dédiée à une introduction au calcul des modèles de pho-

tosphères proprement dits. La cinquième partie présente une application de la théorie des photosphères à l'analyse chimique des spectres stellaires.

4.2 Une région de l'atmosphère

L'atmosphère d'une étoile correspond à la couche séparant l'intérieur stellaire et le milieu interstellaire. Cette couche a des dimensions variables selon le type d'étoile étudié et contient plusieurs régions : la photosphère, la chromosphère, la région de transition et la couronne, toutes ces régions n'étant d'ailleurs pas nécessairement présentes. La structure de l'atmosphère en dessus de la photosphère proprement dite diffère beaucoup selon que l'étoile est chaude ou froide. Nous considérerons ici que la séparation entre étoiles chaudes et étoiles froides a lieu au type spectral A7V sur la Séquence Principale. Les étoiles froides ont une remontée en température dans leurs couches externes. Par exemple, la photosphère solaire a une température de surface voisine de 5600 K. Au dessus, dans la chromosphère, la température augmente de 7000 K à 20000 K. Cette région est observable sous forme de raies en émission dans l'ultraviolet lointain et dans le cœur de raies optiques très intenses comme H_α et Ca II H et K. Au dessus de la chromosphère se situe une étroite région de transition de températures intermédiaires et détectée par les raies d'émission de He II, C IV et Si IV. Au-dessus de la région de transition, se trouve la couronne (visible lors des éclipses solaires) où la température est proche de $10^6 K$, détectée dans le domaine des rayons X et de l'UV extrême. On ne connaît pas exactement le mécanisme de chauffage de la chromosphère et de la couronne. Chromosphères et couronnes ont été observées seulement dans des étoiles de faible masse ayant une zone de convection située en dessous de la photosphère. Les atmosphères d'étoiles de type précoce (O et B) sur la Séquence principale et celles des étoiles supergéantes sont caractérisées par des vents (c'est-à-dire une perte de masse) rapides. La signature spectrale de ces vents est un profil type P-Cygni et un excès infrarouge dû à l'émission free-free du vent. Le moteur de ces vents rapides et supersoniques est la pression du rayonnement. Les étoiles O et B émettent souvent en rayons X mais cette émission est due à de la matière chauffée par des chocs dans le vent.
Les étoiles froides possèdent aussi des vents moins rapides et très ténus dans les étoiles de la Séquence Principale et plus denses pour les étoiles évoluées. Dans ces dernières, la pression de rayonnement sur les grains formés dans les couches extérieures ou la pulsation pourraient être les causes du vent

4.3 Théorie du continuum

Le spectre observé est généralement composé de raies d'absorption séparées par d'étroites régions dépourvues de raies. Ces régions forment le *spectre continu* ou continuum de l'étoile. Dans cette première partie du chapitre, nous étudions la formation du spectre continu dans la photosphère stellaire. Nous allons d'abord établir l'*équation de transfert* qui traduit l'altération de l'intensité lumineuse lors de la traversée de l'atmosphère et étudier ses solutions dans différents cas. Nous verrons alors que la forme du spectre continu est fixée par la dépendance en longueur d'onde du coefficient d'absorption continue.

4.3.1 L'équation de transfert

L'intensité et ses moments

L'intensité d'un champ de rayonnement provenant d'une étoile peut être définie de la manière suivante. Considérons deux éléments de surface dS et dS'. Les normales à ces deux surfaces ont des vecteurs unitaires $\vec{n}$ et $\vec{n}'$. Nous cherchons à déterminer l'énergie dE qui traverse dS pendant l'intervalle de temps dt et qui traverse plus tard dS'. Nous supposerons pour l'instant qu'il n'y a pas de matière qui absorbe ou émette du rayonnement. La direction de propagation des rayons lumineux fait un angle θ avec le vecteur $\vec{n}$ (figure 4.1). L'énergie dE que nous cherchons doit être proportionnelle à :

- l'intervalle de temps dt
- l'aire projetée $dS\cos\theta$ dans la direction de projection
- l'angle solide $d\omega$ sous lequel dS' est vu depuis dS

Nous définissons l'intensité I, comme étant le facteur de proportionnalité entre dE et ces quantités :

$$dE = I\cos\theta dS d\omega dt \tag{4.1}$$

L'intensité est donc une puissance par unité de surface et par unité d'angle solide. Elle dépend de la position, de la direction, du temps et aussi de la fréquence du rayonnement.

L'intensité totale, c'est-à-dire intégrée sur toutes les longueurs d'onde, est définie par :

$$I = \int_0^\infty I_\nu \, d\nu = \int_0^\infty I_\lambda \, d\lambda \tag{4.2}$$

A partir de l'intensité, on peut définir J, l'intensité moyennée sur toutes les directions :

$$J = \frac{1}{4\pi}\int I \, d\omega = \frac{1}{4\pi}\int_0^{2\pi}\int_0^{\pi} I(\theta,\phi)\sin\theta \, d\theta \, d\phi \tag{4.3}$$

où θ et ϕ sont les angles sphériques habituels.
On définit aussi le *vecteur flux* $\vec{F}$ à partir de l'intensité. Considérons un vecteur unitaire, noté $\vec{s}(\theta,\phi)$, dans la direction définie par les angles θ et ϕ. Le vecteur flux est défini en tout point par l'intégrale :

$$\vec{F} = \int I(\theta,\phi)\vec{s}(\theta,\phi) \, d\omega \tag{4.4}$$

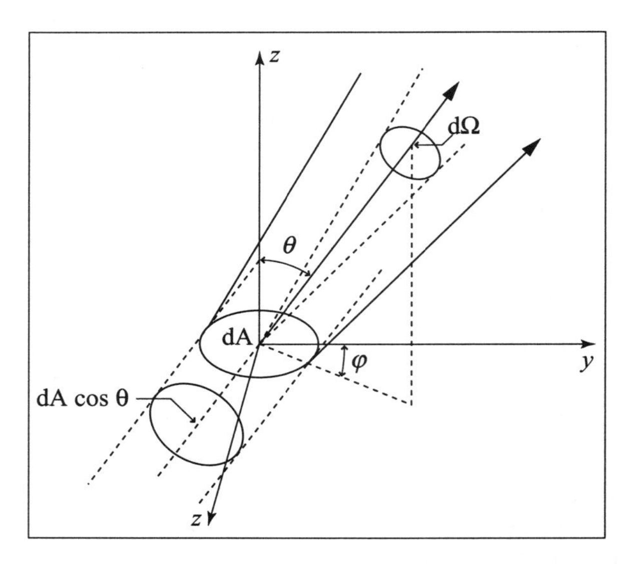

Fig. 4.1- *Géométrie adoptée pour la définition de l'intensité*

En pratique, on s'intéresse à la composante du flux dans une direction $\vec{n}$ donnée, c'est-à-dire au produit scalaire :

$$F = \vec{F}.\vec{n} = \int I(\theta,\phi)\vec{n}.\vec{s}(\theta,\phi)\, d\omega \tag{4.5}$$

En choisissant la direction de $\vec{n}$ comme celle vérifiant $\theta = 0$, on a $\vec{n}.\vec{s} = \cos\theta$ et donc :

$$\vec{F}.\vec{n} = \int I(\theta,\phi)\cos\theta\, d\omega \tag{4.6}$$

On voit que la composante du flux dans la direction $\vec{n}$ est la puissance par unité de surface traversant la surface normale à cette direction. Dans la suite, le terme flux désignera cette composante du vecteur flux. Nous pouvons écrire le flux en posant $\mu = \cos\theta$:

$$F = \int_0^{2\pi}\int_0^{\pi} I(\theta,\phi)\cos\theta\sin\theta\, d\phi = \int_0^{2\pi}\int_{-1}^{+1} I(\theta,\phi)\mu\, d\mu\, d\phi \tag{4.7}$$

ce qui se réécrit :

$$F = \int_0^{2\pi} d\phi[\int_0^{+1} I(\mu,0)\mu\, d\mu - \int_0^{1} I(-\mu,\phi)\mu\, d\mu] \tag{4.8}$$

Le premier terme de cette équation représente le rayonnement qui se propage dans l'hémisphère définie par $\cos\theta > 0$. Le second terme représente le rayonnement se propageant dans la direction négative ($\mu < 0$). En notant F^+ et F^- les flux relatifs aux hémisphères définies par $\mu > 0$ et $\mu < 0$ respectivement, on a :

$$F = F^+ - F^- \tag{4.9}$$

Il est possible de relier l'énergie du faisceau de rayonnement à l'intensité moyenne. Cette énergie est en effet l'énergie traversant un élément de surface donné en un intervalle de temps dt et confinée dans un angle solide élémentaire. Cette énergie est contenue dans le volume $d\tau = dS \cos\theta c dt$. Le rayonnement contenu dans l'angle solide $d\omega$ contribue une énergie $dE = \frac{I d\omega}{c} d\tau$ au point considéré. La densité d'énergie u ,c'est-à-dire l'énergie par unité de volume au point considéré, est donnée par :

$$u = \int \frac{dE}{d\tau} = \frac{1}{c} \int I \, d\omega = \frac{4\pi}{c} J \tag{4.10}$$

Elle est donc proportionnelle à l'intensité moyenne J.
Le rayonnement d'énergie dE transporte une quantité de mouvement $\frac{dE}{c}$ dans la direction de propagation. Le faisceau de rayonnement considéré transporte la quantité de mouvement :

$$dp = \frac{I \cos^2 \theta dS d\omega dt}{c}$$

à travers la surface dS pendant le temps dt. Il contribue donc une quantité de pression de rayonnement :

$$dP_r = \frac{I \cos^2 \theta d\omega}{c}$$

La pression de rayonnement, P_r, peut donc être reliée à l'intensité par la formule :

$$P_r = \frac{1}{c} \int I \cos^2 \theta \, d\omega \tag{4.11}$$

On définit aussi couramment la quantité K_ν qui est directement liée à la quantité de mouvement :

$$K_\nu = \frac{c}{4\pi} P_r \tag{4.12}$$

Remarquons que les quantités de rayonnement sont définies en un point quelconque. L'intensité de la lumière reçue à Terre est la même que celle qui serait vue à la surface de l'étoile (en l'absence de matière absorbante entre l'observateur et l'étoile). Par contre, le flux et l'intensité moyenne qui sont deux intégrales de l'intensité sur un angle solide décroissent rapidement avec la distance à l'étoile. En effet, proche de l'étoile, le disque stellaire sous-tend un angle solide bien plus grand qu'à très grande distance. Considérons un point à la distance r d'une étoile sphérique de rayon R (figure 4.2). Le flux émis par l'étoile est :

$$F = \int_0^{2\pi} \int_0^{\theta_0} I(\theta, \phi) \cos\theta \sin\theta \, d\theta \, d\phi \tag{4.13}$$

où θ_0 est le rayon angulaire de l'étoile et vérifie $\sin\theta_0 = \frac{R}{r}$.
Soit θ_1 l'angle défini à la surface de l'étoile entre la direction au point d'observation et la normale à un point de la surface. Pour deux points voisins sur la

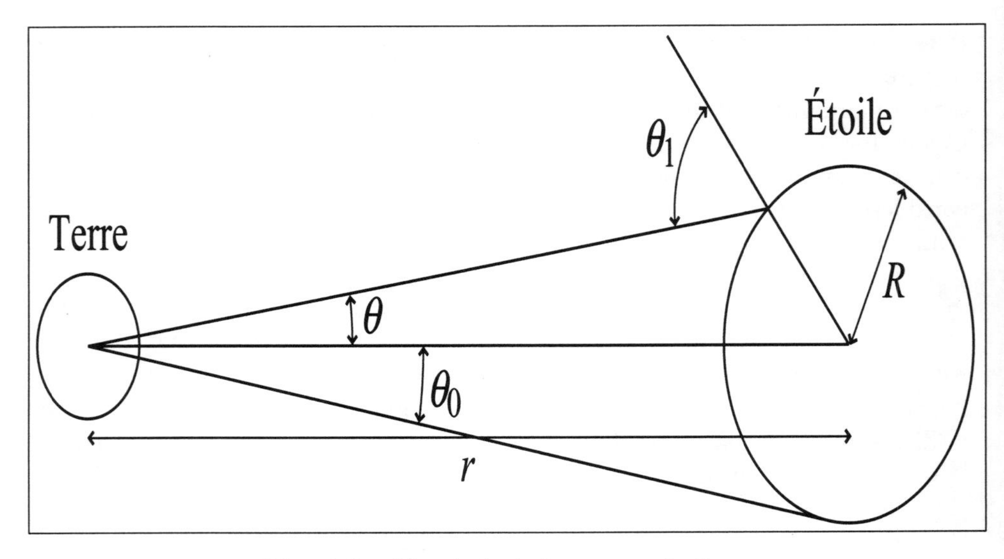

Fig. 4.2- *Géométrie de la mesure du flux*

surface stellaire, on a :

$$r^2 \cos\theta \sin\theta d\theta = R^2 \cos\theta_1 \sin\theta_1 d\theta_1 \tag{4.14}$$

Pour décrire le rayon angulaire entier de l'étoile, θ varie de 0 à θ_0, simultanément θ_1 varie de 0 à $\frac{\pi}{2}$. On peut alors réécrire le flux (si l'intensité peut être exprimée comme une fonction unique de θ_1) sous la forme :

$$F = \frac{2\pi R^2}{r^2} \int_0^{\frac{\pi}{2}} I(\theta_1) \cos\theta_1 \sin\theta_1 \, d\theta_1 \tag{4.15}$$

On a ainsi montré que le flux décroît en $\frac{1}{r^2}$ lorsque la distance r augmente. Citons deux cas où l'intensité n'est pas fonction que de la seule variable θ_1 : les étoiles à taches et les étoiles non sphériques pour lesquelles I varie sur la surface de l'étoile.

Le coefficient d'absorption

Ce paragraphe fournit une description phénoménologique de l'interaction du rayonnement avec la matière, en particulier comment la matière soustrait de l'énergie au rayonnement incident.
Considérons un faisceau de rayonnement d'intensité I_ν. En traversant une région de dimension ds contenant de la matière, le faisceau perd une quantité de puissance dI_ν qui est absorbée par la matière. Le coefficient d'absorption est défini par la relation :

$$dI_\nu = I_\nu k_\nu ds = I_\nu \kappa_\nu \rho ds \tag{4.16}$$

Le coefficient d'absorption en volume est noté k_ν (dimension L^{-1}) alors que le coefficient d'absorption en masse est noté κ_ν (dimension L^2M^1). On a la relation $k_\nu = \kappa_\nu \rho$ où ρ désigne la densité de la matière.
L'absorption inclue ici tous les processus dans lesquels un photon est soustrait d'un faisceau de rayonnement, c'est-à-dire aussi bien les processus de diffusion que les processus d'absorption pure.
Cherchons la relation existant entre le coefficient d'absorption volumique et le libre parcours moyen des photons. Ce dernier, noté L, est la distance moyenne qu'un photon parcourt avant d'être absorbé. Soit $W(s)$ la probabilité qu'un photon parcoure la distance s sans être absorbé. On a :

$$W(s+ds) = W(s)W(ds)$$

En effectuant un développement de Taylor au premier ordre, on a aussi :

$$W(s+ds) = W(s) + \frac{dW}{ds}ds$$

La quantité kds est la probabilité pour que l'absorption ait lieu sur la distance ds et donc $1 - kds$ est la probabilité pour qu'elle n'ait pas lieu sur ds, c'est-à-dire $W(ds)$. En reportant ceci dans les deux équations précédentes et en effectuant l'intégration en supposant k constant, on trouve :

$$W(s) = \exp(-ks)$$

Soit maintenant la probabilité $P(s)ds$ pour qu'une absorption ait lieu entre s et $s + ds$. On a alors :

$$P(s)ds = W(s)(1 - W(ds)) = \exp(-ks)kds \tag{4.17}$$

Le libre parcours moyen est donc :

$$L = \int_0^\infty sP(s)\, ds = \frac{1}{k} \tag{4.18}$$

Le coefficient d'absorption volumique est donc l'inverse du libre parcours moyen du photon. Si k_ν varie avec la position, on ne peut pas calculer l'intégrale précédente mais l'équation définit une valeur locale du libre parcours moyen. Les coefficients k_ν et κ_ν décrivent des propriétś d'ensemble de la matière et dans ce sens, on peut dire qu'ils sont des coefficients macroscopiques.
L'absorption peut aussi être décrite à l'échelle microscopique. Supposons que chaque photon de fréquence ν voit chaque particule absorbante avec une section efficace α. S'il y a N absorbants par unité de volume, une colonne de section A et de longueur ds contient $NAds$ particules. Pour un photon traversant cette colonne, ces particules présentent une section efficace $NA\alpha ds$. La réaction de la surface de la colonne susceptible d'absorber peut s'écrire :

$$\frac{NA\alpha ds}{A} = N\alpha ds$$

En d'autres termes, $N\alpha ds$ est la probabilité d'absorption sur la distance ds et donc est égale à $k_\nu ds$. On en déduit donc que :

$$k_\nu = N\alpha \tag{4.19}$$

On peut donc considérer k_ν comme la section efficace totale des particules absorbantes dans un volume unitaire.
Dans le cas où le gaz contient un mélange de particules qui sont suffisamment éloignées pour ne pas interagir et ayant des coefficients d'absorption k_ν^1, k_ν^2, le coefficient d'absorption total vérifie : $k_\nu = k_\nu^1 + k_\nu^2 + \cdots$.

Le coefficient d'émission

L'énergie du rayonnement émis par un élément de volume dV dans l'angle solide $d\omega$ dans l'intervalle de temps dt et l'intervalle de fréquence $d\nu$ peut s'exprimer en fonction du coefficient d'émission volumique j_ν :

$$dE_\nu = j_\nu dV d\omega d\nu dt \tag{4.20}$$

Si on raisonne par unité de masse, on introduit le coefficient d'émission massique, noté ϵ_ν, tel que $j_\nu dV = \epsilon_\nu dm$ et donc $j_\nu = \rho\epsilon_\nu$. Considérons comme volume élémentaire, le cylindre de section $d\sigma$ et de longueur dx (figure 4.3). Cet élément de volume dV contribue une énergie dE_ν, à l'énergie du faisceau lumineux :

$$dE_\nu = j_\nu d\sigma dx d\omega d\nu dt \tag{4.21}$$

On a $dx = ds\cos\theta$, où θ est l'angle entre l'axe du cylindre et la direction de propagation et ds la distance de propagation dans le cylindre. Le cylindre de matière contribue donc à augmenter l'intensité lumineuse d'une quantité dI_ν s'exprimant sous la forme :

$$dI_\nu = j_\nu ds \tag{4.22}$$

L'équation de transfert

Lorsque le rayonnement se propage sur une distance ds, l'intensité sera augmentée par les processus d'émission et diminuée par ceux d'absorption ayant lieu sur le trajet. En combinant les équations 4.16 et 4.22, on trouve :

$$\frac{dI_\nu}{ds} = j_\nu - \kappa_\nu I_\nu \tag{4.23}$$

où l'élément de longueur ds est mesuré le long de la direction de propagation et représente la distance parcourue par le rayonnement pendant dt. On a donc :

$$ds = cdt$$

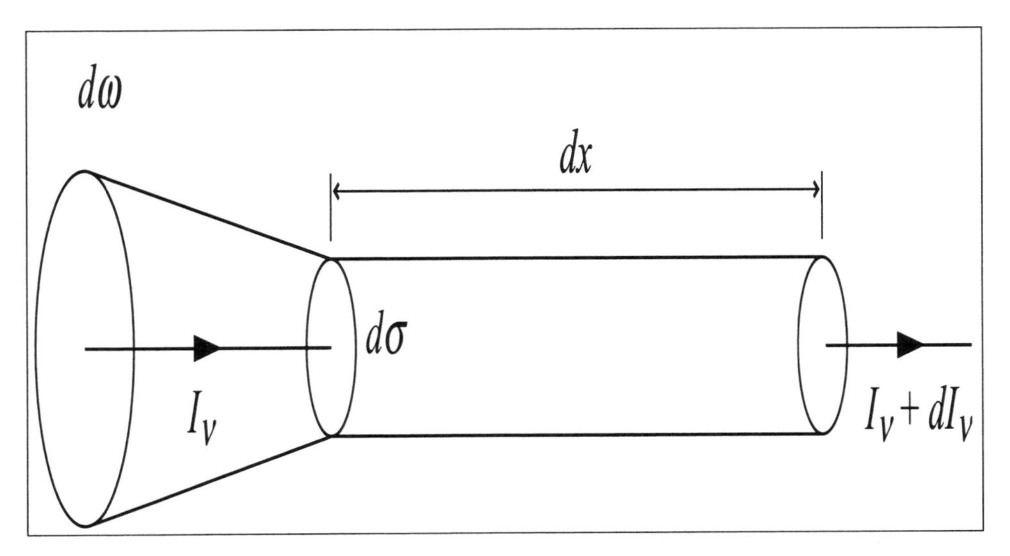

Fig. 4.3- *Cylindre élémentaire adopté pour le bilan d'énergie*

I_ν dépend de la position, du temps et de la direction que l'on considère généralement invariable. On peut donc écrire dI_ν sous la forme :

$$dI_\nu = (\frac{\partial I_\nu}{\partial s})ds + (\frac{\partial I_\nu}{\partial t})dt \tag{4.24}$$

L'équation de transfert peut donc être réécrite sous la forme :

$$\frac{1}{c}\frac{\partial I_\nu}{\partial t} + \frac{\partial I_\nu}{\partial s} = j_\nu - k_\nu I_\nu \tag{4.25}$$

En pratique, on a rarement besoin de prendre en compte la dépendance temporelle de l'intensité car les grandeurs physiques étudiées ne varient pas de manière importante dans l'intervalle de temps mis par le rayonnement pour traverser le système. On pose alors $\frac{\partial I_\nu}{\partial t} = 0$ et la dérivation par rapport à la position devient totale. Ce sera le cas adopté dans la suite.

Solutions de l'équation de transfert dans des situations simples

En multipliant l'équation de transfert par la quantité $\exp(\int_0^s k_\nu(s_1)\, ds_1)$, on peut facilement l'intégrer et trouver une solution de la forme :

$$I_\nu(s_2) = I_\nu(s_1) \exp -(\int_{s_1}^{s_2} k_\nu\, ds') + \int_{s_1}^{s_2} j_\nu \exp -(\int_{s}^{s_2} k_\nu\, ds')\, ds \tag{4.26}$$

Cette équation donne l'intensité en un point s_2 en fonction des propriétés du faisceau de rayonnement en des points s_1 antérieurs le long de la direction de propagation. Ainsi, l'intensité au point s_2 est égale à sa valeur au point

s_1, atténuée par une exponentielle qui représente l'absorption entre s_1 et s_2 à laquelle on doit ajouter toutes les émissions entre s_1 et s_2 à nouveau atténuées par l'absorption entre le point d'intégration et s_2.
On peut considérer le cas simple et instructif d'un milieu homogène dans lequel les coefficients d'absorption et d'émission ne dépendent pas de la position s. La forme de la solution devient :

$$I_\nu(s_2) = I_\nu(s_1) \exp -(k_\nu(s_2 - s_1)) + \frac{j_\nu}{k_\nu}[1 - \exp -(k_\nu(s_2 - s_1))] \qquad (4.27)$$

On introduit la *profondeur optique*, notée τ_ν^s :

$$\tau_\nu^s = k_\nu s = \kappa_\nu \rho s$$

On a donc :

$$I_\nu(s_2) = I_\nu(s_1) \exp -(\tau_\nu^2 - \tau_\nu^1) + \frac{j_\nu}{k_\nu}[1 - \exp -(\tau_\nu^2 - \tau_\nu^1)] \qquad (4.28)$$

Deux cas extrêmes peuvent être envisagés Le premier est le cas d'un milieu *optiquement fin*, c'est-à-dire τ_ν^2 et $\tau_\nu^1 \ll 1$. La solution devient alors :

$$I_\nu(s_2) = I_\nu(s_1) + j_\nu(s_2 - s_1)$$

Le deuxième cas correspond à un milieu *optiquement épais* :τ_ν^2 et $\tau_\nu^1 \gg 1$ et la solution est alors :

$$I_\nu(s_2) = \frac{j_\nu}{k_\nu}$$

Dans le cas optiquement mince, on retrouve une solution de la forme : $dI_\nu = j_\nu ds$ (équation 4.22). Dans le cas optiquement épais, la contribution des parties les plus distantes de la source (par rapport à l'observateur) n'interviennent pas car l'absorption est très importante entre le point d'observation et ces régions. Seuls les points situés à quelques libres parcours moyens contribuent au rayonnement que reçoit l'observateur.

La fonction source

La *fonction source* est définie comme étant le rapport du coefficient d'émission au coefficient d'absorption :

$$S_\nu = \frac{j_\nu}{k_\nu} = \frac{\epsilon_\nu}{\kappa_\nu} \qquad (4.29)$$

Si plusieurs processus différents, notés (i), ont lieu, chacun a son coefficient d'absorption $k_\nu(i)$ ou d'émission $j_\nu(i)$ et donc sa fonction source, $S_\nu(i)$. Le coefficient d'absorption totale est $k_\nu = \sum_i k_\nu(i)$ et le coefficient d'émission totale est $j_\nu = \sum j_\nu(i)$. La fonction source totale est alors donnée par :

$$S_\nu = \frac{j_\nu}{k_\nu} = \frac{1}{k_\nu} \sum j_\nu(i) = \frac{1}{k_\nu} \sum_i k_\nu(i) S_\nu(i) \qquad (4.30)$$

Elle est donc la somme des fonctions sources individuelles pondèrée par les coefficients d'absorption.
Parmi les différents processus d'absorption et d'émission, on distingue les processus de diffusion et ceux qui ne relèvent pas de la diffusion. Dans un processus de diffusion, la direction et la fréquence sont modifiées mais le photon maintient son identité. Dans les processus non diffusifs, le photon ne maintient pas son identité. La fonction source incluant les deux types de processus s'écrit :

$$S_\nu = \frac{k_\nu(dif)}{k_\nu} S_\nu(dif) + \frac{k_\nu(ndif)}{k_\nu} S_\nu(ndif) \tag{4.31}$$

Nous allons étudier en détail la partie non diffusive de la fonction source dans le contexte de *la formation du spectre continu.* Considérons un atome à deux niveaux notés (1) (niveau inférieur) et (2) (niveau supérieur). Les transitions entre ces niveaux peuvent contribuer à émettre ou à absorber du rayonnement et donc contribuent à la partie non diffusive de la fonction source. Trois sortes de transitions radiatives peuvent avoir lieu : l'émission spontanée de (2) vers (1), l'émission induite de (2) vers (1) et l'absorption de (1) vers (2). Ces transitions ont lieu à des taux qui peuvent s'exprimer en fonction des coefficients d'Einstein B_{12} pour l'absorption, B_{21} pour l'émission induite et A_{21} l'émission spontanée. Soit $N(ab)$, $N(ei)$ et $N(es)$ respectivement le nombre d'absorption, d'émission induite et d'émission spontanée par unité de volume et par unité de temps. Soit N_1 et N_2 le nombre d'atomes par unité de volume dans les niveaux (1) et (2). Si le photon de fréquence ν est émis ou absorbé dans l'angle solide $d\omega$, on a :

$$N(ab)d\nu d\omega = N_1 B_{12} I_\nu d\nu \frac{d\omega}{4\pi} \tag{4.32}$$

$$N(ei)d\nu d\omega = N_2 B_{21} I_\nu d\nu \frac{d\omega}{4\pi} \tag{4.33}$$

$$N(es)d\nu d\omega = N_2 A_{21} d\nu \frac{d\omega}{4\pi} \tag{4.34}$$

Les coefficients d'Einstein sont des constantes atomiques qui dépendent de l'atome et des niveaux étudiés.
Considérons l'élément de volume $dV = \cos\theta dS ds$ où ds fait l'angle θ avec la normale à dS. La matière dans dV contribue à absorber ou à émettre du rayonnement. L'énergie gagnée ou perdue est égale au nombre de transitions multiplié par $h\nu$. L'énergie gagnée par le faisceau de rayonnement dans son interaction avec dV est donc :

$$dE_\nu = \frac{h\nu}{4\pi}(N_2 A_{21} + N_2 B_{21} I_\nu - N_1 B_{12} I_\nu) dV d\nu d\omega dt \tag{4.35}$$

On peut donc en déduire la variation d'intensité sur la longueur ds :

$$\frac{dI_\nu}{ds} = \frac{h\nu}{4\pi} N_2 A_{21} - \frac{h\nu}{4\pi}(N_1 B_{12} - N_2 B_{21}) I_\nu \tag{4.36}$$

En comparant ceci avec l'expression 4.23, on trouve les expressions suivantes des coefficients d'absorption et de la fonction source :

$$k_\nu = \frac{h\nu}{4\pi}(N_1 B_{12} - N_2 B_{21}) \quad (4.37)$$

$$S_\nu = \frac{N_2 A_{21}}{(N_1 B_{12} - N_2 B_{21})} = \frac{\frac{A_{21}}{B_{21}}}{\frac{N_1 B_{12}}{N_2 B_{21}} - 1} \quad (4.38)$$

La fonction source dépend donc des coefficients d'Einstein et des rapports de populations des niveaux d'énergie.
A l'équilibre thermodynamique, le champ de rayonnement est indépendant de la position ($\frac{dI_\nu}{ds} = 0$) et l'intensité est égale à la fonction source qui est la fonction de Planck :

$$B_\nu(T) = \frac{\frac{2h\nu^3}{c^2}}{\exp(\frac{h\nu}{kT}) - 1} \quad (4.39)$$

Les rapports de populations sont donnés par la relation de Boltzmann :

$$\frac{N_1}{N_2} = \frac{g_1}{g_2}\exp(\frac{h\nu}{kT_{ex}}) = \frac{g_1}{g_2}\exp(\frac{h.\nu}{kT_{ex}}) \quad (4.40)$$

où T_{ex} est la *température d'excitation*. Les équations 4.39 et 4.40 conduisent à des relations entre les coefficients d'Einstein :

$$\frac{A_{21}}{B_{21}} = \frac{2h\nu^3}{c^2} \quad (4.41)$$

et

$$\frac{B_{12}}{B_{21}} = \frac{g_2}{g_1} \quad (4.42)$$

où g_1 et g_2 sont les poids statistiques des deux niveaux.
En reportant ces relations dans l'équation 11.38, on a une nouvelle expression de la fonction source :

$$S_\nu = \frac{\frac{2h\nu^3}{c^2}}{\frac{g_2 N_1}{g_1 N_2} - 1} = \frac{\frac{2h\nu^3}{c^2}}{\exp(\frac{h\nu}{kT_{ex}}) - 1} = B_\nu(T_{ex}) \quad (4.43)$$

La partie non diffusive de la fonction source est la fonction de Planck évaluée à la température d'excitation. A l'équilibre thermodynamique, T_{ex} est égale à la température cinétique qui décrit la distribution des vitesses des particules.

4.3.2 Forme générale de la solution de l'équation de transfert pour les étoiles

On considère un pinceau de rayonnement se propageant dans la direction s (figure 4.4). La variation d'intensité, notée dI_ν, sur un élément de longueur ds est la somme des pertes et des gains d'énergie :

$$dI_\nu = -\kappa_\nu \rho I_\nu ds + j_\nu \rho ds \quad (4.44)$$

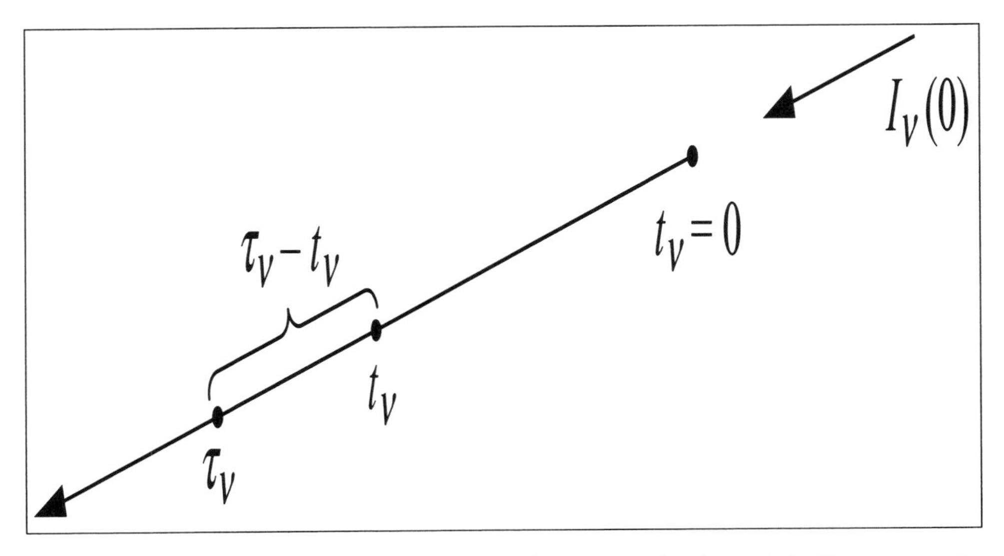

Fig. 4.4- *Au point τ_ν le rayonnement est la somme des intensités S_ν provenant des points t_ν le long de la direction s affectées des extinctions correspondant à la différence de profondeur optique $\tau_\nu - t_\nu$*

En divisant par $\kappa_\nu \rho ds = d\tau_\nu$, on obtient l'équation de transfert :

$$\frac{dI_\nu}{d\tau_\nu} = -I_\nu + \frac{j_\nu}{\kappa_\nu} = -I_\nu + S_\nu \tag{4.45}$$

La quantité $d\tau_\nu$ représente l'élément de profondeur optique. On peut obtenir la forme générale de la solution de cette équation en stipulant qu'elle est à priori de la forme :

$$I_\nu(\tau_\nu) = f(\tau_\nu)\exp(b\tau_\nu) \tag{4.46}$$

où $f(\tau_\nu)$ est une fonction à déterminer. En substituant ceci dans l'équation de transfert, on a :

$$\frac{dI_\nu}{d\tau_\nu} = \frac{df}{d\tau_\nu}\exp(b\tau_\nu) + fb\exp(b\tau_\nu) \tag{4.47}$$

soit

$$bI_\nu + \exp(b\tau_\nu)\frac{df}{d\tau_\nu} = -I_\nu + S_\nu \tag{4.48}$$

ce qui conduit à :

$$b = -1$$

et

$$S_\nu = \exp(b.\tau_\nu)\frac{df}{d\tau_\nu} = \exp(-\tau_\nu)\frac{df}{d\tau_\nu}$$

qui s'intègre en :

$$\frac{df}{d\tau_\nu} = S_\nu \exp(\tau_\nu) \tag{4.49}$$

c'est-à-dire :

$$f(\tau_\nu) = \int_0^{\tau_\nu} S_\nu(t_\nu)\exp(t_\nu)\,dt_\nu + c_0 \quad (4.50)$$

où t_ν est une variable muette et c_0 une constante. On a donc :

$$I_\nu(\tau_\nu) = f(\tau_\nu)\exp(-\tau_\nu) \quad (4.51)$$

$$= \int_0^{\tau_\nu} S_\nu(t_\nu)e^{(t_\nu-\tau_\nu)}\,dt_\nu + c_0e^{-\tau_\nu} \quad (4.52)$$

On peut préciser la constante c_0 en remarquant qu'à $\tau_\nu = 0$ $I_\nu = I_\nu(0) = c_0$ ce qui permet de réécrire la forme générale de l'équation de transfert :

$$I_\nu(\tau_\nu) = \int_0^{\tau_\nu} S_\nu(t_\nu)e^{(t_\nu-\tau_\nu)}\,dt_\nu + I_\nu(0)e^{-\tau_\nu} \quad (4.53)$$

L'interprétation de cette équation est, qu'au point τ_ν, l'intensité est la somme de :

- l'intensité originelle $I_\nu(0)$ atténuée par le facteur $e^{-\tau_\nu}$
- plus la somme des contributions $S_\nu(t_\nu)dt_\nu$ de toutes les régions situées autour de t_ν $(0 < t_\nu < \tau_\nu)$ et atténuées par un facteur $e^{(t_\nu-\tau_\nu)}$.

On voit que pour calculer $I_\nu(\tau_\nu)$, il est nécessaire de calculer la forme de $S_\nu(t_\nu)$

Equation de transfert dans différentes géométries

L'équation 4.53 donne la variation de I_ν en fonction de la profondeur optique le long de la ligne de visée. Pour les atmosphères stellaires, on définit la profondeur optique le long du rayon stellaire. Cette équation de transfert prend des formes différentes selon que l'on est en géométrie sphérique ou que l'on fait l'approximation plan-parallèle.

Géométrie sphérique :

Nous considérons d'abord une étoile sphérique (figure 4.5). L'axe z pointe dans la direction de l'observateur. Le repérage est en coordonnées sphériques. L'équation sphérique en fonction de la variable z est :

$$\frac{dI_\nu}{\kappa_\nu \rho dz} = -I_\nu + S_\nu \quad (4.54)$$

On peut écrire :

$$\frac{dI_\nu}{dz} = \frac{\partial I_\nu}{\partial z}\frac{dr}{dz} + \frac{\partial I_\nu}{\partial \theta}\frac{d\theta}{dz} \quad (4.55)$$

Par ailleurs, on a : $dr = \cos\theta dz$ et $rd\theta = -\sin\theta dz$. Ceci permet de réécrire l'équation de transfert en coordonnées sphériques :

$$\frac{\partial I_\nu}{\partial z}\frac{\cos\theta}{\kappa_\nu\rho} - \frac{\partial I_\nu}{\partial\theta}\frac{\sin\theta}{\kappa_\nu\rho r} = -I_\nu + S_\nu \quad (4.56)$$

C'est la forme de l'équation de transfert utilisée pour les étoiles ayant des atmosphères très étendues (étoiles géantes et supergéantes).

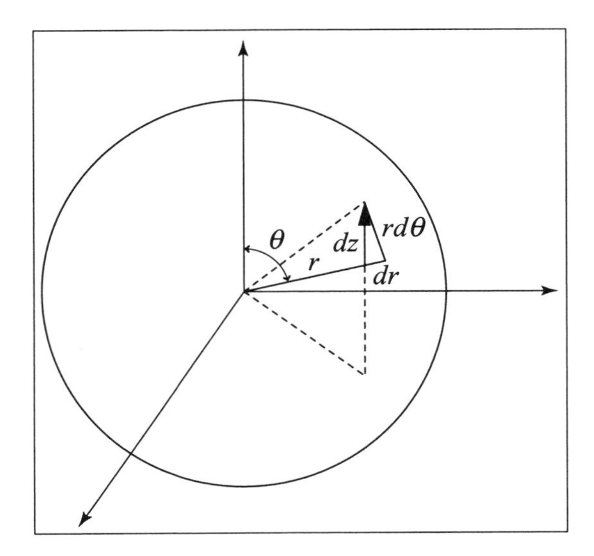

Fig. 4.5- *Géométrie sphérique*

Géométrie plane :

Pour la étoiles de la séquence principale, l'épaisseur de l'atmosphère est très petite comparée à celle du rayon stellaire. Pour le Soleil, l'épaisseur de la photosphère est 700 km soit 0.1% du rayon solaire. Dans ce cas, l'atmosphère peut être considérée plane, θ ne dépend pas de z et le deuxième terme de l'équation 4.56 est nul. On a donc :

$$\cos\theta \frac{dI_\nu}{\kappa_\nu \rho dr} = -I_\nu + S_\nu \tag{4.57}$$

La géométrie de l'atmosphère plane est représentée sur la figure 4.6. On introduit la variable géométrique z qui varie de 0 à la surface de l'étoile jusqu'à une valeur élevée au fond de l'atmosphère (à l'opposé de r qui croit du centre à la surface). On voit que $z = -r$.

En adoptant comme élément de profondeur optique $d\tau_\nu = \kappa_\nu \rho dz$, on obtient :

$$\cos\theta \frac{dI_\nu}{d\tau_\nu} = I_\nu - S_\nu \tag{4.58}$$

La profondeur optique τ_ν est une mesure de la profondeur dans l'atmosphère (comme l'est z). Elle varie de 0 à la surface jusqu'à une valeur élevée au fond de l'atmosphère. Remarquons que τ_ν n'est pas mesurée le long de la ligne de visée qui fait à priori un angle θ avec l'axe z (dirigé de la surface vers le centre). En effet, dans le cas du Soleil, on peut effectivement mesurer l'intensité à différents angles θ par rapport à l'axe z.

La forme intégrée de la solution (équation 4.53) devient donc, du fait du facteur

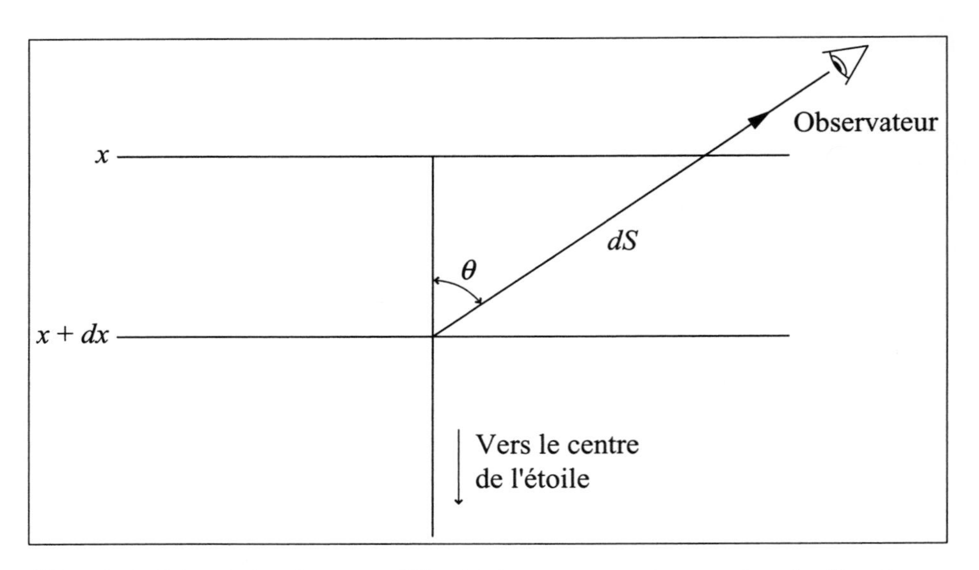

Fig. 4.6- *Géométrie plane parallèle. L'observateur se trouve dans la direction s*

$\cos\theta$:

$$I_\nu(\tau_\nu) = -\int_c^{\tau_\nu} S_\nu(t_\nu) e^{-\frac{(\tau_\nu - t_\nu)}{\cos\theta}} \frac{1}{\cos\theta} dt_\nu + I_\nu(0) e^{\frac{-\tau_\nu}{\cos\theta}} \tag{4.59}$$

Tout revient donc à remplacer τ_ν par $-\frac{\tau_\nu}{\cos\theta}$ et t_ν par $-\frac{t_\nu}{\cos\theta}$ dans la direction s. Le signe « moins »vient du fait que l'on a choisi z dans la direction $-r$. La constante « c »représente une profondeur optique de référence. Une couche située au niveau τ dans l'atmosphère est éclairée à la fois par les couches situées en-dessous d'elle (comprises entre $\tau_\nu = \tau_{max}$ et τ_ν) et par les couches situées en-dessus (comprises entre τ_ν et 0). Cette situation est représentée sur la figure 4.7.

L'intensité provenant des couches situées en-dessus est notée, $I_\nu^{in}(\tau_\nu)$ et celle provenant des couches situées en-dessous est notée, $I_\nu^{out}(\tau_\nu)$. On a donc au point τ_ν :

$$I_\nu(\tau_\nu, \theta) = I_\nu^{in}(\tau_\nu) + I_\nu^{out}(\tau_\nu) \tag{4.60}$$

En posant $\sec\theta = \frac{1}{\cos\theta}$, on a :

$$I_\nu^{out}(\tau_\nu, \theta) = -\int_\infty^{\tau_\nu} S_\nu e^{-(\tau_\nu - t_\nu)\sec\theta} \sec\theta\, dt_\nu \tag{4.61}$$

et

$$I_\nu^{in}(\tau_\nu, \theta) = -\int_0^{\tau_\nu} S_\nu e^{-(\tau_\nu - t_\nu)\sec\theta} \sec\theta\, dt_\nu + I_\nu(0) e^{-\tau_\nu \sec\theta} \tag{4.62}$$

On fait l'hypothèse que l'intensité incidente sur l'atmosphère est nulle, c'est-à-dire $I_\nu(0) = 0$. On a donc pour τ_ν quelconque :

$$I_\nu(\tau_\nu, \theta) = \int_{\tau_\nu}^{\infty} S_\nu e^{-(\tau_\nu - t_\nu)\sec\theta} \sec\theta\, dt_\nu - \int_0^{\tau_\nu} S_\nu e^{-(\tau_\nu - t_\nu)\sec\theta} \sec\theta\, dt_\nu \tag{4.63}$$

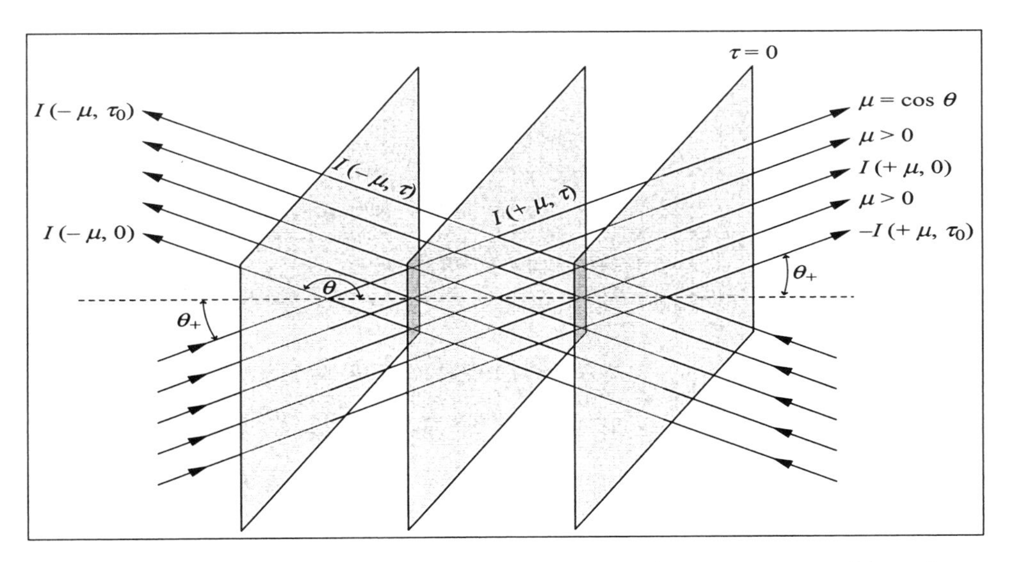

Fig. 4.7- *Géométrie du transfert du rayonnement dans une atmosphère plan-parallèle. Le rayonnement incident sur la couche τ provient des couches supérieures $\mu = \cos\theta < 0$ et aussi des couches sous-jacentes $\mu > 0$*

A la surface, on a :

$$I_\nu = I_\nu^{out}(0) = \int_0^\infty S_\nu e^{-t_\nu \sec\theta} \sec\theta \, dt_\nu \tag{4.64}$$

La grandeur $I_\nu(0, \theta)$ est directement mesurable dans le cas du Soleil.

Expression intégrale du flux (cas des étoiles)

Pour les étoiles, on ne peut pas mesurer l'intensité $I_\nu(0, \theta)$ à différents angles θ. On mesure le flux à la surface : $F_\nu(\tau_\nu = 0)$.
A une profondeur τ_ν, le flux est défini par :

$$F_\nu(\tau_\nu) = 2\pi \int_0^\pi I_\nu \cos\theta \sin\theta \, d\theta \tag{4.65}$$

soit :

$$F_\nu = 2\pi \int_0^{\frac{\pi}{2}} I_\nu^{out} \cos\theta \sin\theta \, d\theta + 2\pi \int_{\frac{\pi}{2}}^{\pi} I_\nu^{in} \cos\theta \sin\theta \, d\theta \tag{4.66}$$

En insérant les expressions de $I_\nu^{in}(\tau_\nu, \theta)$ et $I_\nu^{out}(\tau_\nu, \theta)$, on a :

$$F_\nu(\tau_\nu) = 2\pi \int_0^{\frac{\pi}{2}} \int_{\tau_\nu}^{\infty} S_\nu e^{-(t_\nu - \tau_\nu)\sec\theta} \sin\theta \, d\theta + 2\pi \int_{\frac{\pi}{2}}^{\pi} \int_{\tau_\nu}^{0} S_\nu e^{-(t_\nu - \tau_\nu)\sec\theta} \sin\theta \, d\theta \tag{4.67}$$

Dans la plupart des cas, on peut supposer S_ν isotrope :

$$F_\nu(\tau_\nu) = 2\pi \int_{\tau_\nu}^{\infty} S_\nu \int_0^{\frac{\pi}{2}} e^{-(t_\nu-\tau_\nu)\sec\theta} \sin\theta \, d\theta - 2\pi \int_{\tau_\nu}^{\infty} S_\nu \int_{\frac{\pi}{2}}^{\pi} e^{-(t_\nu-\tau_\nu)\sec\theta} \sin\theta \, d\theta \tag{4.68}$$

On pose $w = \frac{1}{\cos\theta} = \sec\theta$ et $x = t_\nu - \tau_\nu$. La première intégrale intérieure peut donc être écrite :

$$\int_0^{\frac{\pi}{2}} e^{-(t_\nu-\tau_\nu)\sec\theta} \sin\theta \, d\theta = \int_1^{\infty} \frac{e^{-xw}}{w^2} \, dw \tag{4.69}$$

Les intégrales de type $E_n(x) = \int_1^{\infty} \frac{e^{-x.w}}{w^n} \, dw$ sont des intégro-exponentielles qui sont des fonctions décroissantes de x.
L'équation 4.68 peut alors se réécrire :

$$F_\nu(\tau_\nu) = 2\pi \int_{\tau_\nu}^{\infty} S_\nu E_2(t_\nu - \tau_\nu) \, dt_\nu - 2\pi \int_0^{\tau_\nu} S_\nu E_2(\tau_\nu - t_\nu) \, dt_\nu \tag{4.70}$$

Cette équation est analogue à la relation 4.64 pour l'intensité. Le flux émis à la surface $F_\nu(\tau_\nu = 0)$ est directement comparable au spectre stellaire observé :

$$F_\nu(0) = 2\pi \int_0^{\infty} S_\nu(t_\nu) E_2(t_\nu) \, dt_\nu \tag{4.71}$$

On voit que le flux en surface peut être considéré comme la somme de contributions d'un grand nombre de couches à différentes profondeurs t_ν. Chaque couche t_ν contribue un flux élémentaire égal au produit de la fonction source locale $S_\nu(t_\nu)$ par un facteur d'extinction $E_2(t_\nu)$ calculé à cette profondeur.

Expression de l'intensité moyenne J et de l'intégrale K

On peut obtenir des expressions similaires pour l'intensité moyenne :

$$J_\nu = \frac{1}{4\pi} \int I \, d\omega$$

et l'intégrale de pression de rayonnement que nous noterons ici :

$$K_\nu = \frac{1}{4\pi} \int I \cos^2\theta \, d\omega$$

Le lecteur pourra à titre d'exercice montrer les relations :

$$J_\nu(\tau_\nu) = \frac{1}{2} \int_{\tau_\nu}^{\infty} S_\nu E_1(t_\nu - \tau_\nu) \, dt_\nu + \frac{1}{2} \int_0^{\tau_\nu} S_\nu E_1(\tau_\nu - t_\nu) \, dt_\nu \tag{4.72}$$

et

$$K_\nu(\tau_\nu) = \frac{1}{2} \int_{\tau_\nu}^{\infty} S_\nu E_3(t_\nu - \tau_\nu) \, dt_\nu + \frac{1}{2} \int_0^{\tau_\nu} S_\nu E_3(\tau_\nu - t_\nu) \, dt_\nu \tag{4.73}$$

Equation de continuité

On fait ici l'hypothèse que l'énergie est transportée seulement par le rayonnement. L'énergie totale, c'est-à-dire intégrée sur toutes les directions et toutes les longueurs d'onde, est une constante qui ne varie pas avec l'altitude z dans l'atmosphère :

$$\frac{dF}{dz} = 0$$

avec $F = \int_0^\infty F_\nu \, d\nu$. Cette condition est la condition d'*équilibre radiatif.* Elle s'écrit :

$$\frac{d}{dz}\int_0^\infty \int I_\nu(\theta, \phi) \cos\theta \, d\omega \, d\nu = 0 \tag{4.74}$$

ce qui se réécrit en utilisant l'équation de transfert :

$$\cos\theta \frac{dI_\nu}{dz} = 0 = -\int\int \kappa_\nu I_\nu \, d\omega \, d\nu - \int\int \kappa_\nu S_\nu \, d\omega \, d\nu \tag{4.75}$$

Comme S_ν est indépendante de la direction, on a :

$$\int S_\nu \frac{1}{4\pi} \, d\omega = S_\nu$$

On arrive ainsi à l'équation de continuité :

$$\int_0 \kappa_\nu J_\nu \, d\nu = \int_0^\infty \kappa_\nu S_\nu \, d\nu \tag{4.76}$$

Equations de Milne

Réécrivons la condition d'équilibre radiatif sous la forme :

$$\int_0^\infty F_\nu \, d\nu = F_0$$

où F_0 est une constante. Cette condition doit être satisfaite à toutes les profondeurs dans l'atmosphère. En introduisant l'équation 4.69 pour le flux dans la condition d'équilibre radiatif, on obtient la *seconde équation de Milne* :

$$\int_0^\infty (\int_{\tau_\nu}^\infty S_\nu E_2(t_\nu - \tau_\nu) \, dt_\nu - \int_0^{\tau_\nu} S_\nu E_2(\tau_\nu - t_\nu) \, dt_\nu) \, d\nu = \frac{F_0}{2\pi} \tag{4.77}$$

A partir de l'équation de continuité dans laquelle on introduit l'expression de $J_\nu(\tau_\nu)$, on déduit la *première équation de Milne* :

$$\int_0^\infty \kappa_\nu (\frac{1}{2}\int_{\tau_\nu}^\infty S_\nu E_1(t_\nu - \tau_\nu) \, dt_\nu + \frac{1}{2}\int_0^{\tau_\nu} S_\nu E_1(\tau_\nu - t_\nu) \, dt_\nu - S_\nu) \, d\nu = 0 \tag{4.78}$$

Utilisons finalement la relation :

$$\int_0^\infty \frac{dK_\nu}{d\tau_\nu} \, d\tau_\nu = \frac{F_0}{4\pi}$$

On en déduit alors la *troisième équation de Milne* :

$$\int_0^\infty \frac{d}{d\tau_\nu}(\frac{1}{2}\int_{\tau_\nu}^\infty S_\nu E_3(t_\nu - \tau_\nu)\, dt_\nu + \frac{1}{2}\int_0^{\tau_\nu} S_\nu E_3(\tau_\nu - t_\nu)\, dt_\nu)\, d\nu = \frac{F_0}{4\pi} \quad (4.79)$$

Les trois équations de Milne expriment la condition d'équilibre radiatif et ne sont pas indépendantes l'une de l'autre.

Le coefficient d'absorption continue

La dépendance en longueur d'onde du coefficient d'absorption, noté κ_ν, donne sa forme au spectre continu émis par l'étoile. Il est important de connaître ce coefficient le plus précisément possible si l'on souhaite calculer un spectre théorique (spectre synthétique) qui puisse être une représentation réaliste d'un spectre réel.
Le coefficient total d'absorption continue est la somme des coefficients de processus physiques qui peuvent être classés dans deux catégories :
- les processus d'ionisation (transitions lié-libre)
- les transitions libre-libre lorsqu'une charge est accélérée lorsqu'elle passe au voisinage d'une autre.

Ces processus ont été étudiés au chapitre 3.
On considère généralement seulement les processus d'absorption continue des éléments les plus abondants. Pour toutes les étoiles, l'absorption continue de l'hydrogène est importante. Elle est constituée par les continua de Lyman, de Balmer et de Paschen.
Pour les étoiles plus froides que le type F, l'absorption continue par l'ion H^- est importante. Cette absorption varie peu avec λ. La diffusion Rayleigh par les atomes et les molécules est aussi importante pour les étoiles froides.
Pour les étoiles chaudes, l'absorption de He et He^+ est importante. Cet ion présente des continua de photoionisation ayant des discontinuités à des longueurs d'onde quatre fois plus courtes que celles de l'hydrogène. La diffusion Thompson (diffusion électronique) par les électrons libres est aussi importante. Elle est indépendante de la longueur d'onde et s'exprime sous la forme :

$$\sigma_{el} = \frac{8\pi}{3}(\frac{e^2}{mc^2})^2$$

Sa valeur est donc $\sigma_{el} = 0.6710^{-24} cm^2$. Le lecteur intéressé pourra trouver des expressions analytiques du coefficient d'absorption continue de chacune de ces espèces dans le chapitre 8 du livre de D. Gray [55].

L'atmosphère grise

Une atmosphère est qualifiée de "grise" lorsque le coefficient d'absorption ne dépend pas de la fréquence. Cette situation n'est jamais réalisée. Le coefficient total d'absorption continue dépend beaucoup de la fréquence. La seule

source d'opacité continue qui ne dépende pas de la fréquence est la diffusion électronique. Le cas gris a donc une utilité très limitée. Historiquement, l'atmosphère grise a été une des premières techniques de calcul du profil de température, $T(\tau)$. Le profil ainsi obtenu sert encore souvent de nos jours comme point de départ pour des calculs itératifs de modèles d'atmosphères.
En intégrant l'équation de transfert sur la fréquence, on obtient :

$$\cos\theta \frac{d}{dz} \int_0^\infty I_\nu \, d\nu = \rho \int_0^\infty \kappa_\nu I_\nu \, d\nu - \rho \int_0^\infty \kappa_\nu S_\nu \, d\nu \tag{4.80}$$

Posons $\kappa_\nu = \kappa$, $I = \int_0^\infty I_\nu$ et $S = \int_0^\infty S_\nu \, d\nu$. On voit que l'on a une seule équation de transfert :

$$\cos\theta \frac{dI}{d\tau} = I - S \tag{4.81}$$

Dans ce cas très particulier, le rayonnement est décrit par une seule équation de transfert. Dans le cas général, il y en a à priori un nombre infini, une pour chaque fréquence. Le problème du transfert est donc grandement simplifié.
Examinons comment les équations de l'équilibre radiatif et les équations de Milne se simplifient dans le cas de l'atmosphère grise. L'équation de continuité s'écrit simplement :

$$J = S \tag{4.82}$$

L'intégrale de pression de rayonnement devient :

$$\frac{dK}{d\tau} = \frac{F_0}{4\pi} \tag{4.83}$$

Les équations de Milne deviennent :

$$\frac{1}{2} \int_\tau^\infty S E_1(t - \tau) \, dt + \frac{1}{2} \int_0^\tau S E_1(\tau - t) \, dt - S = 0 \tag{4.84}$$

$$\int_\tau^\infty S E_2(t - \tau) \, dt - \int_0^\tau S E_2(\tau - t) \, dt = \frac{F_0}{2\pi} \tag{4.85}$$

$$\frac{d}{d\tau} \int_\tau^\infty S E_3(t - \tau) \, dt + \frac{d}{d\tau} \int_0^\tau S E_3(\tau - t) \, dt = \frac{F_0}{2\pi} \tag{4.86}$$

Eddington a proposé une solution aux équations de l'atmosphère grise que nous allons étudier. La troisième équation de l'équilibre radiatif peut s'intégrer sous la forme :

$$K(\tau) = \frac{F_0 \tau}{4\pi} + C \tag{4.87}$$

où C est une constante. Eddington fit l'hypothèse que l'intensité peut être représentée par la somme de deux termes constants : $I_{in}(\tau) = C_1$ pour $\theta > \frac{\pi}{2}$ et $I_{out}(\tau) = C_2$ pour $\theta < \frac{\pi}{2}$. A toute profondeur τ, I est donc constante et isotrope sur chaque hémisphère.
En conséquence, l'intensité intégrée $J(\tau)$ peut s'écrire :

$$J(\tau) = \frac{1}{2} \int_0^{\frac{\pi}{2}} I_{out} \sin\theta \, d\theta + \frac{1}{2} \int_{\frac{\pi}{2}}^{\pi} I_{in} \sin\theta \, d\theta \tag{4.88}$$

soit

$$J(\tau) = \frac{1}{2} I_{out} \int_0^{\frac{\pi}{2}} \sin\theta \, d\theta + \frac{1}{2} I_{in} \int_{\frac{\pi}{2}}^{\pi} \sin\theta \, d\theta \quad (4.89)$$

c'est-à-dire :

$$J(\tau) = \frac{1}{2}[I_{out}(\tau) + I_{in}(\tau)] \quad (4.90)$$

Le flux s'exprime donc :

$$F(\tau) = 2\pi \int_0^{\frac{\pi}{2}} I_{out} \cos\theta \sin\theta \, d\theta + 2\pi \int_{\frac{\pi}{2}}^{\pi} I_{in} \cos\theta \sin\theta \, d\theta \quad (4.91)$$

soit

$$F(\tau) = \pi[I_{out}(\tau) - I_{in}(\tau)] \quad (4.92)$$

L'intégrale de pression prend la forme simple :

$$K(\tau) = \frac{1}{2} I_{out} \int_0^{\frac{\pi}{2}} \cos^2\theta \sin\theta \, d\theta + \frac{1}{2} I_{in} \int_{\frac{\pi}{2}}^{\pi} \cos^2\theta \sin\theta \, d\theta \quad (4.93)$$

soit

$$K = \frac{1}{6}[I_{out}(\tau) + I_{in}(\tau)] \quad (4.94)$$

En comparant les équations 4.94 et 4.90, on voit que :

$$K(\tau) = \frac{1}{3} J(\tau)$$

De même en comparant 4.90 et 4.92, évaluées en $\tau = 0$, on arrive à :

$$2\pi J(0) = F(0) = F_0$$

En utilisant de plus 4.87, on arrive à :

$$J(\tau) = \frac{3F_0}{4\pi}(\tau + \frac{2}{3}) \quad (4.95)$$

ce qui donne aussi l'expression de la fonction source pour le cas gris dans l'approximation d'Eddington :

$$S(\tau) = \frac{3F_0}{4.\pi}(\tau + \frac{2}{3}) \quad (4.96)$$

On voit que la fonction source varie linéairement avec la profondeur optique. On peut déduire le profil de température $T(\tau)$. L'équation $J_\nu = S_\nu$ intégrée sur les longueurs d'onde conduit à : $J = S$. De plus, I_ν étant indépendant de la direction, on a $F_\nu = \pi I_\nu$ (pour $0 \leq \theta \leq \frac{\pi}{2}$). On en déduit $J(\tau) = \frac{\sigma}{\pi} T^4$. Comme $F_0 = F(0) = \sigma T_{eff}^4$, on peut en déduire $T(\tau)$:

$$T(\tau) = [\frac{3}{4}(\tau + \frac{2}{3})]^{\frac{1}{4}} T_{eff} \quad (4.97)$$

On voit que la température est égale à la température effective à $\tau = \frac{2}{3}$.

Loi d'assombrissement centre-bord pour le Soleil

Dans le cas gris, la fonction source est linéaire et de la forme $S_\nu = a + b\tau_\nu$. Il est facile de montrer que l'intensité à la surface :

$$I_\nu(\theta, 0) = \int_0^\infty S_\nu e^{-\tau_\nu \sec\theta} \sec\theta \, d\tau_\nu$$

doit être de la forme :

$$I(\theta, 0) = a + b\cos\theta \tag{4.98}$$

Identiquement, on a à une profondeur optique τ quelconque :

$$I(\theta, \tau) = I_0(\tau) + I_1 \cos\theta \tag{4.99}$$

En substituant cette expression dans la définition du flux, on peut établir que $I_1 = \frac{3}{4}F_0$. I_1 est donc une constante indépendante de τ. En substituant dans l'équation de transfert, on montre que $I_0 = I_1\tau + c$ où c est une constante qui peut être déterminée par une condition aux limites. En écrivant qu'il n'y a pas de rayonnement incident à la surface, soit $\pi F_{in}(0) = 0$, on trouve $c = \frac{F_0}{2}$. Finalement, on a :

$$I(\theta, \tau) = \frac{3}{4}F_0(\tau + \cos\theta + \frac{2}{3}) \tag{4.100}$$

On voit que $I(\theta, \tau)$ contient une partie isotrope $(1 + \frac{3}{2}\tau)$ et une partie anisotrope $(\frac{3}{2}\cos\theta)$. La partie anisotrope devient de plus en plus importante lorsque $\tau \ll 1$, c'est-à-dire en approchant de la surface. Pour $\tau \gg 1$,le rayonnement devient de plus en plus isotrope.

On dispose ainsi d'une expression permettant de prédire la loi d'assombrissement centre-bord du Soleil, c'est-à-dire le rapport $\frac{I(0,\theta)}{I(0,0)}$. Les prédictions peuvent effectivement être comparées aux mesures effectuées sur le disque solaire (table 4.1). L'angle θ est l'angle sur le disque solaire mesuré à partir de l'axe joignant le centre du Soleil à l'observateur (figure 4.8). Dans la table 4.1, $\sin\theta$ est la distance sur le disque à partir du centre du disque (en unités de rayon solaire). Quand $\sin\theta \to 0$, on regarde vers le centre. Quand $\sin\theta \to 1$, on regarde vers le limbe. L'examen de la table 4.1 montre que l'accord avec les observations est très bon.

On voit qu'à une position θ sur la surface, l'intensité $I_\nu(0)$ est égale à la valeur de la fonction source à la profondeur τ_ν avec $\tau_\nu = \cos\theta$. Des mesures de l'intensité à différentes positions sur le disque solaire permettent de trouver la variation de S_ν avec la profondeur τ_ν. On remarque qu'à une fréquence ν donnée, on voit plus en profondeur au centre du disque ($\theta = 0 \to \tau_\nu = 1$) qu'au limbe ($\theta = \frac{\pi}{2} \to \tau_\nu = 0$). On explique ainsi le phénomène de l'assombrissement du bord du disque solaire comparé au centre.

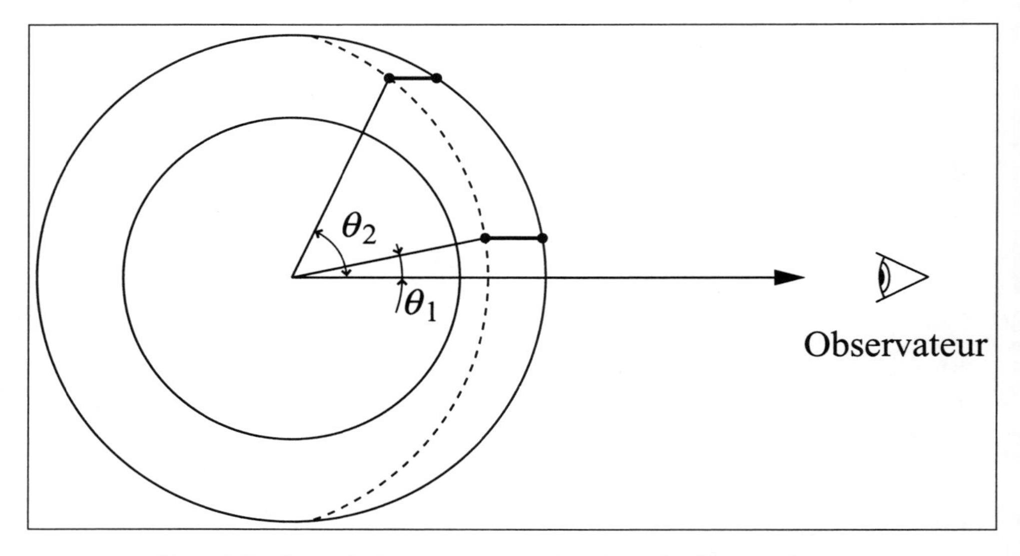

Fig. 4.8- *Assombrissement centre-bord sur le disque solaire*

	$\sin\theta$	$\frac{I(0,\theta)}{I(0,0)}$	observations
	0.0	1.00	1.00
	0.2	0.99	0.99
	0.4	0.95	0.95
	0.6	0.88	0.92
	0.7	0.83	0.87
	0.8	0.76	0.81
	0.90	0.66	0.70
	0.96	0.57	0.59
	0.98	0.52	0.49
	1.00	0.40	-

Tab. 4.1- *Comparaison de la loi prédite,* $\frac{I(0,\theta)}{I(0,0)}$*, avec les observations pour l'assombrissement bord-centre du Soleil*

4.4 Théorie des raies en absorption

4.4.1 Le profil de raie

Le profil d'une raie est déterminé par le coefficient d'absorption dans la raie. Pour un atome isolé avec des niveaux ayant des durées de vie infinies, les raies spectrales seraient presque parfaitement fines. En réalité, les raies observées ne sont jamais infiniment minces. Plusieurs effets physiques contribuent à élargir le profil d'une raie et chacun de ces processus a son coefficient d'absorption. Nous en considérons trois dans ce chapitre :

- l'*élargissement naturel* (ou amortissement naturel) : les raies ont une largeur naturelle dûe au caractère fini de la durée de vie des niveaux atomiques
- l'*élargissement Doppler* statistique : les atomes que nous observons sont animés de vitesses thermiques différentes sur la ligne de visée. Chaque atome contribue un profil qui est décalé par rapport à la position de la raie émise au repos. Le profil observé provient de l'ensemble de tous les atomes et est une superposition des profils décalés de chaque atome convolués avec la distribution des vitesses.
- l' *élargissement collisionnel* (ou élargissement de pression) : le train d'onde rayonné par l'atome est perturbé par des collisions avec les autres particules chargées ou neutres du gaz. L'élargissement collisionnel est décrit par deux théories classiques limites : la théorie de l'impact et la théorie statistique.

Absorption atomique naturelle

Le modèle classique simple de l'interaction de la lumière avec des atomes est celui d'une onde électromagnétique interagissant avec des dipôles oscillants qui représentent les atomes absorbants du gaz. Le milieu est diélectrique linéaire homogène (noté LHI) et isotrope et sans propriétés magnétiques, vérifiant $\epsilon = \epsilon(\omega)$ (milieu dispersif) et $\mu = \mu_0$. Choisissons le champ $\vec{E}$ de l'onde polarisée rectilignement selon Ox et se propageant selon Oy. On l'écrira sous la forme :

$$\vec{E} = \vec{E}_0 \exp[i\omega(t - \frac{1}{c}(\frac{\epsilon}{\epsilon_0})^{\frac{1}{2}}y] \tag{4.101}$$

En effet, la vitesse de propagation dans ce milieu est

$$v = \frac{c}{n} = \frac{c}{\sqrt{\epsilon_r}} = (\frac{\epsilon}{\epsilon_0})^{\frac{1}{2}} \tag{4.102}$$

Le déplacement d'un dipôle, situé en $y = 0$, par rapport à sa position en l'absence de champ vérifie :

$$\frac{d^2x}{dt^2} + \gamma\frac{dx}{dt} + \omega_0^2 x = \frac{e}{m}E_0 \exp i\omega t \tag{4.103}$$

où le terme $-\gamma\frac{dx}{dt}$ représente une force d'amortissement et $-m\omega_0^2 x$, une force de rappel. La constante γ porte le nom de constante d'amortissement. On choisit une solution oscillante du type $x = x_0 \exp i\omega t$ ce qui conduit à :

$$-\omega^2 x + \gamma i\omega x + \omega_0^2 x = \frac{e}{m} E_0 \exp i\omega t \tag{4.104}$$

soit :

$$x = \frac{e}{m} \frac{E_0 \exp i\omega t}{\omega_0^2 - \omega^2 + i\gamma\omega} \tag{4.105}$$

Nous cherchons maintenant à calculer la vitesse de propagation dans le milieu, soit $v = c(\frac{\epsilon}{\epsilon_0})^{\frac{1}{2}}$. Il est donc nécessaire de calculer le rapport $\frac{\epsilon}{\epsilon_0}$ comme suit. Dans le milieu diélectrique LHI, on a :

$$\vec{D} = \epsilon \vec{E} = \epsilon_0 \vec{E} + \vec{P} \tag{4.106}$$

et la polarisation $\vec{P} = Nex\vec{u}_x$ où x représente le mouvement dipolaire induit et N, le nombre d'atomes par unité de volume. On a donc :

$$(\epsilon - \epsilon_0)\vec{E} = Nex\vec{u}_x \tag{4.107}$$

soit :

$$\epsilon - \epsilon_0 = \frac{Nex}{E} = \frac{Ne^2}{m} \frac{1}{\omega_0^2 - \omega^2 + i\gamma\omega} \tag{4.108}$$

et

$$\frac{\epsilon}{\epsilon_0} = 1 + \frac{Ne^2}{m\epsilon_0} \frac{1}{\omega_0^2 - \omega^2 + i\gamma\omega} \tag{4.109}$$

Dans ce milieu, $\epsilon(\omega)$ n'est pas très différent de ϵ_0 donc le deuxième terme de l'équation précédente doit être très petit devant 1. Nous utilisons l'approximation $(1+\delta)^{\frac{1}{2}} \simeq 1 + \frac{\delta}{2}$ pour $\delta \ll 1$ ce qui conduit à :

$$(\frac{\epsilon}{\epsilon_0})^{\frac{1}{2}} = 1 + \frac{Ne^2}{2m\epsilon_0} \frac{1}{\omega_0^2 - \omega^2 + i\gamma\omega} \tag{4.110}$$

soit

$$(\frac{\epsilon}{\epsilon_0})^{\frac{1}{2}} = 1 + \frac{Ne^2}{2m\epsilon_0} \frac{\omega_0^2 - \omega^2}{(\omega_0^2 - \omega^2)^2 + \gamma^2\omega^2} - i\frac{Ne^2}{2m\epsilon_0} \frac{\omega_0^2 - \omega^2}{(\omega_0^2 - \omega^2)^2} \tag{4.111}$$

On reconnaît ici un indice $n(\omega)$ de la forme :

$$n(\omega) = n_1(\omega) - ik(\omega) \tag{4.112}$$

où $n_1(\omega)$ est l'indice de réfraction et $k(\omega)$ l'indice d'extinction ou d'absorption. Le champ électrique peut donc être réécrit sous la forme :

$$E = E_0 \exp\{i\omega[t - (n_1 - ik)\frac{y}{c}]\} \tag{4.113}$$

soit

$$E = E_0 \exp(-\frac{k\omega y}{c}) \exp[i\omega(t - \frac{n_1 y}{c})] \tag{4.114}$$

ce qui montre que l'amplitude du champ décroît exponentiellement.
L'intensité lumineuse, proportionnelle à EE^*, décroit avec la distance y dans le milieu comme :

$$I = I_0 \exp(-\frac{2k\omega y}{c}) \tag{4.115}$$

expression que l'on peut comparer à une loi d'extinction du type :

$$I = I_0 \exp(-l_\nu \rho y)$$

où l_ν est le coefficient d'absorption par unité de masse. Nous sommes donc conduits à définir un coefficient d'absorption, noté l_ν, comme vérifiant :

$$l_\nu \rho = \frac{Ne^2}{m\epsilon_0 c} \frac{\gamma\omega^2}{(\omega_0^2 - \omega^2)^2 + \gamma^2\omega^2} \tag{4.116}$$

où l'expression de $k(\omega)$ a été tirée de la formule 5.111. Cette fonction ne présente de valeurs non nulles qu'au voisinage de $\omega \simeq \omega_0$. Nous pouvons donc écrire en posant $\Delta\omega = \omega - \omega_0$:

$$\omega_0^2 - \omega^2 = (\omega_0 - \omega)(\omega_0 + \omega) \simeq (\omega_0 - \omega)(2\omega) = 2\omega\Delta\omega \tag{4.117}$$

ce qui conduit à l'expression classique du coefficient d'absorption :

$$l_\nu \rho = \frac{ne^2}{2\epsilon_0 mc} \frac{\frac{\gamma}{2}}{(\Delta\omega)^2 + (\frac{\gamma}{2})^2} \tag{4.118}$$

C'est un *profil Lorentzien* d'amortissement.
Le coefficient d'absorption par atome, noté α vérifie :

$$\alpha = \frac{1}{N} l_\nu \rho = \frac{e^2}{2\epsilon_0 c} \frac{\frac{\gamma}{2}}{(\Delta\omega)^2 + (\frac{\gamma}{2})^2} \tag{4.119}$$

soit, en unités de fréquence :

$$\alpha_\nu = \frac{1}{4\pi\epsilon_0} \frac{e^2}{mc} \frac{\frac{\gamma}{4\pi}}{(\Delta\nu)^2 + (\frac{\gamma}{4\pi})^2} \tag{4.120}$$

$$\alpha_\lambda = \frac{e^2}{mc} \frac{\lambda^2}{c} \frac{1}{4\pi\epsilon_0} \frac{\frac{\gamma\lambda^2}{4\pi c}}{(\Delta\lambda)^2 + (\frac{\gamma\lambda^2}{4\pi c})} \tag{4.121}$$

Force d'oscillateur

En intégrant le profil lorentzien α_ν de la formule 4.119, on obtient :

$$\int_0^\infty \alpha_\nu \, d\nu = \int_{-\infty}^{+\infty} \alpha_\nu \, d(\Delta\nu) = \frac{\pi e^2}{mc} \tag{4.122}$$

Cette quantité est donc une constante et elle représente la puissance absorbée par toute la raie sur un faisceau d'intensité I_ν unitaire par atome et par radians carrés.
En unités de longueurs d'onde :

$$\int_0^\infty \alpha_\lambda \, d\lambda = \int_{-\infty}^{+\infty} \alpha_\lambda \, d(\Delta\lambda) = \frac{\pi e^2}{mc}\frac{\lambda^2}{c} \tag{4.123}$$

En fait, des mesures de la puissance absorbée par une raie conduisent à des valeurs plus petites que celles données par la formule 4.123. La mécanique quantique montre qu'il est nécessaire d'introduire un facteur correctif, la *force d'oscillateur* notée f :

$$\int_0^\infty \alpha_\nu \, d\nu = \frac{\pi e^2}{mc} f \tag{4.124}$$

Cette force d'oscillateur dépend des niveaux atomiques mis en jeu et est reliée à la probabilité de transition atomique, notée B_{lu}, où u désigne le niveau supérieur et l désigne le niveau inférieur. En effet, l'intégrale doit être équivalente à la probabilité d'absorption multipliée par l'énergie du photon absorbé :

$$\int_0^\infty \alpha_\nu \, d\nu = h\nu B_{lu} \tag{4.125}$$

ce qui conduit à :

$$f = \frac{mc}{\pi e^2} h\nu B_{lu} \simeq 7.48 \times 10^{-7} \frac{B_{lu}}{\lambda} \tag{4.126}$$

où λ est exprimée en Å. La plupart des forces d'oscillateur sont déterminées par des mesures de laboratoire. Cependant, elles peuvent être calculées dans le cas de l' hydrogène :

$$f_{ul} = \frac{2^5}{3^{\frac{3}{2}}\pi} \frac{g}{l^5 u^3} \left(\frac{1}{l^2} - \frac{1}{u^2}\right)^{-3} \tag{4.127}$$

où g est le facteur de Gaunt. Numériquement, on trouve : $f = 0.6407$ pour H_α, 0.1193 pour H_β et 0.0447 pour H_γ.

Constante d'amortissement radiatif

La constante γ de l'équation 4.119 porte le nom de *constante d'amortissement radiatif* et peut être calculée dans le modèle classique de l'interaction de la lumière avec les dipôles. On peut montrer qu'un dipôle oscillant émet et dissipe de l'énergie à un taux :

$$\frac{dE}{dt} = -\frac{2}{3}\frac{e^2\omega^2}{mc^3}E = -\gamma E \tag{4.128}$$

La solution de cette équation est de la forme :

$$E = E_0 \exp(-\gamma t)$$

avec

$$\gamma = \frac{2}{3}\frac{e^2\omega^2}{mc^3} = \frac{0.22}{\lambda^2} \tag{4.129}$$

où λ est exprimée en cm. La largeur à demi-hauteur de α est $\frac{\gamma}{2} \simeq 0.6 \times 10^{-4}$ Å pour toutes les raies. Ceci est trop petit d'au moins un ordre de grandeur par rapport aux observations. Un traitement par la mécanique quantique est nécessaire.

Un traitement approché consiste à considérer que l'énergie E dissipée est quantifiée sous la forme :

$$E = N_u h\nu \tag{4.130}$$

où N_u est la population du niveau supérieur. L'équation 4.128 peut être réécrite :

$$\frac{dN_u}{dt} = -\gamma N_u \tag{4.131}$$

D'autre part, pour toute transition partant du niveau u vers le niveau l par émission spontanée, on a :

$$\frac{dN_{ul}}{dt} = -4\pi A_{ul} N_u \tag{4.132}$$

donc on a :

$$\frac{dN_u}{dt} = \sum_l \frac{dN_{ul}}{dt} = -N_u 4\pi \sum_l A_{ul} \tag{4.133}$$

Une comparaison des équations 4.131 et 4.133 conduit à :

$$\gamma_u = 4\pi \sum_l A_{ul} \tag{4.134}$$

En se rappelant que A_{ul} représente la probabilité pour que l'électron descende du niveau l en une seconde, on voit que :

$$\frac{1}{4\pi \sum_l A_{ul}} \propto \Delta t \tag{4.135}$$

La quantité Δt représente l'intervalle de temps, durant lequel l'électron perturbé, restera dans le niveau supérieur.

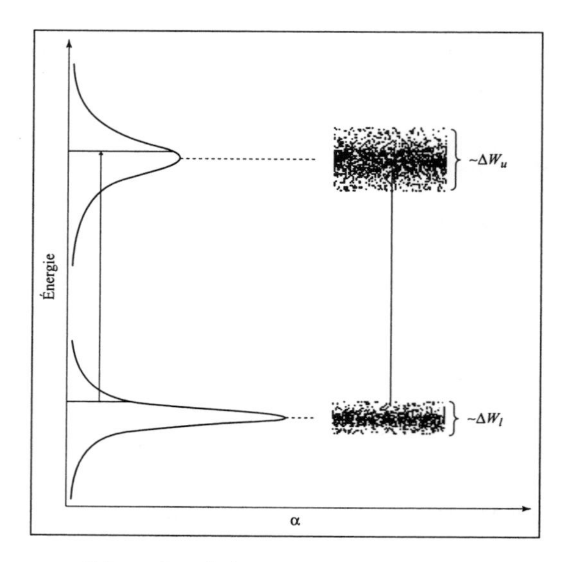

Fig. 4.9- *Diagramme d'énergie schématique montrant la largeur des niveaux atomiques. Une transition en absorption débute à une certaine énergie du niveau inférieur, comprise dans la bande ΔW_l, pour terminer à une certaine énergie dans la bande ΔW_u du niveau supérieur*

Soit ΔE_u, l'incertitude sur l'énergie de l'électron dans le niveau u. D'après le principe d'incertitude d'Heisenberg, on doit avoir :

$$\Delta E_u \Delta t \geq \frac{h}{2\pi} \tag{4.136}$$

$$\Delta E_u \geq 2\pi \sum_{l<u} A_{ul} \tag{4.137}$$

Le niveau u a donc une largeur naturelle ΔE_u. De même, le niveau l a une largeur ΔE_l.
Lors du processus d'absorption, schématisé dans la figure 4.9 , l'électron quittant le niveau l, a une énergie comprise dans la bande ΔE_l. Le coefficient α_λ représente la probabilité pour que l'électron se trouve quelque part dans cette bande d'énergie. De la même façon, α_u est la probabilité pour que l'électron possède une certaine énergie dans la bande ΔE_u de l'état final. Etant donné qu'un niveau de départ peut aboutir sur tout l'intervalle d'énergie du niveau supérieur, le coefficient d'absorption doit être une convolution entre α_u et α_l. La convolution des deux profils Lorentzien est un profil Lorentzien, dont la largeur γ vérifie :

$$\gamma = \gamma_u + \gamma_l \tag{4.138}$$

4.4.2 Elargissement par collisions

La source la plus importante d'élargissement des raies spectrales résulte de l'interaction de l'atome rayonnant (ou absorbant le rayonnement) avec les particules voisines du gaz. On qualifiera celles-ci de perturbatrices. Le potentiel électrostatique, dû aux particules chargées, interagit avec celui du noyau atomique. Il perturbe les niveaux d'énergie de l'atome d'une façon qui dépend du temps et aussi de la nature des particules perturbatrices. L'ensemble de ces perturbations agissant sur les atomes rayonnants conduit à élargir la raie. L'élargissement dépend de la nature de la raie, du niveau d'énergie perturbé et des propriétés du perturbateur principal.
L'élargissement collisionnel peut être décrit par deux théories classiques. La première porte le nom de *théorie de l'impact.* Dans ce modèle, l'atome rayonnant est un oscillateur qui subit une collision qui a lieu « instantanément ». La durée de la collision est très courte devant le temps pendant lequel l'atome rayonne. Cette collision interrompt le train d'onde émis en causant un déphasage soudain ou en provoquant une transition. Ces collisions font que l'atome cesse puis recommence à rayonner à intervalles de temps ce qui provoque un étalement en fréquence du train d'onde rayonnée et déplace la raie par rapport à la fréquence au repos. La deuxième approche est la *théorie statistique* dans laquelle on considère que l'atome rayonne dans le champ produit par un ensemble de perturbateurs. Ce champ fluctue statistiquement autour d'une valeur moyenne à cause du mouvement des perturbateurs. Les niveaux d'énergie de l'atome rayonnant sont légèrement déplacés par le champ et en conséquence la fréquence de la raie est modifiée.

Théorie du déphasage par impact

Le modèle du déphasage par impact fait l'hypothèse que la durée de la collision, notée t_{col}, est très petite devant le temps, durant lequel l'atome rayonne (ou absorbe) le photon, noté t_{rad} :

$$t_{col} \ll t_{rad} \tag{4.139}$$

La courte durée de la collision justifie l'emploi du mot "impact" pour cette théorie.
Nous introduisons d'abord quelques grandeurs qui seront utiles dans la discussion du modèle. Considérons une grandeur oscillante dépendante du temps, que nous noterons $f(t)$. La transformée de Fourier de f, notée $F(\omega)$, est définie par :

$$F(\omega) = \int_{-\infty}^{+\infty} f(t)e^{-i\omega t}\, dt \tag{4.140}$$

Réciproquement, $f(t)$ peut être définie comme étant la transformée de Fourier inverse de $F(\omega)$:

$$f(t) = \frac{1}{2\pi} \int_{-\infty}^{+\infty} F(\omega)e^{i\omega t}\, d\omega \tag{4.141}$$

Le spectre d'énergie de l'oscillateur $f(t)$ est la quantité $E(\omega)$, définie par :

$$E(\omega) = \frac{1}{2\pi} F^*(\omega) F(\omega) \tag{4.142}$$

Cette appellation provient du fait que l'intégrale de $E(\omega)$ donne l'énergie totale :

$$\int_{-\infty}^{+\infty} E(\omega)\, d\omega = \frac{1}{2\pi} \int_{-\infty}^{+\infty} F^*(\omega) F(\omega)\, d\omega = \int_{-\infty}^{+\infty} f^*(t) f(t)\, dt \tag{4.143}$$

Une analogie simple en électricité est le cas où $f(t) = V(t)$, le voltage à travers une résistance de 1 Ohm. Alors $V^*(t)V(t)$ est la puissance instantanée fournie à la résistance et son intégrale sur le temps est l'énergie totale. La quantité $E(\omega)$ représente l'énergie dans le train d'onde à la fréquence ω.
Souvent, on utilise le spectre en puissance $I(\omega)$, c'est-à-dire l'énergie fournie par unité de temps plutôt que le spectre d'énergie :

$$I(\omega) = \lim_{T\to\infty} \frac{1}{2\pi T} | \int_{\frac{T}{2}}^{\frac{T}{2}} f(t) e^{-i\omega t}\, dt|^2 \tag{4.144}$$

S'il n'est pas possible de calculer le spectre en puissance, on utilise la fonction d'autocorrélation, $\Phi(s)$, définie par :

$$\Phi(s) = \lim_{T\to\infty} \frac{1}{T} \int_{\frac{T}{2}}^{\frac{T}{2}} f^*(t) f(t+s)\, dt \tag{4.145}$$

On peut alors en déduire le spectre en puissance $I(\omega)$ par la relation :

$$I(\omega) = \frac{1}{2\pi} \int_{-\infty}^{+\infty} \Phi(s) e^{-i\omega s}\, ds \tag{4.146}$$

La fonction d'autocorrélation est un outil très utile pour calculer le spectre en puissance d'un atome rayonnant perturbé par des collisions.
Soit un atome rayonnant produisant un train d'ondes infini à la fréquence ν_0 de façon non perturbée entre les collisions. L'amplitude du champ électrique associé s'écrit pour tout instant t compris entre 0 et T :

$$E(t) = E_0 \exp(-2\pi i \nu_0 t)$$

et pour t supérieur à T :

$$E(t) = 0$$

où T représente le temps entre les collisions. Cette interruption de l'émission du photon et le changement abrupt de la phase du photon émis expliquent pourquoi la théorie porte le nom de déphasage. La sinusoïde de longueur finie doit contenir des ondes composantes de plus grandes fréquences à cause de la discontinuité introduite sur le train d'onde. Par suite, le photon émis aura plus

de composantes que la fréquence fondamentale et la raie semblera élargie. Pour trouver la distribution en fréquences, nous devons prendre la transformée de Fourier du champ électrique, noté $E(t)$, associé au photon.
La transformée de Fourier du champ électrique est :

$$E(\omega) \propto \int E(\nu) \exp(-2\pi i \nu t)\, d\nu \tag{4.147}$$

oú l'amplitude à chaque fréquence ν est donnée par :

$$E(\nu) = \frac{1}{2\pi} \int_0^{\infty} E(t) \exp(2\pi i \nu t)\, dt \tag{4.148}$$

$$= \frac{1}{2\pi} \int_0^{T} E_0 \exp(-2\pi i(\nu_0 - \nu)t)\, dt \tag{4.149}$$

$$= \frac{E_0}{2\pi} \frac{\exp(-2\pi i(\nu_0 - \nu)t) - 1}{i(\nu - \nu_0)} \tag{4.150}$$

Le spectre de puissance du photon émis dépend du carré du champ électrique :

$$I(\nu) = E(\nu)E^*(\nu) = \frac{E_0^2}{4\pi^2} \frac{2 - \exp(-2\pi i(\nu_0 - \nu)T) - \exp(2\pi i(\nu_0 - \nu)T)}{(\nu - \nu_0)^2} \tag{4.151}$$

soit :

$$I(\nu) = \frac{E_0^2}{\pi^2} \frac{\sin^2(\pi(\nu_0 - \nu)T)}{(\nu - \nu_0)^2} \tag{4.152}$$

Pour déterminer le spectre de puissance résultant de nombreuses collisions, nous devrons combiner les effets de chaque collision. Pour cela, nous devons avoir une estimation du temps T qui les sépare. Nous devons aussi connaître la probabilité pour que ces collisions aient effectivement lieu.
Notons T_0, le temps moyen séparant deux collisions. La probabilité pour qu'une collision ait lieu par unité de temps est l'inverse de T_0. Le nombre de particules n'ayant pas subi de collisions après le temps t, noté $N(t)$, est donc donné par :

$$\frac{dN}{dt} = -\frac{1}{T_0} N \tag{4.153}$$

ce qui implique que :

$$N = N_0 \exp(-\frac{t}{T_0}) \tag{4.154}$$

Par suite, la probabilité p_2, pour qu'une particule ne subisse pas de collisions sur un temps t et $t + dt$, est :

$$p_2 = \frac{1}{T_0} \exp(-\frac{T}{T_0})$$

Pour obtenir le spectre de puissance résultant d'un très grand nombre de collisions, nous devons sommer les spectres de puissances des collisions individuelles, après les avoir multipliés par la probabilité qu'elles aient effectivement lieu :

$$I(\nu) = \frac{E_0^2}{\pi^2}\frac{1}{T_0}\int_0^\infty (\frac{\sin\pi(\nu-\nu_0)T}{(\nu-\nu_0)})^2 \exp(-\frac{T}{T_0})\, dT \qquad (4.155)$$

soit :

$$I(\nu) = \frac{2E_0^2}{4\pi^2(\nu-\nu_0)^2 + \frac{1}{T_0^2}} \qquad (4.156)$$

Cette intégrale peut facilement être calculée en utilisant l'écriture complexe de $I(\nu)$. Le profil normalisé associé est :

$$\Phi_\nu = \frac{\Gamma}{4\pi^2}\frac{1}{(\nu-\nu_0)^2 + (\frac{\Gamma}{4\pi})^2} \qquad (4.157)$$

oú l'on a posé :

$$\Gamma = \frac{2}{T_0}$$

qui est ls *constante d'amortissement collisionnel.* Remarquons que le profil Φ_ν est Lorentzien et identique à celui trouvé pour l'élargissement naturel.
Le problème est de déterminer Γ, c'est-à-dire T_0. Notons N_c, la densité de particules qui vont entrer en collisions avec l'atome rayonnant et v, leur vitesse moyenne relative par rapport à l'atome rayonnant. Le nombre de particules perturbatrices entrant effectivement en collision par unité de surface et par unité de temps est $\sigma N_c\langle v\rangle$ où σ est la section efficace de collision. Le temps moyen entre deux collisions est donc :

$$T_0 = \frac{1}{N_c\sigma\langle v\rangle}$$

ce qui conduit à :

$$\Gamma = 2N_c\sigma\langle v\rangle$$

La vitesse moyenne relative entre l'atome rayonnant et le perturbateur peut s'exprimer comme :

$$\langle v\rangle = [\frac{8kT}{\pi}(\frac{1}{m_r}+\frac{1}{m_c})]^{\frac{1}{2}} \qquad (4.158)$$

où m_c et m_r sont les masses des particules perturbatrices et celles des atomes rayonnants respectivement.
La collision est en fait une interaction coulombienne exercée par le champ électrique de la particule perturbatrice avec l'atome rayonnant. Cette interaction provoque un déplacement des niveaux d'énergie : $E_i \rightarrow E_i + \Delta E_i$ et $E_j \rightarrow E_j + \Delta E_j$ et donc un déplacement en fréquence, $\Delta\nu$, donné par :

$$\Delta\nu = \frac{\Delta E_{ij}}{h} = \frac{\Delta E_j + \delta E_i}{h}$$

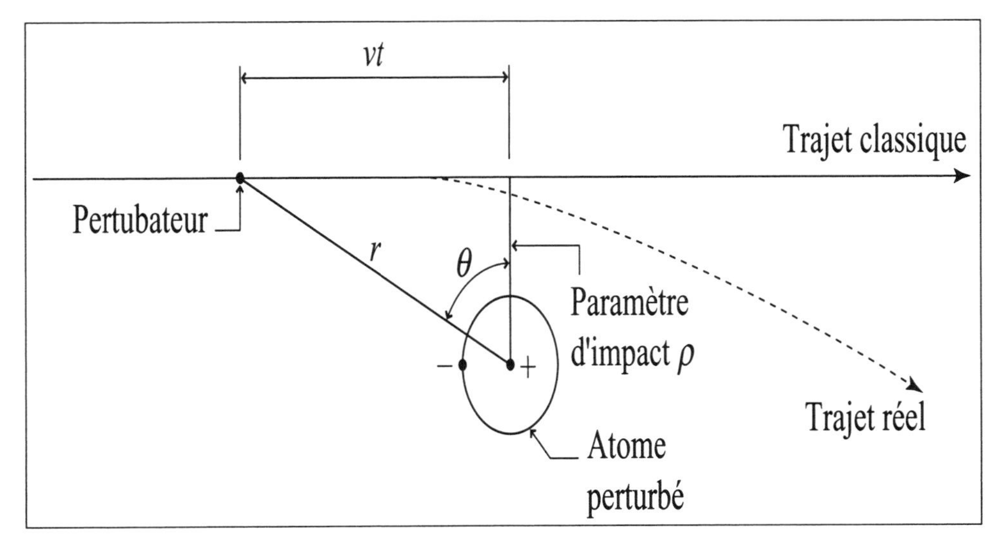

Fig. 4.10- *Géométrie de l'interaction. Dans ce modèle, le perturbateur continue en ligne droite après être passé près de l'atome rayonnant. Le point de plus proche approche est le paramètre d'impact. La trajectoire réelle est tracée en tirets*

On suppose que ce déplacement est à priori de la forme :

$$\Delta\nu = \frac{1}{2\pi}\frac{K_{ij}}{r^n} \tag{4.159}$$

où r est la distance entre particule perturbatrice et atome rayonnant. La quantité K_{ij} est une constante d'interaction qui dépend de la structure atomique. Elle varie suivant la raie étudiée et l'indice n varie selon la nature de l'interaction considérée.
Nous cherchons à calculer le changement de fréquence accumulé au cours de plusieurs collisions. Nous considérons que le train d'onde est interrompu et qu'une collision a effectivement eu lieu lorsque le déphasage, noté ϕ, est de l'ordre de 1 radian. Une particule perturbatrice passant au voisinage de l'atome rayonnant provoque un déphasage vérifiant :

$$\phi = 2.\pi \int \delta\nu \, dt = \int \frac{K_{ij}}{r^n} \, dt \tag{4.160}$$

La figure 4.10 illustre la géométrie de l'interaction.

On suppose que la particule perturbatrice n'est pratiquement pas déviée et continue en ligne droite. A $t = 0$, $r = \rho$, ce qui correspond à la distance de plus grande approche (paramètre d'impact). A un instant t ultérieur, on a donc :

$$r^2 = \rho^2 + (vt)^2$$

On peut donc réécrire le déphasage ϕ sous la forme :

$$\phi(\rho) = \int_{-\infty}^{+\infty} \frac{K_{ij}}{(\rho^2 + (vt)^2)^{\frac{1}{2}}} \, dt \tag{4.161}$$

ce qui s'écrit encore :

$$\phi(\rho) = \frac{K_{ij}}{\rho^{n-1}v} \int_{-\infty}^{+\infty} \frac{1}{(1+x^2)^n} dx \tag{4.162}$$

soit

$$\phi(\rho) = \frac{K_{ij}}{\rho^{n-1}v} I_n \tag{4.163}$$

où l'on a posé :

$$x = \frac{vt}{\rho}$$

L'intégrale I_n prend les valeurs suivantes : $I_n = \pi$ pour $n = 2$, $I_n = \frac{\pi}{2}$ pour $n = 4$ et $I_n = \frac{3\pi}{8}$ pour $n = 6$.
On considère qu'une collision a lieu si $\phi \gg \phi_0$. Le paramètre d'impact maximum ρ_0, qui produit le déphasage minimum ϕ_0 constituant une interruption du train d'onde porte le nom de rayon de Weisskopf et vérifie :

$$\rho_0 = [\frac{K_{ij} I_n}{v}]^{\frac{1}{n-1}} \tag{4.164}$$

Le rayon de Weisskopf définit la distance à l'intérieur de laquelle toute rencontre produira un déphasage suffisamment grand pour être considéré comme une collision. On peut donc l'utiliser pour calculer une section efficace de collision de la forme :

$$\sigma = \pi \rho_0^2$$

et le temps moyen entre collisions, noté T_0. La fréquence de collisions est :

$$\frac{1}{T_0} = \frac{\langle v \rangle}{l} = \pi \rho_0^2 N_c \langle v \rangle = \frac{\Gamma}{2} \tag{4.165}$$

où l est le libre parcours moyen entre les collisions. De ceci, nous déduisons :

$$\Gamma = 2N_c \sigma \langle v \rangle = 2\pi N_c \langle v \rangle [\frac{K_{ij} I_n}{v}]^{\frac{2}{n-1}} \tag{4.166}$$

Nous pouvons préciser la dépendance de Γ avec la pression et la température. D'après la loi des gaz parfaits, on a :

$$N_c \propto \frac{P}{T}$$

et d'autre part :

$$\langle v \rangle \propto (\frac{T}{m})^{\frac{1}{2}}$$

On a donc :

$$\Gamma \propto P T^{\frac{n+1}{2(1-n)}} \tag{4.167}$$

L'élargissement est donc proportionnel à la pression et dépend faiblement de la température.
Reste à préciser la loi en puissance qui décrit la force perturbatrice et la constante d'interaction K_{ij}. Cette force est de nature électromagnétique et l'exposant n est déterminé par le champ électrique du perturbateur. Lors de son passage, le perturbateur induit un effet d'écran entre l'électron optique et le noyau. Cet écrantage dépend de l'énergie associée au champ électrique du perturbateur, c'est à dire de E^2. Pour un ion ou un électron perturbateur, on a donc $n = 4$. On parle alors d'*effet Stark* quadratique car il varie en r^{-4}. Si le perturbateur est un atome neutre, il possède un moment dipolaire qui provoque un champ au niveau de l'atome rayonnant. Ce champ varie en r^{-3} et l'énergie associée est en r^{-6} donc $n = 6$. Ce type d'élargissement porte le nom d'*élargissement Van der Waals.* Il est important dans les gaz relativement froids où il y a peu d'ions.
Si le niveau d'énergie atomique considéré est dégénéré, l'action du champ électrique du perturbateur va lever la dégénérescence et le niveau va se diviser en plusieurs niveaux d'énergie. L'écart en énergie de ces niveaux est proportionnel au champ électrique plutôt qu'à son carré et donc l'élargissement du niveau dégénéré par des ions ou des électrons correspond à $n = 2$. On parle *d'effet Stark linéaire* dans ce cas. Dans le cas particulier où les perturbateurs sont de même nature que l'atome perturbé, l'élargissement porte le nom d'auto-élargissement et est particulièrement important.
La théorie d'impact est une approximation car elle ignore l'effet du passage de particules plus distantes qui provoquent un déphasage ϕ inférieur à l'unité. De plus, elle considère toutes les rencontres proches comme également efficaces. Cette théorie décrit correctement la partie centrale d'une raie.

Approximation quasi-statique

Comme nous l'avons vu, le modèle du déphasage par impact suit l'histoire d'un atome rayonnant, sujet à de nombreuses collisions de courtes durées. Dans l'approximation quasi-statique, l'atome rayonnant est soumis au champ électrique de perturbateurs qui sont dispersés autour de lui. Dans ce modèle, la durée d'une collision est bien plus longue que la durée pendant laquelle l'atome rayonne :

$$t_{col} \gg t_{rad} \tag{4.168}$$

Si l'on arrivait à prendre une photo de temps de pose égale à la durée du rayonnement, on verrait les perturbateurs fixes et disposés au hasard autour de l'atome rayonnant (figure 4.11). Certains d'entre eux, les plus proches voisins, se trouvent plus près de l'atome que les autres. Ces proches voisins sont responsables des perturbations les plus importantes sur les niveaux d' énergie atomiques et donc de l'élargissement de la raie. Une même photo dans le modèle du déphasage par impact montrerait une multitude de traces de collisions par les perturbateurs.

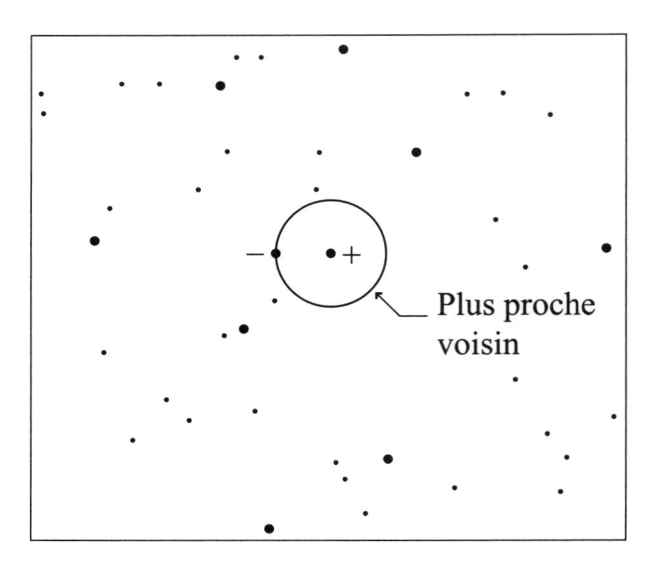

Fig. 4.11- *Représentation schématique dans l'approximation quasi-statique. Les perturbateurs sont répartis au hasard dans l'espace mais on n'utilise que le plus proche voisin pour calculer le champ électrique perturbateur*

Dans le modèle quasi-statique, les niveaux d'énergie de l'atome rayonnant sont perturbés par les perturbateurs statiques situés à différentes distances. La raie est déplacée par la perturbation et le profil de la raie dépend de la distribution des distances des perturbateurs. Nous considérerons ici l'effet d'un seul perturbateur, le plus proche voisin, qui est responsable des plus grandes perturbations. Situé à une distance r, il produit un décalage que nous supposerons de la forme :

$$\Delta\nu = \frac{K_{ij}}{r^n} \tag{4.169}$$

Soit $P(r)dr$, la probabilité pour que le plus proche voisin se trouve à une distance comprise entre r et $r + dr$ de l'atome rayonnant. Alors, la probabilité pour que l'absorption ou l'émission soit déplacée de $\delta\nu$, vérifie :

$$P(\Delta\nu)d\delta\nu = P(\delta\nu)d\nu = -P(r)dr \tag{4.170}$$

En différentiant l'équation 4.169, on obtient :

$$d(\Delta\nu) = d\nu = -n\frac{K_{ij}}{r^{n+1}}dr$$

On a donc :

$$P(\Delta\nu) = -P(r)\frac{dr}{d\nu} = P(r)\frac{r^{n+1}}{nK_{ij}} \tag{4.171}$$

La probabilité $P(r)dr$ est le produit de la probabilité pour qu'il y ait une particule entre r et $r + dr$ par la probabilité qu'il n'y ait pas de particules à une distance inférieure à r. Ceci peut s'écrire :

$$P(r)dr = 4\pi r^2 N dr[1 - \int_0^r P(x)\,dx] \qquad (4.172)$$

où N représente le nombre de particules perturbatrices par unité de volume. La quantité, $4\pi r^2 dr$, est le volume de la coquille comprise entre r et $r + dr$. L'équation 4.172 se réécrit :

$$\frac{1}{N}\frac{P(r)}{4\pi r^2} = 1 - \int_0^r P(x)\,dx \qquad (4.173)$$

et se différentie sous la forme :

$$\frac{d}{dr}[\frac{P(r)}{4\pi r^2}] = -P(r) \qquad (4.174)$$

dont la solution est de la forme :

$$P(r)dr = 4\pi r^2 N e^{-\frac{4}{3}\pi r^3 N} dr \qquad (4.175)$$

Cependant, nous avons besoin de la distribution de probabilité des champs électriques des perturbateurs. Nous supposons que le champ dû au perturbateur varie comme :

$$E = \frac{a}{r^n} \qquad (4.176)$$

La probabilité pour qu'un atome voit un champ électrique perturbateur d'intensité E peut alors se mettre sous la forme :

$$W_m(E)dE = \frac{3}{m}\frac{E_0^{\frac{3}{m}}}{E^{\frac{m+3}{m}}} e^{-(\frac{E_0}{E})^{\frac{3}{m}}} dE \qquad (4.177)$$

où E_0 est un champ de normalisation :

$$E_0 = (\frac{4\pi n}{3})^{\frac{m}{3}}$$

On introduit la quantité sans dimension, notée $\beta = \frac{E}{E_0}$, de façon à écrire la distribution de probabilité pour ce champ sous la forme :

$$W_m(\beta)d\beta = \frac{3}{m}\beta^{-\frac{m+3}{m}} e^{-\beta-\frac{3}{m}} d\beta \qquad (4.178)$$

Dans le cas de l'élargissement par des ions et des électrons, $m = 2$. On a donc :

$$W_2(\beta)d\beta = \frac{3}{2}\beta^{-\frac{5}{2}} e^{-\beta-\frac{3}{2}} d\beta \qquad (4.179)$$

qui porte le nom de *fonction de distribution de Holtsmark* et est représentée sur la figure 4.12. On remarque que la probabilité d'avoir un champ faible, dû au plus proche voisin, est très faible.

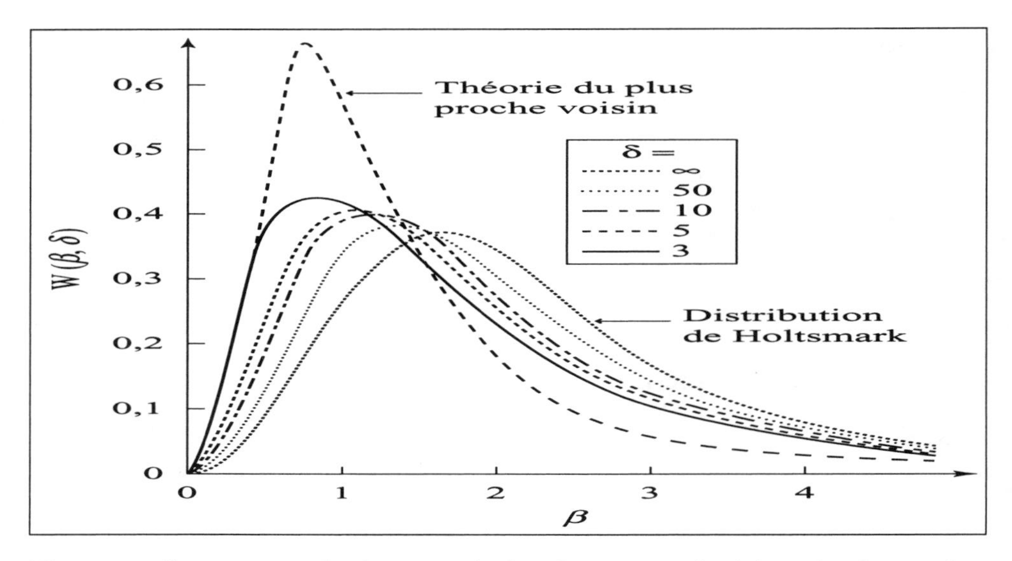

Fig. 4.12- *Comparaison des fonctions de distribution pour la théorie du plus proche voisin avec la distribution de Holtsmark qui inclue la contribution du reste du gaz. Le paramètre δ est une mesure de l'écrantage du plus proche voisin*

Nous supposerons de plus, que les variations des niveaux d'énergie atomique dues aux perturbations sont proportionnelles au champ électrique élevé à une puissance q. Ceci s'écrit :

$$\delta E = \Delta(h\nu) = h\delta\nu \propto E^q \propto \beta^q \tag{4.180}$$

Nous pouvons alors utiliser la fonction de distribution du plus proche voisin pour calculer la probabilité d'absorption des photons à un certain décalage $\Delta\nu$:

$$P(\delta\nu)d(\delta\nu) = P(\delta\nu)d\nu \propto \Delta\nu^{-1+\frac{3}{mq}} \exp(-\Delta\nu - \frac{3}{mq})d\nu \tag{4.181}$$

Pour les grands décalages en longueurs d'onde, l'argument de l'exponentielle tend vers 0 et la probabilité d'absorption devient :

$$P(\Delta\lambda)d\lambda \propto \Delta\lambda^{-[1+\frac{3}{mq}]} \tag{4.182}$$

Similairement, le coefficient d'absorption dans la raie, étant proportionnel à la probabilité d'absorption, a une dépendance dans les ailes de la raie du type :

$$l_\nu \propto \Delta\lambda^{-[1+\frac{3}{mq}]} \tag{4.183}$$

Le tableau 4.2 donne un résumé des divers comportements asymptotiques de l_ν dans les ailes de la raie pour différents types d'interaction.

Perturbateur	Niveau dégénéré (q=1)	Niveau non dégénéré (q=2)
Ion ou électron m =2	Effet Stark linéaire	Effet Stark quadratique
Atome neutre m =3	Auto-élargissement	Elargissement Van der Waals

Tab. 4.2- *Comportements asymptotiques des coefficients atomiques*

Jusqu'à présent, nous avons jusqu'à présent supposé qu'un seul perturbateur agit à un instant donné. Ceci est correct quand $\Delta\nu$ est grand. Il est alors improbable qu'un second perturbateur se trouve suffisamment proche pour altérer l'effet important du premier perturbateur très proche. En effet, les déplacements en fréquence sont d'autant plus grands que le perturbateur est proche. D'autre part, de nombreux perturbateurs distants sont probablement responsables de petits déplacements en fréquence. Il est nécessaire d'utiliser alors la théorie de Holtsmark, qui est plus sophistiquée. Une particule chargée positivement tend à s'entourer d'une densité de particules négatives légèrement plus élevée qu'ailleurs : cet effet écrante la particule chargée positivement. Cet écrantage doit être pris en compte aux densités élevées. Au voisinage de $\beta = 1$, le théorie de Holtsmark donne la forme asymptotique de $W(\beta)$:

$$W(\beta) = 1.496\beta^{-\frac{5}{2}}(1 + 5.107\beta^{-\frac{3}{2}} + 14.43\beta^{-3} + \cdots) \tag{4.184}$$

Le premier terme de cette série correspond à l'approximation du plus proche voisin pour $n = 2$. La figure 4.12 permet de comparer le profil du modèle du plus proche voisin avec celui de la théorie de Holtsmark.

4.4.3 Elargissement Doppler statistique

Les atomes d'un gaz à une certaine température T sont en mouvement thermique avec une certaine vitesse v, de composante v_z dans la direction de l'observateur. Ceci conduit à un effet Doppler :

$$\frac{\nu - \nu_0}{\nu_0} = \frac{v_z}{c} \tag{4.185}$$

où ν_0 est la fréquence au repos et ν la fréquence perçue par l'observateur. Chaque atome a sa propre vitesse et donc son propre effet Doppler ce qui contribue à étaler la raie (mais pas à changer son intensité).
Le nombre d'atomes ayant des vitesses dans l'intervalle $v_z, v_z + dv_z$ est proportionnel à la distribution maxwellienne :

$$dN \propto \exp(-\frac{mv_z^2}{2kT})dv_z \tag{4.186}$$

où m est la masse de l'atome. Nous avons les relations :

$$v_z = \frac{c(\nu - \nu_0)}{\nu_0}$$

soit

$$dv_z = \frac{c.d\nu}{\nu_0}$$

L'intensité d'émission dans le domaine de fréquence ν, $\nu + d\nu$ est proportionnelle à dN. Elle vérifie donc :

$$I_\nu \propto \exp[-\frac{mc^2(\nu - \nu_0)^2}{2\nu_0^2 kT}]d\nu \tag{4.187}$$

On définit le *profil Doppler* d'une raie par :

$$\Phi(\nu) = \frac{1}{\Delta\nu_D\sqrt{\pi}} \exp(-\frac{(\nu - \nu_0)^2}{(\Delta\nu_D^2)}) \tag{4.188}$$

La largeur Doppler $\Delta\nu_D$ est définie par :

$$\Delta\nu_D = \frac{\nu_0}{c}\sqrt{\frac{2kT}{m}} \tag{4.189}$$

Des vitesses de turbulence non thermiques, associées à des champs de vitesses macroscopiques, sont généralement présentes. Pour tenir compte de leur effet, on introduit une *vitesse de microturbulence* ξ, dont on suppose que sa distribution est gaussienne. La largeur Doppler devient alors :

$$\Delta\nu_D = \frac{\nu_0}{c}(\frac{2kT}{m} + \xi^2)^{\frac{1}{2}} \tag{4.190}$$

On parle de microturbulence pour décrire un phénomène non thermique, qui agit sur des échelles petites en comparaison du libre parcours moyen dans le gaz.

4.4.4 Convolution des différents types d'élargissement

Un atome est généralement soumis simultanément aux divers processus décrits précédemment. Dans ce cas, on peut écrire le profil $\Phi(\nu)$ comme une moyenne du profil de Lorentz sur les différents états de vitesse de l'atome :

$$\Phi(\nu) = \frac{\Gamma}{4\pi^2}\int_{-\infty}^{\infty} \frac{(\frac{m}{2\pi kT})^{\frac{1}{2}} \exp(-\frac{mv_z^2}{2kT})}{(\nu - \nu_0 - \frac{\nu_0 v_z}{c})^2 + (\frac{\Gamma}{4\pi})^2} dv_z \tag{4.191}$$

On peut réécrire $\Phi(\nu)$, sous forme plus compacte, en utilisant la *fonction de Voigt* :

$$H(a,u) = \frac{a}{\pi}\int_{-\infty}^{+\infty} \frac{\exp(-y^2)}{a^2 + (u - y)^2} dy \tag{4.192}$$

L'équation précédente peut alors être réécrite :

$$\Phi(\nu) = (\Delta\nu_D)^{-1}\pi^{-\frac{1}{2}}H(a,u) \tag{4.193}$$

où l'on a posé :

$$a = \frac{\Gamma}{4\pi\Delta\nu_D} \tag{4.194}$$

et

$$u = \frac{\nu - \nu_0}{\Delta\nu_D} \tag{4.195}$$

Pour les petites valeurs de a, le centre de la raie est dominé par le profil Doppler alors que les ailes ont un profil de type Lorentz.

4.4.5 Transfert radiatif dans une raie en absorption

Dans l'équation de transfert, on doit maintenant inclure le coefficient d'absorption dans la raie dans la profondeur optique :

$$d\tau_\nu = (\kappa_\nu + l_\nu)\rho dz$$

A l'ETL, l'équation de transfert s'écrit :

$$\cos\theta\frac{dI_\nu}{dz} = (\kappa_\nu + l_\nu)I_\nu - (\kappa_\nu + l_\nu)B_\nu \tag{4.196}$$

soit

$$\cos\theta\frac{dI_\nu}{d\tau_\nu} = I_\nu(\tau_\nu,\theta) - B_\nu(\theta_\nu,\theta) \tag{4.197}$$

La structure mathématique de cette équation est identique à celle de l'équation 4.58 pour le continuum. Les solutions ont donc aussi des formes analogues. Pour le Soleil, l'intensité s'exprime sous la forme :

$$I_\nu(0,\theta) = \int_0^\infty B_\nu(\tau_\nu)\exp(-\frac{\tau_\nu}{\cos\theta})\,d\tau_\nu \tag{4.198}$$

Pour les étoiles, le flux à la surface s'écrit :

$$F_\nu(0) = 2\int_0^\infty B_\nu(\tau_\nu)E_2(\tau_\nu)\,d\tau_\nu \tag{4.199}$$

4.5 Notions sur les calculs de modèles d'atmosphères

Dans ce paragraphe, nous expliquons en détail, une des procédures possibles pour construire un *modèle d'atmosphère*. Au sens strict, on devrait l'appeler "modèle de photosphère" mais l'usage est de le désigner par modèle d'atmosphère. D'autres procédures existent. Le modèle d'atmosphère d'une étoile

consiste en une table de nombres qui décrivent les variations des grandeurs thermodynamiques (température, pression gazeuse, pression électronique, densité électronique, densité du gaz, profondeur géométrique, ...) en fonction de la profondeur optique.
Une fois un tel modèle construit, on peut calculer le flux théorique en surface :

$$F_\nu(0) = 2\pi \int_0^\infty S_\nu(t_\nu) E_2(t_\nu)\, dt_\nu \tag{4.200}$$

Le flux théorique, $F_\nu(\nu)$ (ou $F_\lambda(\lambda)$), pourra alors être comparé au flux observé.
Les modèles d'atmosphères sont généralement calculés en faisant les hypothèses suivantes :

a) *la géométrie est parallèle et plane* : l'atmosphère est découpée en une série de couches planes et parallèles (on néglige sa courbure). Toutes les grandeurs physiques sont fonctions d'une seule coordonnée spatiale
b) *l'atmosphère est en équilibre hydrostatique* : elle n'est pas soumise à des phénomènes dynamiques importants et dont les accélérations seraient comparables à la gravité superficielle. Il n'y a pas de perte de masse importante.
c) *on ignore les structures fines à la surface* (granulations, taches, ...)
d) *on ignore l'influence du champ magnétique sur la structure de l'atmosphère*

Dans la plupart des cas, on suppose aussi que *l'équilibre thermodynamique est vérifié localement dans chaque couche de l'atmosphère (hypothèse de l'ETL).* En effet, on divise généralement l'atmosphère en un nombre limité de couches parallèles dont les dimensions ,en unité de profondeur optique, sont approximativement de l'ordre de l'unité. A l'ETL, chaque couche est caractérisée par une température unique. L'excitation, l'ionisation, la distribution des vitesses thermiques peuvent être calculées à partir de cette température unique. A l'ETL, la fonction source dans chaque couche peut être prise égale à la fonction de Planck.

4.5.1 L'équation d'équilibre hydrostatique

Nous cherchons d'abord à établir une relation entre la pression gazeuse et la profondeur optique. Considérons un élément de volume cylindrique, de section dS et de hauteur dz, dans l'atmosphère. On choisit l'origine des hauteurs z à la surface et z augmente avec la profondeur.
Ecrivons que l'élément de volume est en équilibre sous l'action des forces de pression et le poids :

$$(P(z+dz) - P(z))dS = gdm \tag{4.201}$$

avec $dm = \rho dV = \rho dS dz$, soit :

$$(P(z+dz) - P(z))dS = \rho g dS dz \tag{4.202}$$

ce qui conduit à :

$$\frac{\partial P}{\partial z} = \rho g \tag{4.203}$$

En divisant par $\kappa_\nu \rho$ et en introduisant la profondeur optique, il vient :

$$\frac{1}{\kappa_\nu \rho}\frac{\partial P}{\partial z} = \frac{g}{\kappa_\nu} \tag{4.204}$$

ce qui se réécrit :

$$\frac{\partial P}{\partial \tau_\nu} = \frac{g}{\kappa_\nu} \tag{4.205}$$

Cette forme de *l'équation hydrostatique* est utile pour le calcul d'un modèle d'atmosphère. La pression y représente la pression totale dans le petit cylindre élémentaire. Il s'agit donc de la somme de la pression du gaz, notée P_g, de la pression de rayonnement, notée P_r, de la pression magnétique, notée P_B et de la pression de turbulence, notée P_{turb} :

$$P = P_g + P_r + P_B + P_{turb} \tag{4.206}$$

Dans la plupart des étoiles, on a :

$$P_g \gg P_r$$

Dans les étoiles très chaudes, P_r peut être comparable ou supérieure à P_g. La pression magnétique vérifie :

$$P_B = \frac{B^2}{4\pi}$$

et la pression de turbulence est souvent représentée par :

$$P_{turb} = \frac{1}{2}\rho v^2$$

où ρ et v sont respectivement, la densité et le racine carrée de la vitesse moyenne des éléments de gaz turbulents. Dans ce qui suit, nous considérerons que la pression se limite à la pression gazeuse seulement.
Il existe plusieurs manières d'intégrer l'équation d'équilibre hydrostatique. Multiplions membre à membre l'équation 4.205 par $P_g^{\frac{1}{2}}$:

$$P_g^{\frac{1}{2}}\frac{dP_g}{d\tau_\nu} = P_g^{\frac{1}{2}}\frac{g}{\kappa_\nu} \tag{4.207}$$

Introduisons une profondeur optique de référence, calculée à une fréquence ν_0 correspondant généralement à $\lambda_0 = 5000$ Å. On a les deux relations :

$$d\tau_\nu = \kappa_\nu \rho dz$$

et

$$d\tau_{5000} = \kappa_{5000}\rho dz$$

Ces deux profondeurs optiques sont donc reliées par la relation :

$$d\tau_\nu = \frac{\kappa_\nu}{\kappa_0} d\tau_0 \tag{4.208}$$

où κ_0 est le coefficient d'opacité à $\nu = \nu_0$. Ce coefficient dépend de T et de P_e :

$$\kappa_0 = \kappa_0(T, P_e)$$

L'équation 4.207 s'écrit :

$$P_g^{\frac{1}{2}} dP_g = P_g^{\frac{1}{2}} \frac{g}{\kappa_o} d\tau_0 \tag{4.209}$$

Nous pouvons intégrer cette équation pour obtenir une équation transcendante en P_g :

$$\int P_g^{\frac{1}{2}}\, dP_g = \int P_g^{\frac{1}{2}} \frac{g}{\kappa_0(T, P_e)}\, d\tau_0 \tag{4.210}$$

qui conduit à :

$$\frac{2}{3} P_g^{\frac{3}{2}} = \int P_g^{\frac{1}{2}} \frac{g}{\kappa_0(T, P_e)}\, d\tau_0 \tag{4.211}$$

soit :

$$P_g(\tau_0) = \{\frac{3}{2} g \int_0^{\tau_0} \frac{P_g^{\frac{1}{2}}}{\kappa_0(T, P_e)}\, dt_0\}^{\frac{2}{3}} \tag{4.212}$$

On peut réécrire 4.212 en échelle logarithmique, $\log t_0$:

$$P_g(\tau_0) = \{\frac{3}{2} g \int_{-\infty}^{\log \tau_0} \frac{P_g^{\frac{1}{2}} t_0}{\kappa_0(T, P_e) \log(e)}\, d(\log t_0)\}^{\frac{2}{3}} \tag{4.213}$$

Il s'agit d'une équation transcendante en $P_g(\tau_0)$.
Pour trouver $P_g(\tau_0)$, on part d'une première fonction $P_g^0(\tau_0)$ qui semble appropriée. On intègre alors l'équation transcendante une première fois. La fonction, $P_g^1(\tau_0)$, trouvée à l'issue de la première intégration, est alors utilisée comme point de départ à une deuxième intégration et ainsi de suite jusqu'à ce que la convergence soit réalisée :

$$P_g^{i+1}(\tau_0) = P_g^i(\tau_0)$$

Typiquement, deux à quatre itérations sont nécessaires pour converger, lorsqu'on est parti d'une fonction $P_g(\tau_0)$ raisonnable.
Pour résoudre l'équation transcendante, il faut connaître la dépendance $\kappa_0(\tau_0)$, puisque κ_0 est fonction de T et de P_e, qui dépendent elles-mêmes de τ_0. Il est donc important de préciser les fonctions $T(\tau_0)$ et $P_e(\tau_0)$. Pour cela, nous allons d'abord nous intéresser à la distribution de température $T(\tau_0)$ dans le Soleil. A partir de celle-ci, on peut pourra déduire la distribution de température d'une autre étoile de température effective différente.

4.5.2 Distribution de la température dans le Soleil

Deux mécanismes peuvent être utilisés. Le premier phénomène porte le nom d'*assombrissement centre-bord.* Le second mécanisme est la variation du coefficient d'absorption continue avec la longueur d'onde. Le phénomène d'assombrissement centre-bord peut être appréhendé en examinant une photographie du disque solaire en lumière visible. On y voit que le centre apparaît beaucoup plus brillant que le limbe. La distribution de la température dans l'atmosphère solaire peut être déduite de la mesure de l'assombrissement centre-bord à différentes longueurs d'onde. Pierce & Waddell [128] ont mesuré cet effet en évaluant l'intensité à la surface, $I_\nu(0)$, pour différentes valeurs de l'angle θ par rapport au centre (l'angle $\theta = 0$ correspond au centre et l'angle $\theta = \frac{\pi}{2}$ correspond au limbe). L'intensité à la surface est donnée par :

$$I_\nu(0) = \int_0^\infty S_\nu(\tau_\nu)\exp(-\frac{\tau_\nu}{\cos\theta})\frac{1}{\cos\theta}\,d\tau_\nu \tag{4.214}$$

Dans le cas gris, la fonction source, $S_\nu(\tau_\nu)$, peut s'écrire comme une forme linéaire de τ_ν :

$$S_\nu(\tau_\nu) = a + b\tau_\nu \tag{4.215}$$

ce qui conduit à une expression très simple pour l'intensité :

$$I_\nu(0) = a + b\cos\theta = S_\nu(\tau_\nu = \cos\theta) \tag{4.216}$$

Ceci revient à dire que, pour la profondeur optique $\tau_\nu = \cos\theta$, l'intensité spécifique émergent de la partie de la surface vue sous l'angle θ, est égale à la valeur de la fonction source S_ν à cette profondeur optique. Cette propriété porte le nom de *relation d'Eddington-Barbier.* Des mesures de I_ν à différents angles θ sur le disque solaire, permettent donc de trouver la dépendance de S_ν avec τ_ν à une fréquence donnée. On peut en déduire directement le profil $T(\tau_\nu)$ recherché en écrivant que la fonction source est égale à la fonction de Planck. La table 4.3 donne le profil de température moyen de l'atmosphère solaire, $T_\odot(\tau_0)$, déduit de ce genre d'observations.

4.5.3 Profil de température dans les autres étoiles

Pour les étoiles, il n'est pas possible de mesurer l'assombrissement centre-bord. Le profil $T(\tau_0)$ peut être obtenu de deux manières.
La première méthode consiste simplement à adopter un profil proportionnel à celui du Soleil $T_\odot(\tau_0)$:

$$T(\tau_0) = \frac{T_{eff}}{T_{eff}^\odot}T_\odot(\tau_0) \tag{4.217}$$

où T_{eff} , $T_{eff}^\odot$ désignent respectivement la température effective de l'étoile et celle du Soleil.
La seconde méthode est théorique et consiste à imposer la constance du flux

$\log \tau_{5000}$	$T(K)$	$\log \tau_{5000}$	$T(K)$
-4.0	4300	-0.6	5490
-3.5	4350	-0.4	5733
-3.0	4450	-0.2	6043
-2.5	4550	0.0	6429
-2.0	4650	0.2	6904
-1.6	4800	0.4	7467
-1.4	4874	0.6	7962
-1.2	4995	0.8	8358
-1.0	5132	1.0	8630
-0.8	5294	1.2	8811

Tab. 4.3- *Profil moyen de température $T_{\odot}(\tau_0)$, pour le Soleil déduit des mesures d'assombrissement centre-bord*

intégré sur toutes les longueurs d'onde avec la profondeur. La procédure est en général itérative. On adopte une fonction $S_\nu(\tau_0)$ initiale, on en déduit $F_\nu(\tau_0)$ et on corrige $S_\nu(\tau_0)$ de manière à assurer la constance du flux avec la profondeur τ_0 avec une précision inférieure à 1%. Si on ignore l'opacité due aux très nombreuses raies (en particulier pour les étoiles froides), l'opacité κ_ν varie lentement avec la longueur d'onde, sauf aux voisinages des discontinuités de photoionisation. Pour calculer le flux intégré sur les longueurs d'onde (et vérifier sa constance), il n'est pas nécessaire de faire l'intégration sur un très grand nombre de longueurs d'onde. Par contre, la prise en compte des très nombreuses raies spectrales complique les calculs. L'effet cumulatif de nombreuses raies peut être grossièrement assimilé à celui d'une opacité continue. Idéalement, il faudrait connaître le coefficient d'absorption à plusieurs positions dans la raie en fonction de la profondeur optique. Cette approche ne peut être suivie lorsque les raies sont très nombreuses. On construit plutôt une fonction de distribution de l'opacité (Opacity Distribution Function) qui intervient un peu comme un coefficient d'absorption continue dans le calcul du modèle. C'est la technique utilisée par Robert Kurucz dans son code ATLAS (Kurucz [92]). La prise en compte de l'opacité due aux raies a deux effets. D'abord, elle tend à augmenter la température de la partie de l'atmosphère située en-dessous des couches où la majorité des raies absorbent. Le deuxième effet, qui est lié au premier, est le refroidissement les couches en surface. On parle d'effet de "line blanketing" (effet de "couverture" dû aux raies). Les écarts à la constance du flux proviennent des inexactitudes dans la représentation de κ_ν avec la profondeur et la longueur d'onde. Une deuxième cause de l'écart provient du traitement inadéquat de la convection lorsque celle-ci devient importante (pour les étoiles de températures effectives inférieures à 8500 K). Dans ce dernier cas, la somme du flux radiatif et du flux convectif doit rester constante avec la profondeur.

Il est intéressant de comparer les profils de températures produits par la méthode théorique, que nous venons juste d'exposer, avec les profils gris homothétiques à $T_\odot(\tau_0)$. On trouve des différences de quelques pourcents seulement qui restent inférieures aux incertitudes sur les calculs. L'avantage d'utiliser un profil $T(\tau_0)$ gris homothétique réside dans la simplicité du calcul et dispense de la vérification de l'équilibre radiatif.

4.5.4 Calcul de la pression électronique

Nous disposons maintenant du profil $T(\tau_0)$ et nous cherchons à calculer $P_e(\tau_0)$. Nous ne pouvons pas encore évaluer $P_g(\tau_0)$ car nous avons besoin de $\kappa_0(T(\tau_0), P_e(\tau_0))$. Pour cela, il faut d'abord évaluer $P_e(\tau_0)$. Nous allons mettre en évidence la relation liant P_e, P_g et T.
La pression électronique dépend du nombre d'électrons disponibles dans la photosphère. Considérons n éléments chimiques, le j-ième élément étant présent sous la forme de N_{1j} ions et N_{0j} neutres (nombres par unité de volume). Soit N_{ej}, le nombre d'électrons par unité de volume apportés par l'ionisation du j-ième élément. Supposons de plus que l'on puisse négliger les ionisations doubles, on a alors autant d'électrons dûs à l'ionisation du j-ième élément que d'ions N_{1j} :

$$P_e = \sum_j N_{ej} kT \tag{4.218}$$

L'équation de Saha permet de relier N_{0j} et N_{1j} :

$$\frac{N_{1j}}{N_{oj}} = \frac{\Phi_j(T)}{P_e} \tag{4.219}$$

où la fonction $\Phi_j(T)$ s'écrit :

$$\Phi_j(T) = 0.665 \frac{u_1}{u_0} T^{\frac{5}{2}} 10^{-\frac{5040I}{kT}}$$

Soit N_j, le nombre total de particules du j-ième élément. On a :

$$N_j = N_{1j} + N_{0j} = N_{ej} + N_{0j}$$

On a l'égalité :

$$\frac{N_{ej}}{N_{0j}} = \frac{N_{ej}}{N_j - N_{ej}} = \frac{\Phi_j(T)}{P_e} \tag{4.220}$$

soit :

$$N_{ej} = N_j \frac{\frac{\Phi_j(T)}{P_e}}{1 + \frac{\Phi_j(T)}{P_e}} \tag{4.221}$$

D'autre part, la pression du gaz est la somme de la pression dûe aux électrons et celle dûe aux particules neutres et ionisées pour les n éléments :

$$P_g = \sum_j (N_{ej} + N_j) kT \tag{4.222}$$

Le rapport $\frac{P_e}{P_g}$ est donc :

$$\frac{P_e}{P_g} = \frac{\sum_j N_{ej}kT}{\sum_j (N_{ej} + N_j)kT} = \frac{\sum_j N_j \frac{\frac{\Phi_j(T)}{P_e}}{1+\frac{\Phi_j(T)}{P_e}}}{\sum_j N_j \{1 + \frac{\frac{\Phi_j(T)}{P_e}}{1+\frac{\Phi_j(T)}{P_e}}\}} \tag{4.223}$$

On introduit l'abondance en nombre du j-ième élément :

$$A_j = \frac{N_j}{N_H}$$

où N_H est le nombre d'atomes d'hydrogène par unité de volume. Le rapport $\frac{P_e}{P_g}$ se réécrit donc :

$$\frac{P_e}{P_g} = \frac{\sum_j A_j \frac{\frac{\Phi_j(T)}{P_e}}{1+\frac{\Phi_j(T)}{P_e}}}{\sum_j A_j \{1 + \frac{\frac{\Phi_j(T)}{P_e}}{1+\frac{\Phi_j(T)}{P_e}}\}} \tag{4.224}$$

Il s'agit d'une équation transcendante en P_e qui doit être résolue par itérations successives (les $\Phi_j(T)$ étant constantes à chaque itération).

4.5.5 Achèvement du modèle

Dans ce qui suit, le numéro de l'itération est noté en exposant. A partir des fonctions initiales notées, $T^0(\tau_0)$ et $P_g^0(\tau_0)$, nous pouvons maintenant calculer $P_e^0(\tau_0)$ et donc $\kappa_0^0(\tau_0)$. L'équation 4.213 permet alors de calculer une nouvelle fonction, $P_g^1(\tau_0)$, puis de recommencer l'itération jusqu'à convergence. On considère que celle-ci est atteinte à la i-ème itération lorsque le critère suivant est vérifié :

$$\frac{P_g^{i+1}(\tau_0) - P_g^i(\tau_0)}{P_g^i(\tau_0)} \leq 1\%$$

On dispose alors d'un modèle achevé contenant les colonnes $T(\tau_0)$, $P_g(\tau_0)$, $P_e(\tau_0)$, $\rho(\tau_0$ et $\kappa_0(\tau_0$, $z(\tau_0)$ pour la distribution $T^0(\tau_0)$ spécifiée au départ. La densité $\rho(T_0)$ est déduite de la loi des Gaz Parfaits par la relation :

$$\rho(\tau_0) = \frac{\sum_j A_j \mu_j (P_g - P_e)}{\sum_j A_j kT(\tau_0)}$$

Le calcul du modèle est terminé si on a utilisé une loi $T^0(\tau_0)$ grise homothétique à celle du Soleil. Si on détermine $T(\tau_0)$ en imposant la condition de constance du flux, on doit calculer $F_\nu(\tau_\nu)$ à plusieurs fréquences et évaluer $F = \int_0^\infty F_\nu \, d\nu$ aux différentes profondeurs. On corrige alors la distribution $T(\tau_0)$ et on recalcule le modèle jusqu'à ce que la constance du flux soit réalisée.

Un exemple de procédure de correction de $T(\tau_0)$

Supposons que les flux d'un modèle ne vérifient pas la condition d'équilibre radiatif. On peut déterminer les erreurs. Le problème consiste alors à déterminer les changements nécessaires de températures à chaque profondeur de manière à corriger le flux de la bonne quantité.
Pour une atmosphère grise, nous avons vu qu'une intégration sur la fréquence conduit à :

$$\frac{dF}{d\tau} = 4\pi(J - B) \tag{4.225}$$

et aussi à :

$$\frac{dP_r}{d\tau} = \frac{F}{c} \tag{4.226}$$

En intégrant cette dernière équation sur la profondeur optique, il vient :

$$P_r(\tau) = \frac{1}{c}\int_0^\tau F(t)\,dt + C \tag{4.227}$$

Nous utilisons maintenant la relation :

$$P_{r\nu} \simeq \frac{4\pi}{3c}S_\nu \simeq \frac{4\pi}{3c}J_\nu \tag{4.228}$$

pour réécrire l'équation précédente sous la forme :

$$J(\tau) = \frac{3}{4\pi}\int_0^\tau F(t)\,dt + \frac{F_0}{2\pi} \tag{4.229}$$

Remplaçons $J(\tau)$ par son expression dans l'équation 4.226 et exprimons $B(\tau)$:

$$B(\tau) \simeq \frac{F_0}{2\pi} + \frac{3}{4\pi}\int_0^\tau F(t)\,dt - \frac{1}{4\pi}\frac{dF(\tau)}{d\tau} \tag{4.230}$$

Si on modifie la température à chaque profondeur d'une quantité δT , ceci produit une variation de la fonction de Planck, δB, et une variation du flux, δF. Ces trois variations sont reliées par la relation :

$$\delta B(\tau) \simeq \frac{\delta F_0}{2\pi} + \frac{3}{4\pi}\int_0^\tau \delta F(t)\,dt - \frac{1}{4\pi}\frac{\delta F(\tau)}{d\tau} \tag{4.231}$$

Les corrections, $\delta F(\tau)$, représentent les écarts par rapport à la vraie valeur $F_0 = C$ à la profondeur τ. On peut donc évaluer $\delta B(\tau)$ et en déduire la correction $\delta T(\tau)$. Dans ce raisonnement, on a supposé l'atmosphère grise. La méthode présentée ci-dessus a la vertu d'être simple mais elle ne marche pas toujours bien en pratique. Les méthodes efficaces de correction de la distribution de température sont beaucoup plus compliquées. Une revue de ces différentes méthodes est exposée dans Pecker [124].
Une fois la distribution de température corrigée, on dispose d'un modèle d'atmosphère qui décrit la variation des grandeurs thermodynamiques dans l'atmosphère. Kurucz a produit une grille complète de modèles d'atmosphères

plan-parallèles statiques homogènes en ETL et en équilibre radiatif pour des températures effectives, gravités superficielles et abondances représentatives de pratiquement tous les types spectraux (Kurucz [93]). La table 4.4 contient un modèle d'atmosphère pour le Soleil publié par Gingerich et al [65]. Les pressions P_g et P_e sont exprimés en dyne cm^{-2} et la densité en g cm^{-3}. Le zéro de l'échelle de profondeur géométrique, x, a été fixé arbitrairement à $\tau_{5000} = 1.00$. La photosphère se situe en-dessous de $\tau_{5000} \simeq 10^{-2}$. La convection commence à agir pour $\tau_{5000} \geq 1.00$.

τ_{5000}	$T(K)$	$\log P_g$	$\log P_e$	ρ	$x(km)$
10^{-4}	4170	2.9386	-1.2133	3.24E-09	557
10^{-3}	4380	3.5387	-0.6260	1.23E-08	420
10^{-2}	4660	4.1035	-0.0480	4.25E-08	283
0.05012	4950	4.4936	+0.3817	9.81E-08	183
0.10000	5160	4.6592	0.5966	1.38E-07	138
0.15489	5330	4.7675	0.7569	1.71E-07	108
0.19953	5430	4.8201	0.8476	1.90E-07	92.6
0.25119	5540	4.8710	0.9478	2.09E-07	77.7
0.31623	5650	4.9197	1.0523	2.19E-07	63.1
0.39811	5765	4.9659	1.1635	2.50E-07	48.9
0.50119	5890	5.0090	1.2847	2.70E-07	35.4
0.63096	6035	5.0492	1.4232	2.89E-07	22.6
0.79433	6200	5.0853	1.5782	3.06E-07	10.8
1.00000	6390	5.1173	1.7516	3.19E-07	0.0
1.25892	6610	5.1446	1.9443	3.29E-07	-9.6
1.58489	6860	5.1679	2.1520	3.34E-07	-18.6
1.99526	7140	5.1875	2.3701	3.36E-07	-25.3
2.51189	7440	5.2036	2.5879	3.34E-07	-31.6
3.16228	7750	5.2170	2.7968	3.30E-07	-37.1
3.98107	8030	5.2289	2.9731	3.27E-07	-42.1
5.01187	8290	5.2395	3.1271	3.24E-07	-46.8
6.30957	8520	5.2494	3.2565	3.22E-07	-51.4
7.94328	8710	5.2594	3.3595	3.21E-07	-56.0
10.00000	8880	5.2693	3.4487	3.21E-07	-60.8
12.58925	9050	5.2797	3.5349	3.22E-07	-65.8
15.84893	9220	5.2903	3.6183	3.23E-07	-71.1
19.95262	9390	5.3012	3.6989	3.24E-07	-76.7
25.11886	9560	5.3124	3.7769	3.25E-07	-82.6

Tab. 4.4- *Modèle d'atmosphère du Soleil d'après Gingerich et al [65]*

4.5.6 Calcul de la profondeur géométrique

Deux méthodes sont possibles. La profondeur géométrique peut être calculée à partir de la relation :

$$dx = \frac{1}{\kappa_0 \rho} d\tau_0 \tag{4.232}$$

On peut calculer ρ en utilisant la loi du gaz parfait. En intégrant, on obtient :

$$x(\tau_o) = \int_0^{\tau_0} \frac{1}{\kappa_0 \rho}\, dt_0 = \int_{-\infty}^{\log \tau_0} \frac{\sum_j A_j k T(t_0) t_0}{\kappa_0 \sum_j A_j \mu_j (P_g - P_e)} \frac{1}{\log e}\, d\log t_0 \tag{4.233}$$

où μ_j est la masse par particule d'hydrogène. Ceci revient en fait à remplacer le coefficient d'absorption dans son unité habituelle (cm^2 par particule d'hydrogène) par un coefficient en unité de cm^2 par gramme :

$$\kappa_\nu = \frac{\kappa}{\sum_j A_j \mu_j}$$

Une autre méthode consiste à intégrer l'équation suivante :

$$dx = \frac{dP_g}{\rho g}$$

la variable étant alors P_g). Ceci conduit à une solution de la forme :

$$x(P_g) = \frac{1}{g} \int_0^{P_g} \frac{kT(P_g)}{\sum_j A_j \mu_j} \frac{1}{P_g}\, dP_g \tag{4.234}$$

Remarquons que cette expression indique que l'épaisseur de l'atmosphère est inversement proportionnelle à la gravité superficielle car $T(P_g)$ dépend faiblement de g. On trouve que la profondeur géométrique varie presque linéairement avec le logarithme de la profondeur optique.

4.5.7 Calcul du flux émergent

Le flux émergent, $F_\nu(0)$, peut être calculé par la formule :

$$F_\nu(0) = 2\pi \int_0^{\infty} S_\nu(t_\nu) E_2(t_\nu)\, dt_\nu \tag{4.235}$$

Il faut donc relier la profondeur optique, τ_ν, à l'échelle de référence, τ_0, par la relation :

$$dx = \frac{d\tau_\nu}{\kappa_\nu \rho} = \frac{d\tau_0}{\kappa_0 \rho}$$

La profondeur optique est donc obtenue à partir des τ_0 par intégration :

$$\tau_\nu = \int_0^{\tau_0} \frac{\kappa_\nu(t_0)}{\kappa_0(t_0)}\, dt_0 = \int_{-\infty}^{\log \tau_0} \frac{\kappa_\nu(t_0)}{\kappa_0(t_0)} \frac{t_0}{\log e}\, d\log t_0 \tag{4.236}$$

On peut aussi directement exprimer $F_\nu(0)$ par rapport à la variable $\log \tau_0$:

$$F_\nu(0) = 2.\pi \int_{-\infty}^{+\infty} S_\nu(\tau_0) E_2(\tau_0) \frac{\kappa_\nu \tau_0}{(\log e)\kappa_0} \, d\log \tau_0 \tag{4.237}$$

avec, $S_\nu(\tau_0) = B_\nu(T(\tau_0))$, à l' ETL.
Dans la table 4.5, nous comparons les équations de conservations qui s'appliquent dans les intérieurs stellaires (première colonne) et dans les atmosphères stellaires (deuxième colonne). La lettre C y désigne la composition chimique.

Equation	Intérieurs	Atmosphères
Equilibre hydrostatique	$\frac{dP}{dr} = -\frac{m(r)G}{r^2}\rho(r)$	$\frac{dP}{d\tau} = \frac{g}{\kappa}$
Conservation de la masse	$\frac{dm}{dr} = 4\pi r^2 \rho(r)$	
Transport radiatif	$\frac{dT}{dr} = \frac{-3\kappa\rho L(r)}{16\pi a c r^2 T^3}$	$\frac{dI_\nu}{d\tau_\nu} = -I_\nu + S_\nu$
Equilibre radiatif	$\frac{dL}{dr} = 4\pi r^2 \epsilon(r)\rho(r)$	$\frac{dF}{d\tau} = 0$
Opacité	$\kappa = \kappa(\rho, T, P, C)$	$\kappa = \kappa(\rho, T, P, C)$
Energie nucléaire	$\epsilon = \epsilon(\rho, T, C)$	
Equation d'état	$P = P(\rho, T, C)$	$P = P(\rho, T, C)$
Paramètres	M,C	g, T_{eff}, C
Conditions aux limites	$r = 0 \rightarrow T = P = 0$	$F = \sigma T_{eff}^4$
Conditions aux limites	$r = R \rightarrow T = P = 0$	$\tau \rightarrow 0$ quand $P, T \rightarrow 0$
Prédictions	$P(r)$, $\rho(r)$, $T(r)$, $C(r)$	$P(\tau)$, $\rho(\tau)$, $T(\tau)$, $C(\tau)$

Tab. 4.5- *Comparaison des équations de conservations pour les intérieurs stellaires et les atmosphères stellaires*

4.6 Analyse chimique des spectres stellaires

4.6.1 Identification des raies

Pour établir la présence d'un élément chimique dans l'atmosphère d'une étoile, on procède de la manière suivante. On recherche les raies, multiplet par multiplet, en débutant par les multiplets de plus basse excitation. A l'intérieur d'un même multiplet, les raies doivent satisfaire à deux critères. D'abord, elles doivent être présentes dans le spectre stellaire aux longueurs d'onde corrigées de la vitesse radiale de l'étoile et de la vitesse orbitale de la Terre autour du Soleil. D'autre part, elles doivent avoir des intensités (ou des largeurs équivalentes) relatives correspondant approximativement aux intensités relatives des raies observées au laboratoire. Autrement dit, les raies les plus intenses aux laboratoires doivent aussi être les raies les plus intenses dans le spectre de l'étoile et les rapports de leurs intensités à celles des raies les plus faibles doivent être comparables dans les spectres de l'étoile et du laboratoire.

Des tables de raies et de niveaux d'énergies atomiques ont été compilées des que les premières mesures de longueurs d'onde et déterminations des termes spectroscopiques furent réalisées. De nouvelles tables contenant des mesures et des déterminations de termes spectroscopiques plus précises sont publiées continuellement. Nous donnons ici les compilations les plus récentes. Reader et al [132] du National Institute of Standards and Technology (NIST) ont publié une compilation critique des raies les plus fortes pour des atomes neutres et des ions sur quatres états d'ionisation pour tous les éléments chimiques. Ces tables contiennent les longueurs d'onde pour 47000 raies arrangées par éléments chimiques. Kelly [88] a publié une table de longueurs d'onde de toutes les raies observées en-dessous de 2000 Å pour tous les atomes et les ions depuis l'hydrogène jusqu'au krypton. Ces tables contiennent les niveaux inférieurs et supérieurs des transitions ainsi que des références bibliographiques aux publications originales. Les tables de C.Moore [117] sont longtemps restées les meilleures sources d'informations sur les énergies et les notations des niveaux d'énergie. Cependant, actuellement la plupart de ces données sont rendues obsolètes par des révisions publiées par le NIST. Ces tables n'incluent pas de données sur les Terres Rares ni sur les Actinides. Des tables de ces éléments encore en vigueur aujourd'hui ont été publiées par Martin et al [107] et Blaise & Wyart [9]. Pour les éléments du Pic du Fer, Sugar & Corliss [161] ont publié une compilation des niveaux mais de nombreuses analyses ont été effectuées depuis. L'identification d'éléments du Pic du Fer peut être faite maintenant en utilisant la table de probabilités de transition publiée par le National Bureau of Standards (Martin et al [107]). Un extrait d'une page d'un tel volume est représenté dans la table 4.6.

Ce volume contient les probabilités de transitions atomiques pour environ 9500 spectrales de Fe, Co et Ni. Il s'agit d'une compilation de données publiées dans différentes sources. Pour chaque élément, les différents états d'ionisation sont considérés. Pour chaque ion, on distingue entre transitions autorisées (dipolaire électrique $E1$) et interdites (dipolaires magnétiques M1, quadrupolaire électrique E2 et quadrupolaires magnétiques M2). Dans chaque table de données, les raies sont présentées par multiplet qui sont eux-mêmes classées selon la configuration du terme parent et par nombres quantiques croissants. Pour chaque raie, la probabilité de transition d'émission spontanée et une force de raie sont données, ainsi que la notation spectroscopique, la longueur d'onde, les poids statistiques et les niveaux d'énergie inférieur et supérieur de la transition. Pour les raies autorisées, la force d'oscillateur et une estimation de sa précision sont données ainsi que la source d'origine.
La tendance actuelle est de rendre ces compilations de données accessibles sur le WEB sous forme de bases de données électronique. On peut donner deux exemples : le site de NIST, accessible à l'adresse *http ://physics.nist.gov* ou celui de VALD (Vienna Astrophysical Line Database), accessible à l'adresse *http ://www.astro.univie.ac.at/ vald.*

No.	Multiplet	λ (Å)	E_i (cm^{-1})	E_k (cm^{-1})	g_i	g_k	log gf	Acc.	Ref.
2.	a ^{5} D-z^{7}F^0 (2)								
		4375.93	0.0	22846	9	11	-3.031	B+	1
		4461.65	704.0	23111	5	7	-3.210	B+	1
		4482.17	888.1	23192	3	5	-3.501	B+	1
		4489.74	978.1	23245	1	3	-3.966	B+	1
		4347.24	0.0	22997	9	9	-5.503	B+	1
		4445.47	704.0	23192	5	5	-5.441	B+	1
		4471.68	888.1	23245	3	3	-5.995	B+	1
		4389.24	415.9	23192	7	5	-4.583	B+	1
		4435.15	704.0	23245	5	3	-4.379	B+	1
3.	a ^{5}D-z^{7}P^0 (3)								
		4216.18	0.0	23711	9	9	-3.356	B+	1
		4206.70	415.9	24181	7	7	-3.88	D	$4n$,$5n$
		4258.31	704.0	24181	5	7	-4.316	B+	1
		4232.73	888.1	24507	3	5	-4.928	B+	1

Tab. 4.6- *Table de probabilités de transition pour Fe I. Les raies sont arrangées par multiplets croissants. "Acc." est la précision et "Ref." la référence à une mesure de laboratoire. Adapté de Martin et al [107]*

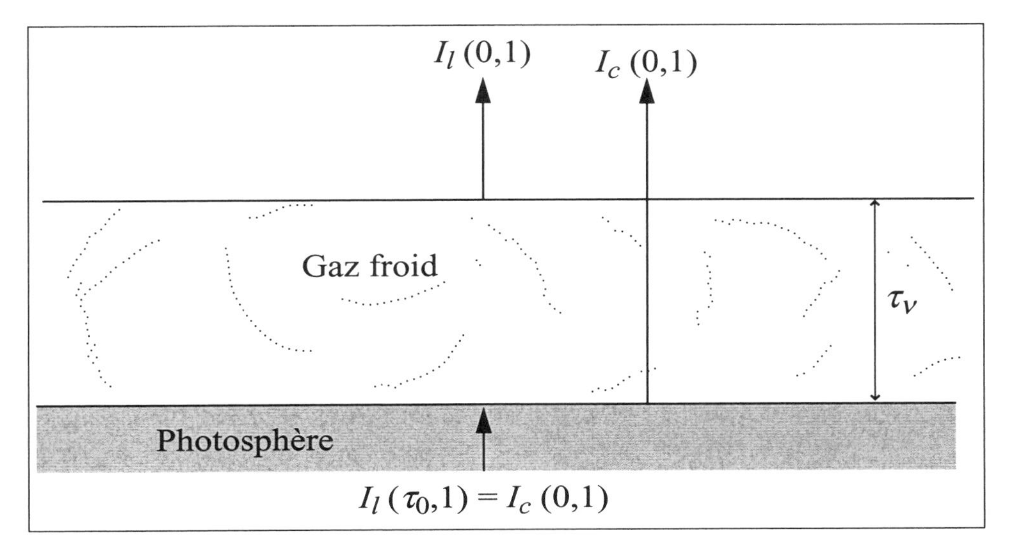

Fig. 4.13- *Modèle d'atmosphère de Schuster et Schwarzschild*

4.6.2 La courbe de croissance de Schuster et Schwarzschild

Il est possible de déduire une information quantitative sur la composition chimique de l'atmosphère d'une étoile à partir de son spectre de raies d'absorption. Une des premières méthodes mises au point a consisté à relier la largeur équivalente, notée W_λ, d'une raie identifiée à l'abondance, N_i, de l'élément chimique responsable de la raie. On peut s'attendre à ce que la raie paraisse de plus en plus intense au fur et à mesure que le nombre d'atomes absorbants augmente. Cependant, la relation entre W_λ et N_i n'est pas simple en fait. Cette relation porte le nom de *courbe de croissance*. De nos jours, la courbe de croissance est encore utilisée mais on lui préfère souvent l'ajustement du spectre observé par des spectres synthétiques en particulier lorsque que spectre étudié contient de nombreuses raies de longueurs d'onde voisines qui se mélangent les unes aux autres ("blend" en anglais). Le formalisme de la courbe de croissance présenté ici est basé sur le modèle d'atmosphère de Schuster et Schwarzschild (couche renversante) et a le mérite d'expliquer analytiquement la relation non-triviale entre largeur équivalente et abondance.
Le modèle d'atmosphère de Schuster et Schwarzschild est probablement le plus simple que l'on puisse concevoir pour étudier la formation des raies. Il est adapté aux traitement des raies de résonance fortes se formant dans une couche mince située au-dessus d'une photosphère (figure 4.13).

En quelque sorte, ce modèle est l'équivalent pour la théorie du transfert de ce qu'est le modèle gris pour la théorie des modèles d'atmosphères.
L'équation de transfert pour le modèle de Schuster-Schwarzschild est de la

forme :

$$\mu \frac{dI_\nu}{d\tau_\nu} = I_\nu - J_\nu \tag{4.238}$$

où l'élément de profondeur optique s'écrit :

$$d\tau_\nu = -l_\nu \rho dz$$

car il s'agit de raies fortes ($l_\nu \gg \kappa_\nu$) et $\mu = \cos\theta$. Cette équation de transfert est analogue à celle d'une atmosphère grise. La condition d'équilibre radiatif impose que le flux soit constant à chaque fréquence partout dans la raie. Cette constance est différente à chaque fréquence et pour une fréquence donnée, le flux ne varie pas avec la profondeur optique. A une fréquence ν et pour tout τ_ν, on a donc :

$$F_\nu(\tau_\nu) = C \tag{4.239}$$

où C est une constante.
Chandrasekhar a proposé une solution à ce type d'équation de transfert en utilisant la méthode des ordonnées discrètes. En se limitant au terme $n = 2$, cette solution prend la forme :

$$I_+(\tau_\nu) = \frac{3}{4} F_\nu (\tau_\nu + \frac{1}{\sqrt{3}} + Q) \tag{4.240}$$

$$I_-(\tau_\nu) = \frac{3}{4} F_\nu (\tau_\nu - \frac{1}{\sqrt{3}} + Q) \tag{4.241}$$

où I_+ et I_- désignent les rayonnements dirigés vers l'extérieur et vers l'intérieur. A la surface, on a la condition :

$$I_-(0) = 0$$

d'où l'on déduit que :

$$Q = \frac{1}{\sqrt{3}}$$

La solution complète devient :

$$I_+(\tau_\nu) = \frac{3}{4} F_\nu (\tau_\nu + \frac{2}{\sqrt{3}}) \tag{4.242}$$

$$I_-(\tau_\nu) = \frac{3}{4} F_\nu \tau_\nu \tag{4.243}$$

On peut en déduire le flux résiduel dans la raie. Soit τ_0, la profondeur optique dans la raie à la base de l'atmosphère. A la base de la couche renversante, en $\tau = \tau_0$, l'intensité incidente est égale à l'intensité émergente dans le continuum avoisinant :

$$I_+(\tau_0) = \frac{3}{4} F_c (0 + \frac{2}{\sqrt{3}}) = \frac{3}{4} F_\nu (\tau_0 + \frac{2}{\sqrt{3}}) \tag{4.244}$$

où l'on a écrit que $\tau_0 = 0$ pour toutes les fréquences correspondant au continuum ($F_\nu = F_c$). On en déduit le flux résiduel :

$$r_\nu = \frac{F_\nu}{F_c} = (1 + \frac{\sqrt{3}\tau_0}{2})^{-1} \tag{4.245}$$

Nous cherchons maintenant à préciser la relation entre la largeur équivalente, W_λ, et l'abondance, N, de l'élément chimique responsable de la raie.
Du flux résiduel, on peut déduire W_λ :

$$W_\lambda = \int_{-\infty}^{+\infty} \frac{F_c - F_\nu}{F_c}\, d\lambda = \int_{-\infty}^{+\infty} \frac{\frac{\sqrt{3}\tau_0}{2}}{1 + \frac{\sqrt{3}\tau_0}{2}}\, d\lambda = 2\int_0^{+\infty} \frac{\frac{\sqrt{3}\tau_0}{2}}{1 + \frac{\sqrt{3}\tau_0}{2}}\, d\lambda \tag{4.246}$$

Par définition de τ_0, on a :

$$\tau_0 = \int_0^{t_0} dt_\nu = \int_0^{z_0} \kappa_\nu \rho\, dz = \int_0^{z_0} n_i l_\nu\, dz = \langle l_\nu \rangle \int_0^{z_0} n_i\, dz = N_i \langle l_\nu \rangle \tag{4.247}$$

où $\langle l_\nu \rangle$ est la valeur moyenne du coefficient d'absorption dans la raie sur la profondeur de l'atmosphère. Pour la plupart des raies atomiques, nous avons vu que le coefficient d'absorption dans la raie peut s'écrire sous la forme d'une fonction de Voigt :

$$l_\nu = l_0 H(a, u) \tag{4.248}$$

Le flux résiduel dans la raie pour le modèle de Schuster-Schwarzschild est donc :

$$r_\nu = (1 + \frac{\sqrt{3} l_0 H(a,u) N_i}{2})^{-1} \tag{4.249}$$

et la largeur équivalente est :

$$W_\lambda = 2\int_0^{\infty} \frac{\frac{\sqrt{3} l_0 H(a,u) N_i}{2}}{1 + \frac{\sqrt{3} l_0 H(a,u) N_i}{2}}\, d\lambda \tag{4.250}$$

A ce stade, il est pratique d'exprimer la dépendance en fréquence de la profondeur optique dans la raie en fonction de la profondeur optique au centre de la raie, $\tau_0(\nu_0)$:

$$\tau_0(\nu) = \tau_0(\nu_0) \frac{H(a,u)}{H(a,0)} \tag{4.251}$$

Dans le cas où $a < 0.2$ (constante d'amortissement inférieure à l'élargissement Doppler), on peut écrire :

$$\tau_0(\nu_0) = N_i l_0 H(a, 0) \simeq \frac{\sqrt{\pi} e^2 f_{ik} N_i \lambda_0}{m_e \nu_0 c} \tag{4.252}$$

Le profil de la raie est alors de type Doppler et on peut écrire la profondeur optique dans la raie sous la forme :

$$\tau_0(\Delta\lambda) = \tau_0(\nu_0) \exp(-\beta^2) \tag{4.253}$$

avec $\beta = \frac{\Delta\lambda}{\Delta\lambda_D}$. Cette équation, substituée dans l'expression de W_λ, conduit à :

$$W_\lambda = 2\Delta\lambda_D \int_0^\infty \frac{\frac{\sqrt{3}\tau_0(\nu_0)}{2}}{\exp(\beta^2) + \frac{\sqrt{3}\tau_0(\nu_0)}{2}} \, d\beta \tag{4.254}$$

soit encore :

$$W_\lambda = \sqrt{3}\Delta\lambda_D \tau_0(\nu_0) \int_0^\infty (e^{\beta^2} + \frac{\sqrt{3}\tau_0(\nu_0)}{2})^{-1} \, d\beta \tag{4.255}$$

L'intégrant peut être développé en série :

$$\begin{aligned} \int_0^\infty (e^{\beta^2} + \frac{\sqrt{3}\tau_0(\nu_0)}{2})^{-1} \, d\beta \;\; = \;\; & \int_0^\infty [e^{-\beta^2} - \frac{\sqrt{3}}{2}\tau_0(\nu_0)e^{-2\beta^2} + \\ & + \cdots + \\ & (-1)^k (\frac{\sqrt{3}}{2})^k \tau_0(\nu_0) e^{-(k+1)\beta^2}] \, d\beta \end{aligned}$$

On utilise la propriété :

$$\int_0^\infty e^{-k\beta^2} \, d\beta = \frac{1}{2}\sqrt{\frac{\pi}{k}} \tag{4.256}$$

ce qui permet de réécrire W_λ comme :

$$W_\lambda = \frac{\sqrt{3}\pi}{2}\tau_0(\nu_0)\Delta\lambda_D[1 - \tau_0(\nu_0)\sqrt{\frac{3}{8}} + \frac{\tau_0(\nu_0)^2\sqrt{3}}{4} - \frac{9}{8}\tau^3(\nu_0) + \cdots] \tag{4.257}$$

Pour des valeurs modérées de $\tau_0(\nu_0)$ (c'est-à-dire $\tau_0(\nu_0) < 1$), on peut se limiter au premier terme :

$$W_\lambda = \frac{\sqrt{3}\pi}{2}\tau_0(\nu_0)\Delta\lambda_D \tag{4.258}$$

On trouve ainsi que W_λ est proportionnel à $\tau_0(\nu_0)$ et donc à l'abondance N_i. Dans ce régime, le nombre de photons absorbés est proportionnel aux nombre d'atomes absorbants. Ce régime est décrit comme la *partie linéaire de la courbe de croissance* qui est représentée dans la figure 4.14.
Au fur et à mesure que le nombre d'atomes absorbants augmente, il faut tenir compte des termes d'ordre supérieur du développement. La dépendance entre W_λ et N_i cesse alors d'être linéaire. On s'attend à ce que les atomes situés les plus haut dans l'atmosphère "voient" un rayonnement écranté par les atomes situés plus bas dans l'atmosphère. Lorsque tous les photons d'une fréquence donnée ont été absorbés, l'ajout de photons absorbants supplémentaires ne change plus la largeur équivalente car les atomes du bas écrantent totalement le rayonnement incident. On dit alors que la raie est *saturée*. Au fur et à mesure que N_i augmente, $\tau_0(\nu_0)$ augmente aussi et le terme entre crochets de l'équation 4.257 diminue en dessous de 0. La largeur équivalente croît avec N_i mais plus lentement que dans le régime linéaire.

Pour des valeurs élevées de $\tau_0(\nu_0)$, le développement de l'intégrale doit être fait de manière différente. On pose :

$$e^b = \frac{\sqrt{3}\tau_0(\nu_0)}{2}$$

et

$$\beta = \sqrt{\alpha}$$

L'intégrale intervenant dans la largeur équivalente se réécrit :

$$\int_0^\infty \frac{1}{(e^\alpha + e^b)2\sqrt{\alpha}} d\alpha = \frac{1}{\sqrt{3}\tau_0} \int_0^\infty \frac{\alpha^{-\frac{1}{2}}}{1 + e^{\alpha - b}} d\alpha \tag{4.259}$$

et la largeur équivalente devient :

$$W_\lambda = \Delta\lambda_d \int_0^\infty \frac{\alpha^{-\frac{1}{2}}}{1 + e^{\alpha - b}} d\alpha = 2\Delta\lambda_d\sqrt{b}(1 - \frac{\pi^2}{24b^2} - \frac{\pi^4}{384b^4} - \cdots) \tag{4.260}$$

Pour les très grandes profondeurs optiques centrales ($\tau_0(\nu_0) > 55$), seul le premier terme du développement doit être considéré :

$$W_\lambda \simeq 2\delta\lambda_d\sqrt{b} \tag{4.261}$$

Dans un régime intermédiaire, où $1 < \tau_0 < 55$, la largeur équivalente est proportionnelle à la racine carrée de $\ln N_i$:

$$\frac{W_\lambda}{\lambda} \propto b^{\frac{1}{2}} \propto (\ln \tau_0)^{\frac{1}{2}} \propto (\ln N_i)^{\frac{1}{2}} \tag{4.262}$$

Ce régime est connu comme *la partie plate* de la courbe de croissance.
Lorsque le nombre d'atomes absorbants augmente encore plus, un nombre important d'atomes absorbe dans les ailes d'amortissement de la raie. La largeur équivalente augmente à nouveau et le taux d'augmentation dépend de la constante d'amortissement, γ_{ik}, dans la raie via le paramètre a défini par :

$$a = \frac{\gamma_{ik}}{4\pi\Delta\nu_d}$$

Ce comportement est illustré dans la figure 4.14.

Pour des valeurs de la constante d'amortissement qui deviennent importantes par rapport à l'élargissement Doppler, c'est-à-dire pour $a > 0.2$, on a besoin d'une autre représentation de la profondeur optique qui soit appropriée aux ailes d'amortissement de la raie. D'après la définition des variables sans dimensions de la fonction de Voigt, on a :

$$d\nu = \frac{du}{c}\Delta\nu_d$$

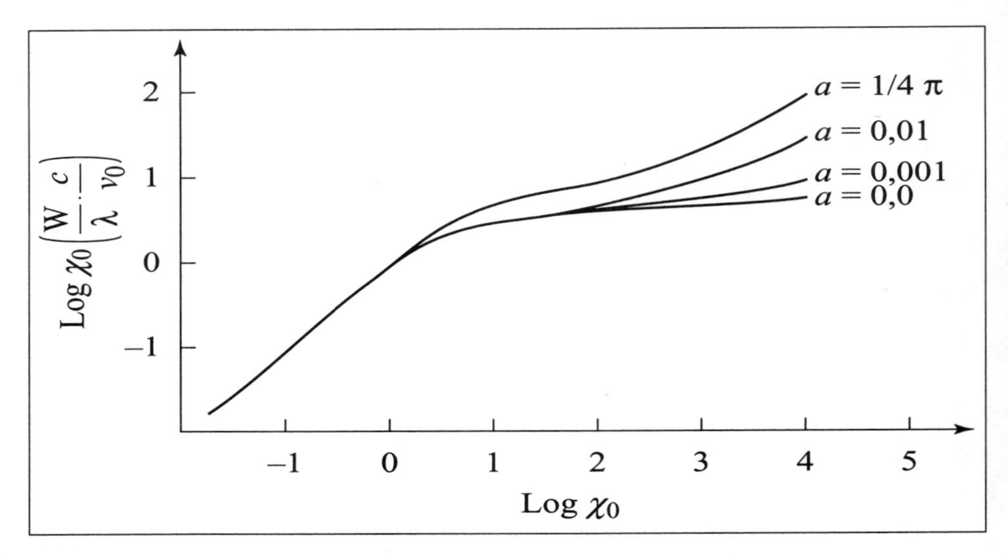

Fig. 4.14- *Courbe de croissance pour le modèle d'atmosphère de Schuster et Scwarzschild*

On peut réécrire l'expression de la largeur équivalente :

$$W_\lambda = 2\int_0^\infty \frac{[\sqrt{3}l_0 H(a,u)\frac{N_i}{2}]}{1+[\sqrt{3}l_0 H(a,u)\frac{N_i}{2}]}\,d\lambda \tag{4.263}$$

Par ailleurs, on a la relation suivante :

$$\frac{\tau_0(\nu)}{\tau_0(\nu_0)} = \frac{H(a,u)}{H(a,0)}$$

On obtient donc :

$$W_\lambda = \frac{2\Delta\nu_d}{c}\int_0^\infty \frac{1}{1+\frac{2H(a,0)}{[\sqrt{3}\tau_0(\nu_0)H(a,u)]}}\,du \tag{4.264}$$

Pour les grandes valeurs de u, la fonction de Voigt peut se réécrire :

$$H(a,u) \simeq \frac{a}{\pi}\int_{-\infty}^{+\infty}\frac{e^{-y^2}}{u^2}\,dy = \frac{a}{\sqrt{\pi}a^2} \tag{4.265}$$

Pour des valeurs modestes du paramètre d'amortissement a, $H(a,0)$ est proche de 1 et :

$$W_\lambda \propto (\frac{2\Delta\nu_d}{c})(3^{\frac{1}{4}}\pi^{\frac{3}{4}}\sqrt{\tau}_0(\nu_0)a) \tag{4.266}$$

On voit que, pour des abondances importantes, la largeur équivalente augmente à nouveau avec la racine carrée de l'abondance.

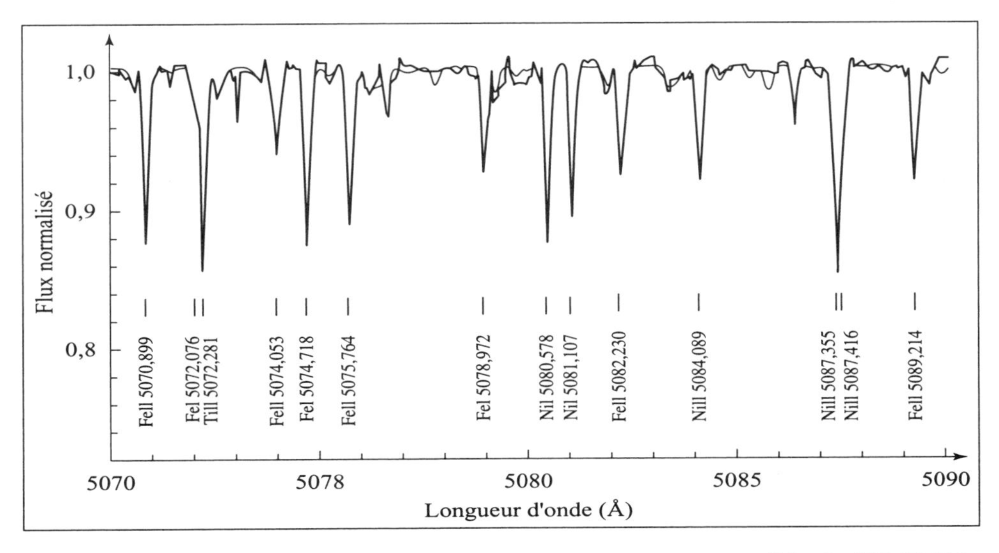

Fig. 4.15- *Exemple d'ajustement d'un spectre synthétique pour l'étoile HD 72660 (spectre synthétique = trait fin, spectre observé = trait épais) d'après Varenne & Monier [178]*

4.6.3 Spectres synthétiques

Une autre méthode couramment utilisée pour déduire l'abondance d'un élément chimique est de calculer un spectre synthétique c'est-à-dire le flux émergent théorique dans la raie (en utilisant la formule 4.236) à partir d'un modèle d'atmosphère. Une fois calculé et normalisé au flux continu local, ce spectre synthétique est ajusté au spectre observé normalisé à son continuum local. L'abondance de l'élément responsable de la raie est le seul paramètre libre du problème que l'on varie jusqu'à obtenir un accord satisfaisant entre spectre synthétique et spectre observé (figure 4.15). Cette méthode est particulièrement indiquée lorsque de nombreuses raies sont mélangées dans le spectre observé (blend). Un travail préparatoire important doit être fait avant de calculer un spectre synthétique : détermination de la température effective, de la gravité superficielle, choix d'une composition chimique initiale (on pourra par exemple partir de la composition solaire) puis calcul du modèle d'atmosphère (par exemple dans l'hypothèse de l'ETL en utilisant le code ATLAS. Il est nécessaire aussi de sélectionner les raies d'absorption susceptibles d'être présentes dans le spectre stellaire. On peut par exemple utiliser les listes de raies préparées par Kurucz qui contiennent maintenant des millions de transitions ou celles présentes dans VALD. Un point particulièrement important est de sélectionner une force d'oscillateur la plus précise possible pour chaque transition. Une détermination expérimentale est généralement préférable au résultat d'un calcul semi-empirique.

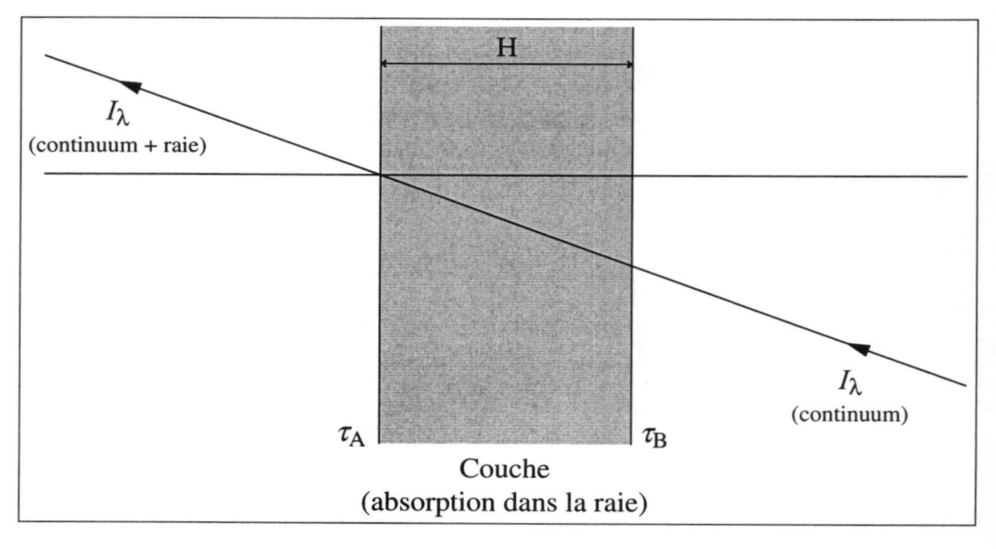

Fig. 4.16- *Couche renversante*

4.7 Exercices

Exercice 4.1

Le but de cet exercice est d'étudier le modèle de la couche renversante. Cette couche d'épaisseur H est comprise entre deux plans parallèles. Un premier plan est situé à la base de la couche (on notera τ_B la profondeur optique à ce niveau). Un deuxième plan est situé à la surface de la couche (on adoptera $\tau_A = 0$ à ce niveau) (voir figure 4.16). La couche contient de l'hydrogène et N_E absorbants d'une seule espèce E par unité de volume, chaque absorbant présentant une section α_ν au rayonnement. On supposera que ces absorbants contribuent à absorber dans des raies (mais pas dans le continuum). L'intensité à la base de la couche est un continuum pur, noté I^0_ν. L'intensité émergente, I_ν, est le spectre contenant le continuum et la raie.

4.1.1) Etablir la relation suivante entre la largeur équivalente, W_λ, d'une raie de l'élément E et l'abondance, A, de l'élément E dans la couche :

$$\begin{aligned}\log(\frac{W_\lambda}{\lambda}) &= \log(\frac{\pi e^2}{mc^2} \times \frac{1}{u(T)} \times \frac{N_r}{N_E} \times N_H) + \log(A) + \log(gf_{nm}\lambda) \\ &\quad - \log(\exp\frac{-\chi_n}{kT}) - \log \kappa_\nu\end{aligned}$$

où :

- N_E est le nombre total de particules de l'espèce E
- N_H, le nombre total d'atomes d'hydrogène
- $A = \frac{N_E}{N_H}$, l'abondance de l'espèce E rapportée à celle de l'hydrogène
- N_r, le nombre de particules de l'espèce E dans l'état d'ionisation r

- $u(T)$, la fonction de partition
- g, le poids statistique
- f_{nm}, le force d'oscillateur de la transition
- χ_n, le potentiel d'excitation de la transition
- T, la température, supposée constante, dans la couche
- κ_ν, l' opacité continue

Pour démarrer votre démonstration, vous utiliserez la relation suivante, vérifiée par l'intensité résiduelle, r_λ, dans la raie :

$$r_\lambda = \frac{I_{cont} - I_\lambda}{I_{cont}} \propto \frac{l_\nu}{\kappa_\nu} = C\frac{l_\nu}{\kappa_\nu} \tag{4.267}$$

où l_ν est le coefficient d'absorption dans la raie et κ_ν un coefficient d'absorption dans le continu et C une constante.

4.1.2) L'élément chimique, présent dans la couche, est le chrome. On suppose que cette couche peut représenter, en première approximation, l'atmosphère du Soleil autour de $\log \tau_{5000} = -0.4$. Dans la table 4.7, on donne les mesures de largeurs équivalentes pour plusieurs raies de Cr I observées au centre du disque solaire ($\mu = 0$).
Pour différentes valeurs de $\theta = \frac{5040}{T}$, tracer $\log \frac{W_\lambda}{\lambda}$ en fonction de $\log(gf\lambda) - \theta\chi$ pour les dix-sept raies. Essayer différentes valeurs de θ et trouver la valeur, pour laquelle les deux groupes de raies de potentiel d'excitation différents, se rejoignent le mieux.

λ (Å)	$\log(\frac{W}{\lambda})$	$\log(gf)$	χ_n(eV)
4646.15	-4.70	-0.70	1.03
4652.16	-4.71	-1.03	1.00
4600.75	-4.74	-1.26	1.00
4591.41	-4.83	-1.74	0.97
4613.36	-4.79	-1.68	0.96
4351.06	-4.68	-1.45	0.97
4412.25	-5.21	-2.70	1.03
4373.26	-5.00	-2.35	0.98
5072.93	-5.21	-2.73	0.94
4694.92	-5.16	-2.53	0.94
5272.01	-5.29	-0.42	3.45
5287.19	-5.72	-0.91	3.44
5304.19	-5.54	-0.69	3.46
5312.88	-5.52	-0.56	3.45
5318.79	-5.58	-0.69	3.44
5344.77	-5.85	-1.06	3.45
5340.46	-5.53	-0.73	3.44

Tab. 4.7- *Données pour la courbe de croissance de Cr I*

Les largeurs équivalentes proviennent de mesures de Cowley & Cowley [29] pour le Soleil et les $\log(gf)$ de Martin et al [104].

4.1.3) On s'intéresse à la raie située à $\lambda = 5344.77$ Å. Cette raie faible est sur la partie linéaire de la courbe de croissance. Montrer que la largeur équivalente de toutes raies faibles est reliée au nombre d'absorbants, $N_{n,r}$, dans la raie par la relation :

$$W_\lambda = \frac{r_0 \mu}{H} \frac{\pi e^2}{mc^2} \lambda_0^2 f_{mn} N_{n,r} \qquad (4.268)$$

où $r_0 = \frac{I_\lambda}{I_{cont}}$, $\mu = \cos\theta$ et λ_0 est la longueur d'onde centrale de la raie. On prendra pour valeurs de T, P_g, P_e et κ_0 des valeurs représentatives de la couche de l'atmosphère solaire vers $\log \tau_{5000} = -0.4$ (voir tableau 1.4). On admettra que la hauteur de la couche peut être représentée par : $H = \frac{1}{\kappa_0}$.
Application numérique : Calculer $N_{n,r}$ sachant que pour cette raie $r_0 = 0.85$ et que l'observation est faite au centre du disque $\mu = 1.0$.
4) Déduire le nombre total d'atomes de chrome dans la couche à partir de $N_{n,r}$, en appliquant les relations de Boltzmann et de Saha. On donne les fonctions de partition de Cr I et Cr II à 6000 K : $u_0 = 12.67$ et $u_1 = 8.26$. L'abondance, N_H, sera calculée à l'aide de la loi des gaz parfaits en adoptant un poids moléculaire moyen égal à 1.

Solutions des exercices

Solution 4.1 :

4.1.1) En utilisant la relation proposée, on en déduit la largeur équivalente de la raie :

$$W_\lambda = \int_{-\infty}^{+\infty} \frac{F_c - F_\nu}{F_c} \, d\lambda = C \int_{\infty}^{+\infty} \frac{l_\nu}{\kappa_\nu} \, d\lambda \tag{4.269}$$

L'opacité continue ne varie pratiquement pas sur l'étendue de la raie donc on peut écrire :

$$W_\lambda = \frac{C}{\kappa_\nu} \int_{\infty}^{+\infty} l_\nu \, d\lambda \tag{4.270}$$

D'autre part, le coefficient d'absorption dans la raie est relié au coefficient d'absorption atomique α par la relation :

$$l_\nu = N_{r,n} \alpha$$

où $N_{r,n}$ est le nombre d'absorbants de l'espèce E dans l'état d'ionisation r et d'excitation n par unité de volume. En utilisant les formules 4.123 et 4.124, on peut éc rire :

$$\int_{-\infty}^{+\infty} \alpha \, d\lambda = (\frac{\pi e^2}{mc}) \frac{\lambda^2}{c} f \tag{4.271}$$

où f est la force d'oscillateur. On en déduit :

$$W_\lambda = \frac{C}{\kappa_\nu} (\frac{\pi e^2}{mc}) \frac{\lambda^2}{c} f N_{r,n} \tag{4.272}$$

La fraction de l'élément E se trouvant dans l'état d'ionisation r est notée $\frac{N_r}{N_E}$. Le nombre de particules se trouvant dans l'état d'excitation n vérifie la loi de Boltzmann :

$$\frac{N_n}{N_E} = \frac{g_n}{u} \exp(-\frac{\chi_n}{kT}) \tag{4.273}$$

Le nombres de particules ionisées r fois et dans l'état d'excitation n vérifie donc :

$$\frac{N_{r,n}}{N_E} = \frac{N}{N_E} \times \frac{N_r}{N_E} \tag{4.274}$$

soit

$$\frac{N_{r,n}}{N_E} = \frac{g_n}{u} \exp(-\frac{\chi_n}{kT}) \times \frac{N_r}{N_E} \tag{4.275}$$

En posant $A = \frac{N_E}{N_H}$, l'abondance rapportée à celle de l'hydrogène, on a :

$$N_{r,n} = A \times N_H \times (\frac{N_r}{N_E}) \times \frac{g_n}{u} \exp(-\frac{\chi_n}{kT}) \tag{4.276}$$

On en déduit l'expression de W_λ :

$$W_\lambda = \frac{C}{\kappa_\nu}(\frac{\pi e^2}{mc})\frac{\lambda^2}{c} \times f \times A \times N_H \times (\frac{N_r}{N_E}) \times \frac{g_n}{u}\exp(-\frac{\chi_n}{kT}) \quad (4.277)$$

On aboutit à l'expression demandée (à laquelle if faudrait rajouter $\log C$ qui est une constante) :

$$\log(\frac{W_\lambda}{\lambda}) = \log(\frac{\pi e^2}{mc^2} \times \frac{1}{u(T)} \times \frac{N_r}{N_E} \times N_H) + \log(A) + \log(gf_{nm}\lambda) - \log(\exp\frac{-\chi_n}{kT}) - \log \kappa_\nu$$

En posant $\theta = \frac{\log e}{kT} = \frac{5040}{T}$, on a la relation :

$$\log(\frac{W_\lambda}{\lambda}) = \log(\frac{\pi e^2}{mc^2}\times\frac{1}{u(T)}\times\frac{N_r}{N_E}\times N_H) + \log(A) + \log(gf_{nm}\lambda) - \theta\chi_n - \log\kappa_\nu \quad (4.278)$$

Remarquons que le terme entre parenthèses est constant pour un ion donné de l'étoile considérée. De plus, $\log \kappa_\nu$ est aussi une constante.

4.1.2) La valeur de T pour laquelle les deux groupes de raies de potentiel d'excitation différents se rejoignent le mieux est proche de la température de surface du Soleil : $T \simeq 5600$ K soit $\theta = 0.9$.

4.1.3) Soit I^0_λ, le flux incident à la base de la couche. Dans le modèle de la couche renversante, le flux continu pour la raie est égal à I^0_λ. Le flux résiduel dans la raie s'exprime comme :

$$r_\lambda = \frac{I_{cont} - I_\lambda}{I_{cont}} = \frac{I^0_\lambda - I_\lambda}{I^0_\lambda} \quad (4.279)$$

La solution de l'équation de transfert pour la couche est simple et s'écrit :

$$I_\lambda = S_\lambda[1 - \exp(-\frac{\tau_B}{\mu})] + I^0_\lambda \exp(-\frac{\tau_B}{\mu}) \quad (4.280)$$

ce qui conduit à r_λ :

$$r_\lambda = \frac{I^0_\lambda - I_\lambda}{I^0_\lambda} = [1 - \exp(-\frac{\tau_B}{\mu})](1 - \frac{S_\lambda}{I^0_\lambda}) \quad (4.281)$$

Définissons la quantité $r_0 = 1 - \frac{S_\lambda}{I^0_\lambda}$. Cette quantité varie peu avec λ. La largeur équivalente s'exprime comme :

$$W_\lambda = \int_{\Delta\lambda=-\infty}^{\Delta\lambda=+\infty} r_\lambda \, d(\Delta\lambda) = r_0 \int_{\Delta\lambda=-\infty}^{\Delta\lambda=+\infty} [1 - \exp(-\frac{\tau_B}{\mu})] \, d(\Delta\lambda) \quad (4.282)$$

La profondeur optique à la base de la couche τ_B vérifie :

$$\tau_B = \int_{z=H}^{z=0} -\kappa\rho \, dz = \langle\kappa\rho\rangle H \quad (4.283)$$

avec $H = \frac{1}{\kappa_{cont}}$*. La largeur équivalente s'écrit donc :*

$$W_\lambda = r_0 \int_{\Delta\lambda=-\infty}^{\Delta\lambda=+\infty} [1 - \exp(-\frac{\langle\kappa\rho\rangle H}{\mu})]\, d(\Delta\lambda) \qquad (4.284)$$

On peut développer cette expression en série :

$$W_\lambda = r_0 \int_{\Delta\lambda=-\infty}^{\Delta\lambda=+\infty} [\frac{\tau_B}{\mu} - (\frac{\tau_B}{\mu})^2 \frac{1}{2} + (\frac{\tau_B}{\mu})^3 \frac{1}{6} - \cdots]\, d(\Delta\lambda) \qquad (4.285)$$

Pour une profondeur optique, τ_B*, petite à toutes les longueurs d'onde dans la raie, on conserve seulement le premier terme :*

$$W_\lambda = r_o \int_{\Delta\lambda=-\infty}^{\Delta\lambda=+\infty} \frac{\langle\kappa\rho\rangle H}{\mu}\, d(\Delta\lambda) \qquad (4.286)$$

L'opacité est reliée au coefficient d'absorption α *par :*

$$\langle\kappa.\rho\rangle = N_{n,r}\langle\alpha\rangle$$

et l'on sait que :

$$\int_{\Delta\lambda=-\infty}^{\Delta\lambda=+\infty} \alpha_\nu\, d(\Delta\lambda) = \frac{\pi e^2}{mc^2}\lambda_0^2 f$$

On en déduit l'expression demandée de W_λ *:*

$$W_\lambda = \frac{r_0\mu}{H}\frac{\pi e^2}{mc^2}\lambda_0^2 f_{mn} N_{n,r} \qquad (4.287)$$

En appliquant cette formule à la raie λ *5344.77 Å d'intensité résiduelle* $r_0 = 0.85$*, on en déduit :* $N_{n,r} \simeq 4.2 \times 10^{12}$ cm^{-3}*.*

4.1.4) On peut en déduire le nombre total, N_{tot}*, d'atomes de Cr par* cm^3*. Ce nombre est relié à* $N_{n,r}$ *par :*

$$N_{r,n} = N_{tot}(\frac{N_r}{N_{tot}})\frac{g}{u}\exp-(\frac{\chi}{kT}) \qquad (4.288)$$

En utilisant la formule de Saha, on trouve que $\frac{N_r}{N_{tot}} = 0.03$ *pour* CrI *(le chrome est présent essentiellement sous forme de* $CrII$ *dans le Soleil). On en déduit* $\log N_{tot} = 11.68$*. En utilisant la loi des gaz parfaits avec un poids moléculaire moyen* $\mu = 1$*, on a :* $N_H = \frac{P_g}{kT} = 1.86 \times 10^{17}$ cm^{-3}*. Il vient* $\frac{N_{tot}}{N_H} \simeq 2.6 \times 10^{-6}$ *ce qui est à peu près 4 fois plus élevé que la valeur correcte pour le Soleil* $((\frac{N_{tot}}{N_H})_\odot = 5.8 \times 10^{-7})$*.*

Chapitre 5

Notions d'évolution stellaire

5.1 Introduction

La théorie de l'évolution stellaire étudie les transformations subies par les étoiles depuis leur naissance au sein d'un nuage interstellaire jusqu'à leur mort. Dans une première partie, nous établissons l'ensemble des équations de conservation de l'évolution stellaire, ainsi que les équations des modifications de la composition chimique. Dans une deuxième partie, nous présentons schématiquement l'évolution stellaire, en suivant les changements des conditions physiques au centre (température centrale et densité centrale). Dans une troisième partie, nous étudions le modèle linéaire, que nous utilisons pour construire une théorie simple de la séquence principale. Cette théorie doit rendre compte des relations existant entre la luminosité et la masse et la masse et le rayon, déduites des observations. Dans une quatrième partie, plutôt descriptive, les résultats des calculs d'évolution stellaire sont présentés pour les différentes phases de l'évolution. Les phénomènes intervenant lors de l'évolution d'une étoile appartiennent à plusieurs branches de la physique : physique nucléaire et des particules, mécanique statistique, physique atomique, transfert du rayonnement, thermodynamique et hydrodynamique. Les équations décrivant ces phénomènes physiques sont hautement non linéaires. Il n'est donc pas possible de deviner par l'intuition le comportement d'une étoile ni de proposer une approche analytique. Les calculs d'évolution stellaire sont effectués en utilisant des codes de modélisation complexes, dont certains résultats seront exposés.

5.2 Les équations de l'évolution stellaire

Nous avons vu que l'on peut faire l'hypothèse de l'équilibre thermodynamique local (ETL) dans les intérieurs stellaires. Cette hypothèse va simplifier grandement le calcul de la structure d'une étoile. En effet, sous cette hypothèse, toutes les propriétés thermodynamiques du plasma stellaire peuvent être cal-

culées en fonction des valeurs locales de la température $T(r)$, de la densité $\rho(r)$ et de la composition chimique de chaque espèce (i), $X_i(r)$, à une certaine distance r du centre. La structure d'une étoile de masse donnée M est donc, à un instant donné t, déterminée de manière unique, si la densité, la température et la composition chimique X_i sont connues en tout point r de l'étoile. Rappelons qu'on peut repérer une position dans l'étoile, soit en utilisant la variable r, soit la variable $m(r)$. A un instant donné, les trois variables T, ρ, X_i varient en fonction de r ou m. Mais elles varient aussi avec le temps : on les notera donc $\rho(m,t)$, $T(m,t)$ et $X_i(m,t)$ avec $1 \leq i \leq n$.
Divisons l'étoile étudiée en n couches concentriques et étudions l'évolution de ses propriétés structurelles au cours de k instants. La structure à un instant donné est représentée par les $3n$ valeurs $\rho(m,t)$, $T(m,t)$, $X_i(m,t)$ et il y a k instants à modéliser. L'évolution de cette étoile pourra donc être décrite par l'ensemble de $3nk$ valeurs $\rho(m,t)$, $T(m,t)$ et les abondances en masses, $X_i(m,t)$, en fonction de deux variables indépendantes : le temps t et la variable spatiale r ou m.
L'évolution de la structure de cette étoile est gouvernée par *des lois de conservation* qui s'appliquent au système physique qu'elle représente. Il s'agit de *la conservation de la masse, de la quantité de mouvement, du moment angulaire et de l'énergie totale*. Nous ferons les hypothèses suivantes pour l'étoile que nous étudions :

- elle n'est pas soumise à des forces extérieures
- elle ne présente pas de mouvement de rotation : son moment angulaire de rotation est nul à tout instant
- elle ne possède pas de champ magnétique

Ces hypothèses garantissent que l'étoile conserve sa symétrie sphérique à tout instant.
Nous avons déjà vu l'expression de la *conservation de la masse* qui est contenue dans la relation liant dm et dr. En symétrie sphérique, elle s'écrit :

$$dm = 4\pi r^2 \rho dr \tag{5.1}$$

La *conservation de la quantité de mouvement* n'est rien d'autre que l'équation de l'équilibre hydrostatique, que nous avons établie au chapitre 9. Elle peut s'exprimer de deux façons selon que l'on utilise r ou m comme variable :

$$\frac{dP}{dr} = -\rho \frac{Gm}{r^2} \tag{5.2}$$

ou

$$\frac{dP}{dm} = -\frac{Gm}{4\pi r^4} \tag{5.3}$$

Il nous reste à exprimer *la conservation de l'énergie totale* ainsi que *les équations qui régissent les changements de composition*. En effet, dans un volume donné, le nombre de noyaux d'une espèce change à cause des réactions nucléaires qui contribuent à les créer et des réactions qui contribuent à les détruire. Le moment angulaire étant nul à tout instant, nous n'exprimerons pas sa conservation.

5.2.1 Conservation de l'énergie

Considérons une couche sphérique très mince, d'épaisseur $dr \ll R$, dans l'étoile. Cette couche est comprise entre les rayons r et $r + dr$ et nous noterons sa masse dm. A l'intérieur de la couche, le température, la densité et la composition sont constantes. Sa masse dm s'exprime sous la forme :

$$dm = \rho dV = \rho 4\pi r^2 dr \tag{5.4}$$

Le premier principe de la thermodynamique indique que l'énergie interne de ce système peut être modifiée de deux façons : en transférant de la chaleur ou du travail. On peut ajouter ou extraire de la chaleur au système. Similairement, le milieu extérieur peut fournir du travail au système ou réciproquement le système peut fournir du travail au milieu extérieur. Ce travail implique une variation de volume du système, c'est-à-dire une expansion ou une contraction. Appelons, u, l'énergie interne par unité de masse et P, la pression totale. Notons δf, la petite variation d'une quantité f, à l'intérieur de l'élément de masse dm, pendant un petit intervalle de temps δt. Soit δQ, la quantité de chaleur échangée ($\delta Q > 0$ si la chaleur est absorbée par le système et $\delta Q < 0$ si elle est cédée par le système) et δW, le travail effectué sur le système pendant δt. D'après le premier principe, la variation d'énergie interne s'écrit :

$$\delta(u\delta m) = dm\delta u = \delta Q + \delta W \tag{5.5}$$

La conservation de la masse dans la couche nous a permis de supposer δm constant. Le travail s'exprime par :

$$\delta W = -P\delta(dV) = -P\delta(\frac{dV}{dm}dm) = -P\delta(\frac{1}{\rho})dm \tag{5.6}$$

Lors d'une compression $\delta(dV) < 0$, $\delta W > 0$ ce qui revient à fournir de l'énergie au système. Lors d'une expansion, $\delta(dV) > 0$, $\delta W < 0$, ce qui revient à soustraire de l'énergie au système.
Les quantités de chaleur à considérer pour la couche sphérique sont de deux types. D'abord, de l'énergie nucléaire peut être libérée au sein de la couche. Il faut aussi tenir compte des flux de chaleur entrant et sortant dans la couche. Notons ϵ, le taux de production d'énergie nucléaire par unité de masse et $F(m)$, la quantité de chaleur s'écoulant à travers la surface sphérique (figure 5.1). Cette quantité F a la dimension d'une puissance et lorsque $m \to M$, on a $F(M) = L$. Le bilan des quantités de chaleur pour la couche s'écrit :

$$\delta Q = \epsilon dm\delta t + F(m)\delta t - (F(m + dm))\delta t \tag{5.7}$$

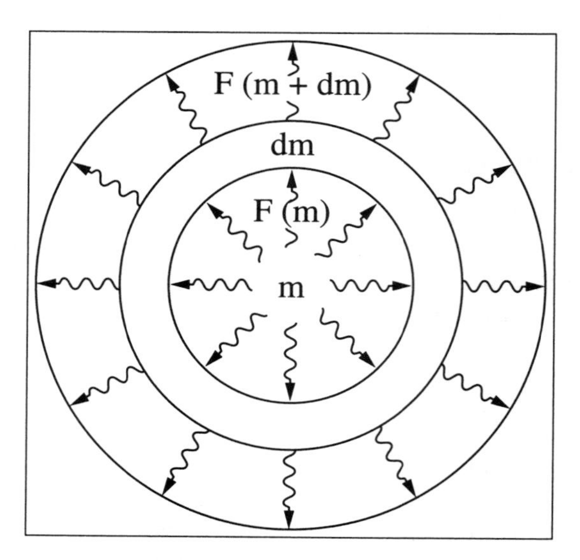

Fig. 5.1- *Flux de chaleur entrant et sortant dans une couche sphérique*

On peut écrire :

$$F(m+dm) = F(m) + \frac{\partial F}{\partial m}dm$$

On a donc :

$$\delta Q = \epsilon dm\delta t - \frac{\partial F}{\partial m}dm\delta t \quad (5.8)$$

$$= (\epsilon - \frac{\partial F}{\partial m})dm\delta t \quad (5.9)$$

En substituant les expressions de δW et δQ dans celle de la variation d'énergie interne, on obtient :

$$\delta(udm) = (\epsilon - \frac{\partial F}{\partial m})dm\delta t - P\delta(\frac{1}{\rho})dm \quad (5.10)$$

ce qui conduit à :

$$\frac{\delta u}{\delta t} + P\frac{\delta}{\delta t}(\frac{1}{\rho}) = \epsilon - \frac{\partial F}{\partial m} \quad (5.11)$$

Lorsque $\delta t \to 0$, on obtient :

$$\dot{u} + P\{\dot{\frac{1}{\rho}}\} = \epsilon - \frac{\partial F}{\partial m} \quad (5.12)$$

Cette équation traduit *la conservation de l'énergie.*
A l'équilibre thermique, les dérivées du membre de gauche de l'équation 5.11 sont nulles et on a donc :

$$\frac{\partial F}{\partial m} = \epsilon \quad (5.13)$$

En intégrant par rapport à la masse sur toute l'étoile, on obtient :

$$\int_0^M \epsilon \, dm = \int_0^M dF = F(M) = L \tag{5.14}$$

Le terme, $\int_0^M \epsilon \, dm$, représente la puissance totale fournie à l'étoile par les processus nucléaires. On l'appelle luminosité nucléaire et on le note L_{nuc} :

$$L_{nuc} = \int_0^M \epsilon \, dm \tag{5.15}$$

A l'équilibre thermique, on a $L = L_{nuc}$. La puissance rayonnée à la surface de l'étoile est égale à la puissance libérée par les réactions nucléaires.

5.2.2 Une autre démonstration du théorème du Viriel

Nous allons retrouver, d'une autre façon, la propriété remarquable liant l'énergie interne, U, à l'énergie potentielle gravitationnelle, E_p, pour une étoile à l'équilibre. Cette relation, démontrée au chapitre 3, s'écrit :

$$2U + E_p = 0 \tag{5.16}$$

Multiplions l'équation d'équilibre hydrostatique, écrite sous sa forme :

$$\frac{dP}{dm} = -\frac{Gm}{4\pi r^4} \tag{5.17}$$

par le volume, $V = \frac{4}{3}\pi r^3$, et intégrons sur toute l'étoile :

$$\int_0^{P(R)} \frac{4}{3}\pi r^3 \, dP = -\frac{1}{3}\int_0^M \frac{Gm}{r} \, dm \tag{5.18}$$

Le membre de droite représente le tiers de l'énergie potentielle gravitationnelle de l'étoile. Le terme de gauche peut être intégré par parties :

$$\int_0^{P(R)} \frac{4}{3}\pi r^3 \, dP = [\frac{4}{3}\pi r^3 P]_0^R - \int_0^R P(r) 4\pi r^2 \, dr \tag{5.19}$$

Le terme entre crochets tend vers 0. En effet,à la surface, on a $P(R) \simeq 0$ et au centre, $r = 0$. On a donc :

$$-\int_0^{V(R)} P(r) \, dV = -\frac{1}{3}\int_0^M \frac{Gm}{r} \, dm = \frac{1}{3}E_p \tag{5.20}$$

soit :

$$E_p = -3\int_0^{V(R)} P(r) \, dV$$

Comme $dV = \frac{dm}{\rho}$, on peut réécrire :

$$-3\int_0^M \frac{P}{\rho} \, dm = E_p \tag{5.21}$$

Il s'agit là d'une *forme globale du théorème du Viriel.* Nous pouvons obtenir une relation similaire, appliquée à une partie de l'étoile, en effectuant l'intégration jusqu'à un rayon $R_s < R$:

$$P_s V_s - \int_0^{M_s} \frac{P}{\rho}\, dm = \frac{1}{3} E_p^s \tag{5.22}$$

La quantité E_p^s représente l'énergie potentielle gravitationnelle de la sphère de rayon R_s et P_s est la pression à $R = R_s$.
Si nous supposons de plus que le gaz stellaire peut être représenté par un gaz parfait de densité ρ et de température T, nous pouvons écrire :

$$P = \frac{\rho}{m_g} kT$$

où m_g représente la masse d'une particule de gaz. Pour ce gaz parfait, l'énergie interne est égale à l'énergie cinétique de ses particules. L'énergie cinétique d'une particule est pour un gaz monoatomique :

$$E_c = \frac{3}{2} kT$$

L'énergie interne par unité de masse est donc :

$$u = \frac{3}{2} \frac{kT}{m_g} = \frac{3}{2} \frac{P}{\rho} \tag{5.23}$$

En combinant cette équation avec l'expression du théorème du Viriel sous sa forme globale, on arrive à :

$$\int_0^M u\, dm = U = -\frac{1}{2} E_p \tag{5.24}$$

Pour un gaz stellaire, qui peut être représenté par un gaz parfait, on retrouve donc la relation remarquable entre énergie interne et énergie potentielle :

$$U = \frac{1}{2} E_p \tag{5.25}$$

que nous avions déjà établie d'une autre manière au chapitre 3.

5.2.3 Equation vérifiée par l'énergie interne d'une étoile

Intégrons l'équation d'énergie 5.12 sur toute l'étoile :

$$\int_0^M \dot{u}\, dm + \int_0^M P\{\dot{\frac{1}{\rho}}\}\, dm = L_{nuc} - L \tag{5.26}$$

Puisque les variables t et m sont indépendantes, on peut les échanger :

$$\int_0^M \dot{u}\, dm = \int_0^M \frac{du}{dt}\, dm = \frac{d}{dt} \int_0^M u\, dm = \frac{dU}{dt} = \dot{U} \tag{5.27}$$

D'autre part, on a :

$$\{\frac{\dot{1}}{\rho}\} = \{\frac{\partial \dot{V}}{\partial m}\} = \frac{\partial \dot{V}}{\partial m} \tag{5.28}$$

et la dérivée du volume peut s'écrire :

$$\dot{V} = 4\pi r^2 \dot{r}$$

On peut intégrer par parties le deuxième terme du membre de droite de l'équation 5.26 :

$$\int_0^M P\{\frac{\dot{1}}{\rho}\}\, dm = [P\dot{V}]_0^M - \int_0^M 4\pi r^2 \dot{r} \frac{\partial P}{\partial m}\, dm \tag{5.29}$$

Au centre $V(\dot{0}) = 0$ et à la surface $P(M) = 0$, on a donc finalement :

$$\dot{U} - \int_0^M 4\pi r^2 \dot{r} \frac{\partial P}{\partial m}\, dm = L_{nuc} - L \tag{5.30}$$

Nous utilisons maintenant l'équation du mouvement (équation 2.68), que nous multiplions par $\dot{r}$ et intégrons sur toute l'étoile :

$$\int_0^M \dot{r}\ddot{r}\, dm = -\int_0^M \frac{Gm}{r^2}\dot{r}\, dm - \int_0^M 4\pi r^2 \dot{r} \frac{\partial P}{\partial m}\, dm \tag{5.31}$$

Introduisons l'énergie cinétique de l'étoile, E_c, dûe à d'éventuels mouvements radiaux de matière à grande échelle :

$$E_c = \int_0^M \frac{1}{2}\dot{r}^2\, dm \tag{5.32}$$

On peut exprimer le membre de gauche de l'équation 5.31 en fonction de l'énergie cinétique :

$$\int_0^M \dot{r}\ddot{r}\, dm = \int_0^M \frac{\partial}{\partial t}(\frac{1}{2}\dot{r}^2)\, dm = \frac{d}{dt}\int_0^M \frac{1}{2}\dot{r}^2\, dm = \dot{E}_c \tag{5.33}$$

Dans le membre de droite de l'équation 5.31, le premier terme s'écrit :

$$-\int_0^M Gm\frac{\dot{r}}{r^2}\, dm = \int_0^M Gm\{\frac{\dot{1}}{r}\}\, dm = \frac{d}{dt}\int_0^M \frac{Gm}{r}\, dm = -\dot{E}_p \tag{5.34}$$

On aboutit donc à la relation :

$$\dot{E}_c + \dot{E}_p = -\int_0^M 4\pi r^2 \dot{r} \frac{\partial P}{\partial m}\, dm \tag{5.35}$$

On peut maintenant additionner, membre à membre, les équations 5.30 et 5.35 pour obtenir :

$$\dot{U} + \dot{E}_c + \dot{E}_p = L_{nuc} - L \tag{5.36}$$

Introduisons l'énergie totale de l'étoile, notée E :

$$E = U + E_c + E_p$$

On a donc la relation suivante pour le taux de variation temporelle de l'énergie totale :

$$\dot{E} = L_{nuc} - L \tag{5.37}$$

Pour une étoile à l'équilibre thermique, l'énergie rayonnée correspond exactement à celle produite par les réactions nucléaires : $L = L_{nuc}$ et donc $\dot{E} = 0$. *L'énergie totale d'une étoile à l'équilibre thermique est donc constante.* Si de plus l'étoile est en équilibre hydrostatique, alors $E_c = 0$ et $E = E_c + E_p$ est une constante. De plus, U et E_p étant reliées par le théorème du Viriel, on a $E = U - 2U = -U$. L'énergie potentielle ou l'énergie interne suffisent à caractériser l'étoile. Cela veut aussi dire que chacune d'elles doit être conservée, pas seulement leur somme.

5.2.4 Application à la formation stellaire

Appliquons ce résultat au problème de la *formation stellaire*. Une étoile se forme à partir d'un nuage interstellaire dont le rayon diminue . Pour cet objet, L_{nuc} est négligeable devant L, car les réactions nucléaires n'ont pas débuté. Dans cette phase, l'étoile n'est pas encore en équilibre thermique. On peut donc écrire :

$$\dot{E} = L_{nuc} - L \simeq -L \tag{5.38}$$

avec $E = U + E_p$. On suppose l'équilibre hydrostatique vérifié, c'est-à-dire $E_c = 0$. Utilisons le théorème du Viriel, sous la forme :

$$2U + E_p = 0$$

En dérivant par rapport au temps, on a :

$$\dot{U} = -\frac{1}{2}\dot{E}_p \tag{5.39}$$

donc

$$\dot{E} = \dot{U} + \dot{E}_p = -\frac{1}{2}\dot{E}_p + \dot{E}_p = \frac{1}{2}\dot{E}_p \tag{5.40}$$

soit

$$\dot{L} = -\dot{E} = -\frac{1}{2}\dot{E}_p = \dot{U} \tag{5.41}$$

Au cours de la contraction, $\dot{E}_p < 0$ donc on a bien $L > 0$.
On voit que la moitié de l'énergie libérée par la contraction gravitationnelle va être rayonnée. L'autre moitié sert à chauffer l'étoile :

$$\dot{U} = -\frac{1}{2}E_p > 0 \tag{5.42}$$

5.2.5 Les équations régissant les changements de composition

Dans un volume donné de l'étoile, le nombre de noyaux d'une espèce donnée change. En effet, certaines réactions nucléaires contribuent à créer ces noyaux et d'autres réactions contribuent à les détruire. La création ou la destruction d'un noyau a lieu par la fusion de noyaux plus légers ou par le fractionnement d'un noyau plus lourd. Ces processus peuvent impliquer la capture ou la libération de particules légères : positrons,électrons,neutrinos et antineutrinos et des photons énergétiques. Nous pouvons donc représenter schématiquement une réaction nucléaire par la réaction de deux noyaux différents se combinant pour former deux autres noyaux. Nous pouvons caractériser chacun des noyaux réagissant par deux nombres : A_i (nombre de masse) et Z_i (nombre de charges). Nous noterons les espèces qui réagissent, $I(A_i, Z_i)$ et $J(A_j, Z_j)$, et les produits des réactions, $K(A_k, Z_k)$ et $L(A_l, Z_l)$. Nous représenterons schématiquement la réaction nucléaire par :

$$I(A_i, Z_i) + J(A_j, Z_j) \rightleftarrows K(A_k, Z_k) + L(A_l, Z_l) \tag{5.43}$$

Elle peut avoir lieu dans les deux directions selon la température et la densité des particules. Cette réaction vérifie les deux lois de conservation :

$$\left\{ \begin{array}{l} A_i + A_j = A_k + A_l \\ Z_i + Z_j = Z_k + Z_l \end{array} \right.$$

Cherchons maintenant à évaluer le taux auquel les noyaux de type I disparaissent lors des réactions de ce type. Ce taux est directement lié au taux de la réaction, que nous noterons R.
Considérons un volume unitaire. Dans ce volume, chaque noyau I dans ce volume possède une section efficace que nous noterons σ. Chaque fois qu'un noyau J frappe cette section, la réaction a lieu. Nous supposons que les noyaux I sont au repos et les noyaux J se déplacent vers eux à la vitesse relative v. La section efficace pour la réaction est $n_i\sigma$ et le nombre de particules J traversant une surface unitaire par unité de temps est $n_j v$ (où n_i et n_j représentent les densités des espèces I et J). Le nombre de réactions, noté N_R, ayant lieu par unité de temps dans ce volume unitaire est donc :

$$N_R = n_i n_j \sigma v = n_i n_j R_{ijk}$$

où R_{ijk} est le taux de réactions. Ce taux dépend des propriétés des noyaux en interaction (en particulier de leur charge) ainsi que des propriétés des noyaux produits.
Nous pouvons écrire la variation de la densité n_i de l'élément (i), dûe aux réactions nucléaires contribuant à créer et à détruire cet élément, sous la forme :

$$\dot{n_i} = -n_i \sum_{j,k} \frac{n_j}{1+\delta_{ij}} R_{ijk} + \sum_{l,k} \frac{n_l n_k}{1+\delta_{lk}} R_{lki} \tag{5.44}$$

ce que l'on peut écrire, sous forme plus compacte :

$$\dot{n}_i = f(\rho, T, n_j) \tag{5.45}$$

5.2.6 L'ensemble des équations d'évolution

Nous pouvons maintenant rassembler les équations décrivant l'évolution de la structure de l'étoile.
L'équation du mouvement s'écrit :

$$\ddot{r} = -\frac{Gm}{r^2} - 4\pi r^2 \frac{\partial P}{\partial m}$$

L'équation de la conservation d'énergie s'écrit :

$$\dot{u} + P\{\dot{\frac{1}{\rho}}\} = \epsilon - \frac{\partial F}{\partial m}$$

Les changements de composition chimique s'écrivent :

$$\dot{X} = f(\rho, T, X)$$

où X désigne une vecteur-composition, que nous noterons :

$$X = (X_1, X_2, ..., X_n)$$

L'indice n désigne le nombre de couches de l'étoile. On peut donc ainsi remplaçer le système d'équations décrivant les variations de composition par une seule équation qui a n composantes, une pour chaque élément chimique. A l' équilibre nucléaire, on a $\dot{X}_i = 0$.
Nous voyons que ces équations font intervenir cinq fonctions P, u, F, ϵ et f. Ces fonctions doivent être exprimées en fonction des trois variables décrivant la structure : $\rho(m,t)$, $T(m,t)$ et $X_i(m,t)$. Plusieurs domaines de la physique interviennent pour résoudre ce problème. *La thermodynamique et la mécanique statistique* sont nécessaires pour préciser la relation entre P, u et ρ, T et X_i. *La physique atomique et la théorie du transfert du rayonnement* interviennent pour calculer F. Enfin, *la physique nucléaire et des particules élémentaires* permettent d'exprimer ϵ et f en fonction de ρ, T et des X_i.
Finalement, il est aussi nécessaire de préciser des *conditions aux limites et des conditions initiales* pour résoudre l'ensemble des équations différentielles de l'évolution stellaire. Les deux dérivations spatiales requièrent deux conditions aux limites : $P(M,t) = 0$ et $F(0,t) = 0$. Les $n+3$ dérivées temporelles requièrent $n+3$ distributions initiales des propriétés physiques. Il faut préciser $\rho(m,0)$,$T(m,0)$,$\dot{r}(m,0)$ et $X_i(m,0)$, ce qui pose un problème car on connaît très mal l'état initial d'une étoile.
La vitesse d'évolution d'une étoile est déterminée par le taux des réactions nucléaires. On définit trois échelles de temps appropriées pour l'évolution stellaire :

- *l'échelle de temps nucléaire*, τ_{nuc}, est l'intervalle de temps sur lequel les réactions nucléaires ont lieu. On peut montrer que :

$$\tau_{nuc} \simeq \frac{\epsilon M c^2}{L}$$

où M et L désignent la masse et la luminosité de l'étoile et $\epsilon \simeq 10^{-3}$ représente l'énergie de liaison typique d'un nucléon divisée par son énergie au repos.

- *l'échelle de temps thermique*, τ_{th}, est le temps nécessaire à l'étoile pour rétablir l'équilibre thermique. On peut montrer que :

$$\tau_{th} = \frac{U}{L} \simeq \frac{GM^2}{RL}$$

où U est l'énergie interne de l'étoile et L sa luminosité.

- *l'échelle de temps dynamique*, τ_{dyn}, est le temps nécessaire à l'étoile pour réajuster l'équilibre hydrostatique après une perturbation dynamique. On peut montrer que :

$$\tau_{dyn} \propto \frac{G^{-\frac{1}{2}}}{\langle \rho \rangle}$$

On peut montrer qu'on a l'inégalité :

$$\tau_{nuc} \gg \tau_{th} \gg \tau_{dyn}$$

On peut supposer que l'étoile est, à toute étape de son évolution, en équilibre thermique et hydrodynamique. Les trois équations d'évolution se simplifient donc et se réduisent à :

$$\frac{dP}{dm} = -\frac{Gm}{4\pi r^4} \tag{5.46}$$

$$\frac{dF}{dm} = \epsilon \tag{5.47}$$

$$\dot{X} = f(\rho, T, X) \tag{5.48}$$

On voit que l'on n'a pas besoin de connaître la structure initiale de l'étoile. On a cependant besoin de connaître la composition chimique initiale que nous supposerons être homogène dans toute l'étoile.

5.3 Une vue schématique de l'évolution des étoiles

Nous avons vu que l'échelle de temps de l'évolution stellaire est déterminée par le taux de consommation du combustible nucléaire. Ce taux de consommation augmente avec la densité et surtout avec la température. Notre étude des équations de la structure stellaire nous a montré par ailleurs que la température et la densité décroissent rapidement de l'intérieur vers l'extérieur. Nous en concluons que l'évolution d'une étoile est gouvernée par les changements de composition chimique ayant lieu dans le cœur nucléaire, le reste de l'étoile s'ajustant aux transformations du cœur. Pour obtenir une vue schématique de l'évolution d'une étoile, on peut donc suivre les changements des conditions physiques au centre au cours du temps. Toutes les grandeurs physiques pouvant être déterminées à partir de la composition chimique, de la température et de la densité, l'état d'une étoile peut être défini, à un instant t, par la donnée de sa température centrale $T_c(t)$ et de sa densité centrale $\rho_c(t)$. Dans un diagramme (T_c, ρ_c), l'évolution d'une étoile peut être représentée par une série de points, $(T_c(t_i), \rho_c(t_i))$, pour des instants t_i successifs. Les processus ayant lieu dans une étoile ont chacun des domaines de températures et de densités caractéristiques. Le diagramme (T_c, ρ_c) peut donc être divisé en plusieurs zones, chacune représentant un état physique ou un processus différent.

5.3.1 Différentes zones d'équation d'état

Le plan (T, ρ) peut être divisé en plusieurs zones dominées par des équations d'état et des processus nucléaires différents. Il est commode d'utiliser des axes logarithmiques car la température et la densité varient par plusieurs ordres de grandeur dans les intérieurs stellaires.
Le gaz parfait (GP) représente l'état le plus commun du gaz stellaire ionisé. Ecrivons son équation d'état sous la forme :

$$P = \frac{R}{\mu}\rho T = K_0 \rho T \tag{5.49}$$

où K_0 représente une constante. A haute densité et basse température, les électrons deviennent dégénérés et contribuent à la pression. L'équation d'état de ce gaz complètement dégénéré et non relativiste s'écrit :

$$P = K_1 \rho^{\frac{5}{3}} \tag{5.50}$$

où K_1 est une constante. La transition du gaz parfait vers le gaz dégénéré se fait de manière progressive. On peut définir une frontière approximative entre ces deux régimes. Sur cette frontière,la pression du GP doit être égale à celle du gaz dégénéré :

$$\log \rho = 1.5 \log T + C \tag{5.51}$$

où C est une constante. Cette frontière est représentée par une droite de pente 1.5 dans le plan $(\log T, \log \rho)$ sur la figure 5.2 [1].

[1] Les figures 5.2 à 5.6 ont été construites à partir des figures 8.1 et 10.1 dans Schwarzschild [147]

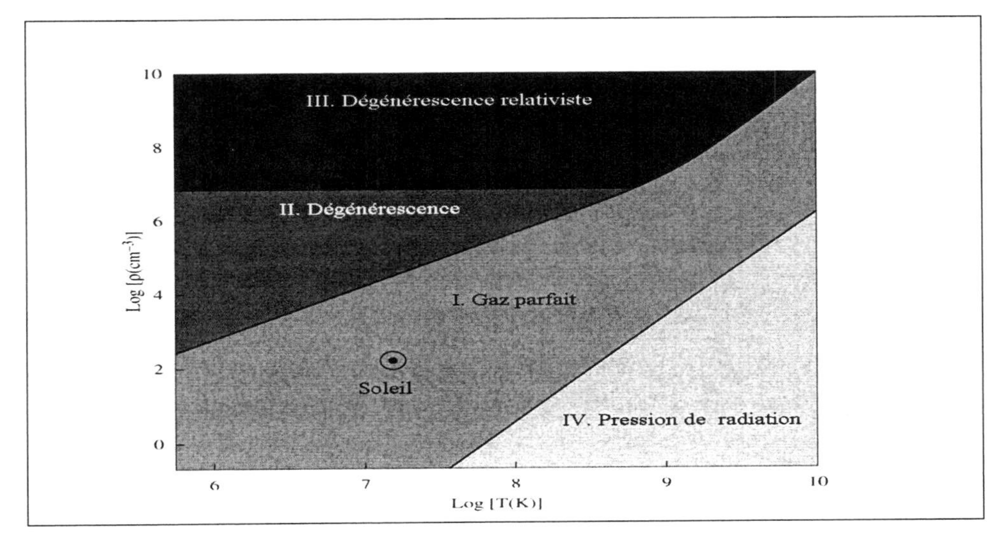

Fig. 5.2- *Zonation du diagramme température-densité selon l'équation d'état adapté de Schwarzschild [147]*

Dans la figure 5.2, nous avons appelé zone I, la zone du gaz parfait. Elle se situe en-dessous de la droite-frontière entre les deux régions. La zone de dégénérescence électronique est notée II et vérifie :

$$K_1 \rho^{\frac{5}{3}} > K_0 \rho T \tag{5.52}$$

Elle se situe donc au-dessus de la droite-frontière.
Pour des densités plus élevées, les effets relativistes jouent un rôle important. La zone de dégénérescence relativiste est notée III. Le plasma devient complètement dégénéré et relativiste et son équation d'état s'écrit :

$$P = K_2 \rho^{\frac{4}{3}} \tag{5.53}$$

L'équation de la droite-frontière entre la zone du GP et celle de la dégénérescence relativiste, peut être obtenue en écrivant l'égalité :

$$K_0 \rho T = K_2 \rho^{\frac{4}{3}} \tag{5.54}$$

Cette relation peut s'écrire comme l'équation d'une droite de pente 3 :

$$\log \rho = 3 \log T + C_1 \tag{5.55}$$

où C_1 est une constante. On voit que lorsque la densité augmente, l'équation de la droite-frontière entre la zone du GP et la zone dégénérée change, la pente devenant plus élevée aux fortes densités.

A l'intérieur de la région de dégénérescence électronique, la transition entre dégénérescence relativiste et non relativiste a lieu lorsque :

$$K_2\rho^{\frac{4}{3}} \ll K_1\rho^{\frac{5}{3}} \tag{5.56}$$

soit

$$\rho \gg (\frac{K_2}{K_1})^3 \tag{5.57}$$

La région III de dégénérescence relativiste est située au-dessus de la droite $\rho = (\frac{K_2}{K_1})^3$.
Dans l'équation de pression du GP, nous avons négligé la contribution dûe à la pression de rayonnement. Celle-ci devient importante aux températures élevées et aux densités basses. Son expression est :

$$P = \frac{1}{3}aT^4 \tag{5.58}$$

Nous pouvons définir une frontière approximative entre la zone du GP et la zone, dominée par la pression du rayonnement, que nous noterons IV. Pour définir cette frontière, nous adopterons la condition :

$$P_{rad} = 10P_{gaz}$$

Ceci conduit à l'équation :

$$\log\rho = 3\log T + C_2 \tag{5.59}$$

où C_2 est une constante. Il s'agit aussi de l'équation d'une droite de pente 3.

5.3.2 Différentes zones de combustions nucléaires

Un processus nucléaire particulier devient important dans une étoile lorsque le taux, auquel il libère de l'énergie, contribue à une fraction importante de la luminosité stellaire. Le domaine des conditions physiques ρ et T, pour lequel une réaction nucléaire est efficace, est assez restreint. Ceci est dû à la grande sensibilité des taux de réactions nucléaires à la température. On peut donc, pour chaque processus nucléaire, définir une frontière assez étroite, délimitant la région où le taux de la réaction est important, de la région où il ne l'est pas. Cette frontière est représentée par une courbe dans le plan $(\log\rho, \log T)$. Cette courbe est définie par la condition que le taux ϵ doit y être au moins égal à une valeur minimale ϵ_{min}. Nous avons vu que, pour chaque processus, ϵ peut être représenté par une loi en puissance du type :

$$\epsilon = \epsilon_0\rho^m T^n \tag{5.60}$$

La condition limite, $\epsilon = \epsilon_{min}$, est donc donnée par la droite d'équation :

$$\log\rho = -\frac{n}{m}\log T + \frac{1}{m}\log(\frac{\epsilon_{min}}{\epsilon_0}) \tag{5.61}$$

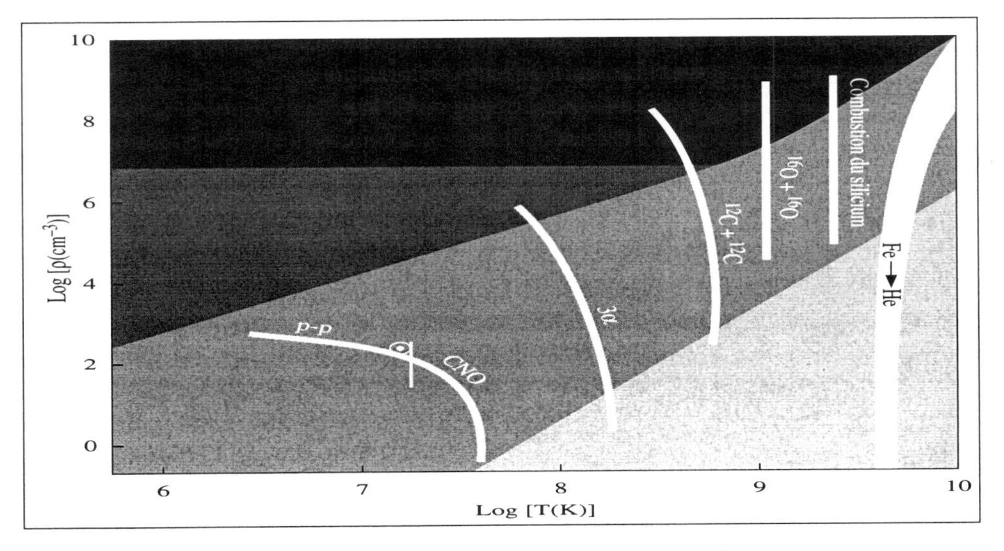

Fig. 5.3- *Zonation du diagramme température-densité en fonction du processus nucléaire adapté à partir de Schwarzschild [147]*

Nous avons représenté dans la figure 5.3, les droites représentant les conditions limites, $\epsilon = \epsilon_{min}$, pour les cinq processus nucléaires : chaîne PP, bi-cycle CNO, réaction 3α, combustion du carbone, de l'oxygène et du silicium. Dans la plupart des cas, $m = 1$ et $n \gg 1$. Les pentes des droites des équations 12.60 sont donc très raides, ce qui fait qu'elles paraissent pratiquement verticales. Ces courbes frontières ne sont pas en fait des droites car les valeurs des exposants dans les taux nucléaires changent légèrement avec la température. Pour la combustion de l'hydrogène, aux basses températures, la pente est voisine de 4 (chaîne PP) alors, qu'aux hautes températures, elle est plus élevée (n=16, cycle CNO). D'autre part, comme les réactions nucléaires sont instables dans les gaz dégénérés, qu'ils soient relativistes ou non, les courbes frontières ont été interrompues lorsqu'elles traversent la zone de dégénérescence II.

5.3.3 Zones d'instabilité

On peut montrer que les configurations stellaires deviennent instables dans les régions du plan $(\log T, \log \rho)$ où l'exposant adiabatique vérifie la condition :

$$\gamma_a < \frac{4}{3}$$

L'exposant γ_a intervient dans la loi des processus adiabatiques :

$$P = K_a \rho^{\gamma_a}$$

Pour un mélange d'hydrogène pur, γ_a dépend du degré d'ionisation. Les régions, où $\gamma_a < \frac{4}{3}$, se situent dans la zone de dégénérescence relativiste III. La zone IV

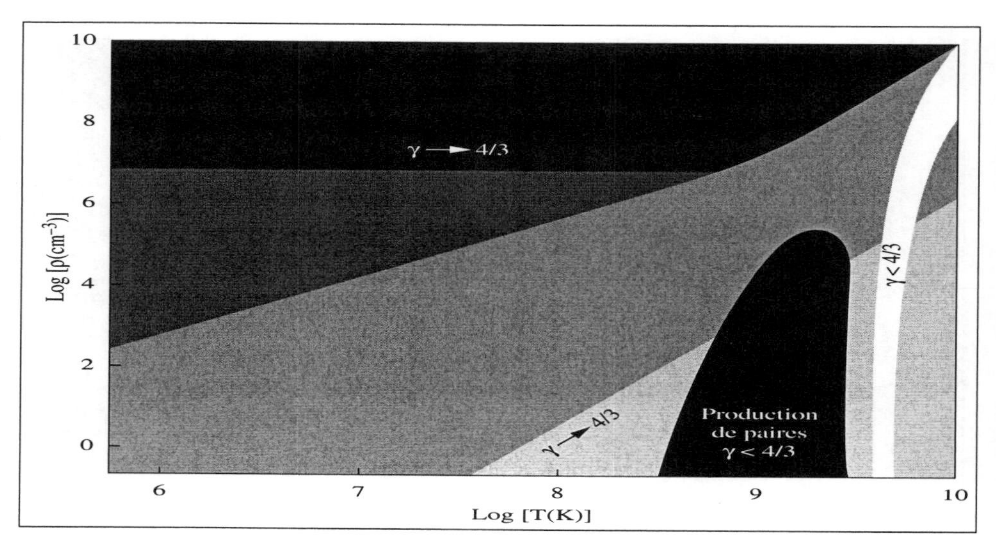

Fig. 5.4- *Emplacement des zones stables et instables dans le diagramme* $(\log T, \log \rho)$ *adapté à partir de Schwarzschild [147]*

est dominée par la pression de rayonnement et γ_a y tend asymptotiquement vers $\frac{4}{3}$. Dans la zone de photodésintégration du fer, on a aussi $\gamma_a < \frac{4}{3}$. De même, la région de production de paires est aussi une zone où $\gamma_a < \frac{4}{3}$. L'emplacement de ces différentes régions stables et instables est représenté dans la figure 5.4.

Les trajectoires évolutives des étoiles, tant qu'elles sont stables, sont confinées entre deux régions : celle des hautes densités et celle des hautes températures.

5.3.4 Trajet évolutif de la région centrale d'une étoile dans le plan $(\log T, \log \rho)$

Le point représentatif du centre d'une étoile de masse M peut-il se trouver n'importe où dans le plan $(\log T, \log \rho)$? Nous allons apporter une réponse négative à cette question. Le domaine de valeurs $(\log T, \log \rho)$ accessibles est d'ailleurs, d'une certaine manière, déterminé par la masse.
Considérons une étoile en équilibre hydrostatique. On peut la représenter par un polytrope. Alors la densité centrale est reliée à la pression centrale par l'équation 3.266 :

$$P_c = (4\pi)^{\frac{1}{3}} B_n G M^{\frac{2}{3}} \rho_c^{\frac{4}{3}} \tag{5.62}$$

où B_n est une constante. Cette relation est une bonne représentation de l'équilibre hydrostatique dans des configurations très diverses. D'autre part, la pression centrale est reliée à la densité et à la température centrale par une équation d'état. Cette équation est différente selon la région du plan $(\log T, \log \rho)$ dans laquelle on se situe. En combinant cette équation d'état avec la relation polytropique ci-dessus, on peut obtenir une relation entre la température T_c et la densité ρ_c. Au début de son évolution, l'étoile se trouve dans la zone I du gaz parfait. On peut donc écrire :

$$P = \frac{R}{\mu}\rho T = K_0 \rho T \tag{5.63}$$

On obtient la relation suivante entre T_c et ρ_c :

$$\rho_c = \frac{K_0^3}{4\pi B_n^3 G^3} \frac{T_c^3}{M^2} \tag{5.64}$$

En échelle logarithmique, cette relation est une droite de pente 3 :

$$\log \rho_c = 3 \log T_c - 2 \log M + C \tag{5.65}$$

où C est une constante. Des étoiles de masses différentes ont donc des trajets évolutifs parallèles dans le plan $(\log T_c, \log \rho_c)$. Sur l'axe $\log T_c$, ces trajets sont séparés d'une distance proportionnelle à $\log M$. Les trajets correspondants aux masses $M = 0.1$, $M = 1$, $M = 10$ et $M = 100$ $M_\odot$ sont représentés dans la figure 5.5. Dans le cas où le centre de l'étoile est un gaz dégénéré (région II), la pression centrale vérifie :

$$P_c = K_1 \rho_c^{\frac{5}{3}} \tag{5.66}$$

Cette relation, substituée dans l'équation 5.61 en choisissant un indice $n = 1.5$, conduit à :

$$\rho_c = 4\pi (\frac{B_{1.5} G}{K_1})^3 M^2 \tag{5.67}$$

Comme attendu, ρ_c ne dépend plus de T_c. La droite représentative de l'équation 5.67 dans le plan $(\log T_c, \log \rho_c)$ est donc horizontale et sa hauteur dépend de la température T_c. Nous ne considérerons pas les autres zones puisque les zones I et II sont les seules régions stables dans le plan $(\log T, \log \rho_c)$.

Pour les masses faibles, les relations 5.48 du GP et 5.49 du gaz dégénéré classique, se rejoignent à la limite des zones II et I ce qui provoque une courbure des chemins évolutifs pour chaque masse. Pour des étoiles de masses de plus en plus grandes, la courbure a lieu à des densités de plus en plus élevées dans le plan $(\log T_c, \log \rho_c)$. En effet, lorsque la masse approche la masse de Chandrasekhar, la densité d'une étoile dégénérée tend vers l'infini.

Pour conclure, une étoile de masse donnée a son trajet propre dans le plan $(\log T_c, \log \rho_c)$. Nous noterons ce trajet, ψ_M, dans ce qui suit. Il y a deux formes de trajets caractéristiques : des droites pour $M > M_{Ch}$ et des trajets coudés pour $M < M_{Ch}$.

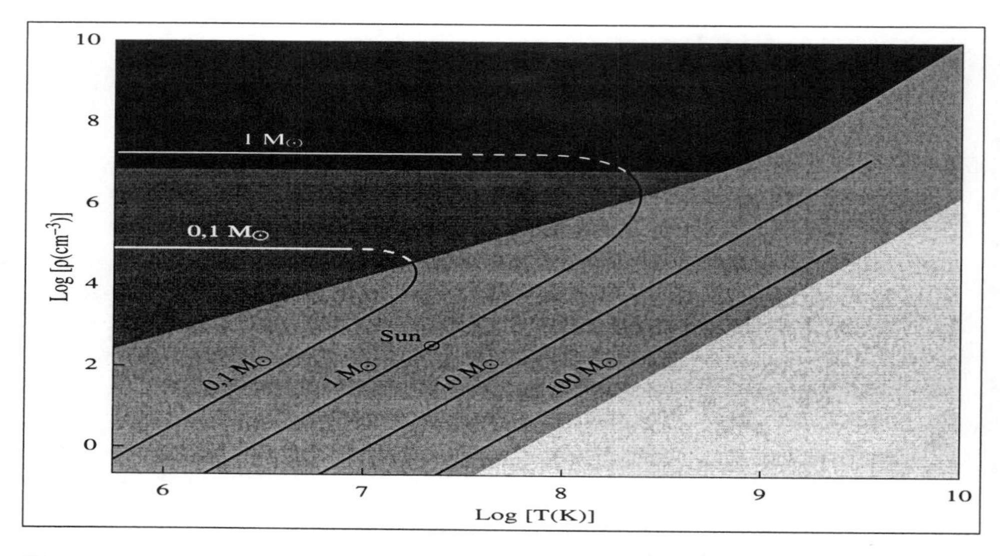

Fig. 5.5- *Trajets évolutifs des étoiles de masses différentes dans le diagramme* $(\log T, \log \rho)$

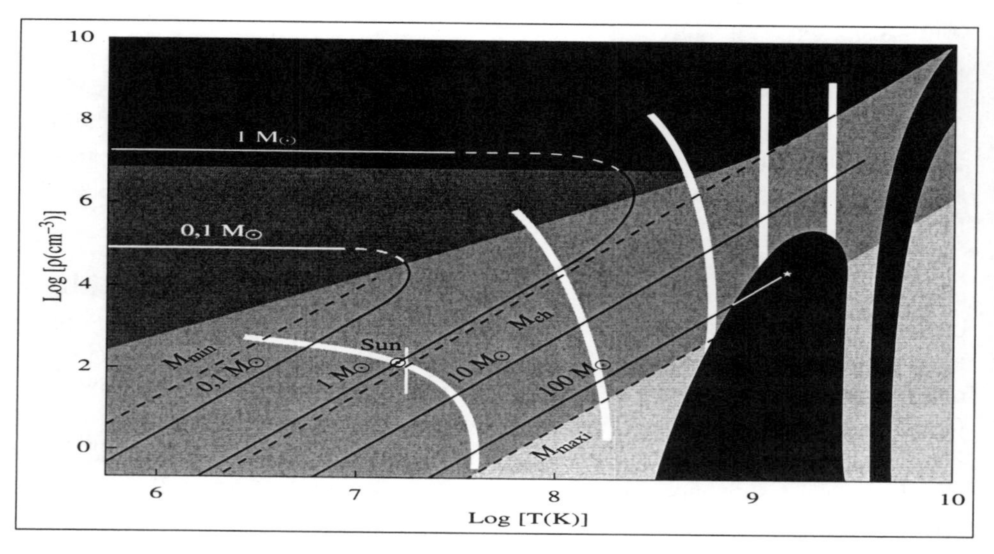

Fig. 5.6- *Chemins évolutifs des étoiles dans le plan* $(\log T_c, \log \rho_c)$

5.3.5 L'évolution d'une étoile vue depuis son centre

Une vue schématique de l'évolution stellaire peut être obtenue en combinant les trois figures précédentes en une seule (figure 5.6).

Considérons une étoile de masse M et suivons le trajet de son point central représentatif dans le plan $(\log T_c, \log \rho_c)$. Toutes les étoiles se forment dans les nuages gazeux où les densités et les températures sont bien inférieures à celles régnant dans les centres des étoiles. Au départ, son point central se trouve en bas à droite du diagramme, c'est-à-dire dans la partie inférieure du chemin ψ_M. L'étoile n'a alors pas de source d'énergie interne propre, elle se contracte et se réchauffe. Dans le plan $(\log T_c, \log \rho_c)$, son point représentatif commence une ascension le long de ψ_M, vers les températures et les densités les plus élevées. Au bout d'un certain temps, le point croise la première frontière nucléaire : la combustion de l'hydrogène commence alors au centre. L'étoile entre dans un état d'équilibre thermique, pour lequel $L = L_{nuc}$. Elle demeure sur cette frontière un intervalle de temps très long. Pour les étoiles de faibles masses, ψ_M coupe la frontière nucléaire dans sa partie supérieure, qui correspond à la chaîne PP. Pour les étoiles de masses élevées, ψ_M coupe la frontière dans sa partie inférieure qui correspond au bi-cycle CNO. Nous retrouvons ainsi un résultat du chapitre 4 : les étoiles peu massives brûlent leur hydrogène par la chaîne PP et les étoiles massives par le bi-cycle CNO.
Remarquons que la frontière entre les zones I et IV est une droite de pente 3 qui est identique à la pente des trajets ψ_M. Lorsque la masse augmente, le trajet ψ_M s'approche de cette frontière. Dans les étoiles massives, la pression de rayonnement devient de plus en plus importante et l'emporte sur la pression gazeuse. Une telle étoile devient dynamiquement instable. On peut donc estimer à partir de ce diagramme qu'une étoile ne peut pas avoir une masse supérieure à 100 $M_\odot$ (représentée par la courbe $\psi_{M_{max}}$ dans la figure 5.6). On peut aussi estimer une masse stellaire minimale. La courbe de démarrage de la combustion de l'hydrogène s'étend jusqu'à des températures de quelques 10^6 K mais pas en-dessous. La masse minimum, M_{min} , que peut avoir une étoile est la dernière valeur de M pour laquelle ψ_M coupe encore cette courbe frontière. Des objets de masse inférieure à M_{min} ne démarreront jamais le brûlage de l'hydrogène et ne peuvent pas être considérés comme des étoiles. L'examen de la figure 5.6 nous permet d'estimer que M_{min} est voisine de 0.1 $M_\odot$.
Lorsque l'hydrogène est épuisé dans le cœur nucléaire, celui-ci va se contracter et s'échauffer. Le point central reprend son ascension le long du trajet ψ_M. Pour les étoiles de faible masse, ψ_M traverse rapidement la frontière avec la zone de dégénérescence et se dirige vers la gauche en suivant une droite horizontale. Pour ces étoiles, la pression dûe aux électrons dégénérés est suffisamment importante pour équilibrer la gravité. La contraction se ralentit et l'étoile rayonne l'énergie thermique accumulée et donc se refroidit. Pour les étoiles de masses plus élevées, ψ_M coupe la prochaine frontière nucléaire qui est celle de la combustion de l'hélium. La combustion de l'hélium démarre dans

le cœur nucléaire et une autre phase d'équilibre thermique débute qui va aussi durer assez longtemps. Parmi ces étoiles, celles qui ont les plus petites masses, ont des chemins qui passent très près de la zone III et donc sont susceptibles de présenter des formes d'instabilités nucléaires.
Après l'épuisement de l'hélium, les étoiles de faible masse se contractent, développent des cœurs dégénérés et commencent à se refroidir. Nous avons donc identifié deux sortes d'étoiles compactes se refroidissant : une catégorie comprenant des étoiles de très faibles masses et composées d'hélium et une autre catégorie comprenant des étoiles plus massives composées des produits de la combustion de l'hélium, c'est-à-dire de carbone et d'oxygène. Ce sont les étoiles *naines blanches.*
La masse de Chandrasekhar, notée M_{Ch}, est la valeur de la masse qui détermine le devenir des étoiles, c'est-à-dire leur transformation en des objets froids et dégénérés ou leur poursuite dans la zone du GP. Remarquons que le trajet, $\psi_{M_{Ch}}$ correspondant à cette masse, traverse la limite de déclenchement de la combustion du carbone très près de la zone II. Cette combustion en milieu dégénéré ou quasi-dégénéré est thermiquement instable et donne lieu à la *détonation du carbone.* Pour des masses supérieures à M_{Ch}, le centre de l'étoile poursuit son ascension dans la zone du GP en s'arrêtant momentanément lorsqu'il traverse une limite de déclenchement de combustion. Pour ce régime de masses, tous les trajets ψ_M finissent par entrer dans la région de photodésintégration du fer qui est un processus hautement instable. La vie de ces étoiles doit donc se terminer de façon catastrophique.
Pour des masses très élevées, les trajets ψ_M entrent dans la zone d'instabilité, avant même de traverser les frontières de déclenchement des combustions. Ces étoiles très massives ne peuvent donc pas vivre très longtemps car elles développent la production de paires qui est instable et conduit à une fin catastrophique.
En résumé, les masses stellaires doivent être comprises entre $0.1M_\odot$ et $100M_\odot$. Toutes les étoiles commencent par brûler de l'hydrogène en leur centre et cette étape représente la fraction la plus importante de leur vie (séquence principale). Après l'épuisement de l'hydrogène, l'évolution de l'étoile dépend de la masse de l'étoile. Les étoiles de masses inférieures à la masse de Chandrasekhar, $M_{Ch} \simeq 1.46M_\odot$, se contractent et se refroidissent, soit après avoir terminé de brûler leur hydrogène, soit après avoir brûlé leur hélium (naines blanches). Les étoiles de masses voisines à M_{Ch} connaissent un épisode de détonation du carbone. Les étoiles de masses supérieures à M_{Ch}, connaissent les processus de brûlage nucléaire qui se terminent par la synthèse du fer. Le chauffage du cœur de fer conduit à un état hautement instable : effondrement ou explosion catastrophiques ou les deux sous forme de *supernova.* Les étoiles de très grandes masses deviennent plus rapidement instables dynamiquement à cause de la production de paires.

5.4 La théorie de la séquence principale (SP)

Nous allons retrouver des propriétés caractéristiques de la séquence principale, c'est-à-dire la relation masse-luminosité et la relation masse-rayon déduite des observations. Le *modèle linéaire* va nous permettre d'établir ces relations.

5.4.1 Le modèle linéaire

Considérons un profil très simple pour la densité du type :

$$\rho(r) = \rho_c(1 - \frac{r}{R}) \tag{5.68}$$

où R désigne le rayon de l'étoile et ρ_c la densité centrale. Un tel modèle, pour lequel on impose un profil de densité linéaire, est dit *modèle linéaire*. Bien sûr, une intégration rigoureuse du système des équations différentielles de la structure stellaire conduirait à un profil $\rho(r)$ plus compliqué. Cependant, l'intérêt du modèle linéaire est qu'il nous permet de résoudre analytiquement ce système d'équations. Il permet de comprendre comment les conditions régnant au centre dépendent des propriétés observables en surface : M, R et L. Il permet aussi d'établir simplement une relation entre les propriétés de surface, par exemple entre M et L et entre M et R.
L'équation de continuité nous permet d'abord de déterminer le profil de masse $m(r)$. En effet, on a :

$$\frac{dm}{dr} = 4\pi\rho_c r^2(1 - \frac{r}{R}) \tag{5.69}$$

ce qui s'intègre facilement pour donner :

$$m(r) = \frac{4\pi}{3}\rho_c r^3 - \pi\frac{\rho_c}{R}r^4 \tag{5.70}$$

Puisque $m(r = R) = M$, on trouve en particulier, l'expression de la densité centrale :

$$\rho_c = \frac{3}{\pi}\frac{M}{R^3} \tag{5.71}$$

ce qui permet de réécrire :

$$m(r) = M(4\frac{r^3}{R^3} - 3\frac{r^4}{R^4}) \tag{5.72}$$

On peut donc réécrire le profil de densité sous la forme :

$$\rho(r) = \frac{3M}{\pi R^3}(1 - \frac{r}{R}) \tag{5.73}$$

En utilisant l'équation d'équilibre hydrostatique, on peut intégrer le profil de pression pour trouver :

$$P(r) = P_c(1 - \frac{24}{5}\frac{r^2}{R^2} + \frac{28}{5}\frac{r^3}{R^3} - \frac{9}{5}\frac{r^4}{R^4}) \tag{5.74}$$

où la pression centrale vérifie :

$$P_c = \frac{5\pi}{36} G \rho_c^2 R^2 = \frac{5}{4\pi} G \frac{M^2}{R^4}$$

On vérifie que $P \to 0$ quand $r \to R$.
Pour trouver le profil de température, il faut se donner une équation d'état. On peut considérer le cas d'un gaz parfait classique où la pression est due au gaz et au rayonnement. Soit $\beta = \frac{P_{gaz}}{P_{tot}}$, nous considérons que β et μ ont des valeurs constantes sur tout l'intérieur de l'étoile, égales à leurs valeurs respectives au centre de l'étoile : $\beta = \beta_c$ et $\mu = \mu_c$. On a donc :

$$T(r) = \frac{\mu_c}{\mathcal{R}} \beta_c \frac{P(r)}{\rho(r)} \tag{5.75}$$

En développant en série $\rho^{-1}(r)$, il vient :

$$\begin{aligned} T(r) &= \frac{\mu_c}{\mathcal{R}} \beta_c \frac{5\pi}{36} G \rho_c R^2 (1 - \frac{24}{5} \frac{(r}{R)}^2 + \frac{28}{5} \frac{(r}{R)}^3 - \frac{9}{5} \frac{(r}{R)}^4) \\ &\times (1 + \frac{r}{R} + (\frac{r}{R})^2 + (\frac{r}{R})^3 + (\frac{r}{R})^4 + \cdots) \end{aligned}$$

soit

$$T(r) = T_c (1 + \frac{r}{R} - \frac{19}{5} (\frac{r}{R})^2 + \frac{9}{5} (\frac{r}{R})^3) \tag{5.76}$$

avec

$$T_c = \frac{5\pi}{36} \frac{G}{\mathcal{R}} \mu_c \beta_c \rho_c R^2 = \frac{5}{12} \frac{G}{\mathcal{R}} \mu_c \beta_c \frac{M}{R}$$

On vérifie que $T \to 0$ quand $r \to R$. Nous avons ainsi établi comment les grandeurs centrales ρ_c, P_c et T_c dépendent de la masse totale M et du rayon total R.
On peut aussi calculer l'énergie potentielle totale, E_p, de l'étoile dans le modèle linéaire :

$$\begin{aligned} E_p &= -4\pi G \int_0^R r m(r) \rho(r) \, dr \\ &= -\frac{26}{35} G \frac{M^2}{R} \end{aligned} \tag{5.77}$$

Remarquons que ce résultat est très similaire à l'énergie potentielle d'un polytrope d'indice n (chapitre 3) :

$$E_p = -\frac{3}{5-n} G \frac{M^2}{R}$$

On voit que le modèle linéaire correspond à un polytrope d'indice voisin de 1.

5.4.2 Valeurs moyennes

Nous cherchons maintenant les valeurs moyennes de la masse, $\langle m \rangle$, de la densité, $\langle \rho \rangle$, de la pression, $\langle P \rangle$ et de la température $\langle T \rangle$. Il faut intégrer les profils correspondants sur tout le rayon R de l'étoile et diviser le résultat par ce rayon. Ainsi, la masse moyenne s'exprime sous la forme :

$$\begin{aligned} \langle m \rangle &= \frac{1}{R}\int_0^R m(r)\, dr \\ &= \frac{M}{R}\int_0^R (4\frac{r^3}{R^3} - 3\frac{r^4}{R^4})\, dr \end{aligned} \qquad (5.78)$$

ce qui conduit à :

$$\langle m \rangle = \frac{2}{5}M \qquad (5.79)$$

On obtient, de manière identique, la densité moyenne :

$$\langle \rho \rangle = \frac{3}{2\pi}\frac{M}{R^3} \qquad (5.80)$$

Pour la pression moyenne, on trouve :

$$\langle P \rangle = \frac{11}{20\pi} G \frac{M^2}{R^4} \qquad (5.81)$$

On peut déterminer la température moyenne, $\langle T \rangle$, dans le cas où la pression de radiation est négligeable ($\beta \to 1$) en utilisant le profil $T(r)$ précédemment déterminé :

$$\langle T \rangle = \frac{41}{144}\frac{G}{\mathcal{R}}\langle \mu \rangle \frac{M}{R} \qquad (5.82)$$

où l'on a remplacé le poids moléculaire moyen central, μ_c, par la valeur moyenne $\langle \mu \rangle$.

Nous pouvons aussi trouver une relation entre la luminosité et la masse et le rayon en utilisant les valeurs moyennes que nous venons de calculer. Ecrivons le taux de production d'énergie nucléaire sous la forme :

$$\epsilon_{nuc} = \epsilon_0 \rho^\lambda T^\nu$$

avec $\lambda = 1$ pour la majorité des réactions nucléaires. On a donc :

$$\langle \frac{dL}{dr} \rangle = 4\pi\epsilon_0 r^2 \langle \rho \rangle^{\lambda+1} \langle T \rangle^\nu \qquad (5.83)$$

En intégrant sur tout le rayon, on trouve :

$$L = \frac{4\pi}{3}\epsilon_0 \langle \rho \rangle^{\lambda+1} \langle T \rangle^\nu R^3 \qquad (5.84)$$

ce qui conduit à l'expression suivante valable si la pression gazeuse domine :

$$L = \frac{4}{3}(\frac{3}{2})^{\lambda+1}(\frac{41}{144})^\nu \pi^{-\lambda}(\frac{G}{\mathcal{R}})^\nu \epsilon_0 \langle \mu \rangle^\nu \frac{M^{\lambda+\nu+1}}{R^{3\lambda+\nu}} \qquad (5.85)$$

En utilisant l'expression de la pression de radiation et en utilisant la valeur moyenne $\langle T \rangle$ trouvée ci-dessus, on peut établir une expression analogue dans le cas où la pression de radiation domine :

$$L = \frac{4\pi}{3}(\frac{3}{2\pi})^{\lambda+1}(\frac{33}{80\pi})^{\frac{\nu}{4}}(\frac{Gc}{\sigma})^{\frac{\nu}{4}}\epsilon_0\frac{M^{\lambda+\frac{\nu}{2}+1}}{R^{3\lambda+\nu}} \tag{5.86}$$

5.4.3 Relations Rayon-Masse, Luminosité-Masse

Nous cherchons à relier la luminosité et le rayon à la masse. Nous allons utiliser une autre expression de la luminosité totale en utilisant l'équation de transport de l'énergie, dans le cas où celui-ci se fait par le rayonnement (équation similaire à 3.129). On a alors :

$$\frac{dT}{dr} = -\frac{3}{64\pi\sigma}\kappa_0\rho^2 T^{-\frac{13}{2}}\frac{L(r)}{r^2} \tag{5.87}$$

On a représenté le coefficient d'opacité par :

$$\kappa = \kappa_0\rho T^{-\frac{7}{2}}$$

correspondant à une loi du type Kramers représentative des conditions moyennes à l'intérieur des étoiles de la séquence principale. On peut écrire :

$$\frac{dT}{dr} = \frac{dP}{dr}\frac{dT}{dP} = -G\frac{m\rho}{r^2}\frac{dT}{dP} \tag{5.88}$$

Supposons que le gaz est parfait et classique et que l'équilibre hydrostatique soit vérifié. On a l'équation d'état :

$$P = \frac{\mathcal{R}}{\mu}\rho T \tag{5.89}$$

Considérons, de plus, que l'étoile vérifie une relation polytropique :

$$P = K\rho^{\gamma} = K\rho^{\frac{(n+1)}{n}} \tag{5.90}$$

La pression est fonction de la température sous la forme :

$$P = (\frac{\mathcal{R}}{\mu})^{n+1}\frac{1}{K^n}T^{n+1} \tag{5.91}$$

On obtient donc

$$\frac{dT}{dr} = -\frac{G}{\mathcal{R}}\frac{\mu}{n+1}\frac{m}{r^2} \tag{5.92}$$

En égalant les équations 5.93 et 5.88, on arrive à l'expression du profil interne de luminosité :

$$L(r) = \frac{64\pi}{3}\frac{G\sigma}{\mathcal{R}}\frac{\mu m}{(n+1)\kappa_0}\rho^{-2}T^{\frac{13}{2}} \tag{5.93}$$

Remarquons que ce profil de luminosité dépend de la composition chimique par l'intermédiaire de μ.
Si c'est la pression de rayonnement qui assure l'équilibre hydrostatique, on a

$$P = \frac{4\sigma}{3c}T^4$$

ce qui conduit à

$$\frac{dT}{dr} = -\frac{3}{16}\frac{Gc}{\sigma}\frac{\rho}{T^3}\frac{m}{r^2} \tag{5.94}$$

En égalant les équations 5.95 et 5.88, on obtient pour $\beta \to 0$, l'expression :

$$L(r) = 4\pi Gc(\frac{1}{\kappa_0})m\rho^{-1}T^{\frac{7}{2}} \tag{5.95}$$

Dans ce cas, le profil de luminosité ne dépend pas de la composition chimique puisque la pression ne dépend pas de la composition chimique.
On peut maintenant passer aux valeurs moyennes. En utilisant les équations 5.94 et 5.96, on peut relier la luminosité à la masse et au rayon. Dans le cas où la pression gazeuse domine, on obtient une expression de la forme :

$$L = (\frac{41}{144})^{\frac{13}{2}}\frac{512\pi^3}{135}(\frac{G}{\mathcal{R}})^{\frac{15}{2}}\sigma\frac{\langle\mu\rangle^{\frac{15}{2}}}{(n+1)\kappa_0}\frac{M^{\frac{11}{2}}}{R^{\frac{1}{2}}} \tag{5.96}$$

Dans le cas où la pression de radiation domine, on obtient :

$$L = \frac{16\pi^2}{15}(\frac{33}{80\pi})^{\frac{7}{8}}(\frac{Gc}{\sigma})^{\frac{7}{8}}\frac{Gc}{\kappa_0}\frac{M^{\frac{7}{4}}}{R^{\frac{1}{2}}} \tag{5.97}$$

Dans le cas où la pression gazeuse domine, on peut égaler l'expression 5.97 à l'expression 5.86, en adoptant $\lambda = 1$. Cette égalité nous conduit à une relation entre le rayon total R et la masse totale M, dont on peut se servir pour obtenir une relation entre la luminosité et le rayon. La relation entre R et M peut s'écrire :

$$R \simeq [(n+1)\kappa_0\epsilon_0]^{\frac{2}{(2\nu+5)}}\langle\mu\rangle^{\frac{2\nu-15}{2\nu+5}}M^{\frac{2\nu-7}{2\nu+5}} \tag{5.98}$$

qui constitue *la relation théorique Masse-Rayon* (relation MR). En utilisant cette relation 5.99 dans 5.97 ou 5.98, on obtient une *relation théorique Masse-Luminosité* (relation ML) :

$$L \simeq [(n+1)\kappa_0]^{\frac{-(2\nu+6)}{(2\nu+5)}}\epsilon_0^{-\frac{1}{(2\nu+5)}}\langle\mu\rangle^{\frac{14\nu+45}{2\nu+5}}M^{\frac{10\nu+31}{2\nu+5}} \tag{5.99}$$

Nous remarquons que ces relations dépendent de l'exposant ν de la température dans le taux de production de l'énergie nucléaire. Cet exposant dépend du stade de combustion nucléaire ayant lieu (hydrogène, hélium,....) ainsi que du mode de combustion (chaîne PP ou bi-cycle CNO pour l'hydrogène).
Considérons le cas de la combustion de l'hydrogène dans les étoiles les moins

massives de la séquence principale ($M < 1.1M_\odot$). L'énergie nucléaire provient alors de la chaîne PP et on peut faire l'hypothèse $\beta \simeq 1$. Nous savons que $\nu \simeq 4$ convient assez bien pour ce type de combustion. On trouve alors :

$$R \simeq \langle\mu\rangle^{-0.54} M^{0.08} \tag{5.100}$$

$$L \simeq \langle\mu\rangle^{7.77} M^{5.46} \tag{5.101}$$

Pour les étoiles de masses supérieures, le bi-cycle CNO produit l'essentiel de l'énergie nucléaire. Dans ce cas, $\nu \simeq 18$ convient et on trouve :

$$R \simeq \langle\mu\rangle^{0.51} M^{0.71} \tag{5.102}$$

$$L \simeq \langle\mu\rangle^{7.24} M^{5.15} \tag{5.103}$$

Pour des étoiles encore plus massives, pour $\beta \rightarrow 0$ et toujours pour $\nu \simeq 18$, on a :

$$R \simeq M^{0.45} \tag{5.104}$$

$$L \simeq M^{1.52} \tag{5.105}$$

Comment ces relations se comparent elles à celles établies à partir des observations ? Pour la relation Masse-Rayon, on trouve un très bon accord avec la relation déduite des observations, dans le cas des étoiles plus massives que $1.1M_\odot$. Cependant, l'accord devient très mauvais pour les étoiles de masses inférieures à cette limite. Pour la relation Masse-Luminosité, la composition chimique intervient fortement et ceci quelque soit le mode de combustion de l'hydrogène. Pour cette relation, la dépendance avec la masse diffère beaucoup selon que l'équilibre hydrostatique est contrôlé par la pression gazeuse ou par la pression de rayonnement. Dans le cas $\beta \simeq 1$, l'exposant prédit est légèrement supérieur à la valeur observée et beaucoup trop faible pour $\beta \simeq 0$.

5.5 Evolution avant l'arrivée sur la séquence principale

Dans le problème de l'évolution stellaire, la première étape à comprendre est comment les étoiles se forment. On pense qu'elles se forment lors de la contraction d'un nuage interstellaire. S'il existe un grand nombre de données observationnelles sur les objets stellaires très jeunes, on est loin de disposer d'une théorie convaincante de la *formation stellaire.*

5.5.1 Evolution d'une protoétoile

Le théorème du Viriel nous permet de prédire qu'au fur et à mesure que le nuage se contracte, la moitié de l'énergie potentielle est convertie en rayonnement et l'autre moitié en énergie interne. L'énergie interne sert à ioniser et à dissocier les espèces présentes, c'est-à-dire l'hydrogène (atomique et moléculaire) et l'hélium. Nous pouvons estimer l'énergie, notée E_l, par unité de masse associée à ces processus d'ionisation et de dissociation. Par exemple, l'énergie totale nécessaire pour ioniser l'hélium est donnée par le produit du nombre d'atomes d'He par gramme, par la fraction en masse de He, par l'énergie d'ionisation de He. Ceci s'écrit :

$$E_l(He) = (\frac{N_0}{4})YE_{He}$$

où N_0 est le nombre d'Avogadro, Y la fraction en masse de He et E_{He} l'énergie d'ionisation de He. En raisonnant de la même manière pour H_2 et H, on peut exprimer E_l sous la forme :

$$E_l = N_0XE_H + \frac{1}{2}N_0XE_{H_2} + \frac{1}{4}N_0YE_{He} \tag{5.106}$$

où X est la fraction en masse d'hydrogène. En remplaçant par les valeurs respectives des énergies d'ionisation et en tenant compte du fait que $X+Y=1$ (on néglige le contenu en métaux : $Z=0$), on trouve que :

$$E_l \simeq 1.9 \times 10^{13}(1 - 0.2X) \tag{5.107}$$

en ergs g^{-1}. D'après le théorème du viriel, on a :

$$2U + E_p = 0 \tag{5.108}$$

soit :

$$2ME_l + E_p = 0$$

Exprimons l'énergie potentielle en utilisant un polytrope d'indice n. On a alors :

$$\frac{1}{2}\alpha\frac{M^2G}{R} = ME_l \tag{5.109}$$

En se servant de l'expression précédente de E_l (5.108), on peut exprimer le rayon :

$$\frac{R}{R_\odot} = \frac{43.2(\frac{M}{M_\odot})}{1 - 0.2X} \tag{5.110}$$

Ce rayon représente le rayon maximum d'une étoile en équilibre lorsqu'elle commence son évolution. Pour des rayons supérieurs, l'ionisation et la dissociation sont incomplètes. L'énergie potentielle n'est plus convertie en chaleur et donc la pression n'est plus suffisante pour arrêter l'effondrement. Une fois ce rayon atteint, la température centrale augmente. L'étoile peut être représentée par un polytrope d'indice n (ici $n = 1.5$ convient). On a donc :

$$\frac{3}{2}N_{tot}kT = E_p = ME_l$$

avec $N_{tot} = \frac{M}{\mu m_H}$. Ceci conduit à une température centrale :

$$T_c \simeq 3 \times 10^5 \mu (1 - 0.2X) \tag{5.111}$$

Cette valeur est bien inférieure à la température à laquelle les réactions thermonucléaires deviennent efficaces. La seule source d'énergie pour la protoétoile est la conversion d'énergie potentielle gravitationnelle en énergie thermique et en rayonnement.
Pour pouvoir fournir la luminosité observée, l'étoile doit se contracter. En effet, notons E_T, l'énergie totale de la protoétoile. Sa luminosité est :

$$L = \frac{dE_T}{dt} = \frac{1}{2}\alpha \frac{d}{dt}\frac{M^2 G}{R} = -\frac{\alpha}{2}\frac{M^2 G}{R}\frac{\dot{R}}{R} \tag{5.112}$$

Comme $L > 0$, on doit en effet avoir $\dot{R} < 0$ et l'étoile doit se contracter. L'échelle de temps de cette contraction est le rapport entre l'énergie perdue, ΔE, et la luminosité, L :

$$\Delta t = \frac{\Delta E}{L} \simeq -\frac{1}{2}\frac{\Delta \Omega}{L} \simeq \frac{M^2 G}{2RL} \tag{5.113}$$

ce qui peut encore s'écrire, en années :

$$\Delta t = 1.6 \times 10^7 (\frac{M}{M_\odot})^2 (\frac{R_\odot}{R})(\frac{L_\odot}{L})$$

Comme L est plutôt élevée, Δt est assez court.

5.5.2 Zone interdite d'Hayashi

Nous allons montrer que le chemin évolutif d'une protoétoile ne peut se trouver que dans certaines régions du diagramme HR. Considérons une étoile de masse M, entièrement convective du centre jusqu'à la photosphère. Nous décrivons cette étoile par un polytrope d'indice n, vérifiant une équation d'état du type :

$$P = K\rho^{1+\frac{1}{n}} \tag{5.114}$$

Rappelons que le coefficient K est relié à M et R par l'équation 10.261 :

$$K^n = C_n G^n M^{n-1} R^{3-n} \tag{5.115}$$

où C_n vérifie :

$$C_n = \frac{4\pi}{(n+1)^n} M_n^{n-1} R_n^{3-n}$$

Nous avons un paramètre libre, la valeur de R, qui peut être fixée, en écrivant en $r = R$, la liaison entre l'intérieur entièrement convectif et une photosphère radiative. L'équilibre hydrostatique s'écrit :

$$\frac{dP}{dr} = -\rho \frac{GM}{r^2} \tag{5.116}$$

On peut estimer la pression P_R , à la surface en $r = R$, en intégrant depuis $r = R$ jusqu'au point où la pression s'annule. Pour simplifier, nous intégrons jusqu'à $r \to \infty$. On obtient :

$$P_R = \frac{GM}{R^2} \int_R^\infty \rho \, dr \tag{5.117}$$

A la surface $r = R$, $T(r) \simeq T_{eff}$ et on a la relation :

$$L = 4\pi R^2 \sigma T_{eff}^4$$

Adoptons une profondeur optique moyenne de la photosphère voisine de 1. On a donc :

$$\int_R^\infty \kappa\rho \, dr = \langle\kappa\rangle \int_R^\infty \rho \, dr = 1$$

La quantité $\langle\kappa\rangle$ désigne l'opacité moyennée sur toute la photosphère. Nous pouvons estimer $\langle\kappa\rangle$, en écrivant qu'elle représente la valeur de l'opacité en $r = R$. Nous pouvons l'exprimer sous forme d'une loi en puissance de la densité à la surface, ρ_R, et la température T_{eff} :

$$\kappa = \kappa_0 \rho_R^a T_{eff}^b \tag{5.118}$$

On doit donc avoir la condition :

$$\kappa_0 \rho_R^a T_{eff}^b \int_0^\infty \rho \, dr = 1 \tag{5.119}$$

En combinant les équations 5.118 et 5.120, nous obtenons :

$$P_R = \frac{GM}{R^2 \kappa_0} \rho_R^{-a} T_{eff}^{-b} \tag{5.120}$$

Nous adoptons une équation d'état du type gaz parfait avec une pression de radiation négligeable, que nous écrivons :

$$P_R = \frac{\mathcal{R}}{\mu} \rho_R T_{eff}$$

Nous arrivons ainsi à un ensemble de quatre équations qui ont toutes la forme de produits de puissances de quantités physiques. Ces quatres équations peuvent être écrites sous forme logarithmique. Celle du gaz parfait s'écrit :

$$\log P_R = \log \rho_R + \log T_{eff} + C_1 \tag{5.121}$$

L'équation de Stefan-Boltzman s'écrit :

$$\log L = 2 \log R + 4 \log T_{eff} + C_2 \tag{5.122}$$

L'équation 12.121 s'écrit

$$\log P_R = \log M - 2 \log R - a \log \rho_R - b \log T_{eff} + C_3 \tag{5.123}$$

et l'équation polytropique s'écrit :

$$n \log P_R = (n-1)\log M + (3-n)\log R + (n+1)\log \rho_R + C_4 \quad (5.124)$$

En éliminant $\log R$, $\log \rho_R$ et $\log P_R$, nous obtenons une relation entre $\log L$, $\log T_{eff}$ et $\log M$ qui a la forme :

$$\log L = A \log T_{eff} + B \log M + C_5 \quad (5.125)$$

avec

$$A = \frac{(7-n)(a+1) - 4 - a + b}{0.5(3-n)(a+1) - 1}$$

et

$$B = -\frac{(n-1)(a+1) + 1}{0.5(3-n)(a+1) - 1}$$

qui représente une droite dans le diagramme ($\log L$, $\log T_{eff}$) pour chaque masse. Cette droite porte le nom de chemin d'Hayashi. Ce chemin ne représente pas un chemin évolutif à proprement parler dans le diagramme HR mais plutôt une asymptote à un chemin évolutif.
Pour simplifier, nous adoptons dans ce qui suit $a = 1$. L'exposant b peut prendre des valeurs variées, en général positives. Les coefficients A et B se réécrivent :

$$A = \frac{9 - 2n + b}{2 - n}$$

et

$$B = -\frac{2n - 1}{2 - n}$$

D'autre part pour des raisons de stabilité dynamique $1.5 \leq n < 3$. Pour $b = 4$ et $n = 1.5$, valeurs typiques pour des températures basses, on trouve $A = 20$ c'est-à-dire une pente très élevée. La courbe est donc pratiquement verticale. On peut montrer que la zone se trouvant sur la droite du chemin d'Hayashi est une zone interdite pour la protoétoile

5.6 Evolution sur la séquence principale

5.6.1 La séquence principale d'Age Zéro

Dans le diagramme HR théorique où la luminosité est représentée en fonction de la température effective, la *séquence principale d'âge zéro* correspond aux étoiles à l'équilibre hydrostatique, de composition chimique homogène et qui viennent de démarrer la combustion de l'hydrogène. Les étoiles brûlant l'hydrogène par la chaîne PP peuplent le bas de la SP et ont des températures centrales, T_c, comprises entre 3.3×10^6 K et 2×10^7 K. Celles brûlant l'hydrogène par le bi-cycle CNO occupent le haut de la SP. Leurs températures centrales

sont comprises entre 1.2×10^7 K et 5×10^7 K. Ces deux types d'étoiles ont des structures différentes parce que les processus nucléaires ont des dépendances en températures différentes. Pour le bi-cycle CNO, le génération d'énergie, ϵ, est très sensible à la température. En conséquence, les étoiles fonctionnant au bi-cycle CNO ont tendance à avoir un cœur convectif. En effet, le cœur nucléaire dans ces étoiles doit être très limité autour du centre, ce qui conduit à des gradients radiatifs de température élevés. Le cœur devient convectif de manière à réduire ce gradient de température. Pour la chaîne PP, le taux de génération d'énergie est beaucoup moins sensible à la température. Les gradients de température sont alors plus modérés et le transport radiatif est possible.
Les étoiles du haut de la séquence principale diffèrent aussi de celles du bas par la structure de leurs intérieurs. Dans les étoiles du bas de la SP, des zones d'ionisation de l'hydrogène sont présentes. Elles réduisent l'exposant adiabatique et des régions convectives se développent. Dans les étoiles du haut de la SP, les zones d'ionisation se situent très en surface et leurs intérieurs sont stables radiativement.

5.6.2 Evolution sur la séquence principale

Sur la séquence principale, les étoiles évoluent très lentement, l'échelle de temps nucléaire étant de l'ordre de 10^{10} ans pour le Soleil. A chaque instant, ces étoiles peuvent être représentées par un modèle statique. Cependant, la composition chimique change progressivement à cause des processus thermonucléaires. Le cœur nucléaire s'appauvrit progressivement en hydrogène et s'enrichit en hélium. Cette altération de la composition chimique rend nécessaire le calcul d'une nouvelle structure statique. La lente évolution de l'étoile sur la SP est représentée par la succession de ces modèles statiques.
Nous pouvons écrire de manière simplifiée l'équation d'évolution des abondances en hydrogène, $X(t)$, et en hélium, $Y(t)$. Supposons pour simplifier que, seules les équations d'évolution de $X(t)$ et $Y(t)$ soient nécessaires pour calculer un modèle statique à un instant t. Pour l'hydrogène, l'abondance X est diminuée par la chaîne PP ou le bi-cycle CNO. Pour la chaîne PP, une énergie $Q_{pp} \simeq 26.74$ MeV est libérée chaque fois que quatres noyaux d'hydrogène sont convertis en un noyau d'hélium. L'énergie libérée, par gramme d'hydrogène transformé, est donc :

$$E_{pp} = \frac{Q_{pp}}{4m_H}$$

Si on note ϵ_{pp}, le taux de génération d'énergie par la chaîne PP, alors la masse d'hydrogène transformée est :

$$\frac{dX}{dt} = -\frac{4\epsilon_{pp} m_H}{Q_{pp}} = -\frac{\epsilon_{pp}}{E_{pp}} \tag{5.126}$$

On peut écrire de la même façon pour le bi-cycle CNO :

$$\frac{dX}{dt} = -\frac{\epsilon_{CN}}{E_{CN}} \tag{5.127}$$

et d'une manière générale :

$$\frac{dX}{dt} = -\frac{\epsilon_{pp}}{E_{pp}} - \frac{\epsilon_{CN}}{E_{CN}} \tag{5.128}$$

Pour les étoiles de faible masse ($T_c < 2 \times 10^7$ K), le premier terme l'emporte. Pour les étoiles plutôt massives ($T_c > 2 \times 10^7$ K), le second terme l'emporte. Cette équation d'évolution de $X(t)$ doit être ajoutée aux équations de la structure statique pour calculer la séquence évolutive.
On peut représenter approximativement la combustion de l'hélium par une équation similaire. Il faut tenir compte de sa destruction par le processus triple-alpha et de sa création par la combustion de H. On écrira donc :

$$\frac{dY}{dt} = -\frac{\epsilon_{3\alpha}}{E_{3\alpha}} - \frac{dX}{dt} \tag{5.129}$$

Pour calculer l'évolution sur la SP, on commence donc par calculer un modèle initial. Ce modèle est chimiquement homogène, c'est-à-dire que X et Y ont des valeurs constantes en tout point de l'étoile. Le calcul de la structure de ce modèle initial sert à estimer les variations d'abondances de l'hydrogène et de l'hélium :

$$\Delta X = (\frac{dX}{dt})\Delta t$$

et

$$\Delta Y = (\frac{dY}{dt})\Delta t$$

pendant un intervalle de temps Δt à chaque point dans l'étoile. Une nouvelle composition, $X' = X + \Delta X$ et $Y' = Y + \Delta Y$, est ainsi obtenue. Elle sert de départ pour le calcul d'une nouvelle structure statique et ainsi de suite. Dans un modèle aussi simplifié, on fait généralement l'hypothèse que la masse de l'étoile reste constante.

5.6.3 Résultats des calculs évolutifs pour le bas de la SP

Ces étoiles ont typiquement une masse inférieure à 2 $M_\odot$ et des températures centrales inférieures à 2×10^7 K. En première approximation l'évolution de ces étoiles peut être représentée par celle du Soleil.
Lorsqu'elles atteignent la SP, ces étoiles développent des cœurs radiatifs entourés d'enveloppes convectives qui s'étendent jusqu'à la base de la photosphère. La taille du cœur diminue avec la masse. Le cœur est initialement

homogène chimiquement.
Les pertes d'énergie par rayonnement de l'étoile sont compensées par l'apport d'énergie des réactions nucléaires. Ces dernières ont lieu sur l'échelle de temps nucléaire, qui est à peu près 10^{16} fois supérieure à l'échelle de temps dynamique. L'étoile est donc capable de réajuster sa structure, de manière quasistatique, à l'appauvrissement lent et progressif de l'hydrogène dans le cœur. Au fur et à mesure que l'hydrogène est utilisé, le taux de production, ϵ, qui est approximativement proportionnel à $\rho X^2 T^n$, diminue avec X, à moins que ρ, T ou les deux n'augmentent. Une diminution de ϵ entraîne une baisse de la pression donc l'étoile aura tendance à se contracter en augmentant ρ. En vertu du théorème du Viriel, une partie de l'énergie potentielle libérée sert à augmenter la température et l'autre partie s'échappe sous forme de rayonnement. La température et la densité augmentent donc à la fois, ce qui a pour effet de réaugmenter le taux de production d'énergie. De plus, le rayon du cœur et de l'enveloppe augmentent. L'augmentation de la température effective est modeste à cause de la petite variation de rayon. L'étoile tend donc à se déplacer sur la SP vers des températures légèrement supérieures et des luminosités plus élevées. Pour une étoile comme le Soleil, l'évolution que nous venons de décrire dure à peu près la moitié du séjour sur la SP soit 4.3×10^9 ans. A la fin de cette période, la structure de l'étoile est celle représentée dans la figure 5.7, où sont représentées $X(r)$, $L(r)$, $T(r)$, $\rho(r)$ et r en fonction de la fraction de masse, $\frac{m(r)}{M}$. On voit que 90% de la masse se situe à l'intérieur de la sphère de rayon $r = 0.5R$. La réduction en hydrogène $(X < 1)$ a lieu dans la région vérifiant $r \leq 0.3R$. La combustion de l'hydrogène a donc lieu dans une région centrale occupant à peu près un tiers du rayon stellaire.

Au fur et à mesure que l'étoile évolue sur la SP, son contenu en hydrogène diminue et le cœur s'enrichit en hélium pour finalement devenir un cœur d'hélium pur, entouré par une couche où l'hélium brûle. Pour une étoile de type solaire, la structure après 9.2×10^9 ans est représentée dans la figure 5.8.

La région, où $r \leq 0.03R$, contient uniquement de l'hélium $(X = 0)$. La combustion de l'hydrogène a lieu dans une région intermédiaire comprise entre 0.03 R et 0.3 R. On voit que le taux de combustion, $\epsilon = \frac{dL}{dm}$, qui est proportionnel à la pente de la courbe $L(m)$ est bien supérieur à ce qu'il était dans la figure précédente.

5.6.4 Résultats des calculs pour le haut de la SP

Pour des températures centrales supérieures à 2×10^7 K, la combustion de l'hydrogène a lieu via le cycle CN et le bi-cycle CNO dans un cœur convectif. Les cœurs de ces étoiles étant convectifs, leur composition chimique est donc à peu près uniforme. Au centre, la combustion de H s'effectue beaucoup plus rapidement qu'à la périphérie du cœur mais cette différence n'entraîne pas de gradient de composition chimique appréciable. Dans les étoiles de masses

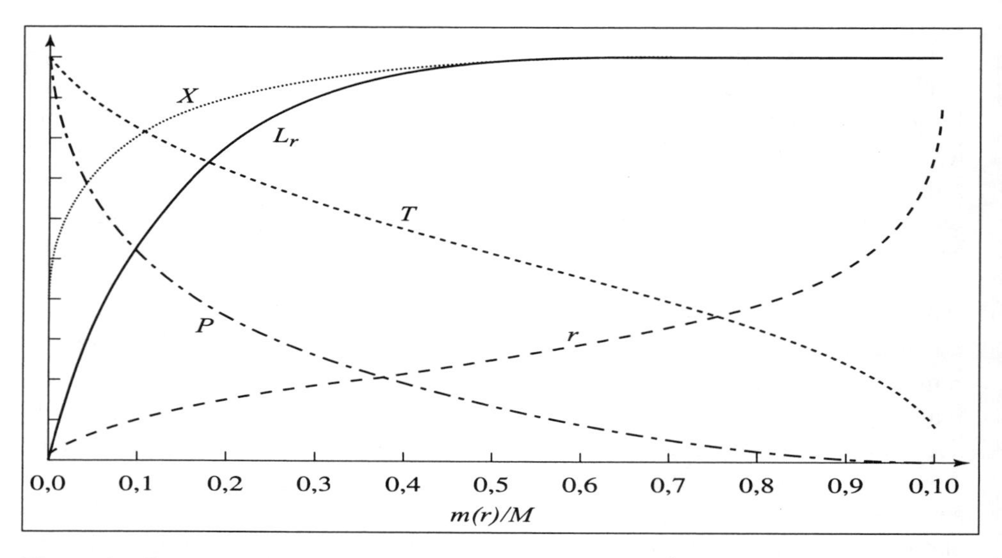

Fig. 5.7- *Structure d'une étoile de 1 $M_\odot$ après 4.3×10^9 ans adapté de Bowers & Deeming [18]*

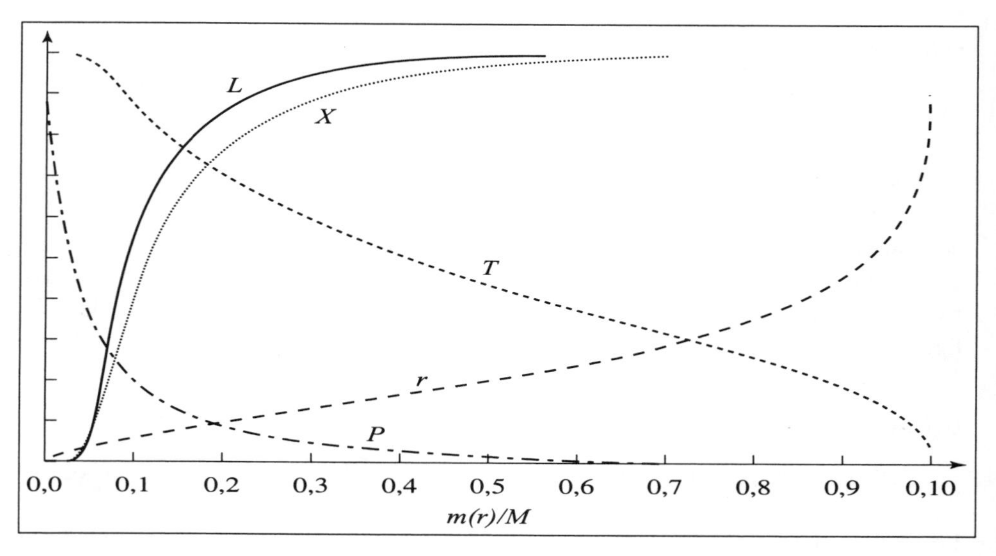

Fig. 5.8- *Structure d'une étoile de 1 $M_\odot$ après 9.2×10^9 ans d'après Bowers & Deeming [18]*

intermédiaires, l'opacité de Kramers domine. Pour les masses plus élevées, la diffusion électronique l'emporte. Pour les étoiles les plus massives, la pression dûe au rayonnement devient importante. Elle tend à réduire les indices adiabatiques et donc l'occurrence de la convection.
Le taux de production d'énergie pour les étoiles du haut de la SP peut être mis sous la forme :

$$\epsilon \simeq \rho X Z_{CNO} T^n$$

où Z_{CNO} représente la fraction en masse de C, N et O nécessaire aux réactions spécifiques du cycle CNO. A la différence de la chaîne PP, la dépendance en X est linéaire au lieu d'être quadratique et l'exposant ν vaut typiquement 18. Une diminution de X a donc moins d'effet sur le taux de production d'énergie pour les étoiles du haut de la SP. Leurs cœurs nucléaires n'ont pas besoin de se contracter autant que ceux des étoiles du bas de la SP pour maintenir la production d'énergie. Lorsque la masse augmente, R, L, T_{eff} et T_c augmentent, mais ρ_c diminue.
Pour les étoiles de population I, la transition entre l'opacité de Kramers et la diffusion électronique a lieu environ vers $M = 3M_\odot$. En utilisant le modèle linéaire, il est possible de déduire la forme des relations liant respectivement la masse et le rayon, la masse et la luminosité, la température effective et la masse, la température centrale et la masse et la densité centrale et la masse, pour chacune de ces opacités. Le lecteur intéressé en trouvera la démonstration dans Bowers & Deeming [18]. Elles sont données ci-après. Pour l'opacité de Kramers et un cycle CNO avec $\nu = 18$, on a :

$$\frac{R}{R_\odot} = 0.451\mu^{0.395}(\frac{M}{M_\odot})^{0.697}$$

$$\frac{L}{L_\odot} = 43.5\mu^{7.3}(\frac{M}{M_\odot})^{5.18}$$

$$T_{eff} = 2.34 \times 10^4 \mu^{1.63}(\frac{M}{M_\odot})^{0.871}$$

$$T_c = 1.98 \times 10^7 \mu^{0.606}(\frac{M}{M_\odot})^{0.364}$$

$$\rho_c = 65.8\mu^{-0.455}(\frac{M}{M_\odot})^{-0.909}$$

Lorsque la diffusion électronique domine, la luminosité et la température effective dépendent moins de la masse :

$$\frac{R}{R_\odot} = 0.454\mu^{0.588}(\frac{M}{M_\odot})^{0.765}$$

$$\frac{L}{L_\odot} = 112\mu^4(\frac{M}{M_\odot})^3$$

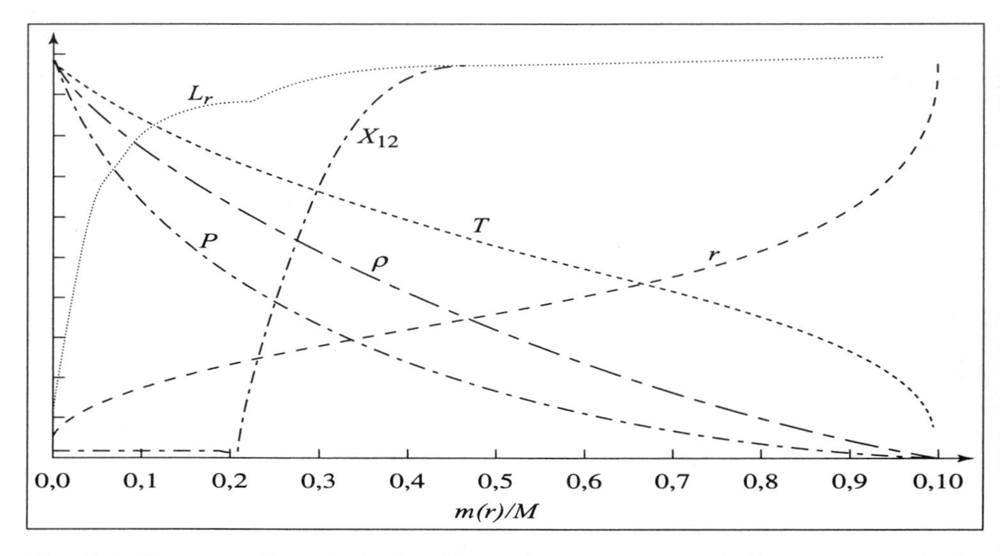

Fig. 5.9- *Structure d'une étoile de 5 $M_\odot$ après son arrivée sur la Séquence Principale d'après Bowers & Deeming [18]*

$$T_{eff} = 2.77 \times 10^4 \mu^{0.706} (\frac{M}{M_\odot})^{0.368}$$

$$T_c = 2.12 \times 10^7 \mu^{0.412} (\frac{M}{M_\odot})^{0.235}$$

$$\rho_c = 60.3 \mu^{-1.765} (\frac{M}{M_\odot})^{-1.294}$$

Ces relations sous-estiment les rayons des étoiles sur la Séquence Principale d'Age Zéro (c'est aussi le cas pour les étoiles du bas de la SP). Par exemple, pour une étoile de masse $M = 5M_\odot$, des modèles précis conduisent à $R = 2.4R_\odot$,alors que le modèle linéaire prédit seulement $R = 1.19R_\odot$. Par contre, les prédictions sur T_c et ρ_c sont assez bonnes. La figure 5.9 montre la structure interne d'une étoile de 5 $M_\odot$ juste après son arrivée sur la SP. Au voisinage de $\frac{m(r)}{M} \simeq 0.2$, la contribution additionnelle à la luminosité est due à la combustion du carbone en-dehors du cœur.

Lorsque la combustion nucléaire a diminué X jusqu'à 0.05, le taux de production d'énergie ne peut plus soutenir le cœur qui commence à se contracter. Ceci marque la fin du séjour de l'étoile sur la séquence principale. A la différence des étoiles de masses proches de la masse solaire, les étoiles de 5 $M_\odot$ n'ont pas une couche épaisse de combustion de H.

Les tableaux 5.1 et 5.2 présentent une synthèse des propriétés des modèles d'âge zéro pour toute la SP. La luminosité, la température effective, le rayon (noté R_{10} en unités 10^{10} cm), la masse, la température centrale (en unités 10^6 K), la densité centrale et la pression centrale y sont présentés en unités CGS.

La quantité q_c représente le pourcentage en masse d'un éventuel *cœur convectif.* Par exemple, pour un modèle de masse $M = 60M_\odot$, 73 % de la masse est convective à partir du centre. La quantité q_{env}, représente la fraction de la masse comprise dans une enveloppe [2] totalement ou partiellement convective. Cette fraction de la masse est mesurée à partir de la surface jusqu'à une profondeur où la convection cesse. On voit par exemple que pour le modèle numéro 16 ($M = 1M_\odot$, modèle solaire), les 0.35% extérieurs de la masse sont entièrement convectifs, ce qui correspond à 17% du rayon solaire. Un zéro dans cette colonne signifie qu'il n'y a pas de convection dans l'enveloppe. Un "neg" signifie qu'une fraction négligeable de l'enveloppe est convective.

No	$\frac{M}{M_\odot}$	(X,Y)	$\log\frac{L}{L_\odot}$	$\log T_{eff}$	R_{10}
1	60	(0.74,0.24)	5.701	4.683	70.96
2	40	(0.74,0.24)	5.345	4.642	56.89
3	30	(0.74,0.24)	5.066	4.606	48.53
4	20	(0.74,0.24)	4.631	4.547	38.73
5	15	(0.74,0.24)	4.292	4.498	32.89
6	10	(0.74,0.24)	3.772	4.419	25.94
7	7	(0.74,0.24)	3.275	4.341	20.99
8	5	(0.74,0.24)	2.773	4.259	17.18
9	3	(0.74,0.24)	1.951	4.118	12.76
10	2	(0.74,0.24)	1.262	3.992	10.30
11	1.75	(0.74,0.24)	1.031	3.948	9.683
12	1.50	(0.74,0.24)	0.759	3.892	9.141
13	1.30	(0.74,0.24)	0.496	3.834	8.831
14	1.20	(0.74,0.24)	0.340	3.800	8.650
15	1.10	(0.74,0.24)	0.160	3.771	8.035
16	1.00	(0.74,0.24)	-0.042	3.752	6.934
17	0.90	(0.74,0.24)	-0.262	3.732	5.902
18	0.75	(0.73,0.25)	-0.728	3.659	4.834
19	0.60	(0.73,0.25)	-1.172	3.594	3.908
20	0.50	(0.70,0.28)	-1.419	3.553	3.553
21	0.40	(0.70,0.28)	-1.723	3.542	2.640
22	0.30	(0.70,0.28)	-1.957	3.538	2.054
23	0.20	(0.70,0.28)	-2.238	3.533	1.519
24	0.10	(0.70,0.28)	-3.023	3.475	0.805
25	0.08	(0.70,0.28)	-3.803	3.327	0.650

Tab. 5.1- *Propriétés des modèles de la ZAMS (Zero Age Main Sequence)*

[2]l'enveloppe est généralement comprise comme étant la région s'étendant de la photosphère jusqu'à un point de l'intérieur, de manière à contenir 1% de la masse stellaire

No	$\frac{M}{M_\odot}$	T_c	ρ_c	$\log P_c$	q_c	q_{env}
1	60	39.28	1.93	16.22	0.73	0
2	40	37.59	2.49	16.26	0.64	0
3	30	36.28	3.05	16.29	0.56	0
4	20	34.27	4.21	16.37	0.46	0
5	15	32.75	5.48	16.44	0.40	0
6	10	30.48	8.33	16.57	0.33	0
7	7	28.41	12.6	16.71	0.27	0
8	5	26.43	19.0	16.84	0.23	0
9	3	23.47	35.8	17.06	0.18	0
10	2	21.09	47.0	17.21	0.13	neg
11	1.75	20.22	66.5	17.25	0.11	neg
12	1.50	19.05	76.7	17.28	0.07	neg
13	1.30	17.66	84.1	17.28	0.03	neg
14	1.20	16.67	85.7	17.26	0.01	10^{-7}
15	1.10	15.57	84.9	17.22	0	5×10^{-5}
16	1.00	14.42	82.2	17.17	0	0.0035
17	0.90	13.29	78.5	17.11	0	0.020
18	0.75	10.74	81.5	-	0	-
19	0.60	9.31	79.1	-	0	-
20	0.50	9.04	100	17.10	0	-
21	0.40	8.15	104	17.04	0	-
22	0.30	7.59	107	17.05	$\star$	1
23	0.20	6.53	180	17.24	$\star$	1
24	0.10	4.51	545	17.68	$\star$	1
25	0.08	3.30	775	17.83	$\star$	1

Tab. 5.2- *Propriétés des modèles de la ZAMS (suite)*

L'examen de la sixième colonne du tableau 5.2 confirme qu'une partie importante de l'intérieur de ces étoiles massives est convective. Nous avons vu que pour le cycle CNO, le taux de production de l'énergie dépend de T^n (avec $n \simeq 15$) et donc augmente rapidement au centre de l'étoile où les températures sont élevées. Si la puissance est transportée par rayonnement, le gradient de température doit être très élevé et négatif. Ceci donne lieu à une situation instable : la matière est déplacée vers le haut adiabatiquement, elle se trouve alors plus légère que son voisinage et continue à monter. Un mouvement convectif s'installe ainsi où le transport de l'énergie est contrôlé par des éléments chauds de gaz ascendants et des éléments froids descendants. La convection transporte alors pratiquement toute la puissance à travers le cœur stellaire dans les étoiles massives.
Lorsqu'on descend la SP vers les étoiles les moins massives, la taille du cœur convectif diminue et celui-ci disparaît pour une masse $M = 1.2M_\odot$. Graduellement, le cycle CNO devient moins important que la chaîne PP pour générer l'énergie. Pour $M = 1.2M_\odot$, les couches extérieures de l'étoile deviennent convectives parce que l'opacité due à l'hydrogène et l'hélium y devient particulièrement élevée. L'augmentation d'opacité rend difficile le transport de l'énergie par rayonnement et le gaz devient convectivement instable. En dessous de $0.3M_\odot$ sur la ZAMS, l'étoile devient entièrement convective. Ces étoiles du bas de la SP sont peu lumineuses, froides et denses. Le gaz ne peut pas y être assimilé à un gaz parfait, l'opacité y est dûe à des transitions radiatives moléculaires encore mal connues.

5.7 Evolution après la séquence principale

Le temps nécessaire à une étoile pour évoluer par les différentes étapes qui suivent la séquence principale est court comparé à sa durée de vie totale. L'évolution post-SP est une phase compliquée de la vie de l'étoile où il y a interaction entre les différentes parties de l'étoile. Au fur et à mesure qu'on s'éloigne de la SP, il devient difficile de prédire précisément le comportement de l'étoile, en partie parce que les effets dynamiques deviennent plus importants. Nous allons d'abord nous intéresser aux étapes qui suivent immédiatement la SP jusqu'au brûlage de l'hélium dans le cœur. A ce stade, deux phénomènes importants apparaissent. Des inhomogénéités de composition chimique apparaissent. D'autre part, le brûlage nucléaire peut avoir lieu en couche en dehors du cœur. On parle alors de couche active. Si la température d'une telle couche diminue, la production d'énergie nucléaire peut y cesser et la couche devient inactive. Ces couches actives ou inactives ont en général lieu là où la composition chimique change.

5.7.1 Inhomogénéité de la composition chimique

Sur la séquence principale, un cœur d'hélium se forme et il est entouré par une enveloppe riche en hydrogène. La température dans le cœur n'est pas suffisante pour que la fusion de l'hélium commence. Nous allons explorer certains des phénomènes physiques associés à l'inhomogénéité de composition chimique et étudier leur effet sur l'évolution stellaire. Nous allons en particulier justifier trois résultats :

- une composition inhomogène conduit à une condensation centrale dans l'étoile plus élevée
- la position d'une couche de brûlage reste à peu près la même lorsqu'une étoile évolue
- un mouvement d'expansion ou de contraction s'inverse au niveau de chaque couche de brûlage active mais ne se modifie pas au niveau des couches inactives

Le premier point peut se justifier qualitativement comme suit. Pour tous les processus de combustion nucléaire, le poids moléculaire du produit formé est supérieur à celui du produit de départ (par exemple $\mu(He) = \frac{4}{3}$ alors que $\mu(H) = \frac{1}{2}$). L'apparition d'inhomogénéités de composition chimique conduit donc à une augmentation de la densité centrale du cœur. La masse y est plus concentrée. Le troisième point implique que le rayon d'une étoile ayant une seule couche active augmente si le cœur se contracte. Pour une étoile ayant deux couches actives, le rayon diminue.

5.7.2 Condensation centrale

Le rapport de la densité, $\rho(r)$ au point r, à la densité moyenne de la matière, $\langle\rho(r)\rangle$, contenue dans la sphère de rayon r est une bonne mesure du degré de concentration de la matière vers le centre. Notons U le rapport :

$$U = 3\frac{\rho(r)}{\langle\rho(r)\rangle} \tag{5.130}$$

où $\langle\rho(r)\rangle = \frac{3m(r)}{4\pi r^3}$. On voit que U n'a pas de dimension. Posons $q = \frac{m(r)}{M}$, la fraction en masse. Il est facile de montrer que

$$U = \frac{d\ln m(r)}{d\ln r} = \frac{d\ln q}{d\ln r} \tag{5.131}$$

Etudions maintenant le comportement de ρ, P et T à l'interface entre deux régions de compositions chimiques différentes. Prenons l'exemple de l'interface entre le cœur d'hélium et une enveloppe d'hydrogène pour une étoile qui n'a pas de couche de brûlage active. Si l'étoile est en équilibre hydrostatique et thermique, T et P doivent être continues à l'interface entre les deux milieux. Notons par l'indice "c" les grandeurs dans le cœur d'hélium et par l'indice "e" celles dans l'enveloppe (figure 5.10).

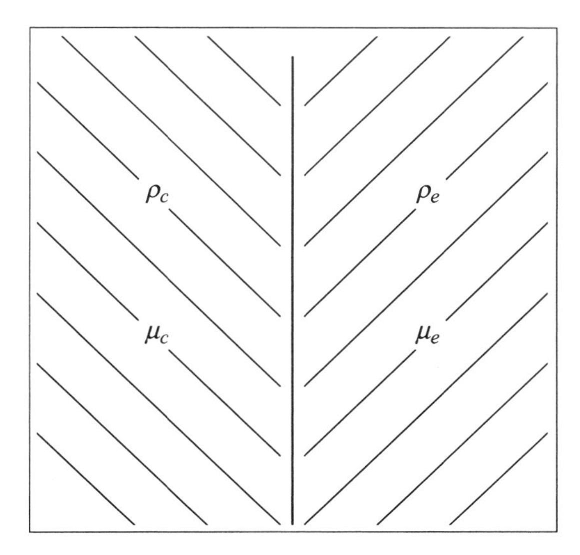

Fig. 5.10- *Discontinuité de composition chimique entre un cœur d'hélium (à droite) et une enveloppe riche en hydrogène*

Puisque le gaz vérifie la loi du gaz parfait, on doit avoir à l'interface :

$$P_c = \frac{\rho_c k T_c}{\mu_c} = P_e = \frac{\rho_e k T_e}{\mu_e} \tag{5.132}$$

ce qui implique

$$\frac{\rho_c}{\mu_c} = \frac{\rho_e}{\mu_e} \tag{5.133}$$

Comme $\mu_c > \mu_e$, on a $\rho_c > \rho_e$. D'autre part, $\langle \rho(r) \rangle$ est continue à l'interface, la discontinuité en $\rho(r)$ implique donc une discontinuité en U :

$$\frac{U_c}{\mu_c} = \frac{U_e}{\mu_e} \tag{5.134}$$

5.7.3 Caractéristiques des zones de brûlage en couche

Considérons une couche de brûlage active séparant le cœur d'une enveloppe et située à une distance r_s du centre. On suppose de plus que l'essentiel de la masse de l'enveloppe se situe au voisinage de l'interface entre le cœur et l'enveloppe. Montrons que la position r_s de cette couche tend à rester stable au cours du temps.

On suppose que le gaz vérifie la loi du GP et que l'enveloppe peut être représentée par une relation polytropique de la forme $\rho = KT^n$. On a d'une part :

$$\frac{dP}{dr} = \frac{dP}{dT}\frac{dT}{dr} = \frac{dT}{dr}\left(\frac{d}{dT}\frac{\rho k T}{\mu m_H}\right) = \frac{k\rho(n+1)}{\mu m_H}\frac{dT}{dr} \tag{5.135}$$

D'autre part, d'après l'équation d'équilibre hydrostatique, on a :

$$\frac{dP}{dr} = -\frac{G\rho(r)m(r)}{r^2} \tag{5.136}$$

avec $m(r) = M_c$ au niveau $r = r_s$. On a donc

$$-\frac{\rho(r)GM_c}{r^2} = \frac{(n+1)k}{\mu m_H}\rho(\frac{dT}{dr})_{r_s} \tag{5.137}$$

On en déduit facilement T_s, la température dans la couche de brûlage à $r \simeq r_s$

$$T_s = \frac{GM_c\mu m_H}{k(n+1)}\frac{1}{r_s} + C_1 \tag{5.138}$$

où C_1 est une constante. On voit que T_s varie comme r_s^{-1}. Si le rayon r_s diminue, c'est-à-dire si la couche de brûlage se déplace vers l'intérieur, T_s augmente. Le taux de production de l'énergie ϵ, qui varie comme T^n, augmente ce qui augmente la pression sur l'enveloppe. Celle ci se déplace donc vers l'extérieur, ce qui tend à diminuer T_s. Un nouvel état d'équilibre est atteint. On pourrait raisonner de la même façon dans le cas d'un déplacement vers l'extérieur de la couche de brûlage et montrer qu'à nouveau on tend vers un état d'équilibre. Au cours de l'évolution de l'étoile, T_s tend à augmenter mais M_c augmente aussi et donc r_s tend à rester fixe. Pour une étoile de une masse solaire, la couche reste pratiquement à $r_s \simeq 0.03R_\odot$ lorsque l'étoile quitte la Séquence Principale jusqu'à la branche des géantes.
Nous présentons maintenant brièvement les résultats des calculs des modèles d'évolution pour des étoiles de masses différentes.

5.7.4 Evolution des étoiles de masses intermédiaires

On comprendra ici des étoiles dont la masse est comprise entre 2.3 $M_\odot$ et 9 $M_\odot$. Tous les auteurs ne s'accordent d'ailleurs pas sur ces valeurs limites. La figure 5.11 montre le chemin évolutif pour une étoile de masse $5M_\odot$ depuis la SP jusqu'à la branche asymptotique des géantes. Les différentes phases de l'évolution de cette étoile, ainsi que leurs durées, sont reportées dans le tableau 5.3. L'évolution jusqu'au sommet de la branche des géantes se passe comme décrit au paragraphe précédent. Cependant, la luminosité atteinte n'est pas en général aussi élevée que pour une étoile de masse solaire. Lorsque la fusion de l'hélium commence, le cœur s'étend et l'enveloppe se contracte. L'étoile descend la branche des géantes rouges vers des luminosités plus basses et se déplace vers des températures effectives plus élevées. A ce stade, le brûlage en couche de l'hydrogène contribue encore à plus de 70% de la luminosité totale. La fusion de l'hélium continuant, le cœur se contracte à nouveau et l'enveloppe s'étend conduisant à une évolution vers des températures moins élevées. Ceci continue jusqu'à ce que l'hélium soit épuisé dans le cœur qui est alors composé de

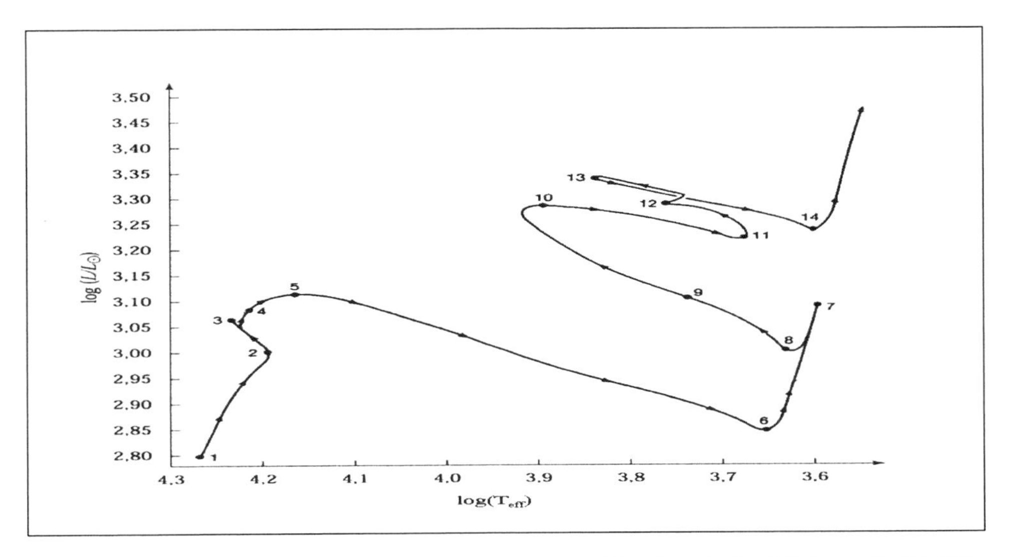

Fig. 5.11- *Chemin évolutif pour une étoile de* $5M_{\odot}$ *depuis la SP jusqu'à l'AGB adapté de Bowers & Deeming [18]*

carbone, oxygène et d'éléments lourds. Comme pour l'hydrogène, l'épuisement de l'hélium dans le cœur est suivi par l'apparition d'une couche de fusion de l'hélium. La structure de l'étoile ressemble alors à celle de la figure 5.12. Le cœur de carbone-oxygène est inerte et se contracte. En appliquant le principe des miroirs aux deux couches, on s'attend à ce que la région intermédiaire (entre les deux couches) s'étende et que l'enveloppe (extérieure à la couche de fusion de l'hydrogène) se contracte (voir le sens des flèches sur la figure 5.12). En fait, l'expansion de la région intermédiaire conduit à réduire la température dans la couche où brûle l'hydrogène et cette couche devient inactive. A ce stade, l'essentiel de l'énergie est fourni par la couche de brûlage de l'hélium. La contraction du noyau conduit à une forte expansion de l'enveloppe et l'étoile se déplace vers de très hautes luminosités sur le chemin de Hayashi le long de la *branche asymptotique des géantes (AGB : Asymptotic Giant Branch en anglais).*

La couche d'hydrogène est ensuite réactivée et devient la principale source d'énergie. Des instabilités thermiques apparaissent et rendent les coquilles de brûlage actives de manière oscillatoire. Ceci se traduit par de nombreuses oscillations dans le trajet évolutif nommés *pulses thermiques* et bien apparents sur la figure 5.13.

Les changements de position des régions convectives dans l'étoile influencent de façon importante la synthèse des éléments les plus lourds par capture de neutrons. Ils font aussi remonter les produits de ces réactions nucléaires à la surface de l'étoile où ils apparaissent comme des *anomalies d'abondances.*
Dans l'intervalle de masse considéré, le cœur ne devient pas suffisamment chaud

Etape	Phase	Durée
$1 \to 2$	Combustion de H	6.5×10^7 ans
$2 \to 3$	Contraction	2.2×10^6 ans
$3 \to 4$	Début de Combustion de H en couche	1.4×10^5 ans
$4 \to 5$	Combustion de H (couche épaisse)	1.2×10^6 ans
$5 \to 6$	Combustion de H (couche mince)	8×10^5 ans
	Zone convective s'étend vers l'intérieur	
$6 \to 7$	Phase géante rouge	5×10^5 ans
$7 \to 8$	Début combustion He	
$8 \to 9$	Disparition zone convective extérieure	10^6 ans
	Contraction	
$9 \to 11$	Combustion He	9×10^6 ans
$11 \to 12$	Epuisement He du cœur et contraction	
$12 \to 13$	Combustion He couche épaisse	
$14 \to$	Combustion He couche mince	2×10^6 ans

Tab. 5.3- *Phases de l'évolution d'une étoile de* $5M_\odot$

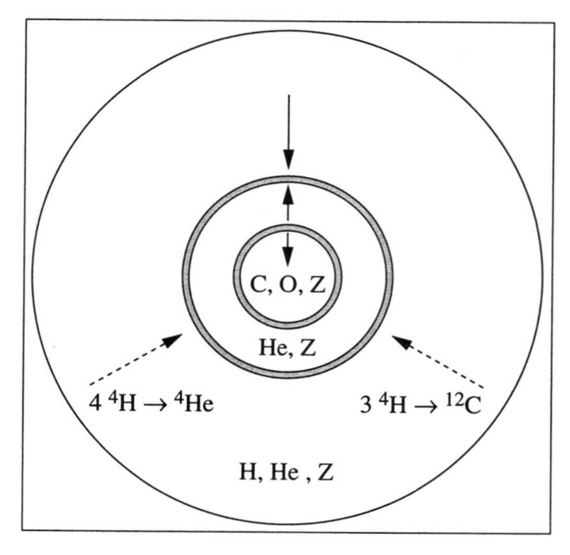

Fig. 5.12- *Structure interne d'une étoile de* $5M_\odot$ *ayant un cœur contenant C,O et deux couches (hachurées) : une de brûlage de l'hélium (la plus interne) et une de brûlage de l'hydrogène*

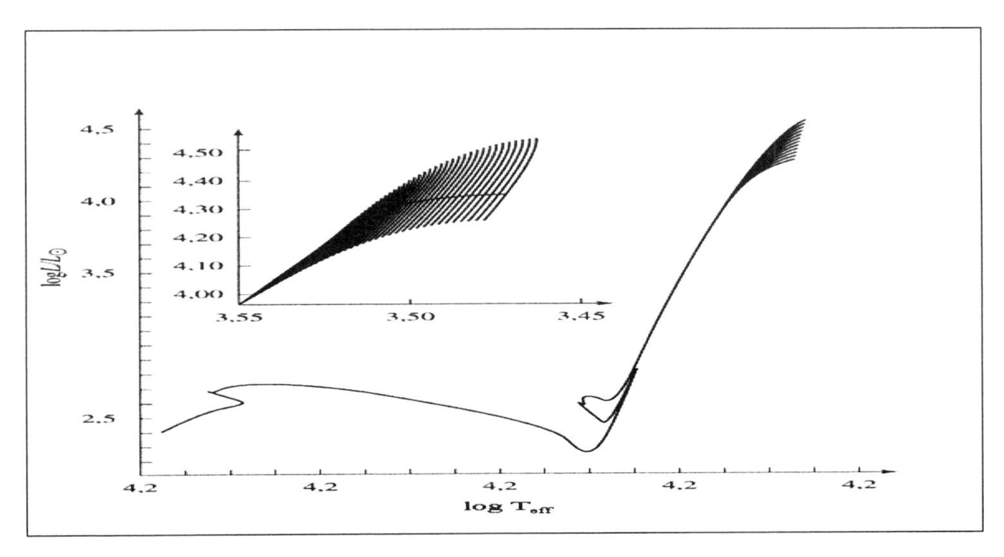

Fig. 5.13- *Pulses thermiques sur la branche asymptotique des géantes (AGB) dûs à des instabilités thermiques entre les couches de brûlage de l'hydrogène et de l'hélium. Adapté à partir de Christensen-Dalsgaard, Encyclopedia of Astronomy and Astrophysics (2001), Institute of Physics Publishing*

pour démarrer la fusion du carbone. La densité du cœur de carbone-oxygène devient très élevée car ce dernier se contracte. Les électrons deviennent dégénérés. Ceci tend à limiter l'augmentation de température parce que l'énergie thermique libérée lors de la contraction est cédée aux électrons dégénérés. Le cœur est aussi refroidi par différents processus qui génèrent des *neutrinos* dans des plasmas très denses (les neutrinos s'échappent du cœur en emportant l'énergie thermique).

Les étapes finales de l'évolution des étoiles de masses intermédiaires sont assez spectaculaires et encore assez mal comprises. L'atmosphère étendue devient instable et l'étoile perd une partie importante de sa masse. L'enveloppe qui entoure le cœur de carbone-oxygène est perdue entièrement sur une période plus courte que 50 000 ans. Il reste un objet dégénéré très compact de masse $0.5 - 1M_{\odot}$ de rayon comparable à celui de la Terre et de température de surface très élevée (100 000 K). Cet objet perd progressivement son énergie thermique et devient une *naine blanche*. La matière éjectée autour de cet objet brille pendant quelques milliers d'années par fluorescence causée par le rayonnement ultraviolet de l'objet central. On observe une *nébuleuse planétaire*. Ultérieurement, la matière finit pas se disperser totalement dans le milieu interstellaire.

5.7.5 Evolution ultérieure des étoiles de faible masse

Pour les étoiles de masses inférieures à $2.3M_\odot$, la pression dans le cœur d'hélium est assurée par des électrons dégénérés. Lorsque la température de fusion de l'hélium est atteinte (10^8K), la fusion de l'hélium commence et l'énergie libérée contribue à augmenter la température du gaz. Comme il s'agit d'un gaz d'électrons dégénérés, la pression n'augmente pas du fait de l'augmentation de température du gaz. Cette situation est différente de celle des étoiles plus massives où l'augmentation de température conduit à une élévation de pression, à un agrandissement du cœur et à une stabilisation du brûlage. Pour les étoiles de faible masse, l'augmentation de température conduit à augmenter encore plus le taux de fusion de l'hélium ce qui contribue à élever encore plus la température du cœur. Cet escalade thermique porte le nom de *flash de l'hélium.* Pendant quelques heures, la puissance produite par le cœur est de l'ordre de $10^{10}L_\odot$, c'est-à-dire comparable à la luminosité totale de la Galaxie. Le flash se termine lorsque la température du cœur devient suffisamment élevée pour que la dégénérescence électronique ne soit pas importante. Le cœur augmente alors de taille, diminuant la température et stabilisant le brûlage.
Lors du flash de l'hélium, la plupart de l'énergie libérée est absorbée dans l'expansion et l'éjection partielle de l'enveloppe très étendue. Lorsque la fusion de l'hélium devient stable, l'étoile se trouve sur la *branche horizontale*, à une position qui dépend de ce qui reste de la couche d'hydrogène.
L'évolution ultérieure ressemble à celle des étoiles de masses intermédiaires. Après avoir terminé la fusion centrale de l'hélium, l'étoile possède à la fois une couche d'hydrogène et une couche d'hélium. Elle évolue selon des boucles dans le diagramme HR jusqu'à la branche asymptotique des géantes. A cette phase évolutive, le rayon du Soleil dépassera le rayon de l'orbite de la Terre. Comme précédemment, la dégénérescence et le refroidissement par les neutrinos empêchent la température du cœur d'atteindre la valeur nécessaire pour la fusion du carbone. L'étoile termine comme une naine blanche contenant du carbone et de l'oxygène et entourée d'une nébuleuse planétaire.

5.7.6 Evolution ultérieure des étoiles de grande masse

Pour les étoiles de masses supérieures à $10M_\odot$, la température du cœur continue à augmenter à la fin de la fusion de l'hélium jusqu'à ce que la fusion du carbone et d'autres fusions ultérieures puissent avoir lieu. Lorsque l'étoile a formé un cœur de fer, elle ne peut plus générer de l'énergie par des processus nucléaires. En effet, le fer a une énergie de liaison par nucléon maximale. Une fusion supplémentaire nécessiterait donc de l'énergie. Le cœur ne peut alors compenser sa perte d'énergie que par une contraction gravitationnelle ce qui contribue à le réchauffer jusqu'à ce que les noyaux de fer soient dissociés en protons et neutrons. La contraction est accélérée et la densité augmentant, les électrons se combinent aux protons pour former des neutrons avec émission de

neutrinos. L'effondrement ne s'arrête que lorsque, dans le cœur, les neutrons deviennent dégénérés. Les ondes de choc générées lors de l'arrêt de l'effondrement ainsi que les neutrinos créés lors de la capture des électrons transfèrent de l'énergie à l'enveloppe qui est éjectée lors de l'explosion de la *supernova.*
L'énergie gravitationnelle libérée lors de l'effondrement de la masse centrale de 1 à 2 $M_{\odot}$ jusqu'à un rayon proche de 10 km fournit la puissance nécessaire à l'explosion. En fait, l'énergie émise sous forme de lumière représente seulement une petite fraction de l'énergie disponible. La plus grande fraction est emportée par les neutrinos émis lors de l'effondrement.
La matière éjectée forme un nuage de gaz interstellaire qui se disperse rapidement (*reste de supernova*). Ce gaz est enrichi d'éléments chimiques formés dans les dernières étapes des réactions nucléaires. Le cœur de l'étoile restant après l'explosion est un objet extrêmement compact. Si sa masse est inférieure à 3 $M_{\odot}$, il s'agit d'une *étoile à neutrons* formée de neutrons dégénérés et observée comme un *pulsar.* Si la masse est supérieure, la pression de la matière nucléaire ne peut pas s'opposer au rayonnement et le cœur s'effondre pour former un *trou noir.*

Chapitre 6

Etoiles aux propriétés particulières

6.1 Introduction

Jusqu'à présent, nous avons étudié des étoiles à l'équilibre. Dans ce chapitre, nous allons étudier des étoiles ayant des propriétés particulières. Certaines de ces étoiles ne vérifient pas l'équilibre hydrostatique. Leurs spectres peuvent, par exemple, présenter des raies en émission, non prédites par la théorie des atmosphères statiques. La majorité de ces étoiles particulières sont variables, c'est-à-dire que leur éclat et souvent leur spectre varient au cours du temps. L'étude des courbes de lumière et des variations des profils des raies permet de mettre en évidence des phénomènes dynamiques ou des inhomogénéités de surface non incluses dans un modèle simple d'étoile à l'équilibre. Il peut s'agir par exemple de perte de masse, de transfert de matière d'une étoile à une autre ou plus simplement de taches magnétiques ou chimiques à la surface de l'étoile. Dès l'Antiquité, on connaissait des étoiles dont l'éclat variait au cours du temps. Rapidement, on a distingué deux types de comportement : des variations d'éclat périodiques et pour quelques objets, des variations irrégulières assez brusques. On a même observé pour certains objets des variations uniques c'est-à-dire un phénomène unique irréversible. On connaît actuellement plusieurs dizaines de milliers d'étoiles variables.
Une étoile est considérée variable si on peut mesurer une variation réelle de son éclat. Inversement, une étoile est considèrée constante si aucune variation d'éclat n'a pu être détectée avec l'instrument que l'on utilise. Le caractère variable ou constant d'une étoile dépend donc de la sensibilité de l'instrument qu'on utilise. Si les variations de l'étoile dans la bande photométrique considérée sont inférieures au seuil de détection de l'appareil utilisé (un photomètre), on ne peut pas les percevoir et l'étoile est déclarée constante. Avec l'amélioration de la sensibilité des photomètres, il est probable que beaucoup d'étoiles, considérées constantes actuellement, deviendront des étoiles variables

dans le futur. Les modèles d'évolution stellaire prédisent d'ailleurs qu'une étoile donnée peut connaître des phases d'instabilités à certaines époques de son évolution et donc devenir variable.
Les étoiles variables ne représentent pas un groupe homogène mais plutôt un ensemble d'objets de natures physiques très différentes. Leur seule caractéristique commune est que leur lumière varie mais cette variation peut avoir lieu pour des raisons physiques très différentes. Ceci nous amène naturellement à distinguer deux types de variabilités : *la variabilité extrinsèque et la variabilité intrinsèque.* Le premier de ces deux types a lieu dans les systèmes binaires où les variations de lumières détectées sont dues à la présence d'un compagnon qui, lorsqu'il lorsqu'il passe devant (ou derrière) la composante principale du système binaire, provoque une chute de l'éclat total du système. Nous avons déjà étudié les variations de lumière des systèmes binaires au chapitre 1. La plupart des étoiles variables détectées à l'œil nu sont des binaires à éclipse. Le deuxième type, la variabilité intrinsèque, ne fait pas intervenir l'éclipse par un autre corps. Dans ce cas, la variabilité réside dans l'étoile qu'on étudie. La variabilité peut être liée à la rotation de l'objet si la surface de l'étoile n'est pas uniforme (par exemple si des taches de tailles appréciables y sont présentes). La variabilité peut aussi être dûe à des changements de l'ensemble de la structure de l'étoile. Ces changements sont dus à des instabilités. Par exemple, les étoiles pulsantes sont le siège d'instabilités vibrationnelles dans lesquelles le système oscille autour d'une position moyenne. Des instabilités dynamiques déclenchant une évolution séculaire irréversible et catastrophique sont également possibles, par exemple dans les étoiles progénitrices de supernovae. Les positions des différents types d'étoiles variables dans le diagramme HR sont représentées dans la figure 6.1.

6.2 Méthodes d'observation

Les observations doivent permettre de déterminer les caractéristiques des variations temporelles. Décrivons succinctement les techniques utilisées classiquement pour observer les étoiles variables. On a obtenu les courbes de lumière des étoiles variables à partir de trois techniques : observations visuelles, photographiques et photo-électriques. Dans tous les cas le même principe est appliqué : on mesure à différentes époques la différence de magnitude entre l'étoile variable et une étoile constante qui sert de comparaison (photométrie différentielle).
Les observations visuelles sont actuellement réalisées par des astronomes amateurs. Avant l'avènement de la photographie, les astronomes professionnels observaient les variables à l'œil nu. Pour les Céphéides, des étoiles pulsantes qui ont de fortes amplitudes de variation, ces observations permettent de déterminer précisément les périodes et la forme des courbes de lumière. Les données d'un grand nombre d'observateurs sont en général rassemblées et

réduites, ce qui permet d'améliorer considérablement la qualité des résultats obtenus (notamment pour l'amplitude des variations photométriques). Les observations visuelles ont aussi souvent permis de détecter des novae ou des supernovae lors de leur maximum de luminosité.
Les observations photographiques permirent de comparer des clichés d'un même champ stellaire, obtenus à des époques différentes. On put ainsi mettre en évidence des variations d'éclat d'un grand nombre d'étoiles, ayant une amplitude de variation supérieure ou égale à 0.2 magnitudes environ. Cette technique a permis de découvrir de nombreuses nouvelles variables. En utilisant des plaques sensibles à différentes longueurs d'onde, on a pu comparer les variations de l'étoile dans différents domaines spectraux. Les plaques photographiques ont aussi permis, lors de l'apparition de novae, d'identifier l'étoile dans son état prénova.
Lorsqu'on désire obtenir une grande précision ou observer des variations de faible amplitude, on utilise un photomètre photo-électrique. La lumière de l'étoile est enregistrée par un photomultiplicateur. Les photons incidents provoquent l'émission de photo-électrons, le courant produit est amplifié et le signal de sortie est enregistré sur un support informatique. Dans un bon site, les fluctuations du signal dues aux irrégularités de l'atmosphère et au bruit de fond de l'appareil ne dépassent pas un millième de magnitude. On peut donc y mesurer des variations de quelques millièmes de magnitude.
La spectroscopie permet de mesurer les mouvements d'ensemble d'une atmosphère stellaire. En effet, on détermine généralement le déplacement Doppler des raies spectrales relativement à un spectre de comparaison, effectué avec une lampe avant ou après le spectre stellaire. Un calcul simple permet de déduire la vitesse radiale. Généralement, on prend donc généralement une série de spectres avec une résolution temporelle bien inférieure à la période de l'étoile variable (ou à l'échelle de temps caractéristique de la variabilité), ce qui permet de tracer la courbe de variation de la vitesse radiale. On peut d'ailleurs déterminer cette dernière en utilisant divers éléments chimiques car des différences peuvent exister. La précision des courbes de vitesse radiale est d'autant meilleure que l'on dispose de plus de données. L'étude des variations des profils de raies (vitesse radiale, intensité, asymétries éventuelles) nécessite une très grande résolution spectrale et temporelle. Pour les étoiles variables pulsantes, cette étude permet en principe de mettre en évidence la structure du champ de vitesse et le mouvement des couches les unes par rapport aux autres. Pour les variables irrégulières froides, la composition du spectre se modifie aux différentes étapes, parce que les conditions physiques dans l'atmosphère et l'enveloppe éjectée changent.
L'amélioration récente de l'instrumentation permet maintenant de mesurer des variations photométriques d'amplitudes très petites, de l'ordre du millième de magnitude. Pour détecter des fréquences d'oscillations qui sont souvent très rapprochées, il faut pouvoir observer ces étoiles sans interruption, sur de

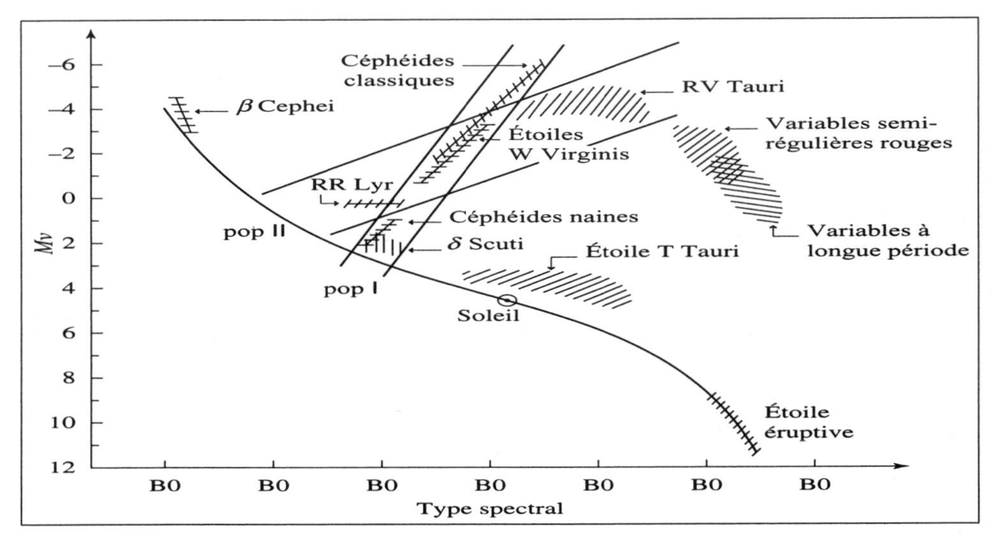

Fig. 6.1- *Positions des différents types d'étoiles variables dans le diagramme HR*

grandes périodes de temps. Pour éviter les interruptions dûes à l'alternance nuit-jour, on effectue maintenant les suivis d'étoiles variables depuis l'espace. Ceci permet aussi de s'affranchir des nuisances de l'atmosphère terrestre. On a aussi réalisé des campagnes d'observations à partir d'observatoires distribués optimalement en longitude sur la Terre (projet STEPHI pour les étoiles δ Scuti et WET pour les étoiles naines blanches).
Dans la figure 6.1, nous avons représenté la position des différentes classes de variables intrinsèques dans le diagramme HR. Nous avons rassemblé les différents types d'étoiles variables connus et répertoriés dans le General Catalogue of Variable Stars dans la table 6.1. Elles y sont classées selon le mécanisme physique responsable de la variabilité. Nous distinguerons quatre types différents de mécanisme. Ce sont les *pulsations, variations liées à la rotation, éruptions et explosions*, que nous étudierons dans cet ordre. Une estimation du nombre de variables connues pour chaque classe est indiqué dans la table.

6.3 Les variables intrinsèques périodiques

6.3.1 Les variables pulsantes de la bande d'instabilité

La bande d'instabilité croise la séquence principale entre les types spectraux A2V et F0V et s'étend vers les géantes avec des types spectraux allant jusqu'à K0 I (figure 6.1). Dans cette bande d'instabilité, on connaît plusieurs dizaines de milliers d'étoiles montrant des variations périodiques de lumière dans les différentes bandes photométriques. L'amplitude des variations photométriques

Mécanisme	Prototype	Description	Nombre
Pulsantes	δ Cep	Céphéides classiques	638
(périodiques)	W Vir	étoiles W Vir + BL Her	172
	RR Lyr	étoiles RR Lyr	6180
	δ Sct	étoiles δ Scuti	100
	SX Phe	variables SX Phe	15
	β Cep	étoiles β Cephei	89
	ZZ Ceti	variables ZZ Ceti	28
	RV Tau	étoiles RV Tauri	120
		semirégulières (variables LPV)	3377
		irrégulières lentes (variables LPV)	2389
	o Ceti	variables Mira	5827
	R CrB	étoiles R Coronae Borealis	37
Rotationnelles		variables ellipsoïdales	45
(périodiques)	α^2 CVn	variables α^2 CVn	163
	SX Ari	variables SX Arietis	15
	BY Dra	variables BY Draconis	34
	RS CVn	binaires RS Canum Venaticorum	67
	FK Com	étoiles FK Comae Berenices	4
	T Tau	variables T Tauri	59
Eruptives		variables T Tauri et RW Aurigae	898
(apériodiques)	FU Ori	variables FU Orionis	3
	γ Cas	variables γ Cas	108
	R CrB	variables R Coronae Borealis	37
	UV Cet	étoiles à flares	746
	S Dor	variables S Doradus ou P Cygni	15
Explosive		novae	61
		novoïdes	30
		novae récurrentes	8
		supernovae	7
	U Gem	novae naines	182
	Z And	variables symbiotiques	46

Tab. 6.1- *Différents types d'étoiles variables dans le General Catalogue of Variable Stars (GCVS). L'acronyme est celui défini par le GCVS*

varie entre quelques millièmes de magnitude jusqu'à 2 magnitudes. Les périodes sont comprises entre 0.02 jours et plusieurs dizaines de jours. En utilisant l'amplitude, la période et l'allure de la courbe de lumière, on peut regrouper ces différentes variables en cinq grands groupes d'étoiles dont les caractéristiques apparaissent dans la table 6.2. Il n'est d'ailleurs pas toujours facile de classer un objet particulier dans un seul groupe.

Type	Période (j)	Amplitude photométrique (mag)	Amplitude vitesse ($km.s^{-1}$)	Type spectral
Céphéides	1.5-60	0.1-1.20	20-60	F6-K2
W Vir + BL Her	1-50	0.8-1.3	20-60	F2-G6
RR Lyr	0.4-1	0.3-2	20-100	A2-F6
δ Scuti	0.04-0.2	0.01-0.3	10-40	A2-F2
β CMa	0.15-0.25	0.02-0.25	5-100	B0-B3

Tab. 6.2- *Différentes classes de variables dans la bande d'instabilité*

6.3.2 Les Céphéides, les RR Lyrae et les W Virginis

Ces trois types d'objets ont été parmi les premières étoiles variables connues. En effet, leurs grandes amplitudes et leurs longues périodes ont permis de les détecter facilement avec des clichés photographiques. Ces deux classes d'étoiles diffèrent par leurs périodes mais aussi par leur distribution dans la Galaxie. Les premières Céphéides furent découvertes dans le plan galactique et les RR Lyrae dans les amas globulaires. Depuis, on a trouvé un grand nombre de RR Lyrae en dehors des amas globulaires. Elles ont une distribution spatiale sphérique avec une concentration importante près du centre galactique. Cette distribution diffère donc complètement de celle des Céphéides. De plus, les vitesses propres des Céphéides sont faibles, alors que les RR Lyrae n'appartenant pas à des amas globulaires ont des vitesses perpendiculaires au plan galactique importantes. Ceci indique que les RR Lyrae sont des étoiles vieilles de population II alors que les Céphéides sont beaucoup plus jeunes et de population I. La situation s'est trouvée légèrement compliquée par la découverte dans les amas globulaires des étoiles W Virginis qui sont des variables de périodes comparables à celles des Céphéides (1 à 80 jours). De type spectral G3 à K0, ces étoiles ont des amplitudes de lumière de l'ordre de 1 magnitude. Elles se distinguent des Céphéides par la forme de leur courbe de lumière et aussi par leur localisation à grande latitude galactique ou par leur grande vitesse. Le prototype de la classe est W Virginis. Sa courbe de lumière diffère de celle des Céphéides de même période. Sa vitesse radiale systémique est élevée et les raies de l'hydrogène et de l'hélium sont observées à certaines phases. Les W Virginis sont des étoiles de population II, principalement rencontrées dans des

amas globulaires.
Les courbes de lumière représentatives pour chaque groupe de variables sont représentées dans la figure 6.2. Lorsque les observations photométriques sont réalisées dans plusieurs bandes spectrales, il est possible de déterminer la température effective et la gravité superficielle et d'étudier les variations de ces deux paramètres au cours du cycle. L'étude du spectre (lorsque l'étoile n'est pas trop faible) permet une analyse plus détaillée des conditions physiques dans l'atmosphère de ces étoiles. Les décalages Doppler vers le bleu et vers le rouge des raies d'absorption photosphérique peuvent être interprétés comme un mouvement d'expansion et de contraction de l'atmosphère par rapport à l'observateur. Les Céphéides, les RR Lyrae et les W Virginis sont donc des étoiles pulsantes. Les courbes de lumière sont approximativement en phase avec les courbes de vitesse. L'éclat est maximal lorsque l'étoile se dilate et minimal lorsqu'elle se contracte.
On peut relier de manière assez simple les variations observées de l'éclat et de la vitesse radiale à celles du rayon pour une Céphéide (figure 6.3). La vitesse radiale de l'atmosphère, v_r, représente le taux de variation du rayon de l'étoile par rapport à une position moyenne correspondant au rayon de l'étoile statique équivalente :

$$v_r = \frac{dR}{dt} \tag{6.1}$$

Cela étant, on peut en déduire que :

- lorsque v_r s'annule aux instants t_1, t_2 et t_3, R présente donc un extremum c'est-à-dire est soit maximal, soit minimal
- entre t_1 et t_2, $v_r < 0$: l'atmosphère de l'étoile s'approche de l'observateur par rapport à la position qu'elle aurait si elle était statique. Il s'agit d'une phase d'expansion atmosphérique, le rayon R croissant de R_{min} à R_{max}
- entre t_2 et t_3, $v_r > 0$: l'atmosphère s'éloigne de l'observateur. L'atmosphère s'éloigne de l'observateur : phase de contraction atmosphérique, R décroît de R_{max} vers R_{min}
- on remarque que les instants t_1, t_2 et t_3, qui correspondent à R_{min}, R_{max} et R_{min}, ne correspondent pas au maximum et au minimum d'éclat. On en déduit que la variation d'éclat ne suit pas celle du rayon (mais en fait celle de la température).
- aux instants t_4 et t_5 qui correspondent au minimum et au maximum de v_r respectivement, le module de v_r est maximum, c'est-à-dire $|\frac{dr}{dt}|$ maximum. En t_4, la vitesse radiale d'expansion atteint un maximum (accélération radiale nulle). En t_5, la vitesse radiale de contraction atteint un maximum (accélération radiale nulle).
- l'étoile atteint son maximum d'éclat à l'instant t_4 différent de t_6 et son minimum d'éclat à $t_5 \neq t_7$.L'étoile atteint son maximum d'éclat lorsque le rayon augmente peu après le taux d'expansion maximum ($|v_r|$ maximum). De même, l'étoile atteint son minimum d'éclat lorsque le rayon diminue juste avant le taux de contraction maximum ($|v_r|$ maximum).

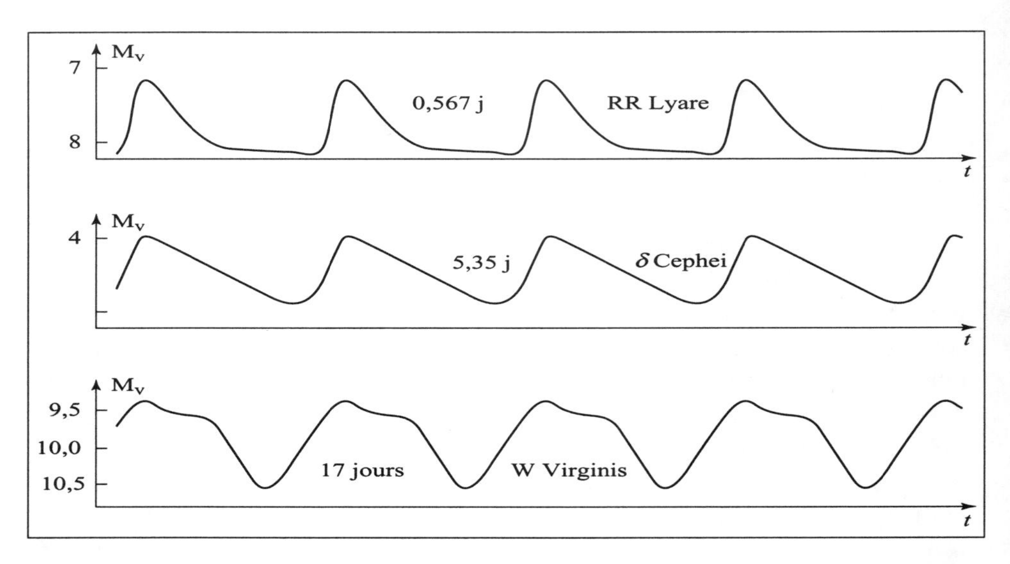

Fig. 6.2- *Allure schématique des courbe de lumières de différents types d'étoiles pulsantes*

Les Céphéides possèdent la propriété remarquable que leur période est reliée à leur luminosité. En 1912, les travaux d'Henrietta Leavitt permirent d'établir que la période des variations photométriques des étoiles variables Céphéides dépend de leur magnitude absolue moyenne. La figure 6.4 illustre les résultats obtenus par H. Leavitt pour 25 Céphéides du Petit Nuage de Magellan (PNM). On y voit que la magnitude apparente moyenne, définie par :

$$\langle m \rangle = \frac{(m_{max} + m_{min})}{2} \tag{6.2}$$

dépend linéairement du logarithme décimal de la période. Comme les Céphéides du PNM sont toutes situées à une même distance de nous, la magnitude apparente $\langle m \rangle$ est un indicateur de la magnitude absolue $\langle M \rangle$. La relation découverte par H. Leavitt peut donc s'écrire sous la forme :

$$\langle M \rangle = a \log P + b \tag{6.3}$$

où $\langle M \rangle$ est la magnitude absolue moyenne et P la période. Le coefficient a est obtenu directement à partir de l'ajustement d'une droite aux données de la figure 6.4 (sans qu'il soit nécessaire de connaître la distance au PNM). Par ailleurs, le coefficient b est connu par une calibration de la relation Période-Luminosité sur des Céphéides galactiques de distances connues d'une manière indépendante. Cette calibration avait déjà été réalisée par Hertzsprung dès 1913. Une fois calibrée, la relation P-L constitue un *indicateur primaire de distance.* En observant la courbe de lumière dans une galaxie de distance inconnue, on obtient $\langle m \rangle$ et P. La relation période-luminosité fournit alors M. On déduit alors la distance d à partir du module de distance.

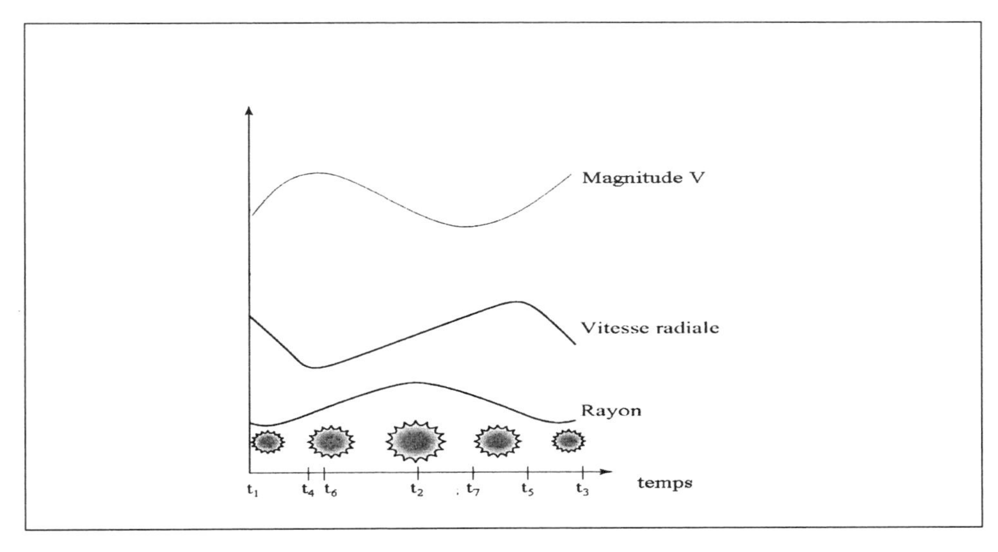

Fig. 6.3- *Variations de luminosité, couleur, vitesse radiale et taille pour une Céphéide lors de sa pulsation*

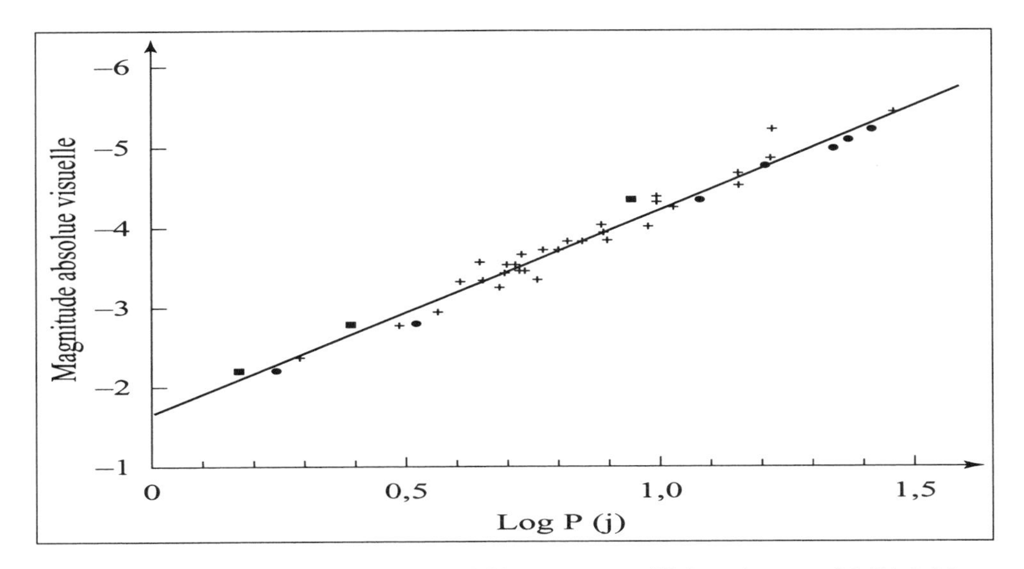

Fig. 6.4- *Relation Période-Luminosité découverte par H. Leavitt pour 25 Céphéides du Petit Nuage de Magellan*

6.3.3 Les étoiles de type δ Scuti et les AI Velorum

Dans le diagramme HR, ces deux groupes d'étoiles sont situés entre la séquence principale et les étoiles RR Lyrae. Les étoiles δ Scuti sont des étoiles jeunes de population I, dont la masse est voisine de deux masses solaires. Leurs périodes sont comprises entre 0.02 et 0.25 jours et leurs amplitudes de variation sont basses (du centième au millième de magnitude). Les campagnes récentes, sur plusieurs sites, ont permis de mettre en évidence l'existence de plusieurs périodes d'oscillations radiales et/ou non radiales.
Les étoiles AI Velorum diffèrent peu des δ Scuti par leurs périodes mais plutôt par l'amplitude de la courbe de lumière qui est plus grande que celle des δ Scuti et la forme de la courbe de lumière qui est plus régulière. De plus, pour de nombreuses AI Velorum, la courbe de lumière est modulée en amplitude avec une période, qui est de l'ordre de trois à quatre fois la période principale.

6.3.4 Les étoiles du type β Canis Majoris

Parmi les étoiles pulsantes, les étoiles de type β Canis Majoris (ou β Cephei selon les auteurs) sont des étoiles chaudes légèrement évoluées au-dessus de la séquence principale. Elles ont des périodes de variations de quelques heures, qui correspondent au mode fondamental de pulsation pour des étoiles de dix à quinze masses solaires. Les amplitudes des courbes de lumière sont faibles (quelques centièmes de magnitudes) mais les amplitudes des courbes de variation de vitesses radiales peuvent atteindre 100 $km.s^{-1}$. Le maximum de vitesse radiale est observé un quart de période avant le maximum de luminosité. Dans plus de la moitié des étoiles β CMa, l'amplitude des courbes de lumière varie probablement à cause d'un battement entre deux périodes différentes très voisines. Pour certaines étoiles, la période principale présente une variation séculaire (inférieure à 2 secondes par siècle). Pour d'autres, elle est parfaitement constante sur plus de cinquante ans.
L'obtention de spectres avec une bonne résolution temporelle et une grande résolution spectrale montre que les profils des raies varient beaucoup. Ils tendent à s'élargir puis à devenir étroit à certaines phases. Les raies sont souvent dissymétriques, parfois simples et parfois dédoublées. A certaines phases de la pulsation, des composantes satellites apparaissent dans la raie.
L'analyse des données photométriques et spectroscopiques montrent que la plupart des étoiles β CMa ont plusieurs périodes. Ils s'agit de pulsateurs non-radiaux. Les pulsations sont probablement dûes au mécanisme kappa. Lorsque l'étoile se contracte, l'énergie mécanique augmente l'ionisation dans les zones où la matière est partiellement ionisée. La pression de rayonnement repousse alors vers l'extérieur la couche ionisée dont l'ionisation diminue. Dans certaines conditions, un cycle s'établit.

6.3.5 Etoiles B pulsantes du type 53 Per

Il s'agit de variables multipériodiques de types spectraux compris entre B3 et B8, ayant des périodes allant de 1 à 3 jours. Le prototype du groupe est 53 Per qui a été découvert par les variations du profil de ses raies. Ces variations peuvent être expliquées par des pulsations non radiales à la surface d'une étoile en rotation rapide.

6.3.6 Etoiles Be

On peut les définir comme des étoiles de type spectral B non supergéantes dont les spectres présentent ou ont présenté à une certaine époque des raies de Balmer en émission. Elles sont caractérisées par une rotation rapide, qui reste cependant inférieure à la vitesse critique.
Les études statistiques montrent que les étoiles Be représentent presque 20% des étoiles B0 à B7 dans un échantillon d'étoiles de champ limité en volume. L'incidence maximale du phénomène Be est autour du type B2, on en trouve beaucoup moins parmi les étoiles B tardives.
Dans les diagrammes HR d'amas, les étoiles Be sont présentes depuis la séquence principale jusqu'à 0.5 voire 1 magnitude au-dessus de la séquence principale.
Les raies de Balmer et, parfois celles de He I, apparaissant en émission se forment probablement dans des disques confinés à l'équateur et d'extension typique 5 à 20 rayons stellaires, de température voisine de 10000 K et de densité électronique 10^{10} à 10^{13} cm^{-3}. Ces disques sont éjectés par l'étoile sur des échelles de temps de quelques jours à quelques années.
Les étoiles Be sont variables sur des échelles de temps allant de quelques minutes à plusieurs décennies. On a souvent observé des variations périodiques de la vitesse radiale et/ou du flux. Les spectres optiques de certaines étoiles Be contiennent des composantes discrètes dans leurs raies d'absorption. Des variations cycliques peuvent être observées dans les composantes en émission violettes et rouges dans les raies de Balmer. Les spectres ultraviolets ont révélé l'existence d'intenses composantes en absorption déplacées avec des vitesses importantes dans les raies de résonance de C IV et Si IV dans l'ultraviolet. Elles peuvent être attribuées à la présence d'un vent accéléré. L'analyse des spectres UV conduit à des taux de perte de masse de l'ordre de 10^{-11} à 10^{-9} $M_\odot$.an^{-1}, soit 10 à 50 fois moins que les taux estimés à partir des données radio et infrarouge.
Deux modèles sont actuellement proposés pour expliquer le phénomène Be : l'activité magnétique de surface et l'existence de pulsations non radiales. Le lecteur intéressé pourra consulter avec profit l'ouvrage très complet de Underhill & Doazan [172] sur les étoiles B avec et sans raies d'émission.

6.3.7 Variables rotationnelles

L'éclat de ces étoiles varie périodiquement lorsque l'étoile tourne autour de son axe de rotation. La variabilité est expliquée par la répartition non uniforme de la brillance à la surface de l'étoile.
On peut distinguer quatre types de mécanismes physiques :

- l'existence d'un champ magnétique dipolaire intense, non parallèle à l'axe de rotation, qui induit une distribution inhomogène de brillance à la surface sous la forme de taches de surabondances chimiques pour les variables du type α^2 CVn (étoiles Ap et Bp, c'est-à-dire A et B chimiquement particulières). C'est *le modèle du rotateur oblique* qui explique aussi les variations du type SX Ari.
- l'existence de taches à la surface de l'étoile rend compte des variations de lumière des variables de type BY Dra, RS CVn et FK Com. Ces taches sont liées au champ magnétique de l'étoile (comme les taches solaires) mais elles ont des surfaces 100 fois supérieures. La différence de température entre la photosphère et la tache est de l'ordre de 1000 à 2000 K. La variabilité s'effectue avec une période égale à la période de rotation de l'étoile. L'existence de grandes taches serait dûe à un effet dynamo induit par la rotation rapide et la convection profonde.
- la présence d'une étoile ellipsoïdale dans un système binaire serré. La forme ellipsoïdale est dûe aux effets de marée dans le système (exemple : β Per)
- un effet de réflection dans un système binaire serré où l'hémisphère d'une des étoiles exposée au rayonnement de son compagnon est plus brillante que l'hémisphère opposée. On connaît peu de cas de ces variables (exemples : BH CVn, HZ Her)

Examinons les propriétés de quelques unes de ces variables rotationnelles.

- Les étoiles SX Ari sont de type spectral B analogues aux α^2 CVn. Elles sont souvent appelées variables à hélium. L'amplitude des variations en V est voisine de 0.1 mag.
- Les étoiles BY Dra sont des étoiles naines de type K ou M avec raies d'émission d'où la notation spectrale : KVe ou MVe. Elles peuvent être simples ou binaires. Elles sont en rotation rapide ce qui peut être dû, soit à la jeunesse de l'étoile qui vient d'arriver sur la séquence principale, soit à une synchronisation par effet de marée s'il s'agit d'un système binaire avec une période orbitale brève. Il y a un recoupement considérable avec les étoiles à flares (de type UV Ceti).
- Les étoiles RS CVn sont des étoiles de type spectraux G et K de classes de luminosités V, IV ou III. Ce sont toujours des systèmes binaires serrés avec des périodes orbitales relativement courtes (quelques jours à un mois). La rotation rapide est dûe à un effet de marée et les périodes de rotation des composantes du système sont synchrones. La composante la plus évoluée comporte des taches froides à sa surface. Ce type de

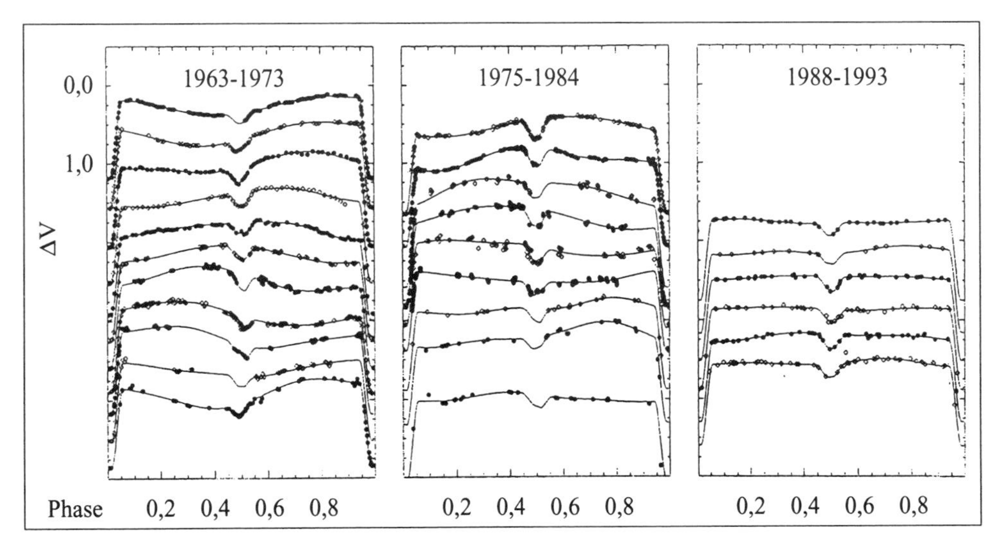

Fig. 6.5- *Courbe de lumière pour une étoile RS CVn adapté de Rodono et al, 1995, Astron. Astrophys., 301, 75*

système peut donc présenter deux types de variabilités : celle dûe aux éclipses du système et celle (hors-éclipse) dûe à la présence de taches froides et donc sombres à la surface de la composante la plus évoluée. Des sursauts sont occasionnellement observés. Dans le domaine optique, la variabilité hors-éclipse se manifeste par la propagation d'une déformation d'amplitude d'environ quelques dixièmes de magnitude sur la courbe de lumière (figure 6.5). Cette déformation se déplace vers les phases orbitales décroissantes. Une rotation légèrement asynchrone de la région où se trouve la tache sur la photosphère qui est en rotation différentielle permet d'expliquer ce comportement (figure 6.6).

- Les étoiles FK Comae sont des géantes G et K non binaires en rotation rapide.

Les étoiles A et B chimiquement particulière

Ces étoiles peuvent être réparties en 2 classes : les étoiles de types spectraux Bp et Ap et les étoiles Am.
Comparés aux spectres des étoiles B normales, les spectres des étoiles Bp montrent des raies intenses en Hg et Mn (étoiles Bp HgMn) ou en Si (étoiles Bp Si). Les spectres des étoiles Ap, qui sont plus froides, montrent des raies intenses de Sr, Cr et Eu et d'autres Terres Rares (étoiles SrCrEu) faibles, voire absentes dans les spectres des étoiles A normales. Les étoiles Bp Si et Ap Sr Cr Eu possèdent des champs magnétiques de structure à peu près dipolaire et dont les axes sont inclinés par rapport à l'axe de rotation. Babcock obtint les premières mesures de champs magnétiques stellaires dans les étoiles Ap. Il uti-

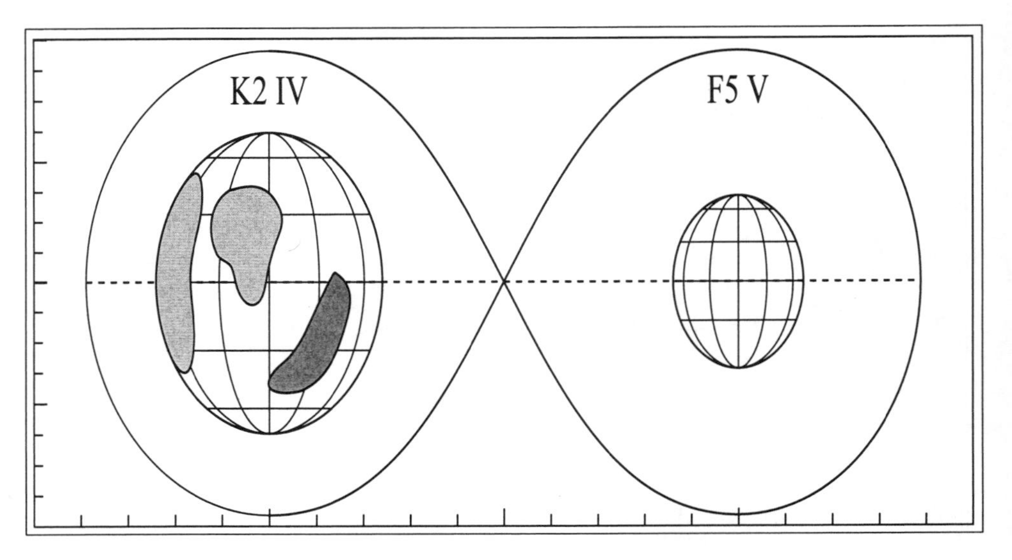

Fig. 6.6- *Modèle pour les étoiles RS CVn*

lisa la polarisation circulaire des raies métalliques pour mesurer l'écartement des doublets et en déduire la valeur du champ longitudinal. Si le champ magnétique est suffisamment intense (quelques kiloGauss) et si les raies ne sont pas trop élargies par la rotation, le dédoublement dû à l'effet Zeeman devient visible et on peut mesurer une moyenne du module du champ magnétique sur le disque stellaire. Babcock observa une variation du champ magnétique d'une nuit à l'autre pour une étoile Ap donnée. Il trouva que le champ longitudinal des étoiles Ap varie de façon périodique avec la même période que les raies en absorption et la magnitude dans la bande V. Le modèle du rotateur oblique qui permet de rendre compte des variations magnétiques, spectroscopiques et photométriques fut proposé par Stibbs. Le champ magnétique y est incliné par rapport à l'axe de rotation (figure 6.7). Il est donc vu sous une perspective variable durant la rotation de l'étoile. Pour simplifier, supposons que l'axe de rotation soit perpendiculaire à la ligne de visée. L'observateur voit alors défiler des régions de longitudes croissantes. Il existe donc une relation directe entre la variation observée du champ magnétique et la carte du champ magnétique à la surface de l'étoile. De même, certains éléments chimiques se regroupent dans des taches et cette distribution inhomogène est liée au champ magnétique. Au cours de la rotation de l'étoile, on voit donc des régions de compositions chimiques différentes, ce qui explique que les raies en absorption et la lumière intégrée dans un filtre varient en phase avec le champ magnétique. Les périodes de variations sont comprises entre quelques jours et quelques années. Certaines étoiles Ap, les étoiles ro-Ap ("rapidly oscillating Ap stars"), sont le siège d'oscillations rapides sur des échelles de temps de 4 à 15 minutes, dûes à des pulsations non-radiales le long de l'axe magnétique.

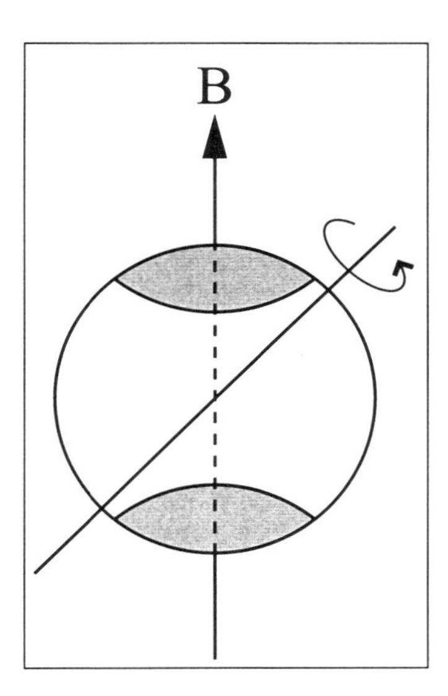

Fig. 6.7- *Modèle du rotateur oblique. L'axe du champ magnétique ne coïncide pas avec l'axe de rotation*

Les étoiles Am sont des étoiles A dont les spectres présentent des raies des métaux plus intenses et celles du calcium et du scandium moins intenses que celles présentes dans les spectres des étoiles A normales. Comme les étoiles Ap, les Am sont des rotateurs apparemment lents. La faible valeur de la projection de la vitesse équatoriale dans la ligne de visée est attribuée à la présence d'un compagnon. On n'a pas détecté de champ magnétique dans les étoiles Am. Le type spectral d'une étoile Am, déterminé à partir d'un spectre de basse résolution, diffère selon le critère spectroscopique utilisé. Le type basé sur la raie K du calcium, $S_p(K)$, est plus précoce que celui basé sur les raies de Balmer, $(S_p(H))$ et celui sur les raies métalliques, $S_p(m)$. Les différences peuvent atteindre cinq sous-classes. On a donc :

$$S_p(K) \leq S_p(H) \leq S_p(m)$$

Le scénario physique le plus plausible pour expliquer les anomalies d'intensité des raies dans les étoiles Bp, Ap et Am est la compétition entre la diffusion radiative et la sédimentation gravitationnelle proposée par Michaud. Le lecteur intéressé par les propriétés des différentes classes d'étoiles A pourra consulter la monographie sur les étoiles A de S.C. Wolff [192].

6.3.8 Les variables bleues lumineuses (LBVs) : P Cygni

Il s'agit d'étoiles chaudes et massives de type P Cygni ou S Doradus ("Luminous Blue Variables (LBVs)"). Elles présentent de fortes variations spectroscopiques et photométriques atteignant une ou deux magnitudes sur des échelles

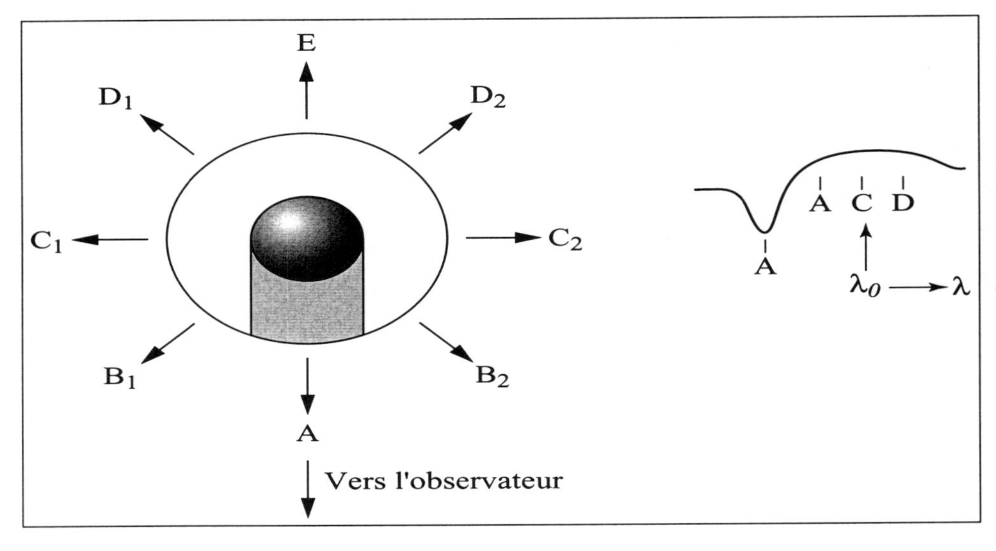

Fig. 6.8- *Profil P Cygni*

de temps de quelques décennies. Occasionnellement, elles peuvent connaître une éruption et leur brillance augmente de plus de trois magnitudes. Dans les phases de quiescence (brillance minimum), ces variables peuvent être classées comme des supergéantes de type A ou F.
Le profil des raies dans les étoiles P Cygni est caractéristique et reflète la présence d'une atmosphère en expansion autour de l'étoile. On a nommé ce genre de profil, P Cygni, d'après le prototype de la classe. P Cygni est la première étoile pour laquelle on a observé des raies en émission avec une composante en absorption déplacée vers le bleu. Un exemple de profil P Cygni est représenté dans la figure 6.8.

Ce profil particulier peut être expliqué de façon simple. D'après les lois de Kirchoff, nous savons que les raies en émission sont produites par un gaz chaud et diffus en l'absence de matériel absorbant entre l'observateur et le gaz. Ici la raie en émission est formée par la partie de l'enveloppe en expansion qui se déplace perpendiculairement à la ligne de visée. Les raies en absorption sont produites lorsque la lumière traverse du gaz diffus et plus froid plaçé devant une source chaude. Nous pouvons en conclure que la partie en absorption du profil P Cygni est dûe à la partie de l'enveloppe qui occulte le disque de l'étoile (zone hachurée). Cette région de l'enveloppe se déplaçant vers l'observateur, la raie en absorption est donc déplacée vers le bleu par rapport à la composante en émission. Remarquons que la partie B de l'enveloppe, qui s'approche de l'observateur, contribue à la partie bleue du profil de la composante en émission. La partie D de l'enveloppe, qui s'éloigne, contribue à la partie rouge du profil.

6.3.9 Etoiles Wolf-Rayet

Il s'agit de descendants très évolués d'étoiles massives ($M \geq 40 M_{\odot}$). Les spectres des étoiles Wolf-Rayet (WR) montrent des raies en émission intenses et larges dûes aux vents stellaires intenses. L'intensité de ces raies en émission sert à classer ces étoiles. On distingue trois types d'étoiles WR : les étoiles WN et WC et les WO. Les spectres des étoiles WN sont dominés par les raies d'émission de l'hélium et de l'azote. Ceux des étoiles WC montrent essentiellement des raies de l'hélium, du carbone et de l'oxygène. Les spectres des étoiles WO ont des raies de l'oxygène très intenses.
Les paramètres fondamentaux des étoiles WR ne sont pas faciles à déterminer car les surfaces de ces étoiles sont enveloppées par des vents stellaires denses. La comparaison des spectres avec des modèles calculés hors de l'ETL montre que les rayons sont compris entre 2 et 20 $R_{\odot}$, les températures effectives entre 30000 K et 70000 K, les vitesses terminales des vents entre 1000 et 3000 km s^{-1} et les taux de perte de masse entre 10^{-5} et 10^{-4} M$_{\odot}$ an^{-1}. Le lecteur intéressé trouvera une revue des propriétés des étoiles Wolf-Rayet dans la monographie NASA-CNRS écrite par Conti & Underhill [27].

6.4 Les variables géantes froides

Les étoiles géantes et supergéantes froides très lumineuses présentent des variations de lumière importantes pouvant atteindre dix magnitudes. Elles furent découvertes les premières et observées régulièrement. On peut les diviser en deux grandes catégories :

- les étoiles de type RV Tauri et les variables semi-régulières jaunes
- les variables rouges comprenant les variables régulières, semi-régulières, de longues périodes et de type Mira Ceti

Les périodes de variation sont beaucoup plus longues que pour les variables sur la séquence principale. En effet, la période propre de pulsation d'une étoile, est proportionnelle à $\langle\rho\rangle^{\frac{-1}{2}}$, où $\langle\rho\rangle$ est la densité moyenne de l'étoile. Cette période est donc plus élevée pour les géantes et supergéantes que pour les étoiles de la séquence principale.

6.4.1 Etoiles RV Tauri et semi-régulières jaunes

Ce sont des étoiles supergéantes, de classes de luminosité Ia ou Ib et de types spectraux compris entre F5 et K5. Leurs périodes de variation sont comprises entre 30 et 150 jours et l'amplitude des variations lumineuses est comprise entre 0.8 et 2 magnitudes. Ces étoiles présentent une courbe de lumière caractéristique dans laquelle des minima profonds alternent avec des minimas moins marqués (figure 6.9). Cette alternance ne se répète d'ailleurs pas rigoureusement d'un cycle à l'autre. Certaines de ces étoiles RV Tauri pourraient

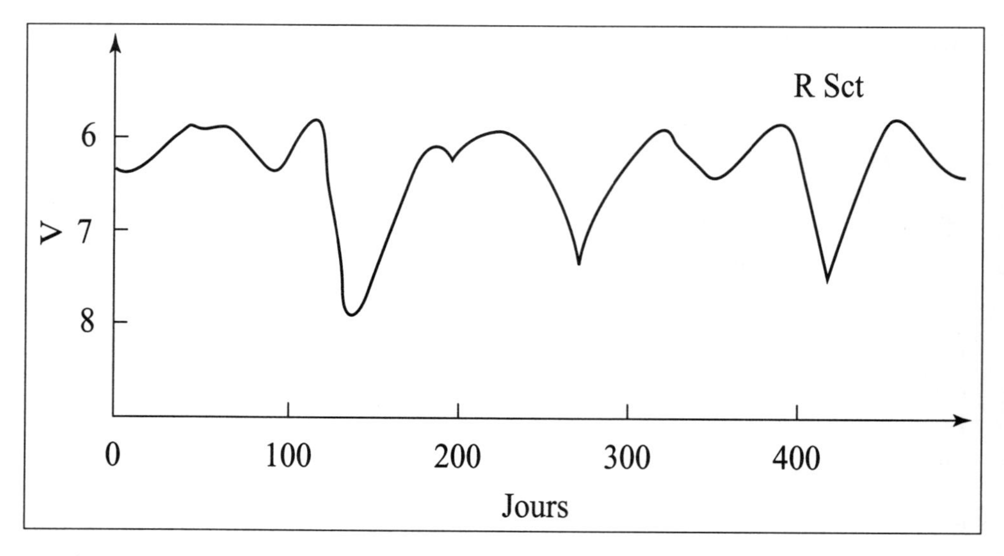

Fig. 6.9- *Allure schématique de la courbe de lumière pour l'étoile R Scuti*

avoir évolué depuis la Branche Asymptotique des Géantes et pourraient devenir des nébuleuses planétaires. Des observations dans les domaines infrarouge et millimétrique ont mis en évidence la présence d'enveloppes et de poussières circumstellaires qui sont fréquemment trouvées dans la phase rapide d'évolution post-AGB. Le spectre des étoiles RV Tauri est caractérisé par l'apparition des raies de l'hydrogène en émission à certaines phases du cycle (quand la luminosité augmente) et aussi par des raies d'absorption importantes, dûes à TiO vers le minimum de lumière. Les variations de l'intensité et du profil des raies suggèrent que les variations sont dûes à une pulsation de l'atmosphère. L'apparition de l'émission dans certaines raies ainsi que l'existence d'une discontinuité dans la courbe de vitesses radiale suggèrent la présence d'ondes de choc.

6.4.2 Les variables rouges

Cette classe rassemble l'ensemble des variables de longue période semi-régulières et irrégulières du type Mira Ceti. Ce sont des géantes ou des supergéantes rouges de types spectraux M, R, N ou S avec des périodes comprises entre 30 et 1000 jours et des amplitudes allant de 0.5 à 10 ou 11 magnitudes dans le visible. Les courbes de lumière présentent des irrégularités importantes. Les spectres de ces étoiles contiennent un grand nombre de raies et de bandes d'absorption moléculaires (TiO, LaO, ZrO, H_2O) ainsi que des raies d'émission importantes au maximum de lumière (H, Si I, Fe I,....). Les raies et les bandes moléculaires observées en absorption se forment dans l'atmosphère de l'étoile. Les raies en émission, observées à certaines phases du cycle de pulsation, sont produites par des ondes de choc qui prendraient naissance dans les couches pro-

fondes de l'étoile au cours de l'oscillation. Certains spectres présentent aussi des raies d'isotopes du technétium dont la durée de vie est si courte qu'il faut supposer que ces isotopes sont synthétisés in-situ. Les variations des profils de raies à certaines phases s'interprètent comme étant dûes à des pertes de masse. La modélisation des géantes rouges qui possèdent des enveloppes convectives est très compliquée. Elle a cependant permis de mettre en évidence une instabilité pulsationnelle, de même nature que celle des Céphéides.
La grande luminosité de ces étoiles permet leur détection à grandes distances. Leurs raies en émission intenses permettent de déterminer facilement les vitesses radiales des variables rouges qui jouent donc un rôle intéressant dans les études cinématiques et dynamiques de la Galaxie.
A cause de leurs longues périodes, les variations photométriques de ces étoiles sont suivies par les astronomes amateurs plutôt que les astronomes professionnels. L'ouvrage de Querci and Johnson constitue un exposé complet sur les propriétés des étoiles de type M. L'article de revue de Alvarez [2] contient une revue complète sur les propriétés des étoiles variables à longues périodes.

6.4.3 Etoiles carbonées

Elles constituent une classe assez hétérogène d'étoiles ayant des compositions chimiques particulières. Leurs atmosphères sont enrichies en carbone. On distingue les étoiles C et les étoiles S, pour lesquelles le rapport des abondances de C et de O rapportées à l'hydrogène est respectivement supérieur à 1 et égal à 1. L'enrichissement en carbone est causé, soit par un phénomène de dragage superficiel ("dredge-up") lors des stades tardifs de l'évolution stellaire, soit par un transfert de matière provenant d'un compagnon évolué proche. Pour les étoiles carbonées de type C (aussi classées R, N ou J) sur la branche asymptotique des géantes (AGB), l'enrichissement en carbone et en éléments s s'est effectué par dragage convectif des couches internes vers la surface lors des pulses thermiques. Les éléments s sont créés par capture de neutrons, rendue possible par le faible flux de neutrons dans l'intérieur stellaire. Il est possible qu'une séquence d'évolution du type $M \rightarrow S \rightarrow C$ existe. Pour les étoiles à baryum et à CH, l'enrichissement en carbone est le résultat d'un transfert de matière dans un système binaire. Pour la plupart des étoiles carbonées, $[\frac{^{12}C}{^{13}C}]$ vaut environ 30 à 50 alors que pour les étoiles J, qui ont une grande surabondance de ^{13}C, $[\frac{^{12}C}{^{13}C}]$ est proche de 3. La plupart des étoiles de type J ne sont pas enrichies en éléments s (il existe cependant quelques exceptions comme WX Cygni). On trouve un certain nombre d'étoiles C sur la séquence principale. Elles ont en général de grands mouvements propres ce qui indiquent qu'elles sont proches. Leur richesse en carbone est probablement dûe à un transfert de masse depuis un compagnon, à l'origine géant qui s'est transformé en naine blanche. Les propriétés caractéristiques des étoiles carbonées sont rassemblées dans le tableau 6.3.

Type	Stade évolutif	Pop.	Chimie	Var.	L ($L_\odot$)	Propriétés $\dot{M}$ ($M_\odot.an^{-1}$)
C (N,R)	AGB	I,II	$[\frac{C}{O}] > 1$ C,N,C_2,Tc, elmts s	LPV M,SR	6×10^3- 7×10^4	ECS 10^{-6}
C (J,R)	preAGB ?	I,II	$[\frac{C}{O}] > 1$ C,N,C_2,^{13}C	M,SR	$< 10^3$	ECS 10^{-7}
S	AGB ?	I,II	$[\frac{C}{O}] = 1$ ZrO,CN,Tc, elmts s	M,SR	10^4	ECS 6×10^{-8}
Ba II	géantes	I	elmts s (Ba,Sr) pas de Tc	Var	$M_V : 0, -3$	Binaires
CH	géantes	II	CN,CH,elmts s	Var	$M_V : 0, -3$	Binaires
SgCH	sous-géantes	I,II	CN,CH,elmts s (Sr,Ba)	Var		
dC	naines ?	?	CN, ^{13}C	?	$M_V \simeq 10$	Binaires ?

Tab. 6.3- *Propriétés caractéristiques des étoiles carbonées*

Les étoiles à baryum et à CH

Les spectres des étoiles à baryum montrent des raies d'absorption de Ba II λ 4554 Å, Sr II λ 4077 Å et λ 4215 Å intenses, ainsi que des bandes de CH, CN et C_2. L'enrichissement en ces éléments est dû à un transfert de matière à partir d'un compagnon évolué. Les spectres des étoiles à CH montrent des bandes moléculaires intenses de CH, CN et C_2 mais sont moins enrichies en métaux que ceux des étoiles à baryum.

Les étoiles carbonées déficientes en hydrogène

Il s'agit d'étoiles lumineuses qui comprennent les étoiles R Coronae Borealis (R CrB), les étoiles carbonées déficientes en hydrogène (HdC) et les étoiles à hélium extrêmes. Les étoiles R CrB présentent, de façon irrégulière, de brusques diminutions d'éclat de quatre à cinq magnitudes sur un intervalle de temps de quelques centaines de jours au moins. L'apparition des minima ainsi que l'amplitude des variations de lumière sont imprévisibles. On connaît environ cinquante objets de ce type. Au maximum de lumière, ces étoiles ressemblent à des supergéantes de type F. Leurs spectres montrent des bandes des molécules carbonées. On pense que l'étoile éjecte du gaz enrichi en carbone, qui se condenserait à une certaine distance de l'étoile, formant ainsi un écran de poussière qui provoque l'importante chute de l'éclat observé.

6.5 Les variables irrégulières

6.5.1 Les étoiles à éruptions

Il s'agit d'étoiles dont l'éclat varie brutalement de manière imprévisible. Cependant, la valeur moyenne de leur magnitude reste à peu près stable au cours du temps.

Les étoiles de type T Tauri

Les étoiles T Tauri sont des systèmes simples ou binaires contenant une protoétoile, progénitrice d'une étoile de type stellaire. On les trouve dans les nuages moléculaires denses, notamment dans le nuage associé à ρ Ophiuchi, où elles sont très nombreuses.
Elles présentent des fluctuations irrégulières d'éclats sur diverses échelles de temps. On observe des sursauts de quelques minutes dans l'ultraviolet et des variations qui s'étalent sur des jours, des semaines ou des mois atteignant deux à trois magnitudes dans le domaine visible. Le prototype de la classe, l'étoile T Tauri, est située à l'intérieur de la nébuleuse de Hind et son éclat varie de façon irrégulière, entre les magnitudes 8 à 13.
Les étoiles T Tauri peuvent être classées en deux groupes : les étoiles T Tauri classiques (CTTs : "Classical T Tauri stars") et les étoiles T Tauri à raies faibles (WTTs : "Weak T Tauri stars"). On les distingue par leurs raies H_α en émission. Physiquement, les CTTs ont probablement un disque d'accrétion qui s'étend jusqu'à la surface de l'étoile et qui montre une certaine activité. Les WTTs ont un disque externe ou pas de disque.
Les CTTs montrent un ensemble de phénomènes liés à la présence d'un disque et d'une forte perte de masse. En effet, on observe un excès dans l'infrarouge de 2 à 100 μm, des raies en émission (dont celles de Balmer) et un excès de flux dans les domaines optique et ultraviolet, qui sont probablement causés par l'accrétion de matière sur l'étoile. Lors des maxima de lumière, les spectres présentent de fortes raies en émission et un excès de rayonnement dans l'ultraviolet. Les profils des raies d'émission sont du type P Cygni (avec une composante en absorption du coté bleu de la raie) ou P Cygni inverse (absorption du coté rouge), indiquant la présence de matière en expansion ou en chute par rapport à l'étoile. Dans l'infrarouge, ces étoiles rayonnent beaucoup d'énergie, parfois plus que dans le domaine visible. Ce rayonnement infrarouge est dû à une enveloppe froide de poussières. Les WTTs ne montrent pas ces phénomènes mais elles possèdent des chromosphères, des couronnes et des taches photosphériques, qui sont les manifestations d'une activité magnétique intense. Les CTTs et les WTTs sont mélangées dans le diagramme HR mais on ne trouve pas de CTTs plus âgées que 10 millions d'années. Une revue complète des propriétés des étoiles T Tauri peut être consultée dans Cram & Kuhi [33].

Les étoiles à sursauts

Il s'agit d'étoiles naines, généralement de type M, qui présentent de rapides fluctuations dans le domaine visible sur des périodes de temps allant de quelques secondes à quelques minutes. Leurs spectres sont caractérisés par la présence de raies d'émission de l'hydrogène et d'autres éléments abondants, indiquant la présence d'une activité chromosphérique importante. On leur attribue souvent la classe dM_e. Ces étoiles sont probablement jeunes car elles sont très nombreuses dans les amas jeunes et les associations stellaires.
Lors du sursaut, l'énergie se répartit à peu près également dans les domaines optique, ultraviolet et X. Typiquement la luminosité dans la bande U lors du sursaut, vérifie : $L_s(U) \simeq 10^{-4} L_{bol}$, L_{bol} désignant la luminosité bolométrique. Une valeur typique est $L_s(U) \simeq 10^{29}$ erg.s^{-1}, soit mille fois plus élevé que les sursauts à la surface du Soleil. Dans le domaine radio, la luminosité émise lors d'un sursaut représente environ un millième de sa valeur dans les autres domaines de longueurs d'onde.

6.6 Les variables cataclysmiques

Une variable cataclysmique (VC) est un système binaire, dans lequel l'étoile primaire est une naine blanche qui accrète de la matière enrichie en hydrogène via un disque d'accrétion à partir d'une étoile secondaire qui remplit son lobe de Roche (figure 6.10). Cette étoile secondaire est sur ou proche de la séquence principale. Il existe plusieurs classes de variables cataclysmiques : les novae classiques, les novae récurrentes, les novoïdes, les novae naines, les variables cataclysmiques à hélium et les variables cataclysmiques magnétiques. L'ouvrage de Hack & La Dous [68] constitue un exposé très complet sur les variables cataclysmiques.

6.6.1 Les novae classiques

Une nova classique est une variable cataclysmique qui a connu une phase explosive avec une augmentation de magnitude de 9 à 15 magnitudes. Lors de cette explosion, une enveloppe de gaz est éjectée à grande vitesse. Le phénomène nova est dû à des réactions thermonucléaires qui s'emballent au sein de la matière accrétée par la naine blanche. Les novae classiques sont séparées en deux groupes : les novae CNO et les novae ONeMg, selon la composition des éjecta. En fait, les éjecta reflètent la composition chimique de la naine blanche puisqu'ils contiennent la matière de celle-ci (on distingue les naines blanches à CO et celles à ONeMg).

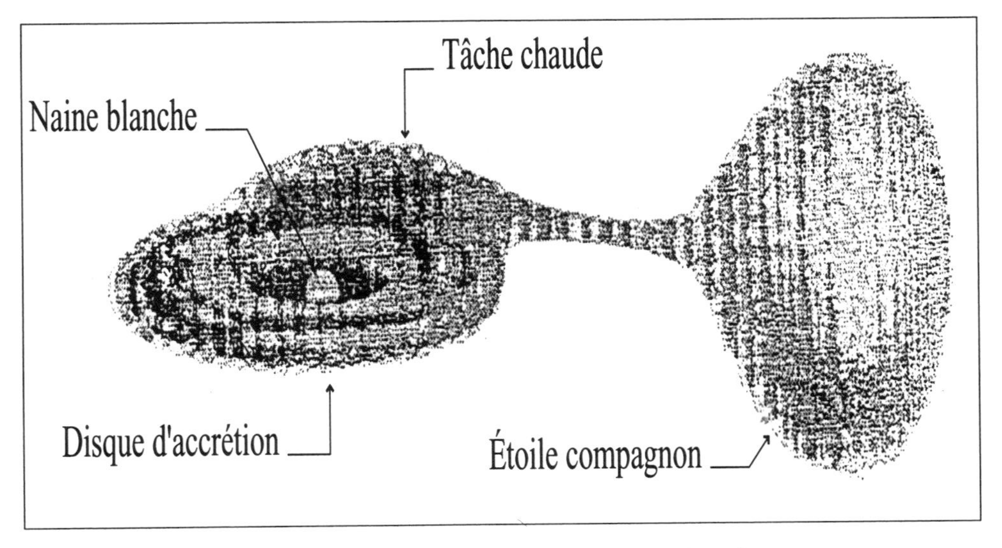

Fig. 6.10- *Structure d'une variable cataclysmique*

6.6.2 Les novae récurrentes

Une nova récurrente est une nova qui a connu plus d'une explosion. On en connaît une dizaine que l'on divise selon le type d'explosion ou selon le type spectral de l'étoile secondaire. Dans certaines novae récurrentes, les explosions sont probablement causées par des réaction thermonucléaires qui s'emballent. Dans d'autres novae récurrentes, l'explosion est probablement liée à un transfert de masse épisodique, qui s'accompagne de la libération d'énergie gravitationnelle sur l'étoile primaire, celle-ci étant soit une naine blanche, soit une étoile de la séquence principale. Pour certaines novae récurrentes, l'étoile secondaire est une géante de type tardif.

6.6.3 Les novae naines

Les novae naines connaissent des augmentations de brillance, d'amplitude deux à cinq magnitudes, ayant lieu périodiquement. Leurs périodes sont comprises entre quelques semaines et quelques années. Dans la plupart de ces systèmes, il y a peu ou pas d'éjection de matière mais présence d'un vent. Le spectre des novae naines est constitué de raies en émission en dehors de l'explosion et devient un spectre de raies d'absorption durant l'explosion. On pense que cette transformation est dûe à une instabilité dans le disque d'accrétion entourant la naine blanche.
Les étoiles SU UMa sont une sous-classe de novae naines qui montrent des explosions semi-périodiques d'amplitude exceptionnellement élevée. Au moment du maximum de lumière, des modulations périodiques apparaissent dans la courbe de lumière avec des périodes légèrement supérieures à la période orbi-

tale.
Les étoiles Z Cam sont des novae naines qui connaissent, lors du déclin de lumière, des phases d'éclat stationnaire occasionnelles durant quelques jours à quelques années. Le reste des novae naines sont appelées étoiles U Gem, étoile qui était à l'origine le prototype de la classe.

6.6.4 Les novoïdes et les variables à hélium

Les étoiles novoïdes sont des variables cataclysmiques qui ressemblent à des novae classiques en état quiescent. Il s'agit probablement de novae classiques pour lesquelles on n'a pas observé d'explosion. On distingue deux types de novoïdes : les étoiles UX UMa et les étoiles VY Scl. Les UX UMa ressemblent à des novae naines en permanent état d'eruption. Les systèmes VY Scl sont normalement dans un état de maximum mais ont des excursions lentes et de courtes durées vers un état de minimum. Ces variations de luminosité sont probablement dûes à des variations du taux d'accrétion. Les variables cataclysmiques à hélium, encore nommées systèmes AM CVn, transfèrent de la matière riche en hélium plutôt que de la matière riche en hydrogène. A part ceci, elles ont les mêmes caractéristiques que les novoïdes.

6.6.5 Les étoiles variables cataclysmiques magnétiques

Dans une variable cataclysmique magnétique, la naine blanche possède un champ magnétique suffisamment fort pour canaliser la matière accrétée au voisinage de la surface de la naine blanche. Les variables cataclysmiques magnétiques sont divisées en deux classes selon que la naine blanche est en rotation synchrone avec son compagnon binaire (étoiles polaires ou AM Her), ou asynchrone (étoiles polaires intermédiaires ou DQ Her). Dans les binaires AM Her, le champ magnétique est intense et l'accrétion s'effectue selon une structure en colonne (il n'y a pas de disque d'accrétion). Dans les binaires DQ Her, le champ magnétique est probablement plus faible, un disque d'accrétion peut se former mais il est interrompu près de la surface de la naine blanche.
Remarquons qu'un système donné peut faire partie de deux classes de VCs. Par exemple, GK Per, une vieille nova classique, montre des explosions caractéristiques d'une nova naine. La nova V1500 Cyg est aussi un système du type AM Her.

6.7 Les variables symbiotiques

Une variable symbiotique est un système binaire à longue période ($P > 100$ jours) contenant une étoile géante ou une étoile de type Mira, détachée ou semi-détachée, qui perd de la masse (par un vent) et la cède à une naine blanche ou à un compagnon sur la séquence principale. Les variables symbiotiques sont divisées en un groupe D, qui est associé aux Miras, et un groupe S, qui est associé aux géantes rouges. Certaines variables symbiotiques connaissent des explosions violentes qui peuvent être dûes à un épisode d'accrétion sur la composante chaude. Ces variables symbiotiques ont les mêmes caractéristiques observationnelles que les novae lentes et sont appelées novae symbiotiques. D'ailleurs, les novae récurrentes, dans lesquelles le compagnon est une géante rouge, pourraient être liées aux novae symbiotiques.

6.8 Les supernovae

Les supernovae représentent un des états terminaux de la vie d'une étoile massive. On les étudie pour essayer d'identifier les étoiles progénitrices, le mécanisme d'explosion, l'origine des éléments lourds et on les utilise comme indicateurs de distance dans l'Univers. La plupart ont été découvertes dans les galaxies extérieures. Les neutrinos libérés lors de l'effondrement du cœur dégénéré emportent environ 99% de l'énergie libérée durant l'effondrement (soit environ 10^{46} Joules). Le reste de cette énergie est emportée sous forme d'énergie cinétique par les couches externes (soit typiquement 10^{44} Joules, ce qui représente à peu près l'énergie produite par le Soleil durant toute sa vie). Une revue détaillée des travaux de recherches sur les supernovae peut être trouvée dans Petschek [125]. On pourra aussi consulter le site web : *http ://cssa.stanford.edu/marcos/sne.html.*

6.8.1 Différents types de supernovae

Pour classer les supernovae, on utilise l'évolution du spectre ainsi la morphologie de leur courbe de lumière. On distingue deux types. Les types I ne montrent pas les raies de l'hydrogène dans leurs spectres au maximum de brillance. En contraste, les types II montrent ces raies. Parmi les types I, les étoiles présentant une raie de Si II intense à 6150 Å sont nommées type Ia. Les autres sont nommées type Ib (raies de l'hélium présentes) ou Ic (raies de l'hélium absentes). L'absence de raies d'hydrogène indique que les étoiles impliquées ont perdu leur enveloppe d'hydrogène. La supernova de type Ia a lieu lorsqu'une naine blanche dans un système binaire serré accrète suffisamment de masse de l'étoile secondaire pour démarrer une réaction nucléaire dans le cœur de la naine blanche. En contraste les supernovae de type II représentent l'état terminal d'une étoile massive simple. Le cœur dégénéré de cette étoile s'effondre ce qui induit une gigantesque explosion. Les différences de signatures spectrales entre les types Ia, Ib et Ic indiquent qu'elles sont dûes à des mécanismes différents. Les types Ia sont observées dans tous les types de galaxies, en particulier dans les galaxies elliptiques, où on observe très peu de formation stellaire récente. Par contre, les types Ib et Ic ont été observées seulement dans les galaxies spirales, près de sites de formation stellaire récente. A la différence des types Ia, les types Ib et Ic sont probablement liées à des étoiles massives.

6.8.2 Les supernovae de type Ia

Les supernovae de type Ia apparaissent dans tous les types morphologiques de galaxies. Dans les galaxies spirales, elles sont concentrées dans les bras spiraux mais ne montrent pas de corrélation avec les régions HII géantes. Elles ne semblent pas être associées aux halos ou aux bulbes des galaxies spirales. A aucune phase, les spectres de ces supernovae ne montrent les raies de l'hydrogène. La majorité des supernovae de type Ia ont des courbes de lumière ainsi qu'une évolution spectrale similaires. Près du maximum de lumière, leurs spectres sont caractérisés par des raies de O, Mg, S, Si et Ca. Vingt jours après le maximum optique, les raies des éléments du pic du fer apparaissent. Au maximum de lumière, les raies de Si II autour de λ 6355 Å ont un profil P Cygni prononcé dont l'absorption se situe autour de 6150 Å. On utilise souvent cette raie pour caractériser les supernovae de type Ia. Les raies de profil P Cygni se forment dans les couches extérieures de l'enveloppe en expansion rapide. Ces raies sont superposées sur le continuum qui se forme dans les couches les plus profondes de l'enveloppe. Une centaine de jours après l'explosion, l'enveloppe devient une nébuleuse optiquement fine (on parle de "phase nébulaire") dont le spectre est dominé par les raies d'émission. Pour les SN Ia, dans la phase nébulaire, le spectre est dominé par les raies de [Fe II] et de [Fe III] mais montre toujours Ca II en absorption.
Les supernovae de type Ia sont les plus brillantes intrinsèquement. La magnitude bleue au maximum d'une supernova de type Ia classique est voisine de $-18.4 \pm 0.3 + 5 \log H$, où H est la constante de Hubble, exprimée en unités de 100 km s^{-1} Mpc^{-1}. La courbe de lumière est caractérisée par un pic de largeur 30 jours, suivi par une décroissance exponentielle de pente 0.012-0.015 mag/jour. Les courbes de lumière des supernovae de type Ia sont caractérisées par un maximum secondaire, observé depuis la bande V jusqu'à 2 microns et qui a lieu environ 20 jours après le maximum de lumière. On n'a pas détecté d'émission X ou radio en provenance des supernovae de type Ia. Une courbe de lumière composite, c'est-à-dire obtenue à partir des données de plusieurs supernovae individuelles, est représentée dans la figure 6.11. La figure 6.12 montre l'évolution temporelle du spectre d'une supernova de type Ia typique.

Dans les supernovae de type Ia, une explosion thermonucléaire de la naine blanche a probablement lieu. La forme de la courbe de lumière pourrait être dûe à la désintégration radioactive de ^{56}Ni en ^{56}Co, espèce qui est produite durant l'explosion. Dans la phase pré-supernova, on pense que de la masse est transférée sur la naine blanche mais aucune preuve de binarité n'existe.

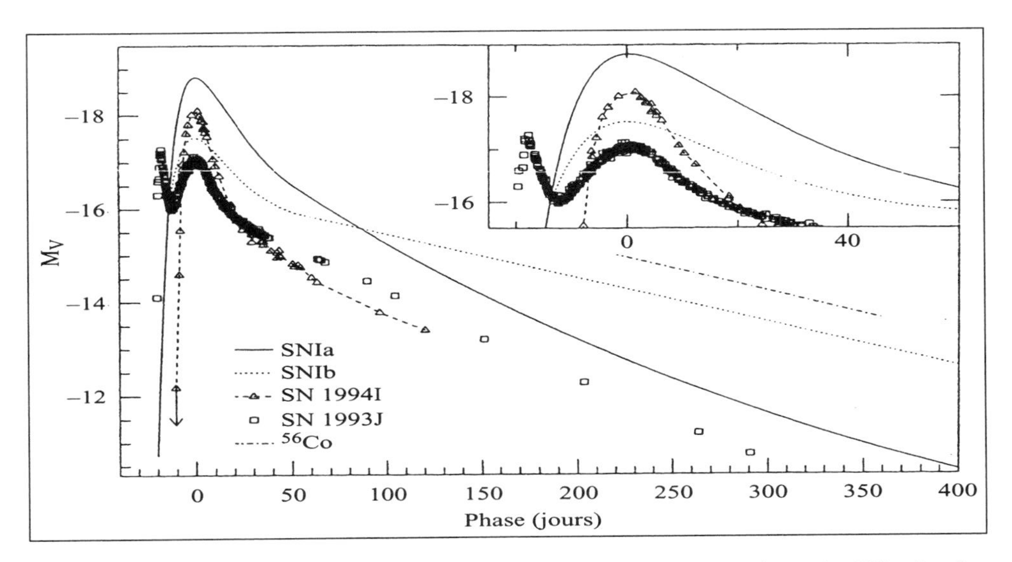

Fig. 6.11- *Courbe de lumière composite pour des supernova Ia (d'après Wheeler & Filippenko [186])*

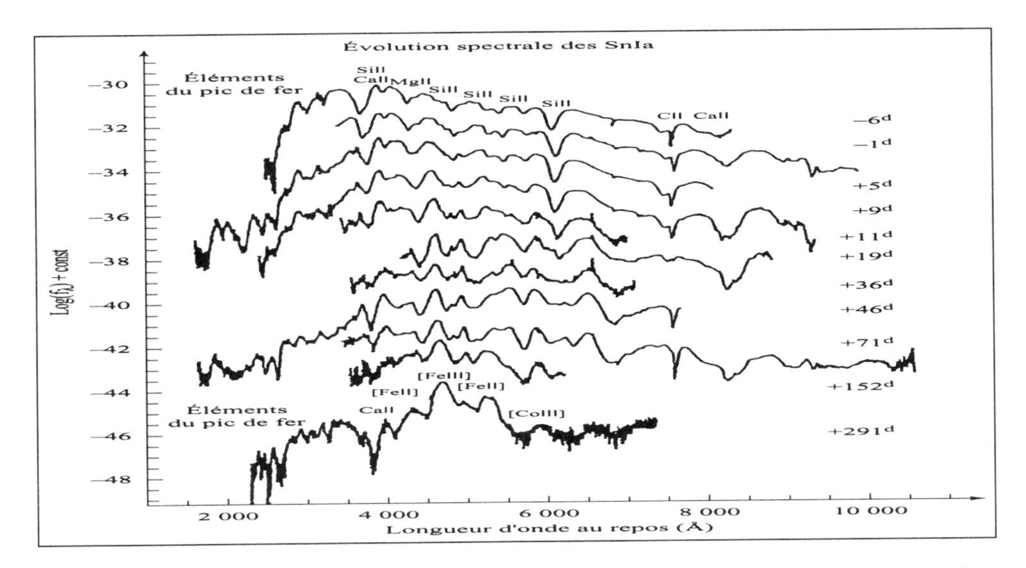

Fig. 6.12- *Evolution temporelle du spectre d'une supernova typique de type Ia (d'après Kirshner et al. [90], Wells et al. [185])*

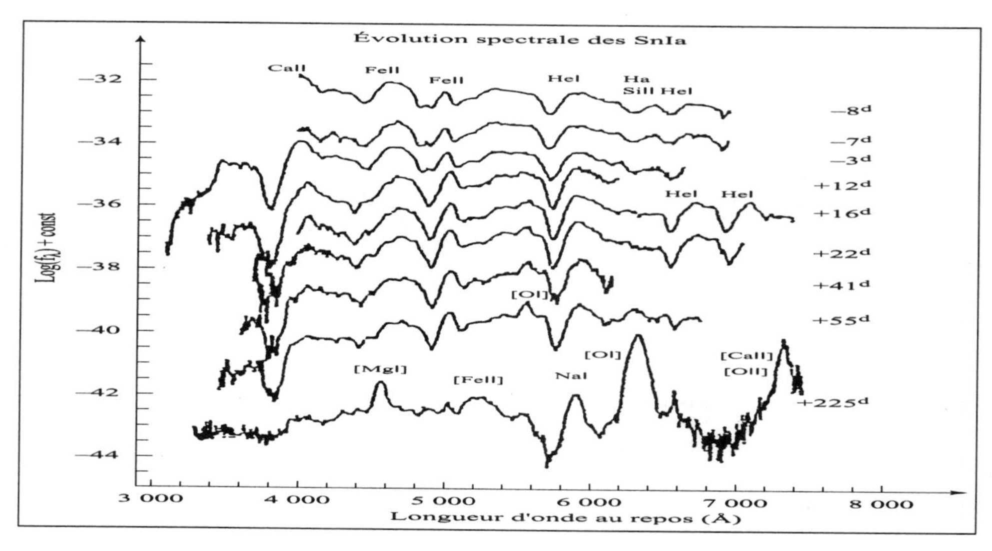

Fig. 6.13- *Evolution spectrale de SN 1984L (d'après Harkness [71])*

6.8.3 Supernovae de type Ib

Elles sont caractérisées par l'absence de raies de Balmer intenses au maximum de lumière. Environ un mois après le maximum, leurs spectres montrent des raies d'absorption de He I intenses. Le spectre nébulaire montre des raies intenses de $[MgI]$ à λ 4571Å, NaD, $[OI]$ à λ 6300 et 6364 Å, $[CaII]$ à λ 7291 Å et 7323 Å et le triplet infrarouge de Ca II. Certaines Sn Ib, comme SN 1983N et SN 1984L, ont des raies intenses de He I dans leurs spectres. La figure 6.13 représente l'évolution spectrale de SN 1984L.

Une émission radio a été détectée en provenance de SN1983N et SN1984L suggérant la présence d'un substantiel milieu circumstellaire. Les SN Ib sont généralement associées aux bras spiraux et aux régions H II. Leurs progéniteurs sont probablement des étoiles massives de population I.

6.8.4 Supernovae de type Ic

Au maximum de lumière, leurs spectres ne présentent pas de raies de H ni celles de He. Ces raies sont aussi absentes un mois ou deux après le maximum. Au maximum, le spectre est caractérisé par une absorption intense de OI à λ à 7771 Å et des raies mélangées de Fe II. L'absorption de Si II à λ à 6355 Å est beaucoup plus faible que pour les types Ia. Les SN Ic déclinent plus rapidement depuis le maximum que les SN Ia et les SN I b. L'évolution spectrale suggère que le progéniteur a perdu ses enveloppes d'hydrogène et d'hélium.

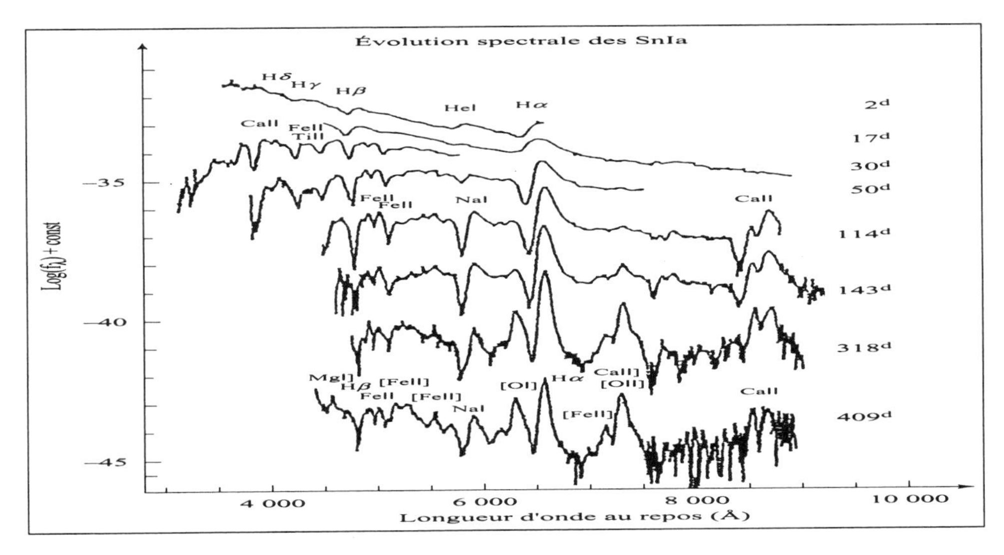

Fig. 6.14- *Evolution spectrale d'une supernova de type II plateau, SN 1992H (d'après Clocchiatti et al [25])*

6.8.5 Les supernovae de type II

Les supernovae de type II sont caractérisées par la présence de l'hydrogène dans leur spectre. La raie H_α est très intense. Dans certains cas, le spectre au maximum de lumière est un continuum dépourvu de raies et la raie H_α devient plus intense au cours du temps. Le spectre de la phase nébulaire des supernovae de type II est dominé par H_α, les raies de NaD, $[OI]$ à λ 6300 et 6364 Å, $[CaII]$ à λ 7291 et 7323 Å et le triplet infrarouge de Ca II. On n'a pas jusqu'à présent observé de supernovae de type II dans une galaxie elliptique. Dans les galaxies spirales, elles se trouvent dans les bras spiraux et peuvent être associées aux régions H II et donc à des environnements stellaires de population I. Plusieurs SN II ont été observées dans les domaines radio et X, l'émission étant attribuée à l'interaction des éjecta avec la matière circumstellaire. Au maximum de lumière, l'éclat d'une SN II peut être comparable ou plus faible (typiquement par 1.5 mag) à celui d'une SN Ia.
On a classé les supernovae de type II selon leur courbe de lumière et leur évolution spectrale. Les SN II "type plateau" sont caractérisées par une raie de H_α large, ayant un profil P Cygni prononçé, et une courbe de lumière qui montre un plateau. L'évolution spectrale de SN 1992H, une SN II de type plateau, est représentée dans la figure 6.14. Le plateau est reproduit par des modèles où l'on suppose que l'explosion a lieu dans l'enveloppe d'une supergéante rouge de masse supérieure ou égale à 10 $M_\odot$.

Les SN II linéaires présentent des raies d'hydrogène larges et un déclin exponentiel de 5 magnitudes en une centaine de jours après le maximum, sans montrer de plateau. L'absence de plateau serait dû à la faible masse de l'enveloppe d'hydrogène (quelques $M_\odot$).

6.8.6 SN 1987A

SN 1987A, dans le Grand Nuage de Magellan, a été observée sur tout le spectre électromagnétique et a été détectée comme une source de neutrinos. Au maximum de lumière, les profils des raies indiquent des vitesses de 25000 km s^{-1}. L'émission durant la phase nébulaire est caractérisée par des vitesses dix fois inférieures. Le spectre optique ressemble à celui d'autres SN II.
L'étoile précurseur de SN 1987A a pu être identifiée. Il s'agit de Sk -69^0 202, une supergéante bleue. Des neutrinos ont été détectés avec une énergie totale de 2×10^{53} ergs. SN 1987A a permis de tester la production de ^{56}Ni et sa désintégration radioactive en ^{56}Co et ^{56}Fe prédites par les modèles. En effet, la pente de la courbe de lumière bolométrique correspond bien à celle attendue pour la désintégration de Co entre 125 et 450 jours après l'explosion. De plus des raies de [Co II] ont été détectées à 1.547 μm et 10.52 μm, ainsi que des raies de ^{56}Co (160 jours après l'explosion) et ^{57}Co (1500 jours après l'explosion) dans le domaine des rayons γ.
En utilisant la distance du Grand Nuage de Magellan, on trouve une luminosité bolométrique proche de 100000 $L_\odot$. La masse totale du progéniteur est incertaine, peut-être comprise entre 15 et 20 $M_\odot$, avec une masse du cœur d'hélium de $6M_\odot$ et une masse de l'enveloppe d'hydrogène à l'explosion de $10M_\odot$.
La détection d'une émission radio, tôt après l'explosion, suggère l'interaction des éjecta avec la matière circumstellaire.
Physiquement ou peut proposer le scénario suivant pour l'explosion de SN 1987 A. Le cœur de l'étoile de fer progénitrice s'effondre. Sous l'effet de la gravité, les atomes de fer se recombinent au centre en un noyau de matière très dense, faite de neutrons (étoile à neutrons). Ils libèrent une grande quantité de neutrinos qui interagissent très peu avec la matière et peuvent donc s'échapper rapidement en emportant avec eux plus de 99% de l'énergie libérée dans l'effondrement ($L \simeq 3 \times 10^{53}$ ergs). Le reste de cette énergie ($\simeq 10^{51}$ ergs) est transféré sous forme mécanique aux couches extérieures (éjecta) qui ont un mouvement d'expansion, avec des vitesses supérieures à 10000 km s^{-1}. Seule une faible fraction de l'énergie totale est convertie en rayonnement, grâce auquel la supernova a été détectée.

Deuxième partie

Le Milieu Interstellaire

Chapitre 7

Introduction au milieu interstellaire

7.1 Les différentes composantes du milieu interstellaire

Le milieu interstellaire (noté MIS ci-après) représente la matière ténue répartie sur de grandes distances entre les étoiles. Cette matière est composée de gaz et de poussières que l'on suppose être bien mélangées et qui sont visibles sous la forme d'objets divers : des régions H II (hydrogène ionisé), des nébuleuses vues par réflection, des nuages sombres et des restes de supernovae. Dans notre Galaxie, le Milieu Interstellaire contribue seulement à une faible partie de la masse, environ 5% de la masse totale des étoiles. La masse totale de la Galaxie est estimée à $10^{12} M_{\odot}$ dont 10% est sous la forme de matière visible (les étoiles) et le reste sous forme de matière noire. La masse totale dans les étoiles est donc environ $10^{11} M_{\odot}$ et celle du MIS est voisine de $5 \times 10^{9} M_{\odot}$. Exposons d'abord brièvement les différentes composantes du gaz. Pour celui-ci, on distingue habituellement plusieurs composantes, correspondant à des états différents de l'hydrogène, qui contribue à environ 70% de la masse du gaz. Lorsque l'hydrogène est présent sous forme atomique, on distingue le milieu froid ("Cold Neutral Medium", CNM) et le milieu tiède ("Warm Neutral Medium", WNM). Lorsque que l'hydrogène et autres atomes sont ionisés, on distingue un milieu diffus chaud ("Warm Ionized Medium", WIM) et un milieu diffus très chaud ("Hot Intercloud Medium", HIM) ainsi que les régions HII, autour d'étoiles excitatrices. L'hydrogène est enfin présent sous forme moléculaire dans les Nuages Moléculaires. Les objets cités précédemment (régions H II, nuages sombres, ...) sont des manifestations visibles de ces différentes phases. Les propriétés de ces composantes gazeuses ainsi que leurs diagnostics observationnels sont résumées dans le tableau 7.1.

Ces différentes composantes ne sont pas statiques mais animées de mouvements à grandes échelles. En effet, elles sont exposées aux vents issus des

Milieu		Densité (cm^{-3})	Température (K)	Diagnostic
Ionisé	Régions HII	≥ 10	10000	raies UV, optiques IR et radio
	WIM	0.03	8000	raies optiques, dispersion pulsars
	HIM	3×10^{-3}	10^6	raies UV émission X
Atomique	CNM	25	50-100	raie 21 cm, raies UV
	WNM	0.25	8000	
Moléculaire		≥ 1000	≤ 100	émission IR, molécules
SNR		≥ 1	10^4-10^7	Radio, X

Tab. 7.1- *Propriétés et diagnostics observationnels des composantes gazeuses du MIS*

étoiles massives, aux explosions des supernovae et à divers types d'ondes de choc. La rotation galactique génère des ondes de densité qui compriment le gaz interstellaire et peuvent provoquer des collisions entre nuages interstellaires. Ces ondes de densité peuvent générer des ondes de choc qui chauffent le gaz, voire dispersent les nuages. L'explosion de supernovae produit aussi des ondes de choc qui emportent le gaz à leur passage et favorisent la création de bulles de gaz chaud qui structurent le Milieu Interstellaire. Les vents des étoiles évoluées massives ainsi que les écoulements bipolaires, associés à certains de ces objets, peuvent aussi générer des ondes de choc et balayer le gaz. Le milieu interstellaire est donc un milieu essentiellement dynamique. L'injection d'énergie cinétique par les étoiles massives (vents stellaires et explosions de supernovae) génère une pression turbulente qui permet aux nuages de se maintenir contre leur effondrement gravitationnel.

La majorité du milieu interstellaire se situe dans le disque de notre Galaxie. Le halo contient une partie de la phase chaude et très chaude (HIM). Les composantes atomiques neutres et chaudes sont pratiquement en équilibre de pression. La pression y vérifie typiquement : $\frac{P}{k} = nT \simeq 10 \times 10^3$ K cm^{-3}. En revanche, la pression est beaucoup plus élevée dans les nuages moléculaires et les régions H II. La densité du gaz interstellaire, définie comme le nombre d'atomes par unité de volume, est généralement très faible, bien inférieure aux densités rencontrées dans l'atmosphère de la Terre. Dans le plan Galactique, au voisinage du Soleil, la densité moyenne du gaz est environ 0.3 cm^{-3}. Dans un nuage moléculaire, elle est voisine de 10^6 cm^{-3}, valeur qui reste bien inférieure à la densité moyenne dans l'atmosphère terrestre, environ 2×10^{18} cm^{-3}. Ces faibles valeurs ont d'importantes conséquences sur les collisions. Dans l'atmosphère terrestre, l'échelle de temps caractéristique de collision d'un atome avec un autre atome est de l'ordre de la nanoseconde. Dans un nuage moléculaire, cette échelle de temps est voisine de plusieurs jours. Par ailleurs, les échelles de temps de désexcitation caractéristiques des atomes et des molécules sont comprises entre la nanoseconde et plusieurs millions d'années pour la raie à 21 cm en émission de H I. Ceci implique que, dans l'atmosphère de la Terre, chaque atome ayant subi une collision entrera à nouveau en collision avant qu'il n'ait eu la possibilité de se désexciter radiativement. En revanche, dans un nuage moléculaire, un atome peut rayonner l'excès d'énergie acquise lors de la collision et se désexciter vers l'état fondamental. Une conséquence importante est que les atomes sont généralement dans leur état fondamental dans le milieu interstellaire.

Le milieu interstellaire n'est pas à l'équilibre thermodynamique. Un milieu à l'équilibre thermodynamique est caractérisé par une température unique, qui décrit la distribution des vitesses, l'excitation, l'ionisation et la composition moléculaire du gaz. Si la distribution des vitesses du gaz dans le MIS peut être représentée par une seule température, l'excitation, l'ionisation et la composition chimique diffèrent généralement beaucoup des valeurs qu'elles auraient à l'équilibre thermodynamique à cette température. Cette situation est donc très différente de celle rencontrée dans les intérieurs et les enveloppes stellaires, où l'hypothèse de l'équilibre thermodynamique, au moins local, peut être faite. Lorsqu'un gaz n'est pas à l'équilibre thermodynamique, les populations des niveaux, l'ionisation, la composition chimique et la température sont contrôlés par un équilibrage entre différents processus.

En ce qui concerne sa composition chimique, le milieu interstellaire se compose en proportions de masses de 70% d'hydrogène, 28% d'hélium et 2% d'éléments lourds : C, N, O, Mg, Si, S et Fe. Ces éléments lourds peuvent être présents soit dans le gaz, soit dans les poussières. Dans les nuages moléculaires, les éléments chimiques se combinent pour former des molécules de tailles variées. Jusqu'en 1968, les astronomes pensaient que le milieu interstellaire était essentiellement formé d'hydrogène atomique, éventuellement lié à des atomes de carbone ou d'oxygène dans des molécules. Puis, la molécule NH_3 fut découverte vers le centre galactique, puis des molécules de plus en plus complexes comme l'éthanol (CH_3CH_2OH) furent découvertes. Nous savons maintenant que le Milieu Interstellaire abrite une chimie complexe et variée qui est très différente de celle qu'on étudie sur Terre. Cette différence est largement dûe aux conditions physiques très différentes (température, pression, exposition aux rayonnements, ...) dans le milieu interstellaire. Ces conditions physiques bien différentes à celles du laboratoire terrestre conduisent d'ailleurs à des phénomènes inobservables sur Terre. Ainsi, les spectres de certaines nébuleuses gazeuses contiennent des raies interdites jamais observées au laboratoire. De même, des émissions radio maser moléculaire sont observées dans certains nuages et dans les enveloppes circumstellaires.

La composante poussières du milieu interstellaire représente environ 1% de la masse totale. Ces poussières peuvent être de deux natures. Il peut s'agir de poussières stellaires fabriquées dans les enveloppes circumstellaires autour des étoiles de type M ou dans les nébuleuses planétaires, puis injectées dans le milieu interstellaire. Ces poussières sont composées de silicates, graphite et carbone amorphe. Il existe aussi une poussière interstellaire que se forme in situ dans le Milieu Interstellaire. Elle contient des silicates et des composantes carbonées.

Le milieu interstellaire est soumis à l'influence de différents rayonnements et au champ magnétique galactique. Le rayonnement électromagnétique consiste en des photons stellaires provenant d'étoiles de types précoces et des étoiles de types tardifs, qui dominent respectivement les domaines UV, visible et IR. Les particules de poussières absorbent des photons stellaires et re-rayonnent aux longueurs d'onde supérieures, sous forme de bandes d'émission discrètes dans l'IR moyen et d'émission continue dans l'IR lointain et les régions submillimétriques. Le fond cosmologique à 2.7 K domine les longueurs d'onde millimétriques. Aux longueurs d'onde inférieures au seuil de Lyman à 912 Å, les étoiles contribuent peu au rayonnement. L'émission par des plasmas chauds, le gaz coronal du halo Galactique et des restes de supernovae, domine le champ de rayonnement à ces courtes longueurs d'onde. Aux énergies plus élevées, les rayons X d'origine extragalactique contribuent beaucoup. La distribution d'énergie de ce rayonnement ainsi que son intensité dépendent beaucoup de l'endroit où on se trouve.

Le champ magnétique galactique a une structure d'ensemble à l'échelle de la Galaxie mais localement il présente des composantes irrégulières. Il tend à être plus intense dans les régions denses du milieu interstellaire. Au voisinage du Soleil, il a une valeur proche de 5 μGauss. Le champ magnétique est aussi une source importante d'énergie et de pression dans le milieu interstellaire. Il contrôle aussi la dynamique du gaz

Le gaz et la poussière sont chauffés par les photons stellaires, provenant de nombreuses étoiles, des rayons cosmiques et des rayons X émis par le gaz local chaud galactique et extragalactique. Inversement, gaz et poussières se refroidissent par une variété de processus dans les raies et le continuum.

Le milieu interstellaire joue un rôle central dans l'évolution de notre Galaxie. Les produits de la nucléosynthèse des précédentes générations d'étoiles y sont déposés. Ils peuvent y être injectés de manière violente lors d'une explosion de supernovae ou, de manière plus calme, par les vents des étoiles de faibles masses sur la branche asymptotique des géantes. L'abondance des éléments lourds augmente donc progressivement dans le milieu interstellaire. Ces éléments lourds sont utilisés lors de la formation de nouvelles étoiles qui a lieu dans le Milieu Interstellaire.

Dans ce cours, des notions sur les différentes composantes ou phases du milieu interstellaire sont présentées. Le chapitre 7 est consacré à l'étude des propriétés des poussières. Le gaz peu dense et les nuages moléculaires sont étudiées respectivement aux chapitre 8 et 9. Un traitement élémentaire des régions ionisées H II est donné au chapitre 10. Un certain nombre de sujets importants n'ont pu être traités à cause de la taille limitée de l'ouvrage. Le refroidissement et le chauffage du gaz sont abordés de manière très simplifiée seulement dans le chapitre 8. Je n'ai que très brièvement mentionné les PAHs (hydrocarbures polycycliques aromatiques) et n'ai pas traité leur charge, leur photochimie et leur émission IR. Je n'ai pas abordé les régions de photodissociation (à l'interface entre des régions H II et des nuages moléculaires) : leurs conditions physiques, l'ionisation, la chimie, leurs structures, la température des poussières et le spectre de fluorescence IR de l'hydrogène. Je n'ai que très succinctement abordé la dynamique du milieu interstellaire via l'expansion des régions H II mais je n'ai pas traité les explosions de supernovae ni les vents interstellaires. Certains aspects du cycle de vie des poussières comme la destruction par les chocs n'ont pas été abordés non plus. Pour un traitement complet de ces sujets, le lecteur pourra consulter les ouvrages récents et très complets de Lequeux [99], Dopita & Sutherland [41] et Tielens [165].

Chapitre 8

Les poussières interstellaires

8.1 Introduction

Les preuves observationnelles de la présence de poussières dans notre Galaxie sont décrites dans la première partie. Leur présence se traduit par une extinction et une polarisation de la lumière des étoiles devant lesquelles elles se situent. Les poussières émettent aussi un rayonnement dans l'infrarouge. Nous présentons dans la deuxième partie les résultats du modèle de Mie qui est un modèle physique de l'interaction grains-rayonnement. Ce modèle permet de reproduire avec succès certaines des propriétés observées des poussières. Une étude détaillée de ce modèle est proposée sous la forme d'un problème à la fin de ce chapitre. Dans une troisième partie, nous étudions l'émission thermique des grains. L'origine, la formation, la nature et la destruction des poussières dans le milieu interstellaire sont discutés dans les parties suivantes.

8.2 Evidence observationnelle

Les poussières interstellaires obscurcissent la lumière des étoiles devant lesquelles elles se situent. Ce phénomène, nommé *extinction* interstellaire, résulte d'une part de l'absorption physique de la lumière et d'autre part de sa diffusion dans des directions différentes de la direction d'incidence sans modification de la longueur d'onde. Seule une modélisation permet de savoir si l'absorption ou l'extinction a été plus efficace à atténuer la lumière. L'extinction par des poussières se manifeste sous la forme d'une bande obscure qui sépare en deux la Voie Lactée. Sur certaines photographies du ciel, on constate la présence de régions dépourvues d'étoiles qui sont dûes à des nuages de poussières interceptant la lumière des étoiles devant lesquelles ils sont placés.
Certaines nébuleuses obscures sont de très petites dimensions et apparaissent comme des globules sombres au sein de nébuleuses brillantes, *les globules de Bok*. Ainsi, les poussières peuvent être réparties dans des nuages de dimensions très variables allant de 0.03 parsec à plusieurs dizaines de parsecs. L'extinction

interstellaire est gênante pour l' astronome qui s' intéresse aux étoiles ou à la structure de la Galaxie. En effet, elle empêche de voir les étoiles situées à des distances supérieures à quelques kiloparsecs dans le plan galactique. Ainsi, les régions centrales de notre Galaxie ne sont pas du tout visibles dans le domaine optique à cause de cette extinction.
Nous avons vu au chapitre 1 que pour une étoile non affectée par l' extinction interstellaire, la relation entre la distance d, la magnitude apparente monochromatique , m_λ, et la magnitude absolue monochromatique, M_λ, s' écrit :

$$m_\lambda - M\lambda = 5\log(d) - 5 \tag{8.1}$$

où d est exprimée en parsecs.
L'extinction interstellaire, qui nous fait paraître l' étoile plus faible , augmente la magnitude qui s' écrit maintenant :

$$m_\lambda - M\lambda = 5\log(d) - 5 + A_\lambda \tag{8.2}$$

oú A_λ est *l'extinction*, en magnitudes, à la longueur d'onde considérée. L'extinction dépend en effet grandement de la longueur d'onde : elle n'affecte pas de la même manière les différentes longueurs d'onde. Peu importante dans l'infrarouge, elle augmente quand la longueur d'onde diminue et devient très importante dans l'ultraviolet. La lumière des étoiles affectées par l' extinction nous apparaît donc plus rouge que si l'extinction n' existait pas : c'est le phénomène du *rougissement* interstellaire.
L'extinction A_λ, est difficilement mesurable car il est nécessaire d' observer des étoiles de magnitude absolue M_λ connue (à partir de critères spectroscopiques et des distances connues par une méthode non photométrique). De telles mesures sont rares et difficiles. En pratique, on mesure plutôt un *excès de couleur*, noté E_{12}, défini comme la différence de l'extinction d'une même étoile à deux longueurs d'onde λ_1 et λ_2 différentes :

$$E_{12} = A(\lambda_1) - A(\lambda_2) \tag{8.3}$$

avec $\lambda_1 < \lambda_2$. Cet excès de couleur est en général évalué aux longueurs d'onde des filtres B et V où U et B du système de Johnson. L'intérêt de l' excès de couleur vient de ce qu'il est plus facilement mesurable que l'extinction. Pour mesurer un excès de couleur, il suffit de comparer la couleur de l' étoile rougie à sa couleur intrinsèque (obtenue en observant une étoile de même type spectral et voisine dans le ciel pour laquelle l' extinction est négligeable). L'excès dans la différence de couleurs $B - V$ est en effet :

$$E(B - V) = (B - V)_{obs} - (B - V)_{int}$$

oú $(B - V)_{obs}$ est l'indice observé pour l' étoile rougie et $(B - V)_{int}$ est l'indice pour l' étoile de même type spectral non rougie.
L'excès de couleur a été mesuré à différentes longueurs d'onde de l'infrarouge à

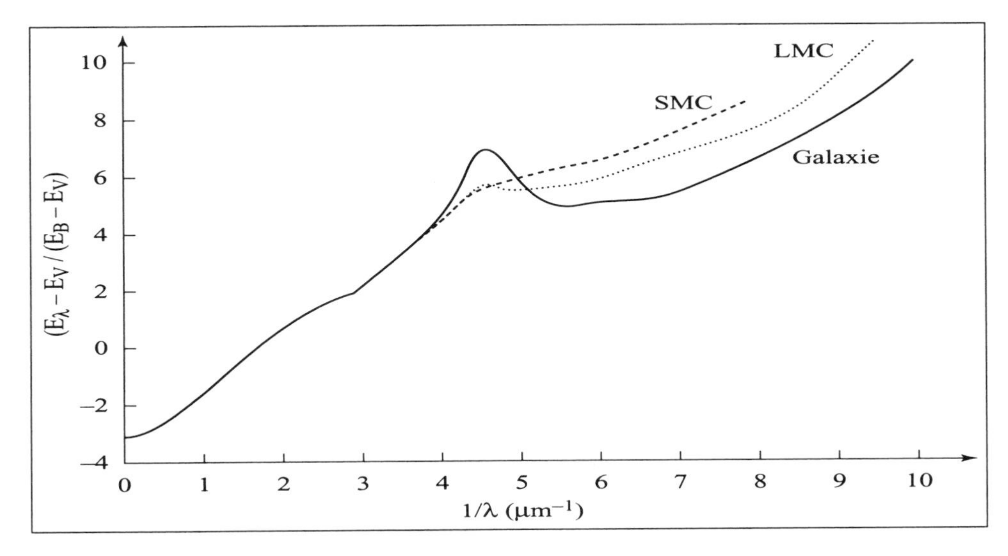

Fig. 8.1- *Représentation schématique de la courbe normalisée de l' extinction interstellaire*

l'ultraviolet lointain. On obtient ainsi une loi de rougissement, $\frac{E(\lambda-V)}{E(B-V)}$, normalisée dans la bande B qui varie très peu d'une étoile à l'autre dans le domaine visible mais présente des différences notables dans l'ultraviolet dues au fait que les propriétés absorbantes et diffusantes des poussières dans différentes directions de notre Galaxie ne sont pas les mêmes. Cette loi de rougissement est représentée de manière schématique dans la figure 8.1.

Pour une étoile donnée, la mesure de l' excès $E(B-V)$ permet donc, en utilisant la courbe normalisée moyenne, d'estimer l'excès à toutes les longueurs d'onde avec une incertitude relativement grande dans l' ultraviolet.
Il arrive que les nuages de poussières soient éclairés latéralement ou par l'avant par des étoiles brillantes. Ils diffusent alors la lumière de ces étoiles brillantes et deviennent eux-même lumineux. Par exemple, les nébulosités entourant les étoiles des Pléiades diffusent la lumière de ces étoiles. Les observations de la brillance de ces nuages vus par diffusion (appelés incorrectement parfois nébuleuses par réflexion) permettent de déterminer l'*albédo* des poussières interstellaires, c'est-à-dire le rapport de la lumière diffusée à la lumière totale incidente, ainsi que le *paramètre de phase*, qui mesure comment se distribue la lumière diffusée dans les différentes directions (la diffusion n'est pas en général isotrope). La détermination de l'albédo est en pratique difficile. Les valeurs de l' albédo couramment trouvées sont de l'ordre de 0.5 à 0.6 et on pense que la diffusion se fait plutôt vers l'avant.
Les poussières se manifestent aussi d'une autre façon : elles *polarisent* la lumière des étoiles devant lesquelles elles se trouvent. La plupart des étoiles n'ont pas de champ magnétique à grande échelle et émettent un rayonnement dont le

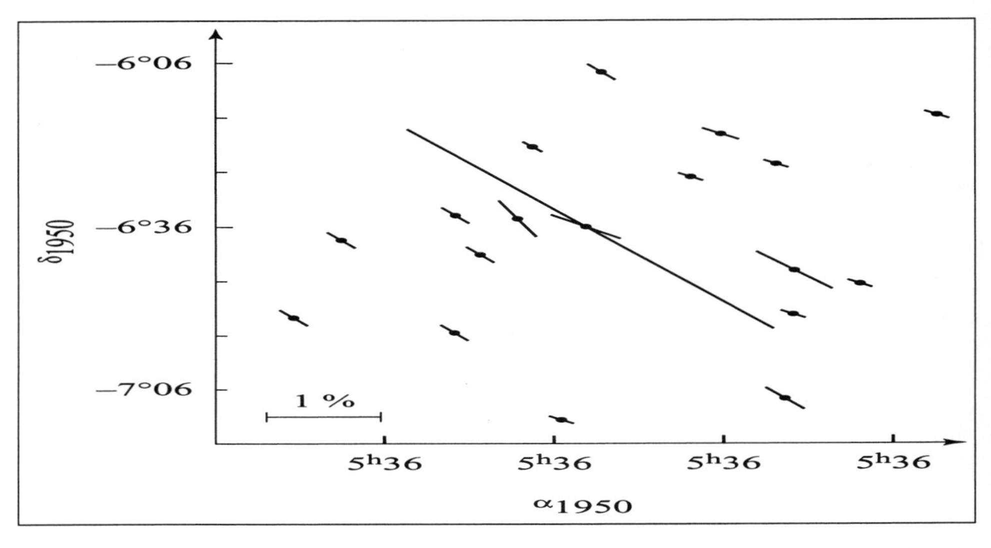

Fig. 8.2- *Polarisation d'une étoile rougie, BF Ori. Le petit segment indique un degré de polarisation égal à 1%. Adapté de Grinnin et al, 1991, Astrophysics and Space Science, 186, 283*

vecteur champ électrique est orienté de façon aléatoire par rapport à l'observateur. La lumière provenant de ces étoiles ne présente aucune polarisation. En revanche, la lumière provenant d' étoiles rougies par les grains interstellaires présente une polarisation linéaire dûe aux grains et dont le taux augmente avec le rougissement. Comment mesure-t-on en pratique cette polarisation? La polarisation linéaire d'une étoiles est caractérisée par deux paramètres : *le degré de polarisation et un angle de position.* Le degré de polarisation est déterminé en utilisant un filtre qui transmet le rayonnement dont le champ électrique vibre selon une direction particulière. Le filtre est tourné dans le trajet optique du télescope jusqu'à obtenir une intensité lumineuse maximale, notée I_{max}. On le tourne ensuite jusqu'à obtenir l'intensité minimale, I_{min}. Le degré de polarisation est alors défini par :

$$p = \frac{I_{max} - I_{min}}{I_{max} + I_{min}} \tag{8.4}$$

Il peut atteindre 7% et dépend de la longueur d'onde. L'angle pour lequel le champ électrique a une intensité projetée sur le plan du ciel maximale définit *l'angle de position.* La polarisation de la lumière stellaire est habituellement représentée par un vecteur polarisation de longueur proportionnelle à p et d'orientation définie par l'angle de position (figure 8.2)

En effectuant des mesures à différentes longueurs d'onde, on trouve que le degré de polarisation croît aux courtes longueurs d'onde, atteint un maximum vers une longueur d'onde λ_{max} puis décroît. La variation de $p(\lambda)$ est en fait très semblable d'une étoile à l'autre même si p_{max} et λ_{max} diffèrent légèrement. Enfin, l'absorption des photons par les poussières a pour effet de porter les poussières à une certaine température qui émettent un *rayonnement thermique dans l'infrarouge lointain* de 70 à 100 μm découvert en 1969. L' étude de la distribution d' énergie infrarouge des poussières permet de déterminer leur température comme nous le verrons plus loin.

8.3 Interaction grains-rayonnement

Les observations nous apprennent que *la poussière interagit avec la lumière incidente essentiellement de trois façons : en la diffusant, en l'absorbant et en la polarisant.* La *diffusion* provoque un changement de la direction de propagation sans changer la fréquence. L'*absorption* soustrait une certaine énergie au rayon incident et contribue à chauffer le grains. Un observateur lointain ne peut faire la distinction entre les deux phénomènes qui tout les deux soustraient de la lumière dans la ligne de visée : il mesure l' effet combiné des deux c'est-à-dire l'*extinction.*
Des modèles physiques de cette interaction ont été développés. G. Mie a le premier proposé en 1908 un modèle de l'interaction d'un rayonnement incident avec un objet sphérique. Son modèle peut être appliqué aux poussière interstellaires. Indépendamment, P. Debye a proposé une solution à ce problème en 1909. Depuis, la modélisation a été étendue à des particules ellipsoïdes ou cylindriques homogènes éventuellement recouvertes d'un manteau de glace (par exemple, par Guttler en 1952). Ces modèles idéalement devraient pouvoir reproduire l'extinction et la polarisation observées. Chauffées par le rayonnement stellaire ambiant qu'elles absorbent partiellement, les poussières émettent un rayonnement infrarouge.
On peut s'attendre à ce que les grandeurs caractérisant l'extinction du rayonnement par les grains dépendent de la géométrie du grain (sphérique, cylindrique ou autre), de l'orientation du grain par rapport au rayonnement incident et de l'indice de réfraction du grain. L'extinction de la lumière par des particules solides est un problème compliqué qui n'a été résolu que dans certains cas particuliers : i) particules de petites dimensions par rapport à la longueur d'onde, ii) particules de grandes dimensions par rapport à la longueur d'onde, iii) particules sphériques, iv) particules elliptiques et cylindriques diélectriques.
Il n'est pas question de présenter une solution exhaustive de chacun de ces cas dans le cadre limité de cet ouvrage. Dans le problème, je vous propose de traiter le modèle de Mie dans le cas des particules sphériques de petit rayon, a, devant la longueur d'onde incidente, λ. Le succès d'un tel modèle se mesure par son aptitude à reproduire la courbe d'extinction observée, $A_\lambda(\lambda)$. L'objet du prochain paragraphe est de montrer comment on peut relier la grandeur Q_{ext}, une des prédictions du modèle de Mie, à l'extinction observée $A_\lambda(\lambda)$. Pour cela, il nous faut établir *l'équation de transfert du rayonnement* dans un

nuage de grains. Du fait de l'interaction de la lumière avec le grain, il existe trois ondes : l'onde incidente, l'onde transmise dans le grain (onde absorbée) et l'onde diffusée. Les champs électriques et magnétiques des trois ondes vérifient les équations de Maxwell dans le vide qui entoure le grain et dans le matériau diélectrique du grain. Les champs incidents, diffusés et transmis sont reliés par les conditions de continuité à la surface du grain (composantes normales de $\vec{D}$ et $\vec{B}$ continues). Il est possible de calculer les flux de puissance transportés par l'onde incidente, l'onde absorbée et l'onde diffusée en utilisant les vecteurs de Poynting des trois ondes notés respectivement Φ_{inc}, Φ_{abs} et Φ_{sca}. Les rapports de ces flux de puissance normalisés à la section géométrique que le grain offre au rayonnement permet d'estimer les échanges d'énergie entre le grain et les trois ondes. Ces rapports sont respectivement : $\frac{\phi_{sca}}{\phi_{inc}}$ et $\frac{\phi_{abs}}{\phi_{inc}}$. Le modèle de Mie permet donc de calculer les quantités suivantes :

- l'efficacité avec laquelle le grain diffuse la lumière, Q_{sca} (proportion entre le flux d' énergie diffusée et le flux incident) :

$$Q_{sca} = \frac{1}{\pi a^2} \frac{\langle \phi_{sca} \rangle}{\langle \phi_{inc} \rangle}$$

- l'efficacité avec laquelle le grain absorbe la lumière, Q_{abs} (proportion entre les flux d'énergie absorbée et incident) :

$$Q_{abs} = \frac{1}{\pi a^2} \frac{\langle \phi_{abs} \rangle}{\langle \phi_{inc} \rangle}$$

Q_{sca} et Q_{abs} sont des fonctions de la taille du grain, de son indice (à priori complexe) et de la longueur d'onde du rayonnement incident.

8.3.1 Equation de transfert

Considérons un cylindre de section dS et de longueur dl contenant des grains interstellaires. Ce cylindre est situé dans la ligne de visée de l' étoile et la section dS est perpendiculaire aux rayons incidents (figure 8.3). La quantité d'énergie traversant la surface dS à travers l'angle solide $d\omega$, par unité de temps et dans l' intervalle de fréquences $\nu, \nu + \delta\nu$ est $I_\nu dS d\nu d\omega$, où I_ν est l'intensité du rayonnement.

L' énergie entrant dans le cylindre par unité de temps est donc $I_\nu dS d\nu d\omega$ et celle sortant par unité de temps est $(I_\nu + \delta I_\nu) dS d\nu d\omega$. Chaque grain du cylindre présente une section efficace au rayonnement égale à $Q_{ext}\pi a^2$. L'énergie absorbée et diffusée par les grains du cylindre par unité de temps est donc égale à :

$$E = I_\nu d\nu d\omega \pi a^2 Q_{ext} N_g^{cyl}$$

oú N_g^{cyl} est le nombre de grains dans le cylindre. Le nombre de grains par unité de volume étant N_g, le nombre de grains dans le cylindre est $N_g dS dl$ et

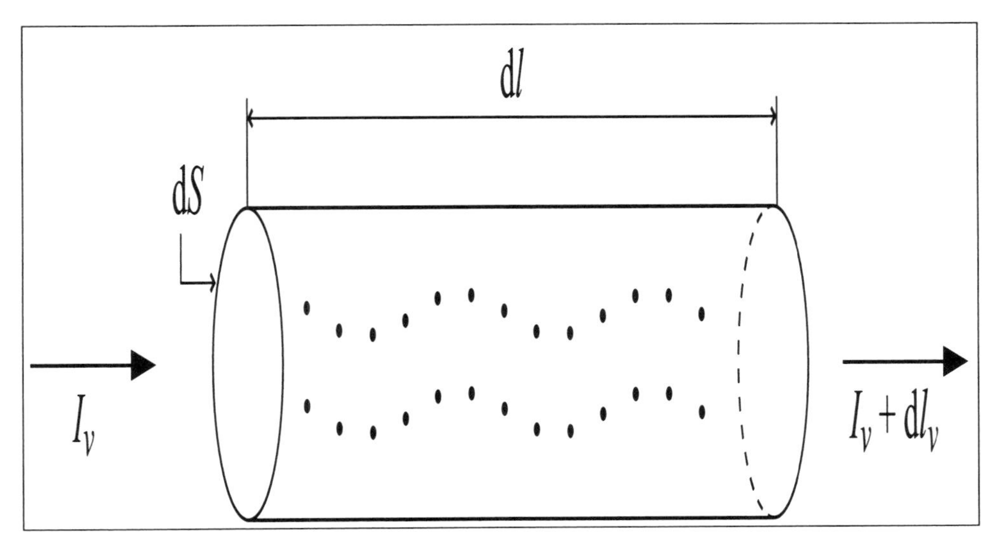

Fig. 8.3- *Géométrie adoptée pour établir l'équation de transfert du rayonnement*

l'énergie absorbée et diffusée dans le cylindre peut s'écrire :

$$E = -I_\nu d\nu d\omega \pi a^2 Q_{ext} N_g dSdl$$

Par unité de temps, la conservation de l'énergie est vérifiée lorsque la différence entre l'énergie sortant et l'énergie entrant dans le cylindre est égale à la différence entre l'énergie absorbée et l'énergie diffusée dans le cylindre. Ceci peut s'écrire sous la forme :

$$(I_\nu + \delta I_\nu)dSd\nu d\omega - I_\nu dSd\nu d\omega = -I_\nu d\nu d\omega \pi a^2 Q_{ext} N_g dSdl \qquad (8.5)$$

ce qui conduit à :

$$dI_\nu = -I_\nu N_g \pi a^2 Q_{ext} dl \qquad (8.6)$$

Nous avons ainsi établi l' équation de transfert. Elle montre que l'intensité I_ν est réduite sur un trajet de longueur L contenant N_g grains par unité de volume par un facteur $e^{-\tau}$ oú $\tau = Q_{ext}\pi a^2 N_g L$ est la profondeur optique.
Les astronomes définissent l'extinction monochromatique, A_λ par :

$$A_\lambda = -2.5\log(\frac{I}{I_0})$$

oú I_0 est l'intensité du rayon incident avant traversée du milieu. Il apparaît donc que :

$$A_\lambda = 1.086 Q_{ext}\pi a^2 N_g L \qquad (8.7)$$

Si sur le trajet de longueur L, la taille des grains n'est pas constante mais vérifie une certaine distribution $n(a)da$ (nombre de grains par unité de volume ayant des rayons compris entre a et $a + \delta a$), alors :

$$A_\lambda = 1.086\pi \int a^2 Q_{ext}(a) n(a)\, da \tag{8.8}$$

L' évaluation de la dépendance $A_\lambda(\lambda)$ revient donc essentiellement à calculer $Q_{ext}(a, \lambda, m)$ et à se fixer une loi de distribution de tailles des particules. D'après Draine & Lee (1984), il existerait deux populations de grains de tailles comprises entre 50 Å et 2500 Å. La loi de distribution des tailles vérifierait :

$$\frac{dn(a)}{da} \propto a^{-3.5} \tag{8.9}$$

8.3.2 Comparaison des efficacités prédites à l'extinction observée :

La résolution du problème de ce chapitre vous permettra de mettre en évidence les prédictions suivantes du modèle de Mie dans l'approximation de Rayleigh pour des grains sphériques. Pour des sphères diélectriques pures (pas d'absorption), m est réel et dépend peu de la longueur d'onde. L'indice peut s'écrire sous la forme $m \simeq c_1 + c_2\lambda^{-2}$ oú c_1 et c_2 sont les constantes de Cauchy avec en général $c_1 \gg c_2$. On a alors $Q_{ext} = Q_{sca} \propto \lambda^{-4}$. Cette situation est en particulier vérifiée par certaines glaces et les silicates qui se comportent comme de bons diélectriques dans les milieux astrophysiques (partie imaginaire de l'indice ≤ 0.05) sur la plupart du spectre électromagnétique. Plus généralement, la quantité $\frac{m^2-1}{m^2+2}$ dépend faiblement de la longueur d'onde pour des matériaux qui ne sont pas trop absorbants : dans ce cas, $Q_{abs} \propto \lambda^{-1}$ et $Q_{sca} \propto \lambda^{-1}$. Par contre, pour des matériaux fortement absorbants comme les métaux, $Im(m) \simeq Re(m)$ et les deux peuvent varier beaucoup avec la longueur d'onde. Lorsque l'extinction est dominée par l'absorption, $Q_{ext} \simeq Q_{abs} \propto \lambda^{-1}$ Dans la figure 8.4, Le profil calculé $Q_{ext}(\lambda)$ par Draine [43] pour des sphéroïdes de graphites de petite taille ($a \leq 0.005\mu m$ et rapport des axes, $\frac{b}{a} = 1.6$, est comparé à la courbe d'extinction interstellaire moyenne autour de λ 2175Å. L'accord est excellent. Le lecteur trouvera dans Draine [43] une discussion détaillée sur les origines proposées pour expliquer le profil remarquable de la courbe d'extinction autour de λ 2175Å.

8.3.3 Comportement de Q_{sca} et Q_{ext} lorsque $a \gg \lambda$

Citons quelques résultats dans le cas où $a \gg \lambda$ que nous n'étudions pas ici. Des calculs de Mie pour deux matériaux pour diverses valeurs du paramètre $x = \frac{2\pi a}{\lambda}$ (figure 8.5). Le premier matériau est un diélectrique pur (m = 1.6), le second est peu absorbant ($m = 1.6 - 0.05i$).

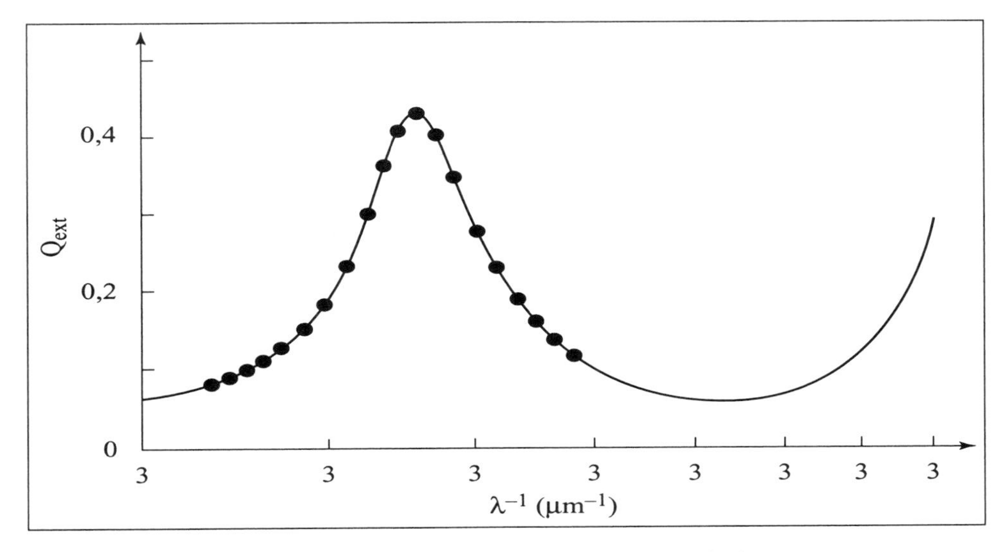

Fig. 8.4- *Comparaison du profil calculé $Q_{ext}(\lambda)$ par Draine [43] pour des sphéroïdes de graphites de petite taille à la courbe d'extinction interstellaire moyenne autour de λ 2175Å*

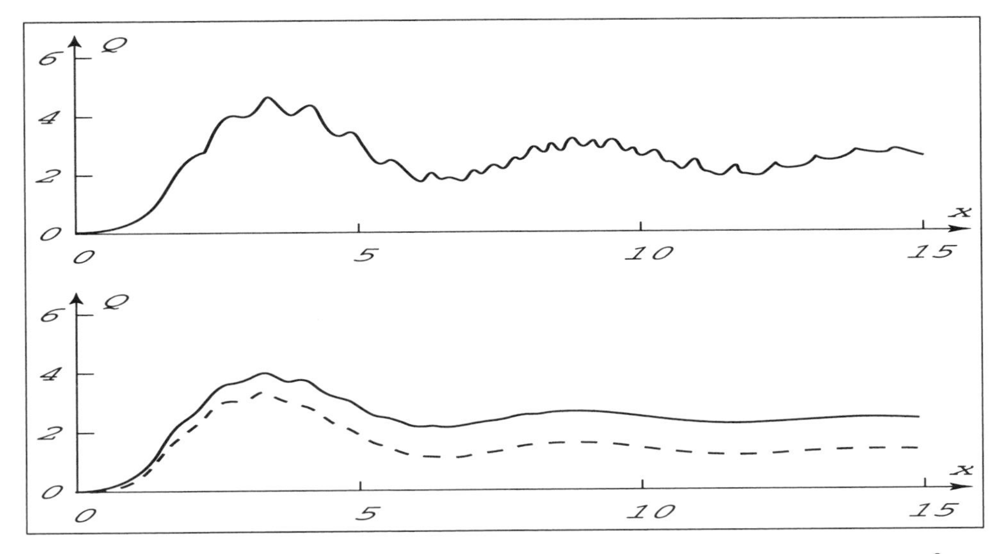

Fig. 8.5- *Variation de Q_{ext} (trait plein) et Q_{sca} (pointillés) en fonction de $x = \frac{2\pi a}{\lambda}$ pour des grains sphériques*

Pour $x \leq 3$ cad $\lambda \geq 2a$, l'extinction augmente linéairement avec λ pour les deux matériaux. Pour $x \geq 3$, des résonances sont observées dans les variations de Q_{ext} : ces fluctuations sont observées lorsque le modèle utilise un même rayon pour tous les grains. Elles sont lissées lorsqu'on considère une population de grains avec différents rayons. Aux très grandes valeurs de x quand $a \gg \lambda$, Q_{ext} ne dépend plus de la longueur d'onde et on parle d'extinction "neutre".

8.4 Emission thermique des grains

8.4.1 Température d' équilibre des grains

Les grains échangent de l'énergie avec leur environnement : ils absorbent le rayonnement stellaire incident, puis portés à une certaine température, ils réemettent du rayonnement. D'autre part, ils sont soumis à de nombreuses collisions et sont le site de réactions de surface exothermiques (comme la formation de la molécule H_2 à partir de deux atomes d'hydrogène). La température d'équilibre d'un grain est cependant essentiellement déterminée par les processus radiatifs plutôt que collisionnels sauf dans les nuages très denses.
Nous allons établir l'équation d'équilibre thermique des grains. Considérons un grain sphérique de rayon $a \simeq 0.1\mu$m. Ce grain , exposé au rayonnement interstellaire, en absorbe une certaine puissance :

$$W_{abs} = c(\pi a^2) \int_0^\infty Q_{abs}(\lambda) u_\lambda \, d\lambda \tag{8.10}$$

oú Q_{abs} est l'efficacité d'absorption du grain et u_λ est la densité de rayonnement interstellaire. Nous supposons que le grain n'est pas un diélectrique parfait, sinon $Q_{abs} = 0$. La puissance émise par le grain est :

$$W_{ray} = 4\pi(\pi a^2) \int_0^\infty Q_{em}(\lambda) B_\lambda(T_g) \, d\lambda \tag{8.11}$$

oú $Q_{em}(\lambda)$ est l'efficacité d'émission du grain, et $B_\lambda(T)$ est la fonction de Planck :

$$B_\lambda(T) = \frac{2hc^2}{\lambda^5} \frac{1}{\exp(\frac{hc}{\lambda kT}) - 1} \tag{8.12}$$

D'après la loi de Kirchoff, $Q_{abs}(\lambda) = Q_{em}(\lambda)$, et nous pouvons remplacer Q_{abs} et Q_{em} par une seule fonction, $Q_\lambda(\lambda)$. A l'équilibre radiatif, le grain réemet exactement l'énergie qu'il a absorbée :

$$\int_0^\infty Q_\lambda u_\lambda \, d\lambda = \frac{4\pi}{c} \int_0^\infty Q_\lambda B_\lambda(T_g) \, d\lambda \tag{8.13}$$

Cette équation permet de déterminer T_g si Q_λ peut être évaluée, en général à partir de la théorie de Mie. Cette dernière prédit que pour des particules

faiblement absorbantes dans l'ultraviolet : $Q_{UV} \simeq 1$ et dans l'infrarouge lointain : $Q_{FIR} \ll 1$. L'essentiel de l'absorption a donc lieu dans l'ultraviolet et l'émission dans l'infrarouge lointain. Dans ce domaine, Q_λ suit une loi en puissance du type $Q_{FIR} \simeq \lambda^{-\beta}$ oú l'indice β dépend de la nature du matériau Typiquement, $\beta = 2$ pour les métaux et les substances diélectriques cristallines et $\beta = 1$ pour les matériaux amorphes. FIR est ici l'abréviation de Far Infrared (IR lointain).
La température d'un grain dépend donc beaucoup du rayonnement, u_λ, là où il se trouve. Au voisinage du Soleil, le rayonnement du milieu interstellaire peut être représenté par un corps noir de température $T = 10000K$ et un facteur de dilution de 10^{-14}. On trouve alors une température de grains proche de 15 K. Dans un nuage dense chauffé uniquement par le rayonnement interstellaire externe, le flux ultraviolet est sévèrement atténué. Les grains absorbent alors surtout du rayonnement optique et infrarouge qui les porte à des températures moins élevées, voisines de 7 K pour des grains de silicates dans un nuage oú l'extinction A_V est voisine de 10 magnitudes. Noter que des glaces se condensent à la surface de ces grains ce qui modifie leurs propriétés optiques et leurs températures d' équilibre. Au voisinage d'une étoile chaude, la densité d' énergie ultraviolette est considérable et les grains sont plus chauds (la limite supérieure de la température étant la température de sublimation du grain). Considérons l'exemple d'un grain situé à une distance $d = 0.5$ parsecs d'une étoile de type spectral O6 de température effective $T_* = 40000$ K et de rayon $R_* = 10^{12}$ m. Le facteur de dilution vaut :

$$(\frac{R_*}{2d})^2 = 1.3 \times 10^{-9}$$

ce qui conduit à $T_g = 650$ K, valeur nettement plus élevée que les précédents.

8.4.2 Emission thermique des grains dans l'infrarouge

Considérons un nuage "idéal" contenant N grains sphériques ayant tous le même rayon, noté a, la même composition chimique, la même température T_g et la même émissivité Q_λ.
Chaque grain est en équilibre thermique avec le rayonnement ambiant. Supposons de plus que le nuage est optiquement mince dans l'infrarouge lointain. Un observateur à la distance d reçoit un flux f_λ provenant du nuage et vérifiant :

$$f_\lambda = N\{\frac{\pi a^2}{d^2} Q_\lambda B_\lambda(T_g)\} \tag{8.14}$$

La modélisation de l'émission thermique des grains nécessite donc de connaître leur température, rayon et émissivité Q_λ. La distribution d'énergie de l'émission provenant du disque galactique de 4 à 900 μm (figure 8.6) a fait l'objet d'une telle modélisation. Le spectre présente un maximum large centré vers 100 μm et un deuxième maximum ou plateau vers 10 μm. Le premier "pic" est attribué

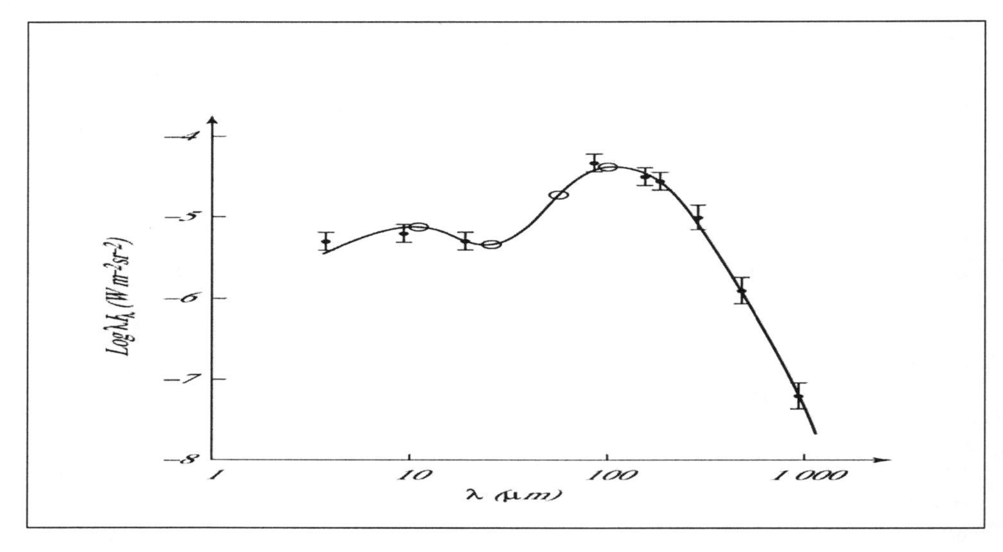

Fig. 8.6- *Distribution d'énergie de l'émission provenant du disque galactique de 4 à 900 μm adapté de Cox & Mezger, 1987, Star formation in galaxies (NASA Conf 2466), 23*

à des grains de températures 20 à 30 K probablement composés de graphite et de silicates (Draine & Lee [46]). Le deuxième "pic" est dû à de très petits grains à des températures de 100 à 200 K (Draine and Anderson [45] ; Weiland et al [182]).

8.5 Origine et formation des grains

Oú et comment les grains se forment ils ? Il a d'abord été proposé que les grains croissent lentement dans les nuages interstellaires. Ce processus est cependant fort long. On pense maintenant que les grains se forment dans des régions où les densités et les températures sont suffisamment élevées pour que les processus de nucléation et de condensation aient lieu. Les vents des étoiles évoluées de masses intermédiaires abritent les conditions requises pour former la poussière. De même, les vents d'étoiles chaudes massives, des novae et les restes de supernovae pourraient aussi présenter des conditions favorables à la formation de poussières.

8.5.1 Formation de la poussière dans les atmosphères stellaires

Les étoiles qui contribuent le plus à former de la poussière sont des étoiles lumineuses et évoluées, du type géante rouge de températures photosphériques comprises entre 2000 K et 3000 K. Près de leurs photosphères, la température

est trop élevée pour que les atomes soient sous forme de solides. Certaines géantes rouges ont des chromosphères dont les températures atteignent 10000 K. La distance, r_1, à partir de laquelle la température devient inférieure à la température de condensation, T_c, de la poussière représente la frontière inférieure de l'enveloppe de poussière. Pour une géante rouge de rayon R formant des grains de température de condensation 1000 K, r_1 est voisin de 10 rayons stellaires. La frontière extérieure de l'enveloppe, r_2, est la distance à laquelle la température et la densité sont comparables à celles de la matière interstellaire. Typiquement, r_2 est voisine de $10^4 R$. La densité particulaire dans le vent varie par effet de dilution en r^{-2}. Ceci suppose que le mécanisme responsable du vent est la pression de radiation et que l'expansion a lieu à vitesse constante. La formation des grains est la plus efficace au-delà du rayon r_1 où la densité est de l'ordre de 10^{19} m^{-3}. L'association de ces densités élevées et de températures comparables aux températures de condensation fait que les atmosphères des géantes rouges sont un site particulièrement favorable à la *formation de grains par nucléation.*
La nucléation est un processus en deux étapes : d'abord la formation d'amas de taille critique, puis la croissance de ces amas les amenant à la taille de grains macroscopiques. Dans le vent d'une géante rouge, où les pressions sont typiquement 10^6 fois plus basses que dans l'atmosphère terrestre, les échelles de temps de la nucléation sont beaucoup plus longues que celles sur lesquelles les conditions physiques varient appréciablement. La condensation n'est donc pas un processus d'équilibre. Les solides sont maintenus par des liaisons de valence fortes plutôt que les forces de polarisation faibles qui relient les gouttelettes d'eau et la formation des grains implique des réactions chimiques autant qu'une agrégation physique (Salpeter [136]). Les abondances et les propriétés physiques des espèces dominantes dans les atmosphères des géantes régulent la condensation des solides. On suppose que les monomères présents sont neutres, c'est-à-dire qu'il n'existe pas de source d'ionisation proche (chromosphère ou compagnon chaud) car des monomères chargés positivement tendent à se repousser ce qui freine l'agrégation. La molécule CO est l'espèce la plus lourde contenant des éléments lourds. C'est une molécule stable en phase gazeuse à des températures inférieures à 3000 K. L'énergie de dissociation de CO est suffisamment élevée (11.1 eV) pour que la liaison ne puisse pas être brisée par des réactions chimiques en phase gazeuse. CO est donc assez peu réactive, très volatile et ne peut pas passer en phase solide dans les environnements stellaires. L'abondance de CO est donc limitée par celle de C et O. Le rapport des abondances de ces deux éléments est important pour déterminer la nature de la poussière qui va se former. Le moins abondant de ces deux éléments sera piégé dans la molécule CO et donc ne sera pas disponible pour former un solide. De la même façon que CO, la molécule N2 est physiquement stable, chimiquement non réactive et sous phase gazeuse dans les enveloppes circumstellaires. Tout l'azote présent dans le gaz est donc piégé dans la molécule N2 et donc cet

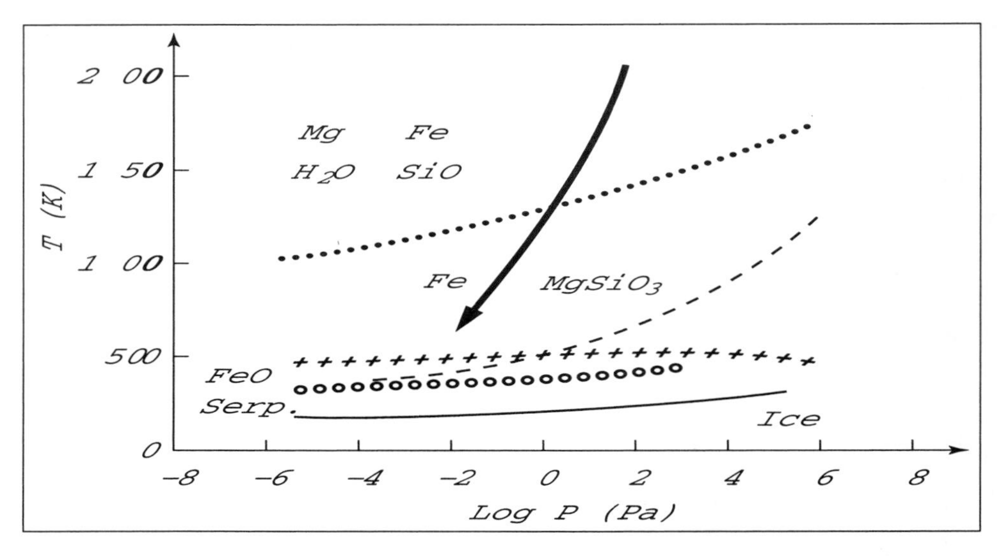

Fig. 8.7- *Diagramme de phase pour l'atmosphère d'une géante rouge de composition solaire*

élément n'est pas disponible pour former des solides.
Les géantes rouges qui abritent de la poussière peuvent être classées en deux catégories. Celles ayant des abondances pratiquement solaires et pour lesquelles le rapport des abondances $[\frac{C}{O}] \simeq 0.43$ sont dites *oxygénées.* Celles enrichies en carbone pour lesquelles $[\frac{C}{O}]$ est supérieur à 1, les autres éléments ayant des abondances solaires. Ces étoiles sont dites *carbonées.* Pour les géantes de composition solaire, nous nous attendons à ce que tout le carbone et la moitié de l'oxygène soient liés dans la molécule CO, laissant la moitié restante de O disponible pour la formation des molécules qui pourraient se condenser en solides. Dans les étoiles carbonées, la situation est inversée. Dans la situation rare où $C \simeq O$, C et O sont tous deux piégés dans la molécule CO et aucun des deux n'est disponible pour être inclus dans un solide. Un diagramme de phase $(T, \log P)$ pour les conditions de température et de pression dans les atmosphères des géantes rouges est représenté dans la figure 8.7.

On y reconnaît les zones où sont stables les principaux solides pour une atmosphère de composition solaire. La molécule CO est stable sous forme gazeuse partout dans le diagramme en-dessus de la courbe en pointillés et C est piégé dans cette molécule. Les espèces en phase gazeuse les plus abondantes qui sont susceptibles de former des solides sont Fe, Mg, SiO et H_2. La flèche incurvée représente les variations typiques de températures et de pression pour une espèce dans le vent de la géante rouge. Suivons l'évolution du gaz le long de cette courbe. Tant que T est supérieure à 1500 K, Fe, Mg, SiO et H_2O restent sous forme gazeuse. Du tungstène et des oxydes réfractaires comme Al_2O_3 et la perovskite, $CaTiO_3$, peuvent être stables sous forme solides à ces températures mais ils sont très peu abondants. Ils peuvent cependant servir de sites de nucléation pour des espèces plus abondantes à basses températures. La principale phase de condensation a lieu à la traversée de la courbe en points épais où des silicates de magnésium et du fer métallique se forment. A une température proche de 700 K, tous les éléments métalliques sont condensés sous forme de solide. A plus basse température, le fer s'oxyde en FeO. En dessous de 200 K, la glace d'eau se condense. Un grain macroscopique formé par ce scénario aura donc probablement une structure en couches contenant des silicates de différents rapports $\frac{Mg}{Fe}$ et recouverts d'une mince couche de glace. On peut considérer le même diagramme de phase pour une étoile carbonée (figure 8.8). La molécule CO est stable en phase gazeuse au dessus de la courbe en tirets. Le carbone est stable sous forme des molécules C_2, C_3 et C_2H_2 (acétylène) gazeux dans la région entourée par la courbe en pointillés. L'acétylène est une molécule linéaire saturée où les deux atomes de carbone sont reliés par une triple liaison. Cependant, l'unité de base du carbone solide est un cycle hexagonal. Pour former un cycle aromatique, il est nécessaire de remplacer la liaison triple par une liaison double, pour par exemple former $C = CH$, qui constituera un morceau du cycle. Ceci peut être réalisé par la suppression d'un atome d'hydrogène dans la réaction suivante :

$$\mathrm{C_2H_2 + H \longrightarrow C_2H + H_2} \tag{8.15}$$

réaction qui est facilitée par les collisions. Au segment $C = CH$, peuvent être attachés deux autres molécules C_2H_2 pour fermer le cycle. Un fois formé, le cycle est stable et peut croître cycliquement par suppression d'atomes d'hydrogène périphériques et attachement d'autres C_2H_2. Ceci peut se représenter par les réactions alternées :

$$\mathrm{C_nH_m + H \longrightarrow C_nH_{m-1} + H_2} \tag{8.16}$$

$$\mathrm{C_nH_{m-1} + C_2H_2 \longrightarrow C_{n+2}H_m + H} \tag{8.17}$$

qui conduisent à la formation de molécules planes de PAHs. Lors de son évolution, la géante rouge pourra subir des phases successives de pertes de masse avec différents épisodes de formation de poussières riches en oxygène et en carbone.

Trois techniques sont utilisées pour étudier la poussière dans les enveloppes circumstellaires : la photométrie dans l'infrarouge lointain qui mesure le continuum dû à la poussière, la spectroscopie dans l'infrarouge moyen des raies en émission ou en absorption dûes à des particules solides et l'étude de la courbe d'extinction ultraviolette. Les principaux résultats des études de ces différents diagnostiques observationnels sont les suivants. Dans les étoiles riches en oxygène, la présence d'une population de grands grains de silicates amorphes expliquerait la pente du continuum dans l'infrarouge lointain, les raies observées à 9.7 et 18.5 μm et la forme de la courbe d'extinction ultraviolette. Des

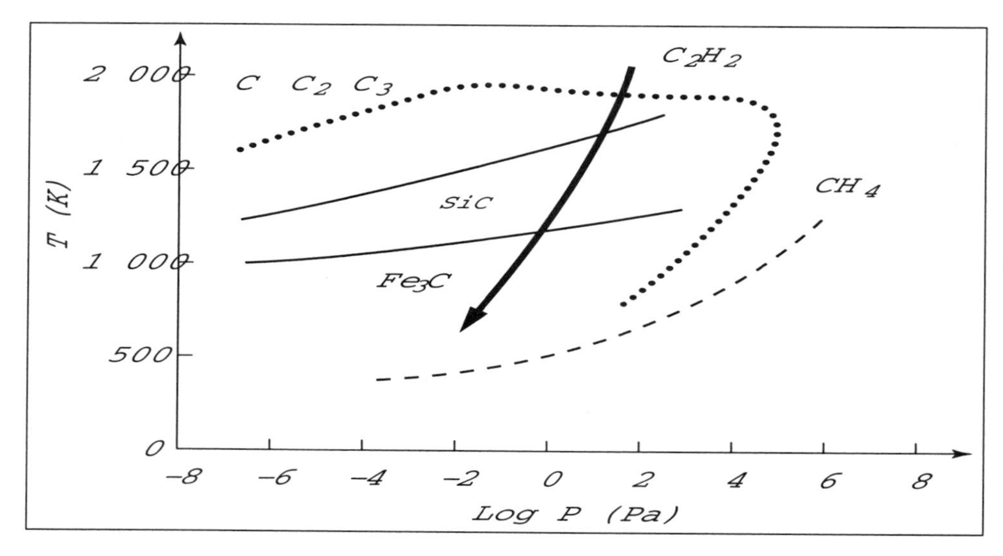

Fig. 8.8- *Même diagramme pour une géante carbonée*

glaces d'eau sont aussi présentes dans les enveloppes autour de certaines de ces étoiles. Pour les étoiles carbonées, la principale phase solide est le carbone amorphe (plutôt que le graphite) ce qui permet d'expliquer l'émission continue infrarouge et l'extinction dans l'ultraviolet lointain. L'émission de SiC à 11.2 μm est très répandue pour les étoiles carbonées bien que cette espèce ne soit pas très abondante dans la poussière. Les PAHs sont observés dans les étoiles post-AGB et les nébuleuses planétaires mais absents dans les étoiles carbonées à cause du manque de rayonnement ultraviolet.
Le satellite ISO (Infrared Space Observatory) a permis d'obtenir de nouveaux résultats sur la nature, la composition et l'évolution de la poussière dans les enveloppes circumstellaires. Des spectres infrarouge ont été obtenus pour un grand nombre d'étoiles évoluées depuis les étoiles AGB jusqu'aux nébuleuses planétaires. Le lecteur pourra consulter la revue de Boulanger et al (2000) pour plus de détails. Citons cependant la découverte de plusieurs raies en émission entre 20 et 70 μm dans les spectres d'étoiles AGB et post-AGB riches en oxygène et entourées de poussières circumstellaires froides. Ces raies sont attribuées à des silicates cristallines.

8.5.2 Injection de la poussière dans le milieu interstellaire

Une fois formées dans le vent de l'étoile froide, les poussières sont injectées dans le milieu interstellaire par la pression exercée par le rayonnement stellaire. En effet, dans une atmosphère stellaire, un grain est soumis à deux forces de directions opposées : la force de pression de rayonnement et la force de gravitation. Considérons un grain sphérique de rayon a, de masse m_d, situé à une distance r du centre d'une l'étoile de luminosité L et de masse M. A la distance r, la pression de rayonnement s'écrit sous la forme :

$$P_r = \frac{L}{4\pi r^2 c}$$

et la force dûe à la pression de rayonnement est :

$$F_{pr} = \pi a^2 < Q_{pr} > \frac{L}{4\pi r^2}\frac{1}{c} \tag{8.18}$$

où Q_{pr} est un facteur d'efficacité pour la pression de rayonnement. Dans la théorie de Mie, ce facteur est défini comme le rapport de la section efficace de pression radiative à la section géométrique. La quantité $< Q_{pr} >$ est la valeur de Q_{pr} moyennée sur la longueur d'onde. La force de gravitation s'écrit :

$$F_{gr} = \frac{GMm_d}{r^2} \tag{8.19}$$

et le rapport des deux forces est, en introduisant la densité s du grain :

$$\frac{F_{pr}}{F_{gr}} = \frac{3L}{16\pi GMc}\frac{< Q_{pr} >}{as} \tag{8.20}$$

Ce rapport ne dépend pas de r mais des propriétés du grain par le rapport $\frac{<Q_{pr}>}{as}$. L'efficacité $Q_{pr}(\lambda)$ peut être obtenue en utilisant la théorie de Mie et sa valeur moyenne peut être calculée pour la distribution spectrale de l'étoile. Pour des sphères de rayon $a = 0.05\mu$m, situées dans l'atmosphère d'une géante rouge de luminosité voisine ou supérieure à $10^3 L_\odot$ et de masse $4M_\odot$, on trouve que $< Q_{pr} > \simeq 0.18$ pour du graphite et 0.003 pour des silicates. Ceci correspond respectivement à un rapport du module des forces de 2000 et 40 respectivement. Les grains de carbone sont donc accélérés plus efficacement que ceux de silicate dans le milieu interstellaire.
Remarquons que les étoiles géantes rouges ne sont pas les seules à injecter de la poussière dans le milieu interstellaire : les novae, les étoiles Wolf-Rayet du type WC et les nébuleuses planétaires y contribuent aussi mais beaucoup moins. La contribution relative est de 90 % pour les géantes rouges et 10 % pour les autres types d'étoiles.
Les poussières jouent en fait un rôle majeur dans la dynamique et la chimie de l'enveloppe circumstellaire. On pense que la poussière et la gaz sont couplés c'est-à-dire que le grain entraîne le gaz lorsqu'il est poussé vers l'extérieur par la pression de rayonnement. Après avoir quitté les régions intérieures de la photosphère, les grains atteignent des régions où la température est suffisamment basse pour que des espèces moléculaires se forment à la surface des grains. Les étoiles de masses intermédiaires éjectent à peu près 40 % de leurs masses initiales sous forme de vents dans le milieu interstellaire et donc enrichissent leur entourage avec de nouvelles espèces chimiques et des grains de poussières.

8.6 Destruction des grains

On pense que les grains peuvent être détruits dans le milieu interstellaire par essentiellement deux mécanismes : l' effritement (en anglais « sputtering ») et les collisions entre grains (Draine [44], McKee [110] et Seab [149]). La surface des grains est effritée par l'impact d'atomes ou d'ions. Le sputtering et les collisions entre grains sont probablement déclenchés par les ondes de choc crées par les explosions de supernovae (Seab & Shull [150]). Des chocs de vitesses supérieures à 50 km s^{-1} sont nécessaires pour détruire des grains car les énergies de liaison dans un grain, de l'ordre de 5 eV, nécessitent des températures de l'ordre de 10^5 K pour que le sputtering thermique puisse être efficace (Seab [149]).
Considérons une onde de choc de vitesse v_0 se déplaçant dans un milieu de densité n_0 et rencontrant une nuage de densité $n_c \gg n_0$. Le nuage ressent une soudaine augmentation de pression et la vitesse du choc est réduite à l'entrée dans le nuage : $v_c = \sqrt{(\frac{n_0}{n_c})}v_0$. La vitesse est très réduite et ne suffit plus à détruire les grains. En prenant des valeurs typiques : $v_0 = 500$ km.s^{-1}, $n_0 = 5.10^3$ m^{-3} et $n_c = 3.10^7$ cm^{-3}, on trouve $v_c = 6$ km s^{-1}. Les vitesses des chocs sont très atténuées lors de l'entrée dans un nuage moléculaire. La destruction par les chocs est donc efficace dans le milieu internuage où la densité en grains est faible et inefficace dans les nuages moléculaires où la densité en grains est élevée. Mc Kee [110] en conclut ainsi que la destruction a essentiellement lieu dans la phase de température intermédiaire du milieu interstellaire. L'appauvrissement de certains éléments chimiques est un argument en faveur de la destruction des grains par les chocs. Cowie [28] a mis en évidence une corrélation entre l'appauvrissement et la vitesse du nuage pour le silicium (figure 8.9).

Bien qu'il existe une dispersion considérable, la tendance est nette : les nuages de plus grandes vitesses ne montrent pratiquement pas d'appauvrissement ce qui suggère que les grains sont effrités thermiquement à des vitesses de 100 à 200 km.s^{-1}. En fait, les processus de destruction sont contrecarrés par ceux de formation. Dans les nuages les plus denses ayant une grande densité de colonne en hydrogène, l'accrétion sur les grains domine et on y observe de grands appauvrissements (Harris et al, [72]) alors que dans les régions ténues, la situation est inversée et la matière du grain est érodée plus vite qu'il n'accrète.

8.7 Nature des poussières interstellaires

Les différents caractères spectraux dûs aux poussières sont les raies en absorption, en émission et un continuum en émission dans l'infrarouge. Ce sont les principaux diagnostiques permettant de trouver la composition chimique des grains interstellaires. Cette dernière n'est pas encore bien connue car de nombreux caractères spectraux restent non identifiés. L'interprétation des spectres

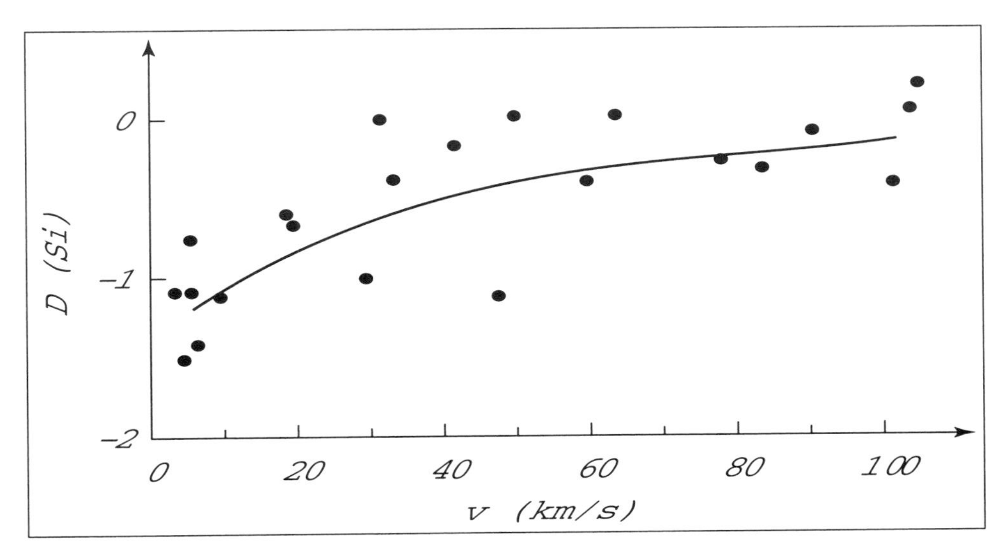

Fig. 8.9- *Corrélation entre l'appauvrissement et la vitesse du nuage pour le silicium (adapté de Cowie [28])*

observés est délicate car elle dépend critiquement de données de référence obtenues au laboratoire qui ne sont pas toujours disponibles. La simple coïncidence entre longueurs d'ondes observées avec celles d'un élément chimique au laboratoire ne suffit pas à conclure fermement : une modélisation de l'objet utilisant des constantes de laboratoire est généralement nécessaire. Nous étudions dans ce qui suit les raies en absorption.

8.7.1 Raies en absorption

Les raies interstellaires apparaissant en absorption dans les spectres optiques ou infrarouge d'étoiles rougies ou de sources infrarouges sont attribuées à des particules solides à cause de la largeur, de la forme et de la continuité de leur profil. Rappelons que les raies en absorption du gaz interstellaire (atomique ou moléculaire) sont généralement extrêmement étroites dû aux basses températures et pressions auxquelles elles se forment. En revanche, les caractères spectraux dûs aux solides ont des profils larges et continus qui ne peuvent être résolus en raies discrètes à la différence des bandes de vibration-rotation des molécules en phase gazeuse.
La bande d'absorption centrée sur la longueur d'onde 2175 Å est la plus intense et la plus large des caractères spectraux en absorption dûs aux poussières (nous la noterons λ2175 Å dans ce qui suit). Elle apparaît comme un "pic" remarquable dans la courbe d'extinction interstellaire (figure 8.10). Les autres caractères en absorption sont les *bandes interstellaires diffuses* ("Diffuse Interstellar Bands ou DIBs" en anglais) et les raies en absorption dans l'infrarouge.

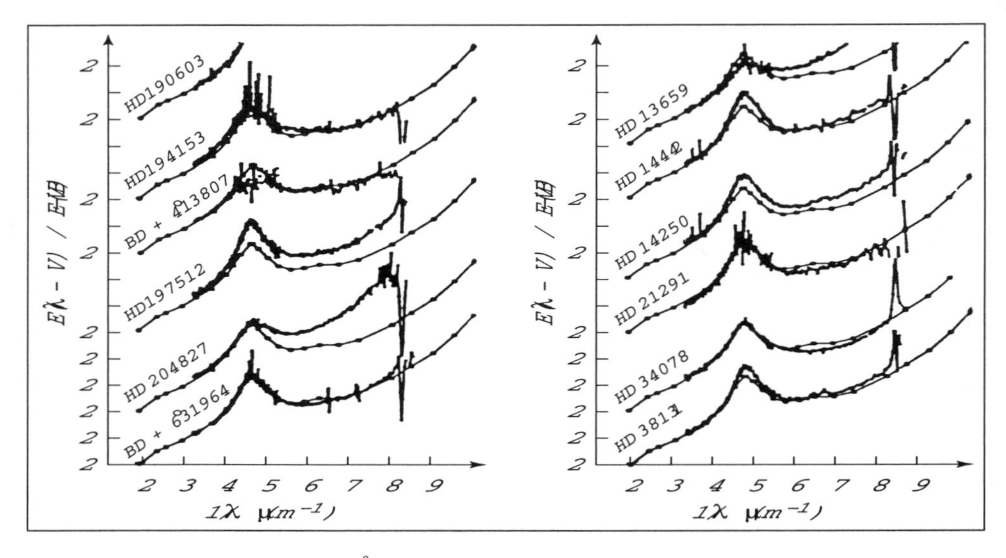

Fig. 8.10- *Profil de λ 2175Å dans la ligne de visée de différentes étoiles rougies adapté de Witt et al, 1984, Astrophys. Journal, 299, 698*

Tous ces caractères peuvent être considérés comme des structures fines dans la courbe d'extinction.

8.7.2 L'absorption à λ 2175 Å

Cette absorption est observée dans presque tous les spectres d' étoiles dont les excès de couleurs vérifient $E_{B-V} > 0.05 mag$ (figure 8.10). La longueur d'onde oú l'absorption est maximale varie peu d'une étoile à l'autre : elle est voisine de $< \lambda_0 >= 2175 \pm 10$ Å.

L'intensité de λ 2175 Å est très bien corrélée avec le rougissement E_{B-V}, ce qui en prouve la nature interstellaire mais pas nécessairement une origine gazeuse car gaz et poussières sont mélangées dans le milieu interstellaire. La largeur de λ 2175 Å peut varier d'une étoile à l'autre sans que la longueur d'onde centrale ne change. Cette propriété ne semble pas être liée à l'environnement de la poussière car le profil moyen de λ 2175 Å pour des étoiles obscurcies par des nuages diffus est le même que celui d'étoiles obscurcies par des nuages denses. Des résultats récents obtenus avec l'expérience de photopolarimétrie ultraviolette de l'Université de Wisconsin (Clayton et al [24]) indiquent qu'un excès de polarisation pourrait être présent dans certaines lignes de visée mais pas dans d'autres. Ceci suggère que les particules responsables de λ 2175 Å sont allongées et non sphériques. La largeur équivalente de λ 2175 Å permet de placer une contrainte sur l'abondance de l'espèce chimique X responsable. Draine [43] a montré que $\frac{N_X}{N_H} \geq 10^{-5}$ et donc que l'espèce X doit contenir un des éléments abondants dans l'univers : C, N, O, Ne, Mg, Si, S et Fe. On peut

donc exclure d'emblée le néon, gaz rare peu réactif ; le soufre qui est seulement faiblement appauvri dans le milieu interstellaire, l'azote et l'oxygène car ils sont accepteurs d' électrons.
Seuls quatre candidats subsistent donc : C, Mg, Si et Fe. Le graphite (carbone solide) est le candidat le mieux accepté pour rendre compte de λ 2175 Å. D'ailleurs, l'abondance du graphite dans le milieu interstellaire, qui est voisine de 6.5×10^{-5}, convient. La longueur d'onde de l'absorption prédite ne dépend pas de la taille mais de la forme. Le graphite est un cristal uniaxe anisotrope optiquement. L'excitation des électrons π produit une absorption dans l'ultraviolet moyen et celle des électrons σ une absorption vers 800 Å qui n'a pu être observée encore car cette région est devenue seulement récemment accessible grâce à l'expérience FUSE (Far Ultraviolet Spectrograph Explorer). L'identification de λ 2175 Å à des grains de graphite pose cependant un problème car ces grains ne se forment pas dans les atmosphères des étoiles carbonées et leur origine est mal comprise.
D'autres candidats ont été proposés pour expliquer λ 2175 Å : les hydrocarbures polycycliques aromatiques (PAHs) qui produisent des absorptions près de 2200 Å et l' absorption de OH^- sur des petits grains de silicates qui a une absorption vers 2175 Å. L'hypothèse des PAHs a été finalement rejetée car ils produisent des absorptions entre 2400 Å et 4000 Å dont aucune n'a été observée dans le milieu interstellaire. L'hypothèse de l'absorption par OH^- sur des petits grains nécessite des données de laboratoire pour être confirmée.

8.7.3 Les bandes optiques diffuses (DIBs)

Ces bandes d'absorption de largeurs variables qui apparaissent dans le spectre optique d'étoiles rougies (figure 8.11) furent remarquées déja en 1897. A cette époque, les bandes λ 5780 Å et λ 5797 Å furent observées dans le spectre d'une étoile Wolf-Rayet dépourvu de raies photosphériques. Merrill [112] fut le premier à proposer une origine interstellaire pour les bandes à λ 5780 Å, λ 5797 Å, λ 6284 Å et λ 6614 Å. Une centaine de DIBs sont actuellement connues mais restent pour la plupart non identifiées.

L'étude de leurs profils à grande résolution spectrale et grand rapport signal sur bruit devrait permettre de discriminer entre une origine solide (profil continu non résolu) et une origine gazeuse (profil résolu en structures fines). La bande à λ 5780 Å est particulièrement étudiée car elle est étroite et intense et n'est pas contaminée par des raies stellaires ou telluriques fortes. Le profil de cette raie obtenu à une résolution de 0.07 Å dans la direction de cinq étoiles est assez différent (figure 8.12).

On n'y observe pas de structures fines mais les profils sont continus avec une aile bleue plus pentue que l'aile rouge. Les différences de profil d'une étoile à l'autre sont probablement dûes à des nuages ayant des vitesses radiales différentes (l'observation des raies de Na I gazeux dans la ligne de visée de ces étoiles confirme la présence de plusieurs nuages). Elles ne représentent

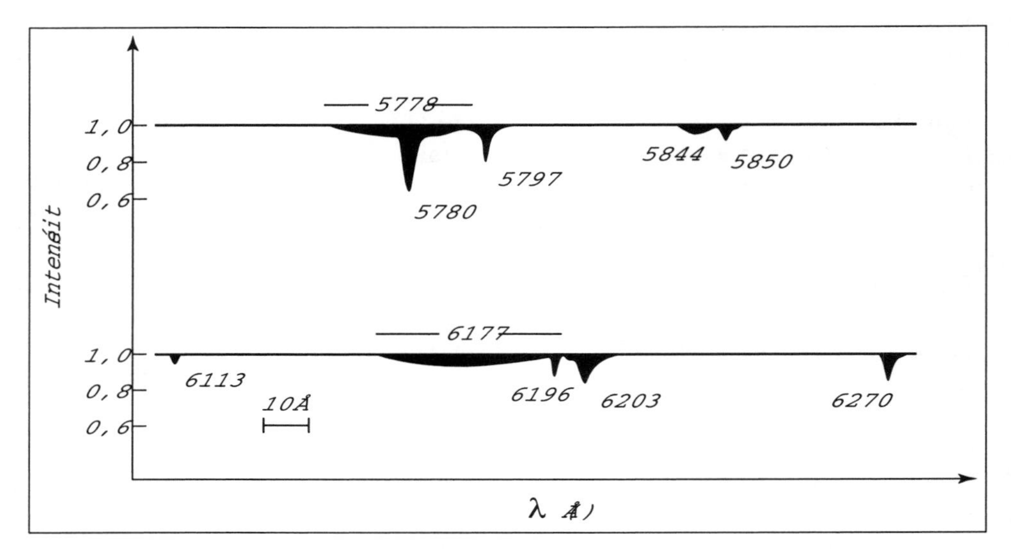

Fig. 8.11- *Représentation schématique de DIBs dans la ligne de visée d' étoiles rougies d'après Herbig [75]*

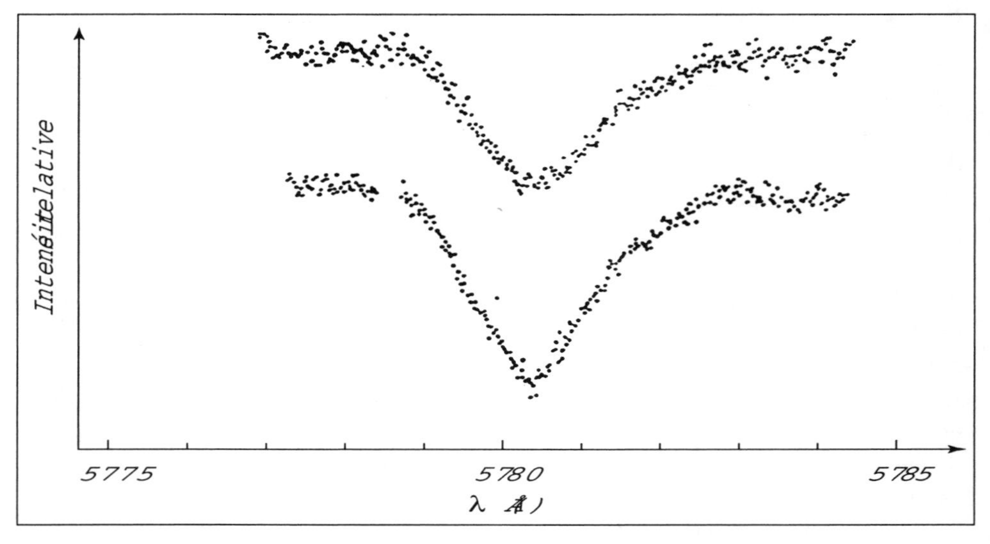

Fig. 8.12- *Profil de λ 5780 Å dans la ligne de visée différentes étoiles rougies d'après Whittet [187]*

pas nécessairement des différences intrinsèques de la forme des DIBs. D'autres DIBs tels que λ 5797 Å, λ 6614 Å et λ 6203 Å sont aussi asymétriques et ne présentent pas de structures fines alors que λ 6196 Å, λ 6379 Å et λ 7224 Å sont symétriques.
La profondeur centrale des DIBs est bien corrélée à l'absorption à 2175 Å et au rougissement E_{B-V}. Comme nous l'avons signalé précédemment, ceci ne signifie pas nécessairement que les particules responsables des DIBS soient solides. La polarisation interstellaire n'augmente pas aux longueurs d'onde des DIBs λ 4430 Å, λ 5780 Å et λ 6284 Å. Les particules responsables des DIBs ne sont donc pas identiques aux grains responsables de la polarisation optique, ni celle observée à λ 9.7 μm dûe à des grains de silicates. En général, les profondeurs centrales des DIBs sont mieux corrélées entre elles que chacune d'elles ne l'est au rougissement E_{B-V}. Herbig [75] en conclut que les DIBs représentent probablement un seul spectre c'est-à-dire sont dûes à un seul élément ou mélange d' éléments.
Deux origines ont été proposées pour les DIBs : de petits grains ou de grosses molécules. S'il s'agit de grains, leur taille doit être plus petite que celle responsable de l'extinction visuelle et de la polarisation. A partir de la largeur équivalente W_λ de la DIB la plus intense, λ 4430Å, on peut déduire la densité de colonne de l'absorbant en m^{-2} par l'expression :

$$N_X = (\frac{4\epsilon_0 m_e c^2}{e^2})\frac{W_\lambda}{f\lambda^2} = 1.14 \times 10^{24}\frac{W_\lambda}{f\lambda^2} \tag{8.21}$$

oú W_λ et λ sont en milliÅ et f est la force d'oscillateur de la transition. Pour cette DIB, $W_\lambda \simeq 2.3E_{B-V}$ et d'autre part, Bohlin et al [11] ont montré que la colonne densité de l'hydrogène est bien corrélée au rougissement au moins dans un rayon de 1 kpc autour du Soleil :

$$< \frac{N_H}{E_{B-V}} >= 5.8 \times 10^{25}$$

L'unités est m^{-2}mag^{-1}. On a donc :

$$\frac{N_X}{N_H} \simeq \frac{2.3 \times 10^{-9}}{f} \tag{8.22}$$

Certaines bandes produites par des ions Fe dans les silicates et les oxydes de fer ont des largeurs de 20 à 30 Å et pourraient donc expliquer certaines des DIBs les plus larges. Mais leurs forces d'oscillateur f, sont intrinsèquement faibles dans les silicates ($f \simeq 10^{-6}$) ce qui imposerait d'avoir des abondances de Fe^{3+} de l'ordre de 7×10^{-4} soit 20 fois plus que l'abondance solaire. Huffman (1977) a remarqué que les absorptions associées aux ions Fe^{3+} dans les oxydes tels que Fe_2O_3, Fe_3O_4, $MgFe_2O_4$ ont des forces d'oscillateur plus élevées que celles des silicates par deux à trois ordres de grandeurs et donc vérifieraient le critère d'abondance mais les propriétés de ces oxydes ne sont pas connues.

Des transitions purement électroniques (sans phonons) peuvent produire des bandes d'absorption de largeur à demi hauteur 0.5 à 5 Å.
En ce qui concerne les candidats moléculaires gazeux, un certain nombre de molécules polyatomiques peuvent donner lieu à des bandes d'absorption non résolues aux résolutions spectrales actuelles. On a aussi proposé des molécules quasi-linéaires, quasi-planes ou en anneau de poids moléculaires intermédiaires composées d'atomes de H, C, N ,O qui ont des raies optiques avec des forces d'oscillateur $f \simeq 0.05$ conduisant à $\frac{N_X}{N_H} \geq 5.10^{-8}$. Parmi les molécules en phase gazeuse du MIS, seules H_2, CO et CH ont des abondances supérieures. Plusieurs auteurs ont discuté la possibilité que les porteurs des DIBs soient de grosses molécules de PAHs. Ces PAHs seraient ionisés une fois dans le milieu interstellaire. Les données de laboratoire montrent que plusieurs absorptions doivent être fortes dans le visible ($f \simeq 0.1$). Comme il est possible que les PAHs contiennent 5 à 10% du carbone, ils satisferaient la condition sur les abondances. Cependant, aucune identification de DIBs avec un PAH ou un groupe de PAHs n'a pu être proposée.

8.7.4 Les raies d'absorption infrarouges

Les solides possèdent un certain nombre de transition en absorption dans l'infrarouge qui correspondent à des transitions vibrationnelles dans le réseau du solide. La fréquence des vibrations moléculaires est déterminée par les masses des atomes en vibration, la géométrie moléculaire et les forces maintenant les atomes dans leurs positions d'équilibre. Par exemple, les vibrations d'une molécule diatomique contenant les atomes de masses m_1 et m_2 peuvent être représentées par un oscillateur harmonique dont la fréquence de vibration fondamentale est :

$$\nu_f = \frac{1}{2\pi}\sqrt{\frac{k}{\mu}} \tag{8.23}$$

oú k est la constante de la force de liaison chimique entre les deux atomes et μ est la masse réduite. En phase gazeuse, un dédoublement rotationnel des niveaux d'énergie vibrationnelles conduit à la production de bandes moléculaires P et R mais la rotation est inhibée en phase solide et les branches P et R sont remplacées par une raie large, continue à une fréquence proche de celle de ν_f. Etant donnée la nature des éléments les plus abondants dans les grains de poussière (H, O, C, N, Si...) et la nature des liaisons qui les relient, ν_f doit se situer dans le domaine 2 à 25 μm. Un certain nombre de solides attendus dans le milieu interstellaire ont effectivement des modes de vibration moléculaires dans ce domaine (table 8.1).
Le spectre infrarouge de la poussière interstellaire a été observé entre 2 et 25 μm à l' aide de télescopes à Terre ou en ballon et avec le satellite IRAS (Infrared Astronomical Satellite). Les principales raies en absorption sont identifiées à une liaison chimique particulière bien que la nature exacte de la molécule

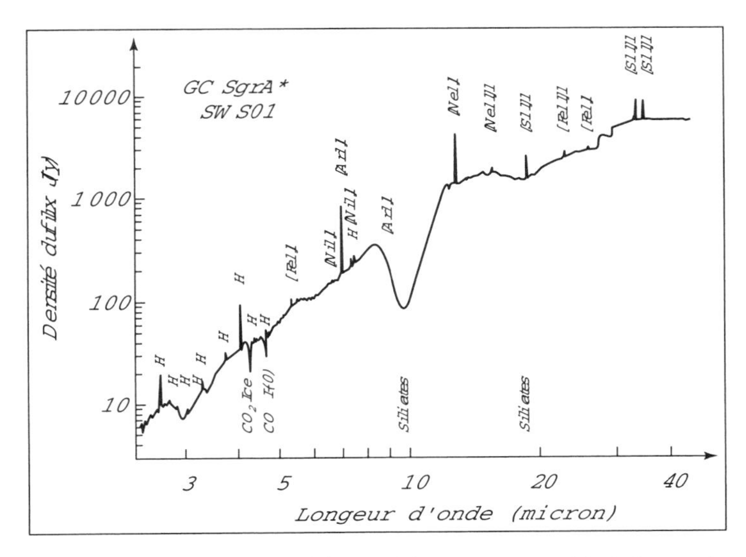

Fig. 8.13- *Spectre infrarouge de NGC 7538E, un nuage moléculaire typique (d'après Willner et al [188]). Les longueurs d'onde des raies dûes à la poussière sont indiquées*

ou du mélange moléculaire soit incertaine (table 8.1). Cependant la spectroscopie infrarouge reste le meilleur diagnostic pour identifier la composition des grains. Les raies à 3.0μ m (dûe à la glace) et à 9.7 μm (dûe aux silicates) sont celles qui ont été observées dans le plus grand nombre de sources. Le spectre de la poussière est différent selon qu'on l'observe dans des nuages diffus ou des nuages moléculaires. Les nuages diffus contiennent probablement des silicates amorphes et du carbone amorphe hydrogéné. Dans les nuages moléculaires, la raie à 9.7 μm est attribuée aux silicates et celles à 3.05, 4.67, 6.0, 6.85 μm sont attribuées à des modes vibrationnels dans différents types de glaces recouvrant un grain contenant un noyau réfractaire. En général, les sources de rayonnement infrarouge dans les nuages moléculaires sont des étoiles en formation qui produisent l'émission continue sur laquelle sont superposées les absorptions dûes à la poussière (figure 8.13).

8.7.5 Résultats récents

Avec le satellite ISO (Infrared Space Observatory), on a pu observer le domaine de longueurs d'onde de 2.5 à 196 μm avec des résolutions spectrales comprises entre 100 et 500. Ceci permet d'étudier les bandes dues aux poussières ainsi que le continuum infrarouge et les bandes moléculaires.
Un exemple est l'étude de l'extinction du milieu interstellaire diffus dans la direction de la source Sgr A* situé au centre de la Galaxie (figure 8.14).

Dans le spectre ISO-SWS du milieu interstellaire dans cette ligne de visée, on observe un continuum dû au rayonnement thermique de la poussière ainsi

λ (μm)	Identification	Site du grain
3.0	H_2 ?	nuages diffus
3.4	HAC ?	idem
9.7	Silicates	idem
18.5	Silicates	idem
2.85	?	nuages moléculaires
3.05	H_2O	idem
3.2 a 3.6	Hydrocarbures ?	idem
4.62	XCN	idem
4.67	CO	idem
6.0	H_2O	idem
6.85	Silicates	idem
18.5	Silicates	idem

Tab. 8.1- *Principales raies en absorption des poussières dans l'infrarouge (d'après Whittet [187])*

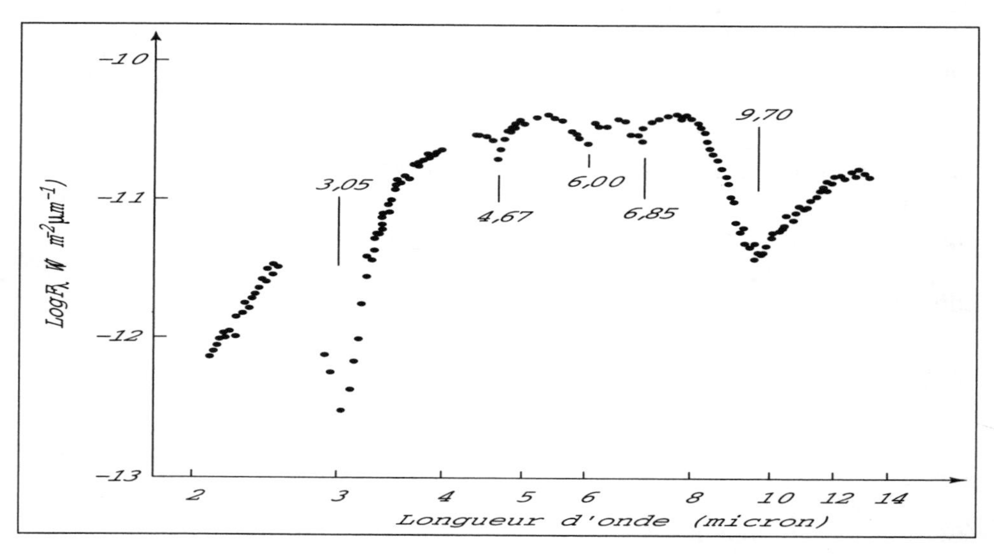

Fig. 8.14- *Spectre ISO-SWS de la ligne de visée dans la direction de $Sgr A^{\star}$ située au centre de la Galaxie d'après Lutz et al [102]*

que plusieurs caractères spectraux en absorption. Les deux principaux se situent à 9.7 et 18 μm et correspondent respectivement aux modes d'élongation Si-O et de flexion O-Si-O des silicates. D'autres bandes d'absorption sont dûes à H_2O (à 3.0 et 6.0 μm), à CO à 4.67 μm, à CO_2 à 4.27 μm et 15.2 μm et à CH_4 à 7.69 μm. Elles sont dûes à des glaces présentes dans des nuages moléculaires. En effet, la ligne de visée de Sgr A* contient probablement plusieurs nuages moléculaires translucents. Une bande d'absorption est aussi observée vers 3.4 μm et pourrait être dûe au mode d'élongation de C-H dans les hydrocarbures aromatiques.

La poussière autour des protoétoiles

Les environnements des étoiles jeunes sont riches en information sur la poussière qui était précédemment dans les nuages interstellaires denses où se sont formées ces étoiles.
Les spectres infrarouges des sources enfouies obtenus avec les spectromètres à bord de ISO ont permit de déduire la composition chimique des manteaux de glace qui se forment autour des cœurs des grains à l'intérieur des nuages moléculaires. On a pu ainsi étudier les constituants majeurs des glaces comme CO_2 et CH_4. Le spectre SWS de l'objet stellaire jeune et massif W 33a montre les deux bandes à 9.7 et 18.0 μm qui sont dûes aux silicates. Toutes les autres bandes en absorption sont dues à des glaces de H_2O, CO_2, CO , CH_4 et du méthanol CH_3OH. De même, le spectre SWS d'une autre protoétoile massive, IRAS 18316-0602, a été comparé au spectre de laboratoire d'un mélange photolysé de glaces de H_2O, CO, CH_4, NH_3 et O_2 (Dartois et al [37], d'Hendecourt et al [36]). L'extinction dans la direction de cette source est très importante. Le spectre de laboratoire reproduit bien la majorité des bandes absorbées. Les plus importantes sont celles de la glace de H_2O à 3 μm, le mode d'élongation de CO_2 à 4.27 μm et la bande des silicates à 9.7 μm. Le continuum étant de forte intensité, on a pu détecter des bandes plus faibles dues à $^{13}CO_2$ et à OCN^-. ISO a permis d'étudier pour la première fois la bande d'élongation ν_3 et le mode de repliement ν_2 de CO_2 à 4.27 et 15.2 μm dans un grand nombre de sources. On trouve que l'abondance du CO_2 solide relativement à la glace de H_2O est remarquablement constante dans les différentes sources.
De même, la glace de CH_4 a pu être observée par ses transitions à 3.32 μm (mode ν_3 d'élongation) et à 7.66 μm (mode ν_4 de déformation). La bande ν_3 est difficile à détecter car elle se situe près du centre de la bande d'eau à 3.3 μm. La bande à 7.67 μm a été observée avec un bon rapport signal sur bruit dans le spectre de IRAS 18316-0602 ainsi que dans celui d'autres protoétoiles très obscurcies. La bande semble être dûe à du méthane entouré d'un manteau de glaces polaires riches, soit en H_2O, soit en CH_3OH. L'abondance de la glace de CH_4 rapportée à celle de H_2O est relativement basse, de l'ordre de 0.4 à 4%. Le rapport d'abondances entre la phase gazeuse et la phase solide pour CH_4 est peu élevé pour IRAS 18316-0602, ce qui suggère que CH_4 se forme

directement sur la surface du grain.
La spectroscopie réalisée avec ISO a aussi permis de mettre en évidence que le méthanol (CH_3OH) est l'une des molécules les plus abondantes à l'état solide après H_2O pour les deux protoétoiles W 33a et IRAS 18316-0602. Certaines bandes d'absorption observées dans les spectres ISO n'ont pas encore d'identification convaincante. La bande XCN à 4.62 μm pourrait être dûe à OCN^-. La bande intense à 6.8 μm est dûe partiellement à CH_3OH mais l'espèce qui contribue le plus demeure inconnue.

8.7.6 Directions de lectures

Certains sujets importants n'ont pas été abordés. Le cycle des poussières a été seulement partiellement décrit, leur destruction par les chocs n'a pas été développée. Ce sujet est décrit en détail dans Tielens [165]. Le problème des petits grains qui ne sont pas à l'équilibre thermique, les émissions aromatiques dans l'infrarouge moyen et la fluorescence infrarouge n'ont pas été abordés. Pour ces sujets, la lecteur consultera Lequeux [99] et Tielens [165].

8.8 Exercices

Problème 8.1

L'objet de ce problème est de modéliser l'interaction de la lumière avec un grain interstellaire. Il s'agit en particulier d'établir les expressions des efficacités de diffusion Q_{sca}, d'absorption Q_{abs} et d'extinction $Q_{ext} = Q_{sca} + Q_{abs}$ du grain vis-à-vis du rayonnement. Ces efficacités sont fonction du rayon des grains a, de λ la longueur d'onde de la lumière incidente et de m l'indice des grains. L'énoncé suit de près celui de la première partie de l'épreuve C de l'Agrégation de Physique de 1993. Le problème utilise l'électromagnétisme dans la matière et le rayonnement du dipôle oscillant.
Un faisceau de lumière incidente arrive sur un nuage de poussières qui sont des grains homogènes sphériques ayant tous le même rayon a et la même composition chimique. Le matériau constituant le grain est un diélectrique homogène et isotrope de susceptibilité électrique χ et de polarisibilité α. L'indice m de ce matériau peut à priori être complexe, de la forme $m = m_1 - im_2$ (m_1 = indice de réfraction et m_2 = indice d' absorption, m_1 et $m_2 \geq 0$). L' indice d'absorption détermine la proportion d' énergie absorbée à celle diffusée. Nous nous placerons dans l' approximation dipolaire et plus précisément dans l'approximation de Rayleigh. Dans l'approximation dipolaire, le grain, plongé dans un champ extérieur variable, acquiert un moment dipolaire électrique, $\vec{p}(t)$, et un moment dipolaire magnétique, $\vec{m}(t)$, variables. Dans l'approximation de Rayleigh, le moment dipolaire magnétique est ignoré , et le rayon a des grains est très inférieur à la longueur d'onde λ du champ électromagnétique incident. L'étude de l'interaction du grain avec la lumière revient alors à étudier l'interaction du dipôle électrique porté par le grain avec la lumière. Les différents grains reposent immobiles dans le vide et nous ignorons l' éventuelle rediffusion de l'onde diffusée par une poussière par d'autres poussières voisines (approximation de la "diffusion simple"). Nous nous limiterons donc à étudier d'abord l'interaction de la lumière avec un seul grain. Ce grain définit l' origine d'un repère (O,$\vec{u}_x$,$\vec{u}_y$, $\vec{u}_z$). L'onde électromagnétique incidente est plane, de pulsation ω, de longueur d'onde dans le vide λ. Elle se propage le long de l'axe Ox et le vecteur champ électrique est polarisé rectilignement le long de l'axe Oz. En notation complexe, nous écrirons : $\vec{E} = E_0 exp\{i\omega(t - \frac{x}{c})\}\vec{u}_z$.
Le moment dipolaire acquis par le grain, $\vec{p} = \alpha\vec{E}$, est alors variable et nous noterons $\vec{p}(t) = p_0 exp\{i\omega t\}\vec{u}_z$. Le grain diffuse une partie du rayonnement et on admettra que le champ diffusé est équivalent au champ rayonné à grande distance par ce dipôle oscillant . Pour calculer le champ diffusé en un point d'observation M à la distance $r \gg a$, on adoptera le repérage sphérique usuel (M,$\vec{u}_r$, $\vec{u}_\theta$, $\vec{u}_\phi$)
Du fait de l'interaction de la lumière avec le grain, il existe trois ondes : l'onde incidente, l'onde transmise dans le grain (onde absorbée) et l'onde diffusée. Les champs électriques et magnétiques des trois ondes vérifient les équations de Maxwell dans le vide qui entoure le grain et dans le matériau diélectrique du

grain. Les champs incidents, diffusés et transmis sont reliés par les conditions de continuité à la surface du grain (composantes normales de $\vec{D}$ et $\vec{B}$ continues). Il est possible de calculer les flux de puissance transportés par l'onde incidente, l'onde absorbée et l'onde diffusée en utilisant les vecteurs de Poynting des trois ondes notés respectivement Φ_{inc}, Φ_{abs} et Φ_{sca}. Les rapports de ces flux de puissance normalisés à la section géométrique que le grain offre au rayonnement permet d'estimer les échanges d'énergie entre le grain et les trois ondes. Ces rapports sont respectivement : $\frac{\phi_{sca}}{\phi_{inc}}$ et $\frac{\phi_{abs}}{\phi_{inc}}$. Le modèle de Mie permet donc de calculer les quantités suivantes :

- l'efficacité avec laquelle le grain diffuse la lumière, Q_{sca} (proportion entre le flux d' énergie diffusée et le flux incident) :

$$Q_{sca} = \frac{1}{\pi a^2} \frac{\langle \phi_{sca} \rangle}{\langle \phi_{inc} \rangle}$$

- l'efficacité avec laquelle le grain absorbe la lumière, Q_{abs} (proportion entre les flux d'énergie absorbée et incident) :

$$Q_{abs} = \frac{1}{\pi a^2} \frac{\langle \phi_{abs} \rangle}{\langle \phi_{inc} \rangle}$$

Q_{sca} et Q_{abs} sont des fonctions de la taille du grain, de son indice (à priori complexe) et de la longueur d'onde du rayonnement incident.
Un traitement rigoureux du problème (Van de Hulst [173], Bohren and Huffman, [15]) montre que Q_{ext} et Q_{sca} peuvent être développées sous forme de séries :

$$Q_{ext}(a, \lambda, m) = \frac{2}{x^2} \sum_{n=1}^{\infty} (2n+1) Re(a_n + b_n)$$

$$Q_{sca}(a, \lambda, m) = \frac{2}{x^2} \sum_{n=1}^{\infty} (2n+1)(|a_n|^2 + |b_n|^2)$$

Dans ces formules, $x = \frac{2\pi a}{\lambda}$ et a_i et b_i des coefficients. Nous nous contenterons ici d' établir les premiers termes de ces séries pour mettre en évidence leur dépendance en fonction de a, λ et m. Ces premiers termes sont d'ailleurs les seuls importants dans le cas oú $x \leq 1$ (c'est-à-dire lorsque les grains ont une taille petite devant la longueur d'onde incidente).

Première partie : étude statique

Le grain sphérique est plongé dans un champ extérieur uniforme $\vec{E}_0$. On cherche à déterminer le moment dipolaire $\vec{p}$ qu'il acquiert, c'est-à-dire sa polarisibilité α, telle que :

$$\vec{p} = \alpha \vec{E}_0 \tag{8.24}$$

On se propose d'abord de calculer le champ créé en tout point M de l'espace par une sphère diélectrique (S) centrée en O et portant une polarisation uniforme $\vec{P}$ parallèle à l'axe Oz du repère orthonormé $Oxyz$.

8.0.1) Ecrire l'expression du potentiel électrostatique engendré par un dipôle unique

8.0.2) En déduire l'expression du potentiel $V(M)$ créé par la sphère (S)

8.0.3) Exprimer $V(M)$ à l'extérieur et à l'intérieur de (S)

8.0.4) Montrer qu'à l'extérieur de (S), le champ est celui d'un dipôle unique de moment, $\vec{p} = v\vec{P}$, où v désigne le volume du grain. Montrer qu'à l'intérieur le champ vaut $\vec{E}_i = -\frac{\vec{P}}{3\epsilon_0}$

8.0.5) La polarisation induite $\vec{P}$ étant uniforme, montrer l'expression

$$\vec{P} = \frac{\chi}{1+\frac{\chi}{3}}\epsilon_0\vec{E}_0$$

Donner l'expression du moment dipolaire $\vec{p}$ porté par le grain en fonction de ϵ_r ou de l'indice m.

Deuxième partie : champ rayonné par le grain (champ diffusé)

Sous l'effet d'un champ électromagnétique incident sinusoïdal de pulsation ω, le grain acquiert un moment dipolaire variable qu'on écrira en notation complexe :

$$\vec{p}(t) = p_0 e^{i\omega t}\vec{u}_z$$

On cherche à déterminer le champ rayonné par ce dipôle situé en O en tout M de l'espace repéré par ces coordonnées sphériques habituelles (r, θ, ϕ). On calculera le champ rayonné à grande distance, c'est-à-dire que l'on ne conservera que les termes d'ordre le plus faible en $\frac{1}{r}$. Les grandeurs $\vec{E}$, $\vec{A}$, $\vec{B}$ et V seront écrites en notation complexe.

8.0.1) Relier le potentiel vecteur $\vec{A}(M,t)$ à l'instant t à la dérivée $\frac{d}{dt}[\vec{p}(t-\frac{r}{c})]$. On rappelle l'expression du potentiel vecteur retardé créé par des charges ponctuelles q_i animées de vitesses $\vec{v}_i$ et situées aux distances r_i du point M à l'instant t :

$$Re(\vec{A}(M,t)) = \frac{\mu_0}{4\pi}\sum_i \frac{q_i\vec{v}_i(t-\frac{r_i}{c})}{r_i}$$

8.0.2) Calculer le potentiel scalaire V en utilisant la jauge de Lorentz :

$$div(\vec{A}) + \frac{1}{c^2}\frac{\partial V}{\partial t} = 0$$

8.0.3) En déduire l'expression de $\vec{B}$ dans la base $(\vec{u}_r, \vec{u}_\theta, \vec{u}_\phi)$:

$$\vec{B} = -\frac{\mu_0\omega^2}{4\pi rc}p_0\exp[i\omega(t-\frac{r}{c})]\sin\theta\vec{u}_\phi$$

8.0.4) Etablir l'expression de $\vec{E}$

$$\vec{E} = -\frac{\mu_0\omega^2}{4\pi r}p_0 \exp[i\omega(t-\frac{r}{c})] \sin\theta \vec{u}_\theta$$

8.0.5) Montrer que l'onde électromagnétique rayonnée possède localement la structure d'une onde plane dont on précisera le vecteur d'onde

8.0.6) Calculer la valeur moyenne du vecteur de Poynting $\vec{S}$ du champ rayonné. On le notera S_{sca} dans la suite car le champ diffusé par le grain sera pris égal au champ rayonné du dipôle.

8.0.7) En déduire que la puissance totale moyenne rayonnée dans toutes les directions par le dipôle est :

$$\frac{dW}{dt} = \frac{\omega^4}{12\pi\epsilon_0 c^3}|p_0|^2$$

Troisième partie : interaction grain-rayonnement

Pour modéliser l'interaction de la lumière avec un grain, on considère une onde plane électromagnétique de pulsation ω, de longueur d'onde dans le vide λ, se propageant selon Ox et polarisée rectilignement selon Oz. Cette onde incidente arrive sur le grain placé en O. Le champ électrique de cette onde s'écrit en notation complexe :

$$\vec{E} = E_0 \exp[i\omega(t-\frac{x}{c})]\vec{u}_z$$

On admettra que l'interaction entre cette onde incidente et le grain interstellaire peut être décrite correctement dans le cas où $\lambda \gg a$ en remplaçant le grain par un dipôle élémentaire dont le moment $\vec{p}$ a été calculé au I.2.b.

8.0.1) Exprimer le flux de puissance incidente Φ_{inc} (par unité de surface) transporté par l'onde incidente

8.0.2) On définit l'efficacité de diffusion par :

$$Q_{sca} = \frac{1}{\pi a^2}\frac{\langle\Phi_{sca}\rangle}{\langle\Phi_{inc}\rangle}$$

En identifiant le rayonnement étudié en I.3 au rayonnement diffusé, montrer que l'efficacité de diffusion a pour expression :

$$Q_{sca} = \frac{8}{3}(\frac{2\pi a}{\lambda})^4|\frac{m^2-1}{m^2+2}|^2$$

où $|\quad|$ désigne le module de la quantité complexe.

8.0.3) Application numérique : calculer Q_{sca} pour un grain de glace de rayon $a = 0.01\mu$m, à la longueur d'onde $\lambda = 10\mu$m pour lequel l'indice vaut $m = m_1 - im_2 = 1.33 - 0.05i$

8.0.4) En écrivant la polarisibilité sous la forme $\alpha = \alpha_1 - i\alpha_2$, exprimer la puissance élémentaire moyenne fournie par le champ au dipôle

8.0.5) Etablir l'expression de l'efficacité d'absorption :

$$Q_{abs} = -4(\frac{2\pi a}{\lambda})Im(\frac{m^2-1}{m^2+2})$$

Im désignant la partie imaginaire

8.0.6) En déduire que si m_2 n'est pas nul, l'extinction à grande longueur d'onde est dominée par le phénomène d'absorption.

8.0.7) Application numérique : Calculer Q_{abs} avec les données du 1.4.c. Conclure.

Exercice 8.1

Il s'agit d'estimer de deux façons différentes la température d'un grain, T_d, du milieu imterstellaire. Le grain est soumis au rayonnement d'un corps noir de température $T_r \simeq 10000$ K (typiquement une étoile B). Le facteur de dilution est $W \simeq 10^{-14}$.

8.1.1) On considère d'abord que le grain rayonne comme un corps noir à la température T_d. Trouver l'expression reliant T_g à T_r et la valeur de T_g. Commentaire.

8.1.2) En fait, le grain a une certaine efficacité d'absorption Q_{abs}, non prise en compte dans la question précédente. Comment le résultat est il changé ? Application numérique. Commentaire.

Exercice 8.2

On considère un grain sphérique non chargé d'un matériau X. Son rayon initial est a_0, il est immergé dans un gaz de température T_g, contenant n_X atomes de l'espèce X par unité de volume. La densité du grain est notée ρ. Nous supposons que la croissance de ce grain s'effectue par accrétion de petites particules (atomes et molécules du gaz) qui viennent frapper la surface du grain et y adhérer. Le but de l'exercice est de trouver la loi d'évolution du rayon $a(t)$. Les atomes ont une distribution maxwellienne des vitesses à la température T_g.

8.2.1) Etablir une expression approchée du taux, R, auquel les atomes de l'espèce X viennent frapper la surface d'un grain. On supposera que toutes les particules sont animées de la vitesse la plus probable à la température T_g.

8.2.2) Montrer en tenant compte de la distribution maxwellienne des vitesses que :

$$R = 2\sqrt{2}\pi a^2 n_X (\frac{kT_g}{\pi m_X})^{\frac{1}{2}} \quad (1)$$

8.2.3) La probabilité pour qu'une particule adhère au grain est S. Exprimer le taux d'augmentation de la masse du grain.

8.2.4) En exprimant le taux d'augmentation de la masse en fonction de celui du rayon, trouver une expression pour $\frac{da}{dt}$ en fonction de S, n_X, T_g et m_X. En déduire la loi $a(t)$. Cette loi vous semble-t-elle réaliste ?

Exercice 8.3
Une étoile située à la distance $d = 0.8$ kpc de la Terre présente une extinction $A_V = 1.1$mag à la longueur d'onde $\lambda = 5500$ Å. On suppose que les grains dans la ligne de visée sont des sphères de rayon a et ont une efficacité d'extinction Q_{5500}.

Estimer la densité moyenne $\langle n \rangle$ des grains entre l'étoile et la Terre. Application numérique : $a = 0.02\mu$m, $Q_{5500} = 1.5$

Exercice 8.4
Un nuage sphérique de poussières de rayon R contient n_g grains par unité de volume répartis uniformément. Les grains ont tous le même rayon a, la même efficacité d'absorption Q_{abs} et sont en équilibre à la même température T_g. Il n'y a pas de rayonnement de fond. Il n'y a pas de source d'absorption entre le nuage de grains et l'observateur. On notera τ_0 la profondeur optique jusqu'au centre du nuage. Montrer que le flux f_ν observé à une distance D du nuage peut s'exprimer sous la forme :

$$f_\nu = \frac{2\pi R^2 B_\nu(T_g)}{\tau_0^2 D^2} \times \left(\frac{\tau_0^2}{2} - 1 + (\tau_0 + 1)\exp(-\tau_0)\right)$$

Solutions des problèmes

Solution du problème 8.1:
Première partie : Etude statique

8.4.1) Le potentiel créé en M par le dipôle plaçé au point P s'écrit :

$$V(M) = \frac{1}{4\pi\epsilon_0}\frac{\vec{p}\overrightarrow{PM}}{PM^3}$$

En intégrant sur la sphère, on obtient :

$$V(M) = \frac{1}{4\pi\epsilon_0}\int\int\int\frac{\vec{dp}\overrightarrow{PM}}{PM^3} = \frac{\vec{P}}{4\pi\epsilon_0}\int\int\int\frac{\overrightarrow{PM}d\tau_O}{PM^3}$$

où $d\tau_O$ désigne l'élément de volume entourant le point O. Le champ $\vec{E}$ créé par une distribution de charge ρ uniforme vaut :

$$\vec{E} = \frac{\rho}{4\pi\epsilon_0}\int\int\int\frac{\overrightarrow{PM}d\tau_O}{PM^3}$$

En appliquant le théorème de Gauss pour $r > a$, on a :

$$\vec{E} = \frac{\rho a^3}{3\epsilon_0}\frac{\overrightarrow{PM}}{PM^3}$$

et pour $r < a$:

$$\vec{E} = \frac{\rho}{3\epsilon_0}\overrightarrow{PM}$$

On en déduit l'expression de l'intégrale intervenant dans $V(M)$ et $\vec{E}(M)$ puis l'expression de $V(M)$ pour $r > a$:

$$V(M) = \frac{a^3}{3\epsilon_0}\frac{\vec{P}\overrightarrow{PM}}{PM^3}$$

et pour $r < a$:

$$V(M) = \frac{\vec{P}}{3\epsilon_0}\overrightarrow{PM}$$

A l'extérieur, on trouve le potentiel et le champ d'un dipôle unique de moment :

$$\vec{p} = \frac{4}{3}\pi a^3\vec{P}$$

placé en O tandis qu'à l'intérieur :

$$E = -\overrightarrow{grad}V = -\frac{\vec{P}}{3\epsilon_0}$$

8.4.2) La polarisation correspond au champ $\vec{E}_0 + \vec{E}_i$:

$$\vec{P} = \chi\epsilon_0(\vec{E}_0 - \frac{\vec{P}_0}{3\epsilon_0})$$

ce qui conduit bien à l'expression demandée pour $\vec{P}$. En remplaçant χ par $\epsilon_r - 1 = m^2 - 1$, on arrive à :

$$\vec{p} = 4\pi a^3 \frac{\epsilon_r - 1}{\epsilon_r + 2}\epsilon_0\vec{E}_0 = 4\pi a^3 \frac{m^2 - 1}{m^2 + 2}\epsilon_0\vec{E}_0$$

Deuxième partie : champ diffusé

8.4.1) $\vec{v}_i(t - \frac{r_i}{c}) \simeq \vec{v}_i(t - \frac{r}{c})$ et $\frac{1}{r_i} \simeq \frac{1}{r}$. L'expression de $\vec{A}$ est :

$$\vec{A} = \frac{\mu_0}{4\pi}\sum_i \frac{q_i\vec{v}_i(t - \frac{r_i}{c})}{r_i} \quad (8.25)$$

$$= \frac{\mu_0}{4\pi r}\sum_i q_i \frac{d}{dt}\vec{O}M(t - \frac{r}{c}) \quad (8.26)$$

$$= \frac{\mu_0}{4\pi r}\frac{d\vec{p}}{dt}(t - \frac{r}{c}) \quad (8.27)$$

d'où avec les notations du problème :

$$\vec{A}(M,t) = i\frac{\mu_0\omega p_0}{\pi r}\exp(i\omega(t - \frac{r}{c})\vec{u}_z$$

8.4.2) V est calculé en utilisant la jauge de Lorentz (calcul classique du dipôle oscillant) qui fournit $\frac{\partial V}{\partial t}$ à partir de $div(\vec{A})$:

$$V = i\frac{\mu_0 c^2 k}{4\pi r}p_0 \exp i\omega(t - \frac{r}{c})\cos\theta$$

8.4.3) $\vec{B}$ se calcule avec $\vec{r}ot(\vec{A})$. On trouve bien l'expression demandée :

$$\vec{B} = -\frac{\mu_0\omega^2}{4\pi r c}p_0 \exp[i\omega(t - \frac{r}{c})]\sin\theta\vec{u}_\phi$$

8.4.4) Pour calculer $\vec{E}$ il faut calculer $\overrightarrow{gradV}$ et $\frac{\partial\vec{A}}{\partial t}$. On aboutit bien à :

$$\vec{E} = -\frac{\mu_0\omega^2}{4\pi r}p_0 \exp[i\omega(t - \frac{r}{c})]\sin\theta\vec{u}_\theta$$

8.4.5) On a $\vec{B} = \frac{\vec{u}_r \wedge \vec{E}}{c}$. Au voisinage d'un point $M(r,\theta,\phi)$, on confond la sphère de rayon r avec le plan tangent en M et la structure de l'onde est plane avec un vecteur d'onde $\vec{k} = (\frac{\omega}{c})\vec{u}_r$

8.4.6) En passant aux parties réelles, on a :

$$\vec{S} = \frac{Re(\vec{E}) \wedge Re(\vec{B})}{\mu_0} = \frac{p_0^2}{\mu_0 c}(\frac{\mu_0 \omega^2 \sin\theta}{4\pi r})^2 \cos^2(\omega t - kr)\vec{u}_r$$

La puissance cherchée est égale au flux du vecteur de Poynting à travers une sphère de rayon r. On intègre donc $\langle S \rangle$ sur toutes les directions :

$$\frac{dW}{dt} = \int_0^{2\pi}\int_0^{\pi} \langle\vec{S}\rangle \vec{u}_r r^2 \sin\theta \, d\theta \, d\phi \quad (8.28)$$

$$= \frac{\mu_0 \omega^4 p_0^2}{2(4\pi)^2 c} \times 2\pi \int_0^{\pi} \sin^3\theta \, d\theta \quad (8.29)$$

L'intégrale angulaire valant $\frac{4}{3}$, on aboutit bien à :

$$\frac{dW}{dt} = \frac{\omega^4}{12\pi\epsilon_0 c^3}|p_0|^2$$

Troisième partie : interaction grain-rayonnement

8.4.1) Il s'agit maintenant d'établir les expressions des efficacités Q_{ext}, Q_{sca}, Q_{abs} en fonction de a, m et λ. L'intensité I_ν représente la puissance transportée par le champ électromagnétique à travers une surface unité. Elle est donc égale au flux du vecteur de Poynting $\vec{S}$. Les trois vecteurs de Poynting $\vec{S}_{inc}$ (incident), $\vec{S}_{sca}$ (diffusé) et $\vec{S}_{abs}$ (transmis) peuvent être calculés à partir des composantes réelles des champs électriques et magnétiques :

$$\vec{S}_{inc} = \frac{1}{\mu_0} Re(\vec{E}_{inc}) \wedge Re(\vec{B}_{inc})$$

$$\vec{S}_{sca} = \frac{1}{\mu_0} Re(\vec{E}_{sca}) \wedge Re(\vec{B}_{sca})$$

$$\vec{S}_{abs} = \frac{1}{\mu_0} Re(\vec{E}_{abs}) \wedge Re(\vec{B}_{abs})$$

et nous rappelons que les efficacités sont les rapports des flux, ϕ , moyennés sur une période et par unité de surface :

$$Q_{sca} = \frac{1}{\pi a^2}\frac{< \phi_{sca} >}{< \phi_{inc} >}$$

et

$$Q_{abs} = \frac{1}{\pi a^2}\frac{< \phi_{abs}| >}{< \phi_{inc} >}$$

L'onde incidente se propage dans le vide, on a donc $|\vec{B}_{inc}| = \frac{|\vec{E}_{inc}|}{c}$ et donc

$$|\vec{S}_{inc}| = \frac{1}{\mu_0}|\vec{E}_{inc}||\vec{B}_{inc}| = \frac{1}{\mu_0 c}E_0^2 \cos^2 \omega(t - x/c)$$

et donc :

$$< |\vec{S}_{inc}| >= \frac{E_0^2}{2\mu_0 c} = \frac{\epsilon_0 E_0^2 c}{2}$$

$< |\vec{S}_{inc}| >$ représente le flux moyen incident par unité de surface.

Pour l'onde diffusée, sa structure est celle d'une onde plane à grande distance et les champs électriques vérifient :

$$Re(\vec{E}_{sca}) = -\frac{\mu_0 \omega^2}{4\pi r c}|p_0| \sin\theta \cos\omega(t - r/c)\vec{u}_\theta$$

et

$$Re(\vec{B}_{sca}) = -\frac{\mu_0 \omega^2}{4\pi r c}|p_0| \sin\theta \cos\omega(t - r/c)\vec{u}_\phi$$

ce qui conduit à :

$$\vec{S}_{sca} = \frac{1}{\mu_0 c}(\frac{\mu_0 \omega^2 |p_0| \sin\theta}{4\pi r})^2 \cos^2 \omega(t - r/c)\vec{u}_r$$

et la valeur moyenne de $\vec{S}_{sca}$ au cours d'une période est :

$$< |\vec{S}_{sca}| >= \frac{\mu_0 \omega^4}{c 16\pi^2 r^2} p_0^2 \sin^2\theta$$

d' oú on déduit le flux diffusé ϕ_{sca} dans toutes les directions :

$$\phi_d = \int\int < \vec{S}_{sca} > d\vec{S}$$

avec $d\vec{S} = r^2 \sin\theta d\theta d\phi \vec{u}_r$ et donc :

$$\phi_{sca} = \frac{\mu_0 \omega^4 p_0^2}{c 16\pi^2} \int_0^{2\pi} d\phi \int_0^{\pi} \sin^3\theta \, d\theta = \frac{\omega^4 p_0^2}{12\pi\epsilon_0 c^3}$$

8.4.2) Calcul de $Q_{sca} = \frac{1}{\pi a^2} \frac{<\phi_{sca}>}{<|\vec{S}_{inc}|>}$:

Il s'agit d'évaluer p_0, l'amplitude du moment dipolaire variable $\vec{p}$. Ce dernier est relié à la polarisation macroscopique du milieu $\vec{P}(t)$, elle même liée au champ de l'onde incidente :

$$\vec{P} = \frac{3\epsilon_0(\epsilon_r - 1)}{\epsilon_r + 2}\vec{E}(t)$$

et

$$\vec{p}(t) = p_0 \exp(i\omega t)\vec{u}_z = \frac{4\pi a^3}{3}\vec{P}(t)$$

soit
$$\vec{p}(t) = \frac{4\pi a^3}{3}\frac{3\epsilon_0(\epsilon_r - 1)}{\epsilon_r + 2}E_0 \exp(i\omega t)\vec{u}_z$$
d' oú l'on tire :
$$p_0 = \frac{4\pi a^3}{3}\frac{3\epsilon_0(\epsilon_r - 1)}{\epsilon_r + 2}E_0$$
et donc :
$$< \phi_{sca} >= \frac{4\pi a^3}{3}\frac{3\epsilon_0(\epsilon_r - 1)}{\epsilon_r + 2} = 21.3\epsilon_0 E_0^2 c\pi^5 a^6 |\frac{m^2 - 1}{m^2 + 2}|^2$$
soit finalement :
$$Q_{sca} = \frac{1}{\pi a^2}\frac{< \phi_{sca} >}{< |\vec{S}_{inc}| >} = \frac{8}{3}(\frac{2\pi a}{\lambda})^4 |\frac{m^2 - 1}{m^2 + 2}|^2$$
Nous pouvons maintenant calculer l'ordre de grandeur de Q_{sca} pour un grain de glace typique de rayon $a = 0.01\mu$m d'indice $m = 1.33 - 0.05i$, soumis à un rayonnement incident de longueur d'onde $\lambda = 10$ μm. On trouve $Q_{sca} = 1.86 \times 10^{-10}$.

8.4.3) Calcul de $Q_{abs} = \frac{1}{\pi a^2}\frac{<\phi_{abs}>}{<\phi_{inc}>}$
Le flux de puissance absorbée par le grain , $< \phi_{abs} >$, est égal à la puissance élémentaire fournie par le champ $\vec{E}$ au dipôle, soit :
$$\frac{\partial W}{\partial t} = q_1\vec{v}_1 \cdot \vec{E} + q_2\vec{v}_2 \cdot \vec{E} = \frac{\partial Re(\vec{p})}{\partial t} Re(\vec{E})$$
Comme $\vec{p} = \alpha\vec{E} = (\alpha' - i\alpha")\vec{E}$, la valeur moyenne de la puissance est :
$$< \frac{\partial W}{\partial t} >=< E_0 \cos(\omega t - kx)\frac{\partial(\alpha' E_0 \cos(\omega t - kx)}{\partial t} + \alpha" E_0 \sin(\omega t - kx) >$$
Seul le terme en $\alpha"$ contribue :
$$< \frac{\partial W}{\partial t} >= \frac{\alpha" \omega E_0^2}{2}$$
Or $\alpha = \frac{4\pi a^3}{3}\frac{3\epsilon_0(\epsilon_r - 1)}{\epsilon_r + 2}$ et on en déduit : $\alpha" = -Im(\alpha) = -4\pi a^3 \epsilon_0 Im(\frac{m^2-1}{m^2+2})$
et donc :
$$\phi_{abs} =< \frac{\partial W}{\partial t} >= -4\pi a^3 \epsilon_0 Im(\frac{m^2 - 1}{m^2 + 2})\frac{\omega}{2}E_0^2$$
et l' efficacité d'absorption :
$$Q_{abs} = \frac{1}{\pi a^2}\frac{< \phi_{abs} >}{< \phi_{inc} >} = 4\frac{2\pi a}{\lambda} Im(\frac{m^2 - 1}{m^2 + 2})$$
Le calcul numérique pour le même grain de glace « typique »conduit à $Q_{abs} = 3.4 \times 10^{-4} \gg Q_{sca}$: pour ce grain, la lumière incidente est essentiellement absorbée et non diffusée.

Solutions des exercices

Solution 8.1 :

8.1.1) *La densité d'énergie à la longueur d'onde λ au voisinage du grain est $u = WB_\lambda(T_r = 10000)$ où B_λ est la fonction de Planck. Si on assimile le grain à un corps noir de température T_d, il a une efficacité $Q_{abs} = 1$ pour tout λ, il absorbe par unité de temps la puissance :*

$$P_{abs} = W\pi a^2 \int_0^\infty B_\lambda(T_r) Q_{abs}(\lambda)\, d\lambda$$

Il émet une puissance égale :

$$P_{em} = 4\pi a^2 \sigma T_g^4$$

Pour que le grain ne s'échauffe pas, il faut que la puissance absorbée soit totalement réémise soit :

$$W\pi a^2 \sigma T_r^4 = 4\pi a^2 \sigma T_g^4$$

soit

$$T_g = \frac{W^{\frac{1}{4}}}{1.41} T_r$$

soit $T_g = 3.16K$, ce qui est de l'ordre de la température du fond cosmique et donc est trop faible car le grain rayonnerait dans le domaine millimétrique. La température doit être plus élevée.

8.1.2) *En fait le grain ne se comporte pas comme un corps noir parfait. Ecrivons que le grain est en ETL avec le gaz avoisinant. La loi de Kirchoff permet d'écrire que :*

$$j_\lambda = \kappa_\lambda B_\lambda(T_g)$$

où j_λ est l'émissivité du grain et κ_λ, son coefficient d'absorption : $\kappa_\lambda = Q_{abs}(\lambda)\pi a^2$.

La puissance rayonnée par le grain est :

$$P_{em} = \pi a^2 \int Q_{abs} B_\lambda(T_g)\, d\lambda$$

La puissance absorbée par le grain est :

$$P_{abs} = W\pi a^2 \int Q_{abs} B_\lambda(T_r)\, d\lambda$$

On a donc l'égalité :

$$\int Q_{abs} B_\lambda(T_g)\, d\lambda = W \int Q_{abs} B_\lambda(T_r)\, d\lambda$$

et il s'agit de déduire T_g *de cette égalité. On pose* $x = \frac{hc}{\lambda kT}$ *ce qui permet de réécrire :* $B_\lambda \propto \frac{x^5}{e^x-1}$. *Le rayonnement incident à son maximum dans le domaine visible donc :*

$$Q_{abs}(\lambda) \propto \frac{1}{\lambda} \propto x$$

On a donc après simplifications :

$$T_g^5 \int \frac{x_g^4}{e^{x_g}-1}\, dx_g = W T_r^5 \int \frac{x_r^4}{e^{x_r}-1}\, dx_r$$

avec $x_g = \frac{hc}{\lambda kT_g}$ et $x_r = \frac{hc}{\lambda kT_r}$ *Les deux intégrales étant identiques on a :*

$$T_g = W^{\frac{1}{5}} T_r$$

L'application numérique conduit à $T_g \simeq 16$ *K, ce qui est l'ordre de grandeur correct.*

Solution 8.2 :

8.2.1) *Considérons une petite particule sphérique non chargée de matériau X, de rayon initial* a_0, *plongée dans un gaz de température* T_{gaz} *contenant* N_X *atomes du matériau X. Nous supposons que la croissance de ce grain s'effectue par accrétion de petites particules (atomes et molécules) qui viennent frapper la surface de la particule et y adhérer. Les atomes ont une distribution des vitesses maxwellienne à la température* T_{gaz}, *c'est à dire que le nombre d'atomes ayant des vitesses dans l'intervalle* $v, v + \delta v$ *est* $N_X f(v)\delta v$ *oú* $f(v)$ *vérifie :*

$$f(v)\delta v = \sqrt{\frac{2}{\pi}}\left(\frac{m_X}{kT_{gaz}}\right)^{\frac{3}{2}} v^2 \exp\left(\frac{-m_X v^2}{2kT_{gaz}}\right)\delta v$$

8.2.2) *Le taux (en* s^{-1}*) auquel les atomes X frappent la surface est obtenue en intégrant sur toutes les vitesses :*

$$R = \pi a^2 N_X \int_0^\infty f(v)\, dv$$

En faisant le changement de variable $x = \frac{m_X v^2}{2kT_{gaz}}$, *on trouve :*

$$R = 4\pi a^2 N_X \left(\frac{kT_{gaz}}{2\pi m_X}\right)^{\frac{1}{2}}$$

Soit S la probabilité d' adhésion, le taux auquel les atomes adhérent à la surface du grain est :

$$R' = 4\pi a^2 N_X S \left(\frac{kT_{gaz}}{2\pi m_X}\right)^{\frac{1}{2}}$$

et le taux d'augmentation de la masse du grain est :

$$\frac{\partial m_g}{\partial t} = m_X R' = 4\pi a^2 N_X m_X S(\frac{kT_{gaz}}{2\pi m_X})^{\frac{1}{2}}$$

Si d'autre part nous supposons que les atomes frappent et adhèrent à la surface uniformément, nous pouvons aussi exprimer le taux d'augmentation de la masse du grain par :

$$\frac{\partial m_g}{\partial t} = 4\pi a^2 \rho \frac{\partial a}{\partial t}$$

En égalant ces deux équations, il vient :

$$\frac{\partial a}{\partial t} = \frac{N_X S}{\rho}(\frac{kT_{gaz} m_X}{2\pi})^{\frac{1}{2}}$$

8.2.3) En ignorant les variations de N_X et T_{gaz} avec le temps, cette équation différentielle s'intègre en :

$$a(t) = a_0 + \frac{N_X S}{\rho}(\frac{kT_{gaz} m_X}{2\pi})^{\frac{1}{2}} t$$

La croissance du grain dans ce modèle est donc linéaire et si N_X est suffisant, sa taille peut augmenter sans limite (!). Ce résultat est évidemment incorrect et provient du fait que le modèle étudié ne tient pas en compte la décroissance de N_X avec le temps, puisque les atomes X viennent s'accréter sur la particule de taille initiale a_0.

Solution 8.3 :
Sur la distance d l'intensité I^0 est atténuée :

$$I_\nu = I_\nu^0 \exp(-\tau_\nu)$$

avec $\tau_\nu = \langle n \rangle \imath a^2 Q_{ext} d$. L'étoile étant rougie, on a :

$$V = V_0 + a_V$$

où V_0 est la magnitude qu'aurait l'étoile si elle n'était pas rougie et $a_V = 1.1$ l'excès de couleur. On a :

$$V - V_0 = 2.5 \log(\frac{I_0}{I}) = a_V$$

et pour les intensités :

$$\frac{I}{I_0} = \exp(-\tau_V) = 10^{-0.4 a_V}$$

conduisant à :

$$\tau_V = \ln(10^{0.4a_V})$$

soit :

$$\langle N_g \rangle = \frac{\ln(10^{0.4a_V})}{\pi a^2 Q_{ext} D}$$

L'application numérique donne : $\langle N_g \rangle = 2.15 \times 10^{-13}\ cm^{-3}$

Solution 8.4 :

A la distance D du nuage, l'observateur mesure l'intégrale de l'intensité sur l'angle solide sous-tendu par le nuage :

$$f_\nu = \int_0^{\frac{\pi}{2}} I_\nu \frac{2\pi R^2}{D^2} \sin\theta \cos\theta \, d\theta$$

Chapitre 9

Physique du gaz interstellaire peu dense

9.1 Le gaz interstellaire diffus

Le gaz interstellaire peu dense ou "diffus" a d' abord été détecté par les raies d'absorption extrêmement fines qu'il produit en superposition sur les spectres stellaires dans le domaine optique. Les raies stellaires étant élargies par la rotation de l'étoile, il est facile de distinguer les raies interstellaires de raies stellaires. A haute résolution spectrale, les raies interstellaires montrent parfois des composantes multiples, indiquant la présence entre l' étoile et nous de plusieurs nuages animés de vitesses radiales différentes qui produisent chacun une composante décalée par effet Doppler.
La raie de hydrogène neutre à 21cm fut découverte en 1951. Elle est particulièrement remarquable car l' hydrogène est le composant principal du milieu interstellaire. Cette raie, qui peut apparaître en absorption ou en émission, est un outil puissant pour étudier la physique du *milieu interstellaire neutre*. Celui-ci est conventionnellement divisé en deux composantes : *le milieu « froid »*(*Cold Neutral Medium : CNM*) , de température moyenne proche de 80 K, assez dense et contenant de l'hydrogène neutre et *le milieu « tiède »* (*Warm Neutral Medium : WNM*), de température moyenne 8000 K où l'hydrogène est aussi neutre. Ces deux phases contiennent moins de la moitié de la masse de la matière interstellaire. Dans notre Galaxie, l'hydrogène se répartit selon un disque qui montre une structure spirale dans sa partie externe (noter que l'hydrogène atomique est plus abondant que l'hydrogène moléculaire au delà d'un rayon galactocentrique de 8 kpc). Le milieu froid, CNM, est distribué en structures discrètes : les nuages froids diffus. Le milieu tiède, WNM, est observé dans pratiquement toutes les lignes de visée.
Ces deux phases, CNM et WNM, sont supposées être en équilibre de pression avec les deux phases plus chaudes : WIM (*Warm Ionized Medium = milieu chaud ionisé*) et le *milieu très chaud hautement ionisé* (HIM : *Hot Intercloud*

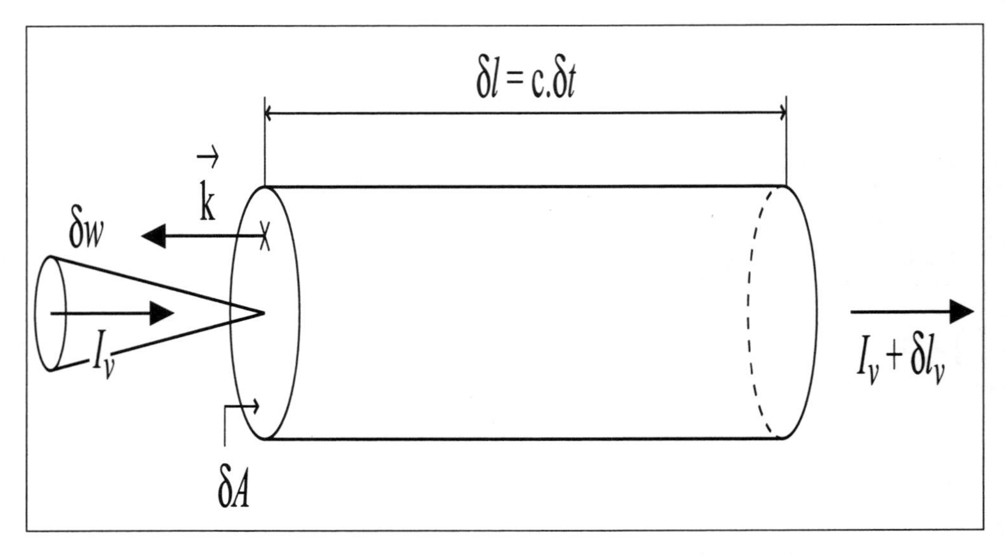

Fig. 9.1- *Transfert du rayonnement à travers une colonne de gaz*

Medium) contenant seulement des ions. On ne sait pas si l'espace interstellaire est occupé majoritairement par les composantes ionisés ou les composantes atomiques. On ne connaît pas non plus la relation entre le milieu froid, CNM et le milieu neutre tiède, WNM, ni la topologie de ces deux phases.
Dans la première partie, nous établissons d'abord l'équation de transfert du rayonnement dans le milieu interstellaire diffus. Nous l'appliquons au paragraphe 8.3 à la raie à 21 cm de l'hydrogène neutre dont nous discutons les principales applications physiques (détermination de températures et de colonnes densités des nuages, séparation des nuages de différentes vitesses). Les autres raies d'absorption du milieu interstellaire diffus apparaissant dans les domaines spectraux ultraviolet et visible sont décrites dans le paragraphe 8.4. La composition chimique et la physique du MIS diffus, l'équilibre thermique des nuages et la détermination de la densité électronique et du champ magnétique moyen dans ces nuages font l'objet des paragraphes 8.5, 8.6 et 8.7. La nature du gaz interstellaire très chaud est étudiée dans le paragraphe 8.8.

9.2 Transfert du rayonnement

Comme nous l'avons fait pour les grains au chapitre précédent, nous cherchons à déterminer la variation d'énergie de la lumière lorsqu'elle traverse une colonne de gaz du MIS diffus de longueur δl et de section δA (figure 9.1).

Pour simplifier, nous supposerons que tous les photons incidents se déplacent perpendiculairement à la surface δA. Alors, l'énergie des photons incidents qui traversent la surface δA pendant δt dont les fréquences sont comprises entre $\nu - \frac{\delta\nu}{2}$ et $\nu + \frac{\delta\nu}{2}$ et dont les directions sont dans l'angle $\delta\omega$ autour du vecteur

$\vec{k}$ normal à la surface δA s'écrit :

$$E_\nu = I_\nu \delta\nu \delta\omega \delta A \delta t$$

Dans la colonne, une partie de l'énergie lumineuse est absorbée par la matière mais celle dernière peut aussi émettre du rayonnement. Ici interviennent les coefficients d'absorption, κ_ν, et d'émission, j_ν de la matière définis précédemment :

- l'énergie absorbée par la matière est $\kappa_\nu I_\nu \delta V \delta\nu \delta\omega \delta t$ où $\delta V = \delta A c \delta t$ est le volume du cylindre
- l'énergie émise par la matière dans le volume δV est : $j_\nu \delta V \delta\nu \delta\omega \delta t$

En choisissant la longueur du cylindre égale à $\delta l = c\delta t$, les photons qui traversent δA pendant δt sont ceux qui se trouvaient dans le cylindre. Leur variation d'énergie, ΔE_ν, est la somme de l'énergie absorbée et de l'énergie émise sur la longueur $c\delta t$ A cette variation d' énergie correspond une variation d'intensité ΔI_ν qui vérifie :

$$\Delta E_\nu = \Delta I_\nu \delta\nu \delta\omega \delta A \delta t \tag{9.1}$$

On a donc :

$$\Delta I_\nu \delta\nu \delta\omega \delta A \delta t = \kappa_\nu I_\nu \delta V \delta\nu \delta\omega \delta t + j_\nu \delta V \delta\nu \delta\omega \delta t \tag{9.2}$$

soit :

$$\delta I_\nu \delta A = -\kappa_\nu I_\nu \delta l \delta A + j_\nu \delta l \delta A \tag{9.3}$$

et on obtient finalement l'équation de transfert :

$$\frac{\partial I_\nu}{\partial s} = -\kappa_\nu I_\nu + j_\nu \tag{9.4}$$

Dans notre Galaxie, les nuages du milieu diffus sont généralement éclairés par une source se trouvant derrière eux à une distance d (le fond cosmique ou des radio sources galactiques ou extragalactiques). Dans la modélisation de l'interaction de la lumière de la source par le nuage, on introduit les notations et grandeurs suivantes (figure 9.2) :

- la profondeur géométrique dans le nuage, notée l, qui croit de 0 au niveau de la source jusqu'à d à l'observateur
- la profondeur optique τ_ν^1 correspondant à une distance arbitraire l dans le nuage et qui vérifie $\delta\tau_\nu^1 = \kappa_\nu \delta l$ (la profondeur optique correspondant à la longueur entière du nuage est notée τ_ν)
- l'intensité, I_ν^0, émise par une source située derrière le nuage interstellaire

En divisant par κ_ν, l'équation de transfert devient :

$$\frac{\partial I_\nu}{\partial \tau_\nu} = -I_\nu + \frac{j_\nu}{\kappa_\nu} \tag{9.5}$$

soit :

$$\frac{\partial I_\nu}{\partial \tau_\nu} + I_\nu = \frac{j_\nu}{\kappa_\nu} \tag{9.6}$$

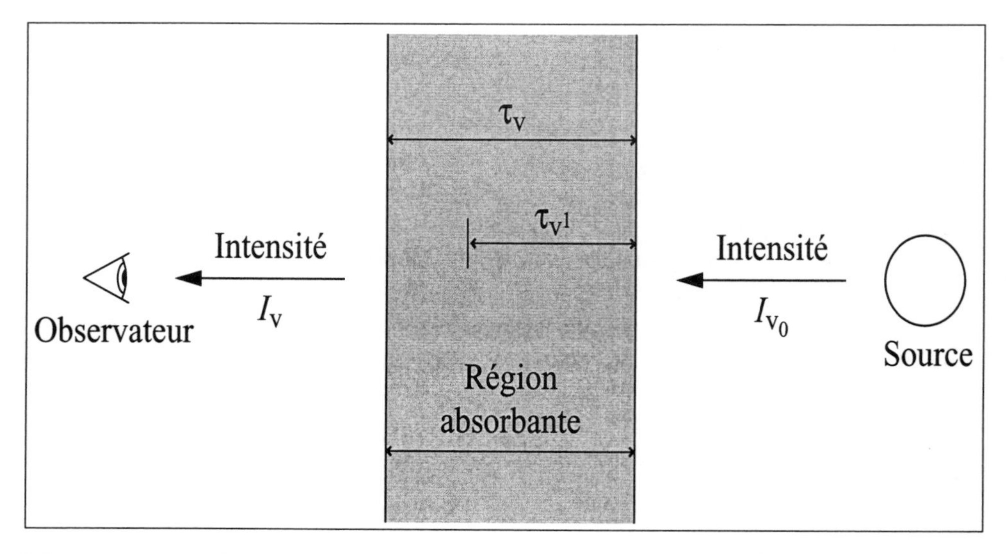

Fig. 9.2- *Transfert du rayonnement à travers un nuage diffus placé devant une source*

Il s'agit d'une équation différentielle linéaire avec second membre où la fonction recherchée est $I_\nu(\tau_\nu)$. Le second membre, $\frac{j_\nu}{\kappa_\nu}$, porte le nom de *fonction source* notée S_ν. La solution de cette équation différentielle est la somme de la solution de l'équation homogène et d'une solution particulière (que l'on peut obtenir par la méthode de la variation de la constante). Il est conseillé au lecteur de vérifier que la solution de cette équation différentielle est de la forme :

$$I_\nu = I_\nu^0 \exp(-\tau_\nu) + \int_0^{\tau_\nu} \frac{j_\nu}{\kappa_\nu} \exp(\tau_{\nu^1} - \tau_\nu)\, d\tau_\nu^1 \tag{9.7}$$

où j_ν et κ_ν peuvent varier avec τ_ν. A l'équilibre thermodynamique, l'émission est contrôlée uniquement par la température de la matière et la loi de Kirchoff s'applique :

$$j_\nu = \kappa_\nu B_\nu(T) \tag{9.8}$$

où $B_\nu(T)$ est la fonction de Planck et T est la température cinétique du gaz. L' équation précédente devient alors :

$$I_\nu = I_\nu^0 \exp(-\tau_\nu) + \int_0^{\tau_\nu} B_\nu(T) \exp(\tau_{\nu^1} - \tau_\nu)\, d\tau_\nu^1 \tag{9.9}$$

Si on fait de plus l'hypothèse que la température est constante à l'intérieur du nuage, il vient :

$$I_\nu = I_\nu^0 \exp(-\tau_\nu) + B_\nu(T)(1 - \exp(-\tau_\nu)) \tag{9.10}$$

En radioastronomie, on définit la *température de brillance*, notée T_b, comme étant la température pour laquelle $B_\nu(T_b) = I_\nu$.

De plus, si $\frac{h\nu}{kT} \ll 1$ ce qui est souvent la cas aux longueurs d'onde radio, on est dans l'approximation de Rayleigh-Jeans :

$$B_\nu(T) = \frac{2\nu^2 kT}{c^2} \tag{9.11}$$

. Si on définit T_b^0, la température de brillance au niveau de la source, telle que $B_\nu(T_b^0) = I_\nu^0$, il vient :

$$B_\nu(T_b) = B_\nu(T_b^0)\exp(-\tau_\nu) + B_\nu(T)(1 - \exp(-\tau_\nu)) \tag{9.12}$$

soit :

$$\frac{2\nu^2 kT_b}{c^2} = \frac{2\nu^2 kT_b^0}{c^2}\exp(-\tau_\nu) + \frac{2\nu^2 kT}{c^2}(1 - \exp(-\tau_\nu)) \tag{9.13}$$

c'est à dire finalement :

$$T_b = T_b^0 \exp(-\tau_\nu) + T(1 - \exp(-\tau_\nu)) \tag{9.14}$$

où T est la température cinétique du gaz dans le nuage que nous souhaitons déterminer. Cette température définit les populations des niveaux atomiques impliqués. Remarquons que T_b devrait être notée $T_{b\nu}$ puisqu'elle dépend de la fréquence en général. La température de brillance n'est pas en général une température thermodynamique à la différence de T.

9.3 La raie à 21 cm de l'hydrogène neutre

Les ondes radio peuvent exciter des transitions atomiques ou moléculaires qui apparaissent en émission ou en absorption : ceci dépend de la nature de la source radio et de celle du gaz interstellaire situé devant la source dans la ligne de visée. La raie radio la plus importante du gaz interstellaire est celle de l'hydrogène interstellaire à la longueur d'onde de 21 cm. Cette raie correspond à une transition hyperfine produite lorsque le spin de l'électron change de direction relativement au spin du noyau de l'hydrogène atomique. Le rapport des densités d'atomes, n_1 et n_0, dans les niveaux 1 et 0 est :

$$\frac{n_1}{n_0} = \frac{g_1}{g_0}\exp(-\frac{h\nu_0}{kT_s}) = 3\exp(-\frac{h\nu_0}{kT_s}) \tag{9.15}$$

où T_s est la température de spin de l'hydrogène et g_0 et g_1 les poids statistiques des deux niveaux atomiques. La densité de colonne, N, est reliée à la densité particulaire n par la relation : $N = \int n\, dl$.

9.3.1 Raie à 21 cm en émission

Dans ce cas, le rayonnement observé est dû uniquement à l'émission des atomes d'hydrogène sans contribution d'une source derrière le nuage ($I_\nu^0 = 0$), alors l'équation établie ci-dessus se réduit à :

$$T_b = T_s(1 - \exp(-\tau_\nu)) \tag{9.16}$$

où T_b est la température de brillance telle que l'intensité observée soit égale à $B_\nu(T_b)$.
Remarquons que dans le cas où $\tau_\nu \ll 1$, on a : $T_b \simeq T_s\tau_\nu$: c'est le cas optiquement fin où les photons émis spontanément quittent le nuage sans être absorbés. Dans ce cas, la densité de colonne N_H de l'hydrogène neutre dans la ligne de visée peut être obtenue à partir de l'intégrale $\int T_{b\nu}\, d\nu = \int T_s\tau_\nu\, d\nu = T_s \int \tau_\nu\, d\nu$. Par définition, la densité de colonne pour les atomes dans l'état s_1 est $N_1 = \int n_1\, dl$ et celle des atomes dans les états $S = 1$ et $S = 0$ est $N_H = \frac{4}{3}N_1$. En calculant τ, l'intégrale de τ_ν sur toutes les fréquences , on peut montrer que :

$$N_1 = \frac{8\pi\nu_0^2}{A_{10}c^2}(\frac{kT_s}{h\nu_0})\tau \tag{9.17}$$

et donc que :

$$N_H = \frac{32\pi kT_s\tau}{3A_{10}hc\lambda} = 2.76 \times 10^{14}T_s\tau_\nu = 2.76 \times 10^{14}T_b \tag{9.18}$$

où N_H est exprimée en cm^{-2}. En effet, remarquons d'abord que l'on a pour la transition hyperfine de l'hydrogène : $\frac{h\nu_0}{k} = 0.07$K. Pour les températures typiques du MIS diffus, on a donc : $\frac{h\nu_0}{kT_s} \ll 1$ et par suite :

$$\frac{N_1}{N_0} = 3 \tag{9.19}$$

à partir de l'équation sur les densités atomiques qui est aussi valable pour les densités de colonne. On en déduit que la densité de colonne totale en hydrogène vérifie : $N_H = N_1 + N_0 = \frac{4}{3}N_1$.
Cherchons maintenant la relation entre $N_1 = \int n_1\, dl$ et $\int T_s\, d\nu$. Pour cela, nous allons d'abord intégrer τ_ν sur toutes les fréquences. Posons $\tau = \int \tau_\nu\, d\nu$:

$$\tau = \int_0^\infty \tau_\nu\, d\nu = \int_0^\infty \int_o^L \kappa_\nu\, dl\, d\nu = \int d\nu \int_0^L \kappa_\nu\, dl$$

Il s'agit donc d'intégrer le coefficient d'absorption dans la raie, κ_ν, sur le milieu de profondeur totale L. Comme $\frac{h\nu_0}{kT_s} \ll 1$, on peut faire l'approximation de Rayleigh-Jeans et écrire :

$$\frac{j_\nu}{\kappa_\nu} = B_\nu(T_s) = \frac{2\nu^2 kT_s}{c^2} \tag{9.20}$$

D'autre part, on peut exprimer le coefficient d'émission j_ν. L'énergie émise lors de chaque transition $S = 1 \rightarrow S = 0$ par unité de temps et par unité de fréquence est égale à l'énergie émise dans la transition. C'est donc la quantité $h.\nu$ multipliée par la probabilité que le photon soit émis dans l'intervalle de fréquence ν et $\nu + \delta\nu$, par le taux de la transition (c'est-à-dire le coefficient d'Einstein A_{10}) et par le nombre d'atomes d'hydrogène dans l'état excité

$S = 1$. Par ailleurs, cette énergie est égale à $4\pi j_\nu$ par définition du coefficient d'émission. Il vient donc :

$$4\pi j_\nu = n_1 h\nu A_{10}\phi_\nu \tag{9.21}$$

Pour la transition à $\lambda_0 = 21$ cm, le coefficient d'Einstein vaut : $A_{10} = 2.8 \times 10^{-15}s$. La largeur naturelle de la transition est de l'ordre de A_{10} donc très faible. En l'absence de tout élargissement, ϕ_ν qui représente aussi le profil de la raie, peut s'écrire : $\phi_\nu = \delta(\nu-\nu_0)$. Après avoir remplacé j_ν par son expression en fonction de A_{10}, ϕ_ν, ν et h, on peut écrire :

$$\kappa_\nu = \frac{c^2 n_1 h A_{10}\delta(\nu - \nu_0)}{4\pi(2\nu k T_s)} \tag{9.22}$$

La profondeur optique τ est donc :

$$\tau = \frac{c^2 h A_{10}}{4\pi(2\nu k T_s)} \int_0^\infty \frac{\delta(\nu - \nu_0)}{\nu}\, d\nu \int_0^L n_1\, dl \tag{9.23}$$

d'où l'on déduit :

$$N_1 = \frac{8\pi k \nu_0}{c^2 h A_{10}} \int T_b\, d\nu \tag{9.24}$$

qui conduit à :

$$N_H = \frac{32\pi k}{3\lambda_0 c h A_{10}} \int T_{b\nu}\, d\nu = 3.95 \times 10^{14} \int T_{b\nu}\, d\nu \tag{9.25}$$

où N_H est exprimé en cm^{-2}.
Les raies en émission de l'hydrogène neutre ont été essentiellement utilisées pour cartographier la distribution de l'hydrogène neutre dans notre Galaxie. Ces raies sont en effet élargies par les mouvements à grande échelle du gaz dans la ligne de visée et surtout la rotation différentielle de la Galaxie.
Divisées par la distance (c'est-à-dire la longueur de la colonne), ces colonne densités peuvent être transformées en densités particulaires. On trouve que dans le voisinage du Soleil ($d < 300$ al), $n_H \simeq 0.1$ atome cm^{-3}, soit seulement un dixième de la valeur moyenne du disque galactique. Dans certaines régions, n_H est inférieure à $0.01\ \mathrm{cm}^{-3}$. Ces variations montrent que le gaz interstellaire est distribué de manière très irrégulière.

9.3.2 Raie à 21 cm en absorption

L'absorption est traitée en gardant le terme d'atténuation de la source $T_\nu^0 \exp(-\tau_\nu)$ dans l'équation de transfert. Il y a absorption lorsque la radio source située derrière le nuage est plus brillante que celui-ci. On a alors :

$$T_{b\nu} = T_0 \exp(-\tau_\nu) + T(1 - \exp(-\tau_\nu)) \tag{9.26}$$

où T_0 est la température de brillance de la source et T la température cinétique du gaz dans le nuage. Le premier terme de l'équation représente l'absorption du rayonnement de la source par le nuage et le second, l'émission du nuage lui-même. Si on fait la mesure de T_b à la fréquence ν_0 du centre de la raie, on obtient :

$$T_{b\nu_0} = T_0 \exp(-\tau_{\nu_0}) + T(1 - \exp(-\tau_{\nu_0})) \tag{9.27}$$

Le profil de la raie autour de la fréquence ν_0 peut être défini comme la différence $T_{b\nu} - T_{b\nu_0}$ en fonction de ν :

$$T_{b\nu} - T_{b\nu_0} = (\exp(-\tau_{\nu_0}) - \exp(-\tau_\nu))(T - T_0) \tag{9.28}$$

Le signe de $T_{b\nu} - T_{b\nu_0}$ détermine si la raie est en émission ou en absorption. Trois cas peuvent se présenter :

1) la source est plus brillante que la région émettrice : $T_0 > T$
2) la source est moins brillante que la région émettrice : $T_0 < T$
3) la source est absente (cas vu au paragraphe précédent)

Dans le premier cas, le signe de $T_{b\nu} - T_{b\nu_0}$ est l'opposé de celui de $(\exp(-\tau_{\nu_0}) - \exp(-\tau_\nu))$. Au centre de la raie, c'est-à-dire en $\nu = \nu_0$, le coefficient d'opacité est maximum : on a $\kappa_{\nu_0} \gg \kappa_\nu$. Pour un trajet de longueur l donnée et en supposant κ_ν constante sur le trajet, on aura donc : $\tau_\nu = \int_0^l \kappa_\nu \, \delta l \simeq \kappa_\nu l$, de même : $\tau_{\nu_0} \simeq \kappa_{\nu_0} l$. D'où l'on déduit que : $\tau_{\nu_0} \gg \tau_\nu$ et donc $\exp(-\tau_{\nu_0}) - \exp(-\tau_\nu) < 0$ et $T_{b\nu} - T_{b\nu_0} > 0$: la raie est vue en absorption (figure 9.3).
Dans le deuxième cas, $T_{b\nu} - T_{b\nu_0} < 0$: la raie est observée en émission.
Dans le troisième cas, où la source est absente ($T_0 = 0$), on a $T_{b\nu} - T_{b\nu_0} = T_s(\exp(-\tau_{\nu_0}) - \exp(-\tau_\nu)) < 0$. La raie est observée en émission, résultat que nous avions déjà établi au paragraphe précédent.

Des radiotélescopes ou des interféromètres sont utilisés pour mesurer les spectres en absorption de l'hydrogène neutre. On effectue une première mesure en direction de la source : c'est une mesure "spectre on" (figure 9.3). Le spectre normalisé au continuum, $T_{b\nu} - T_{b\nu_0}$ est alors :

$$\Delta T_{on} = (T_s - T_0)(1 - \exp(-\tau)) \tag{9.29}$$

puis on décale légèrement le radio télescope pour prendre un 'spectre off' à coté de la source :

$$\Delta T_{off} = T_s(1 - \exp(-\tau)) \tag{9.30}$$

En pratique, ce "spectre off" est une succession de plusieurs spectres pris en croix ou en hexagone autour de la source. En faisant l'hypothèse que les propriétes du nuage (structure, profondeur optique) sont les mêmes dans les deux spectres, on en déduit la profondeur optique :

$$\exp(-\tau) = 1 + \frac{\Delta T_{on} - \Delta T_{off}}{T_0} \tag{9.31}$$

Les données en absorption sont très utiles pour séparer l'hydrogène froid du CNM de celui plus chaud du WNM.

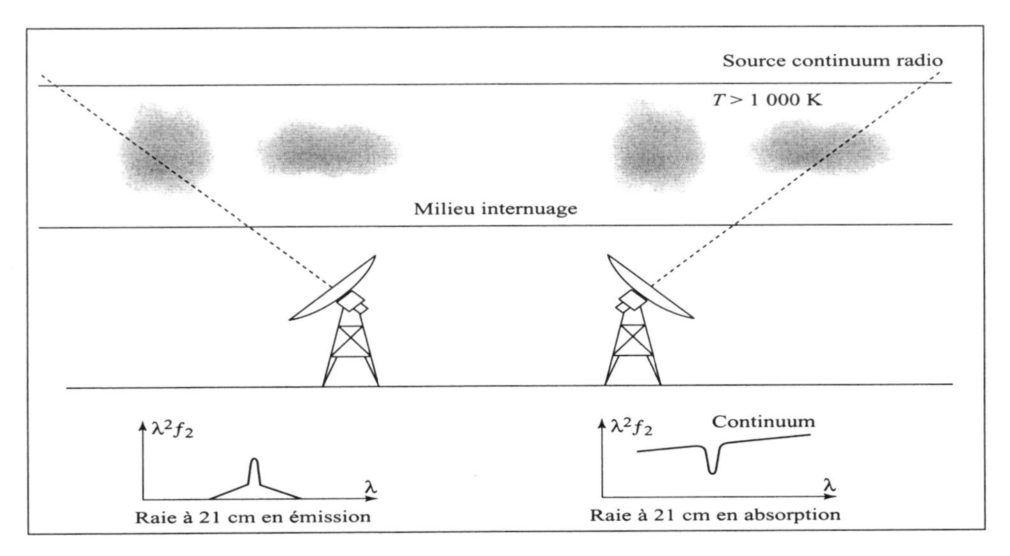

Fig. 9.3- *Raie de H I à 21 cm en émission et en absorption*

Dans le cas où le gaz est optiquement épais ($\tau \gg 1$), $T_b \simeq T$ ce qui permet de déterminer la température du gaz. Cette situation est vérifiée dans la direction du centre galactique. La raie à 21 cm est particulièrement fine et intense dans cette direction car l'élargissement dû à la rotation galactique différentielle est nulle. L'analyse de ces observations conduit à une température du gaz neutre voisine de 100 K.
Notons que les raies ultraviolettes de l'hydrogène moléculaire présent dans les nuages neutres conduisent à une température moyenne de 80 K confirmant les mesures avec la raie à 21 cm.

9.4 Raies d'absorption interstellaires dans le visible et l'ultraviolet

Dès le début du siècle, des raies d'absorption très fines d'origine interstellaire ont été observées dans les spectres optiques de nombreuses étoiles. Dans le domaine visible, ces raies sont peu nombreuses et sont dûes à quelques atomes (Li, Na, Ca, K, Fe), quelques ions (Ca^+, Ti^+) et quelques molécules (CN, CH, CH^+, C_2 et NH). Le spectre ultraviolet des étoiles chaudes est beaucoup plus riche en raies interstellaires, en particulier dans l'ultraviolet lointain entre 912 Å et 1300 Å comme l'ont révélé les observations faites à l'aide de spectrographes placés derrière les télescopes à bord des satellites Copernicus et IUE (International Ultraviolet Explorer) et HST (Hubble Space Telescope). Le principe de la formation des raies interstellaires dans la ligne de visée d'une

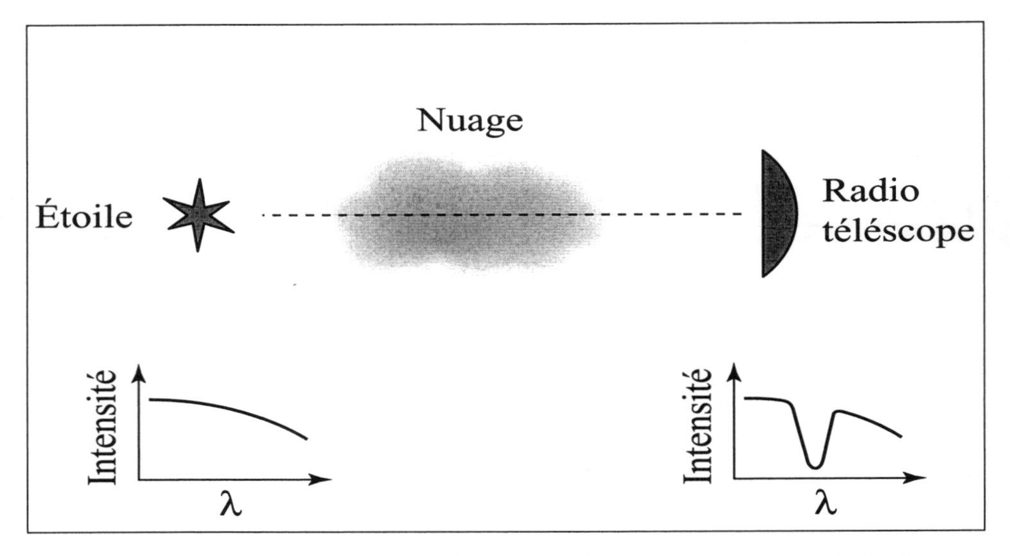

Fig. 9.4- *Formation des raies interstellaires dans la ligne de visée d'une étoile chaude*

étoile chaude en rotation rapide (de façon à ce que les raies photosphériques soient très peu intenses) est illustrée dans la figure 9.4.

Un grand nombre de raies atomiques et moléculaires ont détectées avec le Goddard High Resolution Spectrograph (GHRS) à bord de HST. On notera en particulier la détection d'isotopes rares (deutérium) et d'atomes d'abondances cosmiques faibles comme B, Ga, Ge, As, Se, Kr, Sn, Te, Tl et Pb. La détermination des abondances de ces éléments nous renseigne sur l'enrichissement du gaz interstellaire en éléments lourds produits lors des processus de capture lente et rapide de neutrons. L'abondance du deutérium peut être mesurée seulement à partir des raies interstellaires car cet élément est détruit dans les intérieurs stellaires. Sa connaissance permet de placer des contraintes sur la nucléosynthèse primordiale ayant lieu au cours du Big Bang. Le GHRS a aussi permis de rechercher des molécules interstellaires qui nous renseignent sur les processus chimiques dans le MIS. La molécule CO, abondante dans le MIS est utile pour déterminer des rapports d'abondances isotopiques. D'autres molécules ou ions moléculaires comme CH_2, CO^+, N_2, CN^-, NO , NO^-, H_2O, MgH^+, SiO et CS ont des raies dans le domaine spectral du GHRS mais n'ont pas encore été détectées. La raie la plus remarquable est la raie Lyman α de l'hydrogène atomique et on observe aussi des raies dûes aux atomes les plus abondants ainsi qu'à certaines molécules : H_2, CO, OH , C_2. La figure 9.5 et la figure 9.6 montrent les raies interstellaires de Ly α, Ly γ et celles de Si III, N V, OI, C III et N III dans la ligne de visée de l'étoile ζ Puppis. Ces raies sont toujours des raies de résonance : elles correspondent à des transitions à partir du niveau le plus bas vers un niveau plus élevé. En effet, en raison des températures très peu élevées régnant dans le milieu interstellaire neutre,

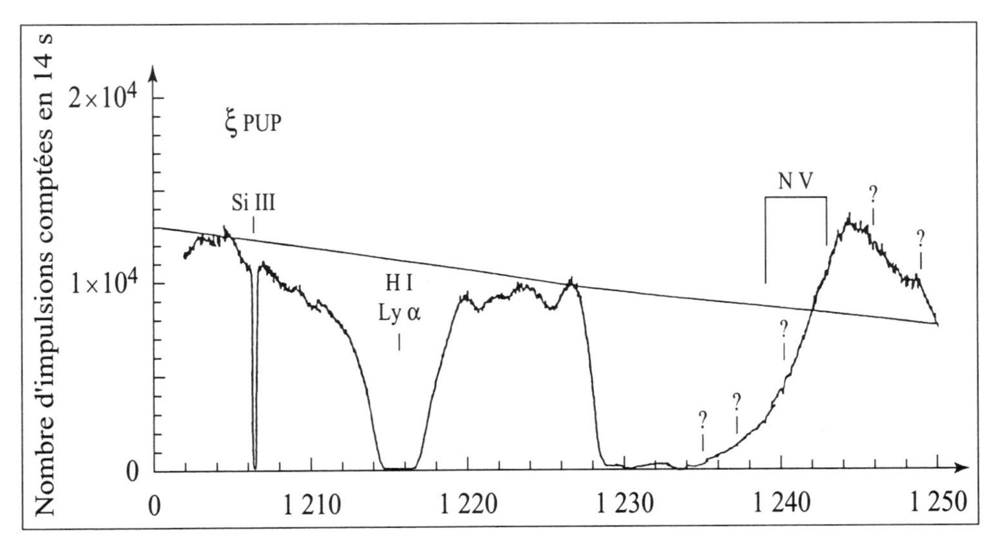

Fig. 9.5- *Spectre Copernicus montrant les raies interstellaires Ly α, de SiIII et NV dans la ligne de visée de ζ Ophiuchi (d'après Spitzer & Jenkins [159])*

seuls les niveaux les plus bas sont peuplés de manière significative. Les raies interstellaires peuvent être différenciées des raies stellaires par trois critères :

- leur largeur très étroites dûes à la densité et à la pression très basses (pas d'élargissement collisionnel)
- leur intensité augmente avec la distance des étoiles de fond et avec l'extinction interstellaire
- leur décalage Doppler est différent de celui des raies de l'étoile de fond. En particulier, si cette dernière est un système binaire spectroscopique, les raies interstellaires ne participent au déplacement périodique des raies stellaires

Les raies interstellaires n'ont pu être observées à grande résolution spectrale que dans la direction d'étoiles chaudes brillantes et donc proches : ces mesures ont été limitées à des distances inférieures à 1 kiloparsec. A résolution moyenne, des étoiles plus faibles peuvent être observées permettant d'atteindre des distances plus grandes dans notre Galaxie voire même les Nuages de Magellan, galaxies satellites de la nôtre. Ces observations sont essentielles à la compréhension de la physique du milieu interstellaire neutre et de sa composition.

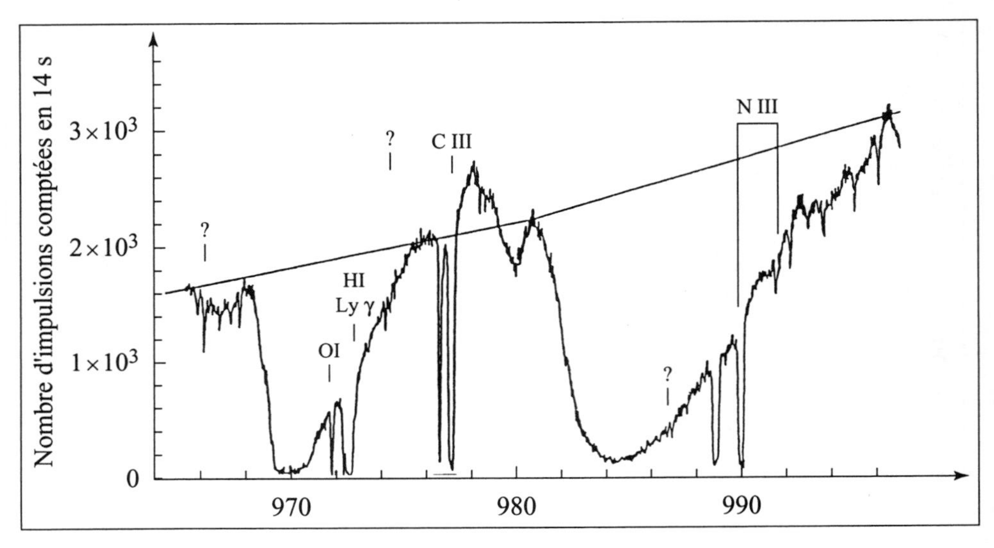

Fig. 9.6- *Spectre Copernicus montrant les raies interstellaires Ly γ, de OI et $CIII$ et $NIII$ dans la ligne de visée de ζ Ophiuchi (d'après Spitzer & Jenkins [159])*

9.5 Composition et physique des nuages interstellaires diffus

9.5.1 Composition du milieu interstellaire diffus

Un des buts de l'étude des raies interstellaires a été de déterminer la composition chimique du MIS diffus. On observe que beaucoup d'éléments chimiques sont moins abondants que dans le Soleil ou notre système solaire. Les abondances mesurées dans le MIS actuel reflètent la composition chimique contemporaine du disque galactique. A cause de l'évolution chimique lente du disque galactique, on s'attend à ce qu'elles diffèrent seulement légèrement de celles observées dans notre système solaire qui n'ont pas changé depuis la formation de celui-ci, il y a 4.6×10^9 ans.
Ce n'est pas ce que nous observons : *la composition chimique du gaz neutre du MIS diffère beaucoup de celle du système solaire*. Certains éléments chimiques y sont déficients d'un facteur atteignant 100 comparativement au système solaire. On observe que les éléments les plus déficients (Ca, Al, Fe, Si...) sont les éléments réfractaires ayant les températures de condensation les plus élevées (températures à laquelle l'élément chimique passe en phase solide) et forment facilement des silicates qui sont des composantes importantes des grains. Par contre, C, N et O qui sont les éléments les plus abondants après l'hydrogène et l'hélium sont peu déficients. On a proposé que les éléments les plus réfractaires se trouvent sur les grains interstellaires et non pas dans la phase gazeuse où se forment les raies interstellaires. Ceci explique que les mesures d'abondances

des éléments réfractaires conduisent à des déficiences prononcées par rapport à la composition du gaz solaire.
Le *facteur d'appauvrissement* est défini comme étant le rapport de l'abondance de l'élément X relative à celle de l'hydrogène dans le milieu interstellaire à celle du même élément dans le système solaire :

$$\delta = \frac{[\frac{N(X)}{N(H_{tot})}]_{mis}}{[\frac{N(X)}{N(H_{tot})}]_{sol}} \tag{9.32}$$

Si l'élément chimique n'est pas appauvri dans la ligne de visée : $\delta = 1$. $N(H_{tot})$ représente l'abondance totale en hydrogène sous forme atomique et moléculaire :

$$N(H_{tot}) = N(H) + 2N(H_2) \tag{9.33}$$

Dans les nuages interstellaires, l'hydrogène moléculaire se trouve dans les deux niveaux rotationnels les plus bas ($J = 0$ et 1) et $\frac{N(H_2)}{N(H)} \simeq 1\%$ (Savage et al [142]). Notons que nous devrions logiquement comparer les abondances relatives du MIS contemporain à celles du gaz des étoiles de population I récemment formées. Mais il n'existe pas suffisamment de détermination des abondances des étoiles jeunes aussi on utilise les abondances du système solaire comme références à défaut de mieux.

9.5.2 Détermination des densités de colonne

Les densités de colonne des éléments plus lourds que l'hydrogène sont évaluées à partir des largeurs équivalentes des raies d'absorption ultraviolettes de ces éléments par la technique de la courbe de croissance.
Pour comprendre cette technique, il est nécessaire de définir le concept de largeur équivalente. Considérons une raie interstellaire en absorption comme celle représentée sur la figure 9.7. Il est possible de calculer le flux absorbé dans la raie après avoir normalisé le spectre à un continuum local. Ce flux absorbé est simplement l'aire hachurée sur la figure et on note habituellement cette aire W. Comme le flux normalisé au continuum r, n'a pas d'unité, W a l'unité d'une longueur d'onde (en abscisse).

Il est utile de se représenter W comme la largeur du rectangle grisé sur la figure 9.7. Ce rectangle a été tracé de manière à avoir exactement la même surface que la région hachurée : comme sa hauteur vaut 1, sa largeur doit être égale à W. Pour cette raison, W porte le nom de *largeur équivalente* : c'est la largeur du rectangle dont l'aire est égale à celle absorbée dans la raie en absorption.
On peut comprendre intuitivement que l'aire absorbée dans la raie dépend de la densité de colonne N de l'atome absorbant. On s'attend à ce que plus le nombre d'atomes augmente dans la ligne de visée, plus l'absorption augmente. En fait, la réponse de W à une augmentation de N n'est pas linéaire mais assez

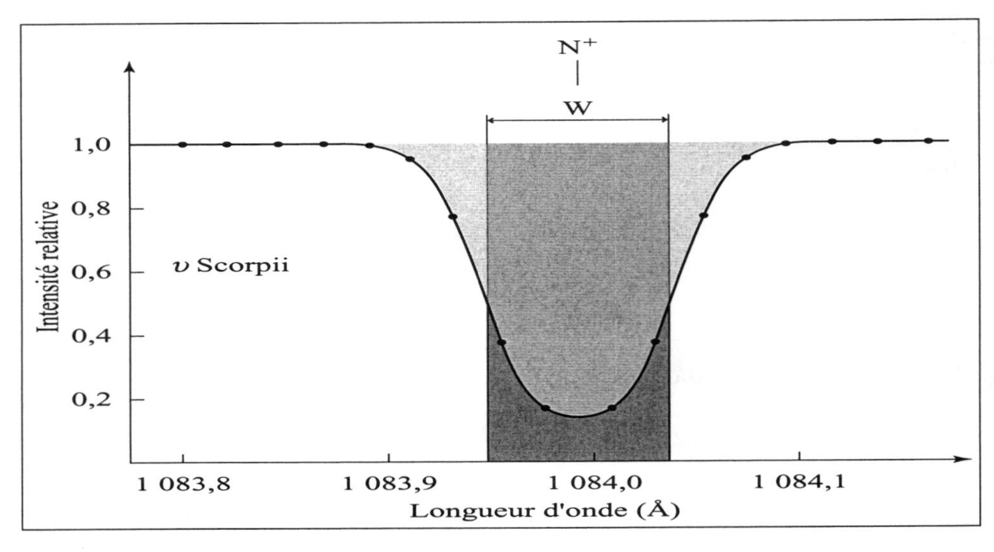

Fig. 9.7- *Définition de la largeur équivalente W. La raie représentée est due à l'ion N^+ dans la ligne de visée de l'étoile υ Scorpii. Le rectangle en gris a un flux résiduel $r = 0$ et sa largeur est W. L'aire de ce triangle est égale à l'aire absorbée dans la raie d'absorption*

compliquée. *On appelle courbe de croissance la représentation graphique de la relation entre W et N* (le nom se justifie par le fait que W croît effectivement lorsque N augmente).
Pour nous familiariser avec la courbe de croissance, considérons une raie en absorption idéale centrée à la longueur d'onde $\lambda_0 = 1200$ Å. Les atomes produisant cette raie sont animés de vitesses radiales dont la dispersion est 25 km.s^{-1}. Par effet Doppler, ces mouvements atomiques conduisent à une largeur de raie voisine de 0.1 Å. Nous supposerons pour simplifier que toutes les vitesses sont également probables. Dans ce cas, l'absorption est partout la même dans la raie ce qui conduit à un profil rectangulaire représenté dans la figure 9.8.

Le profil le plus haut, pour lequel le flux résiduel vaut $r = 0.90$, correspond à une densité de colonne $N_0 = 10^{13}$ cm^{-2}. Les autres profils de flux résiduels plus petits correspondent aux densités de colonne $2N_0$, $4N_0$ jusqu'à $32N_0$. Dans la partie inférieure de la figure 9.9, on a tracé la courbe de croissance de cette raie idéale, c'est-à-dire on a reporté les aires absorbées W en fonction de N. Il est instructif d'établir la dépendance de r en fonction de N et d'en déduire celle de W en fonction de N. Pour la valeur $N = N_0$, le flux résiduel vaut 0.90 ce qui veut dire que $\frac{9}{10}$ des photons incidents sur le nuage nous parviennent effectivement après avoir traversé le nuage. Lorsque N est doublé, tout se passe comme si on avait placé un deuxième nuage devant le précédent. Si $\frac{9}{10}$ des photons initiaux traversent le premier nuage, alors $\frac{9}{10}$ de ces photons

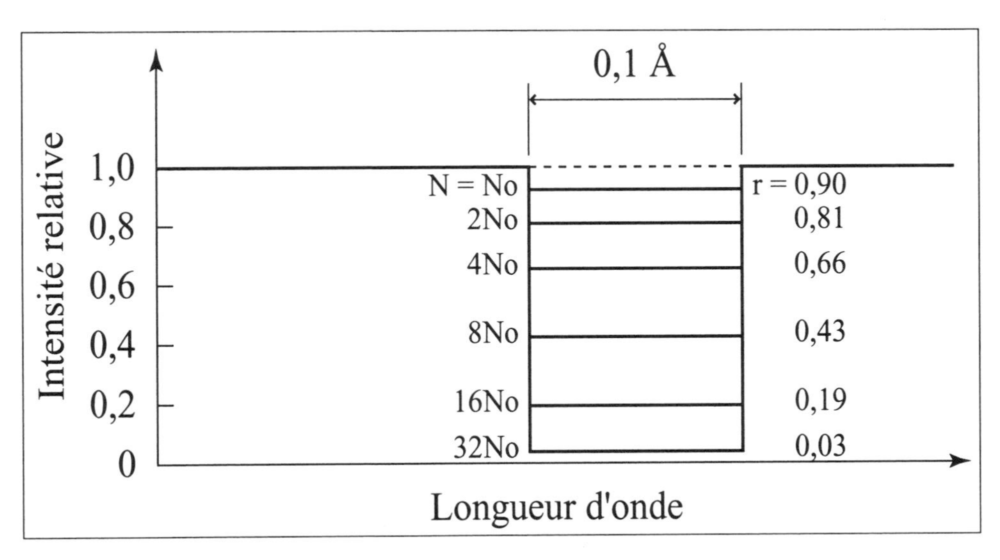

Fig. 9.8- *Courbe de croissance idéale. Cette figure montre les profils rectangulaires de flux résiduel r et de largeur w calculés pour des densités de colonne N successivement multipliées par 2.*

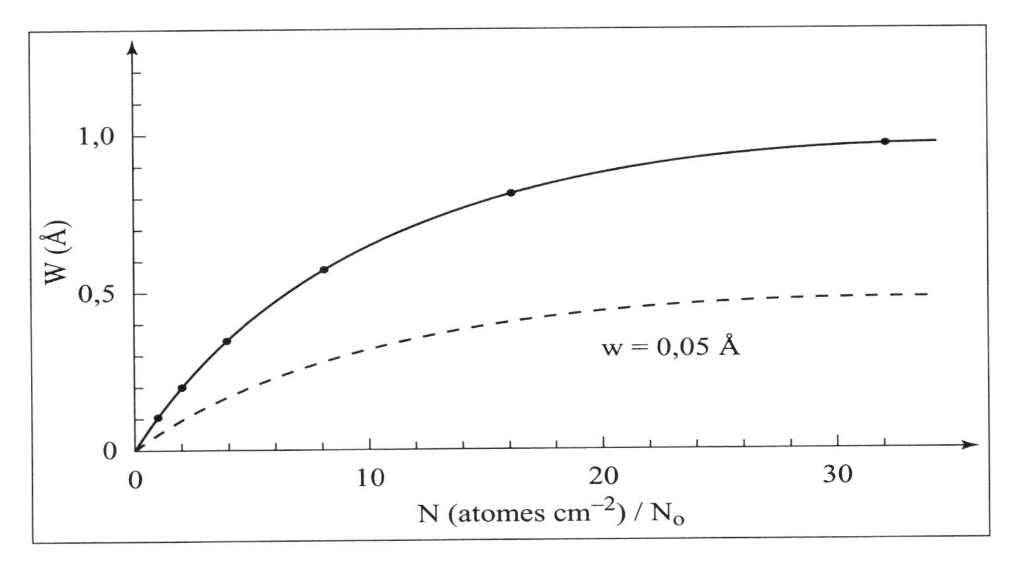

Fig. 9.9- *Courbe de croissance idéale. Cette figure montre la courbe de croissance elle-même obtenue en traçant l'aire absorbée dans chaque profil, W, en fonction de* $\frac{N}{N_0}$

sortiront du nuage soit $\frac{9}{10} \times \frac{9}{10} = \frac{81}{100}$ des photons initiaux. On voit que chaque fois que N est doublé, le flux résiduel est élevé au carré ce qui peut s'exprimer sous la forme :

$$r = (0.90)^{\frac{N}{N_0}} = \exp(-0.1\frac{N}{N_o}) \tag{9.34}$$

L'aire de flux absorbé est :

$$W = w(1 - r) = w(1 - \exp(-0.1\frac{N}{N_o})) \tag{9.35}$$

où w est la largeur de la raie. On voit que lorsque $N \rightarrow \infty$, W tend vers une valeur limite égale à w.
L'inspection de la figure 9.9 montre que la courbe de croissance de cette raie idéale comprend deux régimes distincts :

- lorsque $W \ll w$ (ce qui correspond à $r >> 0.2$), l'aire absorbée dans la raie varie pratiquement proportionnellement à N. Ce régime porte le nom de *partie linéaire de la courbe de croissance.* Dans ce cas, une mesure précise de W permet de déterminer N avec précision. Les raies correspondantes sont des raies faibles.
- lorsque W approche de la valeur limite w ($r < 0.2$), la valeur de W nous renseigne sur la largeur de la raie w mais peu sur N. En effet, la largeur équivalente W n'est alors plus sensible à une augmentation de N. Les raies correspondantes sont dites saturées.

On voit que l'on a intérêt autant que possible de mesurer des raies faibles sur la partie linéaire de la courbe de croissance pour déterminer N.
Nous allons maintenant étudier un modèle correct de la relation entre la largeur équivalente et la densité de colonne. Ce modèle s'applique à des éléments plus lourds que l'hydrogène. Les densités de colonne de l'hydrogène atomique sont déduites par une autre technique. On ajuste les ailes des raies Lyman à des modèles (même si la raie est saturée, les ailes sont sensibles à l'abondance de l'hydrogène). Elles peuvent aussi être déduites de données des raies d'émission à 21 cm. Pour obtenir des densités de colonne précises, il est souhaitable d'utiliser des raies d'absorption faibles non saturées ou des raies très fortes ayant des ailes montrant un amortissement radiatif.
Dans le premier cas des raies faibles, $\tau(\lambda) \ll 1$ et la densité de colonne, N, est reliée à la largeur équivalente, W_λ, (qui mesure la quantité d'énergie soustraite par l'absorption) par la relation :

$$N = 1.13 \times 10^{17} \frac{W_\lambda}{f \lambda_0^2} \tag{9.36}$$

où N est en cm^{-2}, W_λ en milliÅ ,λ_0, longueur d'onde centrale au repos de la raie est en Å et f est la force d'oscillateur de la transition. Dans le cas du milieu interstellaire, elle peut être démontrée simplement en écrivant l'intensité, I_ν, sortant d'un nuage de profondeur optique τ_ν où la température d'excitation est T_{ex} en fonction de l'intensité incidente sur le nuage, I_0, et de la fonction source, $S(T_{ex})$, du nuage. Sur le petit intervalle de longueur d'onde couvert par la raie, la fonction source varie peu et on écrira : $S_\nu = S$. De l'équation 9.12, on déduit que :

$$I_\nu = I_0 \exp(-\tau_\nu) + S(1 - \exp(-\tau_\nu)) \tag{9.37}$$

La largeur équivalente mesurée sur le spectre est par définition :

$$W_\nu = \int (1 - \frac{I_\nu}{I_0})\, d\nu = (1 - \frac{S}{I_0}) \int (1 - \exp(-\tau_\nu))\, d\nu \tag{9.38}$$

ce qui se réécrit en remplaçant ν par λ :

$$W_\lambda = (1 - \frac{S}{I_0}) \int (1 - \exp(-\tau_\lambda))\, d\lambda \tag{9.39}$$

Dans la plupart des cas, $S \ll I_0$ et :

$$W_\lambda \simeq \int (1 - \exp(-\tau_\lambda))\, d\lambda \tag{9.40}$$

La profondeur optique, τ_λ, s'exprime :

$$\tau(\lambda) = \frac{\pi e^2}{m_e c^2} f_{mn} \phi(\lambda) \lambda_0^2 N_m \tag{9.41}$$

où λ_0 est la longueur d'onde du centre de la raie, N_m, la densité de colonne pour les atomes dans le niveau de départ m, $\phi(\lambda)$, le profil de la raie et f_{mn}, la force d'oscillateur de la transition peut être calculée à partir du coefficient d'Einstein de la transition par la relation :

$$f_{mn} = \frac{m_e c}{8\pi^2 \nu_{mn}^2} A_{nm} \frac{g_n}{g_m} \tag{9.42}$$

ou g_m, g_n et $\nu_{nm} = \nu_0 = \frac{c}{\lambda_0}$ désignent les dégénérescences des niveaux m et n et la fréquence de la transition. La quantité f_{mn} peut aussi provenir d'une mesure de laboratoire.

Aux basses densités du gaz interstellaire, le profil de la raie, $\phi(\lambda)$, d'un nuage individuel est la convolution de deux profils. Le premier est un profil naturel de la raie de largeur $\Delta\lambda_{nat} = (\frac{\lambda_0^2}{2\pi c})\gamma_r$ où γ_r est la constante d'amortissement. Le second est un profil gaussien d'élargissement Doppler correspondant à une distribution Maxwellienne des vitesses et de largeur $\Delta\lambda_{dop} = \frac{\lambda_0}{c}\Delta v_r$ où Δv_r est la dispersion des composantes des vitesses des atomes dans la ligne de visée. Une telle distribution est de la forme :

$$\psi_{Dop}(\lambda) = (\Delta\lambda_D \sqrt{\pi})^{-1} \exp[-(\frac{\Delta\lambda}{\Delta\lambda_{Dop}})^2]$$

où $\Delta\lambda = \lambda - \lambda_0$. Les vitesses des atomes peuvent être d'origine thermique ou aussi associées à des mouvements macroscopiques. La courbe de croissance est

la relation entre W_λ et N_m. Cette relation est en général tracée sous forme d'une famille de courbes pour différentes valeurs de $\Delta\lambda_{dop}$. On trace en général $\log(\frac{W_\lambda}{\lambda_0})$ en fonction de $\log(N_m f_{mn}\lambda_0)$ pour différentes valeurs de $\Delta\lambda_{dop}$.
Trois régimes peuvent être distinguées dans courbe de croissance :
1) *les raies faibles* pour lesquelles $\tau_\lambda \ll 1$ même au centre de la raie. On a alors $1 - \exp(-\tau_\lambda) \simeq \tau_\lambda$ et donc :

$$\frac{W_\lambda}{\lambda_0} = \frac{\pi e^2}{m_e c^2} N_m f_{mn} \lambda_0 \tag{9.43}$$

C'est la portion linéaire de la courbe de croissance indépendante de $\Delta\lambda_{dop}$.
2) *les raies modérément intenses* : $\tau_\lambda > 1$ au centre de la raie mais $\tau_\lambda \ll 1$ dans les ailes à $\Delta\lambda \geq 3\Delta\lambda_{dop}$. Le profil de la raie est gaussien, il n'y a pas d'effet d'amortissement dans les ailes : $\phi(\lambda) = \phi_{dop}(\lambda)$. On a alors :

$$\frac{W_\lambda}{\lambda_0} = \frac{\Delta\lambda_{dop}}{\lambda_0} 2 \int_0^\infty (1 - \exp(-\tau_o e^{-x^2}))\, dx \tag{9.44}$$

où τ_0 la profondeur optique au centre de la raie vérifie :

$$\tau_0 = \frac{\sqrt{\pi} e^2}{m_e c^2} \lambda_0^2 \frac{N_m f_{mn}}{\Delta\lambda_{dop}} \tag{9.45}$$

3) *les raies très intenses* : dans ce cas, l'intensité au centre de la raie est $I_\lambda \simeq 0$. Ce sont les ailes de la raie qui sont sensibles à l'abondance. Pour $|\Delta\lambda| = |\lambda - \lambda_0| \ll \Delta\lambda_{nat}$, $I_\lambda = 0$ et pour $|\Delta\lambda| \gg \Delta\lambda_{nat}$, $\phi(\lambda) \simeq \phi_{nat}(\lambda) \simeq \frac{\Delta\lambda_{nat}}{\pi} \frac{1}{(\lambda - \lambda_0)^2}$. On trouve alors que la largeur équivalente est proportionnelle à la racine carrée de la colonne densité :

$$\frac{W_\lambda}{\lambda_0} = \frac{\lambda_0}{c} (\frac{e^2}{m_2 c})^{\frac{1}{2}} (N_m f_{mn} \gamma_{rad})^{\frac{1}{2}} \tag{9.46}$$

où γ_{rad} est la constante d'amortissement pour chaque raie.
En pratique, la courbe de croissance observée est construite à partir des largeurs équivalentes de raies d'absorption vérifiant les critères suivants :

- elles correspondent à des transitions issues du niveau fondamental vers différents niveaux excités.
- ces transitions ont des forces d'oscillateur, f, différentes. Les transitions les plus probables sont celles vers les niveaux excités les moins élevés.
- elles ne sont pas trop séparées en longueur d'onde

La grande majorité des raies vérifie le régime 2). Pour déterminer les colonnes densité, un ensemble de courbes de croissances théoriques, représentant la relation entre $\log(\frac{W}{\lambda_0})$ et $\log(Nf\lambda)$ sont calculées pour différentes colonne densités

[1] l'expression complète de ϕ_{nat} est une lorentzienne et vérifie : $\phi_{nat}(\lambda) = \frac{\Delta\lambda_{nat}}{\pi} \frac{1}{(\lambda - \lambda_0)^2 + (\frac{\Delta\lambda_{nat}}{2})^2}$ avec $\Delta\lambda_{nat} = (\frac{\lambda_0^2}{2.\pi.c})\gamma_{rad}$ où γ_{rad} est la constante d'amortissement

et valeurs de $\Delta\lambda_{dop}$ puis ajustées aux données observées. Le meilleur ajustement permet de déterminer $N(X)$ et la dispersion des vitesses dans la ligne de visée.
Si plusieurs composantes dûes à plusieurs nuages distincts sont observées dans la raie, il est nécessaire de les ajuster simultanément à des profils prédits dont la distribution des vitesses, les largeurs et densité de colonne sont des paramètres libres. Le meilleur accord est celui qui minimise les différences entre les intensités prédites et observées des différentes composantes.

9.5.3 Résultats des déterminations d'abondances

Pour les nuages diffus, l'ensemble d'abondances le plus complet dont nous disposons est celui de la ligne de visée de ζ Ophiuchi. Cette étoile brillante est considérablement rougie indiquant la présence d'une grande quantité de gaz et de poussières dans la ligne de visée. Plusieurs nuages sont en fait présents dans la ligne de visée. La densité de colonne d'hydrogène vers cette étoile, $N(H_{tot})$ est voisine de 1.4×10^{21} cm^{-2} dont les deux-tiers sont de l'hydrogène moléculaire. Cette densité de colonne est à peu près quatre fois supérieure à celle d'un nuage diffus typique. En divisant par la distance à l'étoile, on obtient une densité particulaire en hydrogène supérieure ou égale à 200 atomes cm^{-3}, supérieure à celle des nuages diffus typiques. La matière dans la ligne de visée de ζ Ophiuchi est plutôt atypique.
La figure 9.10 montre les facteurs de déplétion pour dix-neuf éléments chimiques dans les nuages vers ζ Ophiuchi ainsi que des limites supérieures pour cinq autres éléments en fonction de la température de condensation (Field [59]). Les observations réalisées avec le satellite Copernicus ont permis d'étudier les raies des éléments dans leur état d'ionisation principal ainsi que dans d'autres états d'ionisation. Il a été ainsi possible d'en déduire la densité de colonne $N(X)$ sommée sur tous les états d'ionisation. On remarquera que la taille des barres d'erreur change d'un élément à l'autre. Pour certains éléments, des mesures précises des largeurs équivalentes de raies faibles se trouvant sur la partie linéaire de la courbe de croissance ont permis une détermination précise de la densité de colonne. Pour d'autres éléments, les raies sont fortes et contiennent probablement plusieurs composantes dues aux différents nuages dans la ligne de visée. Elles ne se trouvent pas sur la partie linéaire de la courbe de croissance et les abondances sont sujettes à erreurs.

La tendance générale observée sur la figure 9.10 suggère que les éléments réfractaires sont condensés à la surface des grains dans un nuage typique de température 100 K. Nous savons par ailleurs que les grains du MIS neutre sont composés d'oxydes de fer, de magnésium et de silicium qui sont parmi les atomes effectivement les plus appauvris en phase gazeuse. L'analyse du gaz dans la ligne de visée de α Virginis, β Centauri et λ Scorpii montre des appauvrissements moins marqués que vers ζ Ophiuchi avec la même dépendance en fonction de la température de condensation. Par contre, les facteurs d'ap-

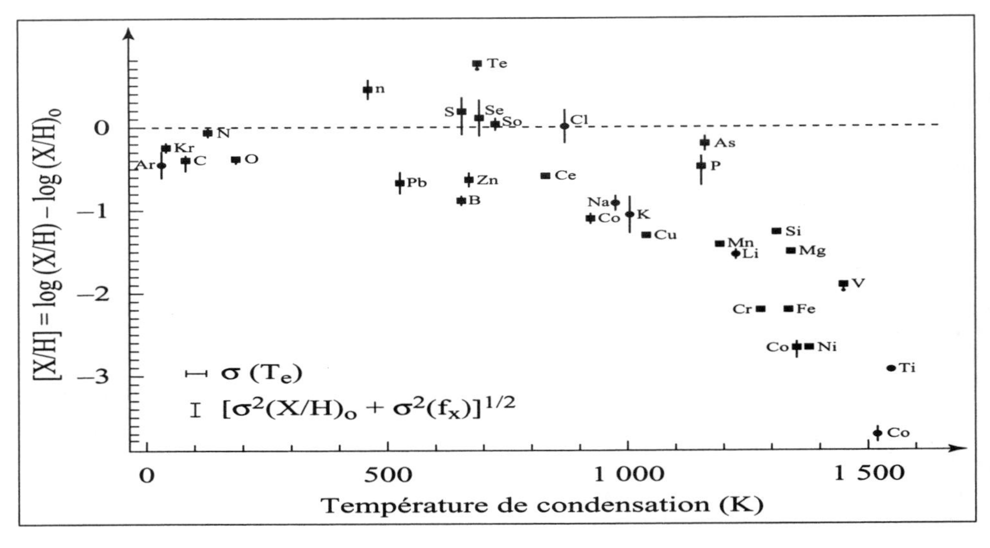

Fig. 9.10- *Facteurs d'appauvrissement dans les nuages neutres diffus en fonction de la température de condensation d'après Savage & Sembach [141]*

pauvrissement vers σ Scorpii, dont les propriétés d'extinction dans l'ultraviolet lointain diffèrent de celles de ζ Ophiuchi, sont similaires à ceux mesurés vers ζ Ophiuchi.

Des études menées sur des nuages animés de vitesses différentes montrent que l'appauvrissement tend à diminuer lorsque la vitesse du nuage augmente. Dans un nuage de vitesse voisine de 100 km s^{-1}, les abondances sont proches de la valeur solaire. Cette anticorrélation peut se comprendre si le processus qui accélère le nuage tend aussi à détruire les grains. Les atomes accélérés pourraient venir frapper les grains et contribuer à détacher les atomes résidant à leurs surfaces (processus de « sputtering ») et donc à les faire retourner en phase gazeuse en particulier ceux les plus volatiles (Salpeter [135]).

9.5.4 Détermination des conditions physiques par les raies d'absorption

Les raies d'absorption interstellaires peuvent aussi servir de *diagnostiques des conditions physiques du gaz interstellaire.* En effet, l'ajustement des courbes de croissance théoriques conduit à une valeur de la dispersion des vitesses. Cette dispersion des vitesses peut contenir deux contributions : une liée à la température (vitesse thermique), une autre liée aux mouvements à grande échelle du gaz. Il est possible de discriminer entre les deux effets car la vitesse thermique dépend du poids atomique A ($V \propto (\frac{kT}{A})^{\frac{1}{2}}$) alors que la vitesse associée aux mouvements à grande échelle n'en dépend pas. En étudiant la dispersion des vitesses V pour des atomes de poids atomiques différents, on

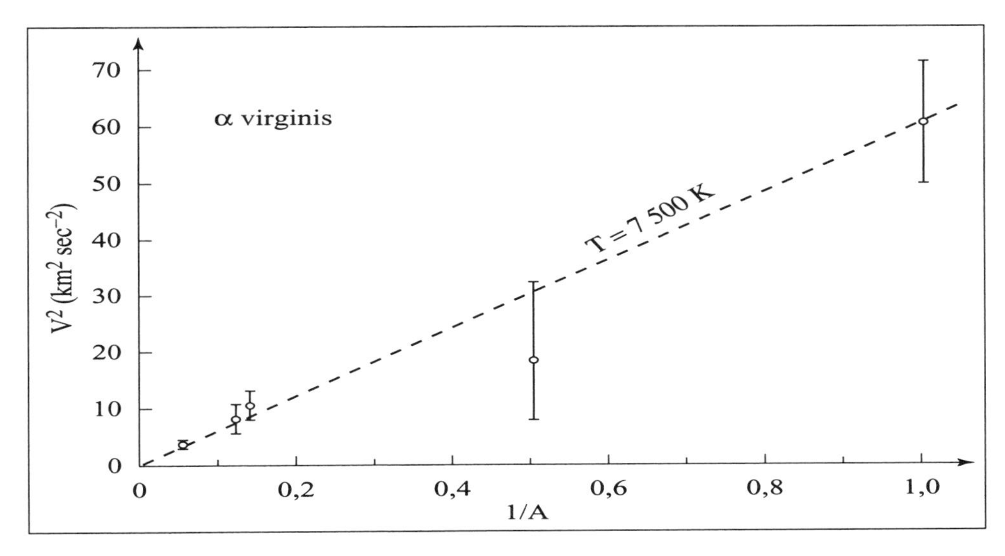

Fig. 9.11- *Différentes vitesses thermiques pour des éléments de différents poids atomiques A. Adapté de Spitzer [158]*

peut en déduire la température cinétique du gaz. En pratique, on mesure pour chaque atome, les vitesses des atomes absorbants par rapport à ceux produisant l'absorption au centre de la raie. La figure 9.11 présente cette analyse pour des éléments de différents poids atomiques dans la ligne de visée de α Virginis. La droite représentant la relation $V^2(T)$ reproduit correctement les données pour une température égale à 7500 K. Cette valeur est élevée par rapport à la température typique des nuages diffus ($T \simeq 80$ K). L'analyse des données Copernicus a ainsi permis de mettre en évidence deux types de gaz neutre : le gaz froid du CNM ($T \simeq 80$ K) et le gaz tiède du WNM ($T \simeq 8000$ K).

9.5.5 Abondance du deutérium

L'analyse des raies ultraviolettes du deutérium dans les spectres Copernicus d'étoiles chaudes a permis de déterminer l'abondance de cet élément dans le MIS. Cette détermination est très importante car cet élément chimique a été fabriqué en quantités importantes seulement lors de la nucléosynthèse primordiale. Il a été ultérieurement détruit par les réactions nucléaires au centre des étoiles (à la différence des éléments plus lourds que le bore). On ne peut donc pas espérer trouver des raies dûes au deutérium dans les spectres stellaires. Il existe plusieurs méthodes pour mesurer l'abondance du deutérium interstellaire. On peut par exemple observer des molécules deutérées comme HD, DCN, ...(plus d'une vingtaine d'espèces deutérées ont été identifiées dans le milieu interstellaire) et calculer le rapport d'abondances de la molécule deutérée à sa contrepartie non-deutérée (H_2, HCN, ...). On trouve typiquement des rapports

d'abondance compris entre 10^{-2} et 10^{-6}. Les effets de fractionnement chimique sont importants et on ne peut pas déduire du rapport des espèces moléculaires le rapport des abondances des atomes : $\frac{D}{H}$. Ce rapport peut aussi être déduit d'observations de la raie hyperfine de $D1$ à 92 cm mais la détection de cette raie est très difficile. Une méthode plus sûre consiste à observer simultanément les transitions de la série de Lyman pour H et pour D dans l'ultraviolet lointain dans la ligne de visée d'étoiles (Ferlet & Lemoine [57]). Des étoiles froides ou chaudes peuvent être utilisées comme sources de fond.
Les étoiles chaudes sélectionnées ne se trouvent pas en général au voisinage du Soleil et les lignes de visée dans la direction de ces étoiles contiennent en général une densité de colonne en H I importante. De plus la structure de la ligne de visée peut être complexe. Dans le cas où $N(H_1) > 10^{19}$ cm^{-2}, la raie de D I dans l'aile de Lyman α n'est généralement pas détectée. En effet, les raies du deutérium sont peu décalées, seulement de -0.25 Å par rapport à celles de l'hydrogène mais surtout, la raie Lyman α de l'hydrogène interstellaire est très large et très intense et masque complètement la raie Lyman α voisine du deutérium. Il faut donc observer Lyman δ, Lyman ϵ aux longueurs d'onde plus courtes en utilisant aussi le triplet de N I qui permet d'étudier la structure en vitesse de la ligne de visée. Ces observations ont été réalisées d'abord avec Copernicus puis actuellement avec FUSE. Un exemple des premières analyses des raies du deutérium dans la ligne de visée d'étoiles chaudes est l'étude dûe à Rogerson & York [134]. Dans la figure 9.12, sont représentées les raies de l'hydrogène et du deutérium correspondant à la transition du fondamental vers le troisième niveau excité observées par Rogerson & York [134] dans la ligne de visée de β Centauri. La ligne en tirets représente la raie de l'hydrogène stellaire Lyman γ élargie par la rotation. Les raies étroites de H et D sont interstellaires. Les raies du deutérium sont décalées d'à peu près 0.25 Å vers les courtes longueurs d'onde par rapport à celles de l'hydrogène. Les transitions vers les niveaux excités supérieurs qui se situent entre 938 Å et 1216 Å sont moins intenses et suffisamment étroites pour que la raie dû au deutérium soit clairement séparée. Une analyse de courbe de croissance des différentes raies issues du fondamental vers les niveaux excités supérieurs a permis de mesurer une abondance $\frac{D}{H} \simeq 1.4 \times 10^{-5}$ (Rogerson & York [134]).

Des études plus récentes du deutérium atomique dans le milieu interstellaire local révèlent des variations réelles d'un facteur deux sur des échelles spatiales de quelques dizaines de parsecs (Vidal-Madjar et al, [180] ; Jenkins et al [82] ; Sonneborn et al [156]). Les observations actuelles avec FUSE recherchent des molécules deutérées comme HD dans des nuages moléculaires translucents dans la ligne de visée d'étoiles chaudes. Dans ces nuages, H et D sont sous forme moléculaire (H_2 et HD) et des abondances de deutérium précises peuvent alors être déduites du rapport $\frac{HD}{H_2}$ sans avoir à corriger du fractionnement chimique. Ferlet et al [58] présentent la détection de HD dans la direction de l'étoile HD 73882 (figure 9.13).

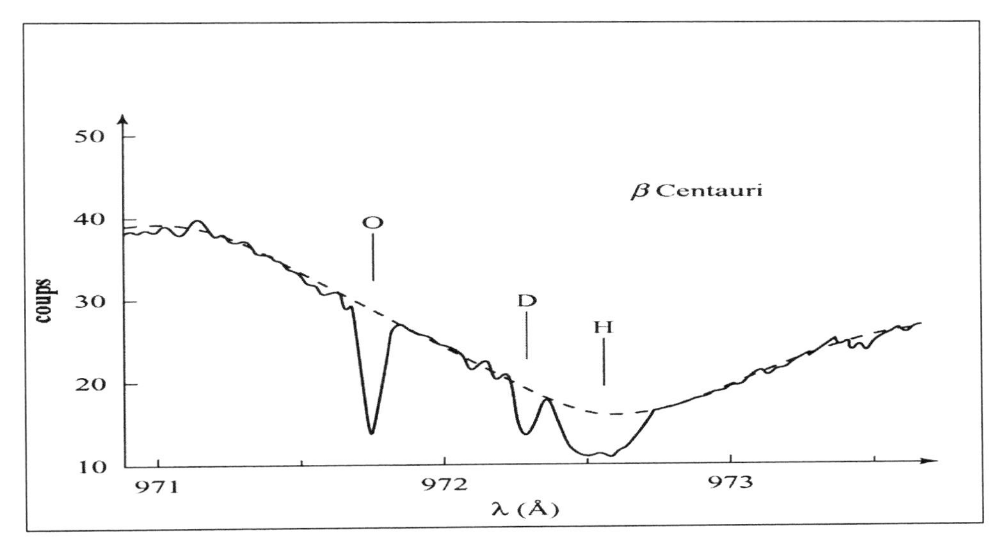

Fig. 9.12- *Raie du deutérium dans la direction de β Centauri. Adapté de Spitzer [158]*

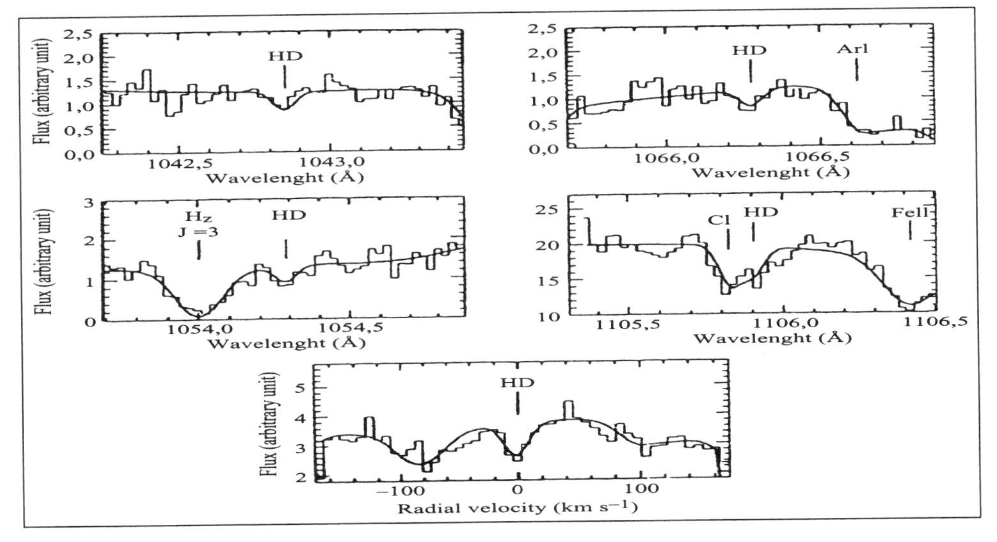

Fig. 9.13- *Raies de HD dans la direction de HD73882 d'après Ferlet et al [58]*

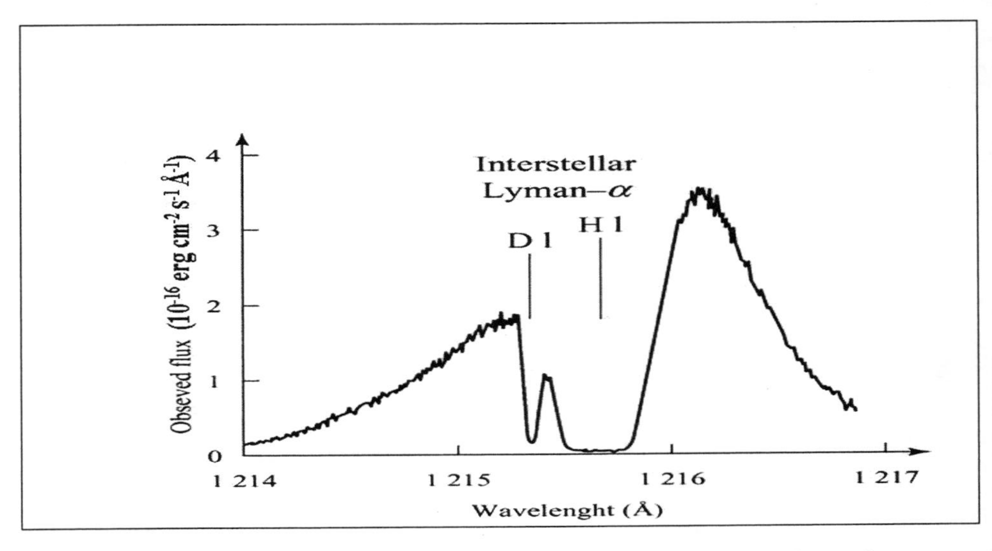

Fig. 9.14- *Profil (obtenu avec le GHRS de HST) des raies interstellaires Lyman α de H I et de D I dans la direction de Capella. La raie dûe à la chromosphère stellaire est large et en émission (d'après Linsky et al [101])*

Notons aussi que les étoiles froides ont été utilisées pour déterminer le rapport $\frac{D}{H}$. Elles présentent l'avantage d'être plus nombreuses dans le voisinage du Soleil donc d'avoir des densités de colonne $N(H_1)$ peu élevées. La structure de la ligne de visée est plus simple. La raie du deutérium est superposée au profil chromosphérique Lyman α de l'étoile qui doit donc être modélisé (figure 9.14). Les mesures dans la ligne de visée de Capella avec HST conduisent à un rapport $\frac{D}{H} = 1.60 \pm 0.09$ (Linsky et al [101]).

9.5.6 Corrélation entre le gaz et la poussière

On peut se demander si un nuage de poussières contient nécessairement du gaz ou s'il existe deux types de nuages : ceux composés de poussières et ceux composés de gaz. Pour répondre à cette question, on a cherché une éventuelle corrélation entre la densité de colonne d'hydrogène et la quantité de poussières dans différentes directions.

Les densités de colonne, $N(H_{tot})$, dans la ligne de visée d'une centaine d'étoiles rougies à une distance inférieure à 1000 parsecs du Soleil ont été déterminées par Bohlin et al [11] à partir des ailes de la raie Lyman α. La température des étoiles choisies excédant 20000 K, l'hydrogène de leur atmosphère est ionisé et ne contribue pas aux raies de l'hydrogène neutre interstellaire. Les densités de colonne de H_2 ont par ailleurs été déterminées par Savage et al [142] à partir des ailes des raies ultraviolettes de H_2.

La densité de colonne de la poussière peut par ailleurs être représentée par l'excès de couleur, $E(B-V)$. Bohlin et al [11] ont montré que N_H et $E(B-V)$ sont bien corrélés indiquant que le gaz et la poussière sont bien mélangés dans le MIS. Le rapport moyen de la colonne densité de l'hydrogène au rougissement déduit de cette corrélation a pour valeur (en m^{-2} mag^{-1}) :

$$< \frac{N_H}{E(B-V)} > \simeq 5.8 \times 10^{25} \tag{9.47}$$

On peut utiliser cette relation pour déduire la quantité d'hydrogène associée à de la poussière. Les résultats obtenus sont généralement en accord avec la colonne densité déduite de la raie à 21 cm en absorption.

9.6 Equilibre thermique d'un nuage interstellaire

L'état physique du MIS dépend de sa composition, de sa température, pression et densité locales. La stabilité de cet état dépend des valeurs relatives des taux de gain et de perte d'énergie. A l'équilibre, ces deux taux sont égaux, situation qui n'est pas réalisée dans le MIS diffus.
Un rapide calcul montre que les nuages diffus ne sont pas liés gravitationnellement. Adoptant une masse $M \simeq 400\ M_\odot$ et un rayon $R \simeq 5$ pc typiques pour un nuage diffus et une température basse voisine de 100 K, on trouve que l'énergie thermique totale $U_{th} \simeq \frac{3MkT}{2m_H} \simeq 8 \times 10^{46}$ ergs est supérieure à l'énergie de liaison gravitationnelle $E_G \simeq \frac{3M^2G}{5R} \simeq 2 \times 10^{45}$ ergs.
La stabilité thermique du gaz est reliée au taux de transfert de chaleur au gaz. Celui-ci peut s'exprimer par unité de volume de gaz en fonction de l'entropie, s, et de l'énergie interne, u, par unité de masse :

$$\rho T \frac{\partial s}{\partial t} = \rho \frac{\partial u}{\partial t} - \frac{P}{n}\frac{\partial n}{\partial t} \tag{9.48}$$

Pour un gaz monoatomique à pression constante (égale à celle du milieu extérieur pour assurer la stabilité dynamique), le membre de droite de l'équation est égal à : $\frac{5nk}{2}(\frac{\partial T}{\partial t})$. Le membre de gauche qui représente le taux de transfert de chaleur peut être écrit comme la différence entre le taux de chauffage Γ et la taux de refroidissement Λ, soit :

$$\rho T \frac{\partial s}{\partial t} = \Gamma - \Lambda = \frac{5nk}{2}(\frac{\partial T}{\partial t}) \tag{9.49}$$

Les taux Γ et Λ sont des fonctions compliquées de la température, de la densité et de la composition chimique. Le gaz est en équilibre thermique lorsque les taux de refroidissement et de chauffage se compensent. Cet équilibre est réalisé à une certaine température T_E pour laquelle :

$$\Gamma(\rho, T_E) = \Lambda(\rho, T_E) \tag{9.50}$$

où $\rho \simeq m_H n_H$ pour des nuages contenant de l'hydrogène neutre.
Le refroidissement des régions d'hydrogène neutre se fait par excitation collisionnelle de C^+, de C, O et Fe^+, par excitation des états rotationnels de H_2 par des atomes d'hydrogène et par excitation des atomes d'hydrogène par des électrons. Comment s'effectue ce refroidissement ? Beaucoup d'ions, comme C^+, ont leur niveau d'énergie fondamental dédoublé par suite de l'interaction entre le moment angulaire orbital et le spin des électrons (interaction de structure fine). Au cours des collisions entre les électrons libres du gaz et les ions, certains d'entre eux se trouvent portés au niveau supérieur de structure fine grâce à l'énergie cédée par l'électron lors de la collision. Cette énergie est ultérieurement rayonnée par la desexcitation de l'ion, lorsque celui-ci retombe dans l'état fondamental en émettant un photon dans l'infrarouge lointain (à 157 μm dans le cas de C^+). L'énergie des électrons libres se perd progressivement par ce mécanisme. On peut montrer que les atomes et les ions sont en équilibre thermique avec les électrons si bien que l'ensemble du gaz se refroidit, d'autant plus que la densité électronique est élevée et que la densité du gaz est élevée (car les collisions sont plus fréquentes dans un gaz dense). La raie d'émission de C^+ à 157 μm est effectivement observée et correspond à un refroidissement important.
Pour maintenir la température des nuages à une centaine de degrés Kelvin, un mécanisme de chauffage doit équilibrer le refroidissement. La nature de ce chauffage est encore incertaine. La libération d'énergie qui accompagne l'ionisation du MIS par la lumière ultraviolette des étoiles est insuffisante. L'ionisation de l'hydrogène par les rayons cosmiques ne suffit pas non plus. Un mécanisme plus efficace fait intervenir l'ionisation de la surface des grains de poussières par des photons ultraviolets. Cette ionisation éjecterait une quantité appréciable d'électrons ayant des énergies de plusieurs électron volts (émission photoélectrique des grains). Un autre mécanisme fait intervenir la formation de la molécule H_2 par catalyse de deux atomes d'hydrogène collés sur un grain de poussière. Cette réaction, fortement exothermique, peut conduire à l'éjection de la molécule hors du grain avec une énergie cinétique résiduelle de l'ordre de 2.2 eV. Cet apport d'énergie contribue à chauffer le milieu.

9.7 Densité électronique dans le milieu interstellaire diffus

Nous nous limiterons ici à citer deux méthodes pour déterminer la densité électronique. La première se fait à partir des taux d'ionisation et de recombinaison d'un élément donné (qui doit donc être présent à la fois sous forme neutre et ionisée). La seconde méthode repose sur la dispersion de signaux provenant de pulsars (exercice E 9.1).

9.7.1 Mesure de n_e à partir des taux d'ionisation et de recombinaison

Lorsque dans un nuage interstellaire, un élément chimique est présent sous forme neutre et ionisée, il est possible de déterminer la densité électronique à partir des densités de l'élément neutre et de l'ion. Par seconde, le nombre d'ionisations (taux d'ionisation) de l'élément considéré est égal au taux de recombinaisons. Le taux d'ionisation est proportionnel au flux du rayonnement ultraviolet provenant des étoiles et à la densité des atomes alors que le taux de recombinaison dépend de la densité des ions et de celle des ions et électrons disponibles. Par exemple, pour le calcium, en introduisant Γ, le taux d'ionisation et α, le taux de recombinaison, on doit avoir :

$$n_{Ca}\Gamma = n_e \alpha n_{Ca^+} \tag{9.51}$$

où n_{Ca}, n_{Ca^+} et n_e sont les densités respectives du calcium atomique, ionisé et celle des électrons. Γ est estimé à partir du comptage d'étoiles chaudes et ionisantes. De cette équation, on déduit une valeur typique pour n_e voisine de un électron libre pour dix mille atomes d'hydrogène.
Les conditions d'ionisation du gaz peuvent aussi être déterminées à partir de paires de raies du même élément dans différents états d'ionisation dans l'ultraviolet.

9.8 Le gaz interstellaire très chaud

La présence de gaz très chaud ($T \simeq 6.10^5$ K) a été mise en évidence d'abord dans le halo en 1956 puis dans le disque de la Galaxie. Ce gaz porte souvent le nom de gaz « coronal »par analogie avec le plasma très chaud de la couronne solaire.
L'étude des raies interstellaires de Ca^+ dans la ligne de visée d'étoiles à différentes distances au dessus du plan galactique révéla plusieurs composantes dans chaque raie qui furent attribuées à des nuages animés de vitesses différentes. Le nombre de composantes est plus important dans la ligne de visée des étoiles les plus lointaines. Ce résultat indique la présence de plusieurs nuages à de grandes distances jusqu'à plusieurs milliers d'années-lumière au dessus du disque. Ces nuages ont du être éjectés du disque avec une vitesse importante dans un passé relativement récent (10^7 ans). Pour que ces nuages demeurent des entités stables, on a proposé l'existence d'un *milieu internuage* (HIM : Hot Intercloud Medium) exerçant une pression sur les nuages et maintenant leur cohésion. Ce milieu internuage doit avoir une température bien plus élevée que celle des nuages et une densité bien plus faible. En effet, si tel n'était pas le cas, le milieu internuage aurait des signatures spectrales qui n'étaient pas observées dans le domaine optique accessible à la fin des années 50. On nomma ce gaz la couronne galactique. Ce ne fut qu'au début des années 70 , lorsque des observations dans

l'ultraviolet lointain furent disponibles que l'on pu détecter les raies d'éléments lourds présents dans ce gaz coronal. En effet, à des températures très élevées de l'ordre de 10^6 K, tout l'hydrogène est complètement ionisé et l'on ne peut espérer détecter ses raies, ni en absorption, ni en émission. Par contre, certains éléments lourds ne sont pas complètement ionisés à cette température, par exemple l'ion O^{5+} qui a deux raies d'absorption à 1032 et 1038 Å ainsi que des signatures spectrales dans les rayons X. La plupart des étoiles chaudes observées avec Copernicus révélèrent les raies de O^{5+} dans leurs spectre. La largeur des raies si elle est dûe à des vitesses d'origine thermique indique que la température du gaz coronal doit être voisine de 10^6 K. Cette valeur représente une limite supérieure car des mouvements à grande échelle du gaz peuvent aussi contribuer à la dispersion des vitesses dans la ligne de visée.
Ce gaz très chaud est réparti dans le disque et dans le halo. Nous décrivons dans ce qui suit des résultats récents sur la distribution de densité du gaz en dessus du plan galactique et sur la composition chimique du gaz coronal.

9.8.1 Distribution du gaz en dessus du plan galactique

En dessus du plan galactique, on trouve essentiellement trois phases gazeuses : du gaz neutre du CNM, du gaz ionisé chaud du WIM et du gaz ionisé très chaud du HIM.
Le gaz neutre, H I, du CNM est distribué de manière irrégulière et stratifiée au dessus du plan du disque galactique. De modèles en couches ayant des lois de densités $N(z)$ du type exponentielle, $N(z) = N(0)\exp(\frac{-z}{H})$, où z est la hauteur au dessus du plan galactique et H, l'échelle de hauteur, ont été utilisés pour rendre compte des observations. Leur ajustement aux observations a permis de montrer que la distribution du gaz neutre comprend deux composantes. Une première composante est confinée à basse altitude $H \simeq 0.07$ pc et pour laquelle $N(0) \simeq 0.70\mathrm{cm}^{-3}$. Une seconde composante étendue d'échelle de hauteur modérée $H \simeq 0.36$ kpc et $N(0) \simeq 0.16\mathrm{cm}^{-3}$. Cette composante a été identifiée dans les premiers surveys de la raie H I à 21 cm en émission (Shane [153]) et dans un survey de la raie Lyman α en absorption obtenu avec le satellite Copernicus (Bohlin et al [11]). La distribution du gaz neutre dans cette composante est encore assez mal connue (Diplas et Savage [40]) car les densités de colonne élevées de la composante confinée située en avant de la composante étendue produisent une contamination de premier-plan qui empêche de déterminer précisément les propriétés de cette dernière.
La distribution $N(z)$, du gaz du WIM a été déterminée par des mesures de dispersion de pulsars, situés à différentes hauteurs au dessus du plan galactique. La mesure de dispersion, notée DM, est proportionnelle à la densité d'électron, n_e, dans la ligne de visée. La hauteur d'échelle, H, a été déterminée en traçant $n_e \sin(|b|)$ en fonction de $|z|$ (où b est la latitude galactique), ce qui conduit à $H \simeq 0.9$ kpc (Reynolds [133]).
La présence du HIM est révélée par la présence d'atomes hautement ionisés (C

IV, Si V, N V) dont les raies de résonance ultraviolettes sont vues en absorption dans les spectres d'étoiles chaudes ou de sources extragalactiques. La même technique, c'est-à-dire l'exploitation de $N \sin(|b|)$ en fonction de $|z|$, a été utilisée pour déterminer H. L'analyse des données obtenues avec IUE a révélé des échelles de hauteur légèrement différentes pour différents ions. Ainsi Si IV a une échelle de hauteur $H = 5.1 \pm 0.7$kpc, C IV a une échelle $H = 4.4 \pm 0.6$ kpc et N V a une échelle $H = 3.9 \pm 1.4$kpc (Savage & de Boer [139], Pettini & West [126], Savage & Massa [140], Sembach & Savage [152], Savage et al [142]). Les données du Goddard High Resolution Spectrograph à bord du télescope spatial Hubble ont été particulièrement utiles pour estimer l'échelle de hauteur de N V. L'ion O IV a été détecté en absorption dans la ligne de visée du quasar 3C273 avec le Hopkins Ultraviolet Telescope (HUT) (Davidsen [38]) et vers plusieurs étoiles du halo avec ORFEUS-SPAS (Hurwitz et Bowyer [80]). Ces auteurs proposent une estimation assez imprécise de l'échelle de hauteur H comprise entre 80 et 600 parsecs pour O IV. Une tendance apparaît clairement cependant : plus le gaz est ionisé, plus il est étendu comme le montrent les différentes échelles de hauteur. Savage [138] estime que 82% du gas au-dessus du plan galactique se trouve sous forme neutre, 15% sous forme ionisée et 3% sous forme très ionisée.

9.8.2 Composition chimique du gaz de la couronne

A des distances modérées du plan galactique, de l'ordre de $|z| \simeq 1$kpc, les éléments lourds sont moins appauvris (par piégeage sur la poussière) qu'ils ne le sont dans les nuages diffus du disque. Les abondances de S, Si, Mg, Mn, Cr, Fe et Ni ont été déterminées à partir des spectres à grande résolution du GHRS. Le rapport signal sur bruit élevé permet de détecter des raies en absorption qui sont très faibles soit parce que l'élément chimique a une faible abondance cosmique soit parce que la raie est intrinsèquement faible (faible valeur de la force d'oscillateur). L'instrument permet d'observer un domaine de longueur d'ondes depuis 1150 Å jusqu'à 3000 Å qui est riche en transitions atomiques d'éléments atomiques abondants (C, N, O, Mg, Si, Fe, S, Al, Ni) ainsi que d'éléments moins abondants (Mn, Cr, Zn, Cu,...). Il est possible de résoudre en vitesse les différents nuages présents dans la ligne de visée avec le mode à grande résolution du GHRS (figure 9.15) et d'étudier les conditions physiques dans chaque nuage.

L'étude des abondances dans les nuages à grande distance du plan galactique a grandement progressé grâce au GHRS. La figure 9.16 présente les abondances de S, Si, Mg, Mn, Cr, Fe et Ni détectées dans des nuages situés à $|z|$ supérieure à 300 parsecs. Les abondances moyennes pour le WNM (cercles avec croix) ainsi que pour les nuages diffus froids du CNM dans les directions de ξ Per et ζ Oph (cercles avec points) y sont aussi reportées. Une progression apparaît : les abondances en phase gazeuse de ces espèces augmentent depuis le disque vers le halo.

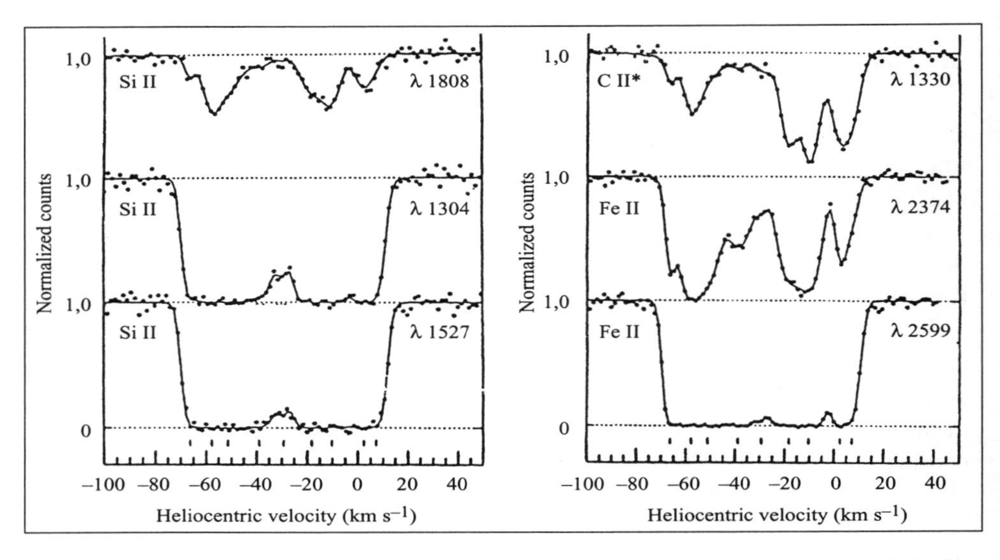

Fig. 9.15- *Structure des raies interstellaires dans la ligne de visée de l'étoile du halo, HD 93521. Les différentes composantes des raies indiquées par des tirets révèlent l'existence de plusieurs nuages individuels contenant du gaz chaud. Adapté de Savage & Sembach [141]*

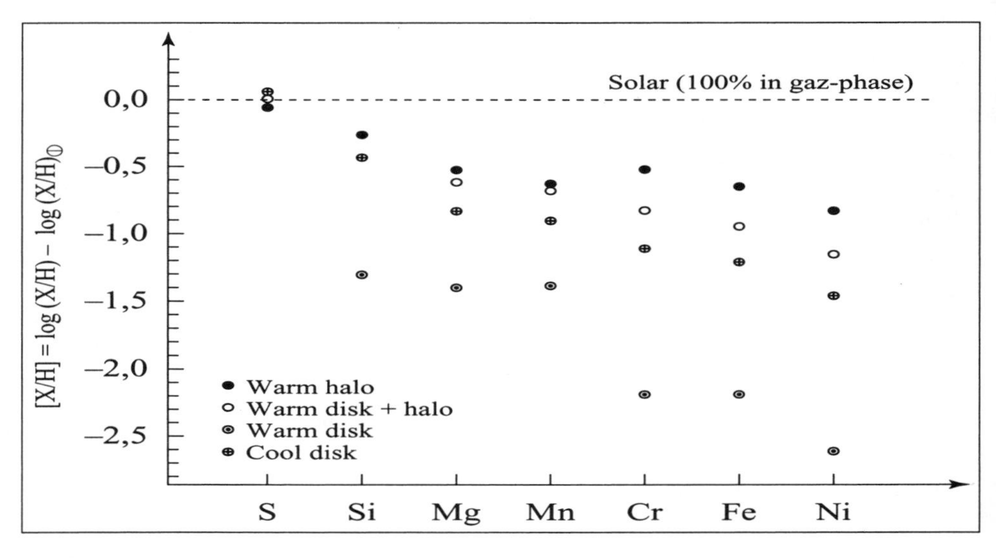

Fig. 9.16- *Comparaison des abondances en phase gazeuse dans des nuages du halo et ceux du disque d'après Savage & Sembach [141]*

Ce comportement suggère que la poussière est probablement détruite de manière plus efficace dans le halo que dans le disque. Le processus responsable de cette destruction pourrait être des chocs fréquents et intenses auxquels seraient soumis les nuages du halo. Des chocs de vitesses proches de 100 km s^{-1} sont nécessaires pour extraire suffisamment de matière des grains et produire les abondances reportées dans la figure 9.16.
Dans le bas halo, pour $0.3 \leq |z| \leq 1.5$ kpc, les abondances de Mg, Si, S, Mn, Cr, Fe et Ni sont à peu près constantes (Sembach & Savage [152]) pour des distances galactocentriques comprises entre 7 et 10 kpc. A des hauteurs $|z|$ au dessus du disque plus grandes, les abondances des éléments en phase gazeuse augmentent. A grande distance, l'analyse des raies interstellaires de S II et Si II avec le GHRS et dans la direction du quasar H1821+643 (Savage et al [143]) révèle du gaz de métallicité 0.1-0.5 solaire (le soufre est un assez bon indicateur d'abondance en phase gazeuse car cet élément est seulement faiblement déficient dans la plupart des environnements stellaires). La composante du gaz à - 150 km s^{-1} et celle à - 100 km s^{-1} ont une abondance en soufre $(\frac{S}{H}) \simeq 0.1(\frac{S}{H})_{\odot}$. Une autre mesure du gaz interstellaire dans la direction de NGC 3783 révèle des vitesses de + 62 km s^{-1} et + 240 km s^{-1} ayant des abondances $(\frac{S}{H}) \simeq 0.5(\frac{S}{H})_{\odot}$ et $(\frac{S}{H}) \simeq 0.15(\frac{S}{H})_{\odot}$ respectivement.

9.8.3 Résultats récents obtenus par le satellite FUSE

Le domaine spectral observé par le satellite FUSE (Far Ultraviolet Spectroscopic Explorer) contient de nombreuses transitions permettant de réaliser des diagnostiques. Il s'agit des raies de résonance de la série de Lyman pour H et D (sauf Lyα), de celles des ions C III, O VI et S VI et les transitions électroniques de H_2 et HD vers leurs niveaux fondamentaux (bandes de Werner et de Lyman). La richesse de raies spectrales observée dans cette région est évidente sur le spectre de l'étoile centrale de nébuleuse planétaire K1-16 (figure 9.17). On y voit à la fois les raies formées dans l'atmosphère de cette étoile (He II, C IV, O VI) et celle formées dans le milieu interstellaire dans la direction de cette étoile (H I, O I, N I, Si II, P II, C III, S VI, H_2).

Les premiers résultats de FUSE sur le gaz interstellaire chaud ont utilisé les raies de O VI pour étudier les propriétés du gaz chaud à l'intérieur et à l'extérieur de notre Galaxie. Le complexe "C" de nuages à grandes vitesses qui se trouvent dans la ligne de visée de la galaxie de Seyfert I Markarian 876 a été observé. Les raies de O VI furent ainsi détectées pour la première fois dans un complexe de nuages à grande vitesses composé d'hydrogène neutre. Des composantes à grandes vitesses sont présentes dans les deux raies du doublet de O VI. Une des composantes du complexe montre plusieurs raies de Fe II qui conduisent à une abondance du fer voisine de 0.5 fois la valeur solaire. Des raies de C II, N I et N II sont aussi observées. Des nuages à grande vitesses éloignés du plan galactique dans onze directions différentes contenant des quasars ou des noyaux de galaxies actives ont aussi été observés. Ils ont

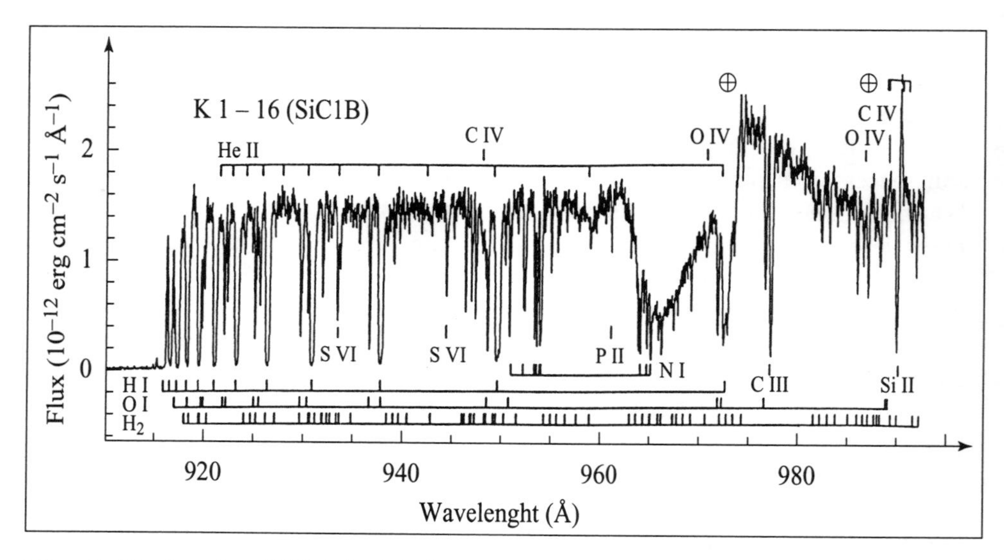

Fig. 9.17- *Spectre FUSE de l'étoile centrale de nébuleuse planétaire K1-16. Les transitions du gaz interstellaire dans la ligne de visée sont indiquées en dessous du spectre. Les transitions propres à l'étoile centrale sont indiquées en dessus du spectre. Adapté de Sembach et al, 2000, Astrophys. Journal, 538, L31*

détecté les raies de O VI déplacées par des vitesses importantes (supérieures à 100 km s^{-1}) dans le complexe "C" de nuages à grandes vitesses, le courant Magellanique, plusieurs complexes à grandes vitesses dans le Groupe Local et dans les régions extérieures de notre Galaxie. Ces détections impliquent que le gaz chaud ($T \simeq 3 \times 10^5$ K) ionisé par collisions est un composant important des nuages à grandes vitesses. L'ion O VI a ̀té détecté dans dix directions vers des noyaux actifs de galaxies. L'ion O VI semble être largement présent dans la halo mais distribué de façon irrégulière. L'échelle de hauteur de la distribution de O VI est 2.7 ± 0.4 kpc. Les rapports d'ionisation, $\frac{N(CIV)}{N(OVI)}$, varient de 0.15 dans le disque à 0.6 le long de quatre directions extragalactiques. Le fait que les échelles de hauteur de Si IV et C IV soient supérieures à celles de O VI suggère qu'une partie du Si IV et du C IV du halo sont produits par du mélange turbulent ou par de la photoionisation par des étoiles chaudes du halo ou par le fond extragalactique. Oegerle et al (2000) ont détecté les raies de O VI λ 1032 Å et de Fe II λ 1145 Å en absorption dans la direction du quasar H1821+643. Ces raies sont dûes à du gaz chaud situé en dessus de trois bras spiraux (le bras intermédiaire, le bras de Persée et le bras externe) ainsi que dans le "warp" de notre Galaxie. Shull et al (2000) ont détecté les bandes de Lyman et de Werner de la molécule H_2 dans la direction de quatre étoiles chaudes et de quatre noyaux de galaxies actives. Des températures cinétiques pour les états rotationnels les plus bas ($J = 0, 1$) ont été déduites pour le gaz interstellaire diffus. A haute latitude galactique, elles sont supérieures à celles trouvées dans le disque à partir des données Copernicus.

9.8.4 Directions de lecture

L'émission X dans les raies et le continuum et l'absorption X pour le gaz ionisé n'ont pas été abordées. Le lecteur consultera avec profit Lequeux [99], Tielens [165] et Dopita & Sutherland [41] pour une description plus complète des propriétés du gaz peu dense neutre ou ionisé.

9.9 Exercices

Exercice 9.1

On se propose de déterminer une valeur moyenne de la densité électronique dans le MIS en utilisant la dispersion des signaux des pulsars. Le gaz interstellaire contient des électrons libres et se comporte comme un milieu diélectrique dispersif. Dans un tel milieu, les ondes électromagnétiques ne se propagent pas à la vitesse de la lumière c mais à une vitesse $\frac{c}{n(\lambda)}$ (où $n(\lambda)$ est l'indice du milieu) qui dépend de la fréquence de l'onde.

Le modèle de propagation des ondes dans un tel diélectrique adopté est celui de l'électron élastiquement lié : l'onde incidente provoque des oscillations des électrons conduisant à une polarisation du milieu. On étudie ici le cas où l'onde incidente est émise par un pulsar situé à la distance D de l'observateur. Soumis au champ $\vec{E}(\vec{r},t)$ de cette onde, l'électron se déplace par rapport à sa position d'équilibre $\vec{r_e}$ d'une quantité $\vec{r} - \vec{r_e} = \vec{r_0}\exp(i\omega t)$. On adoptera un champ incident de la forme $\vec{E} = \vec{E_0}\exp(i(\vec{k}\vec{r} - \omega t))$.

9.1.1) Ecrire le principe fondamental de la dynamique pour un électron du milieu ainsi que l'expression du vecteur polarisation $\vec{P}(\vec{r},t)$

9.1.2) Ecrire les équations de Maxwell dans le milieu où l'on supposera qu'il n'y a ni charges libres ni courants libres. En déduire l'équation de dispersion du milieu. On introduira $\omega_p = (\frac{n_e e^2}{m\epsilon_0})^{\frac{1}{2}}$ la pulsation de plasma du milieu. Discuter en fonction de ω les différentes solutions à l'équation de propagation.

9.1.3) Avec quelle vitesse se propage dans le milieu un signal émis à la pulsation ω depuis un pulsar ? En déduire le temps nécessaire à ce signal pour atteindre un observateur situé à la distance D du pulsar.

9.1.4) Exprimer la différence entre les instants de réception de deux signaux émis simultanément du pulsar au pulsations ω_1 et $\omega_2 = \omega_1 + \Delta\omega$ (on supposera $\Delta\omega$ petite) en fonction de $\Delta\omega$ et n_e, la densité électronique du milieu.

Exercice 9.2

Le but de cet exercice est de déterminer une valeur moyenne du champ magnétique galactique. On considère une source dont l'émission électromagnétique est polarisée rectilignement selon Ox. On écrira le champ électrique sous forme $\vec{E} = \vec{E_0}\exp(-i(\omega t - kz))$ avec $\vec{E_0} = E_0\vec{u}_x$. L'onde électromagnétique émise par cette source se propage dans le MIS qui est assimilé à un plasma électriquement neutre où règne un champ magnétique macroscopique, le champ magnétique galactique local, noté B_{gal}. Le plasma est dilué (on néglige les interactions entre les charges) et froid (pas d'agitation thermique). On supposera le champ magnétique uniforme et constant, parallèle à Oz et dirigé dans le sens de propagation de l'onde : $\vec{B}_{gal} = B_{gal}\vec{u}_z$. Après traversée du milieu, le plan de polarisation de l'onde subit une rotation. Ce phénomène porte le nom de rotation Faraday. L'angle de rotation du plan de polarisation de l'onde donne accès au champ B_{gal} si la densité électronique est connue par ailleurs. On notera : $\omega_p = (\frac{n_e e^2}{m\epsilon_0})^{\frac{1}{2}}$ la pulsation de plasma et $\omega_c = \frac{eB_{gal}}{m}$ la pulsation cyclotron.

9.2.1) Ecrire le principe fondamental de la dynamique pour un électron dans un tel milieu. On supposera que $|\vec{B}_{gal}| \gg |\vec{B}|$ où $\vec{B}$ désigne le champ magnétique de l'onde. En déduire un premier système d'équations reliant les composantes du courant $\vec{j}$ en fonction de celles de $\vec{E}$ et de ω_p, ω_c, ω et ϵ_0.

9.2.2) En utilisant une équation de Maxwell et l'équation de conservation de la charge, trouver la densité volumique de charge ainsi que la composante E_z de l'onde.

9.2.3) A partir des autres équations de Maxwell, donner une deuxième système d'équations reliant les composantes de $\vec{j}$ et celles de $\vec{E}$.

9.2.4) En écrivant l'égalité des composantes de $\vec{j}$ provenant du premier système d'équations et celles provenant du deuxième système, déduire l'équation de dispersion du milieu.

9.2.5) Résoudre cette équation et montrer qu'elle admet deux solutions k_+ et k_- . A quelle condition sur ω, k_+ et k_- sont elles réelles ?

9.2.6) Quelles sont les polarisations des ondes planes correspondant à k_+ et k_- ? Donner les expressions des champs $\vec{E}_+$ et $\vec{E}_-$ correspondants

9.2.7) Une onde plane polarisée rectilignement arrive sur le milieu avec un champ $\vec{E}(z = 0)$ selon Ox. Montrer qu'à la sortie du milieu sa direction de polarisation a tourné d'un angle ψ proportionnel à la longueur du milieu et au champ B_{gal}.

Exercice 9.3

Calculer le rapport de populations entre le sous-niveau supérieur et le sous-niveau inférieur du niveau $n = 1$ pour l'hydrogène neutre pour différentes températures cinétiques caractéristiques des phases du MIS : à 3 K, à 100 K, $10^4 K$ et $10^6 K$.

Exercice 9.4

On considère un gaz où la distribution thermique des vitesses vérifie la loi de Maxwell-Boltzmann.

9.4.1) Vérifier la condition $\int f(v)\,dv = 1$

9.4.2) On introduit la largeur à demi-hauteur $V_{rms} = (\int_0^\infty v^2 f(v)\,dv)^{\frac{1}{2}}$. Elle est reliée à la largeur à mi-hauteur mesurée dans la ligne de visée Δv (celle effectivement déduite des observations) par la relation : $\Delta v =$

$(8\ln\frac{2}{3})^{\frac{1}{2}}V_{rms}$. Montrer qu'une largeur mesurée $\Delta v = 1km.s^{-1}$ correspond à une température $T_{cin} = 21.1K$ pour l'hydrogène.

9.4.3) Montrer la relation générale : $T_{cin} = 21.2(\frac{m}{m_H})\Delta v^2$ où m_H est la masse de l'atome d'hydrogène.

9.4.4) Comparer la valeur de Δv à celle de la vitesse du son dans un gaz isotherme parfait d'atomes d'hydrogène.

Exercice 9.5

On peut estimer le dédoublement Zeeman de la raie à 21 cm de H I par un champ magnétique B comme valant à peu près 2.8 Hz par μG. Estimer le dédoublement sur Terre ($B = 1$G), dans le Soleil ($B = 10^3$G) et le milieu interstellaire ($B = 1\mu$G). Considérons une largeur typique de raie dans le MIS égale à 1 km s^{-1}. Exprimer le dédoublement du centre de la raie dû à l'effet Zeeman en fonction de la largeur de la raie.

Exercice 9.6

Un nuage d'hydrogène neutre émet une raie à 21 cm ayant une profondeur optique en son centre voisine de $\tau = 0.5$ (on considérera la raie comme optiquement fine). La température du gaz est 100 K. Le profil de la raie est gaussien : $f(\nu) \propto \exp(-(\frac{\Delta\nu}{\Delta\nu_D})^2)$ où $\Delta\nu_D$ correspond à une dispersion des vitesses $\Delta v = 10$ km s^{-1}. La densité volumique moyenne dans le nuage est $\langle n\rangle = 10$ cm^{-3}.

Calculer l'épaisseur du nuage en parsecs. On donne :

$$\int_0^\infty \exp(-(\frac{\Delta\nu}{\Delta\nu_D})^2)\, d\Delta\nu = \sqrt{\pi}\Delta\nu_D$$

Exercice 9.7

Deux nuages d'hydrogène de même épaisseur l sont situés aux distances l_1 et l_2 d'un observateur O. Le premier nuage, le plus proche de O, a une température cinétique uniforme T_1 et une profondeur optique totale τ_1. Il est placé devant un second nuage de température cinétique uniforme T_2 et une profondeur optique totale τ_2. Il n'y a pas de rayonnement de fond.

L'observateur ne sait pas que deux nuages sont présents dans la ligne de visée. Il mesure la température de brillance T_b qu'il pense être dûe à un seul nuage et en déduit erronément une température cinétique T qu'il pense caractéristique de ce nuage.

9.7.1) Trouver la relation entre T, T_1, T_2, τ_1 et τ_2

9.7.2) Quelle forme prend cette relation lorsque le premier nuage est optiquement épais ?

9.7.3) Quelle forme prend cette relation lorsque le premier nuage est optiquement mince et le second optiquement épais ?

9.7.4) Quelle forme prend cette relation lorsque les deux nuages sont optiquement minces ?

9.7.5) Que mesure effectivement l'observateur dans les deux premiers cas ? Dans quel(s) cas, détermine-t-il effectivement une des deux températures cinétiques ?

Solutions des exercices

Solution 9.1 :

Le principe fondamental de la dynamique s'écrit :

$$m_e \frac{\partial^2 \vec{r}}{\partial t^2} = -m\omega^2 \vec{r} = e\vec{E}(\vec{r}, t) = e\vec{E}_0 \exp(i\omega t)$$

Il en résulte un moment dipolaire $\vec{p} = e\vec{r}$ et le champ de polarisation s'exprime :

$$\vec{P}(\vec{r}, t) = n_e e\vec{r} = -\frac{n_e e^2}{m_e \omega^2} \vec{E}(\vec{r}, t)$$

On applique les équations de Maxwell dans ce milieu en l'absence de charges et de courants libres :

$$div(\vec{D}) = \epsilon div(\vec{E}) = \rho_{libres} = 0 \Longrightarrow div(\vec{E}) = 0$$

$$\vec{r}ot\vec{E} = -\frac{\partial \vec{B}}{\partial t}$$

$$\vec{r}ot\vec{B} = \mu_0 \vec{j}_{pol} + \epsilon_0 \mu_0 \frac{\partial \vec{E}}{\partial t}$$

avec

$$\vec{j}_{pol} = \frac{\partial \vec{P}}{\partial t} = -\frac{n_e e^2}{m\omega^2} \frac{\partial \vec{E}}{\partial t}$$

On peut écrire l'équation de propagation de $\vec{E}$:

$$\vec{r}ot(\vec{r}ot\vec{E}) = \vec{g}rad(div\vec{E}) - \nabla^2 \vec{E} = -\nabla^2 \vec{E} = \frac{\vec{E}}{c^2}(\omega^2 - \omega_p^2)$$

où $\omega_p^2 = \frac{n_e e^2}{m\epsilon_0}$ est la pulsation de plasma du milieu. La relation de dispersion est alors :

$$k^2 c^2 = \omega^2 (1 - \frac{\omega_p^2}{\omega^2})$$

Pour $\omega > \omega_p$, $k^2 > 0$: l'onde se propage sans atténuation dans le milieu (pour $\omega, \omega_p k^2 < 0$ et k est un imaginaire pur : l'onde rapidement atténuée ne se propage pas).

La vitesse de propagation du signal est $v_g = \frac{\partial \omega}{\partial k} = \frac{kc^2}{\omega}$ décroit inversement avec la fréquence :

$$v_g = c(1 - \frac{\omega_p^2}{\omega^2})^{\frac{1}{2}}$$

Le temps nécessaire à un signal émis par le pulsar à la pulsation ω pour atteindre l'observateur est donc :

$$t = \int \frac{1}{v_g} \, dl$$

Comme v_g change avec la fréquence, deux signaux émis à des pulsations ω_1 et ω_2 n'ont pas les mêmes vitesses de groupe et donc ne mettront pas le même temps pour parcourir la distance pulsar-observateur, D. Ils seront enregistrés à des instants t_1 et t_2 différents. La différence des temps d'enregistrement s'exprime par :

$$t_2 - t_1 = \int_0^D \left(\frac{1}{v_g^2} - \frac{1}{v_g^1}\right) dl$$

En choisissant ω_1 et $\omega_2 \gg \omega_p$ et $\omega_1 \simeq \omega_2\omega$, il vient au premier ordre près (en posant $\Delta\omega = \omega_2 - \omega_1$) :

$$\frac{1}{v_g^2} - \frac{1}{v_g^1} = \frac{n_e e^2}{cm\epsilon_0}\frac{\Delta\omega}{\omega^3}$$

et

$$t_2 - t_1 = \frac{e^2\Delta\omega}{mc\epsilon_0\omega^3}\int_0^D n_e(l)\, dl$$

Si on suppose $n_e(l)$ uniforme et égal à sa valeur moyenne $< n_e(l) >$ sur le trajet pulsar-observateur et si on connaît D, on peut alors déduire $< n_e >$ de la mesure de $t_2 - t_1$. L'intégrale $\int_0^D n_e(l)\, dl$ porte le nom de « mesure de dispersion ». Une valeur typique de $< n_e >$ trouvée par cette méthode est $< n_e >= 0.03cm^{-3}$ dans le MIS diffus.

Solution 9.2 :

Le mouvement d'un électron du milieu sous l'action de la force de Lorentz s'écrit :

$$m_e\frac{\partial^2\vec{r}}{\partial t^2} = -e\vec{E} - e(\vec{v} \wedge (\vec{B}_{gal} + \vec{B}_{onde}))$$

où :

$\vec{E}$ est le champ électrique de l'onde incidente
$\vec{B}_{onde}$ est le champ magnétique de l'onde incidente
$\vec{B}_{gal}$ est le champ magnétique galactique local

L' équation précédente se réduit à :

$$m_e\frac{\partial^2\vec{r}}{\partial t^2} = -e\vec{E} - e(\vec{v} \wedge \vec{B}_{gal})$$

car $|\vec{B}_{onde}|$ est négligeable devant $|\vec{B}_{gal}|$.
En projetant cette équation sur les 3 axes, on obtient les composantes du courant électronique $\vec{j} = -ne\vec{v}$ en fonction de celles de $\vec{E}$:

$$j_x = i\epsilon_0\frac{\omega_p^2}{\omega}\frac{E_x - i(\frac{\omega_c}{\omega})E_y}{1 - \frac{\omega_c^2}{\omega^2}}$$

$$j_y = i\epsilon_0\frac{\omega_p^2}{\omega}\frac{E_y + i(\frac{\omega_c}{\omega})E_x}{1 - \frac{\omega_p^2}{\omega^2}}$$

$$j_z = i\epsilon_0 \frac{\omega_p^2}{\omega} E_z$$

Les équation de la conservation de la charge et de Maxwell-Gauss donnent : $\rho = 0$ *et* $E_z = 0$

L'équation de Maxwell-Faraday et celle de Maxwell-Ampère conduisent à :

$$\vec{j} = \frac{i}{\mu_0 \omega}(\frac{\omega^2}{c^2} - k^2)\vec{E}$$

L'identification des expressions de j_x *et* j_z *provenant des deux équations conduit à un système à deux équations :*

$$[(\frac{\omega^2}{c^2} - k^2)(1 - \frac{\omega_c}{\omega}^2) - \frac{\omega_p^2}{c^2}]E_x = -i\frac{\omega_p^2 \omega_c}{c^2 \omega} E_y$$

et

$$[(\frac{\omega^2}{c^2} - k^2)(1 - \frac{\omega_c}{\omega}^2) - \frac{\omega_p^2}{c^2}]E_y = i\frac{\omega_p^2 \omega_c}{c^2 \omega} E_x$$

Ce système n'admet de solutions non triviales (E_x *et* E_y *non nulles) que si* k *obéit à l'équation :*

$$[(\frac{\omega^2}{c^2} - k^2)(1 - \frac{\omega_c}{\omega}^2) - \frac{\omega_p^2}{c^2}]^2 = (\frac{\omega_p^2 \omega_c}{c^2 \omega})^2$$

C'est l'équation de dispersion recherchée dont les deux solutions sont :

$$k_-^2 = \frac{\omega^2}{c^2}(1 - \frac{\omega_p^2}{\omega(\omega - \omega_c)})$$

et

$$k_+^2 = \frac{\omega^2}{c^2}(1 - \frac{\omega_p^2}{\omega(\omega + \omega_c)})$$

On trouve que k_- *est réel si* $\omega \geq \frac{\omega_c + (\omega_c^2 + 4\omega_p^2)^{\frac{1}{2}}}{2}$ *et* k_+ *est réel si* $\omega \geq \frac{-\omega_c + (\omega_c^2 + 4\omega_p^2)^{\frac{1}{2}}}{2}$
Pour k_-*, on trouve* $E_x = -iE_y$ *: onde polarisée circulaire gauche. Pour* k_+*, on trouve* $E_x = iE_y$ *: onde polarisée circulaire droite.*
L'onde polarisée droite est la combinaison de deux ondes polarisées circulaires gauche et droite, d'amplitudes égales à la moitié de celle de l'onde polarisée droite. La vitesse de phase de ces deux ondes n'est pas la même car leurs nombres d'onde sont différents :

$$k_- < k_+ \Longrightarrow v_\phi^- > v_\phi^+$$

A la sortie du milieu, la direction de polarisation a tourné d'un angle :

$$\theta = \frac{k_+ - k_-}{2} L$$

où L est la dimension du milieu.
Ceci revient à dire que sur un trajet de longueur L dans le milieu interstellaire, la variation de phase de l'onde est $\Delta\psi = \int_0^L k\, dl$ *où k est différent selon que la polarisation est circulaire droite ou gauche. En supposant que* $\omega \gg \omega_p$ *et que le champ magnétique est uniforme le long de la ligne de visée :*

$$\Delta\psi = \frac{1}{2}\int_0^L (k_+ - k_-)\, dl$$

et comme $k_\pm^2 c^2 = \omega^2 \epsilon_\pm$, *il vient :*

$$\delta\psi = \frac{\omega}{2c}\int_0^L (\epsilon_+^2 - \epsilon_-^2)\, dl \simeq \frac{2\pi e^3}{m^2c^2\omega^2}\int_0^L n_e B_{gal}\, dl$$

où l'on a développé $\epsilon_\pm^{\frac{1}{2}} \simeq 1 - \frac{1}{2}(\frac{\omega_p}{\omega})^2(1 \pm \frac{\omega_c}{\omega})$. *La quantité* $\int_0^L n_e.B_{gal}\, dl$ *s'appelle mesure de rotation* ($rad.cm^{-3}$).
Si B_{gal} *fait un certain angle* θ *avec la ligne de visée, il doit être remplacé par* $B_{gal}\cos\theta$. *En combinant la mesure de dispersion et la mesure de rotation, on peut obtenir une valeur moyenne de la projection de B :*

$$< B_{gal}\cos\theta >= \frac{\int_0^L n_e B\cos\theta\, dl}{\int_0^L n_e\, dl}$$

Les pulsars conduisent à des valeurs moyennes de B_{gal} *de l'ordre de 0.6 à 3* 10^{-6} *Gauss.*

Solution 9.3 :
En utilisant la relation de Boltzmann, on trouve pour $\frac{n_u}{n_l}$ = *2.932, 2.998, 2.99998, 3.00 pour T = 3, 100,* 10^4 , 10^6 *K. La différence de population relative entre 3 K et* 10^6 *K est seulement de 2.3%.*

Solution 9.4 :
On pose $x^2 = \frac{mv^2}{2kT_{cin}}$. *On a :*

$$\int_0^{+\infty} \exp(-\frac{mv^2}{2kT_{cin}})\, dv = (\frac{2kT_{cin}}{m})^{\frac{1}{2}}\int_0^{+\infty}\exp(-x^2)\, dx = \sqrt{(\frac{2kT_{cin}}{m})}\frac{\sqrt{\pi}}{2}$$

Donc à trois dimensions un facteur de normalisation égal à $\frac{m}{\pi kT_{cin}}$ *est nécessaire. Utilisant la définition de* v_{rms} *fournie, on a :*

$$v_{rms} = (\int_0^{\infty} v^2 f(v)\, dv)^{\frac{1}{2}} = (\frac{3kT_{cin}}{2m})^{\frac{1}{2}}$$

En utilisant la relation liant V_{rms} *et* Δv, *on obtient pour* Δv *:*

$$\Delta v = (\frac{4\ln 2kT_{cin}}{m_H})^{\frac{1}{2}} = 0.22T_{cin}^{\frac{1}{2}}$$

Pour $\Delta v = 1\ km.s^{-1}$ *on trouve* $T_{cin} = 21.2K$.
$T_{cin} = 21.2(\frac{m}{m_H})(\delta V)^2$
Pour un gaz parfait d'hydrogène, la vitesse du son est $c = \sqrt{\frac{P}{\rho}} = \sqrt{\frac{nkT_{cin}}{nm_H}} = 9.08 \times 10^{-2}\sqrt{T}_{cin}$. *Pour* $T_{cin} = 21K$, *on trouve* $c = 0.42\ km.s^{-1}$

Solution 9.5 :

Le dédoublement Zeeman vaut respectivement : 2.8 MHz sur Terre, 2.8 GHz sur le Soleil et 2.8 Hz dans le MIS.
A la fréquence $\nu_0 = 1.42$ *GHz de la raie de* $H1$, *un* $\Delta v = 1$ *km* s^{-1} *correspond à un dédoublement de 4.74 kHz soit* 5.9×10^{-4} *de la largeur de raie. Le mesure de l'effet Zeeman est donc très difficile dans le MIS.*

Solution 9.6 :

La profondeur optique totale du nuage de dimension L peut s'exprimer sous la forme :

$$\tau_0 = 5.2 \times 10^{-19}\frac{N_H}{T\Delta v}$$

où N_H *en* cm^{-2}, Δv *en km* s^{-1}. *En supposant la densité uniforme dans le nuage :* $N_H = \int n\,dl = n.L$ *où* L *est l'épaisseur du nuage et* n *la densité particulaire.*
On en déduit :

$$L = \frac{\tau_0 T\Delta v}{5.2 \times 10^{-19} n}$$

On trouve $L = 9.6 \times 10^{16}\ m \simeq 3\ pc$.

Solution 9.7 :

Pour le deuxième nuage (celui au fond caché par le premier), l'équation de transfert s'écrit :

$$T_{b2} = T_2(1 - \exp(-\tau_2))$$

car il n'a pas de source de fond.
Pour le premier nuage, le deuxième nuage sert de source de fond :

$$T_{b1} - T_{b2} = (T_1 - T_{b2})(1 - \exp(-\tau_1))$$

ce qui se réécrit en remplaçant T_{b2} *par son expression :*

$$T_{b1} = T_1(1 - \exp(-\tau_1)) + T_2(1 - \exp(-\tau_2))\exp(-\tau_1)$$

L'observateur pense ne voir qu'un seul nuage de température cinétique T *et de profondeur optique* $\tau = \tau_1 + \tau_2$ *ce qui le conduit à écrire l'équation de transfert suivante :*

$$T_{b1} = T(1 - \exp -(\tau_1 + \tau_2))$$

La température cinétique du nuage équivalent aux deux nuages est donc :

$$T = \frac{T_1(1 - \exp(-\tau_1)) + T_2(1 - \exp(-\tau_2))\exp(-\tau_1)}{1 - \exp(-(\tau_1 + \tau_2))}$$

Elle est donc intermédiaire entre T_1 *et* T_2
Si le premier nuage est optiquement épais : $\tau_1 \gg 1$ *et* $T_{b1} = T_1$. *L'observateur a accès à la température cinétique du premier nuage et n'a aucune information sur le deuxième nuage*
Si le premier nuage est optiquement mince ($\tau_1 \ll 1$) *et le deuxième optiquement épais* ($\tau_2 \gg 1$), *on a après développement des exponentielles :*

$$T = T_1\tau_1 + T_2(1 - \tau_1) \simeq T_1\tau_1 + T_2$$

L'observateur ne mesure ni T_1 *ni* T_2 *mais* T_2 *augmentée par la contribution du premier nuage.*
Si les deux nuages sont optiquement minces :

$$T = \frac{T_1\tau_1 + T_2\tau_2(1 - \tau_1)}{\tau_1 + \tau_2}$$

on obtient une moyenne pondérée des deux températures.

Chapitre 10

Introduction aux nuages moléculaires

10.1 Introduction

Les nuages moléculaires contiennent à peu près la moitié de la masse du milieu interstellaire de notre Galaxie. Ils n'occupent cependant qu'une faible fraction du volume du MIS. Les conditions environnementales (champ de rayonnement, existence d'autres nuages proches) ont probablement une influence sur leurs propriétés. Les nuages moléculaires peuvent en effet être plus ou moins condensés sous l'effet de leur propre gravité, plus ou moins chauds et de composition principalement moléculaire ou atomique. Les deux constituants les plus abondants des nuages moléculaires sont l'hydrogène (essentiellement sous forme moléculaire) et l'hélium. Notre connaissance des nuages moléculaires provient cependant essentiellement de l'analyse de constituants beaucoup moins abondants que H et He : ce sont la poussière et les molécules de CO. En particulier, l'observation de la transition rotationnelle de CO, la raie $J = 1 - 0$ à $\lambda = 2.6$mm permet de définir la taille, la forme et les mouvements à l'intérieur des nuages moléculaires.
Dans notre Galaxie, les nuages moléculaires sont répartis dans une couche d'épaisseur 100 parsecs qui coïncide avec le plan galactique (figure 10.1). Les observations de CO ont révélé que ces nuages sont distribués le long des bras spiraux essentiellement à l'intérieur de l'orbite du Soleil autour du centre galactique.
On peut distinguer sept types de nuages morphologiquement différents. dont les caractéristiques sont rassemblées dans la table 10.1. Cependant, l'essentiel de la masse des nuages moléculaires est contenue dans les Nuages Moléculaires Géants (NMG). Les observations de CO des NMG ont permis de préciser leurs propriétés. Leurs diamètres sont compris entre 20 et 100 parsecs, leurs masses entre 10^5 et 10^6 $M_\odot$, leurs densités entre 10 et 300 cm^{-3} et leurs températures cinétiques entre 10 et 30 K.

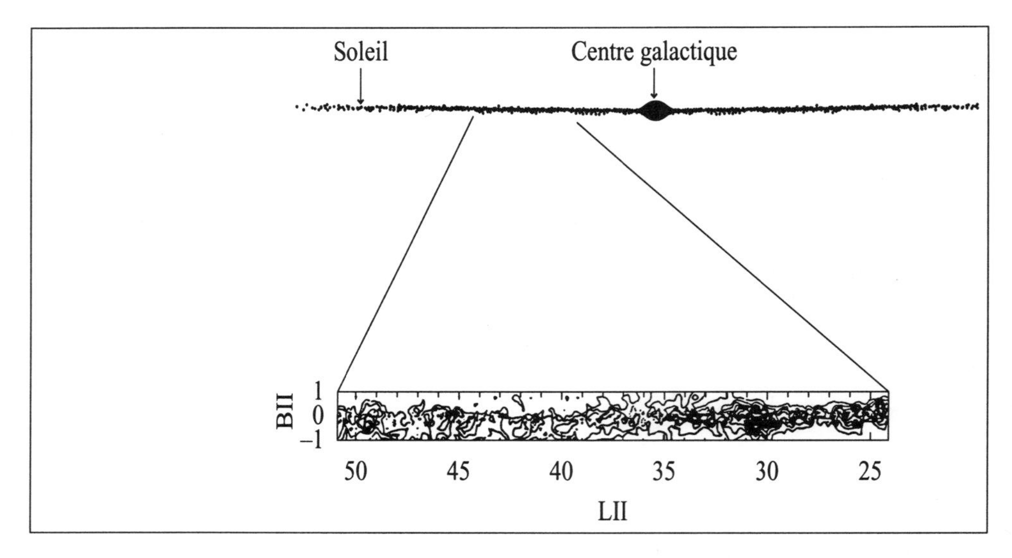

Fig. 10.1- *Répartition des nuages moléculaires tracés par leur émission en CO dans le disque galactique adapté de Burton et al, 1992, The Galactic Interstellar Medium (Springer)*

La *dimension d'un nuage* (son "diamètre") n'est pas une grandeur aisée à définir car les nuages moléculaires ne sont pas tous des entités auto-gravitantes en équilibre. Le diamètre d'un nuage est en général estimé à partir des contours sur une carte où l'intensité intégrée d'une raie moléculaire en émission est représentée en fonction de deux coordonnées angulaires θ_x, θ_y. La figure 10.2 montre une carte des deux NMG les plus proches, Orion A et Orion B, les contours étant ceux de la raie de CO. Ces cartes ont en général une forme irrégulière et complexe. Le diamètre d'un nuage est défini comme étant celui du cercle contenant la même surface qu'un contour particulier, en général le contour correspondant à la moitié de l'intensité intégrée maximale. La *masse du nuage* est alors déterminée en utilisant la surface de la carte et une relation entre l'intensité intégrée de la raie de CO et la densité de colonne de H_2. La densité peut être très différente d'un nuage moléculaire à l'autre. La valeur inférieure citée plus haut, 10 cm^{-3}, est une valeur moyenne correspondant à une masse et à une taille typique. La valeur supérieure, 100 cm^{-3}, est la densité nécessaire pour exciter la transition de CO avec une profondeur optique typique. La *température cinétique* est déterminée par le chauffage dû aux rayons cosmiques et aux étoiles éventuellement présentes près du nuage et par le refroidissement par les molécules de CO. La largeur de raies typique pour CO, $FWHM \simeq 10$ km s^{-1}, est bien supérieure à celle correspondant à l'élargissement Doppler dû à des mouvements thermiques à une température voisine de 30 K (0.2 km s^{-1}). Ceci indique l'occurrence de mouvements supersoniques probablement dûs à des ondes magnétohydrodynamiques dans le

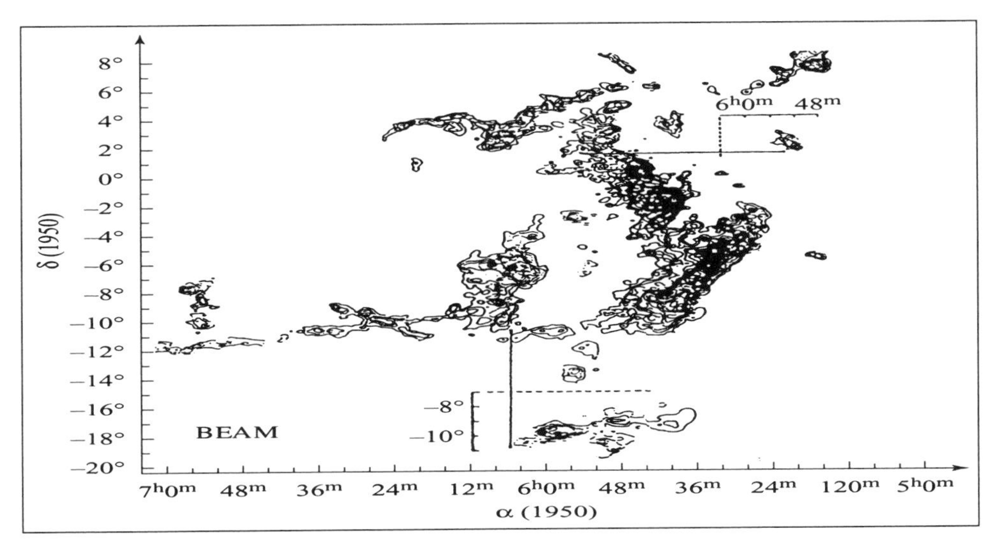

Fig. 10.2- *Carte des deux nuages moléculaires Orion A et Orion B dans la raie de* CO *adapté de Maddalena et al, 1986, Astrophys. Journal, 303, 375*

gaz du nuage (on pense que le gaz est couplé au champ magnétique par des collisions entre ions et espèces neutres).

Notre connaissance des nuages moléculaires provient non seulement de l'observation des raies de CO et de l'émission de la poussière, mais aussi de l'observation de milliers de raies dues à une centaine de molécules interstellaires. Ces molécules peuvent être des espèces organiques les plus simples comme CO et OH mais aussi des chaînes très longues comme $HC_{11}N$. L'état actuel de nos connaissances sur ces molécules est décrit plus en détail au paragraphe 9.7. Leurs spectres de raies sont presque tous composés de *transitions rotationnelles* dont les longueurs d'onde se situent dans les *domaines centimétriques, millimétriques et submillimétriques.* La figure 10.3 montre le spectre de la nébuleuse Kleinmann-Low dans Orion : il contient plus d'une centaine de raies moléculaires entre les longueurs d'onde 0.8 à 0.9 μm.

L'étude des processus chimiques qui forment et détruisent les molécules interstellaires et maintiennent leurs abondances constitue la chimie des nuages moléculaires.

Dans la première partie du chapitre, nous exposons dans une les quantités habituellement mesurées pour les nuages moléculaires Dans une seconde partie, nous établissons l'équation de transfert et nous intéressons aux molécules interstellaires comme diagnostiques des conditions physiques dans les nuages moléculaires (densité, champs de vitesses internes, température, ...). La nature des molécules observées dans les nuages moléculaires est exposée dans une troisième partie. Les processus de chauffage et de refroidissement des nuages moléculaires sont brièvement présentés dans une quatrième partie.

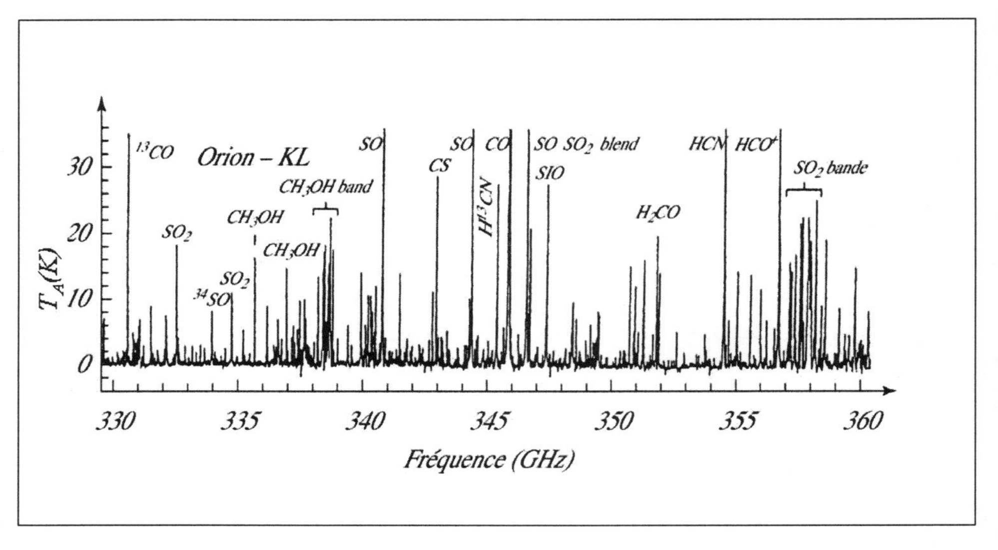

Fig. 10.3- *Spectre de raies moléculaires de la nébuleuse de Kleinmann-Low dans le Nuage Moléculaire Géant d'Orion adapté de Groesbeck et al, 1994, Astrophys. J. Sup., 94, 147*

10.2 Observations des nuages moléculaires

Les spectres moléculaires sont obtenus dans le domaine radio : dans les bandes centimétriques, millimétriques et submillimétriques. L'observation depuis le sol est limitée par l'absorption et la diffusion du rayonnement des astres au sommet de l'atmosphère terrestre. L'absorption est essentiellement dûe aux molécules atmosphériques (H_2O, O_2, CO) et la diffusion est dûe à des cristaux de glace, aux gouttes d'eau et à l'ionosphère. L'atmosphère présente cependant deux fenêtres où le rayonnement est transmis : la fenêtre optique-infrarouge proche de 0.4 à 4 μm et la fenêtre radio de 1 millimètre à 10 mètres. La largeur et la structure de ces fenêtres dépend beaucoup de la quantité d'eau au-dessus du site d'observation. La pollution lumineuse des centres urbains et les interférences avec des signaux radar ou de communication micro-ondes affectent beaucoup la qualité du signal reçu dans ces fenêtres. Pour ces raisons, les télescopes infrarouges et radio sont construits sur des montagnes élevées et sèches pour minimiser l'absorption atmosphérique et dans des régions faiblement peuplées pour éviter les signaux radio produits par l'homme.
En spectroscopie radioastronomique, les données sont acquises par une antenne, un récepteur et l'équipement informatique qui contrôle l'acquisition des données et leur traitement. L'antenne a un réflecteur primaire de forme paraboloïdale. La largeur du lobe d'antenne est définie par la diffraction. Sa largeur à demi-hauteur (FWHM) vérifie $\theta_b = 1.2\frac{\lambda}{D}$ où D est le diamètre du réflecteur. Pour des antennes à une seule ouverture, θ_b est compris entre 10 secondes d'arc

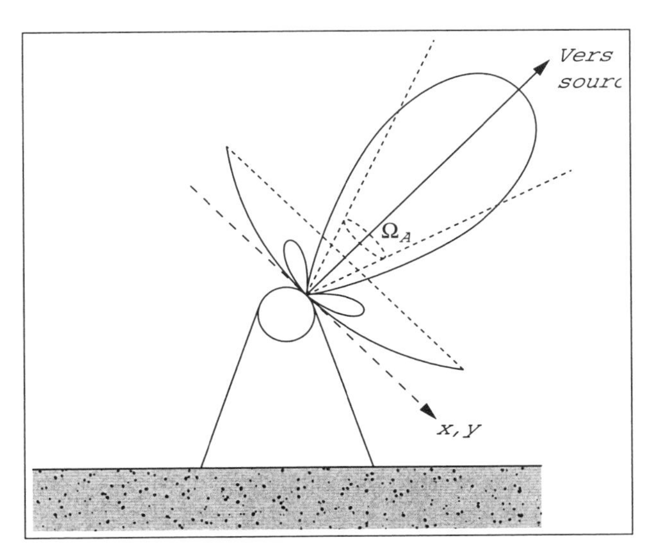

Fig. 10.4- *Définition de la directivité et de l'angle solide d'une antenne*

et quelques minutes d'arc. Les réseaux d'antenne (synthèse d'ouverture) permettent d'obtenir une résolution plus fine entre 0.1 et 10 secondes d'arc.
Le récepteur est un système hétérodyne. Aux fréquences inférieures à 50 GHz, la première partie est un amplificateur suivi d'un mélangeur. Aux fréquences élevées, il n'existe pas d'amplificateurs de faible bruit, le mélangeur est la première étape. Ces composantes sont généralement refroidies à la température de l'hélium liquide, voisine de 4 K, pour minimiser le bruit. Un spectromètre à autocorrélation digitale analyse les fréquences à la sortie du capteur.

10.2.1 Quantités mesurées et leurs importance

La puissance reçue par l'antenne, P_ν, lorsqu'on dirige un radiotélescope vers une source dont l'intensité est $I_\nu(\theta, \phi)$ est donnée par :

$$P_\nu = \frac{1}{2} A \int \int I_\nu(\theta, \phi) f(\theta, \phi)\, d\Omega \tag{10.1}$$

Cette puissance s'exprime en W Hz^{-1}. La direction θ correspond à la direction de signal maximum et l'angle solide élémentaire $d\Omega = \sin\theta d\theta d\phi$. La quantité A est la surface que présente l'antenne au rayonnement dans le plan Oxy et $f(\theta, \phi)$ est la directivité de l'antenne (figure 10.4).

Si la source est à l'équilibre thermodynamique, I_ν est donnée par la fonction de Planck. Dans le domaine radio, $I_\nu = \frac{2\nu^2}{c^2} kT$ car l'approximation $\frac{h\nu}{kT} \ll 1$ est généralement valide. Comme la source rayonne isotropiquement, la puissance reçue s'écrit :

$$P_\nu = \frac{1}{2} A I_\nu \Omega_A \tag{10.2}$$

où Ω_A est l'angle solide effectif de l'antenne :

$$\Omega_A = \int\int f(\theta, \phi)\, d\Omega \tag{10.3}$$

Nous admettrons que $\Omega_A = \frac{\lambda^2}{A}$ (ceci peut être démontré en raisonnant par analogie avec un télescope optique pour lequel la formule de la résolution angulaire est $\alpha = \frac{\lambda}{D}$). Il vient donc :

$$P_\nu = kT \tag{10.4}$$

Pour cette raison, on associe à la puissance rayonnée P_ν une température T_A appelée *température d'antenne* telle que :

$$P_\nu = kT_A \tag{10.5}$$

T_A est donc une quantité directement obtenue de la radioastronomie. En pratique, on détermine T_A en comparant à la puissance d'une source de bruit qui alimente le récepteur lorsque celui-ci n'observe pas une source.
Nous avons vu que les radioastronomes expriment l'intensité I_ν d'une source en fonction de la température de brillance, T_b, dans l'approximation de Rayleigh-Jeans :

$$I_\nu = \frac{2\nu^2}{c^2} kT_b(\nu) \tag{10.6}$$

La température d'antenne T_A est donc reliée à T_b par :

$$T_A = \frac{1}{\Omega_A} \int\int T_b(\theta, \phi) f(\theta, \phi)\, d\Omega \tag{10.7}$$

où l'on a utilisé les relations $P_\nu = kT_A$ et la relation $\Omega_A = \frac{\lambda^2}{A}$.
Lorsque l'angle solide d'antenne Ω_A est petit devant l'étendue de la source, on obtient $T_A = T_b$. Si par contre, l'angle solide de la source Ω_S est petit devant Ω_A, alors $T_A = T_b \frac{\Omega_S}{\Omega_A} \ll T_b$. On obtient la distribution de $T_b(\theta, \phi)$ pour la source à partir des mesures de la distribution de $T_A(\theta, \phi)$ en inversant l'équation intégrale 9.7.
En spectroscopie radioastronomique, les quantités habituellement mesurées sont :

- *la fréquence de la raie :* la détermination précise des fréquences au repos de plusieurs raies est nécessaire pour identifier la molécule responsable. Si la raie est déplacée par effet Doppler, on peut obtenir la composante de la vitesse moyenne du nuage. La résolution des spectromètres radioastronomiques est suffisante pour mesurer cette vitesse avec une précision de 0.1 km s^{-1}.
- *l'élargissement de la raie :* pour la plupart des raies, l'élargissement est dû à un effet Doppler et mesure la dispersion des mouvements internes au nuage. Les cartes de la vitesse du centre de la raie et de la largeur de raies sont d'excellents diagnostiques des mouvements systématiques du nuage (par exemple la rotation) ou des mouvements turbulents dans le nuage (qui sont en général plus importants que les mouvements thermiques).

- *l'effet Zeeman :* l'interaction du moment magnétique dipolaire d'une molécule avec un champ magnétique externe divise les niveaux d'énergie de la molécule. Les transitions entre niveaux divisés montrent l'effet Zeeman (déplacement en fréquence entre les composantes polarisées circulaires droites et circulaires gauches). Les mesures de la raie de H I à 21 cm, de celle de OH à 18 cm et celle de H_2O à 1.3 cm conduisent à des champs magnétiques dans les nuages moléculaires de quelques μG à quelques 30 mG.
- *les intensités relatives des raies :* les populations relatives des niveaux d'énergie d'une molécule dépendent de la température et de la densité des partenaires collisionnels de la molécule. Les intensités relatives de deux raies spectrales provenant de différents niveaux d'une molécule dépendent de la densité du nuage et de sa température. Ces études de plusieurs transitions ont conduit à des températures de nuage de 10 à 100 K et des densités allant de quelques 10 cm^{-3} à quelques 10^5 molécules par cm^3.

10.3 Les molécules comme diagnostiques physiques du gaz

Les molécules sont les uniques diagnostics dont nous disposions pour étudier les conditions physiques à l'intérieur des nuages moléculaires. L'intensité d'une raie moléculaire est en effet déterminée par l'abondance moléculaire et le taux d'excitation collisionnel qui dépend de la température et de la densité.

10.3.1 Transitions observables

Les raies observées dans la région micro-onde sont essentiellement dûes à des transitions entre des états rotationnels de molécules. Pour la plupart des molécules diatomiques et polyatomiques linéaires, on utilise en première approximation le modèle du rotateur rigide qui conduit à des raies spectrales équidistantes. Pour prédire plus précisément les fréquences de ces raies, on doit tenir compte de l'effet de la force centripète sur les distances séparant les atomes individuels ce qui modifie légèrement les fréquences.
Dans la région micro-onde, on peut observer aussi des transitions entre sous-niveaux, lorsque les niveaux rotationnels sont dédoublés dans le cas de certains couplages. C'est le cas pour la *molécule OH.* Cette molécule a une couche électronique incomplètement remplie et plusieurs moments de spin internes. La structure de ses niveaux d'énergie est complexe, intermédiaire entre les cas de Hund a) et b). La molécule étant symétrique autour de l'axe inter-nucléaire, les projections des moments angulaires internes sur cet axe (l'axe Oz par exemple) se conservent. Le moment angulaire total est $\vec{J} = \vec{K} + \vec{L} + \vec{S}$ (en ignorant le spin

nucléaire), où $\vec{L}$ est le moment angulaire électronique, $\vec{S}$ le moment de spin électronique ($S = \frac{1}{2}$), $\vec{K}$ correspond à la rotation de la molécule bout-à-bout ($K_z = 0$). L'état électronique fondamental est un état Π avec $L_z = 1$. On a donc $J_z = 1 \pm \frac{1}{2}$, donnant lieu à deux échelles de rotation, $^2\Pi_{\frac{1}{2}}$ et $^2\Pi_{\frac{3}{2}}$. Les indices $\frac{1}{2}$ et $\frac{3}{2}$ indiquent la valeur de J_z et l'indice 2 indique la possibilité de deux orientations possibles pour le spin électronique. Sur chaque échelle K, les états sont caractérisés par J ($J \geq J_z$). L'interaction avec la configuration électronique la plus proche, un état Σ, lève la dégénérescence entre les états ayant $+J_z$ et $-J_z$, conduisant à un dédoublement, appelé dédoublement Λ. L'interaction hyperfine avec le spin nucléaire $\vec{I}$ ($I = \frac{1}{2}$) provoque un dédoublement supplémentaire. Chaque état rotationnel est donc divisé en quatre niveaux caractérisés par leur parité et le moment angulaire total $F = J \pm \frac{1}{2}$. Un diagramme des niveaux d'énergie est montré sur la figure 10.5 où sont indiqués les niveaux rotationnels qui sont couplés radiativement au niveau fondamental. Le dédoublement de chaque niveau a été exagéré pour rendre la figure plus claire. Les fréquences des transitions vers l'état fondamental sont indiquées à droite et en bas. Ces transitions se situent à peu près à 18 cm. Les transitions autorisées suivent les règles de sélection du dipôle, qui imposent un changement de parité et $\Delta F = 0, \pm 1$ (mais $F = 0 \rightarrow 0$ est interdite). Les raies qui conservent F sont appelées *raies principales* (aux fréquences 1665 et 1667 MHz) et celles qui changent F sont les *raies satellites* (à 1612 et 1720 MHz). Dans le cas de OH, il est remarquable que ces transitions sont autorisées (au contraire de la transition de structure hyperfine de la raie à 21 cm). De plus, leurs probabilités de transition sont quatre ordres de grandeur plus élevés que celle de la raie à 21 cm.

La table 10.2 reproduit certaines des molécules interstellaires détectées au début des années 2000.

Dans la région micro-onde, on peut aussi observer des dédoublement de raies lors d'une *inversion de configuration* de la molécule. Le cas le plus connu est celui de la molécule NH_3. L'atome d'azote peut vibrer soit en-dessus soit en-dessous par rapport au plan défini par les trois atomes d'hydrogène (figure 10.6). L'énergie de vibration est indépendante de la position de l'atome d'azote ce qui doit conduire à deux états dégénérés. Les états « en-dessus »et « en-dessous »peuvent être mélangés conduisant à deux fonctions d'onde, une symétrique et une antisymétrique. Ces deux fonctions d'onde ont des énergies différentes, la fonction d'onde symétrique ayant l'énergie la plus basse. Les transitions entre ces deux niveaux se situent aux grandes longueurs d'onde. Pour NH_3, dans l'état vibrationnel le plus bas ($\nu = 0$), la raie se situe à 1.25 cm. Cette transition peut être excitée aux basses températures du milieu interstellaire.

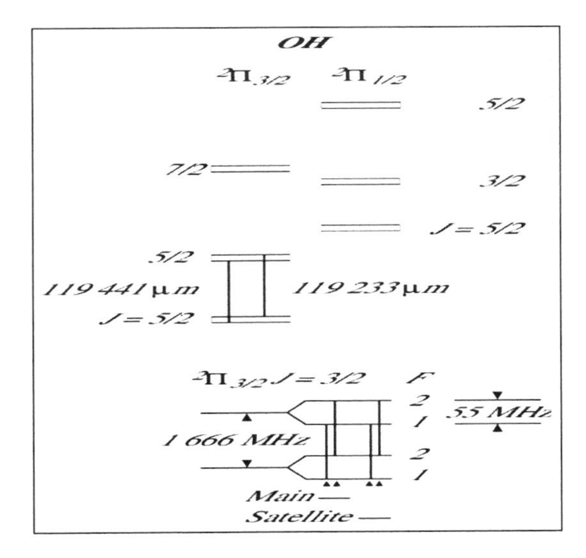

Fig. 10.5- *Diagramme des niveaux d'énergie de la molécule* OH. *Les doublets* Λ *les plus bas sont indiqués à gauche. A droite, le dédoublement par structure hyperfine de l'état fondamental qui conduit á la possibilité de quatre raies dont les fréquences sont indiquées*

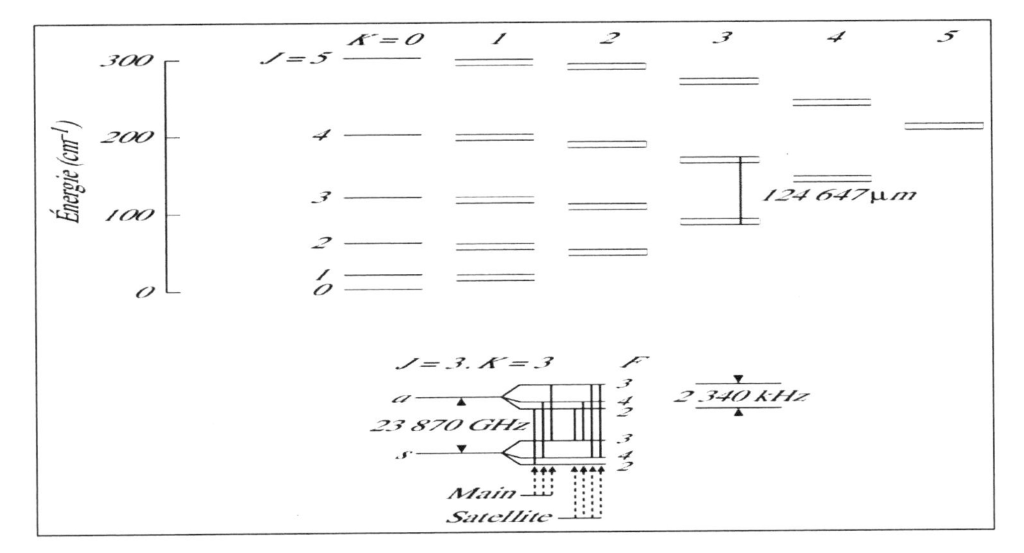

Fig. 10.6- *Diagramme des niveaux d'énergie de la molécule* NH_3 *montrant le dédoublement d'inversion de tous les niveaux sauf ceux ayant* $K = 0$

10.3.2 Théorie du transfert du rayonnement

L'étude des molécules interstellaires aux longueurs d'onde radio peut fournir de nombreuses informations sur les conditions physiques régnant dans les nuages interstellaires. Ceci provient du fait qu'un nombre relativement élevé de niveaux d'énergie sont reliés par des transitions dont les longueurs d'onde sont situées dans le domaine radio. Ces niveaux ont des énergies suffisamment basses pour être excités de manière appréciable, soit par collisions, soit par le rayonnement aux conditions physiques du MIS. Les raies moléculaires peuvent apparaître soit en absorption soit en émission aux longueurs d'onde radio. En contraste, dans le domaine optique, les transitions ne sont pas en général excitées par les collisions et sont observées en absorption. On peut alors déduire l'abondance de la molécule mais pas d'autres informations sur l'environnement moléculaire.

Il est nécessaire d'établir l'équation de transfert du rayonnement si l'on souhaite déduire à partir des observations les paramètres physiques de la source produisant le rayonnement. L'équation de transfert à une dimension relie l'intensité du rayonnement, I_ν, au coefficient d'absorption, κ_ν, et au coefficient d'émission, ϵ_ν, sous la forme :

$$\frac{dI_\nu}{dt} = -\kappa_\nu I_\nu + \epsilon_\nu \tag{10.8}$$

Nous supposons qu'il n'y a pas d'inversion de populations (qui résulterait en une amplification maser). L'équation précédente peut être intégrée sous la forme :

$$I_\nu(s_0) = I_\nu(0)\exp(-\tau_\nu(s_0)) + \exp(-\tau_\nu(s_0)) \int_0^{s_0} \epsilon_\nu \exp(-\tau_\nu(s))\, ds \tag{10.9}$$

où $\tau_\nu(s) = \int_0^s \kappa_\nu\, ds$ est la profondeur optique. L'intégration est faite selon la ligne de visée depuis un point origine $s = 0$ jusqu'à la position de l'observateur à s_0. Dans le cas d'un nuage uniforme et homogène possédant un coefficient d'absorption $\kappa_0(s)$ à la fréquence ν_0 d'une transition moléculaire, la formule 10.9 évaluée à la fréquence ν_0, devient :

$$I_0(s_0) = I_0(0)\exp(-\tau_0(s_0)) + (\frac{\epsilon_0}{\kappa_0})(1 - \exp(-\tau_0(s_0))) \tag{10.10}$$

Le premier terme représente l'atténuation par le nuage du rayonnement incident et le second terme représente l'émission des molécules du nuage corrigée par l'auto-absorption. La quantité mesurée sur les spectres est l'excès d'intensité observé à la fréquence ν_0 de la transition moléculaire. Cet excès correspond à la différence entre $I_0(s_0)$ et l'intensité $I_\nu(s_0)$ à une fréquence ν, proche de la fréquence de transition ν_0. En faisant $\tau_0 = 0$ dans l'équation 9.10, on trouve que $I_\nu(s_0) \simeq I_0(o)$. L'excès d'intensité dûe à la raie spectrale est donc :

$$\Delta I_0 = I_0(s_0) - I_0(0) = (\frac{\epsilon_0}{\kappa_0} - I_0(0))(1 - \exp(-\tau_0(s_0))) \tag{10.11}$$

On peut d'autre part exprimer ϵ_0, κ_0 et τ_0 en fonction des paramètres qui décrivent les propriétés moléculaires et l'excitation :

$$\kappa_\nu = \frac{\lambda^2 A f(\nu)}{8\pi}(\frac{g_u}{g_l}n_l - n_u) \tag{10.12}$$

$$\epsilon_\nu = \frac{h\nu A f(\nu) n_u}{4\pi} \tag{10.13}$$

où n_u et n_l sont les densités moléculaires des niveaux supérieurs et inférieurs de la transition étudiés, g_u et g_l, les poids statistiques de ces niveaux. La fonction $f(\nu)$ est le profil de raies qui doit vérifier $\int f(\nu)\, d\nu = 1$. Dans le cas d'un profil gaussien, $f(\nu) = 2\frac{\sqrt{(ln2)}}{\sqrt{(\pi)\delta_\nu}}$ où δ_ν est la largeur de raie à moitié de l'intensité maximale.

On définit généralement deux températures reliées respectivement au rayonnement et aux propriétés moléculaires : la température de brillance T_B et la température d'excitation, T_{ex}, de la transition moléculaire étudiée. La première est la température du corps noir rayonnant la même intensité que celle observée. Elle vérifie la relation de Rayleigh-Jeans :

$$I_\lambda = \frac{2k_B T_B}{\lambda^2} \tag{10.14}$$

La température d'excitation, T_{ex}, de la transition moléculaire est définie par la relation de Boltzmann :

$$\frac{n_u}{n_l} = \frac{g_u}{g_l}\exp(-\frac{h\nu_0}{k_B T_{ex}}) \tag{10.15}$$

Dans le cas où les molécules sont en équilibre thermodynamique local (ETL) avec leur environnement alors tous les niveaux peuvent être décrits par la même température d'excitation qui est égale à T_{cin}, la température cinétique du milieu. Généralement, les niveaux d'énergie moléculaires ne sont pas peuplés selon une distribution de Boltzmann. Les écarts à l'ETL sont généralement dûs aux basses densités. Les taux de collision sont alors plus faibles que les taux de désexcitation spontanée ce qui ne permet pas de peupler suffisamment les niveaux d'énergies élevées.

En combinant les équations 9.11 et 9.14 et en utilisant l'hypothèse que $h\nu \ll k_B T_{ex}$, on obtient la solution de l'équation de transfert radiatif qui est utilisée pour analyser les spectres :

$$\Delta T_B = (T_{ex} - T_c)(1 - \exp(-\tau_0(s_0))) \tag{10.16}$$

où $T_c = \frac{\lambda_2 I_0(0)}{2k_B}$ est la température de brillance du rayonnement éclairant le nuage par l'arrière. Cette température est nécessairement supérieure ou égale à 3 K (fond cosmologique). Dans le cas d'une raie en émission ($T_{ex} > T_c$),

$\Delta T_B > 0$, dans le cas d'une raie en absorption $\Delta T_B < 0$.
Dans l'équation 9.16, les quantités déterminées sont ΔT_B et T_c et l'information physique est contenue dans T_s et τ_0. La profondeur optique τ_0 est reliée à la densité de colonne par :

$$\tau_0 = \frac{2\sqrt{ln2}\lambda^2 A}{8\pi^{\frac{3}{2}}\delta\nu}(\frac{g_u}{g_l}N_l - N_u) \tag{10.17}$$

soit

$$\tau_0 = \frac{2\sqrt{ln2}\lambda^2 A}{8\pi^{\frac{3}{2}}\delta\nu}\frac{g_u}{g_l}N_l(1 - \exp(-\frac{h\nu}{k_B T_{ex}}) \tag{10.18}$$

où N_l et N_u désignent les densités de colonne relatives aux niveaux d'énergie inférieur et supérieur. La densité de colonne totale de la molécule, N, est obtenue en sommant sur tous les états. On est amené à faire une hypothèse sur le peuplement des niveaux d'énergie. On peut par exemple adopter une distribution d'énergie caractérisée par une température T_{cin}, alors N_l est reliée à la densité de colonne totale N de la molécule par :

$$\frac{N_l}{N} = \frac{g_l \exp(-\frac{E_l}{k_B T_{cin}})}{Q} \tag{10.19}$$

où Q, la fonction de partition rotationnelle est donnée par :

$$Q = \sum_{J=0}^{\infty}\sum_{K=0}^{J}(2J+1)\exp(-\frac{E_{K,J}}{k_B T_{cin}}) \tag{10.20}$$

pour des molécules toupies symétriques ou asymétriques (J et K sont les nombres quantiques habituels caractérisant les niveaux d'énergie). Pour les molécules linéaires, $E_J = J(J+1)hB$, il n'est pas nécessaire de sommer sur K. La somme sur J est remplacée par une intégrale (ce qui est justifié lorsque $hB \ll kT_{cin}$) et on trouve : $Q = \frac{kT_{cin}}{hB}$ où B est une constante de rotation de la molécule linéaire. Pour des toupies asymétriques, Q est donnée par le développement en série :

$$Q = (\frac{\pi}{ABC})(\frac{kT_{cin}}{h})^3)^{\frac{1}{2}}\exp(\frac{h(B+C)}{8kT_{cin}})[1 + \frac{1}{2}(1 - \frac{B+C}{2A})\frac{h(B+C)}{2kT_{cin}} + ...] \tag{10.21}$$

où A, B et C sont des constantes rotationnelles.
La précision avec laquelle les abondances sont déterminées est limitée pour plusieurs raisons. D'abord, si la source émettant la raie moléculaire est optiquement épaisse, c'est-à-dire si $\tau_0 \gg 1$, on ne peut pas obtenir d'information sur τ_0 (équation 9.16), ni donc sur l'abondance en utilisant une seule raie. Cependant, on peut mesurer la température d'excitation T_{ex} puisqu'on a accès à $T_{ex} - T_c$. En pratique, on fait généralement l'hypothèse (à moins qu'on ait la preuve du contraire) que la source est optiquement fine. Dans ce cas, on peut

développer les exponentielles dans les équations 9.16 et 9.18. En combinant ces deux développements, on trouve :

$$\Delta T_B = \frac{2\sqrt{ln2}\lambda^2 A}{8\pi^{\frac{3}{2}}\delta\nu}\frac{h\nu}{k}\frac{g_u}{g_l}N_l(\frac{T_{ex}-T_c}{T_{ex}}) \tag{10.22}$$

Dans le cas où $T_{ex} \ll T_c$, ΔT_B ne dépend pas de T_{ex} mais on peut déduire N_l directement de ΔT_B. Aux grandes longueurs d'onde, on a typiquement $T_{ex} \ll T_c$, on peut donc seulement déduire le rapport $\frac{N_l}{T_{ex}}$.
D'autre part, ce que mesure effectivement ΔT_B n'est pas très clair. Dans le lobe du radiotélescope, la structure du nuage peut être fragmentaire et dans ce cas ΔT_B est sous-estimé pour chaque fragment et les abondances aussi. De même, si le nuage n'est pas résolu par le radiotélescope (ce qui peut être le cas aux grandes longueurs d'onde), on fait l'hypothèse que la source responsable de la raie remplit effectivement le lobe du télescope. Ceci conduit à sous-estimer ΔT_B et donc N et/ou T_{ex}. Pour les raies en émission, le facteur de surestimation est le rapport $\frac{\Omega_B}{\Omega_S}$ où Ω_B est l'angle solide du lobe de l'antenne et Ω_S l'angle solide sous-tendu par la source.
On ne peut pas déterminer si un nuage est optiquement épais ou non à partir de l'observation d'une seule raie. L'observation de deux raies (par exemple deux composantes hyperfines) peut en principe résoudre ce problème. Si le rapport des intensités des deux raies à une valeur caractéristique de l'ETL, le nuage est probablement optiquement fin. Si le rapport est proche de 1, alors la profondeur optique est probablement importante. On peut aussi utiliser différents isotopes d'une même molécule. Le rapport des intensités relatives de ^{13}CO à ^{12}CO peut servir à déterminer la profondeur optique si on fait une hypothèse sur la valeur du rapport $\frac{^{13}C}{^{12}C}$ dans la molécule (par exemple qu'il prend la valeur du système solaire). On suppose de plus que les deux molécules isotopes ont la même température d'excitation (voir exercice 9.1).

10.3.3 Excitation des molécules interstellaires

Le peuplement des niveaux d'énergie est déterminé par deux types de processus qui sont en compétition : les collisions avec des électrons et des particules neutres et l'interaction avec un rayonnement qui diffère souvent d'un corps noir. En particulier, l'excitation des molécules interstellaires ne correspond pas à un équilibre thermique.
On ne peut pas en général relier simplement la température d'excitation d'une paire de niveaux d'énergie aux différentes températures qui caractérisent les particules et le rayonnement. En général, on résout un ensemble d'équations d'équilibre statistique qui prennent en compte le plus grand nombre possible de transitions de la molécule. Dans certains cas et moyennant certaines approximations, il est cependant possible de relier T_{ex} à la température T_{cin} et à la température du corps noir T_R représentant le rayonnement. Considérons le

cas où des transitions entre le niveau supérieur (u) et le niveau inférieur sont produites par :

- des collisions avec des particules à la température T_{cin}
- le fond cosmique représenté par un corps noir de température T_R
- d'autres champs de rayonnement qui produisent des transitions de (u) vers (l) à un taux r_{ul}^L et des transitions de (l) vers (u) à un taux r_{lu}^L. Ce mécanisme peut impliquer plusieurs autres niveaux d'énergie comme étapes intermédiaires.

L'équation d'équilibre statistique s'écrit :

$$n_u.(A_{ul} + B_{ul}I_\nu + n\sigma v + r_{ul}^L) = n_l(\frac{g_u}{g_l}B_{ul}I_\nu + \frac{g_u}{g_l}n\sigma v \exp(-\frac{h\nu}{kT_{cin}}) + r_{lu}^L \quad (10.23)$$

d'où l'on déduit que :

$$T_{ex} = \frac{(\tau_{cin}\beta + \tau_R\beta + \tau_R\tau_{cin}\beta r_{ul})T_R T_{cin}}{\tau_R\tau_{cin}T_R T_{cin} + \tau_R T_R\beta + \tau_{cin}T_{cin}} \quad (10.24)$$

où $\tau_{cin} = \frac{1}{n\sigma v}$, $\tau_R = \frac{1-\exp(-\frac{h\nu}{kT_R})}{A_{ul}}$ et $\beta = (\frac{h\nu}{k})(\frac{1}{\tau_{ul}^L} - \frac{1}{\tau_{lu}^L})^{-1}$. Les τ_{ul} et τ_{lu} sont les durées de vie (inverses des taux) des différents processus. Nous voyons donc que T_{ex} apparaît comme une moyenne compliquée des températures T_R et T_{cin}.

10.3.4 Détermination de la densité et des températures à partir des raies moléculaires

Dans le cas où les taux r_{ul}^L et r_{lu}^L peuvent être reliés par une température T_L de manière à ce que :

$$\frac{r_{lu}^L}{r_{ul}^L} = (\frac{g_u}{g_l})\exp(-\frac{h\nu}{kT_L}) \quad (10.25)$$

alors en faisant l'hypothèse pour toutes les températures que $\frac{h\nu}{kT} \ll 1$,

$$T_{ex} = \frac{(\tau_{cin}\tau_L + \tau_R\tau_L + \tau_R\tau_{cin})T_R T_{cin} T_L}{\tau_R\tau_{cin}T_R T_{cin} + \tau_R\tau_L T_R T_L + \tau_{cin}\tau_L T_{cin} T_L} \quad (10.26)$$

La forme asymptotique de cette expression lorsque $\tau_L \to \infty$ est :

$$T_{ex} = \frac{(\tau_{cin} + \tau_R)T_R T_{cin}}{\tau_R T_R + \tau_{cin}T_L} \quad (10.27)$$

Lorsqu'on observe des raies moléculaires en émission provenant d'une région éloignée des sources de rayonnement, on peut supposer que les collisions élèvent T_{ex} bien au-dessus de la valeur du fond cosmique $T_R \simeq 2.7K$. De l'équation

9.27, on déduit qu'il faut que $\tau_R > \tau_{cin}$. La densité particulaire pour laquelle τ_{cin} est égale à τ_R est donnée par :

$$n = \frac{A_{ul}}{\langle \sigma v \rangle (1 - \exp(-\frac{h\nu}{kT_R}))} \tag{10.28}$$

où $A_{ul} = \frac{64\pi^4 \nu^3 \mu_{ul}^2}{3hc^3}$ et $< \sigma v >$ est une moyenne calculée sur la distribution de vitesse des particules. L'hydrogène atomique et moléculaire contribuent le plus aux collisions avec les molécules étudiées. A défaut de mieux, on peut écrire que $< \sigma v >= \sigma_{geom} v_{rel}$ où σ_{geom} est la section géométrique ($\simeq 10^{-15}$ cm^2) et v_{rel} la vitesse relative moyenne de deux particules en collision : $v_{rel} = (\frac{8kT_{cin}}{\pi m})^{\frac{1}{2}}$ est voisine de 10^5 cm s^{-1} pour $T_{cin} = 100$ K et $m = m_{H_2}$.
Les observations de CO permettent de préciser la température d'excitation. En général, $\Delta T_B(^{13}CO)$ est typiquement 3 à 4 fois plus petit que $\Delta T_B(^{12}CO)$ ce qui indique que l'opacité dans la raie de CO est très élevée. Si l'on suppose de plus que $T_{ex}(CO) = \Delta T_B(^{13}CO) = \Delta T_B(^{18}CO)$ et que les rapports isotopiques des atomes vérifient les valeurs terrestres, on peut en utilisant l'équation 9.22 déduire deux valeurs indépendantes de τ(CO) à partir des rapports $\frac{\Delta T_B(^{12}CO)}{\Delta T_B(^{13}CO)}$ et $\frac{\Delta T_B(^{12}CO)}{\Delta T_B(^{18}CO)}$. On trouve de cette manière des valeurs de τ(CO) assez élevées. Pour cette raison, on a pour les différentes transitions $\Delta T_B = T_{ex}$.

10.3.5 Structures déduites des observations

Les nuages moléculaires n'ont pas en général des bords bien définis où la densité décroît brutalement avec la distance au centre. Il n'est d'ailleurs pas toujours possible de définir un centre unique pour une carte dans une transition donnée : plusieurs centres peuvent être présents et connectés par des structures filamenteuses conférant au nuage une structure complexe. A la différence des étoiles et des planètes, les nuages moléculaires ne sont pas forcément en équilibre entre différentes forces dont les directions sont simples. De plus, la dimension et l'aspect d'un nuage dépendent beaucoup de la transition moléculaire dans laquelle on les observe. Cependant, les cartes des nuages obtenues dans différentes transitions présentent toujours des *contours imbriqués* (figure 10.7). Il est donc possible de mesurer la forme et dimension d'un nuage . On peut aussi y mesurer les vitesses du centre des raies, des largeurs des raies ainsi que d'autres propriétés en fonction de la position sur la carte.

Le gaz moléculaire le moins dense a généralement une densité moyenne comprise entre 100 et 1000 cm^{-3} et une densité de colonne supérieure ou égale à 10^{21} molécules cm^{-2}. La poussière est bien mélangée au gaz du nuage avec un rapport de masse de 100/1. Ce gaz (essentiellement des molécules de H_2 et des atomes de H et He) peut être tracé par les raies de ^{12}CO (généralement optiquement épaisses) et ^{13}CO en émission (généralement optiquement minces). La poussière est détectée par son continuum qui apparaît en émission dans

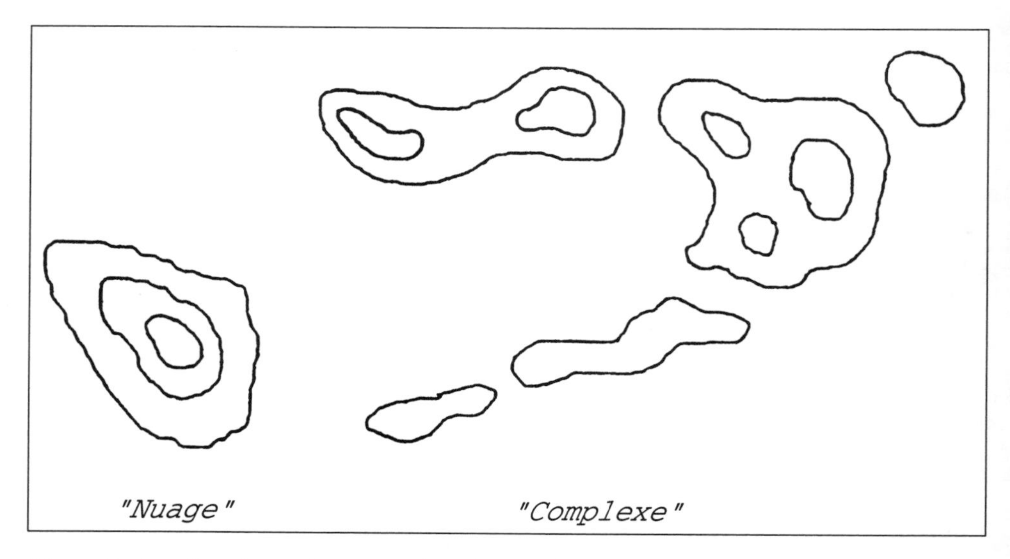

Fig. 10.7- *Représentations schématiques des cartes d'intensité montrant les contours d'un nuage isolé et ceux d'un complexe de nuages*

l'infrarouge lointain vers 100 μm. La carte d'intensité peut présenter un nuage isolé (structure simple incluse dans le contour de plus basse intensité) ou bien un complexe de nuages où plusieurs nuages (typiquement séparés par quelques diamètres) sont présents. Typiquement sur les cartes de régions proches obtenues avec une bonne résolution, les nuages ont une taille de 1 parsec alors que les complexes ont une taille de 10 parsec.
Le gaz moléculaire le plus dense ($n_{H_2} \geq 3 \times 10^3\text{cm}^{-3}$) est observé dans des régions de densité de colonne supérieures à 3×10^{21} molécules cm^{-2}. Les traceurs de ce gaz sont la raie de NH_3 à $\lambda = 1.3$ cm, celle de C_3H_2 à $\lambda = 3.5$ mm, celle de CS à $\lambda = 3.0$mm et celle de $C^{18}O$ à $\lambda = 2.7$ mm. Ces raies sont les traceurs des *cœurs denses* des nuages moléculaires qui sont plus petits et plus denses que les nuages tracés par ^{12}CO et ^{13}CO. Ces cœurs denses ont une dimension typique de 0.1 parsec. Pour un nuage moléculaire donné, la taille diffère selon le traceur utilisé.
A la fin des années 70, des structures fines ont été mises en évidence à l'intérieur des nuages. Ces structures sont plus petites que la résolution spatiale (1 minute d'arc) des radiotélescopes de l'époque (Barett et al [5]). Plus récemment, des cartes moléculaires à grande échelle obtenues avec des télescopes millimétriques ainsi qu'avec le Very Large Array (VLA) et des interféromètres millimétriques (Wilson et Walmsley [189]) ont permis de mettre en évidence la *fragmentation des nuages moléculaires*. Cette fragmentation est d'ailleurs présente à différentes échelles dans les nuages. Le figure 10.8 montre la carte du nuage moléculaire Orion A, l'un des nuages les mieux étudiés car situé proche du Soleil (à une distance de 450 parsecs), dans les raies de ^{13}CO $J = 1 \longrightarrow 0$,

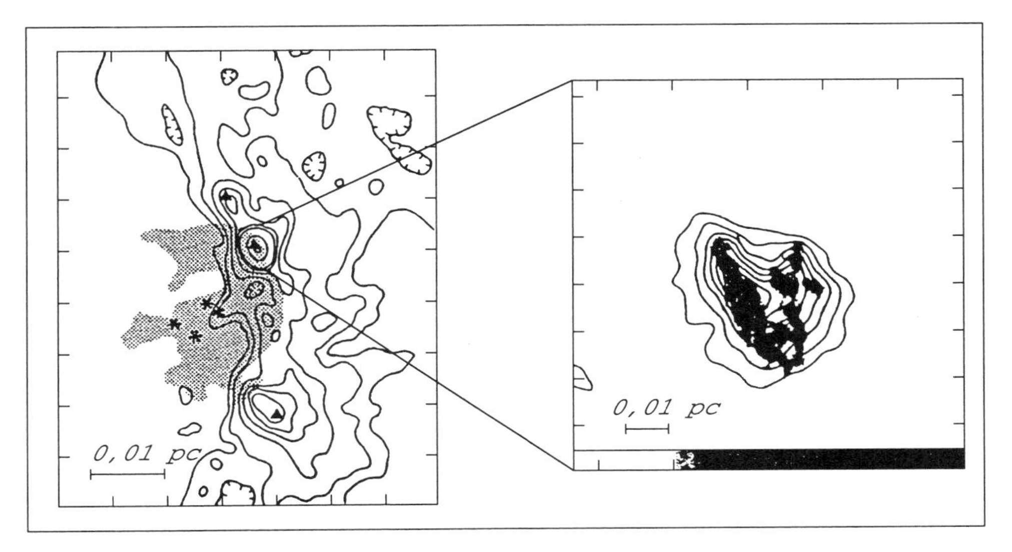

Fig. 10.8- *Représentation schématique de la carte du nuage moléculaire Orion A dans les raies de ^{13}CO, de CS et* NH_3 *à trois échelles spatiales différentes d'après Bally et al [4]*

de CS $J = 2 \longrightarrow 1$ et NH_3 (3,2) (raie d'inversion) à trois échelles spatiales différentes.

On y voit bien la distribution complexe et hautement inhomogène du gaz. La carte de droite obtenue par Bally et al [4], dans ^{13}CO $J = 1 \longrightarrow 0$, cartographie le nuage entier à une résolution de 90" (correspondant à une dimension de 0.19 pc à la distance du nuage). On y observe des *fragments denses* et des *filaments* ainsi que des *bulles* et des *cavités.* Il est probable que le rayonnement et les vents des étoiles massives des associations de Orion OB aient un effet dynamique important sur la structure des nuages. La partie centrale de la figure représente la carte interférométrique dans la raie CS $J = 2 \longrightarrow 1$ à $\lambda = 3$ mm de la barre centrale de OMC1 (Orion Molecular Cloud 1) situé dans la partie nord de Orion A (Mundy et al [119]). Ces données ont une résolution de 7.5" soit 0.016 parsecs et montrent clairement des *sous-structures.* La partie de droite montre une carte dans la transition NH_3 (3,2) à $\lambda = 1.2$ cm dans la région du coeur chaud qui est la concentration la plus remarquable vue sur le CS « ridge »(Migenes et al [114]). Des structures importantes sont encore observées à cette plus petite échelle (2.8×10^{-3} pc). Les nuages obscurs présentent aussi différents types de structures à différentes échelles (Falgarone et Puget [54]).

La nature de ces *fragments* n'est pas complètement éclaircie : sont-ils des unités physiques stables ou des fluctuations dynamiques temporaires ? Ils ne semblent pas correspondre uniquement à des fluctuations de colonne densité mais sont séparés en vitesse d'autres structures. La stabilité de ces fragments et des nuages en général pose un problème : pourquoi ne s'effondrent-ils pas sur des échelles de temps courtes ? Le temps de chute libre pour les nuages moléculaires, $t_{cl} \simeq (3G\rho)^{-\frac{1}{2}}$, est de l'ordre de 10^6 ans pour un nuage typique soumis uniquement à la gravitation. Leur effondrement devrait donc conduire à un taux de formation stellaire bien supérieur à celui estimé dans notre Galaxie. On pense que l' effondrement gravitationnel est empêché par la pression magnétique dû au champ magnétique local et (ou) aux ondes magnétiques d'Alfvèn.

10.3.6 Traceurs du champ magnétique

On pense que le champ magnétique interstellaire joue un rôle important pour maintenir la structure du nuage, ainsi que dans sa dynamique et son évolution. Les principaux traceurs du champ magnétique sont la raie à 21 cm de l'hydrogène atomique et les raies à 18 cm de OH. Ces raies présentent l'effet Zeeman. L' amplitude du décalage entre composantes de polarisation circulaire droite et gauche dépend du moment magnétique de l'atome ou de la molécule et vaut quelques Hz par μG pour les raies de H 1 et de OH.

Traceur de l'intensité du champ magnétique

La séparation en fréquence des composantes déplacées par effet Zeeman est très petite devant la largeur de la raie et donc difficile à mesurer. Ce déplacement vaut $2\nu_z = a|\vec{B}|$ où l'intensité du champ magnétique projeté dans la ligne de visée est exprimée en μG. Le facteur a est généralement très faible : il vaut 2.8 Hz μ G^{-1} pour la raie de H 1 à 1420 MHz et 3.3 et 2.0 Hz μ G^{-1} pour les raies de OH à 1665 et 1667 MHz. Les valeurs de la projection du champ magnétique dans la ligne de visée mesurées avec la raie de H 1 sont typiquement de l'ordre de 20 μG dans le milieu interstellaire. Dans les cœurs denses où a lieu la formation stellaire, l'utilisation des radicaux moléculaires a conduit à des limites supérieures de l'ordre de 100 μG.

Traceur de la direction du champ magnétique

Le champ magnétique aligne les grains interstellaires. Dans leur configuration d'équilibre, des grains ellipsoïdaux ont leurs grands axes parallèles au champ magnétique. Cette orientation explique la polarisation observée. La lumière d'une étoile située derrière un nuage de poussières a son vecteur électrique perpendiculaire au grand axe des grains. Elle est donc polarisée perpendiculairement à l'axe des grains et parallèlement au champ magnétique $\vec{B}$. Si on observe l'émission due à la poussière elle-même (et non pas la lumière stellaire absorbée), cette lumière émise a une polarisation qui est parallèle à l'axe des grains et perpendiculaire à $\vec{B}$ ($\vec{E}$ est aligné avec l'axe des grains). La figure 10.9 montre des mesures de polarisation du rayonnement optique d'étoiles de

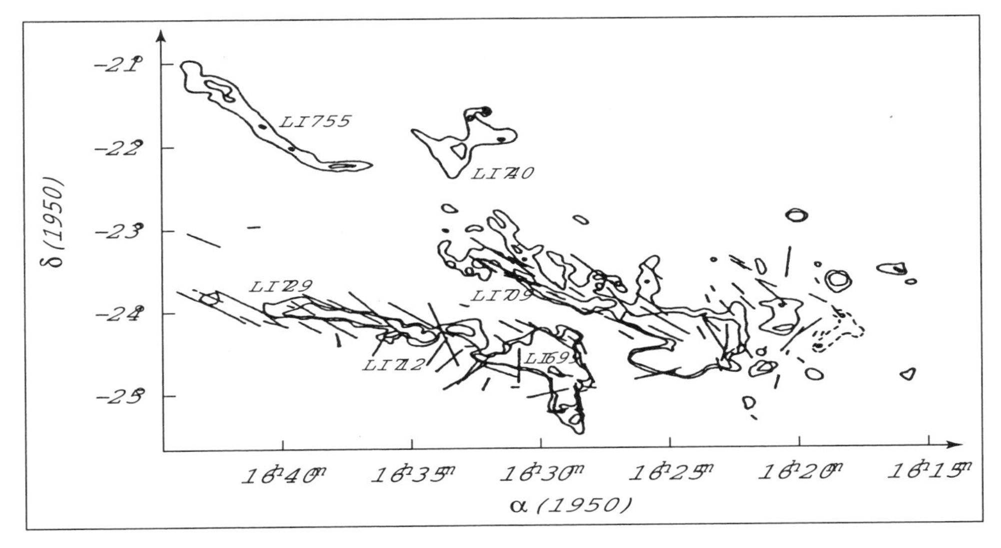

Fig. 10.9- *Orientation et grandeurs relatives schématiques des vecteurs de polarisation optique vers les étoiles de champ sur les bords de nuages du complexe ρ Ophiuchi. Les contours solides correspondent à des températures de 3 K et 6 K dans la raie de ^{13}CO ($J = 1 - 0$). Adapté de Loren, 1989, Astrophys. J., 338, 902*

fond après leur passage à travers les nuages moléculaires du complexe ρ Ophiuchi. On observe que dans certaines régions le champ magnétique est aligné à certains filaments et dans d'autres régions il leur est perpendiculaire.

Effet retardateur du champ magnétique sur l'effondrement d'un nuage

Considérons un nuage contenant un champ magnétique. Ce champ peut contribuer à empêcher le nuage de s'effondrer sous sa propre gravité. La force magnétique agit seulement sur les particules chargées et tend à les pousser vers l'extérieur (figure 10.10).

Le gaz neutre non soumis à la force magnétique est poussé vers l'intérieur par gravité. Les ions sont poussés vers l'extérieur et ces mouvements contraires donnent lieu à une friction entre espèces chargées et neutres. Cette friction tend à réduire la vitesse vers l'extérieur des particules chargées et la vitesse vers l'intérieur des espèces neutres. L'effondrement du nuage est retardé à cause de cette friction. Cet effet retard dure le temps nécessaire aux espèces neutres pour "dériver" à travers les ions et électrons et autres particules chargées. Cette dérive porte le nom de *diffusion ambipolaire* (figure 10.11). Elle a lieu sur intervalle de temps voisin de 4×10^5 ans dans un nuage où le pourcentage d'ionisation est proche de 10^{-8} (rapport des densités en nombre de tous les ions à la densité des noyaux d'hydrogène). Cette échelle de temps représente donc le temps maximum pour lequel un nuage peut rester statique avant de commencer à s'effondrer et donner lieu à la formation stellaire.

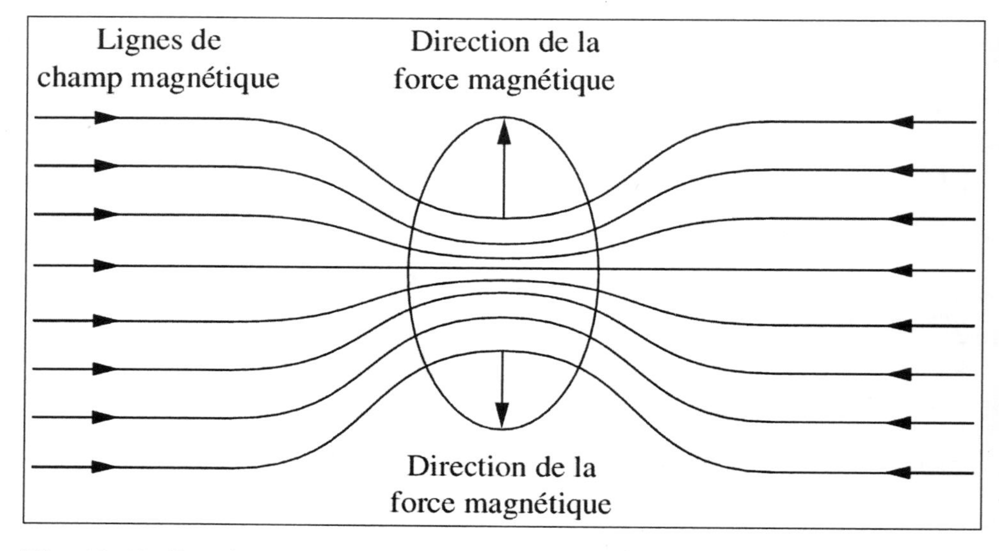

Fig. 10.10- *Représentation schématique d'un nuage gravitationnellement lié contenant un champ magnétique*

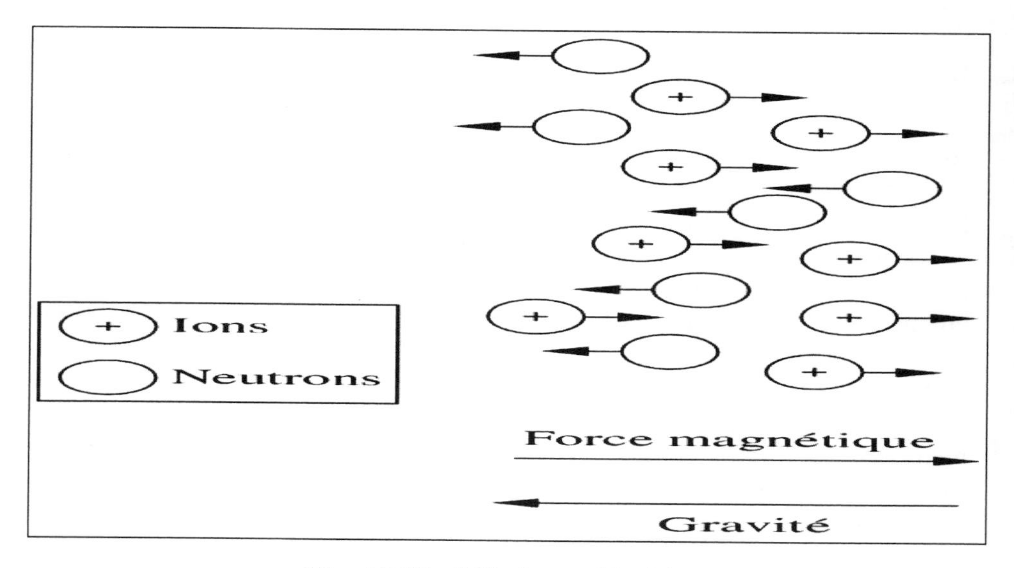

Fig. 10.11- *Diffusion ambipolaire*

10.4 Champs de vitesse

Considérons un nuage dans lequel le gaz est animé de mouvements d'agitation thermique. Les vitesses des atomes dans la ligne de visée vérifient une fonction Gaussienne du type :

$$N(v) = N(v_0)\exp[-\frac{(v-v_0)^2}{2\sigma^2}] \tag{10.29}$$

Le profil d'une raie provenant de ce nuage est en général bien représenté par une gaussienne :

$$T_b(v) = T_{b,max}\exp[\frac{-(v-v_0)^2}{2\sigma^2}] \tag{10.30}$$

Cette distribution est ici exprimée en fonction de la vitesse Doppler v, v_0 étant la vitesse d'ensemble du nuage par rapport à l'observateur et σ la dispersion des vitesses. La largeur à mi-hauteur, δv_{th}, d'un tel profil est reliée à σ par :

$$\delta v_{th} = 2.355\sigma \tag{10.31}$$

Le profil observé peut être élargi par d'autres facteurs que l'effet Doppler. Par exemple, la raie peut être saturée car elle est optiquement épaisse. Le profil peut être compliqué par la présence de plusieurs nuages ayant des vitesses différentes. Enfin, le profil est élargi par la fonction de réponse du spectromètre. Le profil, une fois corrigé de ces différents effets, a souvent une largeur bien supérieure à la largeur thermique δv_{th}. L'excès de largeur est en général attribué à de la *turbulence* non thermique, probablement d'origine magnétique. On suppose que ces mouvements non thermiques vérifient aussi une distribution gaussienne. La distribution des vitesses observées peut alors être écrite sous la forme d'une gaussienne dont la dispersion σ_{obs} vérifie :

$$\sigma_{obs}^2 = \sigma_T^2 + \sigma_{NT}^2 \tag{10.32}$$

où σ_T et σ_{NT} sont les dispersions des vitesses thermiques et non thermiques respectivement ($\sigma_T = (\frac{kT}{m})^{\frac{1}{2}}$ où m est le poids moléculaire moyen et T la température cinétique locale). L'observation des profils de raies de différents isotopes de CO ou des transitions ayant des nombres quantiques J différents sont en principe utiles pour étudier les champs de vitesse.
Le caractère supersonique des largeurs de raies dans les nuages moléculaires indique que des mouvements internes existent dans ces nuages. Il ne semble pas s'agir de mouvements radiaux ou rotationnels mais plutôt d'une *turbulence* qui est modélisée par la superposition de mouvements aléatoires. Dans les nuages denses, des écoulements associés aux vents des étoiles en formation sont observés dans la raie de ^{12}CO à 2.6 mm (Snell et al [154]) mais aussi dans les raies de ^{13}CO, HCO^+, CS, H_2O, OH, SO, SO_2 et H_2. Leurs vitesses varient de 1 à 100 km s^{-1} et ils s'étendent sur des échelles de 0.01 à 1 parsec. On reconnaît ces écoulements à la présence d' épaules situées à des vitesses

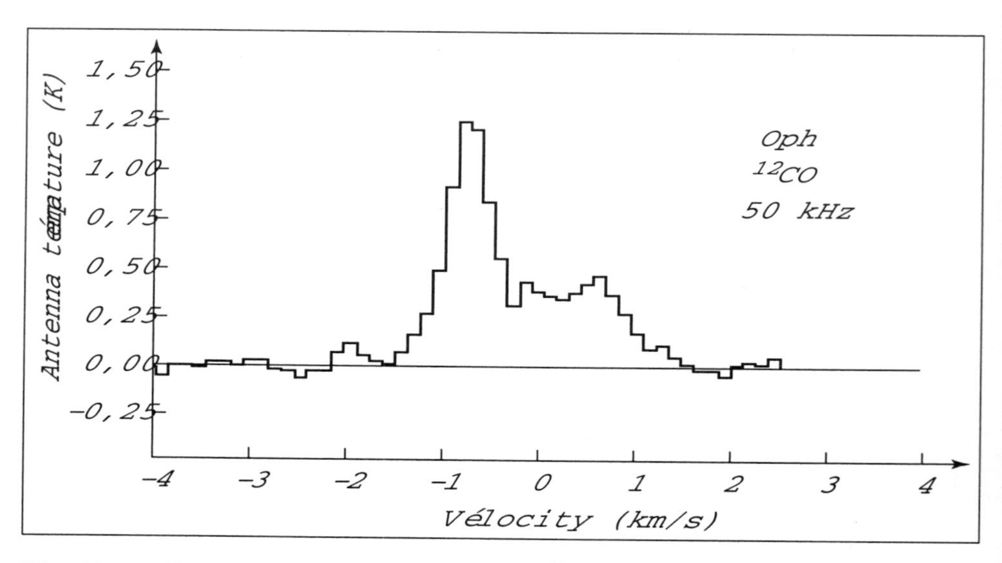

Fig. 10.12- *Structure de la raie en émission de* ^{12}CO $J = 1 \longrightarrow 0$ *montrant plusieurs composantes fines à des vitesse différentes (Langer et al [96])*

supérieures à la vitesse de libération de l'étoile dans le profil des raies.
Dans les nuages moléculaires diffus (d'extinction $A_V < 2$ mag), des structures se déplaçant à différentes vitesses sont aussi mises en évidence. Ces structures sont visibles dans les raies moléculaires en absorption dans les domaines ultraviolet et visible lorsque le nuage est dans la ligne de visée d'une étoile chaude. Elles sont aussi vues dans le profil des raies radio. Ainsi le nuage situé dans la ligne de visée de l' étoile ζ Oph, contient aux moins quatre composantes ayant des vitesses dans le référentiel local de l' étoile égales à -0.4 km s^{-1} (dans les raies de OH, CO, CH et H_2), à +0.6 km s^{-1} (dans les raies de CH^+), et à -3.5 et + 5.5 km s^{-1} (dans des raies atomiques). Dans les raies d'émission de CO à 2.6 mm et de CH à 9 cm, Langer et al [96] ont observé au moins quatre raies fines de déplacement - 2.0 km s^{-1} à + 1.0 km s^{-1} (figure 10.12). Les spectres optiques et ultraviolet n'avaient pas la résolution suffisante pour détecter les structures observées dans les spectres radio. Langer et al [96] ont réalisé une cartographie de l'émission en CO autour de la ligne de visée de ζ Oph : l'émission principale située vers - 1 km s^{-1} a une intensité pratiquement constante alors que les autres composantes varient selon la région étudiée. Leurs spectres obtenues à très grande résolution spatiale mettent en évidence des inhomogénéités de taille de l'ordre de 0.1 parsec ou moins.

10.5 Estimation de la masse

La masse d'un nuage est généralement estimée à partir d'une raie dont l'intensité intégrée peut être reliée à la densité de colonne, N_{obs}, de la molécule observée. L'abondance de cette molécule doit être connue indépendamment. On peut utiliser la raie $J = 1 \rightarrow 0$ de ^{13}CO dont l'abondance, x_{obs}, peut être déduite par une corrélation avec un autre traceur de densité de colonne (la poussière). La masse comprise à l'intérieur d'un contour de température T_1 est :

$$M(T > T_1) = \frac{mD^2}{x_{obs}} \int_{T>T_1} N_{obs}(\theta_x, \theta_y) \, d\Omega \tag{10.33}$$

où $N_{obs}(\theta_x, \theta_y)$ est la densité de colonne observée à la position θ_x, θ_y. La quantité D est la distance au nuage connue en général par spectrophotométrie des étoiles associées au nuage. L'intégrale est évaluée sur l'angle solide Ω définie par $T > T_1$. L'incertitude sur les masses ainsi obtenues est au moins d'un facteur trois.

10.6 Différents types de morphologie

Les propriétés physiques des nuages interstellaires peuvent être très variées. De plus leur aspect dépend beaucoup de la longueur d'onde d'observation, de la résolution et de la sensibilité de l'appareil d'observation. On utilise leurs propriétés les plus remarquables : intensité en émission ou absorption, taille, forme pour les regrouper en catégories. Six classes ont été ainsi définies. La table 10.1 rassemble pour chacune la taille, l'extinction, le traceur et la masse stellaire.

Les *nuages diffus* absorbent peu la lumière stellaire dans le visible. Ils la réfléchissent peu aussi. Situés à des latitudes galactiques assez hautes, ils ont une extinction de 1 mag ou moins. Ils sont visibles dans la raie $J = 1 \rightarrow 0$ de CO et dans les cartes IR lointain de IRAS vers 100 μm et 60 μm. Leur structure est complexe et montre plusieurs échelles de taille : on observe des filaments et des fragments. Leurs limites sont mal définies. Leurs raies moléculaires montrent clairement l'existence de mouvements de gaz mais leurs masses sont trop faibles par un facteur 10 pour que cette matière soit gravitationnellement liée. Certains nuages diffus semblent être en équilibre de pression avec le gaz internuage.

Les *globules* apparaissent sur des photographies optiques comme des taches noires qui absorbent beaucoup la lumière stellaire derrière eux. Ils peuvent être relativement isolés et un peu allongés ou constituer les parties opaques de filaments moins denses et allongés. Ils semblent être des entités en équilibre sous l'influence de leur propre gravité et sont souvent associés à de jeunes étoiles. Ils sont cependant trop peu massifs et trop peu nombreux pour contribuer substantiellement à la formation de la plupart des étoiles de notre Galaxie. La figure 10.13 montre le globule B335 dans la raie à 2.6 mm de CO superposé à une photographie optique obtenue vers 0.7 μm. On y observe qu'au fur et à mesure que le gaz et la poussière deviennent plus denses et opaques, le densité d'étoiles de fond diminue et l'émission dans la raie de CO augmente. La figure

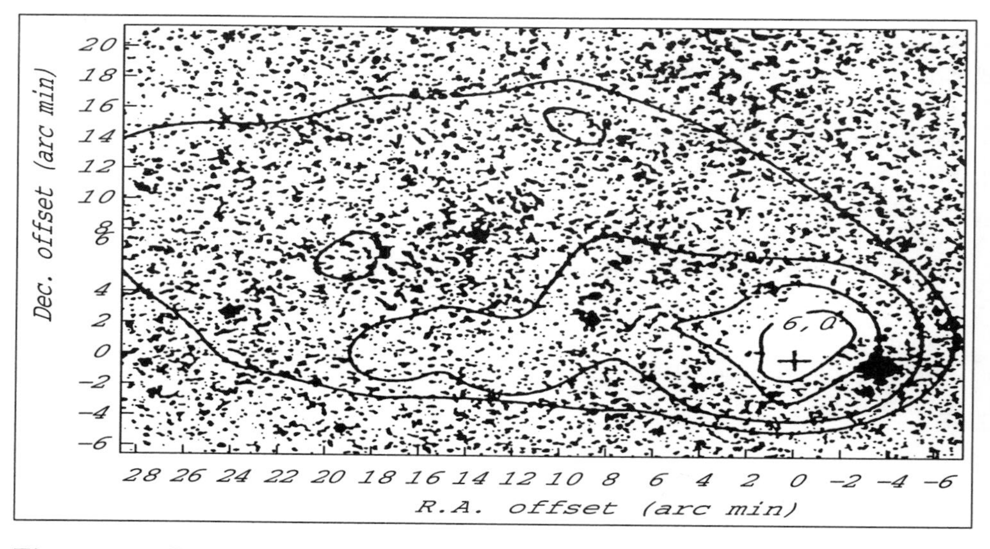

Fig. 10.13- *Contours de l'intensité intégrée de la raie à 2.6 mm $J = 1 - 0$ de CO superposés à une photographie optique du globule B335. On y observe la corrélation entre l'intensité intégrée et l'extinction visuelle due à la poussière. Adapté de Frerking et al, 1987, Astrophys. J., 313, 320*

10.14 montre trois cartes de B335 dans la raie $J = 1 - 0$ des 3 isotopes : ^{12}CO, ^{13}CO et C^{18}O. Ces trois espèces isotopiques ont des rapports d'abondance de 1, 1/90, 1/500 dans le système solaire. On constate que les cartes de B335 en CO, ^{13}CO et C^{18}O sont de moins en moins étendues. Or les densités en partenaires collisionnels nécessaires pour exciter les raies de CO, ^{13}CO et C^{18}O sont de plus en plus élevées. On y voit aussi que le profil des raies devient de plus en plus étroit de CO à ^{13}CO jusqu'à C^{18}O. Ces molécules tracent des régions progressivement de plus en plus petites et denses. Les régions les plus denses ont une largeur à demi-hauteur moins élevée et donc tendent à être animées de mouvements plus calmes. En fait, ce comportement est observé dans un grand nombre de nuages de différents types. La température de ces nuages varie de 10 K à 30 K et pour ces températures, la largeur à mi-hauteur de la raie de CO est 0.1 à 0.2 km s^{-1} soit cinq à dix fois plus petite que celle observée. La largeur observée est donc dûe essentiellement à des mouvements non thermiques turbulents. Cette turbulence supersonique est une des caractéristiques essentielles de la physique des nuages.

Les *nuages sombres filamentaires* apparaissent sur les photographies optiques comme des structures irrégulières, allongées et opaques de longueurs projetées de quelques parsecs. La largeur et l'intensité des raies spectrales, leurs températures et densités sont semblables à celle des globules. De nombreux filaments contiennent des segments indistinguables des globules où des étoiles se forment : ce sont les *cœurs denses.* Ces filaments sont bien plus

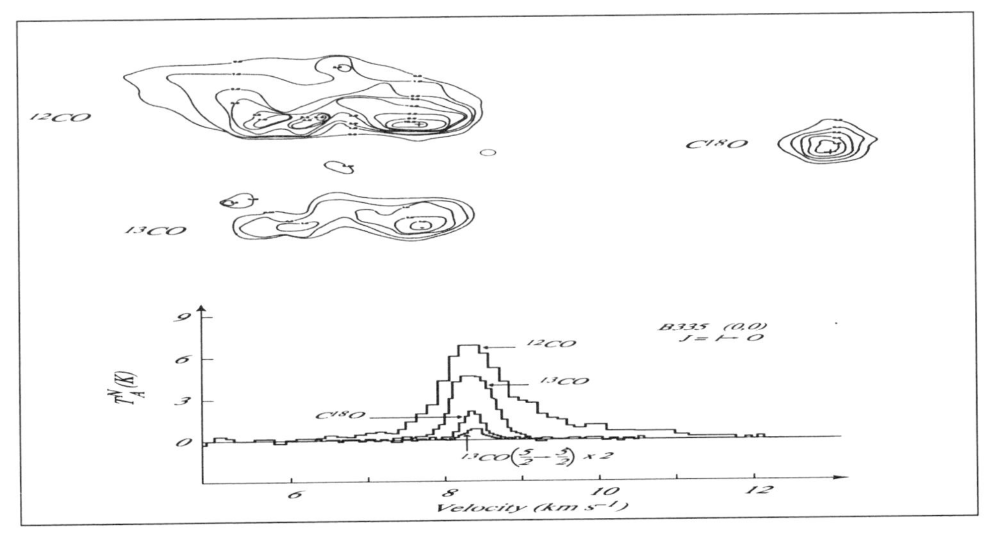

Fig. 10.14- *Cartes d'intensité intégrée et profils spectraux dans les raies rotationnelles de* CO, ^{13}CO *et* C^{18}O *pour le globule B335. La largeur des profils spectraux diminue alors que la densité sondée par la raie augmente. Adapté de Frerking et al, 1987, Astrophys. J., 313, 320*

étendus que les globules et ont une structure complexe.
Certains de ces nuages sombres filamentaires se terminent en de grands nuages opaques, les *coeurs sombres*, qui sont accompagnés de dizaines d'étoiles jeunes rassemblées dans des amas. A cet égard, les cœurs sombres diffèrent des globules qui n'ont pas d'étoiles jeunes associées.
Les *nuages filamentaires géants* sont beaucoup plus étendus, massifs que les nuages sombres filamentaires. La dispersion des vitesses y est plus élevée. Ils contiennent aussi plus d'étoiles. Les étoiles les plus massives y ont des masses comprises entre 5 et 30 $M_\odot$. Ces nuages géants ont toujours des cœurs contenant des amas ayant plus d'une centaine d'étoiles jeunes.

Les classes présentées ci-dessus pourraient représenter les différentes morphologies d'un même nuage selon qu'il se trouve dans un bras spiral ou non ou selon qu'il soit exposé à un fort champ de rayonnement UV ou non.

10.7 Observations de molécules dans les nuages moléculaires

On connaît l'existence de molécules dans le milieu interstellaire depuis les années 40. A cette époque, les raies d'absorption optique des trois radicaux libres CH, CH$^+$ et CN ont été identifiées. La raie observée à 4300Å par Dunham [50] a été attribuée par Swings et Rosenfeld au radical CH. Adams [1]

Type	Taille	A_V	traceur	masse stellaire
diffus	1-10 pc	0.3-1 mag	CO,H 1, IRAS visible	$M < 2M_\odot$?
globule	0.1-0.3	3-10 mag	CO, visible, IRAS	$M < 2M_\odot$
nuage dense	0.1-0.3	3-10	CO, visible IRAS	$M < 5M_\odot$
filamentaire *sombre*	1-10	1-3	CO, visuel IRAS	$M < 5M_\odot$
coeur sombre	1-3	10-100	CO, visuel	$M < 5M_\odot$
filamentaire géant	3-10	10-30	CO, IRAS	$M < 5M_\odot$
coeur géant	1-3	30-300	CO, IRAS	$M < 30M_\odot$

Tab. 10.1- *Différentes classes de nuages moléculaires*

identifia les raies de CH^+ à 4232 Å et de CN à 3875 Å. A partir de 1969, les molécules H_2, CO, OH et C_2 ont été découvertes par leurs spectres de raies dans l'ultraviolet lointain. Dans le domaine radio, en 1963, quatre raies de OH avaient déjá été observées proches de $\lambda = 18$ cm par Weinreb et al [183] en absorption devant la source Cas A. En 1968, la vapeur d'eau, H_2O, l'ammoniac, NH_3, et le formaldéhyde, H_2CO, furent identifiés par leurs raies dans le domaine centimétrique.
Aujourd'hui, on connaît plus de cent molécules (rassemblées dans le tableau 10.2) qui ont été observées par leurs raies de rotation dans le domaine des ondes millimétriques où leurs raies sont plus intenses et plus nombreuses que dans le domaine des ondes centimétriques et décimétriques. En effet, aux très basses températures régnant dans les nuages moléculaires (entre 10 K et 150 K), les collisions ne permettent de peupler que les premiers niveaux rotationnels du niveau vibrationnel fondamental des molécules. La majorité des transitions de rotation pure à l'intérieur du niveau vibrationnel fondamental tombent dans le domaine des ondes millimétriques. L'examen du tableau 10.2 révèle que les molécules interstellaires sont essentiellement des molécules organiques. Ceci ne doit pas surprendre car les quatre atomes constituant les molécules organiques (H, C, N et O) sont, avec l'hélium, de loin les plus abondants dans l'univers. Ce tableau ne contient pas les molécules contenant huit ou plus atomes : CH_3OCHO, CH_3C_3N, HC_7N, CH_3OCH_3, CH_3CH_2OH , CH_3CH_2CN, CH_3C_4H, HC_9N, $HC_{11}N$, CH_3C_5N, $(CH_3)_2CO$.
En 1969, la molécule CO fut découverte grâce à sa transition de rotation $J = 0 \longrightarrow 1$ à 2.6 mm (Wilson et al [190]). Cette molécule est la plus abon-

dante après H_2 dans le milieu interstellaire. De nombreuses autres molécules furent découvertes en 1972 et 1973 avec trois radiotélescopes américains : l'antenne de 12 mètres de diamètre du *National Radioastronomical Observatory (NRAO)*, l'antenne de 7 mètres des *Bell Laboratories* et celle de 10 mètres du *California Institute of Technology.* L'installation ultérieure de plus grandes antennes : une de diamètre 45 mètres à *Nobeyama* au Japon et une de 30 mètres au Pico Veleta en Espagne (appartenant à *l'Institut de Radioastronomie Millimétrique (IRAM)*) ont permis d'augmenter nettement la sensibilité des observations et de découvrir des molécules moins abondantes dont certaines sont très complexes. Un quart des molécules connues ont été identifiées à l'occasion de surveys spectraux de nuages particuliers. On peut citer les surveys du nuage TMC1 (Taurus Molecular Cloud 1) entre 22 et 24 GHz et entre 36 et 50 GHz par Kaifu et al [86], celui de Sgr B2 entre 72 et 145 GHz par Cummins et al [35], celui de OMC1 (Orion Molecular Cloud) de 72 à 91 GHz par Johansson et al [83] et entre 215 et 263 GHz par Sutton et al [162] et Blake et al [10].

2 atomes	3 at.	4 at.	5 at.	6 at.	7 at.
H_2	H_2O	NH_3	HC_3N	CH_3OH	HC_5N
OH	H_2S	H_3O^+	C_4H	CH_3CN	CH_3CCH
SO	SO_2	H_2CO	CH_2NH	CH_3SH	CH_3NH_2
SiO	NH_2	HNCO	CH_2CO	NH_2CHO	CH_3CHO
SiS	N_2H^+	H_2CS	NH_2CN	CH_3NC	CH_2CHCN
NO	HNO	HNCS	HOCHO	HC_2CHO	C_6H
NS	HCN	C_3N	$c-C_3H_2$	H_2C_4	
HCl	HNC	$c-C_3H$	CH_2CN	C_2H_4	
PN	C_2H	$1-C_3H$	H_2C_3	$H_2C_3N^+$	
NH	HCO	C_3S	CH_4		
CH^+	HCO^+	C_3O	HC_2NC		
CH	OCS	C_2H_2	SiH_4		
CN	HCS^+	$HOCO^+$			
CO	C_2S	$HCNH^+$			
CS	C_2O				
C_2	NaCN				
CO^+	$c-SiC_2$				
SO^+	MgNC				
SiN					
NaCl					
KCl					
AlF					

Tab. 10.2- *Différentes molécules interstellaires connues au début des années 2000 classées par nombre d'atomes croissant*

Les molécules interstellaires les plus complexes sont de grandes molécules saturées comme l'éthanol, CH_3CH_2OH, et des cyano-polyynes insaturées. Les cyano-polyynes sont des molécules linéaires de formule brute, $HC_{2n+1}H$. La plus simple est le cyanoacétylène, HC_3N, qui a été identifiée pour la première fois en 1971. La plus complexe, le cyanodécapentayne, $HC_{11}N$, a été observée dans l'enveloppe de l'étoile carbonée IRC+10216 par Bell et al [6] avec l'antenne de 37 mètres de l'observatoire Haystack (les cyano-polyynes ont leurs transitions de rotation dans le domaine des ondes centimétriques). La molécule H_2 n'est pas observable directement dans les nuages denses (ceux pour lesquels l'extinction A_V est supérieur à 2 magnitudes) car son spectre de raies se situe en-dessous de 1100 Å et les nuages denses sont trop opaques pour laisser passer les photons ultraviolets lointains.
Notons la présence dans le tableau 10.2 d'un grand nombre de substitués isotopiques. Dans ces composés, un isotope abondant est remplacé par un isotope plus rare, par exemple H par D dans les molécules HD, HDO, DCN ... et ^{12}C par ^{13}C dans les molécules ^{13}CO, ^{13}CN, $H^{13}CN$ ... et ^{16}O par ^{18}O dans les molécules $C^{18}O$ et $H_2{}^{18}O$. Les différents isotopes des éléments lourds sont formés au cours de réactions thermonucléaires dans les étoiles. Par exemple, les isotopes ^{13}C, ^{14}N et ^{17}O sont formés dans les étoiles froides. Les isotopes de l'hydrogène et de l'hélium ont probablement été formés par des processus différents avant même que les premières galaxies ne se soient formées. La table 10.3 résume les origines de quelques isotopes.

Combustion de l'hydrogène dans les étoiles de la séquence principale	^{13}C, ^{14}N
Combustion de l'hélium dans les Géantes Rouges	^{12}C, ^{16}O, ^{18}O
Novae, supernovae et étoiles supermassives zone riche en hydrogène : zone riche en hélium	 ^{13}C, ^{15}N, ^{17}O ^{15}N, ^{18}O
Etoiles de faibles masses	^{13}C, ^{14}N

Tab. 10.3- *Origines de quelques isotopes*

Lorsqu'on détermine un rapport d'abondances isotopiques, par exemple $\frac{^{12}C}{^{13}C}$, on le compare habituellement à sa valeur pour le système solaire. En effet, le gaz n'a pas encore subi beaucoup de combustion nucléaire dans le Soleil. Un rapport d'abondances isotopique différent de la valeur solaire indique donc que la matière étudiée provient d'étoiles où le brulâge nucléaire a eu lieu. Les valeurs de quelques rapports isotopiques pour le système solaire sont indiquées dans la table 10.4.

La plupart des espèces isotopiques sont observables par leurs raies situées près de celles de l'espèce la plus abondante. Cependant les abondances relatives des molécules isotopiques ne sont pas généralement égales aux abondances

$\frac{H}{D}$	$\frac{12}{^{13}C}$	$\frac{^{14}N}{^{15}N}$	$\frac{^{16}O}{^{18}O}$	$\frac{^{16}O}{^{17}O}$	$\frac{^{32}S}{^{34}S}$	$\frac{^{32}S}{^{33}S}$	$\frac{^{28}Si}{^{29}Si}$
6701	89	269	489	2675	23	124	20

Tab. 10.4- *Valeurs des rapports isotopiques pour le système solaire*

relatives des isotopes eux-mêmes. Par exemple, les observations UV de H, D, H_2 et HD de nuages diffus dans la direction d'étoiles brillantes conduisent à une valeur du rapport $\frac{D}{H} \simeq 1.8 \times 10^{-5}$. Le rapport $\frac{HD}{D_2}$ a cependant une valeur proche de 10^{-6} qui peut différer d'une source à l'autre. On a donc :

$$\frac{n(D)}{n(H)} \neq \frac{n(HD)}{n(D_2)} \tag{10.34}$$

Il est en fait nécessaire de comprendre la chimie qui insère un isotope dans une molécule particulière pour expliquer la formation de HD. Souvent le rapport d'abondance du substitué isotopique à la molécule normale diffère du rapport d'abondance cosmique des isotopes. Notons aussi que le degré d'insaturation des espèces identifiées est frappant. Ceci est un argument en faveur de réactions chimiques binaires en phase gazeuse dont les sources d'énergie sont les rayons cosmiques et les photons ultraviolets.

De très grosses molécules pouvant contenir de à cent atomes de carbone et constituées de la juxtaposition de cycles benzéniques pourraient être présentes dans le milieu interstellaire. Les bandes interstellaires diffuses, observées en émission dans l'infrarouge proche entre 3.3 et 11.3 μm, pourraient être dûes à un mélange de PAHs. Les seules molécules cycliques identifiées sont H_2D^+ et C_3H. Le satellite ISO a permis d'explorer le domaine de l'infrarouge lointain et le submillimétrique de 20 μm à 1 μm inaccessible depuis le sol car l'atmosphère est très peu transparente à ces longueurs d'onde.

La relative complexité des molécules du tableau 10.2 suggère l'existence de processus chimiques très efficaces dans le milieu interstellaire. L'étude de ces processus chimiques constitue la cosmochimie (ou astrochimie), une nouvelle branche de l'astrophysique, dont le but est d'une part d'éclaircir quels sont les processus de formation et de destruction des molécules dans le milieu interstellaire et d'autre part de déduire à partir des abondances observées les conditions physiques dans les nuages moléculaires.

L'identification d'une nouvelle molécule se fait en comparant les longueurs d'onde des raies observées éventuellement corrigées d'un décalage Doppler (dû à un mouvement de la source) aux positions de raies de la molécule dans un spectre de laboratoire ou aux positions prédites par un modèle. L'identification se fait en général sans ambiguïté grâce à la très grande précision avec laquelle les fréquences des transitions sont connues. La figure 10.15 montre l'identification de la transition $J = 1 \longrightarrow 0$ du cyanodiacétylène en émission dans le nuage Sagittarius B2, une fois le spectre corrigé d'une vitesse radiale égale à 60

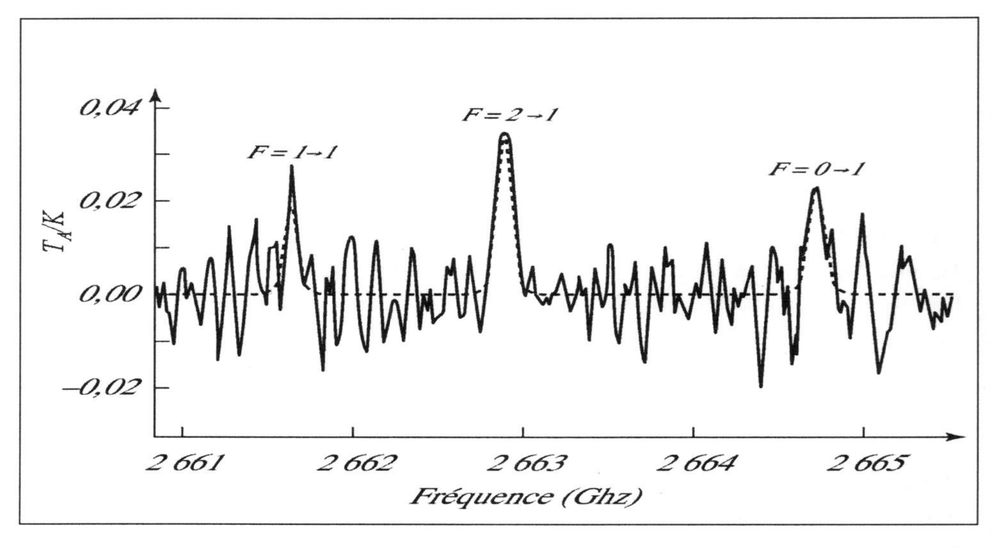

Fig. 10.15- *Identification du cyanodiacétylène dans le nuage Sgr B2 adapté de Broton et al, 1976, Astrophys. J., 209, L143*

km s^{-1}. La transition est séparée en trois composantes hyperfines dûes à l'interaction entre le moment angulaire de rotation et le spin nucléaire du noyau ^{14}N. Parmi les molécules identifiées, les triatomiques C_2H, HCO^+ et N_2H^+ ont été découvertes dans le milieu interstellaire avant d'être cherchées et trouvées au laboratoire. Même si une grande portion du domaine de fréquences radio accessible a été observé, de nouvelles molécules sont constamment identifiées. Cependant, il semble probable que toutes les espèces qui ont des spectres radio intenses ont maintenant été identifiées. Des molécules contenant des atomes moins abondants comme le phosphore, le chlore et l'aluminium commencent à être découvertes.

10.8 Processus de chauffage et de refroidissement

Le *chauffage* du gaz a lieu lorsque la matière extrait de l'énergie du champ de rayonnement. Le rayonnement UV peut ioniser un atome d'hydrogène et l'électron emporte l'énergie pour ioniser l'atome. Lors de collisions, cet électron partage son énergie avec le gaz et cède ainsi son énergie au gaz qui s'échauffe. De même, les rayons cosmiques qui entrent en collision avec les atomes et les molécules ionisent ceux-ci, produisant des électrons qui emportent une certaine énergie qui est transférée au gaz par des collisions.
Dans les nuages diffus, l'éjection des électrons énergétiques des grains contribue au chauffage. Dans les nuages sombres, le rayonnement ne pénètre pas

profondément et donc le mécanisme de chauffage doit être différent. Le chauffage par ionisation par rayons cosmiques ne semble pas suffisant pour maintenir les nuages sombres aux températures de 10 à 30 K. Un chauffage par des frictions induites par diffusion ambipolaire a probablement lieu.
Le *refroidissement* du gaz s'opère généralement par l'émission du rayonnement par les atomes et les molécules, en particulier H_2. Si le gaz est suffisamment chaud, les collisions vont exciter la molécule de H_2 dans son premier état vibrationnel ($\nu = 1$) :

$$H_2(\nu = 0) + H_2(\nu = 0) \longrightarrow H_2(\nu = 0) + H_2(\nu = 1) \tag{10.35}$$

L'énergie nécessaire à cette transition provient de l'énergie cinétique relative de la molécule (par rapport à une autre molécule). Après un certain temps, la molécule excitée peut se désexciter en rayonnant :

$$H_2(\nu = 1) \longrightarrow H_2(\nu = 0) + h\nu \tag{10.36}$$

Le gaz ne se refroidit effectivement que si le photon quitte le gaz. La température d'un gaz est définie par l'équilibre entre les mécanismes de chauffage et de refroidissement.
Les molécules CO, OH et H_2O contribuent aussi au refroidissement. Les conditions physiques dans le nuage déterminent l'espèce qui rayonne le plus. Une molécule, qui dans le niveau excité le plus bas, a une énergie bien supérieure à plusieurs fois l'énergie cinétique moyenne ne contribue pas au refroidissement. Le premier niveau rotationnel excité de CO se situe à une énergie de 7.610^{-23} Joules et il se situe à des énergies inférieures pour OH, H_2O et H_2. On peut comparer cette énergie à l'énergie cinétique moyenne d'une particule dans un gaz de température voisine de 3.6 K : $E_c = 7.610^{-23}$ Joules. Les niveaux rotationnels de OH et de H_2 les plus bas ont des énergies d'excitation vingt et cent fois supérieures à celui de CO respectivement. De nombreuses collisions avec des molécules de H_2 peuvent exciter les molécules de CO, même à une température aussi basse que quelques degrés K. En contraste, une température de quelques dizaines voire centaines de degrés K est nécessaire pour exciter de manière appréciable OH et H_2. La molécule H_2O peut contribuer à refroidir le gaz pour des températures de quelques dizaines de degrés K mais moins efficacement que CO qui a une abondance plus élevée habituellement.
Cependant, deux effets tendent à réduire le refroidissement par CO. Si la densité de H_2 est trop élevée, les collisions dépeuplent les niveaux excités de CO avant même qu'ils ne rayonnent. D'autre part, le rayonnement émis lorsque CO se désexcite peut être absorbé par du CO non excité dans le nuage. On parle alors de piégeage du rayonnement. Dans les nuages froids où H_2O est plus abondant que OH et où le rayonnement n'est pas le facteur le plus important pour déterminer la chimie, H_2O est un agent de refroidissement plus important que OH.

10.8.1 Directions de lecture

Le lecteur trouvra une discussion plus détaillée sur l'ionisation, les processus de chauffage et de refroidissement, les interactions entre le gaz et les grains ainsi qu'une compilation de résultats observationnels récents dans Tielens [165]. Je n'ai pas abordé non plus les régions de photodissociation (PDRs en anglais) qui sont traitées dans Tielens [165], Lequeux [99] et Dopita & Sutherland [41].

10.9 Exercices

Exercice 10.1

Considérons la transition de rotation la plus basse de la molécule de CO. La fréquence de cette raie est $\nu(^{12}CO) = 115.27$ GHz pour ^{12}CO et $\nu(^{13}CO) = 110.20$ GHz pour ^{13}CO. En supposant que les équations de transfert établies pour la raie à 21 cm de l'hydrogène neutre sont valables ici, estimer la profondeur optique de chaque raie dans un nuage moléculaire où les températures de brillances observées sont respectivement : $T_b(^{12}CO) = 40$ K et $T_b(^{13}CO) = 9$ K.

Exercice 10.2

10.2.1) Donner un ordre de grandeur pour la densité critique n_{crit} pour l'hydrogène neutre pour lequel on considérera seulement les deux niveaux hyperfins (le niveau $N = 2$ est plus haut de 9 eV). On adoptera $A_{21} = 2.85 \times 10^{-15}$ s^{-1} et $\langle \sigma v \rangle \simeq 10^{-10}$ cm^{-3}m s^{-1}.

10.2.2) On considère maintenant la transition $J = 1 \rightarrow 0$ pour l'ion moléculaire HCO^+. En fait, il s'agit d'un système à plusieurs niveaux mais on se limitera à $J = 0$ et $J = 1$. Pour HCO^+, $A_{21} = 3 \times 10^{-4}$ s^{-1}. Calculer n_{crit} et la comparer à la densité critique de H 1.

10.2.3) En adoptant $T_{cin} = 100K$ pour HCO^+, trouver la valeur de la densité pour laquelle $T_{ex} = 3.5$ K. Pour cette densité locale, trouver la densité critique pour la transition $J = 1 \rightarrow 0$ de CO qu'on assimilera à un système à deux niveaux avec $A_{21} = 7.4 \times 10^{-8}$ s^{-1}.

Exercice 10.3

10.3.1) Calculer la densité n d'un gaz parfait au laboratoire pour $T = 273$ K et $P = 1$ atm et dans un nuage moléculaire de température $T = 10$ K et de pression 10^{-12} mm de Hg.

10.3.2) Calculer le libre parcours moyen λ et l'intervalle de temps séparant deux collisions (prendre $\sigma = 10^{-16}$ cm^{-3} et une vitesse moyenne $\langle v \rangle = 300$ ms^{-1} au laboratoire et 200 m s^{-1} pour H_2 dans le nuage moléculaire.

10.3.3) On suppose que que le niveau supérieur d'une molécule se désexcite en 10^5 s. Estimer le nombre de collisions intervenant avant que le niveau se désexcite.

10.3.4) Pour quantifier l'extinction, on définit la profondeur de pénétration $\lambda_V = \frac{2\times 10^{21}}{n}$. Calculer λ_v pour un nuage moléculaire et au laboratoire.

Exercice 10.4

10.4.1) Pour un gaz ayant une distribution de Maxwell-Boltzmann des vitesses, la température cinétique peut être déduite de la largeur à mi-hauteur

ΔV_t par la relation :

$$T_{cin} = 21.2(\frac{m}{m_H})\Delta V_t^2$$

On supposera qu'il n'y a pas de turbulence dans le gaz. Calculer ΔV_t pour la molécule CO à T = 10 K, 100 K, 200 K.

10.4.2) La largeur ΔV_t vaut 3 km s^{-1} pour un nuage sombre pour lequel $T = 10$ K. Estimer la vitesse turbulente dans ce nuage ΔV_{turb}.

Exercice 10.5
On considère une molécule linéaire de moment dipolaire $\mu_0 = 0.1$ Debye. La transition $J = 1 \rightarrow J = 0$ est à la fréquence $\nu = 115.271$ GHz. Estimer le coefficient d'Einstein pour cette transition.

Exercice 10.6
Déterminer la densité critique pour les transitions suivantes de différentes molécules. On adoptera $\sigma v \simeq 10^{10}$ cm^{3}s^{-1}.

$$\text{CS} : \text{A}_{10} = 1.8 \times 10^{-6}\text{s}^{-1}$$

$$\text{CS} : \text{A}_{21} = 2.2 \times 10^{-5}\text{s}^{-1}$$

$$\text{CO} : \text{A}_{10} = 7.4 \times 10^{-8}\text{s}^{-1}$$

Exercice 10.7
On considère une molécule rigide de rayon effectif $r_e = 1.1 \times 10^{-8}$ cm, de masse réduite $\mu = 10$ uma.

10.7.1) Calculer les fréquences et les énergies au dessus du niveau fondamental des quatres niveaux rotationnels les plus bas.

10.7.2) Recommencer le calcul pour HD avec une masse réduite $\mu = 0.67$ uma et une séparation $r_e = 0.75 \times 10^{-8}$ cm.

10.7.3) Calculer A_{ij} pour les transitions $J = 1 \rightarrow 0$ et $J = 2 \rightarrow 1$. La molécule HD a un moment dipolaire $\mu_0 = 10^{-4}$ Debye du fait que le centre de masse ne coïncide pas avec le centre de gravité des charges.

10.7.4) Estimer la densité critique

Exercice 10.8
La molécule $^{12}C^{16}O$ a pour constantes $B_e = 57.6360$ GHz et $D_e = 0.185$ MHz. Calculer les énergies des niveaux $J = 1, 2, 3, 4, 5$ et les fréquences des transitions $J = 1 \rightarrow 0$,$J = 2 \rightarrow 1$, $J = 3 \rightarrow 2$,$J = 4 \rightarrow 3$ et $J = 5 \rightarrow 4$.

Exercice 10.9

Supposons que les niveaux J d'une molécule linéaire soient peuplés à l'ETL. On négligera la déformation centrifuge. Pour une valeur fixée de la température, trouver le nombre J de l'état le plus peuplé. Calculer J pour CO à T = 10 K et T = 100 K, puis pour CS (B_0 = 24.58 GHz) et $HC_{11}N$ à 10 K.

Solutions des exercices

Solution 10.1 :

Pour la raie ^{12}CO, $\frac{h\nu}{k} = 5.5$ *K. L'approximation de Rayleigh-Jeans n'est valable que si la température est bien supérieure à 5 K. La valeur mesurée de* $T_b(^{12}CO)$ *suggère qu'on puisse faire cette approximation. Si on ignore la source de fond, on écrit simplement :*

$$T_b = T_{exc}(1 - \exp(-\tau_\nu))$$

La profondeur optique est proportionnelle au coefficient d'absorption α_ν *qui est proportionnel au nombre de molécules de* CO. *On peut écrire la relation :*

$$\frac{\tau_\nu(^{12}CO)}{\tau_\nu(^{13}CO)} \simeq \frac{n(^{12}CO)}{n(^{13}CO)} = 89$$

en adoptant le rapport isotopique dans notre système solaire. En supposant les températures d'excitation égales, on a :

$$T_{exc}(1 - \exp(-\tau_\nu)(^{12}CO)) = 40$$

$$T_{exc}(1 - \exp(-\frac{\tau_\nu)(^{12}CO)}{89}) = 9$$

La résolution de ce système d'équations conduit à : $T_{exc} = 40K$, $\tau_\nu(^{12}CO) = 23$ *et* $\tau_\nu(^{13}CO) = 0.25$. *La raie de* ^{12}CO *est donc optiquement épaisse et* $T_{exc} = T_b(^{12}CO)$.

Solution 10.2 :

10.2.1) *Comme* $n_{crit} = \frac{A_{21}}{\langle\sigma v\rangle}$, *on peut calculer les densités critiques : pour H I* $n_{crit} = 2.85 \times 10^{-5}$ cm^{-3}, *pour* HCO^+ $n_{crit} = 3 \times 10^5$ cm^{-3} *et pour* CO $n_{crit} = 740$ cm^{-3}

10.2.2) *La transition à 21 cm de H I est presque toujours thermalisée car* n *est supérieure à* n_{crit}. *Par contre, des densités élevées sont nécessaires pour thermaliser la raie de* HCO^+. *La molécule* CO *est plus facile à thermaliser que* HCO^+ *mais nécessite des densités plus élevées que pour l'hydrogène neutre.*

10.2.3) *La densité* n *est donnée par :*

$$n = \frac{A_{21}(T_b - T_{ex})}{T_0\langle\sigma v\rangle(\frac{T_{ex}}{T_{cin}} - 1)}$$

Pour $\nu = 89.19$ *GHz,* $T_0 = 4.3$ *K. Si la température de rayonnement est donnée par le fond cosmique* $T_b = 2.73$ *K, on obtient* $n = 6.53 \times 10^4$ cm^{-3}. *Pour* $\nu(CO) = 115.271$ *GHz,* $T_0 = 5.53$ *K. Les autres paramètres demeurant les mêmes, on obtient une température d'excitation* $T_{ex} = 83$ *K, c'est-à-dire une valeur très proche de la température cinétique.*

Solution 10.3 :

10.3.1) *La loi du gaz parfait* $P = nkT$ *conduit à* $n = 2.7 \times 10^{19}$ cm^{-3} *au laboratoire et* 9.6×10^5 cm^{-3} *dans le nuage moléculaire.*

10.3.2) *Au laboratoire :* $\lambda = \frac{1}{\sigma n} = 3.8 \times 10^{-4}$ *cm et* $\tau = \frac{1}{\sigma n v} = 1.3 \times 10^{-8}$ *s; dans le nuage moléculaire* $\lambda = 1.05 \times 10^{10} cm$ *et* $\tau = 5.2 \times 10^5 s$.

10.3.3) *Aux conditions du laboratoire, il y a* 7.9×10^{12} *collisions avant désexcitation et dans le nuage moléculaire 0.19 collisions. Dans le premier, la désexcitation par collisions est plus importante que la désexcitation radiative.*

10.3.4) *Pour le nuage moléculaire, le nombre d'atomes d'hydrogène est deux fois supérieur à la densité particulaire donc* $\lambda = 10^{15}$ *cm alors qu'au laboratoire* $\lambda = 38$ *cm.*

Solution 10.4 :

10.4.1) *Pour* $m = 29 m_H$, *on a une largeur de raie thermique égale à* $\Delta V_t = 4 \times 10^{-1} \sqrt{T}_{cin}$ *soit* $\Delta V_t = 0.13$ *km* s^{-1} *pour* $T = 10$ *K,* $\Delta V_t = 0.41$ *km* s^{-1} *pour* $T = 100K$, $\Delta V_t = 0.58$ *km* s^{-1} *pour* $T = 200K$.

10.4.2) *On a* $\Delta V_{turb} = (\Delta V^2 - \Delta V_t^2)^{\frac{1}{2}} = 2.99$ *km* s^{-1} *: la turbulence est donc le processus d'élargissement le plus important*

Solution 10.5 :

$A_{ul} = 1.17 \times \mu_0^2 \nu^3 \frac{(J+1)}{(2J+3)} = 5.95 \times 10^{-8}$ s^{-1}. *Il s'agit de* CO.

Solution 10.6 :

$n_{crit} = \frac{A_{ul}}{\langle \sigma . v \rangle} = 10^{10} A_{ul}$ *(en* cm^{-3}*) conduit à :*

pour CS $J = 1 \rightarrow 0$, $n_{crit} = 1.8 \times 10^4$ cm^{-3}

pour CS $J = 2 \rightarrow 1$, $n_{crit} = 2.2 \times 10^5$ cm^{-3}

pour CO $J = 1 \rightarrow 0$, $n_{crit} = 740$ cm^{-3}

Solution 10.7 :

10.7.1) *La fréquence de la transition vérifie* $\nu = 2B_e(J+1)$ *et la constante de rotation* $B_e = \frac{\hbar}{4I\mu r_e^2} = 4.2 \times 10^{10}$ *Hz. Les fréquences et énergies des 4 niveaux les plus bas vérifient :* $\nu_{10} = 83.6 GHz$ *et* $E(J=1) = 4.01K$, $\nu_{21} = 167.1 GHz$ *et* $E(J=2) = 12.03K$, $\nu_{32} = 250.7$ *GHz et* $E(J=3) = 24.06K$, $\nu_{43} = 334.4$ *GHz et* $E(J=4) = 40.10$ *K*

10.7.2) *Pour* HD, $B_e = 4.2 \times 10^{10}$ *Hz. Les fréquences et énergies des quatres niveaux les plus bas vérifient :* $\nu_{10} = 2696$ *GHz et* $E(J=1) = 129$ *K,* $\nu_{21} = 5392$ *GHz et* $E(J=2) = 388$ *K,* $\nu_{32} = 8088$ *GHz et* $E(J=3) = 775$ *K,* $\nu_{10} = 1.08 \times 10^4$ *GHz et* $E(J=4) = 1291K$.

10.7.3) pour $A_{10} = 7.6 \times 10^{-10}$ s^{-1}*, densité critique* $n_{crit} = 7.6$ cm^{-3} *et pour* $A_{21} = 7.3 \times 10^{-9}$ s^{-1}*, densité critique* $n_{crit} = 73$ cm^{-3}.

Solution 10.8 :

La fréquence vérifie la relation :

$$\nu = \frac{E(J+1) - E(J)}{h}$$

soit :

$$\nu = B_e((J+1)(J+2) - J(J+1)) - D((J+1)^2(J+2)^2 - J^2(J+1)^2)$$

$$\nu = 2B_e(J+1) - 4D(J+1)^3$$

d'où les valeurs des fréquences et des énergies :

	ν (GHz)	E (K)
$J = 1 \rightarrow 0$	115.27	5.53
$J = 2 \rightarrow 1$	230.54	16.59
$J = 3 \rightarrow 2$	345.80	33.19
$J = 4 \rightarrow 3$	461.04	55.31
$J = 5 \rightarrow 4$	576.27	82.98

Tab. 10.5-

Solution 10.9 :

Il s'agit de différentier l'équation de Boltzmann :

$$\frac{n(J)}{n_{total}} = (2J+1)\frac{1}{Z}\exp(\frac{B_0 J(J+1)}{kT})$$

où Z *est la fonction de partition qui ne dépend pas de* J*. La valeur de* J *cherchée,* J_{max}*, vérifie :*

$$2 - \frac{hB_e(2J_{max}+1)^2}{kT} = 0$$

soit :

$$J_{max} = (\frac{kT}{2hB_e})^{\frac{1}{2}} - \frac{1}{2}$$

Les valeurs de J_{max}*, arrondies à l'entier supérieur, sont égales à 1 (CO), 2 (CS), 24 (*$HC_{11}N$*) pour* $T = 10$ *K et 4, 6 et 48 pour* $T = 100$ *K.*

Chapitre 11

Notions de chimie interstellaire

11.1 Introduction

La chimie interstellaire est fort différente de celle du laboratoire car le vide régnant dans les nuages est très poussé et la température y est très basse. Les collisions sont donc très rares ce qui permet à certains radicaux libres tels que CH, CN, OH, C_2H et des ions moléculaires, tels que HCO^+ et N_2H^+, de subsister longtemps. La température étant peu élevée, les atomes se rencontrant ont peu d'énergie cinétique et les seules réactions possibles sont exothermiques comme nous le verrons en détail dans ce chapitre. Dans un nuage dense, les ions moléculaires sont produits par l'ionisation des atomes et des molécules du nuage par les rayons cosmiques. Le nombre d'ions ainsi formés est faible mais suffisant pour amorcer une chimie interstellaire qui consiste essentiellement en des réactions entre espèces neutres et des ions. Il existe aussi une chimie à la surface des grains interstellaires. Nous verrons en particulier que la molécule H_2 ne peut pas se former en phase gazeuse mais se forme par rencontre d'atomes d'hydrogène sur les grains. On pense cependant que la grande majorité des molécules se forme en phase gazeuse. La production des molécules en phase gazeuse est assez bien comprise par contre les processus chimiques à la surface des grains sont moins bien connus.
La première partie de ce chapitre est consacrée à l'étude de la synthèse à la surface des grains. La seconde partie est consacrée aux synthèses en phase gazeuse.

11.2 Synthèse moléculaire sur les grains

Les différents processus à envisager à la surface des grains sont le collage et la désorption. La preuve de l'existence d'une chimie à la surface des grains provient de l'étude des cœurs chauds dans les nuages moléculaires. Ces régions de petites tailles et denses se trouvent généralement proches d'étoiles chaudes. L'intense champ de rayonnement stellaire chauffe le coeur jusqu'à une

température de 100 K, bien plus élevée que la température typique de 10 K dans les nuages denses. Comparés aux nuages sombres, les cœurs chauds contiennent des abondances anormalement élevées de différentes espèces comme l'éthanol, le formate de méthyle et le diméthyléther. Leurs abondances ne peuvent pas être expliquées par la chimie en phase gazeuse. On pense que ces molécules sont formées par des processus chimiques agissant sur des glaces moléculaires (H_2O, CO, CO_2, H_2CO et CH_3OH), déposées préalablement sur des grains lors d'étapes de l'évolution préstellaire (Millar & Williams [115]).
D'autre part, dans les nuages diffus la molécule NH est probablement formée par hydrogénation d'atomes d'azote lors de réactions à la surface de grains (Meyer & Roth [113], Crawford & Williams [34]).

11.2.1 La nature de la surface des grains

Environ 1% de la masse du milieu interstellaire de notre Galaxie se trouve sous forme de poussières. Les grains de poussières ont des tailles a comprises entre quelques nanomètres et quelques dixièmes de microns et la distribution de leur taille varie probablement comme $dn \propto a^{-3.5}$. L'observation de la polarisation de la lumière stellaire par les grains suggère que les grains les plus gros sont non sphériques, avec un facteur d'asymétrie voisin de 2. Dans les nuages diffus, les grains sont composés de silicates, de molécules hydrogénées, de carbone et peut être de graphite. Dans les nuages sombres opaques, les grains sont recouverts par un manteau de glaces d'eau, de CO et d'autres espèces (CH_3OH). La glace est détectée par une absorption située vers 3 μm. Ces grains sont certainement poreux comme les grains de la poussière interplanétaire. Ceci leur confère une surface effective supérieure à celle d'une sphère de même masse.

11.2.2 Formation de molécules à la surface de grains par collage (adsorption)

Le processus fondamental dans l'interaction entre gaz et surface est le *collage* (ou adsorption). La probabilité pour qu'un atome ou une molécule colle à une surface dépend du potentiel d'interaction, des mécanismes d'échanges d'énergie et des températures du gaz et de la surface. Certains auteurs ont étudié l'adsorption à la surface de matériaux cristallins (Leitch-Devlin et al.[98]). D'autres ont étudié l'interaction de H et H_2 sur la glace amorphe (Farebrother et al [56]). Le modèle généralement employé pour simuler l'interaction d'atomes d'hydrogène avec de la glace amorphe (Buch & Zhang [19] , Masuda et al. [109]) est celui de la Dynamique Moléculaire Classique. La simulation obtenue de la glace amorphe reproduit bien les données expérimentales de la glace à basse température et prévoit des probabilité de collage sur la glace de l'ordre de 1.0, 0.98 et 0.53 aux températures de 10 K, 100 et 350 K respectivement. L'atome d'hydrogène adsorbé diffuse sur la surface jusqu'à ce qu'il soit

piégé.
On trouve peu de travaux dans la littérature sur le collage d'espèce plus lourdes que l'hydrogène sur des surfaces amorphes. On suppose généralement que les molécules neutres saturées comme H_2O, NH_3, CH_4, H_2CO, CH_3OH et HCN collent avec une probabilité voisine de 1. L'interaction des atomes neutres conduit à la formation d'hydrures mais il n'est pas clair si ceux-ci sont relâchés en phase gazeuse ou retenus à la surface du grain. Dans les nuages opaques, la détection de glace interstellaire suggère que l'eau doit être retenue (Jones et Williams [85]), ce qui n'est pas le cas dans les nuages diffus.
En fait, il n'existe pas de consensus parmi les astrophysiciens sur la façon de traiter l'interaction d'atomes et d'ions moléculaires avec les grains de poussières à basses températures. Les ions atomiques peuvent interagir avec des grains de charge positive, neutre ou négative. Dans les nuages sombres, l'interaction des ions moléculaires avec des grains chargés négativement est probablement importante.

Formation de H_2 sur les grains

L'hydrogène moléculaire est important car c'est l'élément réactif abondant par plusieurs ordres de grandeurs que les autres molécules. La nature des processus chimiques dans un nuage dépend beaucoup de la forme prépondérante sous laquelle l'hydrogène est présent. L'hydrogène est présent sous forme atomique essentiellement dans les nuages diffus et sous forme moléculaire dans les nuages denses.
Le processus le plus direct auquel on pourrait penser pour la formation de H_2 est la collision de deux atomes d'hydrogène et leur collage en évacuant l'excès d'énergie sous forme de rayonnement (réaction d'association radiative, voir plus loin). Les calculs montrent que ce processus est tout à fait inefficace (formation de moins d'une molécule de H_2 pour 10^{10} collisions) car le temps de vie radiative du complexe temporaire collisionnel H_2 est en fait bien plus grand que le temps de vie du complexe lui-même. Les deux possibilités de synthèse de l'hydrogène moléculaire en phase gazeuse sont :

$$\mathrm{H} + \mathrm{e}^- \longrightarrow \mathrm{H}^- + \mathrm{h}\nu$$

$$\mathrm{H}^- + \mathrm{H} \longrightarrow \mathrm{H}_2 + \mathrm{e}^-$$

$$\mathrm{H} + \mathrm{H}^+ \longrightarrow \mathrm{H}_2^+ + \mathrm{h}\nu$$

$$\mathrm{H}_2^+ + \mathrm{H} \longrightarrow \mathrm{H}_2 + \mathrm{H}^+$$

Ces deux réactions sont des réactions d'associations radiatives très lentes qui mettent en jeu H^+ et e^- , deux composants peu abondants dans le milieu interstellaire.
Il semble beaucoup plus probable que H_2 se forme à partir d'atomes d'hydrogène à la surface de grains de poussières :

$$\mathrm{H} + \mathrm{H} + \mathrm{grain} \Longrightarrow \mathrm{H}_2 + \mathrm{grain}$$

Cette réaction est très efficace grâce à la mobilité de surface de l'hydrogène atomique même à la basse température du grain. Une fois formé, H_2 peut être dissocié par du rayonnement optique. Les taux des deux processus, formation et photodissociation, déterminent l'équilibre entre H et H_2.
La formation des molécules de H_2 à la surface de grains de poussières a probablement lieu en quatre étapes succéssives (figure 11.1) :

- collision d'un grain avec une particule de gaz qui peut coller à la surface.
- mobilité de cette particule sur la surface. Cette mobilité dépend de la nature de la force de liaison entre la particule solide et le réseau crystalin.
- réaction chimique entre deux particules de gaz en mouvement.
- éjection des molécules dans la phase gazeuse par différents processus de désorption (évaporation thermique, chauffage du grain résultant de collisions grain-grain ou de l'absorption par le grain d'un rayon cosmique ou d'un photon UV).

Ce modèle est le scénario standard qui porte le nom de mécanisme de Langmuir et Hinshelwood (L-H). Une autre modèle, celui de Eley et Rideal (E-R) existe. Dans ce dernier modèle, l'atome d'hydrogène incident ne se déplace pas sur la surface mais interagit rapidement avec un atome H physisorbé ou chemisorbé. Les deux modèles ont des différences importantes. Le processus L-H est sensible à la nature de la surface alors que le processus E-R ne l'est pas. Les dépendances en température de chaque processus sont aussi différentes.
La formation de la molécule H_2 a pu être étudiée récemment sous des conditions approchant celles régnant dans le milieu interstellaire. L'étude de réactions sur le silicate suggère que le taux de formation de H_2 est plus petit que celui déduit des observations (Pironello et al [129], Pironello et al [130]). Ce désaccord pourrait être réduit cependant si les grains sont poreux et présentent une surface plus grande. Une étude théorique de la formation de H_2 sur la glace amorphe (Takahashi et al [163]) en utilisant la dynamique moléculaire pour simuler l'interaction des atomes d'hydrogène avec la glace montre que la probabilité de collage des atomes d'hydrogène est élevée à 10 et 70 K. Plusieurs types de réactions sont observées, incluant les mécanismes L-H et E-R. Dans certains cas, la molécule n'est pas formée. Si cependant l'excès d'énergie libéré lors de la formation peut être absorbée par la glace, la molécule de H_2 est effectivement formée. La plupart des molécules éjectées se trouvent dans des états excités rovibrationnels élevés (Takahashi et al [163]).
La formation de H_2 sur les grains doit probablement se faire à l'intérieur de nuages moléculaires comme le montre le raisonnement suivant. Lorsqu'un atome d'hydrogène gazeux est accrété sur la surface du grain, il y a une probabilité S_H qu'il colle à la surface plutôt qu'il ne reparte dans le gaz. Une fois sur la surface, l'atome y restera un certain temps τ, qui dépend de la fréquence de vibration de l'ion sur la surface du grain ($\nu_0 \simeq 10^{13} s^{-1}$), de la profondeur du puits de potentiel V que l'atome doit franchir pour échapper au grain et de la

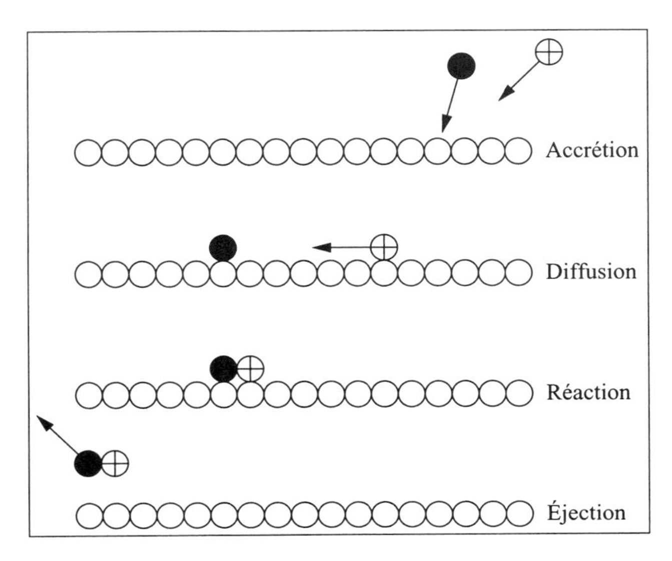

Fig. 11.1- *Mécanisme de formation de H_2 à la surface d'un grain*

température du grain T_d :

$$\tau \simeq \nu_0^{-1} \exp(\frac{V}{kT_d}) \simeq 10^{-6} s \tag{11.1}$$

Pendant que ce premier atome se trouve à la surface du grain, un deuxième doit arriver pour que la réaction ait lieu. Le taux T, auquel les atomes frappent la surface du grain est donné par l'équation établie à l'exercice 8.2 :

$$T = 4\pi a^2 n_H (\frac{kT_{gaz}}{2\pi m_H})^{\frac{1}{2}} \tag{11.2}$$

où a est le rayon du grain, n_H la densité d'hydrogène. La condition de formation des molécules de H_2 s'écrit donc :

$$T_d \leq \frac{V}{k \ln(\frac{\nu_0}{4\pi a^2 n_H})(\frac{kT_{gaz}}{2\pi m_H})^{-\frac{1}{2}}} \tag{11.3}$$

En prenant les valeurs typiques : $a = 0.1\mu$m, $T_{gaz} \simeq 100$K et $n_H \simeq 10^5$ m^{-3}, $\nu_0 \simeq 10^{14}$ Hz et $\frac{V}{k} \simeq 250$ K (correspondant à $V \simeq 0.02$ eV), nous trouvons que T_d doit être inférieur à 20 K pour que les molécules de H_2 se forment ce qui implique que les grains supports de la réaction doivent se trouver à l'intérieur de nuages moléculaires.

Les grains ne semblent pas être des sites propices à la formation de molécules interstellaires autres que H_2. En effet, les réactions à leur surface ne produisent pas les abondances moléculaires observées alors que les processus en phase gazeuse le peuvent.

Remarquons cependant que les grains contribuent à la formation et disparition des molécules lors des processus d'érosion et d'adsorption respectivement. Lors du passage d'ondes de choc, le manteau des grains est érodé et libère des molécules.
Lors du phénomène d'adsorption, les grains jouent aussi un rôle important en accrétant des molécules. Ces dernières disparaissent de la phase gazeuse lorsqu'elles sont absorbées à la surface des grains à un taux τ_g donné par :

$$\frac{1}{\tau_g} = n_g n_x \pi r_g^2 \langle v \rangle S \tag{11.4}$$

où $\langle v \rangle$ est la vitesse moyenne de la molécule en phase gazeuse, S est la probabilité de collage par collision (proche de l'unité pour de nombreuses espèces d'après les études expérimentales). La durée de vie d'une molécule avant qu'elle ne soit absorbée est donc :

$$\tau_g \simeq \frac{10^{21}}{n\langle v \rangle} \simeq \frac{10^9}{n} \tag{11.5}$$

en années, soit environ 10^6 années pour des valeurs typiques de n et de $\langle v \rangle$. On peut en tirer deux conclusions importantes. D'abord, la durée de vie des nuages étant supérieure au temps de disparition des molécules à la surface des grains. On s'attend à ce que toutes les molécules, sauf H_2, aient disparu. Or ce n'est pas le cas : il doit donc exister un processus de synthèse en phase gazeuse qui agit en permanence. D'autre part, ces réactions de synthèse en phase gazeuse doivent être rapides de façon à concurencer le taux d'adsorption sur les grains.

11.2.3 Processus de désorption

La désorption représente en fait trois processus : i) l'évaporation thermique, ii) le chauffage du grain résultant de sa collision avec d'autres grains, iii) l'absorption par le grain d'un photon UV ou d'un rayon cosmique. Dans les cœurs chauds, la désorption des manteaux de glace présents sur les grains est de nature thermique. Leur chimie est en accord avec l'évaporation de glaces déposées dans un phase précédente. L'évaporation est probablement dûe à la présence d'une étoile proche.
Dans les nuages denses, l'ionisation par les rayons cosmiques, la photoabsorption du rayonnement généré par les rayons cosmiques et l'énergie chimique jouent probablement un rôle pour la désorption des glaces.

11.3 Synthèses en phase gazeuse

Le lieu de la synthèse des molécules interstellaires est encore l'objet d'un débat. Deux scénarios ont été proposés : synthèse dans les nuages moléculaires

ou dans les atmosphères d'étoiles froides. Dans cette deuxième hypothèse, les molécules une fois formées dans le vent stellaire, sont injectées dans le MIS. Cette dernière hypothèse pose cependant un problème car les molécules, une fois formées, sont exposées au champ de rayonnement interstellaire qui les détruit sur une période relativement courte (100 ans ou moins). Ce temps est bien inférieur à celui nécessaire au déplacement d'une molécule depuis l'atmosphère stellaire où elle s'est formée vers un nuage interstellaire typique.
Dans les nuages peu denses où les photons UV pénètrent appréciablement, le radical CH par exemple a une durée de vie de l'ordre de 750 ans avant d'être détruit (cas du nuage devant l'étoile ζ Oph où la densité en gaz est $10^2 - 10^3$ atomes par cm^3 (Solomon and Kemplerer [155]). Cependant, les réactions chimiques réduisent la vie de cette molécule en la transformant en d'autres molécules. On peut assimiler ces réactions chimiques à des collisions entre espèces moléculaires différentes conduisant à la formation d'un nouveau composé. Dans le cas de CH, si on prend en compte la réaction avec l'ion C^+ qui est abondant, la durée de vie est réduite à 500 ans (Solomon and Kemplerer [155]).
Dans les nuages denses, le temps écoulé entre deux collisions réactives est plus petit. Il est de l'ordre de quelques années à quelques jours voire quelques heures pour certaines espèces particulièrement réactives. De plus la pénétration des UV galactiques est bien moins efficace et ces derniers ne détruisent pas les molécules. Les collisions apparaissent donc comme plus importantes que le rayonnement UV pour détruire les molécules. Dans un nuage de densité gazeuse $10^5 cm^{-3}$, l'ordre de grandeur des durées de vie des molécules contre les réactions induites par collisions est variable. Pour une espèce neutre peu réactive, il est inférieur ou égal à 10000 ans, pour une espèce neutre réactive il est voisin de 100 ans, pour des ions moléculaires il est compris entre une heure et 100 ans. Les durées de vie typiques de nuages moléculaires sont supérieures ou égales à 10^5 ans. On voit donc que les différentes espèces sont détruites sur des intervalles de temps inférieures à la durée de vie d'un nuage. Il existe cependant des exceptions, dont les molécules importantes H_2, CO et N_2, qui ont des durées de vie supérieures à 10^6 ans dans les régions opaques au rayonnement galactique ultraviolet. Pour la plupart des molécules, il est donc nécessaire de postuler qu'elles se forment de façon continue (sinon on ne les observerait pas).
Dans les nuages, les molécules peuvent être formées essentiellement de trois manières : i) par catalyse à la surface de grains, ii) par l'action d'ondes de choc qui augmentent la température et/ou brisent les manteaux des grains et libèrent des molécules, iii) par des réactions en phase gazeuse principalement entre ions et espèces neutres. On pense que la chimie entre ions et molécules est le mécanisme principal de formation des molécules dans les nuages diffus, les nuages denses et les régions centrales chaudes des nuages moléculaires géants. Des preuves observationnelles existent de la présence de fronts de chocs dans

le gaz diffus comme dans le gaz dense. Dans ces régions, la température du gaz peut atteindre plusieurs milliers de degrés, ce qui est suffisant pour surpasser les barrières d'activation présentes dans certaines réactions chimiques.
Nous considérerons seulement des réactions à deux corps en phase gazeuse ayant lieu spontanément dans un milieu à très basse température. En effet, ces réactions sont rapides comparé à des processus de surface sur un grain et les constantes de réaction des différents processus en phase gazeuse peuvent être obtenues soit au laboratoire soit par des calculs théoriques.
Quel type de réactions en phase gazeuse sont possibles dans un milieu de faible densité à une température voisine de 100 K ? Les seules réactions possibles sont des collisions binaires à cause de la faible densité. Des réactions ternaires où un troisième corps entre en collision avec le complexe collisionnel avant qu'il ne se dissocie sont en effet extrêmement improbables. Remarquons qu'une fois produit l'hydrogène moléculaire à la surface des grains, les réactions en phase gazeuse peuvent produire un grand nombre de molécules plus complexes. D'autre part, la faible valeur de la température impose que les réactions soient exothermiques.
Nous allons d'abord étudier l' énergétique d'une réaction exothermique. Les produits d'une réaction exothermique sont plus stables que les réactants car ils ont moins d'énergie. Pour que la réaction ait lieu, des collisions doivent avoir lieu entre deux molécules. Une certaine énergie cinétique doit exister (imposée par la température du milieu) pour rompre certaines liaisons des molécules réagissantes ou leur imposer une géométrie particulière ou une distribution électronique inhabituelle. Cette énergie minimum nécessaire pour lancer la réaction porte le nom d'*énergie d'activation.*
Un diagramme énergétique montre la variation de l'énergie potentielle du système au cours de l'avancement de la réaction (figure 11.2). Lorsque des liaisons commencent à se rompre ou à se former, l'énergie croit d'abord jusqu'à un maximum qui est l'énergie d'activation. A ce maximum, les réactants passent par un état de transition dont la géométrie est bien définie mais qui est très instable (on parle parfois de "complexe activé"). Puis l'énergie diminue au niveau de celle des produits.
Expliquons pourquoi les réactions binaires entre espèces neutres sont peu propices à la synthèse de nouvelles molécules. En effet, la constante de réaction, notée $k(T)$, pour une réaction chimique impliquant deux molécules est représentée par la formule d'Arrhenius :

$$k(T) = A(T)\exp(-\frac{E_a}{k_B T}) \tag{11.6}$$

où $A(T)$ est un facteur dépendant faiblement de la température, E_a est l'énergie d'activation c'est-à-dire la barrière d'énergie qu'il faut surmonter pour former les produit (figure 11.2) et k_B est la constante de Boltzmann.

La plupart des réactions entre espèces neutres nécessitent une énergie d'activation E_a, supérieure à $k_B T$. A une température $T \simeq 10$K dans le MIS, le

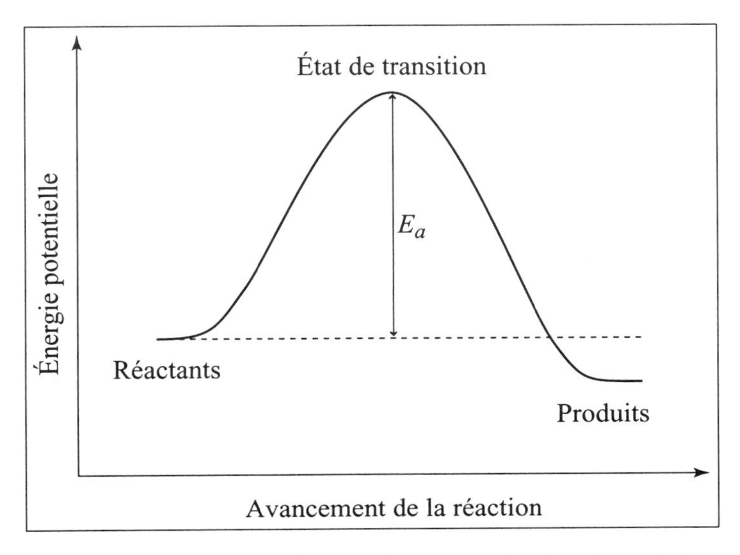

Fig. 11.2- *Barrière d'énergie dans une réaction de synthèse*

terme $\exp(-\frac{E_a}{k_B T})$ est bien inférieur à 1 et $A(T)$ prend une valeur négligeable donc $k(T)$ aussi. Les réactions binaires entre espèces neutres ne sont donc pas efficaces.
Par contre, les réactions ion-molécules exothermiques du type :

$$A^+ + BC \rightarrow AB^+ + C$$

ne nécessitent pratiquement pas d'énergie d'activation et permettent de produire des ions moléculaires. Elle sont les plus courantes en chimie interstellaire. Ce type de réactions peut être étudié expérimentalement dans le but de déterminer la constante de réaction. Les expériences peuvent révéler un branchement vers différents produits. Le taux de formation du produit est $kn(A^+)n(BC)$ molécules (en cm^{-3} s^{-1}). Il est important de savoir si la constante de réaction k, dépend de la température. Dans la majorité des réactions exothermiques, la constante de réaction a une valeur qui est indépendante de la température dans l'intervalle de température de 300 K à 1000 K et est de l'ordre de 10^{-9} cm^{-3} s^{-1}. Cette constante k peut aussi être calculée avec la Mécanique Quantique en séparant les mouvements nucléaires et électroniques (approximation de Born-Oppenheimer). En effet, k peut être reliée à la section efficace de réaction σ par la relation $k =< \sigma v >$, où v représente la vitesse relative des réactants et où la moyenne est prise sur une distribution thermique du type Maxwell-Boltzmann.
Cependant la constante de réaction k peut être calculée plus simplement en adoptant une approche classique (le modèle de Langevin). Dans ce modèle, on considère que la réaction a lieu via une collision mais on n'obtient pas d'information sur des produits de la réaction. La particule chargée (l'ion) induit un

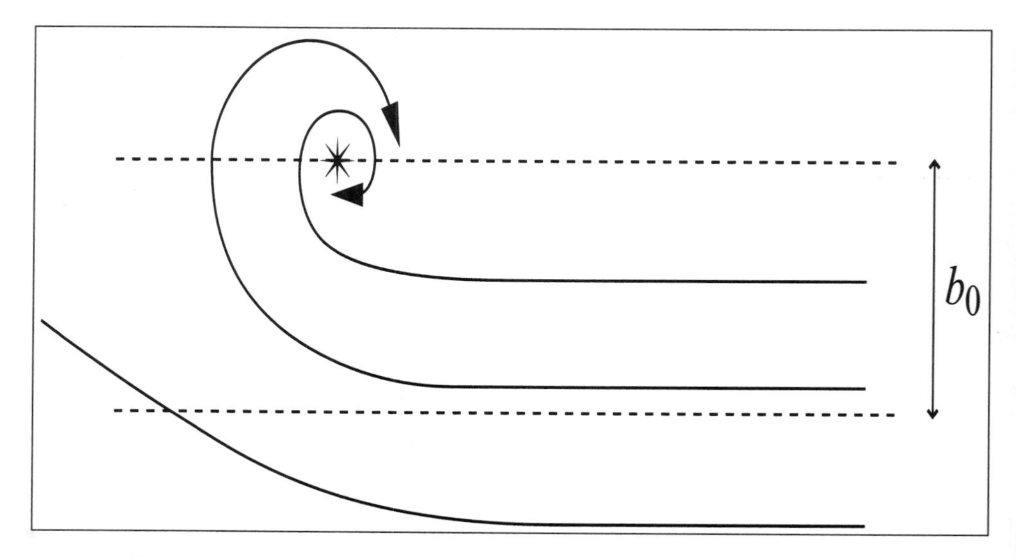

Fig. 11.3- *Trajectoire de la particule chargée vers l'espèce neutre*

dipôle dans la molécule non-polaire. Le dipôle et la charge interagissent avec une énergie d'interaction égale à $-\frac{\alpha e^2}{2r^4}$, où α est la polarisibilité moyenne de la molécule, e est la charge et r la distance entre l'ion et la molécule. Cette force d'interaction à longue distance est donc en r^{-5} et est causée par l'interaction entre l'ion et le dipôle induit ou permanent. L'étude des orbites dans ce champ de force montre l'existence de deux types de trajectoires de la particule chargée par rapport à l'espèce neutre (figure 11.3). Dans le cas d'une rencontre suffisamment proche, c'est-à-dire à une distance $r < b_0$, où b_0 est le paramètre d'impact critique, la particule chargée spirale vers l'espèce neutre et entre en collision avec une énergie considérable de plusieurs eV. Le paramètre d'impact critique est donné par :

$$b_0 = (\frac{4e^2\alpha}{\mu v^2})^{\frac{1}{4}} \tag{11.7}$$

où μ est la masse réduite, m_n étant la masse de l'espèce neutre et m_i la masse de l'ion. Dans ce premier cas, l'énergie de collision est généralement suffisante pour surmonter tout obstacle interne s'opposant au réarrangement des atomes qui a lieu dans la réaction. Dans le cas où $r > b_0$, la trajectoire est modifiée mais il n'y a pas capture.

A la distance critique d'approche $r = b_0$, la section efficace de collision est πb_0^2 et la constante de réaction k, pour des particules entrant en collision à la vitesse v est :

$$k = \pi(\frac{4e^2\alpha}{\mu v^2})\frac{1}{2}v = 2\pi e(\frac{\alpha}{\mu})^{\frac{1}{2}} \tag{11.8}$$

Elle est indépendante de la vitesse et de la température et porte le nom de constante de Langevin. Elle dépend seulement de la polarisibilité α et de la masse réduite μ. La polarisibilité des atomes et molécules qui nous intéressent varient entre 0.20 (pour l'atome d'helium) et 42.4 (atome de potassium) en unités 10^{-24} cm^{-3}.

Deux exemples :
Pour la réaction $O^+ + H_2 \longrightarrow OH^+ + H$, le calcul de la constante de Langevin conduit à $k = 1.6 \times 10^{-9}$ cm^{3}s^{-1} qui est une valeur identique à la valeur mesurée. Les autres produits possibles, OH et H^+, auraient résulté d'une réaction endothermique et donc ne sont pas formés dans les conditions habituelles du MIS.
Pour la réaction exothermique. $Ne^+ + O_2 \longrightarrow O^+ + O + Ne$, un désaccord existe entre la constante de Langevin calculée et la valeur mesurée. La valeur de Langevin est 7% plus faible que la valeur mesurée.
Le modèle de Langevin est en fait incorrect pour les réactions impliquant des molécules polaires (le potentiel d'interaction est incorrect). Dans ce cas, une autre théorie classique, celle de l'Orientation Moyenne du Dipôle ("Average Dipole Orientation" ; ADO en anglais) existe. La constante de réaction dans cette théorie est paramétrisée sous la forme :

$$k_{ADO} = \frac{2\pi e}{\sqrt{\mu}}[\sqrt{\alpha} + C\mu_D(\frac{2}{\pi kT})^{\frac{1}{2}}] \qquad (11.9)$$

où μ_D est le moment dipolaire de la molécule polaire, T est la température et C un paramètre compris entre 0 et 1. Cette équation est similaire à celle de Langevin mais contient un terme correctif dépendant de la température qui prend en compte l'interaction ion-dipôle. A température constante, C est fonction de $\frac{\mu_D}{\sqrt{\alpha}}$. Pour une molécule de polarisibilité $\alpha = 5.10^{-24}$cm^{-3} et de moment dipolaire 1 debye, $C = 0.18$ à 150 K et le terme correctif contribue à 30% de la constante k.
En résumé, que le réactant neutre soit polaire ou non, les réactions ion-molécules ne sont pas ralenties par des barrières d'énergie d'activation et peuvent s'effectuer efficacement aux basses températures interstellaires (à quelques exceptions près en particulier pour la production de molécules organiques hydrogénées). Elles ont en général lieu au taux de Langevin et dominent la chimie interstellaire. Les réactions entre espèces neutres ne sont pas efficaces pour synthétiser de nouvelles molécules.

11.4 Chimie dans les nuages diffus

Dans les nuages diffus, les synthèses sont des réactions en phase gazeuse entre ions et molécules ou entre espèces neutres. Ces nuages sont soumis à la photoionisation et à la dissociation par des photons UV. Leur chimie est aussi influencée par des chocs. Comparé au nuages denses, un nombre beaucoup plus restreint de réactions chimiques a lieu dans ces nuages car les éléments autres que l'hydrogène sont sous forme atomique. Les conditions physiques sont aussi mieux connues. L'ion H_3^+ semble être un initiateur important des réactions ion-molécule dans les nuages diffus.

11.5 Rôle des rayons cosmiques dans les nuages denses

La pénétration du rayonnement UV interstellaire est faible dans les nuages denses contenant H_2. On peut donc négliger la photodissociation et la photoionisation par les UV. Les températures dans ces nuages sont basses, inférieures à 50 K, sauf éventuellement dans les régions centrales associées à des objets infrarouges où la température peut atteindre 150 K. L'existence d'espèces exotiques, comme HCO^+, N_2H^+ et HNC, indique clairement que ces régions ne sont pas à l'équilibre chimique. Un flux d'énergie doit exister pour maintenir ce déséquilibre.
Notre Galaxie est baignée par un flux de rayons cosmiques de hautes énergie supérieures à 100 MeV. Ces rayons cosmiques, essentiellement des protons, ionisent la matière interstellaire à un taux très faible. Ce taux d'ionisation est bien inférieur au taux de photoionisation dans les nuages diffus mais il joue un rôle important dans les nuages denses. Les rayons cosmiques peuvent en effet traverser intégralement un nuage et ioniser la matière sur toute la profondeur du nuage. Une fois que l'ionisation a commencé, une série de *réactions primaires* a lieu, ionisant H, He et H_2 pour produire les ions H_2^+, H^+ et He^+. Des *réactions secondaires* entre les ions et molécules et entre ions et électrons se produisent alors et conduisent à une chimie riche. La figure 11.4 montre les principales voies de synthèses par réactions entre ions et molécules dans les nuages denses.

11.6 Réactions primaires

L'ionisation par les rayons cosmiques des espèces les plus abondantes, H_2 et He, est la première étape à considérer dans la chimie des nuages denses :

$$\mathrm{H_2 + RC1 \longrightarrow H_2^+ + e^- + RC2}$$

ou

$$\mathrm{H_2 + RC1 \longrightarrow H^+ + H + e^- + RC2}$$

et

$$\mathrm{He + RC1 \longrightarrow He^+ + e^- + RC2}$$

où RC1 et RC2 désignent les énergies des rayons cosmiques initiaux et finaux. Ces réactions sont qualifiées de *primaires* car H_2 et He sont beaucoup plus abondants que toutes les autres espèces dans les nuages.

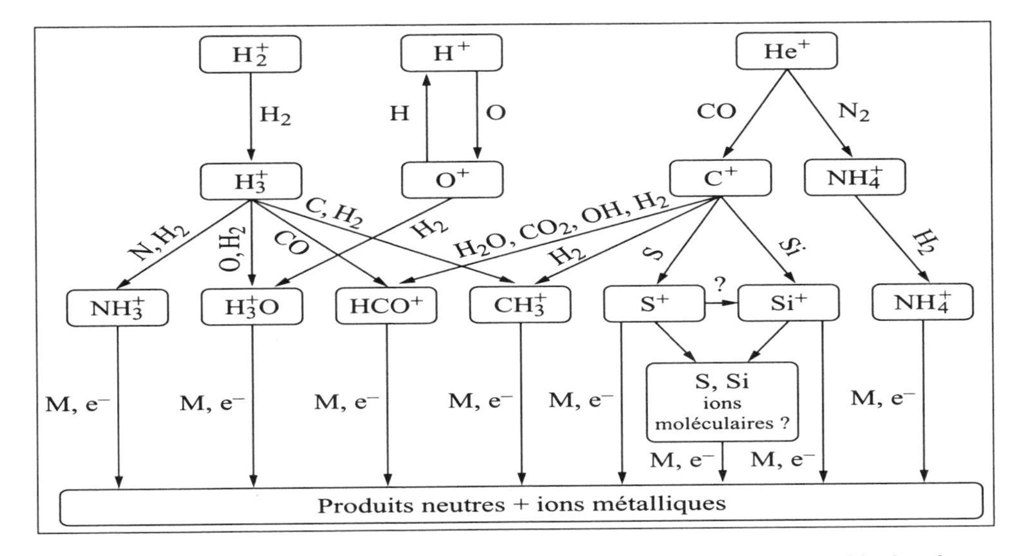

Fig. 11.4- *Principales voies de synthèse par réactions entre ions et molécules dans les nuages denses adapté de Prasad & Huntress [131]*

11.7 Réactions secondaires

Une fois formé, H_2^+ subit une réaction secondaire rapide avec H_2 :

$$H_2^+ + H_2 \longrightarrow H_3^+ + H$$

Cette réaction a lieu au taux de Langevin. L'ion He^+ réagit extrêmement lentement avec H_2 :

$$He^+ + H_2 \longrightarrow H_2^+ + He \longrightarrow H + H^+ + He$$

avec une constante $k \simeq 1.1 \times 10^{-13}$ cm^3 s^{-1} à une température de 300 K. L'ion He^+ réagit aussi avec des espèces diatomiques autres que H_2. Ces réactions, qui ont lieu au taux de Langevin, sont importantes. Elles sont :

$$He^+ + CO \longrightarrow C^+ + O + He$$

$$He^+ + N_2 \longrightarrow N^+ + N + He$$

$$He^+ + N_2 \longrightarrow N_2^+ + He$$

$$He^+ + O_2 \longrightarrow O^+ + O + He$$

$$He^+ + O_2 \longrightarrow O_2^+ + He$$

qui produisent efficacement les ions C^+, N^+ et O^+. L'ion C^+, qui ne réagit rapidement ni avec H_2 ni avec CO, est relativement stable dans les nuages denses.
Les réactions de l'ion H_3^+ avec des espèces neutres sont aussi très importantes. L'ion H_3^+ ne réagit pas avec H_2 mais réagit avec CO, N_2, O et N. Les réactions avec CO et N_2 ont été bien étudiées et ont lieu au taux de Langevin :

$$\mathrm{CO} + \mathrm{H_3^+} \longrightarrow \mathrm{HCO^+} + \mathrm{H_2}$$

$$\mathrm{N_2} + \mathrm{H_3^+} \longrightarrow \mathrm{N_2H^+} + \mathrm{H_2}$$

L'ion H_3^+ réagit avec CS ce qui produit HCS^+. L'ion H_3^+ conduit aussi à la formation d'ions importants comme H_3O^+, NH_3^+ et CH_3^+. L'espèce N_2H^+ tend à disparaître principalement par réaction avec CO pour produire plus de HCO^+ :

$$\mathrm{N_2H^+} + \mathrm{CO} \longrightarrow \mathrm{HCO^+} + \mathrm{N_2}$$

avec une constante $k \simeq 9.10^{-10}$ cm^3 s^{-1}. L'espèce HCO^+ est un des ions moléculaires les plus stables et disparaît seulement par réactions avec des électrons :

$$\mathrm{HCO^+} + \mathrm{e^-} \longrightarrow \mathrm{CO} + \mathrm{H}$$

Les constantes de réaction pour des réactions entre ions et électrons sont assez élevées ($k \simeq 10^{-6}$ cm^{3}s^{-1}) mais la faible densité d'électrons rend ce mode de disparition des ions assez peu efficace.

11.8 Les six types de réactions en phase gazeuse

11.8.1 Type 1 : ion + H_2

Ce type de réactions s'écrit :

$$\mathrm{A^+} + \mathrm{H_2} \longrightarrow \mathrm{AH^+} + \mathrm{H}$$

où A^+ est un ion arbitraire. Ce type de réaction sert à hydrogéner des ions c'est-à-dire contribue à augmenter le nombre d'atomes d'hydrogène entourant un atome lourd. De cette façon, les ions N^+ et O^+ sont convertis efficacement en ions polyatomiques par les réactions rapides bien étudiées :

$$\mathrm{O^+} + \mathrm{H_2} \longrightarrow \mathrm{OH^+} + \mathrm{H}$$

$$\mathrm{OH^+} + \mathrm{H_2} \longrightarrow \mathrm{H_2O^+} + \mathrm{H}$$

$$\mathrm{H_2O^+} + \mathrm{H_2} \longrightarrow \mathrm{H_3O^+} + \mathrm{H}$$

et

$$\mathrm{N^+} + \mathrm{H_2} \longrightarrow \mathrm{NH^+} + \mathrm{H}$$

$$NH^+ + H_2 \longrightarrow NH_2^+ + H$$

$$NH_2^+ + H_2 \longrightarrow NH_3^+ + H$$

avec des constantes de réaction de l'ordre de 10^{-9} cm^{3}s^{-1}.
A la différence de O^+ et N^+, l'ion C^+ ne réagit pas exothermiquement avec H_2 pour former CH^+. L'ion C^+, qui ne réagit rapidement ni avec CO ni avec N_2, est un ion relativement abondant.
Si CH^+ peut être formé, il peut rapidement être converti en CH_3^+ par les réactions :

$$CH^+ + H_2 \longrightarrow CH_2^+ + H$$

$$CH_2^+ + H_2 \longrightarrow CH_3^+ + H$$

D'autres réactions du type 1 sont possibles. Clairement, l'abondance importante de H_2 implique qu'il est important de connaître les constantes de réaction pour les réactions du type ion-H_2 pour tous les ions susceptibles d'être présents dans le milieu interstellaire.

11.8.2 Type 2 : ion + CO

Ce type de réactions s'écrit :

$$AH^+ + CO \longrightarrow ACO^+ + H$$

Ce type de réaction augmente le nombre d'atomes lourds dans un ion moléculaire. Les réactions de type 2 sont importantes surtout pour des ions qui ne réagissent pas rapidement avec l'hydrogène moléculaire (CO est moins abondant que H_2 par trois ordres de grandeurs au moins).
Un exemple de ce type de réaction est :

$$CH_4^+ + CO \longrightarrow CH_3CO^+ + H$$

$$CH_4^+ + CO \longrightarrow HCO^+ + CH_3$$

11.8.3 Type 3 : Association radiative

L'association radiative est le type de réaction le plus simple et consiste à agréger deux espèces réactives. Le complexe est formé dans un état excité , noté AB* et se stabilise en émettant un photon. La réaction s'écrit sous la forme :

$$A + B \longrightarrow AB + h\nu$$

et procède en deux étapes :

$$A + B \longrightarrow AB^*$$

puis :

$$AB^* \longrightarrow AB + h\nu$$

Le cas particulier où $B = H_2$ est important :

$$A^+ + H_2 \longrightarrow AH_2^+ + h\nu$$

où A^+ est un ion arbitraire qui ne subit pas de réaction de type 1 avec H_2. Dans les réactions de type 3, H_2 est le partenaire collisionnel ce qui fait que la constante de réaction est assez élevée. Black & Dalgarno [7] ont suggéré la réaction importante :

$$C^+ + H_2 \longrightarrow CH_2^+ + h\nu$$

Dans les nuages denses, cette réaction permet de fixer le carbone, elle initie la synthèse des hydrocarbures interstellaires. En effet, une fois formé, CH_2^+ réagit avec H_2 pour former CH_3^+ et H . L'ion CH_3^+ peut alors subir différentes réactions ion-molécules rapides du type :

$$CH_3^+ + N \longrightarrow H_2CN^+ + H$$

De même, les réactions d'association de CH_3^+ et C_3H^+ avec H_2 jouent un rôle important dans la synthèse d'hydrocarbures complexes :

$$CH_3^+ + H_2 \longrightarrow CH_5^+ + h\nu$$

$$C_3H^+ + H_2 \longrightarrow C_3H_3^+ + h\nu$$

Pour la formation de molécules plus complexes que les diatomiques, les réactions d'association radiatives semblent être efficaces. L'efficacité augmenterait avec la complexité et l'énergie de liaison du produit.
Considérons la formation de CH^+ qui est un intermédiaire dans la formation du méthane. La réaction ion-molécule :

$$C^+ + H_2 \longrightarrow CH^+ + H$$

est endothermique et n'a pas lieu aux conditions prévalant dans le MIS. La réaction d'association radiative :

$$C^+ + H_2 \longrightarrow CH_2^+ + h\nu$$

bien qu'ayant une faible constante k est plus efficace que la réaction ion-molécule ($C^+ + H_2 \longrightarrow CH_2^+ + h\nu$) qui est endothermique. Une fois CH^+ produit, le méthane est produit par une série de réactions :

$$CH^+ + H_2 \longrightarrow CH_2^+ + H$$

$$CH_2^+ + H_2 \longrightarrow CH_3^+ + H$$

$$CH_3^+ + H_2 \longrightarrow CH_4^+ + H$$

$$CH_3^+ + H_2 \longrightarrow CH_5^+ + h\nu$$

$$CH_5^+ + CO \longrightarrow CH_4 + HCO^+$$

$$CH_5^+ + e^- \longrightarrow CH_4 + H$$

Des hydrocarbures plus complexes sont synthétisés par essentiellement trois voies réactionnelles :
a) l'insertion d'un carbone : il s'agit de réactions entre C^+ ou C avec des hydrocarbures neutres ou ionisés pour produire des espèces ioniques plus complexes :

$$C^+ + CH_4 \longrightarrow C_2H_2^+ + H_2, C_2H_3^+ + H$$

$$C + CH_5^+ \longrightarrow C_2H_4^+ + H$$

b) Les réactions de condensation dans lesquelles un ion hydrocarbure et une espèce neutre réagissent pour produire un composé plus complexe. Un exemple bien étudié est :

$$C_2H_2^+ + C_2H_2 \longrightarrow C_4H_3^+ + H, C_4H_2^+ + H_2$$

qui conduit à la formation du radical interstellaire bien connu C_4H.
c) des réactions d'association entre ions hydrocarbures et des espèces neutres par exemple :

$$C_4H_2^+ + C_2H_2 \longrightarrow C_6H_4^+ + h\nu$$

Les associations radiatives jouent un rôle important dans la formation des alcools. Par exemple, la formation du méthanol CH_3OH, s'effectue suivant :

$$CH_3^+ + H_2O \longrightarrow CH_3OH_2^+ + h\nu$$

suivie par une recombinaison dissociative (voir type 4)

11.8.4 Type 4 : Recombinaisons dissociative et radiative

La réaction de recombinaison dissociative s'écrit :

$$A^+ + e^- \longrightarrow \text{neutre}$$

où "neutre" désigne une espèce non chargée. L'ion A^+ désigne un ion moléculaire arbitraire. Remarquons que les réactions de type 1,2 et 3 synthétisent des ions

moléculaires de plus grandes tailles à partir de petites espèces. Les réactions de type 4 permettent de convertir des ions polyatomiques en des espèces neutres polyatomiques. Pour les ions moléculaires qui ne réagissent pas rapidement avec les espèces neutres dominantes (H_2, CO, N_2), les réactions de recombinaison sont la principale manière d'appauvrir le milieu en ces espèces.
En fait, la recombinaison dissociative est beaucoup plus rapide que la recombinaison radiative :

$$A^+ + e^- \longrightarrow A + h\nu$$

pour former la molécule neutre parent.
Des mesures des constantes de réaction au laboratoire conduisent à des valeurs proches de 10^{-6} à 10^{-7} cm^3s^{-1} pour les processus dissociatifs pour les ions polyatomiques (avec une légère dépendance inverse de la température). En comparaison, la recombinaison radiative a lieu à des taux qui sont trois à quatre ordres de grandeurs plus faibles. Ce type de réaction concerne l'ion C^+ et contribue à faire disparaître cette espèce.
Pour de petits ions polyatomiques du type XH_n^+, où X est un atome lourd, les réactions de recombinaison peuvent être :

$$XH_n^+ + e^- \longrightarrow XH_{n-1} + H$$

ou

$$XH_n^+ + e^- \longrightarrow XH_{n-2} + H_2$$

Des exemples de réactions de recombinaison sont :

$$H_3O^+ + e^- \longrightarrow H_2O + H \longrightarrow OH + H_2$$

$$CH_3^+ + e^- \longrightarrow CH_2 + H \longrightarrow CH + H_2$$

$$H_2CN^+ + e^- \longrightarrow HCN + H \longrightarrow HNC + H \longrightarrow CN + H_2$$

$$H_3CO^+ + e^- \longrightarrow H_2CO + H \longrightarrow HCO + H_2$$

Des études au laboratoire ou théoriques sont nécessaires pour déterminer les *facteurs de branchement* entre les différents produits formés.
Des espèces neutres peuvent aussi être formées à partir d'ions polyatomiques par des processus d'échange de charge du type :

$$A^+ + Y \longrightarrow A + Y^+$$

où Y représente un atome abondant facilement ionisé (Si, Mg ou Fe).

11.8.5 Type 5 : Réaction neutre-neutre

Ce type de réactions s'écrit de la manière suivante :

$$A + B \longrightarrow C + D$$

Une fois formées, les espèces neutres réactives, par exemple OH, tendent à réagir avec des atomes neutres abondants. Voici quelques exemples de réactions interstellaires importantes et leurs constantes de réaction déterminées en laboratoire :

$$OH + N \longrightarrow NO + H$$

$$NO + N \longrightarrow N_2 + O$$

$$OH + O \longrightarrow O_2 + H$$

Ces réactions appauvrissent le milieu en espèces, comme OH et NO, sur des périodes de temps très courtes (30 ans). Cependant la plupart des espèces neutres ne sont pas appauvries par des réactions avec d'autres espèces neutres mais plutôt par des réactions du type ion-molécules. Les principaux ions dans un nuage dense sont H^+, O^+, HCO^+, H_3^+, N_2H^+, He^+ et H_3O^+. Les réactions avec C^+ sont particulièrement importantes car elles produisent des ions contenant un atome lourd de plus que l'espèce neutre réagissante. Ce sont les réactions de type 6.

11.8.6 Type 6 : C^+ + neutre

Ces réactions s'écrivent sous la forme :

$$C^+ + AH \longrightarrow AC^+ + H$$

où AH est une molécule arbitraire contenant au moins un atome d'hydrogène. Les espèces AC^+ produites peuvent alors participer à des réactions de types 1 à 4 pour produire de nouvelles espèces neutres contenant plus d'atomes lourds que AH. Voici quelques exemples de réactions de ce type étudiées au laboratoire :

$$C^+ + NH_3 \longrightarrow H_2CN^+ + H$$

$$C^+ + CH_4 \longrightarrow C_2H_3^+ + H \longrightarrow C_2H_2^+ + H_2$$

$$C^+ + H_2CO \longrightarrow HCCO^+ + H$$

et

$$C^+ + HCN \longrightarrow CCN^+ + H$$

11.9 Preuves de l'importance de la chimie ions-molécules

La détection des ions HCO^+, N_2H^+, HCS^+, $HCOO^+$ et $HCNH^+$, espèces prédites par les modèles, est une preuve directe de l'existence d'une chimie entre ions et molécules. L'ion HCO^+ est prédit avec une abondance importante car il est détruit seulement par recombinaison dissociative (qui devrait

être lente à cause de la faible concentration en électrons libres). Turner & Thaddeus [167] ont en effet observé une abondance en HCO^+ importante. Les premières études de OH (Turner & Heiles [168]), HCN (Turner & Thaddeus [167], Huntress, [79]), H_2O (Huntress [79], Herbst [76]) et CN (Turner & Gammon, [169]) contenaient seulement quelques réactions dans leurs modèles et sont raisonnablement en accord avec les observations.
La chimie ion-molécule permet aussi d'expliquer l'importance des molécules deutérées dans les cœurs des nuages froids. Les rapports d'abondances trouvés, $[\frac{DCO^+}{HCO^+}] \simeq 0.01$, $[\frac{N_2D^+}{N_2H^+}] \simeq [\frac{NH_2D}{NH_3}] \simeq [\frac{DCN}{HCN}] \simeq 0.001 - 0.01$ sont prédits par les modèles incluant seulement quelques réactions ions-molécules qui gouvernent la chimie de ces espèces (Watson [181], Turner & Zuckerman [170]) pourvu que le pourcentage d'ionisation reste très bas.
Certains problèmes demeurent cependant pour la chimie ion-molécule. Un exemple est le rapport $[\frac{HNC}{HCN}]$. On pense que ces deux espèces se forment à partir de la recombinaison dissociative de $HCNH^+$ dans des quantités approximativement égales. Cependant dans les régions centrales "chaudes" des nuages moléculaires, on a déterminé des rapports variant entre 0.03 et 0.4. D'autres processus doivent influencer le rapport $[\frac{HNC}{HCN}]$ mais ils ne sont pas connus. De même, les molécules sulfurées comme H_2S et SO semblent nécessiter des réactions à hautes températures pour reproduire leurs abondances.

11.10 La chimie des ondes de choc

La chimie dans les régions exposées à une onde de choc est bien différente de celle ayant lieu dans les nuages diffus ou denses. Plusieurs types de processus peuvent générer des chocs dans le gaz interstellaire :

- une étoile nouvellement formée ionise rapidement le gaz neutre dans son voisinage, augmente la pression et provoque une expansion du milieu l'entourant à une vitesse supérieure ou égale à 10 km s^{-1}, bien supérieure à la vitesse du son dans un milieu neutre. Les étoiles se forment probablement dans les cœurs massifs des nuages moléculaires où la température et la densité sont particulièrement élevées : $T \gg 1000$ K et $n(H_2) \simeq 10^7 - 10^{11}$ cm^{-3} (Scoville et al [148]). Les spectres de ces régions montrent en général des raies moléculaires avec des ailes très larges (Bally & Lada [3]) qui suggèrent la présence d'écoulements à grandes vitesses. Ces conditions physiques inhabituelles ont été interprétées comme dûes au passage d'ondes de choc interstellaires (Draine et al [49]).
- les vents stellaires autour des étoiles brillantes provoquent aussi des chocs. En effet, ils s'écoulent à des vitesses supérieures à 10^3 km s^{-1}, bien supérieures à celle du gaz ionisé entourant l'étoile.
- les supernovae libérant d'énormes quantités d'énergie (voisines de 10^{44} J) dans un volume limité du milieu interstellaire donnent aussi lieu à des

chocs. Le gaz les entourant est soumis à de très fortes pressions et s'étend très rapidement à des vitesses supersoniques dans le milieu interstellaire.

- des collisions entre nuages moléculaires peuvent avoir lieu à des vitesses supersoniques par rapport au nuage (qui se déplace typiquement à des vitesses de 10 à 20 km s^{-1} dans le champ gravitationnel de la Galaxie)
- l'onde de densité qui maintient la structure spirale de la Galaxie se déplace supersoniquement par rapport aux nuages.

L'énergie de ces chocs peut être libérée sous forme d'une quantité de chaleur importante conduisant à une modification importante de la température, la densité, la pression et la vitesse. Considérons un gaz uniforme, initialement à la température T_0, à la densité ρ_0 et à la pression P_0 où ne règne aucun champ magnétique. Ce gaz est au repos dans un certain repère et soumis à un choc plan rapide de vitesse V_s dans ce repère. Juste après le choc, la densité ρ_1, la pression P_1, la température T_1 et la vitesse v_1 sont données par les équations :

$$\frac{\rho_1}{\rho_0} = 4, P_1 = \frac{3}{4}\rho_0 V_s^2, v_1 = \frac{3}{4}V_s, T_1 = \frac{3\mu V_s^2}{16k} \tag{11.10}$$

où μ est la masse moyenne par particule juste derrière le front du choc. Typiquement, l'effet d'un choc de vitesse modérée est d'augmenter instantanément le température cinétique du gaz depuis une valeur voisine de 100 K jusqu'à 3000 K. De nombreuses réactions interdites dans des conditions typiques des nuages interstellaires parce qu'elles ont des barrières d'activation ou sont faiblement endothermiques peuvent avoir lieu en présence de chocs. De même, des réactions sensibles à la température peuvent devenir efficaces. Par exemple, la réaction entre O et H_2 :

$$O + H_2 \longrightarrow OH + H$$

n'a pas lieu à basses températures. Mais elle est rapide à hautes températures ainsi que la réaction :

$$OH + H_2 \longrightarrow H_2O + H$$

ce qui a pour effet d'augmenter les abondances de OH et H_2O dans la région ayant subi le choc. De plus l'augmentation de la densité tend à favoriser l'occurrence d'un plus grand nombre de réactions.

11.11 Le problème de l'ion CH^+

L'ion moléculaire CH^+ a été l'une des premières espèces identifiées dans le milieu interstellaire. On pense que la chimie d'équilibre ne peut pas produire les abondances déterminées pour cet ion. La réaction d'association radiative :

$$C^+ + H \longrightarrow CH^+ + h\nu$$

est trop lente et la réaction :

$$C^+ + H_2 \longrightarrow CH^+ + H$$

est endothermique à basses températures. La réaction détruisant CH^+ est la recombinaison dissociative :

$$CH^+ + e^- \longrightarrow C + H$$

Cette réaction a lieu rapidement ainsi que la réaction :

$$CH^+ + H_2 \longrightarrow CH_2^+ + H$$

Des études théoriques ont montré que CH^+ se forme probablement dans du gaz chaud venant de subir un choc. Ceci suggère que CH^+ serait un traceur des chocs interstellaires.
Juste après le passage d'un choc, C^+ et H_2 peuvent être abondants et si la température est voisine de 3000 K, la réaction :

$$C^+ + H_2 \longrightarrow CH^+ + H$$

peut avoir lieu pour former CH^+. L'abondance de CH^+ est alors limitée par la réaction inverse :

$$CH^+ + H \longrightarrow C^+ + H_2$$

ainsi que par les réactions C et D. La réaction B étant efficace seulement à hautes températures, le taux de formation de CH^+ est sensible aux mécanismes de refroidissement. Ce dernier est assuré par H_2 et aussi par OH et H_2O. L'augmentation de l'abondance de H_2 tend à augmenter la production de CH^+ par la réaction B mais elle augmente aussi le refroidissement et donc aura tendance à défavoriser la réaction B.
Des études théoriques ont permis de montrer que dans des nuages diffus peu denses ($n(H) < 100$ cm^{-3}) et où H_2 est minoritaire ($\frac{n(H_2)}{n(H)} \leq 0.1$), des chocs de vitesses proches de 10 km s^{-1} peuvent produire les densités de colonne en CH^+ comparables à celles déduites des observations.

11.12 Effet d'un choc sur un nuage diffus

La figure 11.5 montre le résultat d'un calcul effectué par Mitchell et Deveau [116]. Les abondances moléculaires sont représentées en fonction du temps après le choc. Les abondances initiales sont celles d'un nuage diffus peu dense. Le modèle inclue les 1425 réactions publiées par Prasad et Huntress [131]. L'effet du choc est très marqué : les abondances de certaines molécules augmentent brusquement juste après le choc. Si ces molécules sont détruites par photodissociation, les valeurs élevées des abondances diminuent après 1000 ans.

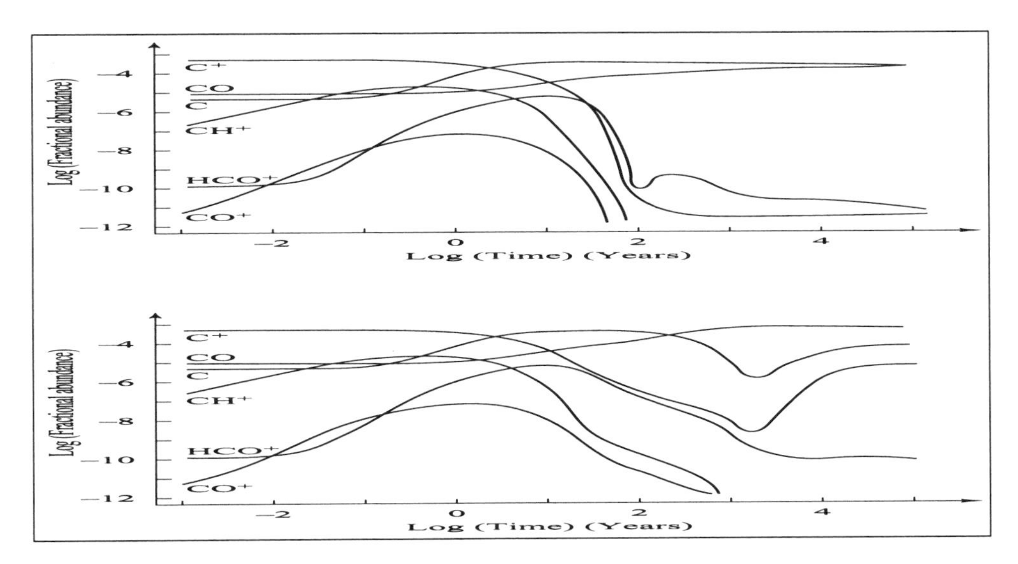

Fig. 11.5- *Evolution des abondances moléculaires dans un nuage diffus en fonction du temps après le passage du choc d'après Mitchell & Deveau [116]*

La figure 11.6 présente les résultats d'un calcul de Mitchell et Deveau [116] pour un nuage dense ($n = 10^4$ cm^{-3}) et un choc de vitesse $V_s = 10$ km s^{-1}. Certaines molécules comme H_2O ont une abondance grandement augmentée après le passage du choc alors que pour d'autres, comme CO, l'abondance n'augmente pas. On trouve en général que les abondances des molécules HS, H_2S, SO et SiO, contenant du silicium et du soufre, augmentent beaucoup lors des chocs.
A basse température, la réaction :

$$S + H_2 \longrightarrow HS + H$$

est endothermique. A hautes températures après un choc, cette réaction est possible et est suivie par la réaction :

$$SH + H_2 \longrightarrow H_2S + H$$

La molécules SO est formée par la réaction :

$$SH + O \longrightarrow SO + H$$

puis par :

$$OH + S \longrightarrow SO + H$$

et

$$O_2 + S \longrightarrow SO + O$$

car OH et O_2 sont abondantes dans ces régions. La molécule SO_2 peut être formée par la réaction :

$$SO + O_2 \longrightarrow SO_2 + O$$

opérant à haute température ou par la réaction indépendante de la température :

$$SO + OH \longrightarrow SO_2 + H$$

La molécule SiO est probablement formée par la réaction :

$$Si + OH \longrightarrow SiO + H$$

Il semble probable que les molécules portant un atome de soufre soient de bons traceurs du gaz chaud. Cependant de telles molécules peuvent être formées lors de certains types de réactions à la surface des grains même dans les nuages froids.
Le comportement de la molécule SiO dans les nuages moléculaires ne semble pouvoir être expliqué que par la chimie des chocs. Dans la direction de plusieurs cœurs de nuages moléculaires géants denses, l'émission en SiO provient seulement des régions confinées spatialement qui sont associées à des écoulements à hautes vitesses (Downes et al [42]). Par exemple, les cartes interférométriques de Ori KL révèlent une très forte densité de colonne en SiO confinée à de petites parcelles de gaz de tailles 8 à 10 secondes d'arc, centrées sur la source infrarouge IRc2 (Wright et al [194]). Cette source est probablement une protoétoile subissant une grande perte de masse. En contraste, SiO n'est pas observée dans les nuages denses. Ces caractéristiques suggèrent que SiO est formée par la chimie des chocs.

11.13 Modélisation des processus chimiques

Le but de la modélisation de la chimie des nuages interstellaires est double. D'abord, on cherche à identifier les principaux chemins réactionnels impliqués dans la formation et la destruction de différentes espèces. Ensuite, on cherche à préciser les conditions physiques dans les régions où les molécules se forment. Les différents processus chimiques dans les nuages sont : réactions chimiques en phase gazeuse, l'ionisation et la dissociation par les rayons cosmiques et les photons UV, des réactions de condensation à la surface des grains de poussière suivies de divers processus de désorption et l'éjection en phase gazeuse.

11.13.1 Modélisation des réactions en phase gazeuse

La construction d'un modèle se fait en deux étapes. On choisit d'abord les réactions chimiques à inclure dans le modèle. Les constantes de réaction et leurs dépendance avec la température peuvent être très mal connues pour certaines

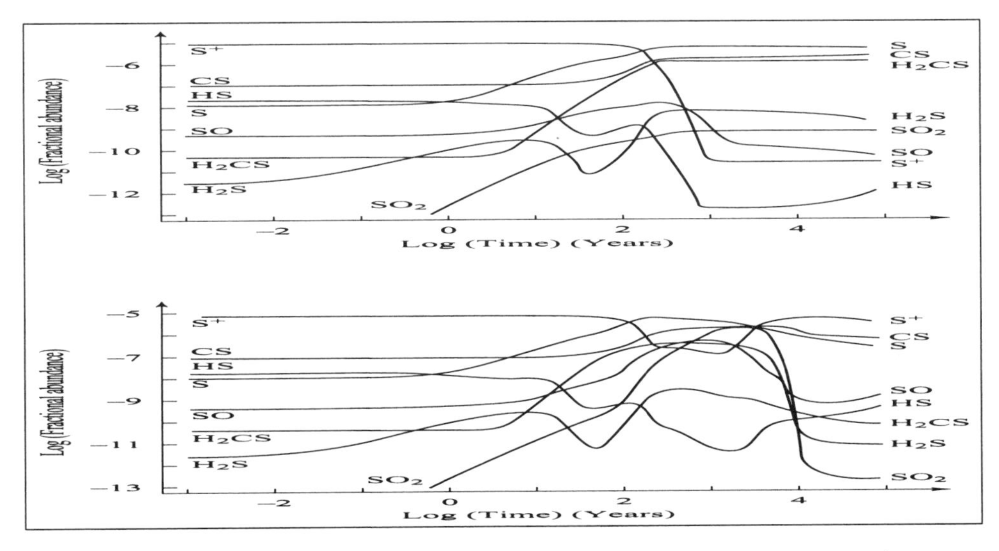

Fig. 11.6- *Evolution des abondances moléculaires dans un nuage dense en fonction du temps après le passage du choc d'après Mitchell & Deveau [116]*

réactions. Les réactions sur les grains doivent aussi être incluses. La deuxième étape consiste à préciser les conditions physiques dans les nuages interstellaires : la densité et la température, le champ de rayonnement interstellaire incident sur le nuage, les paramètres des grains (albédo et diffusion), le taux d'ionisation par les rayons cosmiques, les abondances relatives des éléments, la taille et la forme du nuage.

Le choix entre la chimie à l'équilibre ou dépendante du temps

Nous allons établir que le temps nécessaire à l'établissement de l'équilibre pour la chimie interstellaire est bien inférieur à la durée de vie du nuage. On peut donc considérer que la chimie a lieu à l'équilibre dans les nuages sauf si l'on s'intéresse à des situations particulières, par exemple un nuage en effondrement gravitationnel ou un nuage soumis à une onde de choc. Cette situation simplifie grandement la modélisation.

Dans les nuages diffus, les photons pénètrent partout et influencent fortement la chimie. Considérons une molécule X, formée au taux F_X ($\mathrm{cm^3 s^{-1}}$) et détruite par les photons aux taux β_X. La variation temporelle de la densité, n_X, vérifie :

$$\frac{dn_X}{dt} = F_X - \beta_X n_X \tag{11.11}$$

où n_X est fonction du temps et de la position dans le nuage : $n_X = n_X(r, t)$. A une position fixée et en supposant F_X constant, la solution n_X vérifie :

$$n_X = F_X \frac{[1 - \exp(-\beta_X t)]}{\beta_X} \tag{11.12}$$

n_X atteint donc sa valeur d'équilibre (égale à $\frac{F_X}{\beta_X}$) au bout du temps $\frac{1}{\beta_X}$ (temps de photodestruction). Dans les nuages diffus, ce temps est court, typiquement de l'ordre de 10^3 ans. Cependant, certaines molécules sont formées par des réactions lentes impliquant des échanges d'atomes avec d'autres molécules. Pour ces molécules, l'équilibre pourrait mettre 10^5 ans pour s'établir. Ce temps reste de toutes façons court en comparaison de la durée de vie d'un nuage diffus.
Dans les nuages denses, l'approche à l'équilibre est aussi déterminée par le taux des mécanismes de disparition. Ces derniers impliquent fréquemment des réactions avec des ions. Par exemple, CO est détruit efficacement par des réactions avec des ions He^+ dans la réaction :

$$\mathrm{He}^+ + \mathrm{CO} \longrightarrow \mathrm{He} + \mathrm{C}^+ + \mathrm{O}$$

pour laquelle le taux de disparition est $\simeq 10^{-9} n(He^+)$ en s^{-1}. La densité en He^+ peut être estimée proche de 10^{-5} cm^{-3} en considérant qu'il est formé par ionisation pas des rayons cosmiques et perdu par réaction avec H_2. Le temps d'équilibre pour CO est donc de plusieurs millions d'années ce qui reste inférieur à la durée de vie d'un nuage dense (qui est supérieure à 10^7 ans). Nous pouvons donc aussi supposer que la chimie à lieu à l'équilibre aussi dans les nuages denses.
Certaines situations particulières nécessitent une modélisation dépendante du temps, par exemple lorsqu'on étudie la chimie dans un nuage en effondrement gravitationnel ou la chimie dans un nuage affecté par une onde de choc.

Comment poser le problème ?

La première étape consiste à sélectionner le réseau de réactions chimiques. On peut avoir à inclure jusqu'à plusieurs milliers de réactions. Si l'on souhaite modéliser un nuage diffus, le nombre de réactions à inclure est bien moins important. Le réseau de réactions doit être fermé : chaque espèce formé doit être détruite. Des réactions à la surface des grains peuvent éventuellement être incluses.
Toutes les réactions autres que l'ionisation par les rayons cosmiques, la photodissociation et la photoionisation, peuvent être considérées comme des réactions à deux corps. La catalyse sur un grain peut aussi être considérée comme une réaction à deux corps où l'espèce piégée rencontre son partenaire déjà présent sur le grain.
Considérons une molécule X formée par réaction entre les espèces A et B :

$$\mathrm{A} + \mathrm{B} < \overset{<\mathrm{k_{AB}}>}{\longrightarrow} > \mathrm{X} + \mathrm{Y}$$

ou formée par ionisation d'une espèce X′ par les rayons cosmiques (dans ce cas X′ est un ion) :

$$\mathrm{X}' + \mathrm{R.C.} < \overset{<\zeta_{\mathrm{X}'}>}{\longrightarrow} > \mathrm{X}$$

et détruite par réaction avec une espèce C :

$$\mathrm{X + C} \overset{<\mathrm{k_{AB}}>}{<\longrightarrow>} \mathrm{D + E}$$

ou par photodestruction :

$$\mathrm{X + h}\nu \overset{<\beta_\mathrm{X}>}{<\longrightarrow>} \text{produits}$$

La variation temporelle de la densité de l'espèce X vérifie :

$$\frac{\mathrm{dn_X}}{\mathrm{dt}} = \sum_{\mathrm{A}} \sum_{\mathrm{B}} \mathrm{k_{AB} n_A n_B} - \sum_{\mathrm{C}} \mathrm{k_{Xc} n_C n_X} - \beta_\mathrm{X} \mathrm{n_X} + \zeta_{\mathrm{X'}} \mathrm{n_{X'}}$$

où l'on a supposé que la densité totale du nuage reste constante. Cette équation doit être écrite pour chacune des N_S espèces (atome, ion, molécule) du problème. Le taux de réaction pour la photodissociation et la photoionisation peut s'exprimer sous la forme :

$$\zeta(r) = 4\pi \int J_\nu(r)\sigma(\nu)\, d\nu \tag{11.13}$$

où $J_\nu(r)$ est l'intensité moyenne du rayonnement à la position r et $\sigma(\nu)$, la section efficace de photoionisation ou photodissociation.
Les molécules situées à l'intérieur du nuage sont généralement protégées des UV par les molécules et les poussières situées dans les couches extérieures.
Pour calculer le taux $\zeta(r)$, il est nécessaire de résoudre l'équation de transfert pour trouver $J_\nu(r)$ à la position r. Cette équation tient compte de l'absorption des photons UV par les grains de poussières et par le gaz. L'intensité du rayonnement interstellaire d'une part et les propriétés optiques des grains de poussière interstellaires (coefficient d'extinction, albédo...) sont mal déterminées ce qui rend très incertain le calcul des taux de photodestruction. Le calcul de $\zeta(r)$ nécessite aussi une détermination correcte des sections efficaces. Des progrès importants ont été faits ces dernières années.
Le taux de photodissociation par les rayons cosmiques a une expression similaire à celle de $\zeta(r)$. On remplace le flux de photons en fonction de la fréquence par le flux de particules de rayons cosmiques en fonction de l'énergie.
Dans les modèles, on adopte souvent un taux d'ionisation standard de H par les rayons cosmiques, $\xi_H = 6.810^{-18}s^{-1}$ (Spitzer & Tomasko [157]) et pour l'hydrogène moléculaire et l'hélium, une valeur égale à 1.67 ξ_H.
Toutes les densités n_X et les taux de photodestruction β_X sont fonctions de la position dans le nuage. Les réactions sur un grain sont en fait du premier type si l'on considère que A est un grain et B une espèce incidente sur le grain :

$$\text{grain} + \mathrm{B} \longrightarrow \mathrm{X}$$

Similairement, le deuxième type de réaction peut représenter une réaction de collage sur un grain lorsque C est le grain et k_{Xc} est la constante de réaction pour le collage à la surface du grain.
On écrit alors les *équations de conservation* :

a) *la conservation du nombre d'atomes par unité de volume* d'un élément particulier M. Pour l'élément M, qui peut être présent à raison de c_i^M atomes dans l'espèce i, nous définissons n_M^0 comme étant la densité de M sous toutes ses formes possibles. On doit avoir :

$$n_M^0 = \sum_i n_i c_i^M \tag{11.14}$$

où n_i est la densité en nombre de l'espèce i. Par exemple, cette équation pour le carbone pourrait s'écrire :

$$n_C^0 = n(C^+) + n(C) + n(CO) + n(CH) + n(CN) + 2n(C_2) + 2n(C_2H) + \cdots \tag{11.15}$$

b) *L'équation de conservation de la charge* s'écrit :

$$n_e = \sum_j n_j c_j \tag{11.16}$$

où n_e est la densité en nombre d'électrons et c_j la charge positive ou négative associée à l'espèce j. Dans un nuage dense, cette équation pourrait s'écrire :

$$n_e = n(H_3^+) + n(HCO^+) + n(H^+) + n(He^+) + n(Na^+) + \cdots \tag{11.17}$$

Ces différentes équations doivent être résolues avec la contrainte : $n_X > 0$ pour toute espèce X.
Un certain nombre de paramètres astrophysiques doivent être sélectionnés :

- la géométrie du nuage doit être définie (sphère ...)
- la densité et la température cinétique, qui varient avec la position r dans le nuage. Ces deux grandeurs sont déterminées par les processus de chauffage et de refroidissement à l'intérieur du nuage (ces processus étant d'ailleurs contrôlés par la chimie).
- les abondances de chaque élément, n_H, doivent aussi être choisies : elles peuvent avoir leurs valeurs cosmiques ou montrer un appauvrissement typique du milieu interstellaire.
- l'ionisation : dans les nuages denses, seuls les rayons cosmiques contribuent à l'ionisation de façon uniforme dans toutes les parties du nuage : le terme $\zeta_{X'}$ ne dépend donc pas de la position.
- le champ de rayonnement : il dépend du flux incident sur le nuage (le champ interstellaire moyen) et du transfert de ce rayonnement dans le nuage. Le champ de rayonnement en un point donné peut être obtenu en intégrant les contributions de toutes les parties du nuage en prenant compte les propriétés des grains. L'albédo et la fonction de phase peuvent avoir des effets importants sur le champ de rayonnement. Ces deux paramètres sont rarement bien connus ce qui rend le calcul du champ de rayonnement assez incertain. Certains auteurs posent simplement que l'intensité du rayonnement varie comme $\exp(-\tau)$ (où τ est la profondeur optique) pour éviter les problèmes dûs au transfert du rayonnement.

Les lois de variation de la densité et de la température $T(r,t)$ sont obtenues en résolvant les équations hydrodynamiques (qui décrivent l'évolution dynamique et thermique du nuage entier), une équation d'état du gaz et la diffusion par les grains et le gaz. Une modélisation complète chimique, thermique et hydrodynamique d'un nuage interstellaire incluant le transfert de rayonnement pour les photons UV est donc une tâche très difficile car tous ces aspects de l'évolution du nuage sont fortement couplés. La plupart des modèles chimiques ne prennent pas en compte l'évolution hydrodynamique et résolvent seulement le système d'équations chimiques. Dans certains cas, le transfert de rayonnement est traité ce qui permet de coupler les équations chimiques aux distributions de densité.
Les modèles dépendant du temps sont en fait pseudo-dépendant du temps car la densité et la température ne varient pas avec le temps. Ces modèles ne considèrent pas non plus la variation des abondances avec la position dans le nuage et ne traitent pas le transfert. Dans les modèles statiques, on suppose atteint un équilibre stationnaire des abondances. La distribution de la densité et de la température en fonction de r sont obtenues en supposant que le nuage est en équilibre de pression avec le milieu internuage et que l'équilibre thermique du nuage est obtenu en équilibrant les différents processus de chauffage et de refroidissement.
Certains modèles dépendant du temps prennent en compte la présence de chocs. Après le passage d'un choc, la température augmente considérablement sur un temps très court. Nous avons vu précédemment que ceci permet l'occurrence de réactions endothermiques et de réactions ayant des barrières d'activation. Une chimie particulière a lieu dans ces régions, assez différente de celle ayant lieu dans les régions plus froides. La modélisation de la chimie des chocs reste encore rudimentaire. Les équations cinétiques couplées sont résolues pour une vitesse de choc particulière qui détermine la température du gaz derrière le choc. La plupart des modèles considèrent des chocs non magnétiques et non dissociatifs.
Ultimement, les modèles doivent reproduire les abondances déduites des observations.

L'obtention des solutions

Considérons le cas de l'équilibre chimique. Les dérivées par rapport au temps sont alors toutes nulles. Il s'agit alors de résoudre un système de N_S équations algébriques non linéaires pour les N_S inconnues n_X, en tenant compte des équations de conservation. Le problème est donc surdéterminé car il y a plus d'équations que d'inconnues.
Nous pouvons écrire le système de N_S équations algébriques pour les différentes densités, n_i $(i = 1, 2, \cdots, N_S)$ sous la forme :

$$f_i(n_1, n_2, n_3, \cdots, n_{N_S}) = 0 \tag{11.18}$$

La solution de ce système peut être obtenue numériquement par une procédure itérative utilisant la technique de Newton-Raphson. Notons l'ensemble des solutions exactes n_i^0 $(i = 1, 2, \cdots, N_S)$ et notons n_i l'ensemble des solutions approchées. En gardant seulement les termes du premier ordre du développement en série de f, on a :

$$f_i(n_1^0, n_2^0, \cdots, n_{N_S}^0) = 0 \simeq f_i(n_1, n_2, \cdots, n_{N_S}) + \sum_j \frac{\partial f_i}{\partial n_j} \delta n_j \qquad (11.19)$$

avec $\delta n_j = n_j^0 - n_j$.
On résoud alors ce nouveau système où les inconnues sont les δn_j , j variant de 1 à N_S, ce qui permet d'obtenir une meilleure approximation n_i' à la densité n_i^0 :

$$n_i' = n_j^0 + \delta n_i \qquad (11.20)$$

Ce processus est répété jusqu'à ce que des itérations successives soient en accord à l'intérieur d'une certaine marge d'erreur. Les solutions obtenues ne sont certainement pas uniques.
La résolution du système d'équations dépendant du temps (dérivées non nulles) est une tâche nettement plus compliquée. Les solutions peuvent présenter des changements brutaux sur de courtes échelles de temps. Remarquons que les résultats dépendant du temps convergent toujours vers les solutions à l'équilibre au bout de quelques millions d'années. Ces solutions d'équilibre sont d'ailleurs indépendantes des valeurs initiales.

11.13.2 Modélisation des réactions à la surface de grains

Nous avons vu que la formation de H_2 à la surface des grains se fait par la réaction suivante :

$$\mathrm{H} + \mathrm{H} \longrightarrow \mathrm{H}_2 + \mathrm{E}$$

Cette réaction est exothermique, c'est-à-dire fournit une certaine énergie E. Remarquons que E doit être inférieure à 4.48 eV, valeur représentant l'énergie de dissociation de H_2. Une partie de cette énergie pénètre à l'intérieur du grain et contribue à le chauffer. La formation de H_2 se fait probablement en quatre étapes : l'accrétion de deux atomes d'hydrogène sur la surface du grain, la diffusion d'un atome vers l'autre, la réaction elle-même et éventuellement l'éjection de la molécule H_2.
Pour H_2, la constante de réaction de formation sur les grains, R, dépend à priori de la fréquence de collision entre le gaz et le grain, de la température du gaz, T, de celle du grain T_g, des propriétés chimiques du grain, de la probabilité de collage de l'espèce gazeuse sur le grain $S(T, T_g)$ et de la probabilité d'éjection $\gamma(T, T_g)$, de la molécule de H_2 nouvellement formée vers la phase gazeuse. Cette constante de réaction est généralement écrite sous la forme suivante :

$$R = \langle v_H \rangle \langle n_g \sigma_g \rangle S(T, T_g) \gamma(T, T_g) \qquad (11.21)$$

Le premier terme, $\langle v_H \rangle$, représente la vitesse thermique moyenne des atomes d'hydrogène, σ_g est la section efficace géométrique du grain et n_g la densité en nombre des grains. La quantité $n_g\sigma_g$ est moyennée sur une distribution de tailles et des densités des grains interstellaires qui est mal connue. En supposant cependant que les grains sur lesquels se forment les molécules sont de même nature que ceux qui sont responsables de l'extinction interstellaire, on peut relier $\langle n_g\sigma_g \rangle$ au rapport standard gaz-poussière dans le milieu interstellaire. En effet, nous avons vu dans le chapitre sur les poussières interstellaires que :

$$\frac{\langle n_g\sigma_g \rangle}{n} = \frac{\tau_V}{N_H} = \frac{A_V}{1.086 N_H} = \frac{RE(B-V)}{1.086 N_H} \tag{11.22}$$

En utilisant la valeur moyenne de $\frac{N_H}{E(B-V)} = 5.810^{21}$ cm^{-2} mag^{-1} provenant de l'observation des 100 nuages diffus (Bohlin et al, 1978) et une valeur typique de R ($R = 3.1$), on aboutit à :

$$\langle n_g\sigma_g \rangle = 4.9 \times 10^{-22} n \tag{11.23}$$

où n est la densité totale en hydrogène atomique et moléculaire.
La probabilité de collage, S, dépend de la nature et de la vitesse thermique et donc de la température de la particule entrant en collision avec le grain. Hollenbach et McKee [77] ont montré qu'à des températures en-dessous de 100 K, $S(T)$ est proche de 1. D'autre part, chaque atome d'hydrogène se collant à la surface du grain la quitte sous la forme d'une molécule H_2 ce qui conduit à $\gamma = \frac{1}{2}$. La valeur typique de la constante de réaction pour la formation de H_2 à la surface de grains est donc :

$$R = 3.6 \times 10^{-18} n T^{\frac{1}{2}} \tag{11.24}$$

11.14 Développements récents en chimie interstellaire

Un ensemble de nouveaux instruments a permis des progrès récents, de même de nouveaux modèles de l'interaction entre le gaz et les grains et de nouvelles données de laboratoire ont amélioré notre compréhension de la formation et de l'évolution des molécules dans les nuages interstellaires.
Parmi les instruments récemment disponibles, l'Observatoire Infrarouge Spatial (ISO) a donné accès au domaine infrarouge et a fourni de nouvelles données sur des espèces en phase gazeuse ou solide. Des récepteurs plus sensibles placés sur des télescopes submillimétriques (CSO, JCMT, IRAM 30 m, HMT, KOSMA, FCRAO, Nobeyama 45 m et Kitt Peak 12 m) ont donné accès à des raies plus faibles d'espèces peu abondantes. L'accroissement de l'extension d'interféromètres millimétriques (OVRO, BIMA, IRAM Plateau de Bure et Nobeyama) ont permis des observations à grande résolution angulaire (moins d'une seconde d'arc).

11.14.1 Détection de nouvelles espèces

Spectroscopie millimétrique

L'amélioration de la spectroscopie de laboratoire de chaînes carbonées a permis l'identification de C_5N (Guélin et al [67]), de C_8H (Cernicharo & Guélin [20]) et la redécouverte de $HC_{11}N$ (Bell et al. [6], Travers et al [166]). Peu de molécules cycliques sont connues. $C - C_2H_4O$ est la quatrième espèce cyclique détectée (Dickens et al [39]). La découverte d'isomères fournit des contraintes utiles sur la chimie (isomère de l'acide acétique (Mehringer et al [111]), isomère du formate de méthyle $HCOOCH_3$; HCCNC un isomère de HC_3N et HOC^+ un isomère de HCO^+ (Ziurys et al, [199])).
Les molécules contenant des métaux sont particulièrement difficiles à détecter. Des expériences de laboratoires par Ziurys et collaborateurs ont permis un certain nombre d'identifications, en particulier MgCN (Ziurys et al [198]) et NaCN (Turner et al [171]). La détection de ces molécules est importante pour mieux connaître la densité électronique dans les nuages moléculaires denses.
L'espèce ^{13}C a été détecté seulement récemment par Keene et al [87]. Dans la direction de la barre d'Orion, la raie forte à 809 GHz est déplacée de 56 km s^{-1} de la raie de ^{12}C et conduit à un rapport d'abondance $\frac{[^{12}C]}{[^{13}C]} = 58 \pm 12$, similaire à la valeur déduite de la raie à 158 μm (Boreiko & Betz [16]). La molécule O_2 n'a toujours pas été détectée. Une recherche de la raie de $^{16}O^{18}O$ à 234 GHz a conduit à une limite supérieure $\frac{[O_2]}{[CO]}$ dans les nuages denses (Marechal et al, [103]).

Spectroscopie visible et ultraviolette

La molécule HCl a été détectée grâce à des observations du télescope spatial Hubble dans l'ultraviolet (Federman et al [56]). Une identification de C_3 a été proposé dans le domaine visible (Haffner & Meyer, [69])

Spectroscopie infrarouge : phase gazeuse

La découverte de H_3^+ par Geballe & Oka [62] est très importante. Cet ion est une espèce importante pour la chimie entre ions et molécules en phase gazeuse.
La spectroscopie d'absorption infrarouge dans la direction de sources brillantes obscurcies est une technique puissante pour détecter des molécules symétriques qui n'ont pas de moment dipolaire (et donc ne pourraient pas être observées dans le domaine millimétrique). Ont été ainsi identifiées d'importantes espèces carbonées comme C_2H_2 (Lacy et al [94] ; Evans et al [52]) et CH_4 (Lacy et al [95]). Le satellite ISO a permis de détecter CO_2 dans de nombreuses lignes de visée (Van Dishoeck et al [176] et [177]).
Les hydrures interstellaires ont leurs transitions rotationnelles les plus basses dans les domaines submillimétrique et infrarouge lointain (Van Dishoeck [174]).

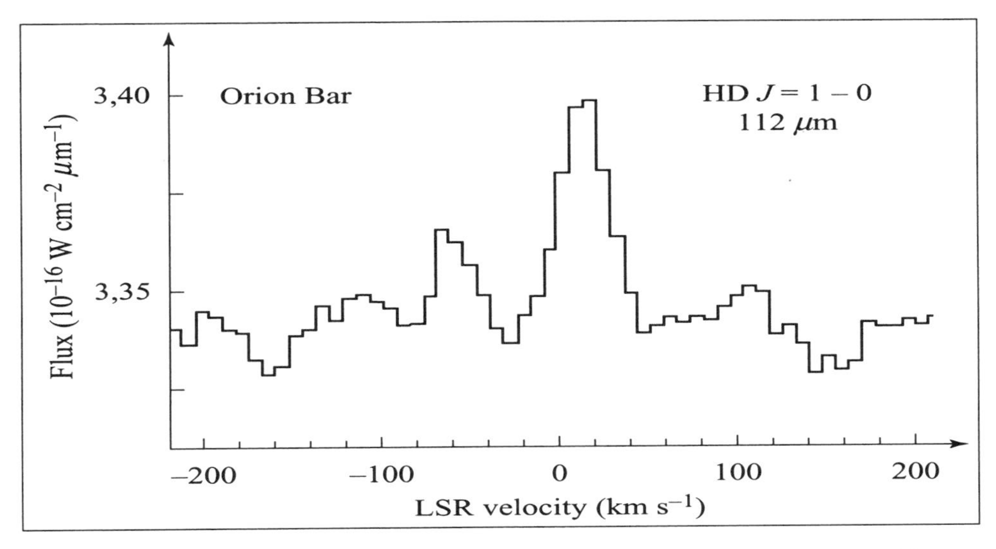

Fig. 11.7- *Détection de la raie $J = 1 \longrightarrow 0$ à 112 μm de HD dans la barre d'Orion d'après Wright et al [193]*

La molécule HF a ainsi été détectée par sa transition $J = 2 - 1$ à 121.7 μm (Neufeld et al [120]) en utilisant le spectrographe (LWS : Long Wavelength Spectrograph) d'ISO. Son abondance permet d'estimer l'appauvrissement en fluor.

La molécule HD a une importance pour la cosmologie car son abondance peut être utilisée pour contraindre le rapport d'abondances $\frac{[D]}{[H]}$ et son évolution depuis le Big Bang. HD est la principale molécule réservoir de deutérium dans les nuages denses. En utilisant le spectrographe LWS d'ISO, Wright et al [193] ont détecté la raie $J = 1 \longrightarrow 0$ à 112 μm de HD dans la barre d'Orion (figure 11.7). Le rapport $\frac{[D]}{[H]} = (1.0 \pm 0.3) \times 10^{-5}$ est légèrement inférieur à celui trouvé dans le voisinage solaire à partir des absorptions ultraviolette des atomes H et D et est en accord avec la valeur trouvée dans la direction de l'étoile δ Orionis à partir des observations de H et D de Jenkins et al [82].

11.14.2 Directions de lecture

Le lecteur trouvera une discussion plus complète et actualisée des processus chimiques dans le MIS dans Tielens [165] et Lequeux [99]. Je n'ai pas traité la charge, la photochimie et l'émission IR des hydrocarbures polycycliques aromatiques (PAHs en anglais), qui sont étudiés au chapitre 6 de Tielens [165].

Chapitre 12

Nébuleuses gazeuses ionisées (régions HII)

12.1 Introduction

Les nébuleuses diffuses qui apparaissent comme des taches de gaz de formes irrégulières et brillantes font partie des objets les plus spectaculaires de la Galaxie. En leur sein, la température est élevée (supérieure à 10^4 K) et l'hydrogène y est donc ionisé d'où leur nom de *nébuleuse gazeuse ionisée* ou région H II (désignant l'ion H^+). Elles se trouvent dans le plan de la Galaxie, leurs densités sont typiquement très faibles (10^3-10^4 cm^{-3}). Leurs tailles sont variables mais généralement de l'ordre de quelques parsecs. La Grande Nébuleuse d'Orion (M 42) et la Nébuleuse de la Lagune (M 8) sont deux exemples de régions H II brillantes assez denses. Les spectres de ces régions sont dominés par les raies de recombinaison de H et He et les raies optiques en émission de [O II], [O III] et [N II] excitées collisionnellement. Les régions H II sont des sources intenses d'émission radio thermique du gaz ionisé. Elles émettent aussi dans l'infrarouge à cause de la poussière qu'elles contiennent. Les régions H II sont formées de jeunes étoiles massives de types spectraux plus précoces que B 1 qui émettent beaucoup de photons en-dessous de la limite de Lyman et ionisent et chauffent les nuages moléculaires proches. Elles sont donc probablement associées aux lieu de formation des étoiles Les nébuleuses diffuses constituent ainsi un laboratoire privilégié pour étudier l'interaction des photons énergétiques avec un gaz ténu. La photoionisation de l'hydrogène par un objet compact se rencontre dans au moins deux autres situations : dans les nébuleuses planétaires où une enveloppe gazeuse est en expansion autour d'une étoile centrale très chaude et dans les noyaux de galaxies actives où une source centrale (disque d'accrétion autour d'un trou noir) produit une grande quantité de photons qui ionisent les nuages les entourant.

12.2 Processus physiques dans les régions H II

Le premier processus est la *photoionisation* de l'hydrogène au cours de laquelle des photons d'énergie $h\nu \geq I_H$ expulsent un électron de l'atome (I_H est le potentiel d'ionisation de l'hydrogène). L'excès d'énergie, $h\nu - I_H$, est transformé en énergie cinétique de l'électron détaché :

$$H + h\nu \longrightarrow p + e^- \tag{12.1}$$

Les protons, notés ici p, ne sont pratiquement pas affectés par ce processus car le recul qu'ils subissent est très faible, leur masse étant bien supérieure à celle de l'électron.
Le second processus, la *recombinaison*, est l'inverse du précédent et résulte de l'attraction Coulombienne entre protons et électrons :

$$p + e^- \longrightarrow H + h\nu$$

L'énergie du photon émis lors de la recombinaison est la somme de deux contributions : l'énergie cinétique de l'électron et l'énergie de liaison de l'électron, $\frac{I_H}{n^2}$, sur le niveau n où il redescend. A la suite de cette recombinaison, l'électron peut descendre en cascade vers des niveaux inférieurs ce qui conduit à la production d'autres photons. Ce processus produit les raies de Balmer et de Lyman de l'hydrogène en émission.
Les nébuleuses photoionisées produites par des étoiles centrales de différents types spectraux diffèrent par l'ionisation des éléments autres que l'hydrogène. L'hélium, He I, a un potentiel d'ionisation supérieur à celui de l'hydrogène : pour l'ioniser en He II, des photons de longueurs d'onde inférieures à 504 Å sont nécessaires. La deuxième ionisation de l'hélium, qui produit HeIII, requière des photons de longueurs d'onde inférieures à 228 Å. Aux courtes longueurs d'onde, c'est-à-dire en-dessous du maximum d'émission stellaire, l'intensité émise par le continu chute rapidement ($I_\nu \propto \nu^3 \exp(\frac{-h\nu}{kT})$) et peu de photons sont disponibles pour la photoionisation. Les étoiles B sont trop froides pour produire He II, mais les étoiles O sont suffisamment chaudes pour avoir une zone de He II autour d'elles et certaines étoiles centrales de nébuleuses planétaires sont suffisamment chaudes pour avoir une zone de He III.
L'émission continue des nébuleuses gazeuses est produite par des transitions lié-libre, libre-libre ("bremsstrahlung") et le processus à deux photons. Dans le domaine visible et jusqu'à 912 Å, le gaz est optiquement fin dans le continuum et les raies apparaissent en émission. Le continuum lié-libre est produit par recombinaison et apparaît comme un continuum de Balmer en émission (à $\lambda \leq 3650$ Å) dû aux recombinaisons vers le niveau $n = 2$ de l'hydrogène et un continuum de Lyman (à $\lambda \leq 912$ Å) dû aux recombinaisons vers le niveau $n = 1$. Le processus à deux photons correspond à des transitions du niveau

$(n = 2, l = 0)$ de l'hydrogène vers le niveau $(n = 1, l = 0)$. Cette transition, qui pour un seul photon donnerait une raie Lyman α, est interdite car elle ne conserve pas le moment angulaire mais elle est autorisée si deux photons sont émis. Ce processus produit un spectre continu au-dessus de la longueur d'onde de Lyman α avec un maximum vers 3700 Å. L'émission libre-libre varie comme le cube de la longueur d'onde et donc domine le continuum aux grandes longueurs d'onde dans l'infrarouge et le domaine radio et peut devenir optiquement épaisse dans le domaine radio. La poussière est aussi souvent présente dans les régions HII donnant lieu à un continuum infrarouge et millimétrique.
Les *raies d'émission* sont les caractéristiques principales des nébuleuses gazeuses. A cause des densités basses des nébuleuses, les relations de Saha et de Boltzmann, vraies à l'ETL, ne sont pas vérifiées. Les atomes et les ions se trouvent essentiellement dans leurs niveaux fondamentaux et doivent être excités par un processus pour produire une raie en émission. Les raies en émission sont divisées en deux catégories selon la nature du processus d'excitation : *raies de recombinaison et raies excitées collisionnellement.*
Les raies de recombinaison sont produites lorsqu'un ion et un électron recombinent dans un état excité de l'atome ou de l'ion d'état d'ionisation inférieur. Le niveau excité se dépeuple, en général en cascade en passant par les autres niveaux excités jusqu'au niveau fondamental. Cette cascade produit toutes les raies d'émission permises de l'ion ou l'atome concerné. A cause de la faible densité de la nébuleuse, le taux de recombinaison est faible et les raies de recombinaisons sont seulement détectées pour les éléments les plus abondants ; en particulier les raies de recombinaison de l'hydrogène sont brillantes dans une région H II. De même, les raies de recombinaison de l'hélium sont brillantes dans un région He II et celles de l'hélium ionisé, dans une région He III. Les seules autres raies de recombinaison souvent observées sont celles du carbone et elles sont détectées dans le domaine radio.
L'excitation par collision avec une autre particule, généralement un électron, à partir du niveau fondamental place l'atome ou l'ion dans un niveau excité à partir duquel il peut se désexciter radiativement produisant une raie d'émission. Le taux d' excitation collisionnelle pour des particules chargées en présence d'électrons de densités particulaire N_e est proportionnel à : $\frac{N_e}{T^{1/2}} \exp(-\frac{E_{ij}}{kT})$, où E_{ij} représente l'énergie d'excitation au-dessus du niveau fondamental. Pour obtenir une excitation appréciable, kT doit être de l'ordre de E_{ij}. Dans une nébuleuse,les ions sont majoritaires comme nous le verrons plus loin et leurs niveaux d'énergie sont plus espacés que dans les atomes et donc ont des énergies d'excitation, E_{ij}, plus élevées. Pour exciter des niveaux en-dessus du fondamental, des températures de l'ordre de 10^6 K sont nécessaires, valeurs bien supérieures à celles régnant dans les nébuleuses. Une température de 10^4 K, typique des nébuleuses, permet cependant d'exciter le premier niveau en-dessus du fondamental. Les raies en émission qui résultent de la désexcitation de ces premiers niveaux vers les fondamentaux sont dites *raies de résonance* (par

exemple les raies du doublet du C IV à 1548 et 1550 Å, celles du doublet de Mg II à 2798 Å et 2802 Å et Lyman α à 1216 Å). Les raies de résonance ne sont pas les seules raies excitées par collisions. Le niveau fondamental d'un ion peut donner lieu à plusieurs sous-niveaux d'énergies différentes : par exemple, O II a deux sous-niveaux ${}^4S$ et ${}^2D$ d'énergies différentes. Si l'un des sous-niveaux est excité, une transition radiative vers le fondamental pourra avoir lieu mais avec une probabilité de transition de 0.02 s^{-1}, très faible comparée à la probabilité de transition typique d'une transition permise (10^9 s^{-1}). Au laboratoire, un tel niveau excité se désexcitera collisionnellement rapidement en un temps bien plus court que le temps nécessaire à la désexcitation radiative. Par contre, aux basses densités de la nébuleuse, la désexcitation par collisions est moins probable et le niveau se désexcite radiativement : une raie interdite est observée. Comme les sous-niveaux du niveau fondamental sont peu espacés en énergie, l'excitation collisionnelle des sous-niveaux supérieurs est relativement facile et les raies interdites correspondantes se situent dans le domaine visible. Un exemple est la transition ${}^2D \longrightarrow {}^4S$ de O II qui produit le doublet [O II] à 3726 Å et à 3729 Å. Les crochets indiquent que la transition est interdite. Les transitions entre des sous-niveaux de structure fine, c'est-à-dire entre des niveaux ayant même nombres quantiques L et S et des nombres J différents, donnent aussi lieu à des raies interdites avec des probabilités de transition très petites (10^{-4} s^{-1}). Ces transitions sont facilement excitées car les énergies d'excitation sont très petites. Elles se situent dans l'infrarouge. Un exemple est : $[\mathrm{OIII}]^3\mathrm{P}_2 \longrightarrow {}^3\mathrm{P}_2$ à 52 μm et ${}^3P_1 \longrightarrow {}^3P_0$ à 88 μm. Enfin, il existe des transitions entre sous-niveaux appartenant à différentes configurations mais ayant différentes valeurs du nombre quantique S et ne respectant pas la règle de sélection $\Delta S = 0$. Ces transitions d'intercombinaison sont dites semi-interdites et ont des probabilités de transitions de l'ordre de 100 s^{-1}. Un exemple est la transition $1s^2 2s^{2\,1}S \longrightarrow 1s^2 2s2p^3 P$ du carbone deux fois ionisé qui produit la raie CIII] à 1909 Å, où le crochet à droite désigne une raie semi-interdite.

12.2.1 Nébuleuse d'hydrogène pur

Nous étudierons d'abord le degré d'ionisation dans une nébuleuse d'hydrogène pure statique. En fait, aucune nébuleuse n'est statique mais les échelles de temps dynamiques sont bien plus longues que celles caractéristiques des processus d'ionisation et de recombinaison ce qui justifie, dans une première approche, de considérer la nébuleuse comme statique. Nous ignorons aussi, pour l'instant, la présence d'éléments lourds.

Equilibre ionisation-recombinaison

Nous considérons ici des nébuleuses de faibles densités où l'excitation collisionnelle peut être ignorée. Nous cherchons à établir le rayon de la région où

le gaz est ionisé et son degré d'ionisation. Nous définissons la frontière de la région photoionisée comme la limite où tous les photons capables d'ioniser le gaz ont été utilisés. Au fur et à mesure que l'on s'éloigne de l'étoile centrale, le flux de photons ionisants diminue (dilution en r^{-2}) ainsi que le degré d'ionisation. De plus, les atomes neutres absorbent les photons ionisants et contribuent donc à réduire ce flux encore plus. Ces deux effets déterminent l'extension de la région ionisée. Seuls l'hydrogène et l'hélium ont des abondances suffisantes pour contrôler la structure de la région ionisée. L'équilibre d'ionisation des autres éléments est déterminé par leurs potentiels d'ionisations qui imposent les domaines de longueurs d'onde où les photoioinisations auront lieu ainsi que par la distribution d'énergie de la source centrale qui détermine à quelles longueurs d'onde les photons ionisants sont disponibles.
Le degré d'ionisation est déterminé par l'équilibre entre le nombre de photoionisations et le nombre de recombinaisons :

$$N_H \int_{\nu_0}^{\infty} \frac{4\pi J_\nu}{h\nu} a_\nu \, d\nu = \alpha_{rec} N_{H^+} N_e \tag{12.2}$$

où a_ν est la section efficace de photoionisation, α_{rec} est le coefficient de recombinaison, J_ν est l'intensité moyenne à la fréquence ν, N_e est la densité électronique, N_H la densité en atomes d'hydrogène et N_{H^+}, la densité de protons. La fréquence seuil pour la photoionisation est $\nu_0 = \frac{I}{h}$ pour le potentiel d'ionisation I ($\nu_0 = 3.28 \times 10^{15}$ s^{-1} pour l'hydrogène). On suppose de plus que les niveaux excités sont si faiblement peuplés que seule la photoionisation provenant du niveau fondamental doit être considérée (mais α_{rec} prend en compte la recombinaison vers tous les niveaux). En général, pour un élément donné, seuls deux états d'ionisation sont présents et nous écrirons N_{tot}, la densité particulaire totale de cet élément comme la somme :

$$N_{tot} = N_H + N_{H^+} \tag{12.3}$$

On définit alors le degré d'ionisation par :

$$z = \frac{N_{H^+}}{N_{tot}} \tag{12.4}$$

Dans le cas de l'hydrogène, la section de photoionisation pour le niveau $n = 1$ s'écrit :

$$a_\nu = 2.8 \times 10^{25} \frac{Z^4}{\nu^3} \tag{12.5}$$

et le coefficient de recombinaison vers tous les niveaux est :

$$\alpha_{rec} = 4 \times 10^{-17} Z^2 T^{-\frac{1}{2}} \tag{12.6}$$

(ces deux formules devant être multipliées par un facteur de Gaunt pour un calcul précis).

Le point le plus délicat est le calcul du champ de rayonnement. Supposons que l'étoile centrale ait un rayon R et une émission continue du type corps noir caractérisée par une température T_{rad}. A la surface de l'étoile, le flux émis par unité de surface est $B_\nu(T_{rad})$ et à une distance r, il devient :

$$J_\nu = WB_\nu \tag{12.7}$$

où

$$W = \frac{R^2}{4r^2} \tag{12.8}$$

est le facteur de dilution. La dilution du rayonnement a pour conséquence que le taux de photoionisation va diminuer avec r alors que le taux de recombinaison reste constant ce qui implique que le degré d'ionisation décroît avec la distance. Une autre cause de la diminution du champ de rayonnement avec la distance est la photoionisation qui consomme des photons. Pour traduire cette atténuation, il convient d'écrire que, à la distance r, en fait :

$$J_\nu = B_\nu(T_{rad}) \exp(-\tau_\nu) \tag{12.9}$$

où τ_ν représente la profondeur optique depuis la source centrale jusqu'à la distance r.
Il est aussi important de prendre en compte le fait que la recombinaison sur le niveau fondamental produit des photons qui peuvent, eux-mêmes, photoioniser le gaz depuis le niveau fondamental. Cette composante supplémentaire du champ de rayonnement s'appelle *le rayonnement diffus*. On fait en général l'hypothèse que le photon est absorbé là où il est produit si bien que les recombinaisons au fondamental et les effets du rayonnement diffus s'annulent. Dans le coefficient de recombinaison α_{rec} , seuls les recombinaisons vers les niveaux $n = 2$ et supérieurs doivent être inclus. En tenant compte de la dépendance en température du facteur de Gaunt, on trouve :

$$\alpha_{rec} = \frac{4.1 \times 10^{-16}}{T^{0.8}} \tag{12.10}$$

A très grande distance de la source centrale, la diminution de l'ionisation et l'augmentation de $\frac{N(H)}{N_{tot}}$ conduisent à une augmentation plus grande de la profondeur optique pour une distance donnée lorsqu'on s'éloigne de la source. Les photons ionisants finissent par être rapidement utilisés et la région ionisée s'arrête brutalement à un certain rayon r_s que nous allons déterminer.
A l'intérieur du rayon r_s, tous les photons ionisants sont utilisés et dans un état stationnaire, le nombre total de recombinaisons par seconde dans la nébuleuse entière doit être égal au nombre de photons ionisants, noté N_π :

$$\alpha_{rec} N(H^+) N_e (\frac{4}{3}\pi r_s)^3 = \int_{\nu_0}^{\infty} \frac{L_\nu}{h\nu} d\nu = N_\pi \tag{12.11}$$

Comme $N(H_+) = N_e$ dans une nébuleuse contenant uniquement de l'hydrogène,

$$r_s = (\frac{3N_\pi}{4\pi\alpha_{rec}N(H^+)^2})^{\frac{1}{3}} \tag{12.12}$$

r_s porte le nom de *rayon de Strömgren*. Le tableau 12.1 donne les valeurs de N_π en fonction du type spectral et le rayon de Strömgren pour une densité $N_{tot} \simeq N_{H^+} \simeq 10^7$ m^{-3}.

Type spectral	Température effective (K)	N_π (s^{-1})	r_s (parsecs)
O5	47000	5.10^{49}	24
O7	38500	7.10^{48}	12
O9	34500	2.10^{48}	8
B1	22600	3.10^{45}	0.9

Tab. 12.1- *N_π et r_s en fonction du type spectral de l'étoile centrale*

Nous nous intéressons maintenant au calcul du degré d'ionisation de l'hydrogène dans la région HII. Ce degré d'ionisation est défini par :

$$z_i = \frac{N_{H^+}}{N_{tot}} \tag{12.13}$$

où N_{tot} est la densité totale d'hydrogène. Pour respecter la neutralité électrique du milieu, on doit avoir : $N_{H^+} = N_e$ où N_e est la densité électronique. Dans un état stationnaire, les taux de photoionisation et de recombinaison doivent être égaux :

$$N_H \int_{\nu_0}^{\infty} \frac{4\pi J_\nu}{h\nu} a_\nu \, d\nu = \alpha_{rec} N_{H^+} N_e \tag{12.14}$$

où J_ν est le flux à la distance r de l'étoile centrale, a_ν est la section de photoionisation de l'hydrogène à partir du niveau fondamental et α_{rec} le coefficient de recombinaison vers tous les niveaux.
Considérons d'abord la partie interne de la nébuleuse. On s'attend à ce que l'ionisation y soit importante et la profondeur optique (dûe à l'atténuation du rayonnement par l'hydrogène atomique) soit faible, c'est-à-dire $\tau_\nu \simeq 0$. La source, de rayon R, est supposée émettre comme un corps noir, un flux $\pi B_\nu(T_{eff})$, par unité de surface. A une distance r, le flux est :

$$J_\nu = \frac{R^2}{4r^2} B_\nu \tag{12.15}$$

La section de photoionisation a_ν pour le niveau $n = 1$ de l'hydrogène s'écrit :

$$a_\nu = \frac{2.8 \times 10^{15}}{\nu^3} \tag{12.16}$$

Le coefficient de recombinaison est :

$$\alpha_{rec} = 4 \times 10^{-16} T_{cin}^{-0.8} \tag{12.17}$$

où T_{cin} est la température cinétique. Pour ν_0 de l'hydrogène, on calcule facilement que :

$$x_0 = \frac{h\nu_0}{kT_{eff}} = \frac{157344}{T_{eff}} \tag{12.18}$$

et l'on vérifie que du type spectral $B1$ au type $O5$, on a toujours $x_0 \gg 1$, ce qui permet d'écrire :

$$B_\nu(T) = \frac{2h\nu^3}{c^2} \exp(\frac{-h\nu}{kT}) \tag{12.19}$$

L'intégrale intervenant au numérateur se ramène à l'intégrale :

$$E_1(x_0) = \int_{x_0}^{\infty} \frac{\exp(-t)}{t} dt \tag{12.20}$$

qui peut être approchée par l'expression :

$$E_1(x_0) \simeq \frac{\exp(-(x_0))}{x_0}(1 - (\frac{1}{x_0}) + (\frac{2}{x_0})^2) \tag{12.21}$$

au deuxième ordre près, d'où l'on tire :

$$N_e(\frac{N_{H^+}}{N_H}) = \frac{\pi R^2}{r^2} T_{cin}^{0.8} E_1(x_0) 0.16 \times 10^{25} \tag{12.22}$$

Nous pouvons alors calculer le rapport $(\frac{N_{H^+}}{N_H})$ pour $r = 1$ pc, $R = 10 R_\odot$ et $T_{eff} = 40000$ K, $T_{cin} = 10000$ K (valeurs typiques) :

$$(\frac{N_{H^+}}{N_H}) = \frac{2 \times 10^{10}}{N_{H^+}} \tag{12.23}$$

d'où l'on déduit le rapport d'ionisation :

$$z_i = \frac{N_{H^+}}{N_{tot}} = \frac{1}{1 + 0.5 \times 10^{-10} N_e} \tag{12.24}$$

Ce rapport est voisin de l'unité pour des valeurs de la densité électronique typique N_e allant de 10^7 à 10^{10} m^{-3}. L'hydrogène est donc presque complètement ionisé dans la nébuleuse.

Pour l'hélium, la fréquence-seuil, $\nu_{He} = 5.94 \times 10^{15}$ s^{-1}, est supérieure à la fréquence-seuil de l'hydrogène ce qui implique que les photons de fréquences supérieures à ν_{He} sont susceptibles d'ioniser à la fois H et He. Dans le cas d'une étoile B 0, le nombre de photons émis de fréquence $\nu \gg \nu_{He}$ est bien inférieur au nombre de photons de fréquences supérieures à ν_H. Le faible flux de photons de grandes fréquences fait que le degré d'ionisation de l'hélium diminue rapidement avec la distance à l'étoile. La profondeur optique de l'hélium

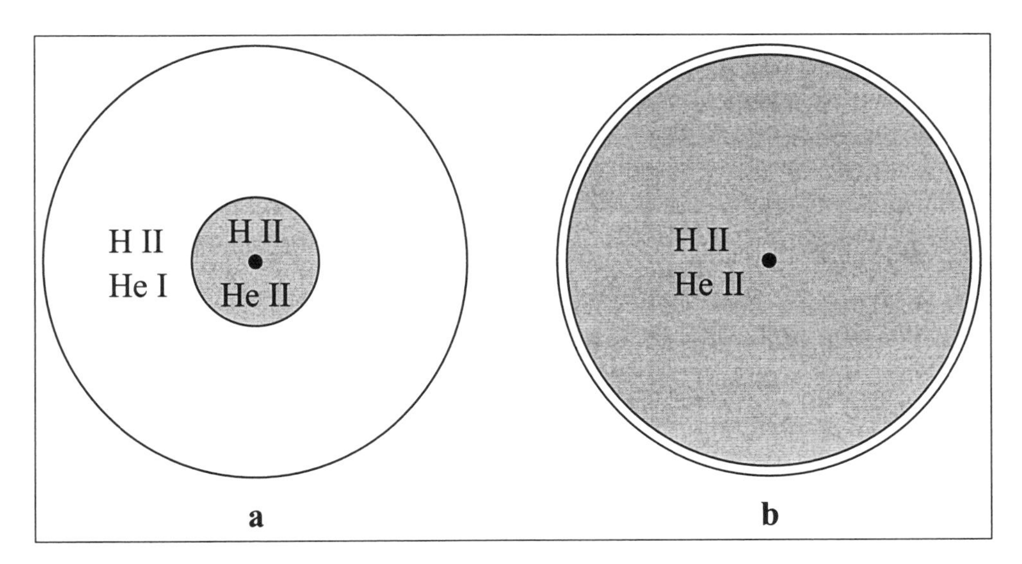

Fig. 12.1- *Disposition relative des sphères de Strömgren de l'hydrogène et de l'hélium autour d'une étoile B*0 *(a) et d'une étoile O*5 *(b)*

devenant importante, le flux de photons ionisant l'hélium diminue rapidement avec la distance. Cependant les photons de plus basses fréquences maintiennent l'hydrogène ionisé sur une distance beaucoup plus grande. On s'attend donc à ce que la région où l'hélium est ionisé (région He II) soit petite et comprise à l'intérieur de celle où l'hydrogène est ionisé. Nous avons représenté leurs dispositions relatives dans la figure 12.1 et nous donnerons une estimation de leurs tailles relatives ci-après.

Dans le cas d'une étoile O, le flux de fréquences $\nu \gg \nu_{He}$ est comparable au flux de photons de fréquences supérieures à ν_H. La plupart des photons sont capables d'ioniser H et He et les deux régions ont des tailles comparables. Il existe seulement une mince région où l'hélium est neutre et l'hydrogène ionisé. On peut calculer le rapport, $\frac{r_S(H)}{r_s(He)}$, des tailles des deux régions. La taille de la région He II vérifie :

$$\frac{4}{3}\pi r_s(He)^3 < N(He^+)N_e > \alpha_{rec}(He) = N_\pi(\nu > \nu_0(He)) \qquad (12.25)$$

et celle de la région H II :

$$\frac{4}{3}\pi r_s(H)^3 < N(H^+)N_e > \alpha_{rec}(H) = N_\pi(\nu > \nu_0(H)) \qquad (12.26)$$

Dans la région He II, les électrons sont produits par l'ionisation de He et H : $N_e = N(H^+) + N(He^+)$ mais dans la région H II, $N_e = N(H^+)$. Nous ferons la simplification suivante : $< N_{H^+} >$, moyenne spatiale de N_{H^+}, a la même valeur dans les deux régions ce qui revient à dire que la présence de l'hélium a peu d'effet sur l'ionisation de l'hydrogène. Finalement, on obtient :

$$(\frac{r_s(H)}{r_s(He)})^3 = \frac{N_{pi}(\nu > \nu_0(H))}{N_{pi}(\nu > \nu_0(He))} \frac{N(He^+)}{N(H^+)}(1 + \frac{N(He^+)}{N(H^+)}) \frac{\alpha_{rec}(He)}{\alpha_{rec}(H)} \quad (12.27)$$

Une modélisation détaillée permet de calculer $\frac{N(He^+)}{N(H^+)}$ en fonction de r et permet de montrer que $r_s(He) \simeq r_s(H)$ pour $T_{eff} \simeq 40000$ K. Pour des températures plus basses, $r_s(He) \ll r_s(H)$. Notons enfin qu'une étoile de température supérieure à 100000 K émet suffisamment de photons de fréquences supérieures à 1.32×10^{16} s^{-1} qui peuvent ioniser He II en He III. La modélisation montre qu'alors la taille de la région He III s'approche de celle des régions H II et He II.

12.2.2 Mesure de la température et densité électronique par les raies

Les rapports d'intensité des raies en émission peuvent servir de diagnostiques de la température électronique et de la densité électronique, T_e et N_e, ainsi que des abondances des ions. Pour une température électronique typique des nébuleuses, $T_e = 10^4$ K, seuls les deux premiers états excités des ions sont peuplés et ceux-ci peuvent être considérés comme des systèmes à trois niveaux relativement simples. Nommons (1) le niveau fondamental, (2) le premier excité et (3) le second état excité. Les transitions entre ces différents niveaux ne sont pas toutes également probables. Nous supposerons que les transitions induites par rayonnement ambiant dans la nébuleuse sont négligeables. Nous supposerons aussi que les transitions entre ces différents niveaux interviennent par excitation ou désexcitation collisionnelle ou désexcitation spontanée et nous négligerons les transitions entre les niveaux (2) et (3). L'ensemble des transitions est représenté dans la figure 12.2.

Avec ces hypothèses, nous pouvons écrire les relations entre les nombres d'ions n_1, n_2 et n_3 par unité de volume sur les différents niveaux :

$$n_3(C_{31} + A_{31}) = n_1 C_{13} = n_1 \frac{g_3}{g_1} C_{31} \exp(-\frac{E_{13}}{kT_e}) \quad (12.28)$$

et

$$n_2(C_{21} + A_{21}) = n_1 C_{12} = n_1 \frac{g_2}{g_1} C_{21} \exp(-\frac{E_{12}}{kT_e}) \quad (12.29)$$

où $E_{ij} = E_i - E_j$. Pour la transition $i \longrightarrow j$, l'émissivité dans la raie est le produit de la population n_i sur le niveau (i) par la différence d'énergie $E_{ij} = h\nu_{ij}$ et le taux d'émission spontanée A_{ij}. En conséquence, le rapport des intensités I, des transitions $3 \longrightarrow 1$ et $2 \longrightarrow 1$ est :

$$\frac{I(3 \longrightarrow 1)}{I(2 \longrightarrow 1)} = \frac{n_3 h\nu_{31} A_{31}}{n_2 h\nu_{21} A_{21}} = \frac{g_3 \nu_{31} A_{31}}{g_2 \nu_{21} A_{21}} (\frac{1 + \frac{A_{21}}{C_{21}}}{1 + \frac{A_{31}}{C_{31}}}) \exp(-\frac{E_{23}}{kT_e}) \quad (12.30)$$

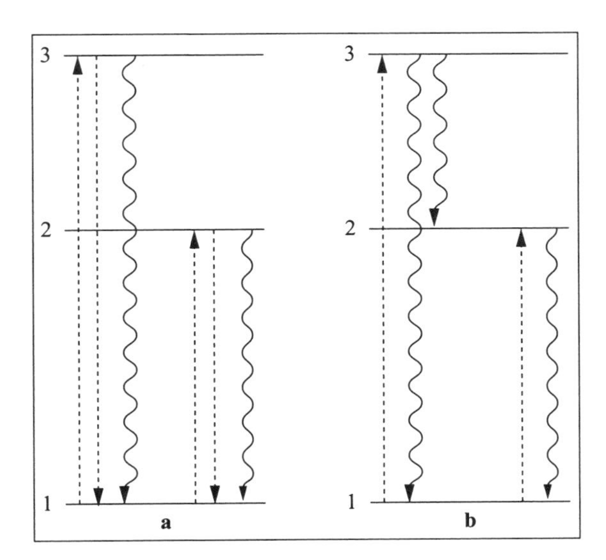

Fig. 12.2- *Différentes transitions possibles dans l'atome à trois niveaux : radiatives (ondulées) et collisionnelles (tirets). En (a) apparaissent les transitions des équations 12.23 et 12.24, en (b) celles de l'équation 12.26*

où nous avons utilisé les deux équations précédentes pour éliminer n_3 et n_2. Remarquons que si les deux états excités ont des différences d'énergie comparables, $E_{12} \simeq E_{23}$, alors le rapport des intensités est très sensible à T_e. D'autre part, si $E_{23} \ll kT_e$, ce rapport dépendra surtout de N_e (car $C_{ij} \simeq \frac{N_e}{T_e^{\frac{1}{2}}}$). La mesure de ce rapport peut donc être utilisée pour certains ions pour déterminer T_e ou N_e. Notons que la plupart des raies d'émission collisionnellement excitées et désexcitées radiativement sont interdites.

Pour déterminer la température électronique, on utilise [O III] $^1S_0 - {}^1D_2$ à λ 4363 Å, [O III] $^1D_2 - {}^3P_2$ à λ 5007 Å et [O III] $^1D_2 - {}^3P_1$ à λ 4959 Å. L'approximation qui consiste à représenter [O III] comme un ion à trois niveaux seulement où l'excitation des niveaux ^1S et ^1D est dûe aux collisions et la désexcitation est radiative (plutôt que collisionnelle tant que N_e n'est pas trop élevée) est correcte dans une nébuleuse. On peut montrer alors que pour cet ion :

$$\frac{I(4363)}{I(5007) + I(4959)} = 0.12 \times \exp(-\frac{32.9}{T_e}) \qquad (12.31)$$

où T_e est en degrés K. De petites variations de T_e provoquent de grandes variations du rapport d'intensités. Les observations du rapport d'intensité pour [O III] pour les régions H II conduisent à des températures T_e de l'ordre de 8000 à 9000 K. Il est aussi possible d'utiliser trois transitions de [N II] qui conduisent à des températures électroniques comprises entre 7000 K et 11000 K légèrement supérieures. Ces différences pourraient provenir du fait que [O III] et [N II] proviennent de différentes régions de la nébuleuse.

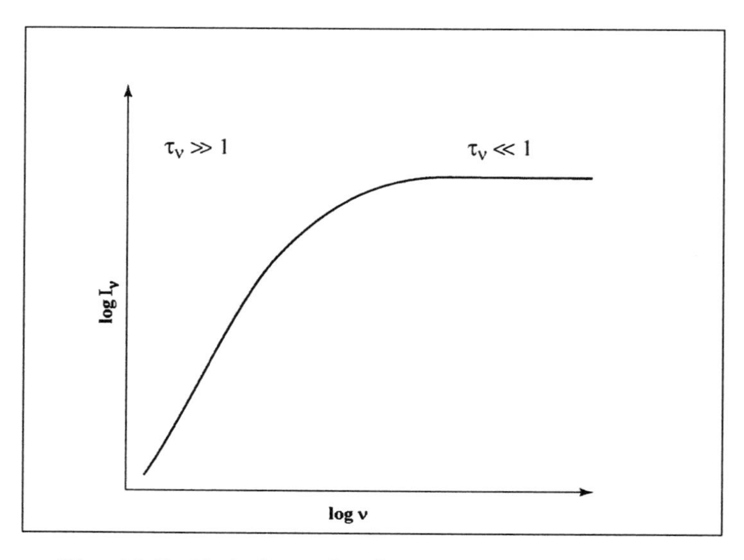

Fig. 12.3- *Emission radio thermique d'une région HII*

Les transitions $^2D_{\frac{3}{2}} - {}^4S_{\frac{3}{2}}$ ($\lambda = 3726$ Å) et $^2D_{\frac{5}{2}} - {}^4S_{\frac{3}{2}}$ ($\lambda = 3729$ Å) sont utilisées pour déterminer N_e. Dans ce cas, $E_{23} \ll kT_e$ et $\nu_{21} \simeq \nu_{31}$. On trouve alors que le rapport des intensités des transitions vérifie :

$$\frac{I(3729)}{I(3726)} = \frac{g_3 A_{31}}{g_2 A_{21}} \left(\frac{1 + \frac{A_{21}}{C_{21}}}{1 + \frac{A_{31}}{C_{31}}} \right) \tag{12.32}$$

Comme $C_{ij} \simeq \frac{N_e}{T_e^{\frac{1}{2}}}$, ce rapport est essentiellement sensible à N_e dans le régime de température de 10^3 à 10^4 K. Un autre ensemble de transitions pour [N II] peut être utilisé pour déterminer N_e. On trouve ainsi des densités électroniques variant de 10^2 à plusieurs 10^3 cm^{-3} à l'intérieur des nébuleuses. La densité électronique diminue du centre vers l'extérieur et les régions les plus denses sont probablement des condensations.

12.2.3 Détermination de N_e à partir de l'émission thermique radio

Le plasma chaud et ténu des nébuleuses radio émet dans le domaine radio. L'intensité observée dans ce domaine spectral vérifie :

$$I_\nu = \frac{2k\nu^2 T}{c^2}(1 - \exp(-\tau_\nu)) \tag{12.33}$$

qui est la solution de l'équation de 11.9, où T est la température du plasma. L'analyse des raies d'émission conduisant à des températures de l'ordre de 10^4 K, on a aux longueurs d'onde radio, $B_\nu(T) \simeq \frac{2kT}{\lambda^2}$. Le gaz chaud présente une opacité au rayonnement, κ_ν, du type bremsstrahlung. On peut montrer qu'elle vérifie :

$$\rho\kappa_\nu \simeq \frac{n_e^2}{T^{\frac{3}{2}}\nu^2} \tag{12.34}$$

où ρ est la densité. Cette relation montre que le plasma est transparent aux hautes fréquences et opaques aux basses fréquences.
Aux basses fréquences, $\tau_\nu \gg 1$, et l'intensité devient :

$$I_\nu \simeq \frac{2kT\nu^2}{c^2}\tau_\nu \tag{12.35}$$

En supposant que la température est uniforme sur toute la région d'émission, la profondeur optique s'écrit :

$$\tau_\nu = \int_0^l \kappa_\nu \rho d\,r \simeq \frac{\int_0^l n_e^2\,dr}{T^{\frac{3}{2}}\nu^2} \tag{12.36}$$

La quantité $\int_0^l n_e^2 d\,r$ porte le nom de *mesure d'émission*, où l est la dimension de la région émettrice le long de la ligne de visée. En combinant ces deux précédentes équations, on obtient :

$$I_\nu \simeq \frac{\int_0^l n_e^2 d\,r}{T^{\frac{1}{2}}} \tag{12.37}$$

Aux hautes fréquences, le plasma est transparent et l'intensité est :

$$I_\nu \simeq B_\nu(T) \simeq \frac{2k\nu^2 T}{c^2} \tag{12.38}$$

Elle est indépendante de la densité. La figure 12.3 montre l'allure de l'intensité radio depuis la région opaque jusqu'à la région transparente. Il est donc possible d'estimer la température du plasma et la densité électronique si l'on dispose de deux mesures de l'intensité radio, une à basse fréquence et l'autre à haute fréquence.

12.2.4 Directions de lecture

Le lecteur consultera Lequeux [99] et Dopita & Sutherland [41] pour un traitement complet des raies de recombinaison, des raies interdites et de la détermination des abondances dans les régions H II.

12.3 Exercices

Problème 12.1

Une étoile dont les dimensions seront considérées comme négligeables devant les distances intervenant dans le problème émet un rayonnement isotrope qu'on assimilera à celui d'un corps noir de température T. Elle est entourée par un nuage d'hydrogène neutre de densité volumique particulaire uniforme, constitué de n_H atomes d'hydrogène neutre par élément de volume et par des éléments moins abondants (carbone, soufre, ...), dont les rapports d'abondance $\frac{n_C}{n_H}$ et $\frac{n_S}{n_H}$ sont constants. On négligera leur présence sauf à la question 4. On désigne par σ_i la section efficace d'ionisation de l'hydrogène neutre et σ_T la section de diffusion Thomson sur les ions H^+.
On donne : $n_H = 10^{10}$ m^{-3}, $\frac{n_C}{n_H} = 10^{-4}$, $\frac{n_S}{n_H} = 5 \times 10^{-5}$, $\sigma_i = 10^{-21}$ m^2, $\sigma_T = 7.10^{-29}$ m^2

Première partie :

Le rayonnement émis par l'étoile ionise l'hydrogène du nuage. Il se forme autour de l'étoile une sphère dans laquelle H est totalement ionisé (sphère de Strömgren) dont le rayon $R(t)$ augmente avec le temps.

12.0.1) Expliquer pourquoi le modèle de la sphère de Strömgren est réaliste. On pourra utilement comparer les grandeurs $\frac{1}{n_H\sigma_T}$ et $\frac{1}{n_H\sigma_i}$

12.0.2) En négligeant les recombinaisons proton-électron, calculer la vitesse d'expansion, $\frac{dR}{dt}$, de la sphère de rayon R à l'intérieur de laquelle tout l'hydrogène est ionisé. On exprimera $\frac{dR}{dt}$ uniquement en fonction de R, n_H et N_i le nombre de photons émis par l'étoile par unité de temps qui ionisent l'hydrogène.

Deuxième partie :

On tient maintenant compte des recombinaisons qui se produisent dans la sphère de rayon R. On appelle α_T, le taux de recombinaison proton-électron par unité de temps : si le milieu ionisé contient n_e électrons et n_i ions par unité de volume, on a $\alpha_T n_e n_i$ recombinaisons par unité de temps et par unité de volume.

12.0.1) Etablir la nouvelle équation différentielle liant $\frac{dR}{dt}$ à N_i. Montrer que lorsque t devient très grand, R tend vers une valeur limite R_H que l'on calculera. On supposera N_i indépendant du temps.

On étudie la recombinaison d'un proton et d'un électron d'énergie cinétique E_c.

12.0.1) Si la recombinaison conduit à un état de niveau n de l'atome H, calculer l'énergie du photon émis lors de cette recombinaison. On désignera par E_0, l'énergie d'ionisation de l'atome H.

12.0.2) A quelle condition sur n le photon ainsi émis peut-il être ionisant ? Examiner le cas particulier $n = 1$ (niveau fondamental).

12.0.3) **Application numérique :** On prend pour valeur de E_c l'énergie cinétique moyenne d'agitation thermique des électrons du milieu ionisé supposé à la température T_{cin}. Calculer les valeurs de n telles que le photon émis lors de la recombinaison soit ionisant pour $T_{cin} = 10^4$K et pour $T_{cin} = 10^5$ K.

12.0.4) Expliquer pourquoi la valeur du taux de recombinaison α_T est affectée par les photons émis lors de ces recombinaisons. Dans quel sens α_T et R_H sont-ils modifiés ?

Troisième partie :

On considère le cas stationnaire, c'est-à-dire $\frac{dR}{dt} = 0$ et on s'intéresse aux rayons des sphères ionisées de l'hydrogène, du carbone et du soufre que l'on notera respectivement par R_H, R_C et R_S. Les énergies d'ionisation de l'hydrogène, du carbone et du soufre sont respectivement : $E_0 = 13.6$eV, $E_0^{'} = 11.3$ eV et $E_0^{"} = 10.4$eV.

12.0.1) On désigne par N_i le nombre de photons émis par unité de temps par l'étoile ionisant H, C et S, $N_i^{'}$ le nombre de photons ionisant uniquement C et S et enfin $N_i^{"}$, le nombre de photons ionisant seulement S. Calculer les rapports $\frac{N_i}{N_i^{'}}$ et $\frac{N_i^{'}}{N_i^{"}}$. On prendra dans tous les cas une même valeur du taux de recombinaison α_T

12.0.2) **Application numérique :** $R_H = 10^{15}$ m, $R_C = 10^{17}$ m, $R_S = 1.4 \times 10^{17}$ m, $\frac{n_C}{n_H} = 10^{-4}$, $\frac{n_S}{n_H} = 5 \times 10^{-5}$.

12.0.3) Montrer que la connaissance des rapports précédents permet de trouver la température de surface, T, de l'étoile et également de contrôler s'il est légitime d'assimiler le rayonnement de l'étoile à celui d'un corps noir. On rappelle que la densité volumique d'énergie par unité de fréquence du rayonnement d'un corps noir à la température T est donnée par la loi de Planck.

12.0.4) La distance de l'étoile considérée au système solaire est voisine de $1.5 \times 10^{19} m$. On mesure les rayons R_H, R_C et R_S en observant le rayonnement émis à partir des états de recombinaison des atomes H, C et S sur des niveaux de Rydberg, c'est-à-dire de nombre n élevé ($n \geq 150$). Expliquer pourquoi on peut mesurer ces rayons en utilisant par exemple une transition du type $n = 200 \rightarrow m = 199$.

Quatrième partie :

On se propose d'étudier dans cette question le front d'ionisation qui sépare le gaz neutre et le gaz ionisé. On suppose que le front est stationnaire et que c'est le gaz qui s'écoule. L'écoulement sera supposé permanent. On désigne par

U_i et U_f, les énergies internes massiques du gaz neutre et du gaz ionisé et par $Q > 0$, l'énergie transférée à travers le front d'ionisation par unité de masse du gaz neutre.

12.0.1) Quelle est l'origine de l'énergie Q ? Ecrire trois équations exprimant la conservation de la masse, de la quantité de mouvement et de l'énergie. Sachant que les gaz neutre et ionisé sont monoatomiques et parfaits, montrer que l'équation de conservation prend la forme :

$$\frac{v_i^2}{2} + \frac{5}{2}\frac{P_i}{\rho_i} - (\frac{v_f^2}{2} + \frac{5}{2}\frac{P_f}{\rho_f}) + Q = 0$$

12.0.2) On pose $\psi = \frac{\rho_f}{\rho_i}$. Montrer que ψ vérifie l'équation :

$$(5\frac{P_i}{\rho_i} + v_i^2 + 2Q)\Psi^2 - 5(\frac{P_i}{\rho_i} + v_i^2)\psi + 4v_i^2 = 0$$

12.0.3) On introduit les paramètres : $C_i = (\frac{\gamma P_i}{\rho_i})^{\frac{1}{2}}$ et $u_i = \sqrt{2}Q$. Donner les significations physiques de C_i et de u_i. A quelles conditions sur v_i, l'équation donnant ψ a-t-elle des racines réelles ? On supposera que $v_i > C_i$ et on montrera que v_i doit être, soit supérieur à une valeur v_d, soit inférieur à une valeur v_D. On exprimera v_d et v_D uniquement en fonction des paramètres C_i et de u_i

---

Exercice 12.1

Une région HII sphérique composée uniquement d'hydrogène est ionisée par une étoile O7 (masse voisine de $30M_\odot$). On définit son paramètre d'excitation comme étant le produit : $U = Rn_e^{\frac{2}{3}}$, c'est-à-dire le produit de son rayon par la densité électronique élevée à la puissance $\frac{2}{3}$.

12.1.1) Calculer le rayon R de la région sachant que $U = 68$ pc cm$^{\frac{2}{3}}$ et $N_e = 10^4$cm^{-3}

12.1.2) Calculer la mesure d'émission en faisant l'hypothèse que n_e est uniforme dans la région.

12.1.3) Déterminer la masse de la région.

Exercice 12.2

Une région H II est ionisée par un amas d'étoiles $B0$, de masses $M = 18M_\odot$ avec un paramètre d'excitation $U = 24$ pc cm$^{\frac{2}{3}}$. Combien de ces étoiles sont nécessaires pour fournir la même excitation qu'une étoile $O7$?

Solutions des problèmes

Solution du problème 12.1:
Première partie :

12.2.1) La probabilité pour qu'un photon entre en collision avec un atome d'hydrogène est liée à la section efficace σ (pour une interaction donnée) par la relation :

$$p = \sigma n_H l \tag{12.39}$$

où l est la longueur du trajet du photon dans le milieu.
De cette équation, on déduit que la quantité $\frac{1}{\sigma n_H}$ représente la longueur de traversée du milieu pour laquelle la probabilité collisionnelle est égale à 1. Pour l'ionisation des atomes d'hydrogène, on a $\frac{1}{\sigma_i n_H} = 10^{11}$ m et pour la diffusion Thomson $\frac{1}{\sigma_T n_H} = 1.4 \times 10^{18}$m.
Après avoir comparé ce deux grandeurs, on peut conclure que la diffusion Thomson par les ions H^+ formés n'intervient pratiquement pas sur des distances de parcours inférieures à 10^{17} m. On pourra donc considérer que seule l'ionisation de l'hydrogène intervient. Il se forme donc autour de l'étoile une sphère totalement ionisée (sphère de Strömgren) qui grandit continuement (on suppose que le rayon de la sphère est très supérieur à 10^{11} m).

12.2.2) Soit $\frac{dR}{dt}$ le taux d'augmentation du rayon de la sphère. On choisit dt de façon que dR soit au moins égal à 10^{11}m ainsi la probabilité d'ionisation est égale à 1.
Dans le volume de la couronne sphérique d'épaisseur dR, il y a $4\pi R^2 n_H dR$ atomes d'hydrogène neutre. Le nombre de photons pénétrant dans cette couronne est $N_i dt$ car les photons émis par l'étoile ne subissent pas de diffusion Thompson sur les ions H^+ lorsqu'ils traversent la sphère de Strömgren. La probabilité d'ionisation étant égale á 1 dans la couronne sphérique, on a l'égalité :

$$N_i dt = 4\pi R^2 n_H dR \tag{12.40}$$

soit

$$\frac{dR}{dt} = \frac{N_i}{4\pi R^2 N_H} \tag{12.41}$$

Deuxième partie :

12.2.1) En tenant compte des recombinaisons proton-électron qui contribuent à reformer des atomes H, le bilan s'écrit maintenant :

$$N_i dt = 4\pi R^2 n_H dR + \frac{4\pi}{3} R^3 \alpha_T n_i n_e dt \tag{12.42}$$

Le terme supplémentaire représente le nombre d'atomes reformés pendant l'intervalle de temps dt à l'intérieur de la sphère de Strömgren. La totalité de ces atomes de recombinaison sont ionisés à nouveau par des photons.

12.2.2) $\frac{dR}{dt}$ s'annule lorsque $R = R_H$ vérifiant :

$$R_H^3 = \frac{3N_i}{4\pi\alpha_T n_i n_e} \tag{12.43}$$

Cette équation différentielle a une solution différentielle de la forme : $R^3 = R_H^3(1 - \exp(\frac{t}{\tau}))$, le rayon R_H étant atteint au bout d'un temps très grand. La constante de temps a pour valeur : $\tau = \frac{n_H}{\alpha_T n_i n_e}$. Elle est indépendante de N_i.

Troisième partie

12.2.1) Dans l'état de niveau n, l'énergie d'un atome est $-\frac{E_0}{n^2}$ où E_0 est l'énergie d'ionisation de l'atome. La conservation de l'énergie s'écrit :

$$E_c = -\frac{E_0}{n^2} + h\nu \tag{12.44}$$

12.2.2) Le photon émis peut ioniser si $h\nu > E_0$ soit :

$$n < (1 - \frac{E_c}{E_0})^{-\frac{1}{2}} \tag{12.45}$$

12.2.3) Application numérique : pour $T_{cin} = 10^4$ K, on trouve une seule valeur, $n = 1$. Pour $T_{cin} = 10^5$ K, il faut $n = 1, 2, 3, 4$. Pour l'état fondamental ($n = 1$), l'inégalité précédente est toujours satisfaite et le photon émis est toujours ionisant.

12.2.4) Les photons ainsi émis ont pour effet de diminuer le taux de recombinaison donc de diminuer α_T et d'augmenter le rayon R_H.

Quatrième partie :

12.2.1) Les photons d'énergie supérieure à $E_0 = 13.6$ eV ionisent les atomes H mais aussi les atomes C et S. Dans ce cas : $n_i = n_e = n_H + n_C + n_S$ et la relation 11.43 s'écrit :

$$R_H^3 = \frac{3N_i}{4\pi\alpha_T(n_H + n_C + n_S)^2} \tag{12.46}$$

Pour des photons d'énergies supérieures à $E_0^{'}$ mais inférieures à E_0, il y a ionisation uniquement des atomes de carbone et de soufre. On a donc $n_i = n_e = n_C + n_S$ et

$$R_C^3 = \frac{3N_i^{'}}{4\pi\alpha_T(n_C + n_S)^2} \tag{12.47}$$

Enfin, les photons d'énergie inférieure à $E_0^{"}$ ionisent seulement les atomes de soufre et donc :

$$R_S^3 = \frac{3N_i^{"}}{4\pi\alpha_T n_S^2} \tag{12.48}$$

On trouve donc l'hydrogène ionisé seulement à l'intérieur de la sphère de rayon R_H, le carbone ionisé à l'intérieur de la sphère de rayon R_C et le soufre ionisé seulement à l'intérieur de la sphère de rayon R_S.
On peut former les rapports demandés :

$$\frac{N_i}{N_i^{'}} = (\frac{R_H}{R_C})^3 \frac{(n_H + n_C + n_S)^2}{(n_C + n_S)^2} \tag{12.49}$$

et

$$\frac{N_i^{'}}{N_i^{"}} = (\frac{R_C}{R_S})^3 \frac{(n_C + n_S)^2}{n_S^2} \tag{12.50}$$

12.2.2) Application numérique :

$$(n_H + n_C + n_S) = n_H(1 + 15 \times 10^{-5})$$

$$n_C + n_S = 15 \times 10^{-5} n_H$$

$$n_S = 5 \times 10^{-5} n_H$$

d'où l'on tire : $\frac{N_i}{N_i^{'}} = 44$ et $\frac{N_i^{'}}{N_i^{"}} = 3.3$

12.2.3) Soit ν_H, ν_C et ν_S les fréquences respectives correspondant à des photons d'énergie E_0, $E_0^{'}$ et $E_0^{"}$. L'étoile rayonnant comme un corps noir , on a :

$$N_i = C \int_{\nu_H}^{\infty} \frac{\nu^2}{\exp(\frac{h\nu}{kT}) - 1} d\nu \tag{12.51}$$

$$N_i^{'} = C \int_{\nu_C}^{\nu_H} \frac{\nu^2}{\exp(\frac{h\nu}{kT}) - 1} d\nu \tag{12.52}$$

$$N_i^{"} = C \int_{0}^{\nu_C} \frac{\nu^2}{\exp(\frac{h\nu}{kT}) - 1} d\nu \tag{12.53}$$

où C est une constante. On peut inverser ces équations pour déduire T, la température de surface de l'étoile à partir des rapports $\frac{N_i}{N_i^{'}}$ et $\frac{N_i^{'}}{N_i^{"}}$. La comparaison des deux valeurs trouvées permet de tester la validité de l'hypothèse d'un corps noir pour l'étoile.

12.2.4) La transition $n = 200 \rightarrow m = 199$ se situe dans le domaine décimétrique. Il faut utiliser des radiotélescopes de pouvoir de résolution différents pour mesurer le diamètre respectif des sphères d'hydrogène, de carbone et de soufre ionisés

Cinquième partie :

12.2.1) L'énergie Q provient du rayonnement de l'étoile

12.2.2) On considère un volume cylindrique $ABCD$ de section unitaire se mouvant en $A_1B_1C_1D_1$ pendant l'intervalle de temps dt. La stationnarité implique que la matière contenue dans le volume A_1B_1CD n'intervient pas dans les bilans considérés. Il suffit de comparer les volumes ABA_1B_1 et CDC_1D_1.

La conservation de la masse traduit l'égalité des masses contenues dans les éléments de volume ABA_1B_1 et CDC_1D_1 soit :

$$dm = \rho_i v_i dt = \rho_f v_f dt \tag{12.54}$$

ou encore :

$$\rho_i v_i = \rho_f v_f \tag{12.55}$$

Le bilan de quantité de mouvement écrit l'égalité entre la variation de quantité de mouvement et l'impulsion Fdt de la force extérieure appliquée. La variation de quantité de mouvement de l'élément $ABCD$ pendant l'intervalle de temps dt vaut :

$$dm(v_f - v_i) = (\rho_f v_f^2 - \rho_i v_i^2)dt \tag{12.56}$$

La force F est égale aux forces de pression, c'est-à-dire :

$$F = P_i - P_f \tag{12.57}$$

Le bilan de quantité de mouvement s'écrit donc :

$$P_f + \rho_f v_f^2 = P_i + \rho_i v_i^2 \tag{12.58}$$

Le bilan d'énergie : la variation d'énergie de la portion $ABCD$ pendant l'intervalle de temps dt est égale à l'apport d'énergie extérieure, c'est-à-dire la somme du travail δW des forces de pression et de l'énergie provenant du rayonnement de l'étoile, soit :

$$[\frac{1}{2}v_f^2 + U_f - (\frac{1}{2}v_i^2 + U_i)]dm P_i v_i dt - P_f v_f dt + Q dm \tag{12.59}$$

avec $dm = \rho_i v_i dt$. On a donc finalement :

$$\frac{v_f^2}{2} + U_f + \frac{P_f}{\rho_f} = \frac{v_i^2}{2} + U_i + \frac{P_i}{\rho_i} + Q \tag{12.60}$$

Pour un gaz parfait monoatomique :

$$U = \frac{R}{\gamma - 1}\frac{P}{R\rho} = \frac{3}{2}\frac{P}{\rho} \tag{12.61}$$

L'équation de conservation d'énergie prend ainsi la forme :

$$\frac{v_f^2}{2} + \frac{5}{2}\frac{P_f}{\rho_f} = \frac{v_i^2}{2} + \frac{5}{2}\frac{P_i}{\rho_i} + Q \quad (12.62)$$

La relation de conservation de la masse donne : $v_f = \frac{v_i}{\psi}$ et le bilan de quantité de mouvement conduit à :

$$P_f = P_i + \rho_i v_i^2 (1 - \frac{1}{\psi}) \quad (12.63)$$

En substituant ces expressions dans l'équation 10.62, on obtient la relation demandée :

$$(5\frac{P_i}{\rho_i} + v_i^2 + 2Q)\psi^2 - 5(\frac{P_i}{\rho_i} + v_i^2)\psi + 4v_i^2 = 0 \quad (12.64)$$

12.2.3) La quantité $C_i = (\frac{\gamma P_i}{\rho_i})^{\frac{1}{2}}$ représente la vitesse du son dans le gaz neutre.
La quantité $u_i = \sqrt{(2Q)}$ est la vitesse quadratique moyenne des ions correspondant à l'énergie Q apportée par le rayonnement.
Avec ces notations, l'équation 10.64 devient :

$$(3C_i^2 + U_i^2 + v_i^2)\psi^2 - (3C_i^2 + 5v_i^2)\psi + 4v_i^2 = 0 \quad (12.65)$$

Cette équation admet deux racines réelles si :

$$9(C_i^2 - v_i^2)^2 \leq 16u_i^2 v_i^2$$

Si on suppose $C_i < v_i$, l'égalité précédente se réduit à :

$$3(C_i^2 - v_i^2) \leq -4u_i v_i$$

soit

$$3v_i^2 - 4u_i v_i - 3C_i^2 \geq 0$$

Cette condition est satisfaite si :

$$v_i \geq v_d = \frac{1}{3}(2u_i + \sqrt{4}u_i^2 + 9C_i^2)$$

ou si

$$v_i \leq v_D = \frac{1}{3}(-2u_i + \sqrt{4}u_i^2 + 9C_i^2)$$

A ces deux valeurs de la vitesse correspondent deux masses volumiques, ρ_d et ρ_D, critiques. Si initialement $\rho < \rho_d$ ou $\rho > \rho_D$, il y a deux solutions possibles pour ψ. Si $\rho_d < \rho < \rho_D$, aucune solution n'est acceptable : le front d'ionisation ne peut être en contact avec la région d'hydrogène neutre non perturbé.

Solutions des exercices

Solution 12.1 :

12.1.1) Il est logique de choisir U pour caractériser la région H II car U est équivalente à $[\frac{3RN_{Lc}}{\alpha_t}]^{\frac{1}{3}}$ où R est le rayon de l'étoile excitatrice, N_{Lc}, le nombre de photons dans le continuum de Lyman par unité de surface et α_t la probabilité de recombinaison effective. On trouve un rayon R voisin de 0.15 pc.

12.1.2) La mesure d'émission est $EM = N_e^2 2R = 2.03 \times 10^7$ *pc cm*$^{-6}$

12.1.3) La masse de cette région H II contenant uniquement de l'hydrogène est 6.36×10^{33} *g soit environ* $3.2 M_\odot$

Solution 12.2 :

Comme $U_{tot} = \sum_i U_i$, il faut 2.8 $\simeq$ 3 étoiles B0 pour remplacer l'étoile O 7.

Constantes physiques et Bibliographie

Constante	symbole	valeur MKS
Vitesse de la lumière	c	2.997924858 10^{8} m s^{-1}
Constante de Planck	h	6.626076(±4) 10^{-34} J s
Charge de l'électron	e	1.6021773(±5) 10^{-19} C
Masse de l'électron	m	9.109390(±5) 10^{-31} kg
Masse du proton	m_p	1.672623(±1) 10^{-27} kg
Masse du neutron	m_n	1.6749286 10^{-27} kg
Unité de masse atomique (^{12}C)	uma	1.660540(±1) 10^{-27} kg
Masse de l'atome H	m_H	1.6735344 10^{-27} kg
Nombre d'Avogadro	N_A	6.0221367 10^{23} $mole^{-1}$
Constante de Rydberg	R_∞	1.097373153(±1) 10^{7} m^{-1}
Constante de Stefan-Boltzmann	σ	5.6705(±2) 10^{-8} W $m^{-2}K^{-4}$
Première constante de radiation	c_1	3.741775(±2) 10^{-16}W m^{2}
Deuxième constante de radiation	c_2	1.43877(±1) 10^{-2} m K
Constante de Wien	a	2.89776(±2) 10^{-3}m K
Constante de Boltzmann	k	1.38066(±1) 10^{-23}J K^{-1}
Constante des gaz parfaits	R	8.31451(±7) 10^{0} J $mole^{-1}$ K^{-1}
Constante gravitationnel	G	6.6726(±8) 10^{-11} m^{3} kg^{-1} s^{-2}
Masse Solaire	$M_\odot$	1.989(±1) 10^{30} kg
Rayon solaire	$R_\odot$	6.9598(±7) 10^{8}m
Température effective du soleil	$T_\odot$	5770(±10)K
Luminosité solaire	$L_\odot$	3.85(±6) 10^{26}W
Constante solaire	S	1.37(±2) 10^{3} W m^{-2}
Gravité de surface du soleil	$g_\odot$	2.738(±3) 10^{2} m s^{-2}
Unité astronomique	ua	1.495979(±1) 10^{11} m
Année lumière	al	9.463 10^{15} m
Parsec	pc	3.08568(±1) 10^{16} m

Constante	symbole	valeur CGS
Vitesse de la lumière	c	$2.997924858\ 10^{10}$ cm s^{-1}
Constante de Planck	h	$6.626076(\pm 4)\ 10^{-27}$ erg s
Charge de l'électron	e	$4.803207\ 10^{-10}$ e s u
Masse de l'électron	m	$9.109390(\pm 5)\ 10^{-28}$ g
Masse du proton	m_p	$1.672623(\pm 1)\ 10^{-24}$ g
Masse du neutron	m_n	$1.6749286\ 10^{-24}$ g
Unité de masse atomique (^{12}C)	uma	$1.660540(\pm 1)\ 10^{-24}$ g
Masse de l'atome H	m_H	$1.6735344\ 10^{-24}$ g
Nombre d'Avogadro	N_A	$6.0221367\ 10^{23}$ mole^{-1}
Constante de Rydberg	R_∞	$1.097373153(\pm 1)\ 10^{5}$ cm^{-1}
Constante de Stefan-Boltzmann	σ	$5.6705(\pm 2)\ 10^{-5}$ erg cm^{2}s K^{-4}
Première constante de radiation	c_1	$3.741775(\pm 2)\ 10^{-5}$ erg cm^{-2} s^{-1}
Deuxième constante de radiation	c_2	$1.43877(\pm 1)\ 10^{0}$cm K
Constante de la loi de Wien	a	$2.89776(\pm 2)10^{-1}$cm K
Constante de Boltzmann	k	$1.38066(\pm 1)\ 10^{-16}$ erg K^{-1}
Constante des gaz parfaits	R	$8.31451(\pm 7)\ 10^{7}$ erg mole^{-1} K^{-1}
Constante gravitationnel	G	$6.6726(\pm 8)\ 10^{-8}$ cm^{3} g^{-1} s^{-2}
Masse Solaire	$M_\odot$	$1.989(\pm 1)\ 10^{33}$ g
Rayon solaire	$R_\odot$	$6.9598(\pm 7)\ 10^{10}$cm
Température effective du soleil	$T_\odot$	$5770(\pm 10)$K
Luminosité solaire	$L_\odot$	$3.85(\pm 6)\ 10^{33}$erg s^{-1}
Constante solaire	S	$1.37(\pm 2)\ 10^{6}$ erg s^{-1} cm^{2}
Gravité de surface du soleil	$g_\odot$	$2.738(\pm 3)\ 10^{4}$ cms^{-2}
Unité astronomique	ua	$1.495979(\pm 1)\ 10^{13}$ cm
Année lumière	al	$9.463\ 10^{17}$ cm
Parsec	pc	$3.08568(\pm 1)\ 10^{18}$cm

Bibliographie

[1] Adams, W.S. (1941), *Astrophys. J.*, **93**, 11

[2] Alvarez, R. (1998) *Les étoiles variables à longues périodes, C.R. Acad. Sci, Paris*, **t. 236, Série IIb**, 519

[3] Bally, J., Lada, C.J (1983), *Astrophys. J.*, **265**, 824

[4] Bally, J., Langer, W.D., Stark, A.A., Wilson, R.W. (1987),*Astrophys. J*, **312**, L45

[5] Barett, A.H., Ho, P.T.P, Myers, P.C. (1977), *Astrophys. J.*,**211**, L39

[6] Bell, M.B., Feldman, P.A., Travers, M.J., McCarthy, M.C., Gottlieb, C.A., Thaddeus, P. (1997), *Astrophys. J.*,**483**, L61

[7] Black, J.H. and Dalgarno, A. (1973), *Astrophys. J.*, **184**, 101

[8] Blakes, E.L.O. (1997), *The Astrochemical Evolution of the Interstellar Medium*, Twin Press Astronomy Publishers

[9] Blaise, J. and Wyart, J.F. (1992), *Energy Levels and Atomic Spectra of Actinides*, Tables Internationales de Constantes, Paris

[10] Blake, G.A., Sutton, E.C., Masson, C.R., Philips, T.G. (1986), *Astrophys. J.*, **315**, 621

[11] Bohlin, R.C., Savage, B.D. and Drake, J.F. (1978) *Astrophys. J.*, **224**, 132

[12] Bohm-Vitense, E. (1989), *Introduction to stellar astrophysics : basic stellar observations and data (volume 1)*, Cambridge University Press

[13] Bohm-Vitense, E. (1989), *Introduction to stellar astrophysics : stellar atmospheres (volume 2)*, Cambridge University Press

[14] Bohm-Vitense, E. (1989), *Introduction to stellar astrophysics : stellar evolution (volume 3)*, Cambridge University Press

[15] Bohren, C.F., and Huffman, D.R. (1983) *Absorption and Scattering of light by small particles* (John Wiley and sons, New York)

[16] Boreiko, R.T. et Betz, A.L. (1996), *Astrophys. J.*,**467**, L113

[17] Boulanger, F., Cox, P., Jones, A.P. (2000) *Infrared space astronomy, today and tomorrow. Les Houches. Session LXX* (Springer Verlag), p251

[18] Bowers, R. and Deeming, T. (1984),*Astrophysics I : Stars*, Jones and Bartlett

[19] Buch, V. and Zhang, Q. (1991), *Astrophys. J.*, **379**, 647

[20] Cernicharo, J. et Guelin, M. (1996), *Astron. Astrophys.*, **309**, L27

[21] Chandrasekhar, S. (1939), *An introduction to the study of stellar structure*, Dover, New York

[22] Chiu, H.Y., *Stellar Physics* (1968), Waltham, Mass : Blaisdell

[23] Clayton, D.D. (1968), *Principles of stellar evolution and nucleosynthesis*, McGraw-Hill, New York

[24] Clayton, G.C., Anderson, C.M., Magalhaes, A.M., Code, A.D., Nordsieck, K.H., Meade, M.R., Wolff, M.J., Babler, B., Bjorkman, K.S., Schulte-Ladbeck, R., Taylor, M.J. and Whitney, B.A. (1992), *Astrophys. J.*, **385**, 53

[25] Clocchiatti, A. et al. (1996), *Astron. J.*, **111**, 1286

[26] Collins G.W. (1989), *The fundamentals of stellar astrophysics*, Freeman, New York

[27] Conti, P.S. and Underhill, A.B. (1988), *O stars and Wolf-Rayet stars, Monograph series on nonthermal phenomena in stellar atmospheres, NASA SP-497*

[28] Cowie, L.L. (1978), *Astrophys. J.*, **225**, 887

[29] Cowley, CR. and Cowley, A.P. (1964), *Astrophys. J.*,**140**, 713

[30] Cowley, C.R. (1995), *Cosmochemistry*, Cambridge University Press

[31] Cox, J.P. and Giuli, R.T. (1968), *Stellar structure*, Gordon and Breach, New York

[32] Cox, P. and Mezger, P.G. (1987) in *Star formation in galaxies*, ed. Carol J. Lonsdale Perrson (NASA Conference Publication 2466), p 23

[33] Cram, L.E. and Kuhi, L.V. (1989), *FGK stars and T Tauri stars, Monograph series on nonthermal phenomena in stellar atmospheres, NASA SP-502*

[34] Crawford, I.A. and Williams, D.A. (1997), *MNRAS*, **291**, 53

[35] Cummins, S.E., Linke, R.A., Thaddeus, P. (1986), *Astrophys. J. Suppl. Ser.*,**60**, 357

[36] d'Hendecourt, L., Jourdain de Muizon, M., Dartois, E. et al (1996), *Astron. Astrophys.*,**315**, L365

[37] Dartois, E., Demyk, K., Gerin, M. and d'Hendecourt, L.B. (1999) *Solid Interstellar Matter : the ISO revolution*, ed. L. d'Hendecourt, C. Joblin and A.P. Jones (Springer/EDP Sciences), p 161

[38] Davidsen, A. (1993), *Science*, **259**, 327

[39] Dickens, J.E., Irvine, W.M., Ohishi, M. et al (1997), *Astrophys. J.*, **489**, 753

[40] Diplas, A. and Savage, B.D. (1994), *Astrophys. J. Sup*, **93**, 211

[41] Dopita, M.A. and Sutherland, R.S. (2003), *Astrophysics of the diffuse Universe*, Astronomy and Astrophysics Library, Springer

[42] Downes, D., Genzel, R., Hjalmarson, A., Nyman, L.A., Ronnang, B. (1982), *Astrophys. J.*, **252**, 29

[43] Draine, B.T. (1989a), *IAU Symp. no. 135, Interstellar dust* , eds. L.J. Allamandola and A.G.G.M. Tielens (Kluwer, Dodrecht), p 313

[44] Draine, B.T. (1989b), *Evolution of interstellar dust and related topics*, eds. A. Bonetti, J.M. Greenberg and S. Aiello (North-Holland Publishing Company, Amsterdam), p 103

[45] Draine, B.T. and Anderson, N. (1985), *Astrophys. J.*, **292**, 494

[46] Draine, B.T. and Lee, H.M. (1984), *Astrophys. J.*, **285**, 89

[47] Draine, B.T. and Salpeter, E.E. (1977), *J. Chem. Phys.*, **67**, 2230

[48] Draine, B.T. (1979), *Ap. Sp. Sci.*, **65**, 313

[49] Draine, B.T., Roberge, W.G., Dalgarno, A. (1983), *Astrophys. J.*,**264**, 485

[50] Dunham, J. Tr.(1937), *Publ.Astron.Soc.Pacific.*,**49**, 26

[51] Dyson, J.E. and Williams, D.A. (1997), *The Physics of the Interstellar Medium*, Institute of Physics Publishing

[52] Evans, N.J., Lacy, J.H., Carr, J.S. (1991), *Astrophys. J.*, **383**, 674

[53] Fahlman, G.G. et Walker, G.A.H. (1975), *Astrophys. J.*, **200**, 22

[54] Falgarone, E., Puget, J.L. (1988), *dans Galactic and Extragalactic Star Formation,Eds. R.Pudritz, M.Fich (Kluwer,Dordrecht)*, 195

[55] Falgarone, E. (1996), *in Starbusts : Triggers, Nature and Evolution*, Ecole des Houches Septembre 1996, ESP Sciences 1998

[56] Federman, S.R., Cardelli, J.A., van Dishoeck, E.F., Lambert, D.L., Black, J.H. (1995), *Astrophys. J.*, **445**, 325

[57] Ferlet, R., Lemoine,M. (1997), *in Cosmic Abundances*, eds. S.Holt G.Sonneborn, Astron. Soc. Pacific. Conf. Series, **99**, 78

[58] Ferlet, R. et al (2000), *Astrophys. J.*,**538**, L69

[59] Field, G.B. (1974), *in The dusty Universe*, ed A.G.W. Cameron and G.B. Field Washington DC : Smithsonian Inst. Press.

[60] Forestini, M. (1999), *Principes fondamentaux de structure stellaire*, Gordon and Breach

[61] Garing, C. (1995), *Ondes électromagnétiques*, Ellipses

[62] Geballe, T.R. et Oka, T. (1996), *Nature*, **384**, 334

[63] Gensheimer, P.D., Likkel, L., Snyder, L.E. (1994), *Astrophys. J.*, **439**, 445

[64] Gibb, E., Whittet, D.C.B., Gerakines, P. et al (2000), *Astrophys. J.*,**536**, 347

[65] Gingerich, O., Noyes, R.W., Kalkofen, W., Cuny, Y. (1971), *Solar Physics*, **18**, 347

[66] Gray, D. (2005), *The observation and analysis of stellar photospheres (3rd edition)*, Cambridge Astrophysics Series, Cambridge University Press.

[67] Guélin, M., Neininger, N., Cernicharo, J. (1998), *Astron. Astrophys.*, **335**, L1

[68] Hack, M. and La Dous, C. (1993), *Cataclysmic variables and related objects, Monograph series on nonthermal phenomena in stellar atmospheres, NASA SP-507*

[69] Haffner, L.M. et Meyer, D.M. (1995), *Astrophys. J.*,**453**, 450

[70] Hansen, C.J. and Kawaler, S.D. (1994), *Stellar Interiors*, Astronomy and Astrophysics Library, Springer

[71] Harkness, R.P. et al. (1987), *Astrophys. J.*, **317**, 355

[72] Harris, A.W., Gry, C. and Bromage, G.E. (1984), *Astrophys. J.*, **285**, 157

[73] Hartquist, T.W. and Williams D.A. (1995), *The Chemically Controlled Cosmos*, Cambridge University Press

[74] Heger, M.L. (1922), *Lick Obs. Bull.*, **10**, 146

[75] Herbig, G.H. (1975), *Astrophys. J.*, **196**, 129

[76] Herbst, E. (1978), *Astrophys. J.*, **222**, 508

[77] Hollenbach, D. and McKee, C.F. (1979), *Astrophys. J. Sup.*, **41**, 555

[78] Huffman, D.F. (1977), *Adv. Phys.*, **26**, 129

[79] Huntress, W.T. (1977), *Astrophys. J. Suppl.*,**33**, 495

[80] Hurwitz, M. and Bowyer, S. (1996), *Astrophys. J.*, **465**, 296

[81] Jaschek, C. and Jaschek, M. (1987), *The classification of stars*, Cambridge University Press

[82] Jenkins, E.B., Tripp, T.M., Wozniak, P., Sofia, U.J., Sonneborn, G. (1999), *Astrophys. J.*,**520**, 182

[83] Johansson, L.E.B., Andersson, C., Ellder, J., Froberg, P., Beichman, C. et al (1984), *Astron. Astrophys.*, **130**, 227

[84] Johnson, H.R. and Querci, F.R. (1986), *The M-type stars, Monograph series on nonthermal phenomena in stellar atmospheres, NASA SP-142*

[85] Jones, A.P. and Williams, D.A. (1984), *MNRAS*, **209**, 955

[86] Kaifu, N.S., Suzuki, T., Hasagawa, M., Morimoto, J., Inatani, K., Nagane, K., Miyazawa, Y., Chikada. T., Kanzawa, K., Akabane, K. (1984), *Astron. Astrophys.*,**134**, 7

[87] Keene, J., Schilke, P., Kooi, J., Lis, D.C., Mehringer, D.M., Phillips, T.G. (1998), *Astrophys. J.*, **494**, L107

[88] Kelly, R.L. (1987), *Atomic and Ionic Spectrum Lines below 2000 Å : Hydrogen through Krypton*,*J.Phys.Chem.Ref.Data*,**16**, Suppl 1

[89] Kippenhahn, R., Weigert, A. (1994), *Stellar Structure and Evolution*, Springer-Verlag

[90] Kirshner. R.P. et al. (1993), *Astrophys. J.*, **415**, 589

[91] Krätschmer, W., Lamb, L.D., Fostiropoulos, K.. and Huffman, D.R. (1990), *Nature*, **347**, 354

[92] Kurucz, R.L. (1970), "*ATLAS : a computer program for calculating model atmospheres*", SAO Special Report, **309**

[93] Kurucz, R.L. (1979), *Astrophys. J. Sup*, **40**, 1

[94] Lacy, J.H., Evans, N.J., Achtermann, J.M., Bruce, D.E., Arens, J.F., Carr, J.S. (1989), *Astrophys. J.*, **342**, L43

[95] Lacy, J.H., Carr, J.S, Evans, N.J., Baas, F., Achtermann, J.M., Arens, J.F. (1991), *Astrophys. J.*, **376**, 556

[96] Langer, W.D., Glassgold, A.E., Wilson, R.W. (1987), *Astrophys. J.*,**322**, 450

[97] Léger, A., Verstraete, L., d'Hendecourt, L., Défourneau, D. , Dutuit, O., Schmidt, W. and Lauer, J.C. (1989), in *IAU Symp no. 135, Interstellar dust*, eds. L.J. Allamandola and A.G.G.M. Tielens (Kluwer, Dodrecht), p 173

[98] Leitch-Devlin, M.A. and Williams, D.A. (1985), *MNRAS*, **213**, 295

[99] Lequeux, J. (2002), *Le Milieu Interstellaire*, EDP Sciences et CNRS Editions

[100] Linsky, J. et al (1993), *Astrophys. J.*, **402**, 694

[101] Linsky, J., Wood, B. (1996), *Astrophys. J.*,**463**, 254

[102] Lutz, D., Feuchtgruber, H., Genzel, R. et al (1996), *Astron. Astrophys.*,**315**, L269

[103] Marechal, P., Pagani, L., Langer, W.D., Castets, A. (1997), *Astron. Astrophys.*, **318**, 252

[104] Martin, G.A., Fuhr, J.R. and Wiese, W.L. (1988), *Atomic transition probabilities : Scandium through Manganese*,*J.Phys.Chem.Ref.Data*,**17**, Suppl3

[105] Martin, P.G. and Angel, J.R.P. (1974), *Astrophys. J.*, **188**, 517

[106] Martin, P.G. and Angel, J.R.P. (1975), *Astrophys. J.*, **195**, 379

[107] Martin, W.C., Zalubas, R. and Hagan, L. (1978), *Atomic Energy Levels, The Rare Earths Elements*, Natl.Stand.Ref.Data.Ser., Natl.Bur.Stand. (U.S.), **60**

[108] Massa, D., Savage, B.D. and Fitzpatrick, E.L. (1983), *Astrophys. J.*, **266**, 662

[109] Masuda, K., Takahashi, J., Mukai, J. (1998), *Astron. Astrophys.*, **330**, 773

[110] Mc Kee, C.F. (1989), in *IAU Symp no. 35, Interstellar dust*, eds. L.J. Allamandola and A.G.G.M. Tielens (Kluwer, Dodrecht), p 431

[111] Mehringer, D.M., Snyder, L.E., Miao, Y.T. (1997), *Astrophys. J.*, **480**, L71

[112] Merrill, P.W. (1934) *Publ. Astron. Soc. Pacific*, **46** , 206

[113] Meyer, D.M. and Roth, K.C. (1991), *Astrophys. J.*, **376**, 49

[114] Migenes, V., Johnston, K.J., Pauls, T.A., Wilson, T.L. (1989), *Astrophys. J.*,**347**, 294

[115] Millar, T.S. and Williams, D.A. (1993), *Dust and Chemistry in Astronomy*, Knudsen

[116] Mitchell, G.F. et Deveau, T.J. (1983), *Astrophys. J.*,**266**, 646

[117] Moore, C.E. (1949), *Atomic Energy Levels*, Volume I, NBS Circular **467** (Washington DC : Government Printing Off). Volume II (1952), Volume III (1958)

[118] Morton, D.C. (1974) *Astrophys. J. Lett.*,**193**, L 35

[119] Mundy, L.G., Cornwell, T.J., Masson, C.R., Scoville, N.Z., Baath, L.B., Johansson, L.E.B. (1988), *Astrophys. J*, **325** 382

[120] Neufeld, D.A., Zmuidzinas, J., Schilke. P., Phillips, T.G. (1997), *Astrophys. J.*, **488**, L141

[121] Novotny, E. (1973), *Introduction to stellar atmospheres and interiors*, Oxford University Press, New York

[122] Osterbrock, D.E. (1989), *Astrophysics of gaseous nebulae and active galactic nuclei*, University Science Books, Mill Valey, California

[123] Pajot, F., Gispert, R., Lamarre, J.M., Peyturaux, R., Puget, J.L., Serra, G., Coron, N., Dambier, G., Leblanc, J., Moalic, J.P., Renault, J.C. and Vitry R. (1986), *Astron. Astrophys.*, **154**, 55

[124] Pecker, J.C. (1963), *Ann.Rev.Astron.Astrophys.*,**3**, 135

[125] Petschek, A.G. (1990), *Supernovae, Springer-Verlag, Astronomy and Astrophysics Library*

[126] Pettini, M. and West, K.A. (1982), *Astrophys. J.*, **260**, 561

[127] Phillips, A.C. (1994), *The Physics of stars*, John Wiley and sons

[128] Pierce, A.K. and Waddell, J.H. (1961), *Mem. Roy. Astron. Soc.*.,**68**, 89

[129] Pironello et al (1997a), *Astrophys. J.*, **475**, 69

[130] Pironello et al (1997b), *Astrophys. J.*, **483**, 131

[131] Prasad, S.S. et Huntress, W.T. (1980), *Astrophys. J.*,**239**, 151

[132] Reader, J., Corliss, C.H., Wiese, W.G. and Martin, G.A. (1980), *Wavelengths and Transition Probabilities for atoms and atomic ions, Part I. Wavelengths, Part II. Transition Probabilities*, Natl. Stand. Ref. Data. Ser., Natl. Bur. Stand. (U.S.), **68**

[133] Reynolds, R.J. (1993), *in Back to the Galaxy*, ed S. Holt, F. Verter, New York : Am. Inst. Phys., 156

[134] Rogerson, J.B., York, D.G. et al (1973), *Astrophys. J.*, **198**, 103

[135] Salpeter, E.E. (1974), *Astrophys. J.*, **193**, 579

[136] Salpeter, E.E. (1974), *H.N. Russell Lecture presented at Meeting Am. Astron. Soc. 144th*, Gainsville, Fla

[137] Salpeter, E.E. (1977), *Ann. Rev. Astron. Astrophys.*, **15**, 267

[138] Savage, B.D. (1995), *in The Physics of the Interstellar and Intergalactic Medium, ASP Conf. Ser 80, Eds A. Ferrara, C.F. McKee, C. Heiles and P.R. Shapiro* (San Francisco : AIP), 233

[139] Savage, B.D. and de Boer, K.S. (1981), *Astrophys. J.*, **243**, 460

[140] Savage, B.D. and Massa, D. (1987), *Astrophys. J.*, **314**, 380

[141] Savage, B.D. and Sembach, K.R. (1996), *Ann. Rev. Astron. Astrophys.*, **34**, 279

[142] Savage, B.D., Bohlin, R.C., Drake, J.F. and Budich, W. (1977), *Astrophys. J.*, **216**, 291

[143] Savage, B.D., Sembach, K.R. and Lu, L. (1995), *Astrophys. J.*, **449**, 145

[144] Savage, B.D., Sembach, K.R. and Lu, L. (1997), *Astron. J.*. **113**, 2158

[145] Schatzman, E. and Praderie, F. (1990), *Astrophysique : les étoiles*, Interéditions et Editions du CNRS

[146] Schramm, D.N and Wagoner R.V. (1974), *Phys. Today, December 1974*, 40

[147] Schwarzschild, M. (1958), *Structure and Evolution of the stars*, Princeton University Press, Princeton

[148] Scoville, N.Z., Hall, D.N.B., Kleinman, S.G., Ridgway, S.T. (1979), *Astrophys. J. Lett.*, **232**, L121

[149] Seab, C.G. (1988), in *Dust in the Universe*, eds. M.E. Bailey and D.A. Williams (Cambridge University Press), p 303

[150] Seab, C.G. and Shull, J.M. (1983), *Astrophys. J.*, **275**, 652

[151] Sembach, K.R. and Savage, B.D. (1992), *Astrophys. J. Sup.*, **83**, 147

[152] Sembach, K.R. and Savage, B.D. (1996), *Astrophys. J.*, **457**, 211

[153] Shane, W.W. (1971), *Astron. Astrophys. Sup*, **4**, 315

[154] Snell, R.L., Schloerb, F.P., Young, J.S., Hjalmarson, A. and Friberg, P. (1980), *Astrophys. J.*, **218**, 124

[155] Solomon, P.M. and Klemperer, W. (1972), *Astrophys. J.*, **389**

[156] Sonneborn, G., Tripp, T.M., Ferlet, R., Jenkins, E.B., Sofia, U.J., Vidal-Madjar, A., Wozniak, P. (2000), *Astrophys. J.*, **545**, 277

[157] Spitzer, L. et Tomasko, M.G. (1968), *Astrophys. J.*, **971**

[158] Spitzer, L. (1978), *Physical Processes in the Interstellar Medium* (John Wiley and sons, New York)

[159] Spitzer, L.Jr. and Jenkins, E.B. (1975), *Ann. Rev. Astron. Astrophys.*, **13**, 133

[160] Steel, T.P. and Duley, W.W. (1965), *Astrophys. J.*, **315**, 337

[161] Sugar, J. and Corliss, C. (1985), *Atomic Energy Levels of the iron period elements : potassium through nickel,J.Phys.Chem.Ref.Data,***14**, Suppl 2

[162] Sutton, E.C., Blake, G.A., Masson, C.R., Phillips, T.G. (1985),*Astrophys. J. Suppl. Ser.*,**58**, 341

[163] Takahashi, H., Matsuhara, H., Watarai, H., Matsumoto, I. (2000), *Astrophys. J.*, **541**, 779

[164] Tayler, R.J. (1994), *The stars : Their Structure and Evolution*, Cambridge University Press, Cambridge

[165] Tielens, A.G.G.M. (2005), *The Physics and Chemistry of the interstellar medium*, Cambridge University Press

[166] Travers, M.J., McCarthy, M.C., Kalmus, P., Gottlieb, C.A., Thaddeus, P. (1996), *Astrophys. J.*, **469**, L65

[167] Turner, B.E. et Thaddeus, P.M. (1977), *Astrophys. J.*, **211**, 758

[168] Turner, B.E. et Heiles,C.E. (1974), *Astrophys. J. Lett.*, **187**, L59

[169] Turner, B.E. et Gammon, R.H. (1975), *Astrophys. J.*, **198**, 71

[170] Turner, B.E. et Zuckerman, B. (1978), *Astrophys. L. Lett.*,**225**, L75

[171] Turner, B.E., Steimle, T.C., Meerts, L. (1994), *Astrophys. J.*, **426**, L97

[172] Underhill, A. and Doazan, V. (1982), *B stars with and without emission lines, Monograph series on nonthermal phenomena in stellar atmospheres, NASA SP-456*

[173] van de Hulst, H.C. (1957), *Light Scattering by Small Particles* (John Wiley and sons, New York)

[174] Van Dishoeck, E.F. (1995), *in The Physics and Chemistry of Interstellar Molecular Clouds, eds. G. Winnewisser and G.C. Pelz (Berlin :Springer)*, p 225

[175] Van Dishoeck, E.F., Black, J.H., Boogert, A.C.A. et al (1999), *The Universe as seen by ISO*, ed. P. Cox and M.F. Kessler, **ESA SP-427**, p 437

[176] Van Dishoeck, E.F., Helmich, F.P. (1996), *Astron. Astrophys.*, **315**, L177

[177] Van Dishoeck, E.F., Wright, C.M., Cernicharo, J., Gonzalez-Alfonso, E., Helmich F.P., de Graauw, Th., Vandenbussche, B. (1998b), *Astrophys. J.*, **502**, L173

[178] Varenne, O. and Monier, R. (1999), *Astron. Astrophys.*,**351**, 247

[179] Vernazza et al (1973), *Astrophys. J.*,**184**, 605

[180] Vidal-Madjar, A, et al. (1998), *Astron. Astrophys.*,**338**, 694

[181] Watson, W.D. (1978), *Proceedings of the 21st Liege Astrophysical Symposium, Université de Liege*

[182] Weiland, J.L., Blitz, L., Dwek, E., Hauser, M.G., Magnani, L. and Rickart, L.J. (1986), *Astrophys. J. Lett.*, **306**, L101

[183] Weinreb, S., Barrett, A.H., Meeks, M.L., Henry, J.C. (1963), *Nature*, **200**, 829

[184] Weisskopf, V. (1932), *Z.f. Physik*,**75**, 287

[185] Wells, L. et al. (1994), *Astron. J.*, **188**, 2233

[186] Wheeler, J.C. and Filippenko, A.V. (1996), *Supernovae and Supernova Remnants*, Cambridge University Press

[187] Whittet, D.C.B. (1992), *Dust in the galactic environment*, Institute of Physics Publishing

[188] Willner, S.P., Puetter, R.C., Russell, R.W. and Soifer, B.T. (1979) *Astrophys. Space Sci.*,**65**, 95

[189] Wilson, T.L. and Walmsley, C.M. (1989), *Astron. Astrophys. Review*, **1**, 141

[190] Wilson, R.W., Jefferts, K.B., Penzias, A.A.(1970), *Astrophys. J.*, **161**, L43

[191] Wilson, T.L. and Rood, R.T. (1994), *Ann. Rev. Astron. Astrophys.*, **32**, 191

[192] Wolff, S.C. (1983), *The A-type stars, Problems and perspectives, Monograph series on nonthermal phenomena in stellar atmospheres*

[193] Wright, C.M., van Dishoeck, E.F., Cox, P., Sidher, S.D., Kessler, M. (1999), *Astrophys. J.*, **515**, L29

[194] Wright, M.C.H., Plambeck, R.L., Vogel, S.N., Ho, P.T.P, Welch, W.J. (1983), *Astrophys. J. Lett.*,**267**, L41

[195] York, D.G. (1974a), *Bull. Am. Astron. Soc.*,**6**, 225

[196] York, D.G. (1974b), *Proc. Congr. I.A.F. 24th*, Baku, USSR

[197] York, D.G. (1975a), *Astrophys. J. Lett.*,**196**, L 103

[198] Ziurys, L.M. et Apponi, A.J. (1995), *Astrophys. J.*, **455**, L73

[199] Ziurys, L.M., Apponi, A.J., Guélin, M., Cernicharo, J. (1995), *Astrophys. J.*, **445**, L47

Index bibliographique

Index

Cet ouvrage a été achevé d'imprimer en mai 2006
dans les ateliers de Normandie Roto Impression s.a.s.
61250 Lonrai
N° d'impression : 061186
Dépôt légal : mai 2006

Imprimé en France